中　外　物　理　学　精　品　书　系

本书出版得到"国家出版基金"资助

国家出版基金项目
NATIONAL PUBLICATION FOUNDATION

中外物理学精品书系

前沿系列·39

结构力学中的定性理论

王大钧　王其申　何北昌　著

北京大学出版社
PEKING UNIVERSITY PRESS

图书在版编目(CIP)数据

结构力学中的定性理论/王大钧，王其申，何北昌著. —北京：北京大学出版社，2014. 12

(中外物理学精品书系)

ISBN 978-7-301-25137-9

Ⅰ. ①结… Ⅱ. ①王… ②王… ③何… Ⅲ. 结构力学–定性理论 Ⅳ. ①O342

中国版本图书馆 CIP 数据核字（2014）第 272062 号

书　　名：**结构力学中的定性理论**

著作责任者：王大钧　王其申　何北昌　著

责 任 编 辑：邱淑清

标 准 书 号：ISBN 978-7-301-25137-9/O · 1021

出 版 发 行：北京大学出版社

地　　址：北京市海淀区成府路 205 号　100871

网　　址：http://www.pup.cn　　新浪官方微博：@北京大学出版社

电　　话：邮购部 62752015　发行部 62750672　编辑部 62752021

出版部 62754962

电 子 信 箱：zpup@pup.pku.edu.cn

印　刷　者：北京中科印刷有限公司

经　销　者：新华书店

730 毫米×980 毫米　16 开本　28 印张　464 千字

2014 年 12 月第 1 版　2014 年 12 月第 1 次印刷

定　　价：75.00 元

“中外物理学精品书系”
编 委 会

序　言

物理学是研究物质、能量以及它们之间相互作用的科学。她不仅是化学、生命、材料、信息、能源和环境等相关学科的基础，同时还是许多新兴学科和交叉学科的前沿。在科技发展日新月异和国际竞争日趋激烈的今天，物理学不仅囿于基础科学和技术应用研究的范畴，而且在社会发展与人类进步的历史进程中发挥着越来越关键的作用。

我们欣喜地看到，改革开放三十多年来，随着中国政治、经济、教育、文化等领域各项事业的持续稳定发展，我国物理学取得了跨越式的进步，做出了很多为世界瞩目的研究成果。今日的中国物理正在经历一个历史上少有的黄金时代。

在我国物理学科快速发展的背景下，近年来物理学相关书籍也呈现百花齐放的良好态势，在知识传承、学术交流、人才培养等方面发挥着无可替代的作用。从另一方面看，尽管国内各出版社相继推出了一些质量很高的物理教材和图书，但系统总结物理学各门类知识和发展，深入浅出地介绍其与现代科学技术之间的渊源，并针对不同层次的读者提供有价值的教材和研究参考，仍是我国科学传播与出版界面临的一个极富挑战性的课题。

为有力推动我国物理学研究、加快相关学科的建设与发展，特别是展现近年来中国物理学者的研究水平和成果，北京大学出版社在国家出版基金的支持下推出了“中外物理学精品书系”，试图对以上难题进行大胆的尝试和探索。该书系编委会集结了数十位来自内地和香港顶尖高校及科研院所的知名专家学者。他们都是目前该领域十分活跃的专家，确保了整套丛书的权威性和前瞻性。

这套书系内容丰富，涵盖面广，可读性强，其中既有对我国传统物理学发展的梳理和总结，也有对正在蓬勃发展的物理学前沿的全面展示；既引进和介绍了世界物理学研究的发展动态，也面向国际主流领域传播中国物理的优秀专著。可以说，“中外物理学精品书系”力图完整呈现近现代世界和中国物理科学发展的全貌，是一部目前国内为数不多的兼具学术价值和阅读乐趣的经典物理丛书。

“中外物理学精品书系”另一个突出特点是，在把西方物理的精华要义“请进来”的同时，也将我国近现代物理的优秀成果“送出去”。物理学科在世界范围内的重要性不言而喻，引进和翻译世界物理的经典著作和前沿动态，可以满足当前国内物理教学和科研工作的迫切需求。另一方面，改革开放几十年来，我国的物理学研究取得了长足发展，一大批具有较高学术价值的著作相继问世。这套丛书首次将一些中国物理学者的优秀论著以英文版的形式直接推向国际相关研究的主流领域，使世界对中国物理学的过去和现状有更多的深入了解，不仅充分展示出中国物理学研究和积累的“硬实力”，也向世界主动传播我国科技文化领域不断创新的“软实力”，对全面提升中国科学、教育和文化领域的国际形象起到重要的促进作用。

值得一提的是，“中外物理学精品书系”还对中国近现代物理学科的经典著作进行了全面收录。20 世纪以来，中国物理界诞生了很多经典作品，但当时大都分散出版，如今很多代表性的作品已经淹没在浩瀚的图书海洋中，读者们对这些论著也都是“只闻其声，未见其真”。该书系的编者们在这方面下了很大工夫，对中国物理学科不同时期、不同分支的经典著作进行了系统的整理和收录。这项工作具有非常重要的学术意义和社会价值，不仅可以很好地保护和传承我国物理学的经典文献，充分发挥其应有的传世育人的作用，更能使广大物理学人和青年学子切身体会我国物理学研究的发展脉络和优良传统，真正领悟到老一辈科学家严谨求实、追求卓越、博大精深的治学之美。

温家宝总理在 2006 年中国科学技术大会上指出，“加强基础研究是提升国家创新能力、积累智力资本的重要途径，是我国跻身世界科技强国的必要条件”。中国的发展在于创新，而基础研究正是一切创新的根本和源泉。我相信，这套“中外物理学精品书系”的出版，不仅可以使所有热爱和研究物理学的人们从中获取思维的启迪、智力的挑战和阅读的乐趣，也将进一步推动其他相关基础科学更好更快地发展，为我国今后的科技创新和社会进步做出应有的贡献。

“中外物理学精品书系”编委会　主任
中国科学院院士，北京大学教授
王恩哥
2010 年 5 月于燕园

内 容 简 介

本书主要包含两方面内容：一为结构振动的定性性质，主要是模态的定性性质；另为结构理论解的存在性等基础理论．鉴于目前国内外有关结构力学中的定性理论的著作甚少，本书的出版或可适时的为有关同行提供一本既有实用价值又有理论意义的参考书．

全书共分九章：第一章为结构力学中的定性理论概论；第二至第六章，论述弦、杆、梁和膜振动的定性性质；第七章论述重复性结构的连续系统和离散系统振动的定性性质；第八章论述一般结构的模态的三项定性性质；第九章论述弹性力学和结构理论解的存在性等基础理论．附录是振荡矩阵和振荡核理论的简述．

本书内容理论应用兼顾，作者精心地整理和吸收了有关定性理论的文献与专著的精华，并反映了作者 50 余篇论文的研究成果；体例编写独特，如第一章概论，给出了全书重要结果，工程技术人员可以直接应用这些结果，具有不同背景的读者可以各取所需地研读全书．

本书可以作为有关力学和结构工程、机械工程专业的研究生教材，也可作为从事力学理论研究及在结构工程、机械工程中进行振动试验、计算和设计的研究人员与工程人员参考．

前　言

结构力学中的定性理论涉及多方面内容, 本书主要论述其中两类重要问题: 一是弹性结构线性振动的定性性质, 其中主要是模态 (含固有频率和振型) 的定性性质; 二是线性弹性力学和线性结构理论的静力解、模态解和动力响应解的存在性, 结构理论模型的合理性, 以及应用 Ritz 近似法求解的收敛性等基础理论.

弹性结构的线性振动理论是力学与声学的重要组成部分, 它不仅在工程上有广泛应用, 而且是物理与数学研究课题的一个源泉.

结构振动理论包含定量理论和定性理论两个方面. 在工程界、力学界, 人们对于结构线性振动的定量理论比较熟悉, 例如固有频率和振型的数值计算、实验与实测等; 而对结构线性振动的定性理论, 如固有频率和振型的规律性的性质、模态解和动力响应解的存在性却了解较少. 这一方面是因为定量理论的应用比定性理论广泛; 另一方面是因为后者更抽象和更具基础性, 它的严谨的证明又涉及繁难的数学.

结构振动中模态的定性性质是关于模态的全局性、规律性的性质, 通晓这些性质有助于提高计算和实验的定量分析的效率与保证结构动力设计的合理性. 结构理论中解的存在性、结构理论模型的合理性等问题是结构理论中的基础性理论, 了解这些基础性理论, 不仅有助于进行定量分析, 也是研究者应具有的理论修养的一部分.

关于结构振动模态的定性性质的研究, 最早可以追溯到 19 世纪 30 年代, Rayleigh 在其专著[1] 中就曾指出, Sturm 和 Liouville 在当时已用微分方程研究杆的振型的节点分布规律. 20 世纪 50 年代, Courant 和 Hilbert 在其专著[2] 中, 用变分法的极值原理导出了一般振动系统的固有频率与系统的质量、刚度、约束和边界的定性关系, 并对振型的节的性质作了一些精彩的重要论述.

20 世纪中叶, Гантмахер 和 Крейн 开辟了一个新领域, 建立了他们称之为振荡矩阵和振荡核的理论, 揭示了一维结构 (包括弦、杆、梁) 的离散系统和连续系统的固有频率和振型的系统性的定性性质, 并于 1941 年在苏联出版了专著[3], 1950 年出版了第二版, 1961 年该版本英译本出版, 2008 年中译本出版.

20 世纪 80 年代, Gladwell 系统地研究了由固有频率和振型构造结构参数的振动反问题, 并出版了专著[4], 1991 年中译本出版, 2004 年第二版问世. Gladwell 在其专著及许多论文中, 如参考文献 [5~9], 扩展了振动的定性性质的成果.

从 20 世纪 80 年代后期至今, 本书三位作者以结构振动的定性性质为专题进行了比较系统的研究[10~42], 进一步扩展了结构振动的定性性质的成果. 本书的第一作者于 20 世纪 90 年代, 在北京大学力学与工程科学系开设的研究生课程 "结构动力学" 中, 曾多次将弹性结构振动的定性性质作为课程的部分内容进行了讲授.

关于结构理论中解的存在性的研究也有一个长期的发展历程. 早期, 一些数学家用经典的微分方程方法研究较简单的数学方程, 如 Sturm-Liouville 方程的解的存在性. 20 世纪以来, Hilbert 函数空间理论的发展使数学物理方程解的存在性问题获得了强有力的工具, 从而得到了系统性的成果. 如 Соболев 于 1950 年出版的专著[43], Михлин于 1952 年出版的专著[44], Fichera 于 1972 年出版的专著[45] 等中, 用 Hilbert 空间、Sobolev 空间理论解决了弹性力学中静力平衡解、模态解和动力响应解的存在性问题. Kupradze[46] 发展了另一方法—— 多维奇异位势和奇异积分方程, 证明了弹性力学解的存在性问题. 随后, 许多力学家、数学家研究并解决了各种壳体理论的平衡解的存在性问题. 王大钧与胡海昌于 1982~1985 年间发表的一组论文 [47~50], 用力学和泛函分析结合的方法, 统一地解决了广泛的结构理论的静力平衡解和模态解的存在性问题, 并深入论证了结构理论模型的合理性问题.

时至今日, 我们感到将弹性结构的定性理论作为一个专题撰写成书, 对学术研究、教学和工程应用都是有积极意义的. 有鉴于此, 我们尝试着写作此书. 在书中, 吸收了前面提及的多部专著的精华, 以及本书作者的有关论文的内容.

也许本书的内容还不完善, 但这样明确地开辟一个学术园地, 将有利于同行关注、参与, 并扩大、深化这个领域的研究和应用.

本书所涉及的定性性质都极富规律性和科学美感, 并对定量分析和工程应用有一定指导性, 相关专业的研究者、工程人员和学生在学习和研究它们时, 定会引起盎然兴趣并能从中受益. 但有些定性性质的证明涉及比较繁难的数学, 有些极简明的定性性质, 却要经过大量的数学演绎才能得到, 对此, 并非所有读者都需细读. 有些读者只需关注部分性质的证明, 有些读者可能只要准确地知道一些定性性质及其应用而不需细究其证明就够了. 有鉴于此, 特辟第一章, 在此章中汇集全书的主要定性性质并评述主要理论及其论证方法, 而关于它们的详细论述则从第二至第九章及附录逐章展开, 这样即可避免精彩而实用的定性性质被掩蔽在繁难的证明中, 读者可以根据自己的需要和兴趣各取所需地研读. 例如, 工程技术人员可以不必细读附录, 但研究定性理论的同行, 则是需要细读的.

全书内容包含以下几部分. 第一章为结构力学中的定性理论概论. 第二至第六章, 分别论述弦、杆、梁 (本书所论及的梁, 如不加注, 皆指 Euler 梁) 和膜等基本结构振动的定性性质. 第七章论述重复性结构, 包含镜面对称、旋转周期、线周期、链式和轴对称结构的连续系统, 和前四种结构的离散系统的振动的定性性质, 以及求强迫振动和静力平衡解的简化方法. 第八章论述一般结构的模态的三项定性性质：固有频率与结构的质量、刚度、约束和边界的定性关系, 振型的节的一些基本性质, 以及固有频率和振型, 尤其是密集频率区的固有频率和振型对结构参数变化的敏感性等. 第九章论述弹性力学和广泛的结构理论的静力平衡、模态解的存在性、唯一性, 动力响应解的振型叠加法的收敛性, 静力平衡和模态解中 Ritz 法的收敛性, 以及结构理论模型的合理性等. 附录是一维结构的振动定性性质的理论基础——振荡矩阵和振荡核理论——的简述.

本书由三位作者共同策划, 王大钧执笔第一、七、八、九章, 王其申执笔第二、三、四、五、六章和附录, 何北昌执笔本书的英文文稿.

本书可以作为有关力学及结构工程专业的研究生教材, 也可作为从事力学理论研究和在结构工程、机械工程中进行振动试验、计算和设计的众多同行的参考书.

在本书撰写过程中, 张恭庆、胡海岩、刘人怀院士, 曲广吉、应怀樵、邱吉宝、刘中生研究员, 武际可、王敏中、郭懋正、苏先樾、陈璞、王泉、唐少强教授, 博士研究生郑子君等都给作者提出了许多宝贵意见, 作者在此对他们表示衷心的感谢. 书中所引用的本书作者的许多研究工作曾得到国家自然科学基金的资助和支持, 在此一并表示感谢.

作者热忱欢迎同行和读者对本书批评指正.

王大钧　王其申　何北昌

2014 年 9 月 10 日

目　　录

第一章　结构力学中的定性理论概论

结构力学含多类结构理论 (如 Euler 梁、Timoshenko 梁、薄板、中厚板、无矩壳、有矩壳、复合材料结构和组合结构等) 的多种力学问题 (如静力平衡、模态分析和动力响应等). 用解析、数值计算和实验方法得到这些问题的解的定量结果, 属于定量理论; 用解析、推理方法导出解的定性性质, 属于定性理论.

本书论述两类问题：第一类是弹性结构线性振动的定性性质, 以模态 (含固有频率和振型) 的定性性质为主, 也涉及自由振动和强迫振动的定性性质; 第二类是弹性结构线性理论中静力平衡解、模态解、动力响应解的存在性, 结构理论模型的合理性, 以及 Ritz 法的收敛性等基础理论问题.

模态在振动理论与工程应用中扮演极为重要的角色, 起着基础性的作用. 主要表现在: (1) 当外力含有与结构的固有频率相同频率时引起结构共振, 此时结构振动的形状与振型相同或近似, 振动的强弱依赖于模态力的幅值, 即外力与振型的正交程度. 因此, 不论是避免和应用共振, 首先都要知道结构的固有频率和振型. (2) 结构在外力和初位移、初速度作用下的响应可以表达为振型的线性叠加, 用振型作广义坐标 (称为模态坐标), 将离散系统或连续系统解耦为有限或无限个单自由度系统. 于是复杂的响应问题迎刃而解. (3) 在许多工程问题中, 如结构的振动控制问题中, 传感器、致动器的设置都要以模态信息为依据. (4) 在结构动力设计中, 有时将结构具有某些频率和振型作为基本要求.

有两类关于模态的理论. 一类是定量分析的理论, 主要用解析、数值分析和实验的方法确定模态的量, 目前这类理论已经发展得相当完善, 但仍在不断精益求精; 另一类是定性理论, 主要是用数学演绎出模态的规律性、整体性的性质. 本书专注于研究弹性结构振动的模态以及响应的定性性质.

关于结构的静力平衡及模态求解问题, 对于稍为复杂的结构已难求得解析解, 只能求近似解. 于是解的存在性及其属性是什么, 应该是求解的前提. 结构理论模型应遵从哪些原则才是合理的, 才能保证解存在; Ritz 法在什么条件下才能保证近似解收敛. 这些基础性问题都属于本书关注的定性理论的范畴. 因不同类的结构理论的解的存在性的性质不同, 故本书采用“结构理论的解的存在性”而不用“结构力学的解的存在性”作为命题.

由于部分读者对结构振动的定性理论比较生疏, 所以本章中 1.1 和 1.2 节特别论述什么是, 以及为什么要研究振动的定性性质和解的存在性等基础理论.

1.1　什么是结构力学中的定性理论

关于什么是结构力学的定性理论, 请看下面诸问题.

问题 1: 具有任意边条件的 Euler 梁, 在平面内运动, 其固有频率是否具有重频率?

答: 除两端自由的梁有两阶值为零的重固有频率外, 其他的梁的固有频率皆是单的, 没有重固有频率.

问题 2: 具有任意边条件的 Euler 梁, 其第 $i(i=1, 2, \cdots)$ 阶振型有几个节点? 相邻阶的振型的节点有何关系?

答: 第 i 阶振型有 $i-1$ 个节点; 相邻阶振型的节点互相交错.

问题 3: 杆的连续系统有无穷阶模态 (固有频率及对应的振型), 其中有几阶“独立的”模态? 即有几阶模态给定后就可确定此系统, 其余模态皆由此衍生.

答: 杆的连续系统的“独立的”模态为两阶.

问题 4: 对于旋转周期结构的强迫振动问题, 能否将其分解为一些单个子结构的相应问题?

答: 可以分解为一些单个和两个子结构的相应问题. 应用此性质可以大为减少计算或实验的工作量.

问题 5: 在一个周边固定的等厚度的圆板中央, 垂直连接一等截面直杆. 若板采用薄板理论, 杆采用一维杆理论, 问这个结构的静力平衡解、模态解是否存在?

答: 广义解存在. 这个组合结构是合理的.

问题 6: 如果问题 5 中的板采用 Mindlin 板理论, 此结构的静力解和模态解是否存在?

答: 不存在. 这个组合结构是不合理的.

问题 7: 遵从无矩理论的壳上附着集中质量, 更简单地, 膜上附着集中质量, 或设置集中刚性或弹性支承, 这样的理论模型是合理的吗? 能求出振型吗?

答: 这样的结构理论模型是不合理的, 模态解不存在.

总之, 有关结构振动尤其是模态的全局性、规律性的性质, 静力平衡, 模态和动力响应解的存在性, 以及结构理论模型的合理性等皆属于定性理论.

1.2 为什么要研究结构力学中的定性理论

1.2.1 结构振动的定性性质的意义

结构振动的定性性质在振动理论和工程应用中都具有重要的意义. 例如:

(1) 应用固有频率和振型的定性性质, 可辅助判断用计算或实验方法所得固有频率和振型的定量结果的正确性. 如果定量结果不符合定性性质, 则肯定该结果是错误的. 如符合定性性质, 则可能是正确的. 例如, 数值计算出一个两端自由的梁的第四阶振型, 如图 1.1(a), 它有两个节点, 则可以判断它是错误的. 因为根据定性性质, 第四阶振型应有 3 个节点. 如果由实验测出此梁的第三阶振型形状如图 1.1(a), 则它在定性上是正确的, 当然还不能判断它在定量上的误差大小. 又如, 由计算得到此梁的第三、四阶振型形状如图 1.1(b), 虽然这两个振型的节点数都正确, 但可以认定至少有一个振型误差过大, 以致违反了另一定性性质: 相邻阶的振型的节点交错. 再如, 图 1.1(c) 所示的振型是错误的, 它在 r_1 和 r_2 处的形态不符合定性性质. 因 r_1 处是振型函数的极点, 故位移 u 的值和曲率 u'' 的值应反号而不应同号; r_2 处是自由边界, 位移 u 的值与斜率 u' 的值应同号而不应反号.

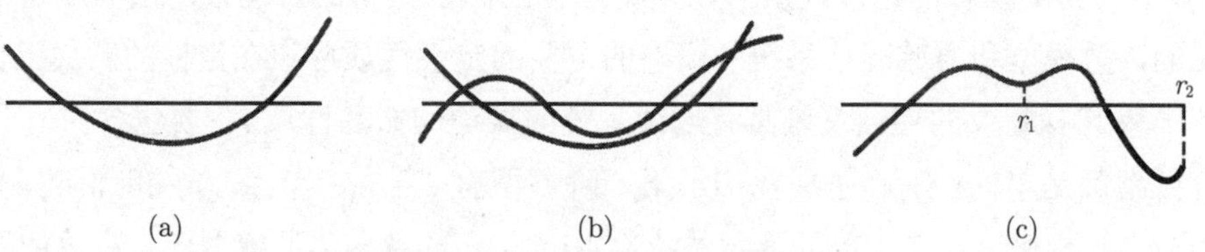

图 1.1 梁的振型检验图

(2) 对于对称结构和周期性结构, 模态的定性性质可用来简化模态的定量分析的计算和实验方案, 从而大大减少工作量. 例如, 对于一个对称结构, 由于它的振型分为对称和反对称两组, 所以计算它的固有频率和振型时, 只要计算以对称面为边界的一半结构两次. 至于其对称面上的边条件, 一次是使结构左右对称时的状态, 另一次是使结构左右反对称时的状态. 再如, 如果对称结构的自由

度为 N, 按整体结构计算特征值问题, 其计算工作量大体为 N^3. 若利用对称性, 只需计算两次一半结构的特征值问题, 则计算量大体为 $2(N/2)^3 = N^3/4$. 如结构有两个对称面, 如图 1.2(a), 只需计算 4 次 1/4 结构的特征值问题, 计算量约为 $N^3/16$. 如结构有 3 个对称面, 如图 1.2(b), 则计算量可降为 $N^3/64$.

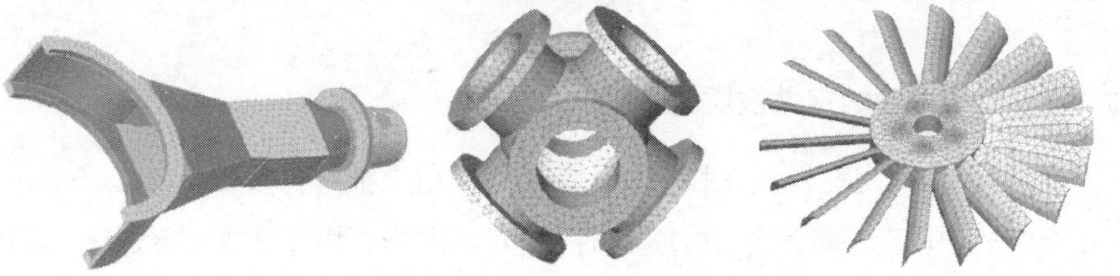

(a) (b) (c)

图 1.2 对称结构和循环周期结构

对于一个 n 阶旋转周期结构, 利用其周期性, 可使计算量大为减少. 若 n 比较大时, 则计算工作量大约可以降至为按整体结构计算的工作量的 $4/n^2$. 如图 1.2(c) 所示的机械零件, $n = 18$, 其计算量仅约为按整体结构计算的工作量的 1/81.

(3) 应用模态的定性性质, 可以保证在振动反问题和结构动态设计中, 对其结构的频率和振型提出合理的要求. 例如, 设计一个梁时, 不能要求它的某一振型具有一段节线. 因为按梁的结构振动的定性性质, 梁的振型只有节点, 不可能有节线.

(4) 利用模态的定性性质可以检验结构的离散模型的合理性. 因为经过简化的离散模型和原始连续系统的模态的主要的定性性质应该在定性的意义上保持一致. 例如, 梁的连续系统具有连续系统的振动的振荡性质 (主要包含: (a) 固有频率都是单的, 有无穷多个; (b) 第 i 阶振型有 $i-1$ 个节点; (c) 相邻阶振型的节点互相交错). 这个梁的连续系统自由度为 n 的各种离散模型应具有离散系统的振动的振荡性质 (主要包含: (a) 固有频率是单的, 有 n 个; (b) 第 i 阶位移振型的 u 线有 $i-1$ 个节点; (c) 相邻阶位移振型的 u 线的节点互相交错). 如果离散模型不具有离散系统的振荡性质, 这个离散模型就是不合理的.

(5) 有些问题, 只需利用定性知识即可解决, 从而避免复杂的定量分析. 例如, 只需知道结构参数的变化对频率和振型的变化趋势的影响, 此时定性性质就可以提供满意的回答.

1.2.2 结构理论解的存在性等基础理论的意义

结构力学可分为四类问题: 静力平衡、固有振动、动力响应和稳定性问题. 这些物理问题都是将实际的工程对象通过物理建模和数学建模提炼为各类数学物理方程求解问题. 但对多数结构问题只能求助于近似方法, 这就需要知道结构参数、外力、初条件、边界形状和边条件满足什么条件时, 该问题存在什么意义下的解, 这应该是求解的前提. 在关于结构振动的学术论文中, 也确实出现过不顾存在性问题而盲目求解的情形. 例如 Leung 等[51] 曾指出, 在科学文献中出现用级数求附有质点的膜和附有质点的 Mindlin 板的模态的错误.

考查一个结构理论模型是否合理的重要标志, 是其解的存在性. 若此结构理论模型的解不存在, 则它是不合理的. 在求解问题的近似解时, Ritz 法等能量法是极有效的. 但采用这些方法求得的近似解, 对具有什么参数的结构、外力、初条件和边条件才可以在何种意义下收敛, 是需要仔细研究的. 这些问题不仅反映数学的完整性, 更具有鲜明的物理意义, 属于结构力学中的基础性理论部分.

结构力学的定量理论和定性理论组成完整的结构力学理论. 有关的研究人员和工程技术人员了解和掌握结构力学中的定性理论, 既有利于进行定量分析工作, 也有助于提高自身的理论修养.

1.3 结构振动的物理和数学模型①

此节将本书所涉及的一些结构理论模型作一简要陈述, 以便读者理解以下各节给出的各类结构的振动定性性质. 本书讨论的梁, 皆指 Euler 梁. 弦和梁只限于平面运动.

1.3.1 连续系统和离散系统

1. 连续系统的固有振动问题

当弹性结构被建模为连续系统时, 其运动方程可以表示为三种数学形式: 微分方程、积分微分方程和变分方程.

① 本书中函数 (如 u, f 等) 可能是矢量函数; 算子 (如 A, B 等) 可能是矩阵算子. 当内容不涉及具体结构、只限于数学范畴时, 其符号表示一律用外文白斜体, 不用黑斜体. 此注对全书适用.

直接从牛顿第二定律出发, 不考虑阻尼时, 弹性结构的振动方程和边条件可表示为微分方程:

$$\begin{cases} Ay(x,t)+\rho(x)\ddot{y}(x,t)=F(x,t), & \Omega \text{ 内}, \\ By(x,t)=0, & \partial\Omega \text{ 上}. \end{cases} \tag{1.3.1}$$

其中, x 是一、二或三维的空间坐标; t 为时间; “$\cdot$” 表示对时间 t 的一次微商; $y(x,t)$ 为结构的一、二或三维位移矢量; 对应一维、二维或三维结构, $\rho(x)$ 分别为质量的线、面、体密度; 空间微分算子 A 称为结构理论算子, B 称为边条件算子, 都为实算子; $F(x,t)$ 为外力矢量; Ω 和 $\partial\Omega$ 分别表示连续系统的区域和边界. 本书只考虑 Ω 为有界区域. 固有振动是一种特殊运动, 它是在系统不受外力和强迫位移的条件下, 整个系统的位移保持一定比例的同频同相的简谐振动, 即

$$y(x,t)=u(x)\sin\omega t, \tag{1.3.2}$$

其中 ω 为固有角频率, $f=\omega/2\pi$ 为固有频率, $u(x)$ 称为振型 (更确切地, 可称为位移振型). 记 $\omega^2=\lambda$. 将式 (1.3.2) 代入方程 (1.3.1), 得到固有频率和振型满足的方程

$$\begin{cases} Au(x)=\lambda\rho(x)u(x), & \Omega \text{ 内}, \\ Bu(x)=0, & \partial\Omega \text{ 上}. \end{cases} \tag{1.3.3}$$

数学上, 方程 (1.3.3) 称为微分方程特征值问题. 式中 λ 和 $u(x)$ 分别称为算子 A 和 ρ 的特征值和特征函数, 合称为特征对.

弹性结构的连续系统的振动问题还可以用积分方程的特征值问题描述. 在空间某一点 s 处作用一单位集中力, 在 x 处产生的静位移 $G(x,s)$ 称为柔度函数或位移影响函数, 数学上称为 Green 函数. 它分别满足微分方程和边条件:

$$\begin{cases} A_xG(x,s)=\delta(x-s), & x,s\in\Omega, \\ B_xG(x,s)=0, & x\in\partial\Omega. \end{cases} \tag{1.3.4}$$

其中 A_x 和 B_x 是变量 x 的算子, δ 为 Dirac δ 函数, 点 s 在 Ω 内. 根据静力学方程和 d'Alembert 原理, 可将连续系统的振动方程表示为积分微分方程:

$$y(x,t)=\int_\Omega G(x,s)[-\rho(s)\ddot{y}(s,t)]\mathrm{d}s, \tag{1.3.5}$$

式中 $G(x,s)$ 又称为系统的核. 该系统的固有频率和振型满足积分方程

$$u(x)=\lambda\int_\Omega G(x,s)\rho(s)u(s)\mathrm{d}s. \tag{1.3.6}$$

这属于积分方程特征值问题. 式中 λ 和 $u(x)$ 分别称为特征值和特征函数.

固有振动问题对应的变分形式为求 Reyleigh 商的极值, 可转化为

$$\delta\left[\int_{\Omega} u(x)\cdot Au(x)\mathrm{d}x \Big/ \int_{\Omega}\rho u^2(x)\mathrm{d}x\right]=0, \tag{1.3.7}$$

即求上述泛函的驻值. 达到驻值的函数及其驻值分别为特征函数和特征值.

2. 离散系统的固有振动问题

一弹性结构被简化为具有自由度为 n 的离散系统, 阻尼略, 其振动方程为

$$\boldsymbol{M}\ddot{\boldsymbol{y}}(t)+\boldsymbol{K}\boldsymbol{y}(t)=\boldsymbol{F}(t), \tag{1.3.8}$$

其中位移矢量 $\boldsymbol{y}=(y_1(t),y_2(t),\cdots,y_n(t))^{\mathrm{T}}$, 质量矩阵 $\boldsymbol{M}=(m_{ij})_{n\times n}$, 刚度矩阵 $\boldsymbol{K}=(k_{ij})_{n\times n}$, $\boldsymbol{F}(t)$ 为外力矢量.

系统的固有振动为

$$\boldsymbol{y}(t)=\boldsymbol{u}\sin\omega t,$$

其中固有频率 $f=\omega/2\pi$, 振型 $\boldsymbol{u}=(u_1,u_2,\cdots,u_n)^{\mathrm{T}}$. 将上式代入外力为零时的运动方程 (1.3.8), 即可得固有频率和振型满足的方程

$$\boldsymbol{K}\boldsymbol{u}=\lambda\boldsymbol{M}\boldsymbol{u}. \tag{1.3.9}$$

数学上, 方程 (1.3.9) 称为矩阵广义特征值问题. 式中 λ 和 $\boldsymbol{u}$ 分别称为矩阵对 $\boldsymbol{K}$ 和 $\boldsymbol{M}$ 的特征值和特征矢量, 合称为特征对.

矩阵特征值问题还有另一种方程表示形式, 即所谓反方程

$$\boldsymbol{u}=\lambda\boldsymbol{R}\boldsymbol{M}\boldsymbol{u}, \tag{1.3.10}$$

式中 $\boldsymbol{R}$ 称为柔度矩阵, 实际上它是刚度矩阵的逆矩阵. 矩阵特征值问题的变分形式可转化为

$$\delta(\boldsymbol{u}\boldsymbol{K}\boldsymbol{u}/\boldsymbol{u}\boldsymbol{M}\boldsymbol{u})=0. \tag{1.3.11}$$

由方程 (1.3.3) 表示的连续系统的模态解的存在性将在第九章讨论, 而许多有关具体结构理论的模态性质将在第二章至第八章讨论. 下面只给出模态的一个重要的普遍性质: 振型的正交性. 对于一个合理的结构理论的连续系统, 其微分算子 A 是对称算子. 由此容易证明, 不同阶的振型关于结构理论算子和结构密度是正交的, 即

$$\int_{\Omega}\boldsymbol{u}_i A\boldsymbol{u}_j\mathrm{d}\boldsymbol{x}=0,\quad \int_{\Omega}\boldsymbol{u}_i\rho\boldsymbol{u}_j\mathrm{d}\boldsymbol{x}=0,\quad i\neq j. \tag{1.3.12}$$

而一个合理的结构理论的离散系统, 其刚度矩阵 $\boldsymbol{K}$ 和质量矩阵 $\boldsymbol{M}$ 是对称矩阵. 由此可得, 不同阶的振型关于刚度矩阵和质量矩阵是正交的, 即

$$\boldsymbol{u}_i^{\mathrm{T}}\boldsymbol{K}\boldsymbol{u}_j = 0, \quad \boldsymbol{u}_i^{\mathrm{T}}\boldsymbol{M}\boldsymbol{u}_j = 0, \quad i \neq j.$$

我们将研究两类结构. 第一类: 不会产生刚体位移的结构, 静定、超静定结构属于此类, 将此类结构的连续和离散系统统称为正系统, 正系统的固有频率都大于零. 第二类: 可以产生刚体位移的结构, 存在刚体位移模态, 相应的固有频率为零.

1.3.2　弦、杆的连续系统

一般的 Sturm-Liouville 系统, 即具有弹性基础的弦、杆的特征值问题满足方程

$$-(p(x)u'(x))' + q(x)u(x) = \lambda\rho(x)u(x), \quad 0 < x < l \tag{1.3.13}$$

和边条件

$$p(0)u'(0) - hu(0) = 0, \quad p(l)u'(l) + Hu(l) = 0, \tag{1.3.14}$$

其中 “ $'$ ” 表示对 x 一次微商, l 为弦或杆的长, $p(x)$ 和 $q(x)$ 为已知函数, λ 和 $u(x)$ 分别为特征值和特征函数. 算子

$$Lu(x) = -(p(x)u'(x))' + q(x)u(x) \tag{1.3.15}$$

称为 Sturm-Liouville 算子.

下面介绍 Sturm-Liouville 系统的几种特殊情形.

(1) 弦的横向振动 (图 1.3). 方程 (1.3.13) 中, $p(x) = T$ 为常数张力, $q(x) = 0$, $\rho(x)$ 为线密度, $\omega = \sqrt{\lambda}$ 和 $u(x)$ 是弦振动的固有角频率和横向位移的振型.

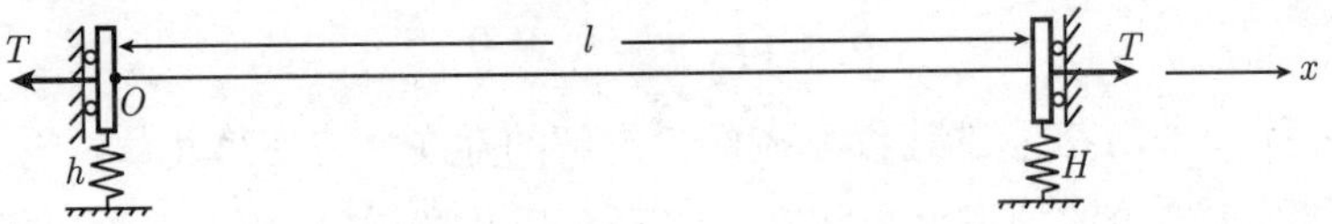

图 1.3　弦的连续系统示意图

(2) 杆的纵向振动 (图 1.4). 方程 (1.3.13) 中, $p(x) = EA(x)$ 为杆的抗拉刚度 E 为弹性模量, A 为杆的横截面面积; $q(x) = 0$, $\rho(x)$ 为线密度, $\omega = \sqrt{\lambda}$ 和 $u(x)$ 是杆振动的固有角频率和纵向位移的振型, u 的正方向同 x 的正方向.

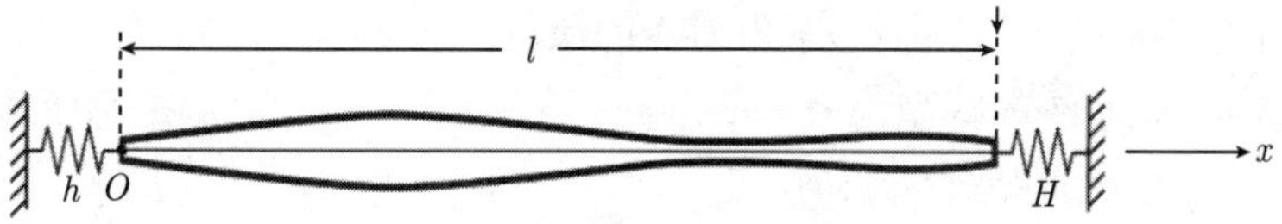

图 1.4 杆的连续系统示意图

轴的扭转振动与杆的纵向振动相对应, 不再另述.

(3) 当弦、杆在弹性基础上运动时, $q(x)$ 不为零并分别是单位长度上的横向、纵向弹簧常数.

对于 Sturm-Liouville 系统, 要求 $p(x)$, $p'(x)$, $q(x)$ 和 $\rho(x)$ 都是 $[0,l]$ 上的连续函数或分段连续函数, 且 $p(x)>0$, $\rho(x)>0$. 如果 $q(x)\geqslant 0$, h 和 $H\geqslant 0$ 且 $h+H>0$, 则称此系统为正的 Sturm-Liouville 系统.

1.3.3 弦、杆的离散系统

弦、杆是最简单的连续系统. 但当系统的物理参数、几何参数导致方程 (1.3.13) 中的参数 $p(x)$, $\rho(x)$ 和 $q(x)$ 不是常数时, 求解该系统特征值问题, 一般地说, 解析法已无能为力, 只能求助于用近似计算求解或简化连续系统为离散系统. 导出离散系统的一种途径是用物理的方法将分布于连续体上的刚度、质量、弹簧常数简化成集中于某些点的对应量, 连续系统即被物理离散为离散系统. 另一种方法是数学离散, 例如, 用差分代替微分, 将用分布参数表示的微分方程简化为用集中参数表示的差分方程. 当然, 物理离散和数学离散又各有多种方法, 所得到的方程也不同. 物理离散方法的优点是直观、简单; 数学离散方法的优点则是便于讨论近似解的收敛性和近似程度. 有趣的是, 有些物理离散的系统和数学离散的系统是同一个离散系统. 下面列出一些 Sturm-Liouville 系统的离散系统.

(1) 将弦的分布质量集中而形成的物理离散系统和从弦的振动微分方程用差分法离散得到的数学离散系统相同. 如图 1.5 所示, 称其为无质量弦–质点系统. 图中 T 为弦所受张力; $m_i(i=0,1,\cdots,n)$ 为质点的质量, $l_i(i=1,2,\cdots,n)$ 为质点间的长度, h 和 H 为边界支承的弹簧常数. 此系统的振型为矢量 $\boldsymbol{u}=(u_0,\ u_1,\ \cdots,\ u_n)^{\mathrm{T}}$, 其分量 u_i 是系统作固有振动时质点 m_i 的横向位移的幅值.

(2) 将杆的分布质量和刚度集中而形成的物理离散系统称为弹簧–质点系统, 如图 1.6 所示. 将杆的振动微分方程以等步长差分得到的数学离散系统与此系统相同. 图中 $m_i(i=0,1,\cdots,n)$ 为质点的质量, $k_i(i=1,2,\cdots,n)$ 以及 h 和 H 是弹簧常数. 此系统的振型为 $\boldsymbol{u}=(u_0,u_1,\cdots,u_n)^{\mathrm{T}}$, 其分量 u_i 是系统作固有振动时质点 m_i 的纵向位移的幅值.

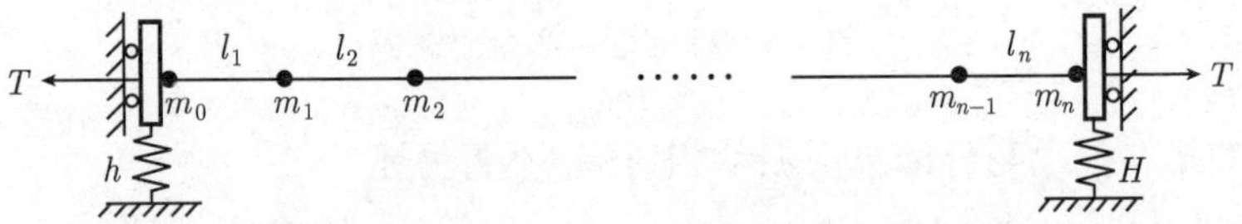

图 1.5　弦的离散系统 (无质量弦–质点系统) 示意图

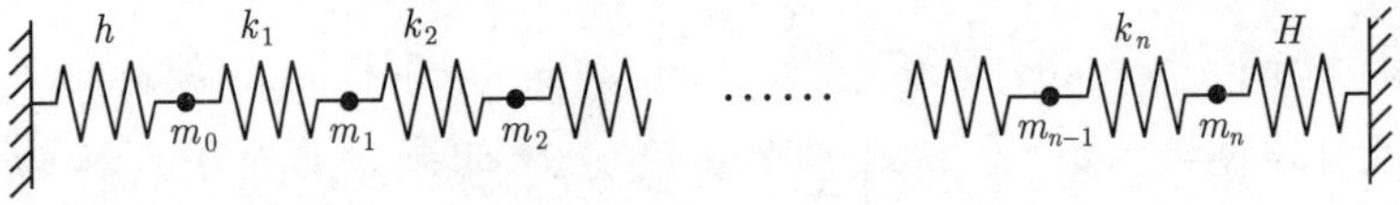

图 1.6　杆的离散系统 (弹簧–质点系统) 示意图

(3) 当杆在弹性基础上振动时, 相应的离散系统是双弹簧–质点系统, 如图 1.7 所示.

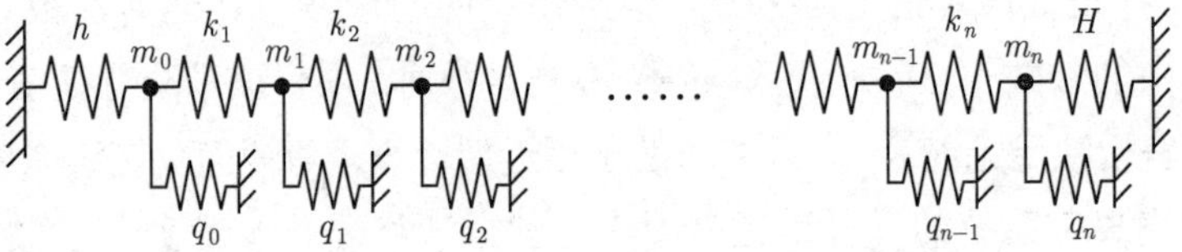

图 1.7　具有弹性基础的杆的离散系统示意图

在以上三种系统的特征值问题的方程 (1.3.9) 中, 质量矩阵 $\boldsymbol{M}$ 是由质点质量 m_i 组成的对角矩阵, 刚度矩阵 $\boldsymbol{K}$ 是具有负的次对角线元的对称三对角矩阵, 即为对称的标准 Jacobi 矩阵. 矩阵 $\boldsymbol{K}$ 的元中, 对弦, 只含参数 T/l_i; 对杆, 只含参数 k_i; 对有地基的杆, 则含参数 k_i 和 q_i.

(4) 杆振动还有另一种物理离散模型, 即只将分布质量集中, 刚度仍保持为分布参数, 所得的离散系统可以称为无质量弹性杆–质点系统, 如图 1.8 所示. 此系统作纵向振动. 是由方程 (1.3.6) 表示的连续系统的一种物理离散系统. 这种系统的特征值问题的方程为 (1.3.10). 相应于正系统的柔度矩阵 $\boldsymbol{R}$ 是振荡矩阵.

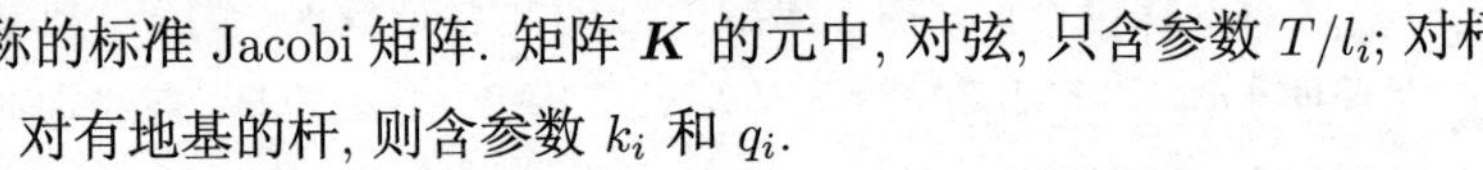

图 1.8　无质量弹性杆–质点系统示意图

(5) 杆的有限元离散系统, 它将在第二章中给出.

1.3.4　梁的连续系统

如图 1.9 所示, 长为 l、线密度为 $\rho(x)$、截面抗弯刚度为 $EJ(x)$ 的梁. 取梁截面的中心轴为 x 轴并取梁的左端点为坐标原点, 则其无阻尼横向振动的振动方程可表示为

$$[EJy''(x,t)]'' + \rho(x)\ddot{y}(x,t) = F(x,t), \quad 0 < x < l;\ t > 0, \tag{1.3.16}$$

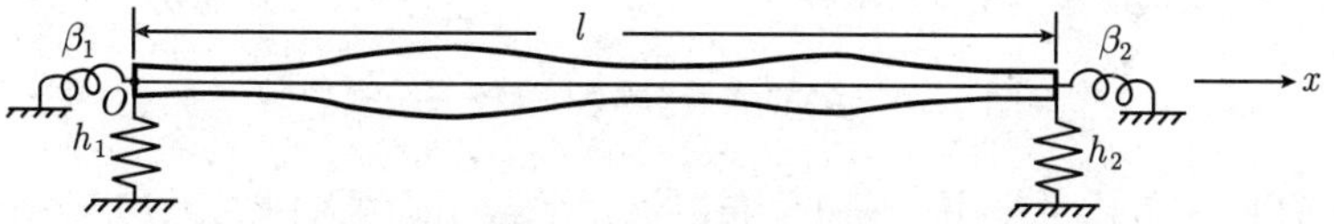

图 1.9　梁振动的连续系统示意图

其中 $y(x,t)$ 代表梁的截面形心的横向位移, 其正方向向下. 该系统的固有角频率和振型所满足的方程是

$$[EJu''(x)]'' = \omega^2\rho(x)u(x), \quad 0 < x < l. \tag{1.3.17}$$

梁的一般支承方式可以统一表示为:

$$[EJu''(x)]'|_{x=0} + h_1u(0) = 0 = [EJu''(x)]'|_{x=l} - h_2u(l), \tag{1.3.18}$$

$$EJ(0)u''(0) - \beta_1u'(0) = 0 = EJ(l)u''(l) + \beta_2u'(l). \tag{1.3.19}$$

式中 $h_r = 0 = \beta_r$ ($r = 1, 2$, 下同) 表示自由端; $h_r = 0, \beta_r \to \infty$ 表示滑支端; $h_r \to \infty, \beta_r = 0$ 表示铰支端; h_r 和 β_r 同时趋于 ∞ 表示固定端. 此外, 在有关频率相间性的讨论中还将涉及一种称为反共振的支承方式, 以图 1.9 左端为例, 它的数学形式是

$$u(0) = [EJu''(x)]'|_{x=0} = 0 \quad 或 \quad u'(0) = EJ(0)u''(0) = 0. \tag{1.3.20}$$

若 $h_1 + h_2 > 0, \beta_1 + \beta_2 > 0$, 或 $h_1 \cdot h_2 > 0$, 则梁的连续系统为正系统.

梁振动的方程也可由形如方程 (1.3.5) 的积分微分方程来表示, 具体形式将在第五章中讨论.

1.3.5　梁的离散系统

以下是常见的几种梁的离散系统.

(1) 将梁的分布质量和分布刚度集中, 得到如图 1.10 所示的弹簧–质点–刚杆系统. 对梁的振动微分方程进行差分离散也可得到这个系统. 在此系统的特征

值问题的方程 (1.3.9) 中, 质量矩阵 $\boldsymbol{M}$ 是由质点质量 m_i 组成的对角矩阵, 而刚度矩阵 $\boldsymbol{K}$ 是由弯曲弹簧的弹簧常数 k_i 和杆长 l_i 组成的对称的五对角矩阵, 它是符号振荡矩阵.

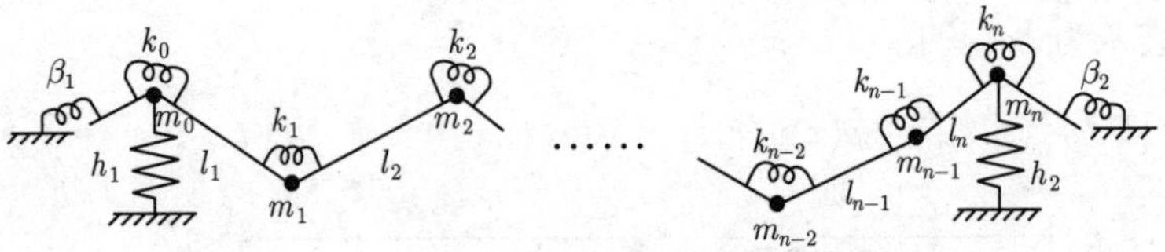

图 1.10 梁的弹簧–质点–刚杆系统模型

(2) 只将分布质量集中, 保留分布刚度, 所得的离散系统为无质量弹性梁–质点系统, 如图 1.11 所示. 由积分微分方程 (1.3.5) 表示的梁的连续系统应用物理离散方法也可得到此系统. 这个系统的特征值问题的方程为 (1.3.10). 此系统的柔度矩阵 $\boldsymbol{R}$ 是振荡矩阵.

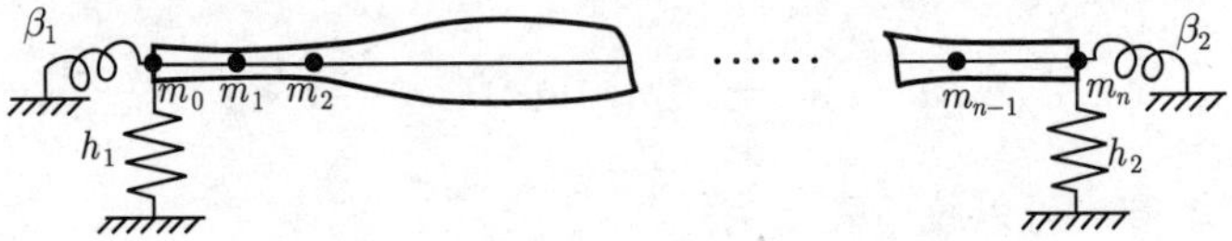

图 1.11 无质量弹性梁–质点系统示意图

(3) 梁的有限元离散系统, 可分别用余能原理和势能原理来建立各种不同的单元特性, 形成各种有限元离散系统, 这将在第三章中给出. 这里只给出一个最常用最简单的梁的有限元离散系统. 将梁划分成若干单元, 每个单元的抗弯刚度为常数即所谓的等截面单元, 形函数为 Hermite 插值, 即单元内位移为三次函数. 梁的分布质量简化为单元结点上的质点. 这个有限元离散系统相当于如下的物理离散系统: 分段等截面无质量弹性梁–质点系统. 如图 1.12 所示, 这个系统是图 1.11 所示系统的特殊情形.

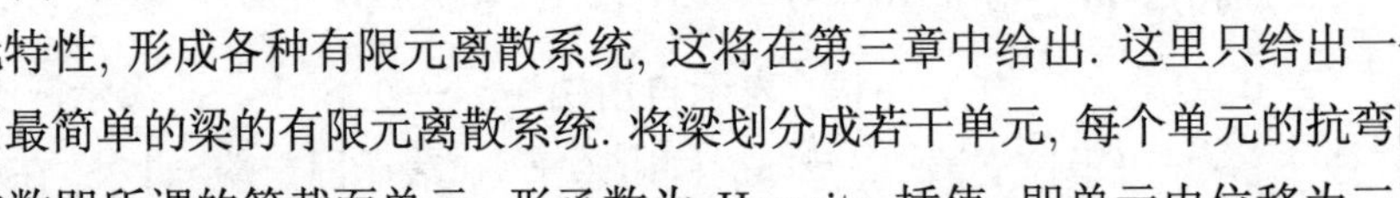

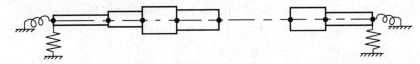

图 1.12 分段等截面无质量弹性梁–质点系统示意图

1.3.6 一维连续系统和离散系统的振型及其节点

表征振型的定性性质的一个重要元素是振型的节点. 下面给出它的定义.

一维连续系统的振型是结构轴线坐标 x 的函数 $u(x)$, 如果在 $x=\zeta$ 处的任

意邻域内, ζ 的两侧分别存在两个点 x_1 和 x_2, 使

$$u(x_1)u(x_2) < 0,$$

则称 ζ 是振型 $u(x)$ 的节点. 直观地说, 就是 $u(x)$ 在 ζ 处穿过 x 轴.

一维连续系统的离散系统的振型是矢量 $\boldsymbol{u} = (u_1, u_2, \cdots, u_n)^{\mathrm{T}}$, 在平面直角坐标系 Oxy 中, 以 $P_k = (k, u_k)$ $(k = 1, 2, \cdots, n)$ 为顶点的折线 $P_1P_2, \cdots P_n$ 称之为 u 线. 当 u 线与 x 轴交叉相交时, 这样的交点称为节点. u 线的节点称为振型 $\boldsymbol{u}$ 的节点.

1.3.7 膜的连续系统

设有一弹性膜, 其平面区域为 Ω, 边界为 $\partial\Omega$, 质量面密度为 $\rho(x, y)$, 张力为 T, 边界有连续的横向弹簧支承 (参见图 1.3 所示弦的情形), 弹簧常数为 $h(x, y)$. 膜的固有角频率 $\omega = \sqrt{\lambda}$ 和振型 $u(x, y)$ 满足方程:

$$T\Delta_2 u + \lambda\rho u = 0, \quad \Omega\text{内}, \tag{1.3.21}$$

$$T\frac{\partial u}{\partial n} + hu = 0, \quad \partial\Omega\text{上}. \tag{1.3.22}$$

这里 Δ_2 是二维 Laplace 算子, $\partial u/\partial n$ 为 u 沿边界法向方向的微商.

1.3.8 重复性结构的连续系统和离散系统

重复性结构是一类特殊的组合结构, 包括镜面对称结构、旋转周期结构、线周期结构、链式结构, 以及轴对称结构. 它们的物理和数学模型将在第七章中分别讨论. 另外在第九章的存在性问题中将涉及最一般的组合结构的连续系统.

顺便指出, 振动理论中所指的振型矢量 $\boldsymbol{u}$ 和振型函数 $\boldsymbol{u}(x)$, 更确切地可称为位移振型, 但一般都称为振型. 而对由它衍生出来的各种振型冠以相应名称. 如对杆的连续系统, $u(x)$ 是位移振型, $u'(x)$ 是应变振型; 对梁的连续系统, $u'(x)$ 是转角振型, $\tau(x) = EJu''(x)$ 是弯矩振型, 等等.

1.4 主要理论结果及其论证方法

为了使读者更好地理解本书论及的理论的真谛, 在列出各种结构振动的定性性质和结构理论解的存在性等基础性问题之前, 本节简短地评述主要的理论结果及其论证方法.

1.4.1 一维单跨结构振动的振荡性质

Гантмахер 和 Крейн 揭示出许多一维单跨结构的正系统的振动所具有的以下 4 项重要而优美的定性性质:

(1) 固有频率是单的, 以无穷远为聚点, 按升序排列为

$$0 < f_1 < f_2 < \cdots < f_n < \cdots.$$

(2) 第 i 阶振型 $u_i(x)$ 恰有 $i-1$ 个节点 (第一阶振型无节点).

(3) 相邻阶振型的节点交错.

(4) 如果振动 (含静位移, 此时下式中 $c_r(t)$ 与时间无关) 由第 p 阶至第 $q(1 \leqslant p \leqslant q)$ 阶振型叠加而成, 即

$$u(x,t) = \sum_{r=p}^{q} c_r(t) u_r(x).$$

则此振动在每一时刻的节点不少于 $p-1$ 个, 零点不多于 $q-1$ 个.

Гантмахер 和 Крейн 称上述这些定性性质为 "振动的振荡性质". 本书作者将上述 4 项性质分别冠名为: (1) 固有频率的不重性; (2) 振型节点的有序性; (3) 振型节点的交错性; (4) 振动的节点的特定性.

Гантмахер 和 Крейн 还揭示出一维单跨结构的某些离散系统也具有以上所述振动的振荡性质. 与连续系统比较, 区别只在于固有频率为有限个, 振型节点是振型矢量各分量间的折线, 即 u 线的节点.

Гантмахер 和 Крейн 的理论论证方法有以下三个环节: (1) 如果一维结构的连续系统的 Green 函数是振荡核, 则此系统具有振动的振荡性质. 如果一维结构的离散系统的柔度矩阵是振荡矩阵 (或刚度矩阵是符号振荡矩阵), 则此离散系统具有振动的振荡性质. (2) 一维结构具有 "在 n 个集中力作用下位移的正负号改变不大于 $n-1$ 次" 的性质 (本书作者称其为静变形振荡性质) 等价于此结构的 Green 函数是振荡核. (3) 弦、杆、梁的正系统具有静变形振荡性质. 结合这三个环节, 即得到这些系统具有振动的振荡性质.

显然, 第一环节体现了振荡矩阵和振荡核的数学理论的魅力, 第二环节表现了力学和数学的结合, 第三环节揭示了弦、杆、梁的静力变形性质. 最后的结果理论上干净优美, 且富有实用意义.

但是, 也留下了一些重要的缺陷:

(1) 由于只能在正系统, 即不产生刚体运动的系统上讨论振荡核、振荡矩阵, 以及静变形振荡性质, Гантмахер 和 Крейн 的理论没有涉及实际工程中大量

存在的具有刚体运动形态的“非正系统”. 王其申、王大钧与何北昌[18,27] 运用共轭梁 (共轭系统) 的技巧, 论证了这些“非正系统”也具有振动的振荡性质, 完善了理论并拓展了工程应用的范围.

(2) 上述第一环节表明: “连续系统的 Green 函数是振荡核”, “离散系统的柔度矩阵是振荡矩阵”, 这些只是系统具有振动的振荡性质的充分条件, 但未证明它是否也是必要条件. 郑子君、陈璞和王大钧[52] 证明了, 对于离散系统, “柔度矩阵是振荡矩阵”也是“离散系统具有振动的振荡性质”的必要条件, 因此两者是等价的; 对于连续系统, “Green 函数是振荡核”也是“连续系统具有振动的振荡性质”的必要条件, 因此两者是等价的.

综合以上论证, 得到完美的结论: 无论对一维单跨结构的连续系统, 还是离散系统, “系统具有静变形振荡性质”; “系统的 Green 函数是振荡核” (或“柔度矩阵是振荡矩阵”); “系统具有振动的振荡性质”, 这三者是等价的. 这使得考查结构是否具有振动的振荡性质时, 只需判断系统是否具有静变形振荡性质即可.

在第二至第五章中将证明下列系统具有振动的振荡性质: 有或无弹性基础的弦、杆的连续系统及它们的多种离散系统; 梁的连续系统及其差分离散系统; 用 Hellinger-Reissner 原理构造的二结点混合型单元的梁的有限元离散系统; 用势能原理构造的三次 Hermite 插值位移型单元的梁的有限元系统, 但要求单元刚度分布满足一定条件.

应该指出, 并非所有一维结构都具有振动的振荡性质, 例如弹性基础上的梁, 以及 Rayleigh 梁 (计及截面转动的动能) 就不是对任何抗弯刚度和质量分布都具有这些性质.

1.4.2 几项重要的定性性质

除上述振动的振荡性质外, 本书还论及以下几项重要的振动的定性性质.

(1) 一维单跨结构独立模态的个数. 一维单跨结构有无穷阶模态 (固有频率 f_i, 振型 $u_i(x)$, $i = 1, 2, \cdots$), 它们之间除了互相正交外还有什么重要的关系? 王其申、王大钧[21] 证明了对于单跨杆, 用两阶模态可以构造一个杆的截面抗拉刚度和质量密度, 从而其余的模态由此衍生. 这意味着杆只具有 (任意的) 两阶独立的模态. 因此在动力设计中, 最多只能要求杆具有两阶给定的模态.

类似地, 单跨弦只具有 (任意的) 一阶独立的模态.

郑子君 [115] 已证明: 梁的多数的两阶模态可以确定一个梁, 但有些两阶模态则不能.

杆的弹簧–质点离散系统和梁的有限差分离散系统具有两阶模态可唯一确定该系统的性质.

(2) "听" 出结构. Gladwell 在他的著作[4] 中阐述了给定三组具有不同边条件 (例如固定–自由、固定–铰支、固定–滑支) 的梁的彼此相间的频谱, 可以构造梁的抗弯刚度和质量密度. 频谱是可用声学方法测出来的, 因而梁的物理参数是可以 "听" 出来的.

(3) 多支座梁的连续系统和离散系统的定性性质. 通过引入数学转换系统, 证明了多支座梁的连续系统和离散系统的固有频率是单的; 有着 p 个内部支座的多跨梁的第 i 阶位移振型 $u_i(x)$ 有 $i+p-1$ 个零点, 不与内部支座重合的内零点均为节点, 位于内部支座处的零点可能是节点也可能是零腹点; 不再保持相邻阶位移振型节点的相间性; 梁的转角、弯矩和剪力振型仍然具有确定的变号数.

(4) 重复性结构连续系统的定性性质. 以往对重复性结构的研究多是从简化计算的角度研究离散系统的矩阵特征值问题. 而本书则着重研究重复性结构连续系统的微分方程特征值问题, 从而揭示出对称结构、旋转周期结构、线周期结构、链式结构和轴对称结构振动的特殊定性性质, 更准确地反映了这些定性性质的物理本质, 也更便于实际应用.

1.4.3 弹性力学解的存在性

弹性力学解 (含静力平衡解、模态解和动力响应解) 和结构理论解的存在唯一性问题是固体力学中两个标志性的基础理论课题. 19 世纪 50 年代 Friedrichs, Михлин 等运用 Hilbert 函数空间理论, 完成了弹性力学解的存在性的证明. 主要结论是:

(1) 对有界区域内的弹性体, 设边界逐片光滑, 弹性系数具有分片连续一阶微商, 则对于多种常见的边条件, 弹性力学算子是正定的, 从而, 在满足平方可积的外力作用下弹性力学静力平衡解的广义解存在且唯一.

(2) 具有上述条件的弹性体的应变能模空间至动能模空间的嵌入算子是紧算子, 从而, 弹性力学模态解的广义解存在, 有可数无穷个固有频率, 仅以无穷远点为聚点, 振型在动能模空间和应变能模空间都是完全正交系.

1.4.4 结构理论解的存在性

19 世纪 80 年代, 王大钧、胡海昌[47~50] 用力学与数学深度融合的方法, 利用结构理论与弹性力学中的应变能的联系、动能的联系, 结合算子有界性、紧性的传承性质, 建立了一个泛函分析的框架, 将弹性力学解的存在性传承到结构理论解的存在性. 此理论在本书中得到进一步改进和完善. 主要结论是:

(1) 对于给定弹性和惯性常数、形状和边条件的弹性结构, 如果: (a) 对应的弹性体及其边条件保证弹性力学算子正定; (b) 结构的应变能模空间和与其对应的约束弹性体的应变能模空间的模等价. 则此结构的结构理论算子是正定的. 于是如果外力属于 L_2 空间, 则其静力平衡解存在唯一的广义解.

(2) 对于给定弹性和惯性常数、形状和边条件的弹性结构, 如果：(a) 对应的弹性体及其边条件保证弹性力学的能量嵌入算子是紧算子; (b) 结构的应变能模空间和与其对应的约束弹性体的应变能模空间的模等价; (c) 结构的动能模空间和与其对应的约束弹性体的动能模空间的模等价. 则此结构的结构理论的能量嵌入算子是紧算子. 于是具有 (1) 和 (2) 中性质 (a) 的结构的模态解存在广义解, 具有仅以无穷远点为聚点的可数无穷多个固有频率, 振型在动能模空间和应变能模空间都是完全正交系.

根据结构理论是否具有上述性质 (b) 和 (c) 判断结构理论模型是否合理. 例如, 常用的结构理论模型, 如梁、薄板、薄壳理论是合理的; 在 Green 函数为奇点处设集中参数的结构理论模型, 在该点进行结构组合的组合结构则是不合理的.

1.5 杆的连续系统振动的定性性质要览

如图 1.4 所示, 变截面的单跨杆具有任意边条件, $h(H) = 0$ 对应自由端, $h(H) \to \infty$ 对应固定端. 杆的固有频率按升序排列, 记为 $f_i(i = 1, 2, \cdots)$, 相应的振型记为 $u_i(x)$. 它们具有以下主要定性性质.

(1) 固有频率的不重性. 所有固有频率是单的, 系统没有重频率, 即

$$0 \leqslant f_1 < f_2 < \cdots < f_n < \cdots .$$

(2) 振型节点的有序性. 即

(a) 第 i 阶位移振型 $u_i(x)$ 有 $i-1$ 个节点而无别的零点, 记为

$$S_{u_i} = i - 1, \quad i = 1, 2, \cdots ;$$

(b) 第 i 阶应变振型 $u_i'(x)$ 的节点数 (符号改变数)$S_{u_i'}$, 见表 1.1(表内还包含第 i 阶位移振型的节点数 S_{u_i}).

表 1.1 杆的连续系统的位移振型和应变振型的节点数

支承方式			S_{u_i}	$S_{u'_i}$
类别	h	H		
固定–固定	∞	∞	$i-1$	i
固定–自由	∞	0	$i-1$	$i-1$
自由–自由	0	0	$i-1$	$i-2$①

① 对两端自由的杆, $i=1$ 时, $S_{u'_1}=0$.

(3) 振型节点的交错性. 即

(a) 相邻阶位移振型 $u_i(x)$ 和 $u_{i+1}(x)$ 的节点互相交错;

(b) 相邻阶应变振型 $u'_i(x)$ 和 $u'_{i+1}(x)$ 的节点互相交错;

(c) 同阶应变振型 $u'_i(x)$ 和位移振型 $u_i(x)$ 的节点互相交错.

(4) 固有频率的相间性. 具有不同边条件的杆的固有频率有相间关系:

$$f_i^{\mathrm{ff}} < f_i^{\mathrm{cf}} < (f_i^{\mathrm{cc}},\ f_{i+1}^{\mathrm{ff}}) < f_{i+1}^{\mathrm{cf}}, \quad i=1,2,\cdots.$$

其中, 上角标 ff, cf 和 cc 分别表示系统的左右端边条件为自由–自由、固定–自由和固定–固定.

需要指出, 正的 Sturm-Liouville 系统, 即具有弹性基础的杆, 也具有上述性质 (1), 性质 (2) 之 (a), 性质 (3) 之 (a) 和性质 (4).

(5) 振型条件的充要性. 一个函数 $u(x)$ 是自由–自由、固定–自由或固定–固定杆的第 i 阶位移振型的充分必要条件分别是: $u(x)$ 和 $u'(x)$ 满足相应的边条件, 而它们的节点数满足表 1.1 中所列的关系. “充分条件” 则意味着可以找到一个 (不唯一) 系统以给定的位移矢量为振型.

(6) 模态的相关性——只有两阶独立的模态. 给定两个正数 f_i, f_j 和两个在区间 $[0, l]$ 上的函数 $u_i(x), u_j(x)$, 如果 $u_i(x)$ 和 $u_j(x)$ 分别满足表 1.1 的振型的充分必要条件, 以及 $u_i(x), u_j(x)$ 和 $\lambda_i = (2\pi f_i)^2$, $\lambda_j = (2\pi f_j)^2$ 之间的相容性条件 (见第四章 4.5.2 分节), 则可以构造一个杆的连续系统, 而 $(f_i, u_i(x))$ 和 $(f_j, u_j(x))$ 是此系统的两阶模态. 这表明对于杆的连续系统, 所有的无穷阶模态中, 只有两阶且为任意的两阶模态是独立的. 这意味着, 给定两阶模态后, 系统就确定了, 其余模态由此衍生. 这也意味着, 动力设计中, 最多只能要求一个杆具有两阶给定的模态.

弦只有一阶独立的模态.

(7) 振型形状的特定性. 即

(a) 振型 $u(x)$ 与 Ox 轴 (平衡轴) 的相交点 (即内零点) 只能是节点, 不可能是其他的零点和零线;

(b) 应变振型的内零点也只能是节点;

(c) 在极值点 x_r 处,

$$u_i'(x_r) = 0, \quad u_i(x_r)u_i''(x_r) < 0;$$

(d) 在边界处,

$$u_i(0)u_i'(0) \geqslant 0, \quad u_i(l)u_i'(l) \leqslant 0,$$

上式中等号在 h(或 H) 为零或趋于 ∞ 时成立.

(8) 自由振动的特定性. 即

(a) 简谐振动在动端点的幅值异于零;

(b) 自由振动在动端点的位移不会在所有时间为零;

(c) 自由振动中, 弦的动端点的位移不可能在大于某个量的时间间隔内始终为零.

(9) 强迫振动的特定性. 记 Sturm-Liouville 系统 S 的固有频率为 f_i, 相应的振型为 $u_i(x)$. 设在动端点设置具刚性支座的系统为 S^*, 该系统的固有频率和相应振型分别为 f_i^* 和 $u_i^*(x)$. 设在其动端点受到频率为 f 的简谐力, 则纯强迫振动

$$u(x,t) = u(x)\sin\omega t$$

具有性质:

(a) 如果大于激励频率 f 的系统 S^* 的固有频率中最小的一个为 f_i^*, 则 $u(x)$ 有着与 S^* 的第 i 阶振型 $u_i^*(x)$ 同样个数的节点, 且在 I 上没有别的不动点. (说明: 本书中使用点集 I 这样的记号, 它的物理意义是, 在区间 $[a,b]$ 上全体动点的集合.)

(b) 如果 $f_{i-1}^* < f < f_i$, 则动端点的位移和外力同向; 如果 $f_i < f < f_i^*$, 则动端点的位移和外力反向.

(c) 如果 $f = f_i^*$, 则力的作用点的位移恒为零.

(10) 振动 (含静力平衡, 下式中 $c_r(t)$ 与时间无关) 的节点的特定性. 如果振动由第 p 阶至第 $q(1 \leqslant p \leqslant q \leqslant n)$ 阶振型叠加而成, 即

$$u(x,t) = \sum_{r=p}^{q} c_r(t)u_r(x),$$

则此振动在每一时刻的节点不少于 $p-1$ 个, 零点不多于 $q-1$ 个.

本节的内容详述于第四章.

1.6 杆的离散系统振动的定性性质要览

1.6.1 弹簧–质点系统振动的定性性质

如图 1.6 所示的 N 自由度弹簧–质点系统是弦、杆、轴的一种共同的离散系统, 这里 $N=n+1$ 或 n(当 h, H 之一趋于 ∞) 或 $n-1$(当 h, H 趋于 ∞). 此系统的固有频率按递增次序排列, 记为 $f_1,f_2,\cdots,f_N$, 相应的振型记为 $\boldsymbol{u}^{(1)}$, $\boldsymbol{u}^{(2)},\cdots,\boldsymbol{u}^{(N)}$. 它们具有以下主要定性性质:

(1) 固有频率的不重性. N 个固有频率是单的, 系统没有重频率, 即

$$0\leqslant f_1<f_2<\cdots<f_N.$$

(2) 振型节点的有序性. 即

(a) 第 i 阶位移振型 $\boldsymbol{u}^{(i)}$ 有 $i-1$ 个节点而无其他零点, 将其表示为: $\boldsymbol{u}^{(i)}$ 的节点数

$$S_{\boldsymbol{u}^{(i)}}=i-1,\quad i=1,2,\cdots,N;$$

(b) 系统的第一和最后一个弹簧被视为边界支承, 其余的弹簧变形即相对位移为 $w_r=u_r-u_{r-1}(r=1,2,\cdots,n)$, 而 $\boldsymbol{w}=(w_1,w_2,\cdots,w_n)^{\mathrm{T}}$ 称为弹簧变形振型或相对位移振型, 位移振型和弹簧变形振型的节点数与杆连续系统的同阶位移振型和应变振型的节点数完全相同, 只需将 $\boldsymbol{u}^{(i)}$ 和 $\boldsymbol{w}^{(i)}$ 分别对应表 1.1 中的 u_i 和 u_i' 即可.

(3) 振型节点的交错性. 它与连续系统的振型节点的交错性完全相同. 见 1.5 节之 (3).

(4) 固有频率的相间性. 具有不同边条件的弹簧–质点系统的固有频率有相间关系:

$$f_i^{\mathrm{ff}}<f_i^{\mathrm{cf}}<(f_i^{\mathrm{cc}},f_{i+1}^{\mathrm{ff}})<f_{i+1}^{\mathrm{cf}},\quad i=1,2,\cdots,N,$$

其中上角标的含义与 1.5 节 (4) 中的含义相同.

(5) 振型条件的充要性. 一个位移矢量 $\boldsymbol{u}$(及其相对位移矢量 $\boldsymbol{w}$) 是自由–自由、固定–自由, 以及固定–固定的弹簧–质点系统的第 i 阶振型的充分必要条件分别是: $\boldsymbol{u}$ 和 $\boldsymbol{w}$ 的节点数分别满足表 1.1 中的对应关系.

(6) 模态的相关性——只有两阶独立的模态. 给定两个正数 f_i, f_j 和两个位移矢量 $\boldsymbol{u}^{(i)}$, $\boldsymbol{u}^{(j)}$, 由此分别形成两个相应的相对位移矢量 $\boldsymbol{w}^{(i)}$, $\boldsymbol{w}^{(j)}$. 如果 $\boldsymbol{u}^{(i)}$, $\boldsymbol{w}^{(i)}$ 和 $\boldsymbol{u}^{(j)}$, $\boldsymbol{w}^{(j)}$ 都满足表 1.1 中的类似关系, 而且 $\boldsymbol{u}^{(i)},\boldsymbol{w}^{(i)},\boldsymbol{u}^{(j)},\boldsymbol{w}^{(j)}$ 和 $\lambda_i=(2\pi f_i)^2,\lambda_j=(2\pi f_j)^2$ 之间满足相容性条件 (见第二章 2.3.3 分节), 则可以构造一个弹簧–质点系统, 而 $(f_i,\boldsymbol{u}^{(i)})$ 和 $(f_j,\boldsymbol{u}^{(j)})$ 是此系统的两阶模态.

此性质表明, 对于 N 自由度的弹簧–质点系统, 所有的 N 阶模态中, 只有两阶且任意的两阶模态是独立的. 也就是, 给定两阶模态后, 其余模态就确定了. 这意味着, 如果两个弹簧–质点系统有两阶模态相同, 则这两个系统相同. 这也意味着, 可以构造一个弹簧–质点系统, 要求它具有指定的满足充要条件和相容性条件的一阶或两阶模态, 而不能要求它具有多于两阶的指定模态.

(7) 振型形状的特定性. 即

(a) 位移振型不可能有两个相邻的分量为零;

(b) 位移振型不可能有 3 个相邻的分量相等;

(c) 当且仅当 u_r 为极值时, 才可能与其相邻的分量相等;

(d) 如左端为自由端, 必有 $u_0w_1<0$, 右端为自由端, 必有 $u_nw_n>0$, 如左端为固定端, 必有 $u_1w_1>0$, 右端为固定端, 必有 $u_{n-1}w_n<0$;

(e) 如 u_r 为极大 (小) 值, 必有 $u_r>(<)\,0$.

(8) 自由振动 (含静力位移, 即 $c_r(t)$ 与时间无关) 的节点特定性. 如果自由振动为第 p 阶至第 $q(1\leqslant p\leqslant q\leqslant N)$ 阶振型叠加而成, 即

$$\boldsymbol{u}=\sum_{r=p}^{q}c_r(t)\boldsymbol{u}^{(r)},$$

则此振动在每一时刻的变号数都介于 $p-1$ 到 $q-1$ 之间.

1.6.2　杆的其他离散系统振动的定性性质

图 1.7 所示弹簧–质点–弹簧系统是在弹性基础上的弦、杆的物理离散系统. 图 1.8 所示无质量弹性杆–质点系统是杆的另一种物理离散系统. 数学离散系统有杆的差分离散系统和杆的有限元离散系统, 后者又包括线性形函数集中质量系统和线性形函数一致质量矩阵系统.

上述这些离散系统的刚度矩阵是符号振荡的, 或者其柔度矩阵是振荡的. 因此, 这些系统的固有频率和振型都具有离散系统的振动的振荡性质.

本节的内容详述于第二章.

1.7 梁的连续系统振动的定性性质要览

1.7.1 单跨梁振动的定性性质

如图 1.9 所示的梁的连续系统的固有频率和振型具有以下主要定性性质.

(1) 固有频率的不重性. 非零的固有频率是单的, 即不重的. 只有两端自由的梁, 系统有二重零频率, 即

$$0 \leqslant f_1 \leqslant f_2 < f_3 < \cdots .$$

(2) 振型节点的有序性. 即

(a) 第 i 阶位移振型 $u_i(x)$ 有 $i-1$ 个节点, 无其他零点, 其节点数表示为

$$S_{u_i} = i-1, \quad i = 1, 2, \cdots ;$$

(b) 转角振型 $u'(x)$、弯矩振型 $EJu''(x) = \tau(x)$ 和剪力振型 $(EJu''(x))' = \phi(x)$ 的节点分布规律列于表 1.2(表内还包含第 i 阶位移振型的节点数 S_{u_i}).

表 1.2 梁的连续系统的第 i 阶位移振型、转角振型、弯矩振型和剪力振型的节点数

	边条件				S_{u_i}	$S_{u'_i}$	S_{τ_i}	S_{ϕ_i}
类别	h_1	β_1	h_2	β_2				
固定–自由	∞	∞	0	0	$i-1$	$i-1$	$i-1$	$i-1$
固定–滑支	∞	∞	0	∞	$i-1$	$i-1$	i	$i-1$
固定–铰支	∞	∞	∞	0	$i-1$	i	i	i
固定–固定	∞	∞	∞	∞	$i-1$	i	$i+1$	i
铰支–铰支	∞	0	∞	0	$i-1$	i	$i-1$	i
铰支–滑支	∞	0	0	∞	$i-1$	$i-1$	$i-1$	$i-1$
自由–铰支	0	0	∞	0	$i-1$	$i-1$	$i-2$①	$i-1$
自由–滑支	0	0	0	∞	$i-1$	$i-2$①	$i-2$①	$i-2$①
自由–自由	0	0	0	0	$i-1$	$i-2$①	$i-3$②	$i-2$①
滑支–滑支	0	∞	0	∞	$i-1$	$i-2$①	$i-1$	$i-2$①

① 对自由–铰支梁, $S_{\tau_1} = 0$; 对自由–滑支梁, $S_{u'_1} = S_{\tau_1} = S_{\phi_1} = 0$; 对自由–自由和滑支–滑支梁, $S_{u'_1} = S_{\phi_1} = 0$;

② 对自由–自由梁, $S_{\tau_1} = S_{\tau_2} = 0$.

(3) 振型节点的交错性. 即

(a) 相邻阶位移振型 $u_i(x)$ 和 $u_{i+1}(x)$ 的节点互相交错;

(b) 相邻阶转角振型 $u_i'(x)$ 和 $u_{i+1}'(x)$ 的节点互相交错;

(c) 相邻阶弯矩振型 $\tau_i(x)$ 和 $\tau_{i+1}(x)$ 的节点相互交错;

(d) 相邻阶剪力振型 $\phi_i(x)$ 和 $\phi_{i+1}(x)$ 的节点相互交错;

(e) 同阶位移振型 $u_i(x)$ 和转角振型 $u_i'(x)$ 的节点互相交错;

(f) 同阶转角振型 $u_i'(x)$ 和弯矩振型 $\tau_i(x)$ 的节点互相交错;

(g) 同阶弯矩振型 $\tau_i(x)$ 和剪力振型 $\phi_i(x)$ 的节点互相交错.

(4) 固有频率的相间性. 具有不同边条件的梁的固有频率具有相间关系, 如

$$f_i^{\mathrm{cf}} < f_i^{\mathrm{cs}} < f_i^{\mathrm{ca}} < f_i^{\mathrm{cp}} < (f_i^{\mathrm{cc}},\ f_{i+1}^{\mathrm{cf}}) < f_{i+1}^{\mathrm{cs}}, \quad i = 1, 2, \cdots,$$

其中, 上角标 cf, cs, ca, cp 和 cc 分别表示系统的左右边条件为固定–自由, 固定–滑支, 固定–反共振, 固定–铰支和固定–固定.

(5) 振型条件的充要性. 设有一梁的连续系统, 其两端是由自由、滑支、铰支或固定这 4 种支承方式之一所支撑的, 则一个函数 $u(x)$ 是该系统的第 i 阶位移振型的充分必要条件分别是, 该函数 $u(x)$ 和相应的 $u''(x)$ 的节点数满足表 1.2 中所列的关系及相应的边条件.

(6) 模态的相关性. 梁的多数的两阶模态可以确定唯一的梁, 但有些两阶模态则不能.

(7) 振型形状的特定性. 即

(a) 在极值点 x_r 处 ($u'(x_r) = 0$), 有 $u(x_r)u''(x_r) < 0$;

(b) 左端自由时,

$$u_i(0)u_i'(x) < 0, \quad 0 \leqslant x \leqslant \xi_1,\ i = 1, 2, \cdots,$$

右端自由时,

$$u_i(l)u_i'(x) > 0, \quad \xi_{i-1} \leqslant x \leqslant l,\ i = 1, 2, \cdots,$$

左端滑支时,

$$u_i(0)u_i'(x) < 0, \quad 0 < x \leqslant \xi_1,\ i = 1, 2, \cdots,$$

右端滑支时,

$$u_i(l)u_i'(x) > 0, \quad \xi_{i-1} \leqslant x < l,\ i = 1, 2, \cdots,$$

式中 ξ_1 与 ξ_{i-1} 是第 i 阶位移振型 $u_i(x)$ 的第一和最后一个节点.

(8) 自由振动的特定性. 即

(a) 简谐振动在动端点的幅值异于零;

(b) 自由振动中, 梁在动端点的位移不可能在无论多么小的时间间隔内为零, 也就是说, 只能在一瞬时为零.

(9) 强迫振动的特定性. 当梁在其动端点受到角频率为 ω 的简谐集中力 $F\sin\omega t$ 的作用时, 纯强迫振动为

$$u(x,t)=u(x)\sin\omega t.$$

设在动端点设置有刚性支座的系统为 S^*(系统 S^* 是指强迫力所作用的那个动端点加上铰支座而另一端支承方式不变时所得的系统), 其固有频率与其相应振型分别为 f_i^* 和 $u_i^*(x)$. 则

(a) 如果大于激励频率 $f=\omega/2\pi$ 的系统 S^* 的固有频率中最小的一个为 f_i^*, 则 $u(x)$ 有着与 S^* 的第 i 振型 $u_i^*(x)$ 同样个数的节点, 且在 I 上没有别的不动点;

(b) 如果 $f_{i-1}^*<f<f_i$, 则动端点的位移和外力同向, 如果 $f_i<f<f_i^*$, 则动端点的位移和外力反向;

(c) 如果 $f=f_i^*$, 则力的作用点的位移恒为零.

(10) 振动 (含静力位移, $c_r(t)$ 与时间无关) 的节点特定性. 如果振动为第 p 阶至第 $q(1\leqslant p\leqslant q)$ 阶振型叠加而成, 即

$$u(x,t)=\sum_{r=p}^{q}c_r(t)u_r(x),$$

则此振动在每一时刻的节点不少于 $p-1$ 个, 零点不多于 $q-1$ 个.

1.7.2 外伸梁连续系统振动的定性性质

对于图 1.13 所示的两跨和三跨外伸梁, 此系统的固有频率和振型有以下主要性质.

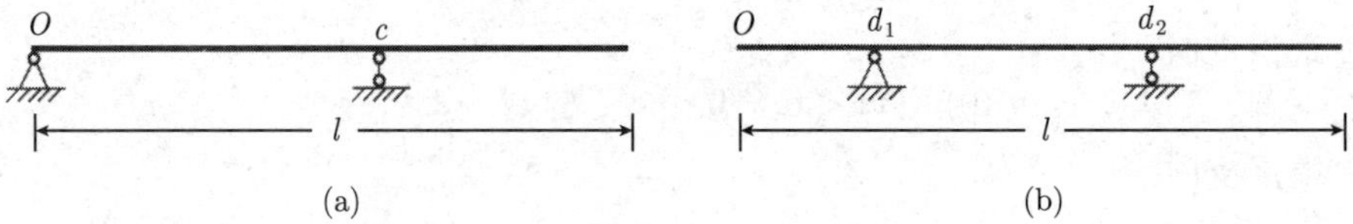

图 1.13 两跨和三跨外伸梁的示意图

(1) 固有频率是单的, 系统没有重频率.

(2) 第一阶位移振型 $u_1(x)$ 有 p 个节点, 这里两跨外伸梁 $p=1$ 而三跨外伸梁 $p=2$. 振型函数跨内同号, 邻跨异号.

(3) 第 i 阶位移振型 $u_i(x)$ 有 $i+p-1(p=1,2)$ 个零点, 不与内部支座重合

的内零点均为节点, 位于内部支座处的零点可能是节点也可能是零腹点 (一个零腹点当作两个单零点计数).

(4) 相邻振型 $u_i(x)$ 和 $u_{i+1}(x)$ 的节点不一定互相交错.

(5) 转角、弯矩和剪力振型的节点数分别为:

$$S_{u_i'} = i, \quad S_{\tau_i} = i-1, \quad S_{\phi_i} = i, \quad i = 1, 2, \cdots .$$

本节的内容详述于第五章.

1.8 梁的离散系统振动的定性性质要览

1.8.1 梁的差分离散系统振动的定性性质

如图 1.10 所示的弹簧–质点–刚杆系统, 其自由度 $N = n+1$ 或 n(当左端为铰支端或固定端时), 或 $n-1$(即两端铰支或两端固定). 将此系统的固有频率按递增次序排列, 记为 $f_1,\ f_2,\ \cdots,\ f_N$, 相应的振型记为 $\boldsymbol{u}^{(i)}(i = 1,\ 2,\ \cdots,\ N)$, 它们具有以下主要性质.

(1) 固有频率的不重性. 非零的固有频率是单的, 系统没有非零重频率, 只有两端自由时, 系统才有二重零固有频率, 即

$$0 \leqslant f_1 \leqslant f_2 < f_3 < \cdots < f_N.$$

(2) 振型节点的有序性. 即

(a) 第 i 阶位移振型 $\boldsymbol{u}^{(i)}$ 有 $i-1$ 个节点而无其他零点, 将其表示为

$$S_{\boldsymbol{u}^{(i)}} = i-1, \quad i = 1,\ 2,\ \cdots,\ N;$$

(b) 转角振型、弯矩振型和剪力振型的节点分布的规律性: 设弹簧–质点–刚杆系统的转角振型为

$$\boldsymbol{\theta} = ((u_1 - u_0)l_1^{-1},\ (u_2 - u_1)l_2^{-1},\ \cdots,\ (u_n - u_{n-1})l_n^{-1})^{\mathrm{T}},$$

弯矩振型为

$$\boldsymbol{\tau} = (k_0(\theta_1 - \theta_0),\ k_1(\theta_2 - \theta_1),\ \cdots,\ k_n(\theta_{n+1} - \theta_n))^{\mathrm{T}},$$

剪力振型为

$$\boldsymbol{\phi} = ((k_0 w_0 - k_1 w_1)l_1^{-1},\ (k_1 w_1 - k_2 w_2)l_2^{-1},\ \cdots,\ (k_{n-1} w_{n-1} - k_n w_n)l_n^{-1})^{\mathrm{T}}.$$

则梁的差分离散系统的第 i 阶位移振型、转角振型、弯矩振型和剪力振型的节点数与梁的连续系统的相应量的节点数完全相同, 只需将 $\boldsymbol{u}^{(i)}$, $\boldsymbol{\theta}^{(i)}$, $\boldsymbol{\tau}^{(i)}$ 和 $\boldsymbol{\phi}^{(i)}$ 分别对应表 1.2 中的 u_i, u_i', τ_i 和 ϕ_i 即可.

(3) 振型节点的交错性. 与连续系统的振型节点的交错性完全相同, 见 1.7.1 分节之 (3) 的 (a) 至 (g).

(4) 固有频率的相间性. 具有不同边条件的弹簧–质点–刚杆系统的固有频率有相间关系, 例如

$$f_i^{\mathrm{cf}} < f_i^{\mathrm{cs}} < f_i^{\mathrm{ca}} < f_i^{\mathrm{cp}} < (f_i^{\mathrm{cc}},\ f_{i+1}^{\mathrm{cf}}) < f_{i+1}^{\mathrm{cs}}, \quad i = 1,\ 2,\ \cdots,\ N,$$

其中上角标的含义与 1.7.1 分节 (4) 中的含义相同. 又如

$$f_i^{\mathrm{pa}} < f_i^{\mathrm{pp}} < f_i^{\mathrm{pc}} < f_{i+1}^{\mathrm{pa}}, \quad i = 1,\ 2,\ \cdots,\ N,$$

其中上角标 pa, pp 和 pc 分别表示系统的左右边条件为铰支–反共振、铰支–铰支, 以及铰支–固定.

(5) 振型条件的充要性. 设有一梁的离散系统, 其两端由自由、滑支、铰支或固定这 4 种支承方式之一所支撑, 则一个位移矢量 $\boldsymbol{u}$ (及其相对转角矢量 $\boldsymbol{w}$) 是该系统的第 i 阶振型的充分必要条件分别是, 该矢量 $\boldsymbol{u}$ 和 $\boldsymbol{w}$ 的节点数满足类似表 1.2 中所列的关系.

(6) 振型形状的特定性. 即

(a) 在极值点 x_r 处, 有 $u_r w_r < 0$;

(b) 梁左端自由, $h_1 = \beta_1 = 0$ 时,

$$u_0\theta_1 < 0, \quad u_0 w_1 > 0, \quad u_0\phi_1 < 0,$$

右端自由, $h_2 = \beta_2 = 0$ 时,

$$u_n\theta_n > 0, \quad u_n w_{n-1} > 0, \quad u_n\phi_n > 0,$$

左端铰支, $h_1 \to \infty,\ \beta_1 = 0$ 时,

$$u_1\theta_1 > 0, \quad u_1 w_1 < 0, \quad u_1\phi_1 > 0,$$

右端铰支, $h_2 \to \infty,\ \beta_2 = 0$ 时,

$$u_{n-1}\theta_n < 0, \quad u_{n-1} w_{n-1} < 0, \quad u_{n-1}\phi_n < 0.$$

(7) 振动 (含静力平衡) 的节点的特定性. 如果任意支承梁的振动或强迫振动为第 p 阶至第 $q(1 \leqslant p \leqslant q \leqslant N)$ 阶振型叠加而成, 即

$$\boldsymbol{u}=\sum_{r=p}^{q}c_r(t)\boldsymbol{u}^{(r)},$$

则此振动在每一时刻的变号数介于 $p-1$ 到 $q-1$ 之间.

1.8.2 多跨离散梁振动的定性性质

对单跨弹簧–质点–刚杆系统, 跨中设置 p 个铰支座, 从而形成多跨梁的一种离散系统. 对于多跨的离散梁系统, 其固有频率和振型有以下几点主要性质.

(1) 固有频率是单的, 系统没有重频率.

(2) 第一阶位移振型 $\boldsymbol{u}^{(1)}$ 有 p 个节点, 振型分量在跨内同号, 邻跨异号.

(3) 第 i 阶位移振型 $\boldsymbol{u}^{(i)}$ 的节点数为

$$S_{\boldsymbol{u}^{(i)}}=i-1+p-2s,\quad s\leqslant\min(i-1,p),$$

其中 s 是一个参数, 其含义详见 3.9.5 分节

(4) 相邻振型 $\boldsymbol{u}^{(i)}$ 和 $\boldsymbol{u}^{(i+1)}$ 的节点不一定互相交错.

作为多跨梁的具体例子, 对于两跨和三跨外伸梁的差分离散系统, 它们的固有频率和振型除了具有以上 4 条基本振荡性质外, 还具有以下振荡性质:

(5) 振型节点的有序性. 即

(a) 包括内部支座处的零分量在内的第 i 阶位移振型 $\bar{\boldsymbol{u}}^{(i)}$ 有 $i+p-1(p=1,2)$ 个零点, 不与内部支座重合的内零点均为节点, 内部支座处的零点可能是节点也可能是零腹点 (一个零腹点当作两个单零点计数);

(b) 转角、弯矩和剪力振型的节点数分别为:

$$S_{\boldsymbol{\theta}^{(i)}}=i,\quad S_{\boldsymbol{\tau}^{(i)}}=i-1,\quad S_{\boldsymbol{\phi}^{(i)}}=i,\quad i=1,2,\cdots,n-1.$$

1.8.3 梁的其他离散系统振动的定性性质

梁的其他离散系统主要为:

系统 1: 如图 1.11 所示的无质量弹性梁–质点系统.

系统 2: 用 Hellinger-Reissner 原理构造的单元, 采用集中质量矩阵的有限单元离散系统.

系统 3: 用势能原理构造的三次 Hermite 插值位移型单元, 采用集中质量矩阵的有限单元离散系统, 如果每个单元的抗弯刚度满足

$$\int_0^1 EJ(\xi)(9\xi^2-9\xi+2)\mathrm{d}\xi>0.$$

以上系统的模态都具有离散系统的“振动的振荡性质”.

本节的内容详述于第三章.

1.9 膜振动的定性性质要览

1.9.1 矩形膜

设有一矩形膜, 其区域为 $0\leqslant x\leqslant a$, $0\leqslant y\leqslant b$, 面密度为 $\rho=\rho(x)$ 且与 y 无关, 张力 T 为常数, 它的固有频率和振型可分别表示为 f_{mn} 和 $u_{mn}(x,y)=X_{mn}(x)Y_n(y)(m,n=1,2,\cdots)$. 该矩形膜具有以下定性性质:

(1) 固有频率可能有重的.

(2) 振型 u_{mn} 有 $n-1$ 条与 x 轴平行的节线, 有 $m-1$ 条与 y 轴平行的节线. 如果对应的固有频率 f_{mn} 为重频, 则可以有许多不同的节线形状.

(3) 振型 u_{mn} 和 $u_{m,n+1}$ 的与 x 轴平行的节线互相交错; 振型 u_{mn} 和 $u_{m+1,n}$ 的与 y 轴平行的节线互相交错.

1.9.2 圆形膜

设有一圆膜, 其面密度为 $\rho(r,\theta)=\rho(r)$, 边条件与 θ 无关, 其固有频率和振型分别表示为 f_{mn} 和 $u_{mn}(r,\theta)=R_{mn}(r)\varPhi_m(\theta)(m=0,1,\cdots;n=1,2,\cdots)$. 此圆膜具有以下定性性质:

(1) 除 $m=0$ 外, 其每一阶固有频率 f_{mn} 都是二重的. 对每一个 $m\neq 0$, $\varPhi_m(\theta)$ 为 $\sin m\theta$ 或 $\cos m\theta$, 并对应于同一阶固有频率.

(2) 振型 u_{mn} 的节线由 m 条节径和 $n-1$ 条节圆组成.

(3) 振型 u_{mn} 和 $u_{m,n+1}$ 的节圆互相交错.

(4) 若圆膜的边界支承为周边自由、弹性或固定, 则其固有频率有相间性:

$$f_{mn}^{\mathrm{f}}<f_{mn}^{\mathrm{t}}<f_{mn}^{\mathrm{c}}<f_{m,\,n+1}^{\mathrm{f}},\quad n=1,\ 2,\ \cdots,$$

其中上角标 f, t 和 c 分别表示边界为周边自由、周边弹性支承和周边固定.

本节的内容详述于第六章.

1.10 重复性结构振动的定性性质要览

重复性结构的连续系统和离散系统的固有频率和振型具有一致的定性性质. 下面只给出连续系统的性质.

1.10.1 镜面对称结构

镜面对称 (简称对称) 结构可能有几个对称面, 其振型的主要性质是: 相对于一个对称面, 其振型分为两组, 即对称振型和反对称振型.

1.10.2 旋转周期结构和线周期结构

n 阶旋转周期结构是由一个子结构围绕一中心轴旋转 n 次, 每次转角为 $\psi = 2\pi/n$ 而形成的整体结构. 将其子结构按旋转顺序编号为第 $1, 2, \cdots, k, \cdots, n$ 个. 整体结构的振型 $\boldsymbol{u}(\boldsymbol{x})$ 是一维、二维或三维位移函数, $\boldsymbol{x}$ 是一维、二维或三维空间坐标, $\boldsymbol{u}_k$ 是第 k 个子结构的振型分量. 这种结构的振型的主要定性性质如下: 振型分量分为 n 组, 每一组的相邻子结构的振型分量有如下关系:

$$\boldsymbol{u}_{k+1}^{(r)} = \mathrm{e}^{\mathrm{i}r\psi}\boldsymbol{u}_k^{(r)}, \quad r = 1, 2, \cdots, n. \tag{1.10.1}$$

其分量关系有下列几种情形:

(1) 相邻子结构, 进而每一子结构的振型分量相同, 对应于式 (1.10.1) 中 $r = n$ 的情形, 即

$$\boldsymbol{u}^{(n)} = (\boldsymbol{q}_n, \boldsymbol{q}_n, \cdots, \boldsymbol{q}_n)^{\mathrm{T}},$$

其中 $\boldsymbol{q}_n$ 是求解单个子结构的特征值问题所得到的特征函数. 子结构的连接条件和约束条件由 "每一子结构的振型分量相同" 这一条件给出.

(2) 当 n 为偶数时, 相邻子结构的振型分量相反, 对应于式 (1.10.1) 中 $r = n/2$ 的情形, 即

$$\boldsymbol{u}^{(n/2)} = (\boldsymbol{q}_{n/2}, -\boldsymbol{q}_{n/2}, \cdots, \boldsymbol{q}_{n/2}, -\boldsymbol{q}_{n/2})^{\mathrm{T}},$$

其中 $\boldsymbol{q}_{n/2}$ 是单个子结构的特征函数. 子结构的连接条件和约束条件由 "相邻子结构的振型分量相反" 这一条件给出.

(3) 对于 $r \neq n, r \neq n/2$ 的情形, 存在两组重频的振型:

$$\boldsymbol{v}_1^{(r)}, \boldsymbol{v}_2^{(r)}, \cdots, \boldsymbol{v}_n^{(r)} \quad 和 \quad \boldsymbol{w}_1^{(r)}, \boldsymbol{w}_2^{(r)}, \cdots, \boldsymbol{w}_n^{(r)},$$

式中 $r=1,\ 2,\ \cdots,\ (n-2)/2(n$ 为偶数) 或 $(n-1)/2(n$ 为奇数). 它们之间有关系:

$$\begin{aligned}\begin{pmatrix}\boldsymbol{v}_{k+1}^{(r)}\\ \boldsymbol{w}_{k+1}^{(r)}\end{pmatrix}&=\begin{pmatrix}\cos r\psi & -\sin r\psi\\ \sin r\psi & \cos r\psi\end{pmatrix}\begin{pmatrix}\boldsymbol{v}_{k}^{(r)}\\ \boldsymbol{w}_{k}^{(r)}\end{pmatrix}\\ &=\begin{pmatrix}\cos kr\psi & -\sin kr\psi\\ \sin kr\psi & \cos kr\psi\end{pmatrix}\begin{pmatrix}\boldsymbol{v}_{1}^{(r)}\\ \boldsymbol{w}_{1}^{(r)}\end{pmatrix},\quad k=1,2,\cdots,n-1,\end{aligned}\tag{1.10.2}$$

其中 $\boldsymbol{v}_1$ 和 $\boldsymbol{w}_1$ 是由求解两个子结构组成的结构的特征值问题所得的特征函数, 这两个子结构的连接条件和约束条件皆满足条件 (1.10.2).

旋转周期结构的离散系统的刚度矩阵和质量矩阵都是循环矩阵, 这种系统的模态具有和连续系统的模态相应的定性性质.

某些线周期结构的振型具有和旋转周期结构的振型类似的定性性质.

1.10.3 链式结构

由 n 个子结构组成的链式结构, 将其子结构按顺序编号为第 $1,2,\cdots,k,\cdots,n$ 个, 第 k 个子结构的振型分量为 $\boldsymbol{u}_k$. 整体结构的振型 $\boldsymbol{u}$ 分为 n 组: $\boldsymbol{u}^{(1)}, \boldsymbol{u}^{(2)},\cdots,\boldsymbol{u}^{(n)}$, 第 r 组振型为

$$\begin{aligned}\boldsymbol{u}^{(r)}&=(\boldsymbol{u}_1^{(r)},\boldsymbol{u}_2^{(r)},\cdots,\boldsymbol{u}_n^{(r)})^{\mathrm{T}}\\ &=(\sin r\psi\boldsymbol{I},\sin 2r\psi\boldsymbol{I},\cdots,\sin nr\psi\boldsymbol{I})^{\mathrm{T}}\boldsymbol{q}_r,\end{aligned}\tag{1.10.3}$$

其中 $\boldsymbol{I}$ 为单位矩阵, $\boldsymbol{q}_r$ 是单个子结构的特征值问题的特征函数. 该子结构的约束条件由式 (1.10.3) 的条件给出.

链式结构的离散系统的刚度矩阵和质量矩阵都是分块三对角矩阵, 其对角线上的子矩阵相同, 次对角线上的子矩阵相同. 这种系统的模态具有和连续系统的模态相应的定性性质.

1.10.4 轴对称结构

设质量面密度、边条件为轴对称且张力均匀的圆膜, 或质量面密度、抗弯刚度、边条件为轴对称的圆板, 它们的振型皆为 $u(r,\theta)$; 质量线密度、抗弯刚度为轴对称的平面运动的圆环的振型为 $(u(\theta),v(\theta))^{\mathrm{T}}$; 质量体密度、弹性常数、形状和边条件为轴对称的三维体的振型为 $(u(r,z,\theta),v(r,z,\theta),w(r,z,\theta))^{\mathrm{T}}$. 这三种轴

对称结构的振型具有下面的定性性质: 因它们的振型都包含周向角 θ 的正弦和余弦函数, 按其表示式的特点又可将其分为两组: 第一组振型对 $\theta=0$ 的线或面是对称的:

$$\left\{\begin{array}{l} u(r,\theta)=U(r)\cos n\theta, \\ \begin{pmatrix} u(z,\theta) \\ v(z,\theta) \end{pmatrix}=\begin{pmatrix} U(z)\cos n\theta \\ V'(z)\sin n\theta \end{pmatrix}, \\ \begin{pmatrix} u(r,z,\theta) \\ v(r,z,\theta) \\ w(r,z,\theta) \end{pmatrix}=\begin{pmatrix} U(r,z)\cos n\theta \\ V'(r,z)\sin n\theta \\ W(r,z)\cos n\theta \end{pmatrix}, \end{array}\right. \qquad n=0,1,\cdots;$$

第二组振型对 $\theta=0$ 的线或面是反对称的:

$$\left\{\begin{array}{l} u(r,\theta)=\overline{U}'(r)\sin n\theta, \\ \begin{pmatrix} u(z,\theta) \\ v(z,\theta) \end{pmatrix}=\begin{pmatrix} \overline{U}'(z)\sin n\theta \\ \overline{V}'(z)\cos n\theta \end{pmatrix}, \\ \begin{pmatrix} u(r,z,\theta) \\ v(r,z,\theta) \\ w(r,z,\theta) \end{pmatrix}=\begin{pmatrix} \overline{U}'(r,z)\sin n\theta \\ \overline{V}'(r,z)\cos n\theta \\ \overline{W}'(r,z)\sin n\theta \end{pmatrix}, \end{array}\right. \qquad n=0,1,\cdots.$$

上述两组中对于同一个 $n=1,2,\cdots$ 的对称振型和反对称振型, 其所对应的固有频率都相同. 由此定性性质, 使轴对称结构的特征值问题的维数减少一维.

本节的内容详述于第七章.

第七章中还论述了重复性结构的强迫振动和振动控制的降维方法.

由本节有关重复性结构的定性性质可知, 充分利用结构的对称性、周期性, 可以大为减少数值计算或者实验测量模态和动力响应的工作量, 降低在结构振动控制中的维数.

从 1.5 至 1.10 节, 介绍了一维结构的连续系统和多种离散系统的模态定性性质. 值得特别关注的是: 一维结构的合理的离散系统应该具有与其对应的连续系统一样的 "振动的振荡性质", 而违背这一性质的离散模型是不合理的离散模型. 例如上面讨论的杆和梁的多种离散系统都分别具有与杆、梁连续系统同样的 "振动的振荡性质". 但也存在与 "振动的振荡性质" 相违背的例子, 例如一些特殊单元刚度分布的势能有限元离散模型 (见第三章 3.8 节). 同样地, 重复性结构的离散系统也应具有与其对应的连续系统一样的模态定性性质, 否则就是不合理的离散模型.

1.11 一般结构模态的三项定性性质要览

1.11.1 结构参数改变对固有频率的影响

当结构理论算子是自共轭的、正定的, 其能量嵌入算子是紧算子时, 则结构的固有频率和振型可借助于有关结构应变能和动能系数之比的 Rayleigh 商的极大极小原理求得. 由此原理可以得到固有频率和振型与结构参数的如下一些重要关系:

(1) 若结构的质量在结构的各点增大或不变, 则各阶固有频率减小或不变; 若质量在各点减小或不变, 则各阶固有频率增大或不变; 质量只在某一阶振型的节点处变化, 而在其余点不变时, 此阶振型和对应的固有频率不变.

(2) 若结构的刚度在结构的各点增大或不变, 则各阶固有频率增大或不变; 若刚度在各点减小或不变, 则各阶固有频率减小或不变.

(3) 若弹簧支承边界的弹簧常数增大 (或减小), 则各阶固有频率增大 (或减小).

(4) 周边固定的结构的第 i 阶固有频率, 必大于等于其具有部分弹性边界的同一结构的第 i 阶固有频率.

(5) 若对结构增加一个约束, 则各阶固有频率增大或不变; 反之, 放松一个约束, 各阶固有频率减小或不变.

(6) 若在第 i 阶振型的节点处设置一个集中质量或一个刚性或弹性支承, 则此阶的固有频率和振型不变.

(7) 在固定边条件下, 若结构区域缩小, 则各阶固有频率增大或不变.

1.11.2 振型的节的一个一般性质

所谓振型的节, 对一维、二维和三维的结构而言, 它们分别为振型的节点、节线和节面.

对于可用二阶自共轭微分方程描述的结构, 其中包含杆、弦、膜的横向振动, 其振型的节有一重要的共同性质: 当其固有频率按递增次序排列时, 其第 i 阶固有频率对应的第 i 阶振型的节将区域分成的子区域不多于 i 个. 特别地, 对一维的 Sturm-Liouville 系统, 其第 i 阶振型的节点将区域恰好分成 i 个子区域, 也就是该系统的节点为 $i-1$ 个.

1.11.3 模态对结构参数改变的敏感性

结构的离散系统有如下一些结果:

(1) 固有频率对结构参数的改变不敏感. 特征值 (固有角频率的平方) 的改变量与结构参数的改变量为同一数量级.

(2) 单个振型的改变量取决于结构参数改变量与此振型相应的特征值和相邻特征值之差的比. 当特征值之差大于结构参数改变量一个数量级时, 振型的改变是不敏感的. 否则, 振型的改变是敏感的.

(3) 如果有一组固有频率, 组内各相邻固有频率之差的最大绝对值为 $\varDelta_1$, 将此组中的最小、最大固有频率和组外相邻的固有频率之差的最小绝对值记为 $\varDelta_2$, 若 $\varDelta_1$ 至少小于 $\varDelta_2$ 一个数量级, 则称此组固有频率为集聚固有频率组.

如果 $\varDelta_1$ 和结构参数改变量为同阶量, 则与集聚固有频率组内的频率相应的单个振型的改变是敏感的. 但相应于集聚频率组的振型子空间的改变则是不敏感的.

在求解结构的模态解、动力响应解和进行振动控制时, 关注本节的这些性质是重要的.

本节所述性质的确切论述请见第八章.

1.12 弹性力学和结构理论解的存在性等基础理论要览

1.12.1 弹性力学和结构力学中解的分类

弹性力学和结构力学中求解问题主要有三类: 给定静态外力, 求平衡解; 求模态解; 给定动态外力和初位移、初速度, 求动力响应.

以上三类求解问题的解可分为下列两个层次.

(1) 满足微分方程和边条件的解, 称古典解. 其三类求解问题的表示式为:

静力平衡解. 解微分方程边值问题:

$$\begin{cases} Au = f, & \Omega\text{内}, \\ Bu = 0, & \partial\Omega\text{上}. \end{cases} \tag{1.12.1}$$

式中 A 是弹性力学微分算子或某种结构理论微分算子, B 是边条件微分算子, f 为外力, Ω 和 $\partial\Omega$ 分别为弹性体或该结构所占区域及边界.

模态解. 解微分方程特征值问题:

$$\begin{cases} Au = \lambda\rho u, & \Omega \text{ 内}, \\ Bu = 0, & \partial\Omega \text{ 上}. \end{cases} \tag{1.12.2}$$

式中 ρ 为惯性算子,

动力响应. 解微分方程边值初值问题:

$$\begin{cases} Au + \rho u_{tt} = f(x,t), & \Omega \text{ 内}, t > 0, \\ Bu = 0, & \partial\Omega \text{ 上}, \\ u(x,0) = g_0(x), \quad u_t(x,0) = g_1(x), & \Omega \text{ 内}. \end{cases} \tag{1.12.3}$$

(2) 在广义微商意义下, 满足变分方程——最小势能原理或 Rayleigh 商诸极小值的解, 称为广义解. 各类问题解的表示式为:

静力平衡解. 求势能泛函

$$F(u) = \frac{1}{2}(Au, u) - (u, f) \tag{1.12.4}$$

的最小值的解.

模态解. 求 Rayleigh 商

$$R(u) = (Au, u) / (\rho u, u) \tag{1.12.5}$$

的如下诸极小值的解:

$$\begin{cases} \lambda_1 = R(u_1) = \min R(u), \\ \lambda_i = R(u_i) = \min R(u), \quad (\rho u, u_j) = 0;\ j = 1, 2, \cdots, i-1. \end{cases} \tag{1.12.6}$$

动力响应解. 求 Hamilton 作用量的变分为零的解:

$$\delta \int_0^{t_1} (\Pi - K - W)\mathrm{d}t = 0,$$

式中 Π, K 和 W 分别为系统的势能、动能和外力作的功.

不同层次的解具有不同的可微性, $2k$ 阶微分方程的古典解具有 $2k$ 阶微商, 而广义解只具有 k 阶广义微商. 讨论解的存在性是指广义解的存在性. 根据各类问题的方程系数、边界形状、外力, 以及边条件的可微性可以导出广义解的可微性, 从而可以考查它属于什么层次的解.

1.12.2 弹性力学中解的存在性定理

弹性力学的平衡方程为:

$$\boldsymbol{A}_{\mathrm{e}}\boldsymbol{u} = -\sum_{i,k,l,m=1}^{3}\frac{\partial}{\partial x_i}\left(c_{iklm}\varepsilon_{lm}\left(\boldsymbol{u}\right)\right)\boldsymbol{x}_k^{(0)} = \boldsymbol{f}\left(\boldsymbol{x}\right), \tag{1.12.7}$$

其中 ε_{lm} 为应变分量, $\boldsymbol{x}_k^{(0)}$ 为 x_k 轴的单位矢量; 弹性力学算子 $\boldsymbol{A}_{\mathrm{e}}$ 是矩阵微分算子.

各向异性和各向同性体的弹性系数 c_{iklm} 分别为 21 个和两个. 非均匀材料的弹性系数为 $\boldsymbol{x}$ 的函数, 均匀材料的弹性系数为常数. 设弹性体的有界区域 Ω 的边界为 $\partial\Omega$. 通常有 6 种边条件: (1) 固定边界: $\boldsymbol{u}|_{\partial\Omega} = \boldsymbol{0}$; (2) 自由边界: $\boldsymbol{t}\left(\boldsymbol{u}\right)|_{\partial\Omega} = \boldsymbol{0}$; (3) 刚性接触边界: $\boldsymbol{u}_{(\nu)}|_{\partial\Omega} = \boldsymbol{0}$, $\boldsymbol{t}\left(\boldsymbol{u}\right)_{(s)}|_{\partial\Omega} = \boldsymbol{0}$, 其中 ν 表示边界法向, s 表示边界切向; (4) 法向自由, 切向固定边界: $\boldsymbol{u}_s|_{\partial\Omega} = \boldsymbol{0}$, $\boldsymbol{t}\left(\boldsymbol{u}\right)_{(\nu)}|_{\partial\Omega} = \boldsymbol{0}$; (5) 以上 4 种边界的混合边界; (6) 弹性边界: $\boldsymbol{t}\left(\boldsymbol{u}\right)|_{\partial\Omega} + \boldsymbol{K}\boldsymbol{u}|_{\partial\Omega} = \boldsymbol{0}$, 式中 $\boldsymbol{K}$ 是三阶对角矩阵, 其对角元为正函数.

定义

$$(\boldsymbol{u}, \boldsymbol{v}) = \int_{\Omega}\boldsymbol{u}\cdot\boldsymbol{v}\,\mathrm{d}\Omega \tag{1.12.8}$$

为平方可积空间 L_2 的内积, 于是 $(\boldsymbol{A}_{\mathrm{e}}\boldsymbol{u}, \boldsymbol{u})$ 表示位移 $\boldsymbol{u}$ 对应的应变能幅值的两倍, $(\rho\boldsymbol{u}, \boldsymbol{u})$ 表示动能幅值系数的两倍. 将具有内积 $(\boldsymbol{A}_{\mathrm{e}}\boldsymbol{u}, \boldsymbol{u})$ 的 Hilbert 空间称为应变能模空间 $H_{\boldsymbol{A}_{\mathrm{e}}}$. 将具有内积 $(\rho\boldsymbol{u}, \boldsymbol{u})$ 的 Hilbert 空间称为动能模空间 H_{ρ}. 将从应变能模空间至动能模空间的映射称为能量嵌入算子.

弹性力学算子正定性定理 设弹性系数 c_{iklm} 在有界区域 Ω 上具有分片连续一阶微商, 边界逐片光滑. 则满足上述边条件 (1) 至 (5) 的弹性力学算子 $\boldsymbol{A}_{\mathrm{e}}$ 是正定的.

所谓算子正定, 系指

$$(\boldsymbol{A}_{\mathrm{e}}\boldsymbol{u}, \boldsymbol{u}) \geqslant \gamma^2||\boldsymbol{u}||^2, \tag{1.12.9}$$

其中 γ 为正实数. 算子正定性的力学含义是应变能模与动能模之比为正数, 数学含义是应变能模空间到动能模空间的嵌入算子是有界的.

弹性力学能量嵌入算子的紧性定理 设弹性系数 c_{iklm} 在有界区域 Ω 上具有分片连续一阶微商, 边界逐片光滑. 则满足上述边条件 (1) 至 (5) 的弹性力学的能量嵌入算子是紧算子.

Hilbert 空间理论中有如下两条结论.

结论 1 对于微分方程边值问题 (1.12.1), 如边条件保证方程的微分算子 A 是正定的, 其右端项 $f \in L_2$, 则边值问题存在唯一的广义解.

结论 2 如边条件保证算子 A 正定, 并且从完备空间 H_A (内积为 (Au, u)) 到 L_2 空间的嵌入算子是紧算子. 则特征值问题 (1.12.2) 存在广义解, 即: 有可数无穷多个特征值, 仅以无穷远点为聚点; 特征函数序列在 L_2 和 H_A 中都是完全的.

由以上两定理和两条结论, 可得如下弹性力学解的存在性定理.

弹性力学静力平衡解的存在性定理 设弹性系数 c_{iklm} 在有界区域 Ω 上具有分片连续一阶微商, 边界逐片光滑, 外力属于 L_2 空间. 则满足上述边条件 (1) 至 (5) 的弹性力学静力平衡解存在唯一的广义解.

弹性力学模态解的存在性定理 设弹性系数 c_{iklm} 在有界区域 Ω 上具有分片连续一阶微商, 边界逐片光滑. 则满足上述边条件 (1) 至 (5) 的弹性力学模态解存在广义解, 有可数无穷多个固有频率, 仅以无穷远点为聚点, 振型在动能模空间和应变能模空间都是完全正交系.

1.12.3 结构理论解的存在性定理

结构力学包含各种结构理论, 它们源于不同的结构理论模型. 从杆和各种梁、板、壳、复合材料结构到复杂形状、复杂材料组合结构的理论模型, 其物理特性和数学描述各异. 但可以统一视为都是将三维弹性体的弹性力学模型经以下三种简化得到: (1) 变形简化 (一般为施加位移约束); (2) 应力状态简化 (一般为放松部分应力); (3) 质量分布简化 (一般为作某些集中).

将一个结构体及其边条件视作弹性体及其边条件, 称它为结构对应的弹性体. 将它实行变形简化后, 称为结构对应的约束弹性体.

结构理论算子正定性定理 对于给定弹性和惯性常数、形状和边条件的弹性结构, 如果: (1) 对应的弹性体及其边条件保证弹性力学算子正定; (2) 结构的应变能模空间与其对应的约束弹性体的应变能模空间的模等价. 则此结构的结构理论算子是正定的.

结构理论能量嵌入算子紧性定理 对于给定弹性和惯性常数、形状和边条件的弹性结构, 如果: (1) 对应的弹性体及其边条件保证弹性力学的能量嵌入算子是紧算子; (2) 结构的应变能模空间和与其对应的约束弹性体的应变能模空间的模等价; (3) 结构的动能模空间和与其对应的约束弹性体的动能模空间的模等价. 则此结构的结构理论的能量嵌入算子是紧算子.

图 1.14 和 1.15 分别为以上两定理的示意图.

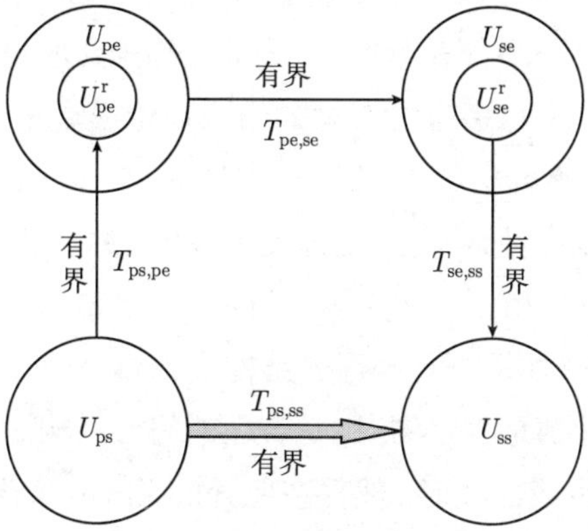

图 1.14 结构理论算子正定性定理的示意图

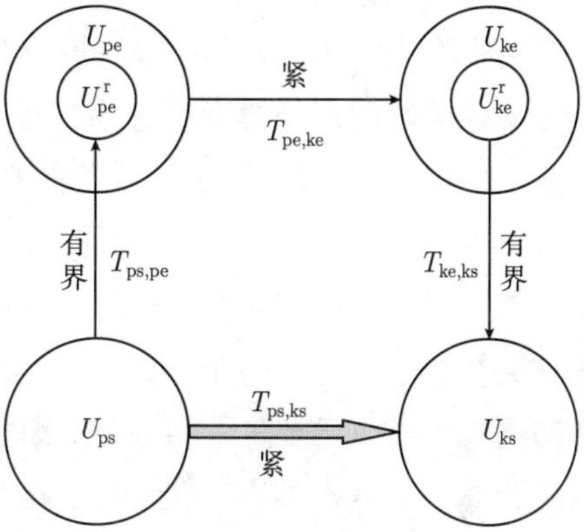

图 1.15 结构理论能量嵌入算子紧性定理的示意图

结构理论静力平衡解的存在性定理 对于给定弹性和惯性常数、形状和边条件的弹性结构, 如果: (1) 对应的弹性体及其边条件保证弹性力学算子正定; (2) 结构的应变能模空间和与其对应的约束弹性体的应变能模空间的模等价; (3) 结构所受外力属于 L_2 空间. 则其静力平衡解存在唯一的广义解.

结构理论模态解的存在性定理 对于给定弹性和惯性常数、形状和边条件的弹性结构, 如果: (1) 对应的弹性体及其边条件保证弹性力学算子正定和弹性力学的能量嵌入算子是紧算子; (2) 结构的应变能模空间和与其对应的约束弹性体的应变能模空间的模等价; (3) 结构的动能模空间和与其对应的约束弹性体的动能模空间的模等价. 则其模态解存在广义解, 具有仅以无穷远点为聚点的可数无穷多个固有频率, 振型序列在动能模空间和应变能模空间是完全正交系.

1.12.4 结构理论模型的合理性问题

广义解存在的结构认为是合理结构, 否则认为是不合理结构.

一个具体结构的解的存在性涉及两个方面: (1) 结构理论模型 (如 Euler 梁、Timoshenko 梁、薄板、Mindlin 板的理论模型) 的合理性; (2) 具体结构参数 (如板的边界形状、边条件、抗弯刚度分布) 的合理性.

根据 1.12.3 分节的结构理论静力平衡解和模态解的存在性定理, 如果一个结构理论模型具有性质: (1) 结构理论模型和与其对应的约束弹性体的应变能模空间的模等价; (2) 结构理论模型和与其对应的约束弹性体的动能模空间的模等价. 则此种结构理论模型是合理的. 一个合理的结构理论模型的具体结构, 如果对应的弹性体的弹性力学算子是正定的, 能量嵌入算子是紧算子. 则此结构是合理的.

现行的结构理论模型可分为三类: (1) 许多行之有效的结构理论模型是合理的, 例如 Euler 梁、薄板、薄壳和许多复合材料结构理论. (2) 在 Green 函数具有奇性的结构 (例如 Mindlin 板、壳及弹性体) 上, 设置集中参数 (如在孤立点设置支座、质点). 这种结构是不合理的. (3) 特别值得关注的是组合结构. 对于这类结构需要考虑两个方面: 一是各部件是否是合理的结构理论模型; 二是各部件组合处的状态是否相容. 如果两者都是肯定的, 则是合理的组合结构. 所谓组合处的状态不相容, 是指组合处为点或为线时, 部件在此处的 Green 函数是奇性的. 例如, 梁的一个端点连接在三维弹性体上; 板的一个边连接在三维弹性体上; 圆形曲梁环抱在同半径的三维圆柱体上; 杆端连接在 Mindlin 板上; 梁端连接在壳上.

1.12.5 广义解的例子

当方程的系数、边界形状, 以及边条件具有较高的光滑性时, 方程的广义解具有较高的广义微商或普通微商.

例 1 设弹性体均匀各向同性, 边界逐片光滑, 边条件分别是: (1) 位移为零; (2) 边界力为零; (3) 法向位移与切向力为零; (4) 以上 3 种边条件的混合. 对以上 4 种情形, 在平方可积的体积力作用下, 使势能取极小值的位移有平方可积的广义二阶微商, 且几乎处处满足弹性力学方程.

例 2 设非均匀各向异性弹性体的弹性系数 $c_{iklm} \in C^\infty$(具有无穷阶连续微商), 其二维或三维有界区域 Ω 是 C^∞ 光滑的, 外力 $f \in C^\infty(\Omega)$. 则对于固定边条件、自由边条件或固定、自由混合边条件的弹性力学平衡方程, 存在唯一的、属于 $C^\infty(\Omega)$ 的解 (对自由边条件平衡问题, 要求外力的合力和合力矩为零, 解在除去刚体运动的意义下唯一). 此解为古典解.

例 3 固定边的薄板, 它的位移所满足的方程和边条件是

$$\begin{cases} \Delta^2 u = f, & \Omega \text{ 内}, \\ u = \dfrac{\partial u}{\partial n} = 0, & \partial\Omega \text{上}. \end{cases}$$

(1) 如平面区域 $\Omega \in C^{(4+k)}, f \in H_k(\Omega)$, 则广义解为

$$u \in H_{4+k}(\Omega) \cap \overset{\circ}{H}_2(\Omega);$$

(2) 如区域 Ω 是平面凸多角形区域, $f \in L_2(\Omega)$, 则广义解为

$$u \in H_3(\Omega) \cap \overset{\circ}{H}_2(\Omega).$$

例 4 膜的模态解. 它是比膜更广泛的问题. 设 $\Omega \subset R^n$ 是有界区域, Δ 为 Laplace 算子. 其特征值问题

$$\begin{cases} -\Delta u = \lambda u, & \Omega \text{ 内}, \\ u = 0, & \partial\Omega \text{ 上} \end{cases}$$

存在广义解：它有仅以正无穷为聚点的无穷多个特征值 $\lambda_1, \lambda_2, \cdots \to \infty$, 振型 $\{\varphi_1, \varphi_2, \cdots\} \subset H_0^1(\Omega)$, 在 $H_0^1(\Omega)$ 和 $L_2(\Omega)$ 内是完全的. 根据正则性理论, 这些振型在 Ω 内无穷次可微, $\varphi_i \in C^\infty(\Omega)$. 如果 $\partial\Omega$ 是光滑的, 则它们在 $\overline{\Omega}$ 上也无穷次可微, $\varphi_i \in C^\infty(\overline{\Omega})$. λ_i 和 φ_i 为古典解.

1.12.6 Ritz 法的适用性

用 Ritz 法对下列 4 类问题求解, 所求的近似解在 L_2 空间和 $H_{\boldsymbol{A}}$ 空间 (应变能模空间) 都收敛到广义解. 这 4 类问题是:

(1) 对于弹性系数、边界形状与边条件保证弹性力学算子正定、外力属于 L_2 空间情形的弹性力学静力平衡解的广义解.

(2) 弹性力学算子正定、能量嵌入算子是紧算子情形的弹性力学模态解的广义解.

(3) 结构理论算子正定、外力属于 L_2 空间情形的结构理论静力平衡解的广义解.

(4) 结构理论算子正定、能量嵌入算子是紧算子情形的模态解的广义解.

本节的内容详述于第九章.

1.13 振荡矩阵和振荡核及其特征对的性质要览

1.13.1 标准 Jacobi 矩阵的特征值和特征矢量

三对角矩阵称为 Jacobi 矩阵. 次主对角元均小于零的 Jacobi 矩阵称为标

准 Jacobi 矩阵. 正定的标准 Jacobi 矩阵是符号振荡矩阵, 其特征值和特征矢量具有 4 项性质:

(1) 特征值是正的和单的, $0 < \lambda_1 < \lambda_2 < \cdots < \lambda_n$.

(2) 第 i 阶特征矢量 $\boldsymbol{u}^{(i)}$ 的变号数为 $i-1$.

(3) 相邻阶的特征矢量的节点交错.

(4) 对任意一组不全为零的实数 $c_i(i = p,\ p+1, \cdots,\ q;\ 1 \leqslant p \leqslant q \leqslant n)$, 矢量

$$\boldsymbol{u} = \sum_{i=p}^{q} c_i \boldsymbol{u}^{(i)}, \quad 1 \leqslant p \leqslant q \leqslant n$$

的变号数满足

$$p - 1 \leqslant S_{\boldsymbol{u}}^{-} \leqslant S_{\boldsymbol{u}}^{+} \leqslant q - 1.$$

上述 4 项性质统称为正定的标准 Jacobi 矩阵的特征对的振荡性质.

1.13.2 振荡矩阵及其判定准则

定义 (振荡矩阵) 如果 $\boldsymbol{A} = (a_{ij})_{n\times n}$ 是完全非负矩阵, 并存在正整数 s, 使得 $\boldsymbol{A}^s$ 是完全正矩阵, 则称 $\boldsymbol{A}$ 为振荡矩阵. 而称满足上述条件的最小正整数 s 为振荡矩阵的振荡指数.

定理 (振荡矩阵判定准则) 矩阵 $\boldsymbol{A} = (a_{ij})_{n\times n}$ 是振荡矩阵的充分必要条件是: $\boldsymbol{A}$ 是非奇异的, 完全非负的, 其次主对角元

$$a_{i+1,i} > 0, \quad a_{i,i+1} > 0, \quad i = 1,\ 2, \cdots,\ n-1.$$

因此, 也可将振荡矩阵定义为: 振荡矩阵是非奇异的完全非负矩阵, 且其次主对角元大于零.

定义 (符号振荡矩阵) 如果矩阵 $\boldsymbol{A} = (a_{ij})_{n\times n}$ 的符号倒换矩阵 $\boldsymbol{A}^* = ((-1)^{i+j}a_{ij})_{n\times n}$ 是振荡矩阵, 则称 $\boldsymbol{A}$ 为符号振荡矩阵.

定理 (符号振荡矩阵判定准则) 矩阵 $\boldsymbol{A}$ 为符号振荡矩阵的充分必要条件是: $\boldsymbol{A}$ 是非奇异的, 它的次主对角元

$$a_{i+1,i} < 0, \quad a_{i,i+1} < 0, \quad i = 1,\ 2, \cdots,\ n-1,$$

而 $\boldsymbol{A}^*$ 是完全非负矩阵.

振荡矩阵具有性质: (1) 非奇异的完全非负矩阵 (例如对角质量矩阵) 与振荡矩阵的乘积是振荡矩阵. (2) 振荡矩阵的逆是符号振荡矩阵, 符号振荡矩阵的逆是振荡矩阵.

1.13.3 振荡矩阵的特征值和特征矢量

定理 (振荡矩阵的特征对) (1) 振荡矩阵的特征值是正的和单的. 将其按从大到小的次序排列, 即:

$$\lambda_1 > \lambda_2 > \cdots > \lambda_n > 0.$$

(2) 与 λ_i 相应的特征矢量记为

$$\boldsymbol{u}^{(i)} = (u_{1i},\ u_{2i},\ \cdots,\ u_{ni})^{\mathrm{T}}.$$

则对任意一组不全为零的实数 c_i, 矢量

$$\boldsymbol{u} = \sum_{i=p}^{q} c_i \boldsymbol{u}^{(i)}, \quad 1 \leqslant p \leqslant q \leqslant n$$

的变号数介于 $p-1$ 和 $q-1$ 之间, 即:

$$p-1 \leqslant S_{\boldsymbol{u}}^{-} \leqslant S_{\boldsymbol{u}}^{+} \leqslant q-1.$$

(3) 特别地, $\boldsymbol{u}^{(i)}(i=1,\ 2,\cdots,\ n)$ 的变号数恰为 $i-1$.

(4) 相邻阶的特征矢量 $\boldsymbol{u}^{(i)}$ 与 $\boldsymbol{u}^{(i+1)}$ 的节点彼此交错.

定理 (符号振荡矩阵的特征对) (1) 符号振荡矩阵的特征值是正的和单的. 将它们按从小到大的次序排列, 即

$$0 < \lambda_1 < \lambda_2 < \cdots < \lambda_n.$$

(2) 记相应于 λ_i 的特征矢量为 $\boldsymbol{u}^{(i)}$. 则对任意一组不全为零的实数 $c_i(i = p,\ p+1,\cdots,\ q;\ 1 \leqslant p \leqslant q \leqslant n)$, 矢量

$$\boldsymbol{u} = \sum_{i=p}^{q} c_i \boldsymbol{u}^{(i)}, \quad 1 \leqslant p \leqslant q \leqslant n$$

的变号数满足

$$p-1 \leqslant S_{\boldsymbol{u}}^{-} \leqslant S_{\boldsymbol{u}}^{+} \leqslant q-1.$$

(3) 特别地, $\boldsymbol{u}^{(i)}(i=1,\ 2,\cdots,\ n)$ 的变号数恰为 $i-1$.

(4) 相邻阶的特征矢量 $\boldsymbol{u}^{(i)}$ 与 $\boldsymbol{u}^{(i+1)}$ 的节点彼此交错.

以上 4 项性质统称为符号振荡矩阵的特征对的振荡性质.

1.13.4 振荡核

定义 (振荡核) 满足以下三条件的二元连续函数 $K(x,s)(a \leqslant x,\ s \leqslant b)$ 称为振荡核:

(1) $K(x,s) > 0,\ x,s \in I,\ (x,s) \neq (a,b)$;

(2) $K\begin{pmatrix} x_1 & x_2 & \cdots & x_n \\ s_1 & s_2 & \cdots & s_n \end{pmatrix} \geqslant 0,\ a \leqslant \begin{matrix} x_1 < x_2 < \cdots < x_n \\ s_1 < s_2 < \cdots < s_n \end{matrix} \leqslant b,\quad n = 1, 2, \cdots$;

(3) $K\begin{pmatrix} x_1 & x_2 & \cdots & x_n \\ x_1 & x_2 & \cdots & x_n \end{pmatrix} > 0,\ x_1 < x_2 < \cdots < x_n \in I,\quad n = 1,\ 2,\ \cdots$;

上述式中

$$K\begin{pmatrix} x_1 & x_2 & \cdots & x_n \\ s_1 & s_2 & \cdots & s_n \end{pmatrix} = \begin{vmatrix} K(x_1,s_1) & K(x_1,s_2) & \cdots & K(x_1,s_n) \\ K(x_2,s_1) & K(x_2,s_2) & \cdots & K(x_2,s_n) \\ \vdots & \vdots & & \vdots \\ K(x_n,s_1) & K(x_n,s_2) & \cdots & K(x_n,s_n) \end{vmatrix}.$$

定理 在区域 $a \leqslant x,\ s \leqslant b$ 上连续的函数 $K(x,s)$ 是振荡核的充分必要条件是: 对于任意的 n 和 $x_1 < x_2 < \cdots < x_n$, 当 $x_i \in I(i = 1,\ 2, \cdots,\ n)$ 并且其中至少有一个是内点时, 矩阵 $(K(x_i,x_j))$ 是振荡矩阵.

推论 设 $G(x,s)$ 是振荡核, $f(x)$ 是正函数. 则

$$K(x,s) = G(x,s)f(x)f(s)$$

也是振荡核.

1.13.5 具有对称振荡核的积分方程的特征值和特征函数

定义 (Чебышев 函数族) 设有定义在区间 $[a,b]$ 上的连续函数族 $\varphi_i(x)$ $(i = 1,\ 2, \cdots,\ n)$. 如果对于任意一组不全为零的实数 $c_i(i = 1,\ 2, \cdots,\ n)$, 函数

$$\varphi(x) = c_1\varphi_1(x) + c_2\varphi_2(x) + \cdots + c_n\varphi_n(x)$$

在点集 $I \subset [a,b]$ 上的零点不超过 $n-1$ 个. 则称这样的函数族 φ_i 构成点集 I 上的 Чебышев 函数族.

定义 (Марков 函数序列) 设 $\varphi_i(x)$ $(i = 1, 2, \cdots, n, \cdots)$ 为定义在区间 $[a,b]$ 上的连续函数序列. 如果对于任意的 $n = 1, 2, \cdots$, 函数族 $\varphi_i(x)$ $(i =$

$1, 2, \cdots, n)$ 构成点集 $I \subset [a,b]$ 上的 Чебышев 函数族. 则称这样的函数序列为 Марков 函数序列.

Марков 函数序列有如下一系列重要性质.

定理 (Марков 函数序列的性质)　如果 $\varphi_i(x)(i = 1,\ 2,\ \cdots)$ 是区间 $[a,b]$ 上的带权 $\rho(x)$ 正交的 Марков 函数序列, 则:

(1) $\varphi_i(x)$ 在区间 $I \subset [a,b]$ 内仅有 $i-1$ 内节点而无其他的零点 ($\varphi_1(x)$ 在 $I \subset [a,b]$ 内没有零点).

(2) 在区间 $I \subset [a,b]$ 内, 函数

$$\varphi(x) = \sum_{k=p}^{q} c_k \varphi_k(x), \quad 0 \leqslant p \leqslant q \leqslant n;\ \sum_{i=q}^{p} c_i > 0$$

的节点不少于 $p-1$ 个而零点不多于 $q-1$ 个. 特别地, 如果 $\varphi(x)$ 有 $q-1$ 个不同的零点, 那么这些零点都是节点.

(3) $\varphi_i(x)$ 和 $\varphi_{i+1}(x)$ 的节点交错.

定理 (振荡核的特征对)　具有连续对称振荡核的积分方程

$$\varphi(x) = \lambda \int_a^b K(x,s)\varphi(s)\mathrm{d}s,$$

其特征值是正的和单的; 若将它们按递增次序排列:

$$0 < \lambda_1 < \lambda_2 < \cdots,$$

则相应的特征函数族构成区间 $[a,b]$ 上的 Марков 函数序列, 即具有振动的振荡性质.

定理 (离散系统具有振荡性质的必要条件)[52]　一维连续体的离散系统的正系统对于任意的集中质量分布都具有振动的振荡性质, 其必要条件是, 该系统的柔度矩阵是振荡矩阵.

定理 (连续系统具有振荡性质的必要条件)[52]　一维连续系统的正系统具有振动的振荡性质的必要条件是, 该系统的 Green 函数是振荡核.

综合第五章及附录的论述, 得到一个完善的结论: 无论是一维连续系统的正系统, 还是一维连续体离散系统的正系统, 对它们而言, “系统具有静变形振荡性质”, “系统的 Green 函数是振荡核”(或 “柔度矩阵是振荡矩阵”), “系统具有振动的振荡性质”, 这三者是等价的.

1.13.6 从振荡矩阵到振荡核

定理[25] 设有代数特征值问题:

$$\boldsymbol{u} = \lambda \boldsymbol{R}\boldsymbol{M}\boldsymbol{u},$$

其中 $\boldsymbol{u}$ 定义在 $[0, l]$ 上, 其分点为

$$0 = x_0 < x_1 < \cdots < x_N = l,$$

并除去端点处可能为零分量的列矢量;

$$\boldsymbol{M} = \mathrm{diag}(m_0,\ m_1,\ \cdots,\ m_N).$$

若当 $N \to \infty$ 且 $\max\limits_{1 \leqslant r \leqslant N} \Delta x_r \to 0$时, 矩阵 $\boldsymbol{R}$ 的元 r_{ij} 以连续函数 $G(x, s)$ 为其极限. 则当 $\boldsymbol{R}$ 为振荡矩阵时, $G(x, s)$ 为 Kellogg 核.

本节的内容详述于附录.

第二章　弦、杆的离散系统振动的定性性质

本章研究弦的横向振动、杆的纵向振动, 以及轴的扭转振动等二阶连续系统的离散模型的固有频率和振型所具有的定性性质.

2.1　弦和杆的离散系统

2.1.1　弦和杆的物理离散系统

弦的连续系统如图 1.3 所示. 弦的长度为 l, 弦的两端受张力 T 作用. 两端设置横向弹性支承, 其弹簧常数分别为 h 和 H. 当 $h=0$, $H=0$ 分别表示在 $x=0$ 和 $x=l$ 的端点自由; $h\to\infty$, $H\to\infty$ 分别表示在 $x=0$ 和 $x=l$ 的端点固定, 与其对应的端点位移取 $u(0)=0$ 和 $u(l)=0$.

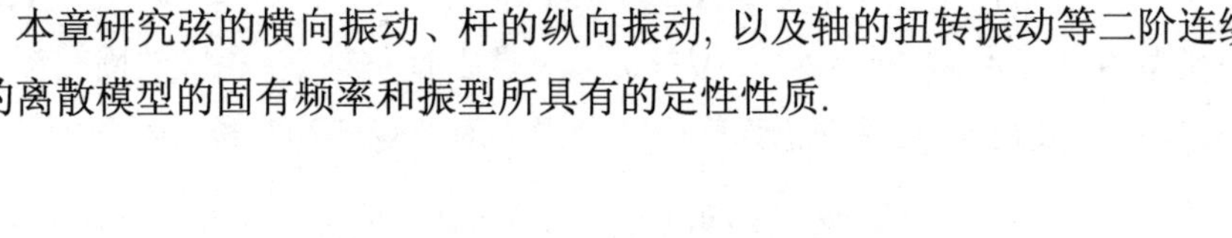

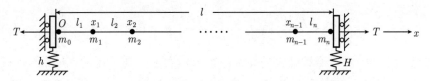

图 2.1　弦的离散系统 (无质量弦–质点系统) 示意图

将分布参数化为集中参数. 在弦上取分点 x_r $(r=1,2,\cdots,n)$, 如图 2.1, 其相邻两点间距离, 即每段弦长为 $l_r=x_r-x_{r-1}$. 令在 x_r 处的线密度 $\rho(x_r)=\rho_r$, 将弦的分布质量按公式

$$\begin{cases} m_0=\rho_0 l_1/2, \\ m_r=\rho_r(l_r+l_{r+1})/2, \quad r=1,2,\cdots,n-1 \\ m_n=\rho_n l_n/2, \end{cases} \tag{2.1.1}$$

化为 x_r 处的集中质量 m_r. 因而连续系统被转化为如图 2.1 的具有 $n+1$ 个质点的离散系统, 将它称为无质量弦–质点系统.

记 $k_r=T/l_r$ $(r=1,2,\cdots,n)$, 第 r 个质点的位移幅值为 u_r. 则系统固有振

动的模态方程组为

$$\begin{cases}(k_1+h)u_0-k_1u_1=\omega^2m_0u_0,\\ -k_ru_{r-1}+(k_r+k_{r+1})u_r-k_{r+1}u_{r+1}=\omega^2m_ru_r, \quad r=1,2,\cdots,n-1,\\ -k_nu_{n-1}+(k_n+H)u_n=\omega^2m_nu_n.\end{cases} \tag{2.1.2}$$

将上式写成矩阵形式

$$\boldsymbol{K}\boldsymbol{u}=\lambda\boldsymbol{M}\boldsymbol{u}, \tag{2.1.3}$$

其中振型 $\boldsymbol{u}=(u_0,u_1,\cdots,u_n)^{\mathrm{T}}$, $\lambda=\omega^2$, ω 是固有角频率, 相应的固有频率是 $f=\omega/2\pi$, 质量矩阵 $\boldsymbol{M}$ 和刚度矩阵 $\boldsymbol{K}$ 分别为对角矩阵和对称三对角矩阵:

$$\boldsymbol{M}=\operatorname{diag}(m_0,m_1,\cdots,m_n), \tag{2.1.4}$$

$$\boldsymbol{K}=\begin{bmatrix} k_1+h & -k_1 & 0 & \cdots & 0 & 0 & 0\\ -k_1 & k_1+k_2 & -k_2 & \cdots & 0 & 0 & 0\\ \vdots & \vdots & \vdots & & \vdots & \vdots & \vdots\\ 0 & 0 & 0 & \cdots & -k_{n-1} & k_{n-1}+k_n & -k_n\\ 0 & 0 & 0 & \cdots & 0 & -k_n & k_n+H\end{bmatrix}. \tag{2.1.5}$$

杆的纵向振动的连续系统如图 1.4 所示. 和弦的情形相似, 将它简化为离散系统. 将杆的分布质量按式 (2.1.1) 化为 x_r 处的集中质量 m_r. 将每分段杆的抗拉刚度 EA 按公式

$$k_r=\frac{EA(x_r)+EA(x_{r-1})}{2l_r}, \quad r=1,2,\cdots,n \tag{2.1.6}$$

化为集中刚度, 即一个线弹簧的弹簧常数. 这样, 图 1.4 所示的连续系统即转化为图 2.2 所示的离散系统, 图中 h, H 和 k_r $(r=1,2,\cdots,n)$ 皆为弹簧常数. 这个系统的质量矩阵和刚度矩阵同样分别为式 (2.1.4) 和 (2.1.5).

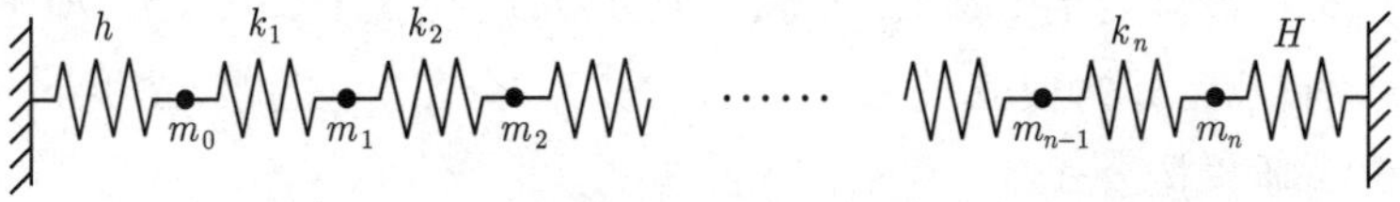

图 2.2　杆的离散系统 (弹簧–质点系统) 示意图

这样, 弦、杆、轴, 乃至短杆的剪切振动的连续系统, 都可以按以上的物理离散方法, 简化为同一种离散系统, 即图 2.2 所示的有限自由度的弹簧–质点系统. 该系统的固有频率和振型矢量满足特征值方程 (2.1.2) 或 (2.1.3)~(2.1.5).

当弦、杆、轴在弹性基础上振动时, 其数学表达是 Sturm-Liouville 系统的振动问题. 基础的分布弹簧常数 $q(x)$ $(\geqslant 0)$ 在离散系统中被转化为集中的弹簧

常数:

$$\begin{cases} q_0 = q(0)l_1/2, \\ q_r = q(x_r)(l_r + l_{r+1})/2, \quad r = 1, 2, \cdots, n-1, \\ q_n = q(l)l_n/2. \end{cases}$$

与其相应的双弹簧–质点离散系统如图 2.3 所示. 系统的固有频率和振型满足方程 (2.1.3) 和 (2.1.4), 其刚度矩阵为

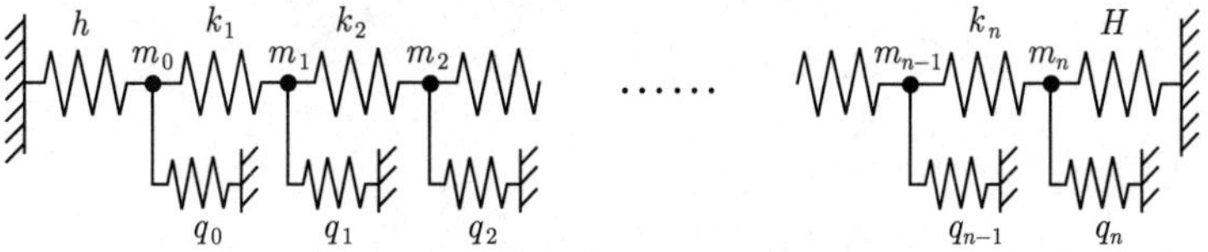

图 2.3 具有弹性基础的弦、杆的离散系统示意图

$$\boldsymbol{K} = \begin{bmatrix} k_1+q_0+h & -k_1 & 0 & \cdots & 0 & 0 & 0 \\ -k_1 & k_1+k_2+q_1 & -k_2 & \cdots & 0 & 0 & 0 \\ \vdots & \vdots & \vdots & & \vdots & \vdots & \vdots \\ 0 & 0 & 0 & \cdots & -k_{n-1} & k_{n-1}+k_n+q_{n-1} & -k_n \\ 0 & 0 & 0 & \cdots & 0 & -k_n & k_n+q_n+H \end{bmatrix}. \tag{2.1.7}$$

以上导出的弦、杆、轴的物理离散系统, 即弹簧–质点系统. 该系统虽然简单, 但它具有相当广泛的代表性. 下面将看到, 弦、杆、轴的数学离散系统也可归于这一系统.

此外, 还需交代一下弹簧–质点系统边条件的提法问题. 这种系统的边条件一共有三种提法, 若以左端为例, 即:

固定: $h \to \infty$, 这时 $u_0 = 0$, 系统自由度减少 1;

自由: $h = 0$;

弹性支承: $0 < h < \infty$, $u_0 \neq 0$.

2.1.2 弦振动的差分离散系统

弦的固有角频率 ω 和振型 $u(x)$ 满足微分方程

$$-\rho(x)\omega^2 u(x) = Tu''(x), \quad 0 < x < l \tag{2.1.8}$$

和边条件

$$Tu'(0) - hu(0) = 0 = Tu'(l) + Hu(l), \tag{2.1.9}$$

式中 T 为张力, h 和 H 为弹簧常数, ρ 为线密度, l 为弦长.

用差分近似微分, 可将连续系统离散为离散系统.

引入差分点 $0=x_0<x_1<\cdots<x_n=l$ 并记 $l_r=x_r-x_{r-1}\ (r=1,2,\cdots,n)$, u_r, u_r' 与 u_r'' 为相应函数在点 $x_r\ (r=0,1,\cdots,n)$ 处的值, 利用函数 $u(x)$ 的精确到二阶小量的 Taylor 公式:

$$\begin{cases} u_{r+1}=u_r+u_r'l_{r+1}+u_r''l_{r+1}^2/2+o\left(l_{r+1}^3\right), & r=0,1,\cdots,n-1, \\ u_{r-1}=u_r-u_r'l_r+u_r''l_r^2/2+o\left(l_r^3\right), & r=1,2,\cdots,n, \end{cases} \tag{2.1.10}$$

可以解得如下的二阶中心差分公式:

$$\begin{cases} u_r'=-u_{r-1}\dfrac{l_{r+1}}{l_r(l_r+l_{r+1})}+u_r\dfrac{l_{r+1}-l_r}{l_rl_{r+1}} \\ \qquad +u_{r+1}\dfrac{l_r}{l_{r+1}(l_r+l_{r+1})}, & r=1,2,\cdots,n-1. \\ u_r''=\dfrac{2}{l_r+l_{r+1}}\left(\dfrac{u_{r-1}-u_r}{l_r}-\dfrac{u_r-u_{r+1}}{l_{r+1}}\right), \end{cases} \tag{2.1.11}$$

应用式 (2.1.10) 的第一式和边条件 (2.1.9) 于弦的左端点; 应用式 (2.1.11) 的第二式于中间的差分点; 应用式 (2.1.10) 的第二式和边条件 (2.1.9) 于弦的右端点, 则微分方程 (2.1.8) 经离散后化为

$$\begin{cases} \rho_0\omega^2u_0=-\dfrac{2T}{l_1}\dfrac{u_1-u_0}{l_1}+\dfrac{2hu_0}{l_1}, \\ \rho_r\omega^2u_r=\dfrac{2T}{l_r+l_{r+1}}\left(\dfrac{u_r-u_{r-1}}{l_r}-\dfrac{u_{r+1}-u_r}{l_{r+1}}\right), & r=1,2,\cdots,n-1. \\ \rho_n\omega^2u_n=\dfrac{2T}{l_n}\dfrac{u_n-u_{n-1}}{l_n}+\dfrac{2Hu_n}{l_n}. \end{cases} \tag{2.1.12}$$

只要记

$$\begin{cases} m_0=\rho_0l_1/2, \quad m_n=\rho_nl_n/2, \\ m_r=\rho_r(l_r+l_{r+1})/2, & r=1,2,\cdots,n-1, \\ k_r=T/l_r, & r=1,2,\cdots,n, \end{cases} \tag{2.1.13}$$

即可得到弦的差分离散系统固有振动的模态方程为 (2.1.2) 或 (2.1.3) 的形式, 亦即弦的差分离散系统等价于弹簧–质点系统.

2.1.3 杆的纵向振动的差分离散系统

杆的纵向振动的固有角频率 ω 和振型 $u(x)$ 满足如下的微分方程:

$$(p(x)u'(x))' + \lambda\rho(x)u(x) = 0, \quad 0 < x < l, \tag{2.1.14}$$

式中 $p(x) = EA(x)$ 为杆的抗拉刚度, E 为弹性模量, A 为杆的横截面面积, ρ 为线密度, l 为杆长, 而 $\lambda = \omega^2$. 边条件的一般提法是

$$p(0)u'(0) - hu(0) = 0, \qquad p(l)u'(l) + Hu(l) = 0, \tag{2.1.15}$$

其中 h 和 H 分别为左右端点处的弹簧常数.

和弦的问题一样, 用差分近似微分, 可将连续系统离散为离散系统. 为此, 将方程 (2.1.14) 改写为:

$$p(x)u''(x) + p'(x)u'(x) = -\lambda\rho(x)u(x), \quad 0 < x < l. \tag{2.1.16}$$

引入差分点 $0 = x_0 < x_1 < \cdots < x_n = l$ 并记 $l_r = x_r - x_{r-1}$ $(r = 1, 2, \cdots, n)$, p_r, p'_r 和 u_r, u'_r, u''_r 为相应函数在差分点 x_r $(r = 0, 1, \cdots, n)$ 处的值. 对于 $r = 1, 2, \cdots, n-1$ 的内点 x_r 处, 将式 (2.1.11) 代入式 (2.1.16) 得

$$\begin{aligned}
-\lambda\rho_r u_r =& \frac{2p_r}{l_r + l_{r+1}}\left(\frac{u_{r-1} - u_r}{l_r} - \frac{u_r - u_{r+1}}{l_{r+1}}\right) \\
&+ p'_r\left[-u_{r-1}\frac{l_{r+1}}{l_r(l_r + l_{r+1})} + u_r\frac{l_{r+1} - l_r}{l_r l_{r+1}} + u_{r+1}\frac{l_r}{l_{r+1}(l_r + l_{r+1})}\right];
\end{aligned}$$

对 $r = 0$ 和 n 的端点 x_0, x_n 处, 直接利用 Taylor 展式 (2.1.10) 和边条件 (2.1.15) 即得

$$-\lambda\rho_0 u_0 = \frac{2p_0}{l_1^2}(u_1 - u_0) - \left(\frac{2}{l_1} - \frac{p'_0}{p_0}\right)hu_0;$$

$$-\lambda\rho_n u_n = \frac{2p_n}{l_n^2}(u_{n-1} - u_n) - \left(\frac{2}{l_n} + \frac{p'_n}{p_n}\right)Hu_n.$$

记

$$\begin{cases}
a_r = b_{r+1} + c_r, & r = 0, 1, \cdots, n, \\
b_1 = \dfrac{p_0}{l_1}, \quad b_{n+1} = 0, \quad b_{r+1} = \dfrac{2p_r + p'_r l_r}{2l_{r+1}}, & r = 1, 2, \cdots, n-1, \\
c_0 = 0, \quad c_n = \dfrac{p_n}{l_n}, \quad c_r = \dfrac{2p_r - p'_r l_{r+1}}{2l_r}, & r = 1, 2, \cdots, n-1, \\
m_0 = \dfrac{\rho_0 l_1}{2}, \quad m_r = \rho_r\dfrac{l_r + l_{r+1}}{2}, & r = 1, 2, \cdots, n-1, \\
m_n = \rho_n l_n/2.
\end{cases} \tag{2.1.17}$$

则微分方程 (2.1.14) 经离散后化为

$$\begin{cases} a_0u_0 - b_1u_1 + Q_0 = \lambda m_0u_0, \\ -c_ru_{r-1} + a_ru_r - b_{r+1}u_{r+1} = \lambda m_ru_r, \quad r = 1, 2, \cdots, n-1, \\ -c_nu_{n-1} + a_nu_n + Q_n = \lambda m_nu_n, \end{cases} \tag{2.1.18}$$

式中

$$Q_0 = \left(1 - \frac{l_1}{2}\frac{p_0'}{p_0}\right) hu_0 = q_{00}u_0, \quad Q_n = \left(1 + \frac{l_n}{2}\frac{p_n'}{p_n}\right) Hu_n = q_{n0}u_n \tag{2.1.19}$$

代表边界力. 可以看到, 一般情况下这样导出的方程组并不是弹簧–质点系统的模态方程组. 不过, 所得系统仍然属于附录 A.3 节中介绍的标准 Jacobi 系统, 并将看到, 弹簧–质点系统与标准 Jacobi 系统具有完全相同的定性性质.

2.2 弹簧–质点系统振动的基本定性性质

2.2.1 弹簧–质点系统振动的振荡性质

我们直接从方程 (2.1.3)~(2.1.5) 出发来研究图 2.2 所示的弹簧–质点系统的固有振动特性. 改写两端弹性支承的弹簧–质点系统的模态方程组 (2.1.3) 为如下的矩阵形式:

$$\boldsymbol{A}\boldsymbol{u} = \lambda \boldsymbol{u}. \tag{2.2.1}$$

式中 $\lambda = \omega^2$ 是特征值, $\boldsymbol{u} = (u_0, u_1, \cdots, u_n)^{\mathrm{T}}$ 是位移振型, 矩阵

$$\boldsymbol{A} = \boldsymbol{M}^{-1}\boldsymbol{K} = \begin{bmatrix} \dfrac{k_1+h}{m_0} & -\dfrac{k_1}{m_0} & 0 & \cdots & 0 & 0 & 0 \\ -\dfrac{k_1}{m_1} & \dfrac{k_1+k_2}{m_1} & -\dfrac{k_2}{m_1} & \cdots & 0 & 0 & 0 \\ \vdots & \vdots & \vdots & & \vdots & \vdots & \vdots \\ 0 & 0 & 0 & \cdots & -\dfrac{k_{n-1}}{m_{n-1}} & \dfrac{k_{n-1}+k_n}{m_{n-1}} & -\dfrac{k_n}{m_{n-1}} \\ 0 & 0 & 0 & \cdots & 0 & -\dfrac{k_n}{m_n} & \dfrac{k_n+H}{m_n} \end{bmatrix}$$

恰好是标准 Jacobi 矩阵. 若记从三对角矩阵 $\boldsymbol{A}$ 中划去第一行和第一列后所得截短子矩阵为 $\boldsymbol{A}_1$, 记从 $\boldsymbol{A}$ 中划去第一行和最后一行及第一列和最后一列所得截短子矩阵为 $\boldsymbol{A}_{1n}$. 则左端固定右端自由的弹簧–质点系统的模态方程可表为

$$\lambda \boldsymbol{u}^{\mathrm{cf}} = \boldsymbol{A}_1 \boldsymbol{u}^{\mathrm{cf}}, \tag{2.2.2}$$

而两端固定的弹簧–质点系统的模态方程则是

$$\lambda \boldsymbol{u}^{\mathrm{cc}} = \boldsymbol{A}_{1n} \boldsymbol{u}^{\mathrm{cc}}, \tag{2.2.3}$$

式中, 上角标 cf 和 cc 分别表示该系统的左、右端边条件为固定–自由和固定–固定; 而式 (2.2.2) 和 (2.2.3) 中的各量分别为

$$\boldsymbol{u}^{\mathrm{cf}} = (u_1, u_2, \cdots, u_n)^{\mathrm{T}}, \qquad \boldsymbol{u}^{\mathrm{cc}} = (u_1, u_2, \cdots, u_{n-1})^{\mathrm{T}},$$

$$\boldsymbol{A}_1 = (\boldsymbol{M}^{\mathrm{cf}})^{-1}\boldsymbol{K}^{\mathrm{cf}}, \qquad \boldsymbol{A}_{1n} = (\boldsymbol{M}^{\mathrm{cc}})^{-1}\boldsymbol{K}^{\mathrm{cc}}.$$

其中

$$\boldsymbol{M}^{\mathrm{cf}} = \mathrm{diag}(m_1, m_2, \cdots, m_n), \qquad \boldsymbol{M}^{\mathrm{cc}} = \mathrm{diag}(m_1, m_2, \cdots, m_{n-1}),$$

$$\boldsymbol{K}^{\mathrm{cf}} = \begin{bmatrix} k_1+k_2 & -k_2 & 0 & \cdots & 0 & 0 & 0 \\ -k_2 & k_2+k_3 & -k_3 & \cdots & 0 & 0 & 0 \\ \vdots & \vdots & \vdots & & \vdots & \vdots & \vdots \\ 0 & 0 & 0 & \cdots & -k_{n-1} & k_{n-1}+k_n & -k_n \\ 0 & 0 & 0 & \cdots & 0 & -k_n & k_n \end{bmatrix},$$

$$\boldsymbol{K}^{\mathrm{cc}} = \begin{bmatrix} k_1+k_2 & -k_2 & 0 & \cdots & 0 & 0 & 0 \\ -k_2 & k_2+k_3 & -k_3 & \cdots & 0 & 0 & 0 \\ \vdots & \vdots & \vdots & & \vdots & \vdots & \vdots \\ 0 & 0 & 0 & \cdots & -k_{n-2} & k_{n-2}+k_{n-1} & -k_{n-1} \\ 0 & 0 & 0 & \cdots & 0 & -k_{n-1} & k_{n-1}+k_n \end{bmatrix}.$$

不难验证, $\boldsymbol{A}_1$ 和 $\boldsymbol{A}_{1n}$ 均为正定的标准 Jacobi 矩阵. 当 $h+H>0$ 时 $\boldsymbol{A}$ 也是正定的标准 Jacobi 矩阵; 而当 $h=0=H$ 时 $\boldsymbol{A}$ 是半正定的标准 Jacobi 矩阵. 这样, 由附录 A.3 节所介绍的有关正定标准 Jacobi 矩阵特征对的振荡性质, 可以得到以下的定理.

定理 2.1 弹簧–质点系统的固有频率 f_i $(i=1,2,\cdots,N)$ 是单的, 它们可按递增次序排列为

$$0 \leqslant f_1 < f_2 < \cdots < f_N.$$

上式中等号只对两端自由的系统成立. 对两端自由及两端弹性支承的弹簧–质点系统, $N=n+1$; 对固定–自由或固定–弹性支承的弹簧–质点系统, $N=n$; 而对两端固定的弹簧–质点系统, $N=n-1$.

定理 2.1 中关于 N 的这一说明在本章都适用.

定理 2.2 当弹簧–质点系统的固有频率按递增次序排列时, 具有性质:

(1) 相应于 f_i 的位移振型 $\boldsymbol{u}^{(i)}$ $(i=1,2,\cdots,N)$ 恰有 $i-1$ 个变号数;

(2) 两个相邻阶的位移振型 $\boldsymbol{u}^{(i)}$ 与 $\boldsymbol{u}^{(i+1)}$ $(i=2,3,\cdots,N-1)$ 的节点彼此交错;

(3) 由第 p 阶至第 q $(p<q)$ 阶振型组合的振动, 其节点个数每一时刻都介于 $p-1$ 和 $q-1$ 之间, 即

$$\boldsymbol{u}=\sum_{i=p}^{q}c_i\boldsymbol{u}^{(i)}$$

的最小变号数 $S_{\boldsymbol{u}}^-$ 与最大变号数 $S_{\boldsymbol{u}}^+$ 满足

$$p-1\leqslant S_{\boldsymbol{u}}^-\leqslant S_{\boldsymbol{u}}^+\leqslant q-1.$$

说明一点. 定理 2.2 所确定的性质的依据是正定标准 Jacobi 矩阵具有振荡性质, 而两端自由的弹簧–质点系统的刚度矩阵 $\boldsymbol{A}$ 是半正定的标准 Jacobi 矩阵, 它不属于符号振荡矩阵. 因此, 对两端自由的弹簧–质点系统, 定理 2.2 中性质 (3) 的成立是需要补充证明的. 具体证明将留到 2.3.1 分节的最后进行.

2.2.2 弹簧–质点系统的固有频率的相间性

根据附录 A.3 节中关于序列 A:

$$D_m(\lambda),\quad D_{m-1}(\lambda),\quad \ldots,\quad D_1(\lambda),\quad D_0(\lambda)$$

的性质 6: "在 $D_m(\lambda)$ 的每两个相邻实根之间, $D_{m-1}(\lambda)$ 恰有一个实根 $(m=2,3,\cdots,n)$", 又可以得出:

定理 2.3 在系统内点处的物理参数 m_r, k_r 完全相同的情况下, 两端自由的弹簧–质点系统的两个相邻固有频率之间有且仅有固定–自由的弹簧–质点系统的一个固有频率, 即:

$$f_i^{\mathrm{ff}}<f_i^{\mathrm{cf}}<f_{i+1}^{\mathrm{ff}},\quad i=1,2,\cdots,n. \tag{2.2.4}$$

同样, 在固定–自由的弹簧–质点系统的两个相邻固有频率之间有且仅有两端固定的弹簧–质点系统的一个固有频率, 亦即:

$$f_i^{\mathrm{cf}}<f_i^{\mathrm{cc}}<f_{i+1}^{\mathrm{cf}},\quad i=1,2,\cdots,n-1. \tag{2.2.5}$$

综合以上两式, 有

$$f_i^{\mathrm{ff}}<f_i^{\mathrm{cf}}<(f_i^{\mathrm{cc}},f_{i+1}^{\mathrm{ff}})<f_{i+1}^{\mathrm{cf}},\quad i=1,2,\cdots,n-1. \tag{2.2.6}$$

式中, 上角标 cf 和 cc 的意义同前, ff 表示系统的左右端边条件为自由–自由.

基于这一定理, 参考文献 [4] 指出, 采用 Golub 和 Boley 于 1977 年所提出的方法[54], 可以由固定–自由的弹簧–质点系统的 n 个固有频率 f_i^{cf} $(i=1,2,\cdots,n)$ 和将该系统的右端点固定后的两端固定的弹簧–质点系统的 $n-1$ 个固有频率 f_i^{cc} $(i=1,2,\cdots,n-1)$ 来确定系统的物理参数 m_r 和 k_r. 具体构造过程从略.

以上借助 Jacobi 矩阵的理论直接获得了弹簧–质点系统的振荡性质以及固有频率的相间特性. 但是在许多理论和应用问题, 例如反问题的讨论中, 我们还要用到这种系统的一系列其他的定性性质. 为此, 以下几节将讨论弹簧–质点系统的频率和振型的进一步特性.

2.3 弹簧–质点系统位移振型的充分必要条件

2.3.1 弹簧–质点系统的振型的进一步性质[20]

本节着重讨论弹簧–质点系统振型的进一步性质. 为此引入 $n\times(n+1)$ 阶微分算子矩阵:

$$\boldsymbol{E}=\begin{bmatrix}1 & -1 & & & \\ & 1 & -1 & & \text{\Large 0}\\ & & \ddots & \ddots & \\ \text{\Large 0} & & & & \\ & & & 1 & -1\end{bmatrix}$$

和 $\underline{\boldsymbol{K}}=\operatorname{diag}(k_1,k_2,\cdots,k_n)$. 当系统两端自由, 即 $h=0=H$ 时, 将方程组 (2.1.3) 改写为:

$$\lambda\boldsymbol{M}\boldsymbol{u}=\boldsymbol{E}^{\mathrm{T}}\underline{\boldsymbol{K}}\boldsymbol{E}\boldsymbol{u}. \tag{2.3.1}$$

若记第 r 个弹簧的伸长为 $w_r=u_r-u_{r-1}$, 弹簧力为 $\sigma_r=k_rw_r$ $(r=1,2,\cdots,n)$, 那么

$$\boldsymbol{w}=(w_1,w_2,\cdots,w_n)^{\mathrm{T}}=-\boldsymbol{E}\boldsymbol{u},\qquad \boldsymbol{\sigma}=(\sigma_1,\sigma_2,\cdots,\sigma_n)^{\mathrm{T}}=\underline{\boldsymbol{K}}\boldsymbol{w}. \tag{2.3.2}$$

以下简称 $\boldsymbol{w}$ 为弹簧变形振型或相对位移振型, 称 $\boldsymbol{\sigma}$ 为弹簧力振型, 为使讨论更清晰, 称 $\boldsymbol{u}$ 为位移振型. 利用上述记号, 方程 (2.3.1) 进一步可以改写为:

$$\lambda\underline{\boldsymbol{K}}^{-1}\boldsymbol{\sigma}=\boldsymbol{E}\boldsymbol{M}^{-1}\boldsymbol{E}^{\mathrm{T}}\boldsymbol{\sigma}. \tag{2.3.3}$$

比较式 (2.3.1) 和 (2.3.3), 容易看出它们有两点差别. 第一, 式 (2.3.1) 中的 $\boldsymbol{M}$ 和 $\underline{\boldsymbol{K}}$ 在式 (2.3.3) 中分别被 $\underline{\boldsymbol{K}}^{-1}$ 和 $\boldsymbol{M}^{-1}$ 所代替; 第二, 式 (2.3.3) 所含方程个数比

式 (2.3.1) 少一个, 但其右端的系数矩阵 $\boldsymbol{EM}^{-1}\boldsymbol{E}^{\mathrm{T}}$ 仍为标准 Jacobi 矩阵. 因此不妨认为式 (2.3.3) 也是具有参数 $\{\overline{m}_r = k_r^{-1}\}_1^n$ 和 $\{\bar{k}_r = m_r^{-1}\}_0^n$ 的某个弹簧–质点系统的运动方程组, 并称这样的弹簧–质点系统为原系统的共轭系统. 同时不难验证, 当原系统的支承方式为两端自由时, 相应的共轭系统是两端固定的, 其自由度减少 1; 当原系统的支承方式为两端固定时, 相应的共轭系统是两端自由的, 其自由度增加 1; 如果原系统的支承方式是固定–自由端, 那么其共轭系统则是自由–固定端, 而其自由度不变. 这样, 由上节的讨论我们又可以得出:

定理 2.4　当弹簧–质点系统的固有频率如上节那样按递增次序排列时, 它的相应于 f_i 的弹簧变形振型 $\boldsymbol{w}^{(i)}$ 和弹簧力振型 $\boldsymbol{\sigma}^{(i)}$ 的变号数 $S_{\boldsymbol{w}}$ 和 $S_{\boldsymbol{\sigma}}$ 分别是

$$S_{\boldsymbol{w}^{\mathrm{ff}}} = S_{\boldsymbol{\sigma}^{\mathrm{ff}}} = i-2, \qquad i = 2, 3, \cdots, n+1;$$
$$S_{\boldsymbol{w}^{\mathrm{cc}}} = S_{\boldsymbol{\sigma}^{\mathrm{cc}}} = i, \quad S_{\boldsymbol{w}^{\mathrm{cf}}} = S_{\boldsymbol{\sigma}^{\mathrm{cf}}} = i-1, \qquad i = 1, 2, \cdots, N.$$

根据定理 2.4 和定理 2.2, 进一步可以导出弹簧–质点系统位移振型的一系列重要推论.

推论 1　在弹簧–质点系统的位移振型中, 不可能有两个连续的零分量, 也不可能有三个连续分量彼此相等.

因为, 如果推论不成立, 即当位移振型中存在两个连续的零分量时, 位移振型没有确定的变号数, 这与定理 2.2 矛盾; 而当位移振型中存在三个连续分量相等时, 相应的弹簧变形振型没有确定的变号数, 这与定理 2.4 矛盾.

推论 2　除两端自由的弹簧–质点系统的第一阶振型外, 对弹簧–质点系统的任一阶振型都有:

当系统左端为自由端时, 有 $u_0w_1 < 0$, 其右端为自由端时, 有 $u_nw_n > 0$;

当系统左端为固定端时, 有 $u_1w_1 > 0$, 其右端为固定端时, 有 $u_{n-1}w_n < 0$.

上述前两个不等式是由运动方程组 (2.1.2) 的第一和第三个方程

$$-k_1w_1 = \omega^2 m_0u_0, \qquad k_nw_n = \omega^2 m_nu_n$$

所给出, 后两个不等式则由 $\boldsymbol{w}$ 的定义

$$w_1 = u_1 - u_0, \qquad w_n = u_n - u_{n-1}$$

所保证.

推论 3　若 u_r 是弹簧–质点系统位移振型的一个极大值, 则

$$u_r > 0.$$

事实上, 与 u_r 相应的质点的模态方程是

$$k_r(u_r - u_{r-1}) - k_{r+1}(u_{r+1} - u_r) = \lambda m_r u_r, \qquad 0 < r < n. \tag{2.3.4}$$

由极大值定义,

$$u_r - u_{r-1} \geqslant 0, \qquad u_r - u_{r+1} \geqslant 0,$$

而由推论 1, 以上两个不等式中最多只能有一个等号成立. 注意到 λ, k_r, m_r 都是正数, 结论显然成立. 同时容易看出, 这一结果也适用于自由端.

与此类似, 若 u_r 为弹簧–质点系统位移振型的一个极小值, 则 $u_r < 0$.

推论 4 当且仅当 u_r 为极值时, 才可能有 $u_r = u_{r+1}$(或 $u_{r-1} = u_r$).

事实上, 当 u_r 为极大值时, 必有 $u_r \geqslant u_{r+1}$, $u_r \geqslant u_{r-1}$. 由推论 1 知, 两式中的等号不可能同时成立, 但由式 (2.3.4), 其中一个等号成立是允许的. 极小值的情况亦如此. 反之, 如果 $u_r = u_{r+1}$ 而 u_r 不是极值, 那么必有

$$(u_r - u_{r-1})(u_{r+2} - u_r) > 0,$$

这与 $\boldsymbol{w}$ 有确定的变号数矛盾.

总结以上讨论可以看到, 弹簧–质点系统的位移振型 $\boldsymbol{u}^{(i)} = (u_{\alpha_1}, u_{\alpha_1+1}, \cdots, u_{\beta_i})^{\mathrm{T}}$ 的分量可以被分成 i 个同号段, 即

$$u_{\alpha_r},\ u_{\alpha_r+1},\ \ldots,\ u_{\beta_r-1},\ u_{\beta_r}, \qquad r = 1, 2, \cdots, i,$$

并满足

$$u_{\alpha_r} u_{\alpha_{r+1}} < 0, \qquad r = 1, 2, \cdots, i-1;$$

$$u_{\alpha_r} u_j > 0, \qquad j = \alpha_r + 1, \alpha_r + 2, \cdots, \beta_r.$$

需要指出, 根据边条件的不同, $\boldsymbol{u}^{(i)}$ 的起始分量的下角标 $\alpha_1 = 0$(左端自由或弹性支承) 或 $\alpha_1 = 1$(左端固定), $\boldsymbol{u}^{(i)}$ 的最后一个分量的下角标 $\beta_i = n - 1$(右端固定) 或 $\beta_i = n$(右端自由或弹性支承). 又视相邻两个同号段之间是否存在零分量而有 $\alpha_{r+1} - \beta_r = 2$ $(u_{\beta_r+1} = 0)$ 或 $\alpha_{r+1} - \beta_r = 1$ $(u_{\beta_r+1} \neq 0)$. 在每一个这样的同号段中, 位移振型有且仅有一处极值, 正的同号段中仅有一处极大值, 负的同号段中仅有一处极小值. 在两个相邻的极值之间, u 线总是单调递增或递减, 从而有且仅有一个节点. 这就意味着:

推论 5 与同阶位移振型 $\boldsymbol{u}^{(i)}$ 和弹簧变形振型 $\boldsymbol{w}^{(i)}$ 相应的 u 线和 w 线的节点互相交错.

特别地, 又有:

推论 6 若取 $\boldsymbol{u}^{(i)}$ 的第 n 分量 $u_{ni}>0\ (i=1,2,\cdots,n)$, 则固定–自由的弹簧–质点系统的第一阶振型的分量全大于零且单调递增. 同时, 其任意一条 u 线的最后一段必定单调递增且上凸.

鉴于附录中定理 17 在证明振荡矩阵和符号振荡矩阵特征矢量 $\boldsymbol{u}^{(k)}$ 与 $\boldsymbol{u}^{(k+1)}$ 的节点交错时, 仅仅利用了附录中定理 15, 亦即本章定理 2.2 中的性质 (1) 和性质 (3), 因此又有

推论 7 任意支承的弹簧–质点系统的相邻阶弹簧变形振型 $\boldsymbol{w}^{(i)}$ 与 $\boldsymbol{w}^{(i+1)}$ 的节点互相交错.

在这一分节的最后, 我们来补充证明定理 2.2 的性质 (3) 对两端自由的弹簧–质点系统也成立. 为此, 给出以下的引理.

引理 2.1 设有矢量 $\boldsymbol{x}=(x_0,x_1,\cdots,x_n)^{\mathrm{T}}$ 和 $\boldsymbol{y}=(y_1,y_2,\cdots,y_n)^{\mathrm{T}}$, 它们之间具有关系式 $\boldsymbol{y}=-\boldsymbol{E}\boldsymbol{x}$. 则当 $S^-_{\boldsymbol{x}}\geqslant j$ 时, 必有

$$S^-_{\boldsymbol{y}}\geqslant j+1-H(x_0)-H(x_n);$$

而当 $S^+_{\boldsymbol{y}}\leqslant j$ 时, 必有

$$S^+_{\boldsymbol{x}}\leqslant j+1.$$

其中

$$H(t)=\begin{cases}0, & t=0,\\ 1, & t\neq 0.\end{cases}$$

证明 先证引理 2.1 的第一部分. 由引理的条件, $S^-_{\boldsymbol{x}}\geqslant j$. 参照推论 4 后的总结, 矢量 $\boldsymbol{x}$ 的分量序列至少可以分成 $j+1$ 个同号段. 当 $x_0=0,\ x_n=0$ 时, 每一个这样的同号段中至少存在一处极值位置. 而在这个极值位置的两侧, 矢量 $\boldsymbol{y}$ 改变一次正负号 (或简称符号). 由此 $S^-_{\boldsymbol{y}}\geqslant j+1$. 而当 $x_0\neq 0$ 时, 则矢量 $\boldsymbol{x}$ 的分量序列的第一个同号段不一定使矢量 $\boldsymbol{y}$ 改变正负号. 同理, 当 $x_n\neq 0$ 时, 矢量 $\boldsymbol{x}$ 的分量序列的最后一个同号段也不一定使矢量 $\boldsymbol{y}$ 改变正负号. 因此

$$S^-_{\boldsymbol{y}}\geqslant j+1-H(x_0)-H(x_n).$$

再证引理 2.1 的后半部分. 采用反证法, 即设当 $S^+_{\boldsymbol{y}}\leqslant j$ 时, $S^+_{\boldsymbol{x}}\geqslant j+2$. 根据附录 A.3 节中关于矢量变号数的概念, 存在这样的

$$x_{i_r},\qquad r=1,2,\cdots,j+2;\ 0\leqslant i_1<i_2<\cdots<i_{j+2}\leqslant n,$$

使得

$$x_{i_r}\cdot x_{i_r+1}\leqslant 0,\qquad r=1,2,\cdots,j+2;$$

$$x_{i_r}\cdot x_{i_{r+1}}\leqslant 0,\qquad r=1,2,\cdots,j+1.$$

不妨设 $x_{i_1} > 0$, 则

$$(-1)^r y_{i_r} = (-1)^r (x_{i_r+1} - x_{i_r}) \geqslant 0, \quad r = 1, 2, \cdots, j+2.$$

此即 $S_{\boldsymbol{y}}^+ \geqslant j+1$, 这与引理的条件矛盾, 故引理的后半部分成立. 证毕. ▎

现在回到要证的主题. 由本节开始部分的讨论, 两端自由的弹簧–质点系统的共轭系统是两端固定的弹簧–质点系统, 作为共轭系统的 "位移" 振型的原系统的弹簧力振型 $\boldsymbol{\sigma}^{(i)}$, 以及相应的弹簧变形振型 $\boldsymbol{w}^{(i)}$, 对于它们, 定理 2.2 的性质 (3) 成立, 即对任意的 $1 \leqslant p \leqslant q \leqslant n$ 和实常数 $c_p, c_{p+1}, \cdots, c_q$, 矢量 $\boldsymbol{w} = c_p \boldsymbol{w}^{(p)} + c_{p+1} \boldsymbol{w}^{(p+1)} + \cdots + c_q \boldsymbol{w}^{(q)}$ 的最小变号数 $S_{\boldsymbol{w}}^-$ 与最大变号数 $S_{\boldsymbol{w}}^+$ 满足

$$p - 1 \leqslant S_{\boldsymbol{w}}^- \leqslant S_{\boldsymbol{w}}^+ \leqslant q - 1. \tag{2.3.5}$$

类似地, 对矢量 $\boldsymbol{\sigma} = c_p \boldsymbol{\sigma}^{(p)} + c_{p+1} \boldsymbol{\sigma}^{(p+1)} + \cdots + c_q \boldsymbol{\sigma}^{(q)}$, 有

$$p - 1 \leqslant S_{\boldsymbol{\sigma}}^- \leqslant S_{\boldsymbol{\sigma}}^+ \leqslant q - 1. \tag{2.3.6}$$

于是, 对于由式 $\boldsymbol{w} = -\boldsymbol{E}\boldsymbol{u}$ 相联系的矢量 $\boldsymbol{u}$ 和 $\boldsymbol{w}$, 由引理 2.1 的后半部分与式 (2.3.5) 即给出

$$S_{\boldsymbol{u}}^+ \leqslant q.$$

又, 两端自由的弹簧–质点系统的模态方程可以改写为

$$\lambda m_r u_r = \sigma_{r+1} - \sigma_r, \quad r = 0, 1, \cdots, n; \ \sigma_0 = 0, \ \sigma_{n+1} = 0.$$

从矢量具有多少次变号而言, 上式中的矢量 $\widetilde{\boldsymbol{\sigma}} = (\sigma_0, \sigma_1, \cdots, \sigma_{n+1})^{\mathrm{T}}$ 和 $\boldsymbol{u}$ 的关系类似于引理 2.1 中矢量 $\boldsymbol{x}$ 与 $\boldsymbol{y}$ 的关系, 则由引理 2.1 的第一部分与式 (2.3.6) 即给出

$$S_{\boldsymbol{u}}^- \geqslant p.$$

将以上结果合并即有

$$p \leqslant S_{\boldsymbol{u}}^- \leqslant S_{\boldsymbol{u}}^+ \leqslant q. \tag{2.3.7}$$

注意到, 作为共轭系统的 "位移" 振型的原系统的弹簧力振型 $\boldsymbol{\sigma}^{(i)}$, 与之相应的特征值 λ_i^* 对应于原系统的特征值 λ_{i+1} (原系统存在一个零特征值). 换句话说,

$$\boldsymbol{w}^{(i)} = -\boldsymbol{E}\boldsymbol{u}^{(i+1)}, \quad i = 1, 2, \cdots, n.$$

这样, 与 $\boldsymbol{w} = c_p \boldsymbol{w}^{(p)} + c_{p+1} \boldsymbol{w}^{(p+1)} + \cdots + c_q \boldsymbol{w}^{(q)}$ 相应的矢量 $\boldsymbol{u}$ 是

$$\boldsymbol{u} = c_p \boldsymbol{u}^{(p+1)} + c_{p+1} \boldsymbol{u}^{(p+2)} + \cdots + c_q \boldsymbol{u}^{(q+1)}. \tag{2.3.8}$$

对比式 (2.3.8) 和 (2.3.7), 即为我们所要证明的定理 2.2 中的性质 (3).

2.3.2 弹簧–质点系统位移振型的充分必要条件

将上面的讨论进一步推广, 还可以证明下面的定理.

定理 2.5 除需满足相应的边条件外, 一个矢量

$$\boldsymbol{u}=(u_0,u_1,\cdots,u_n)^{\mathrm{T}}$$

能够成为某种弹簧–质点系统位移振型的充分必要条件分别是

$$\begin{aligned}&S_{\boldsymbol{u}^{\mathrm{ff}}}=i-1,\quad S_{\boldsymbol{w}^{\mathrm{ff}}}=i-2,\qquad i=2,3,\cdots,n+1,\\&S_{\boldsymbol{u}^{\mathrm{cf}}}=i-1,\quad S_{\boldsymbol{w}^{\mathrm{cf}}}=i-1,\qquad i=1,2,\cdots,n,\\&S_{\boldsymbol{u}^{\mathrm{cc}}}=i-1,\quad S_{\boldsymbol{w}^{\mathrm{cc}}}=i,\qquad i=1,2,\cdots,n-1,\end{aligned}\tag{2.3.9}$$

式中 $\boldsymbol{w}=-\boldsymbol{E}\boldsymbol{u}$ 是与 $\boldsymbol{u}$ 相应的弹簧变形振型, $S_{\boldsymbol{u}^{\mathrm{ff}}}$ 和 $S_{\boldsymbol{w}^{\mathrm{ff}}}$ 分别表示两端自由杆的位移振型和弹簧变形振型的变号数, 其他符号类推.

证明 必要性已由定理 2.2 和定理 2.4 所保证, 故只需证条件的充分性.

采用构造性证法, 即假设给定正数 λ 和矢量 $\boldsymbol{u}=(u_0,u_1,\cdots,u_n)^{\mathrm{T}}$, 由式 (2.3.2) 即可构造 $\boldsymbol{w}=-\boldsymbol{E}\boldsymbol{u}$, 它们满足一定的边条件和式 (2.3.9) 所要求的相应的变号数. 那么, 一定存在这样的弹簧–质点系统, 它以 $\boldsymbol{u}$ 为其某一位移振型而以 $\sqrt{\lambda}$ 为其相应的角频率.

首先考查系统右端自由, 即 $u_n\neq 0$ 的情况. 这时由式 (2.3.9) 所要求的变号数的条件可直接导出 $u_nw_n>0$. 同时还可按 2.3.1 分节中提到的方法把 $\boldsymbol{u}$ 的分量分成若干个同号段. 记

$$U_r=\sum_{j=r}^{n}\lambda m_ju_j.$$

则模态方程 (2.1.2) 可以改写为: 当系统左端固定时,

$$k_rw_r=U_r,\quad r=n,n-1,\cdots,1;\tag{2.3.10a}$$

而当系统左端自由时,

$$k_rw_r=U_r,\qquad r=n,n-1,\cdots,1,\ U_0=0.\tag{2.3.10b}$$

这样, 当 $u_r\neq 0$ 时, 只要适当选取正数 m_r $(r=n,n-1,\cdots,1)$, 而当 $u_r=0$ $(0<r<n)$ 时, 则取 $m_r=1$, 就总能做到使 w_r 与 U_r $(r=1,2,\cdots,n)$ 同号或同时为零. 进而当 $w_r\neq 0$ 时即可由式 (2.3.10a) 或 (2.3.10b) 获得正数 k_r $(r=n,n-1,\cdots,1)$, 而当某个 $w_r=0$ 时, 则可取相应的 k_r 为任意正数. 当系统的左端也是自由端时, 则需适当选取正数 m_0 以保证 $U_0=0$.

再看两端固定的弹簧–质点系统. 这时, 不妨假设 $u_1 > 0$, 于是 u 的分量序列中至少存在一个正的同号段并有一个正的极大值 $u_s(0 < s < n)$. 我们分两种情况讨论:

(1) $u_s > u_{s-1}$, $u_s > u_{s+1}$. 这时可令:

$$k_s w_s = \lambda m_{s1} u_s, \qquad -k_{s+1} w_{s+1} = \lambda m_{s2} u_s,$$

$$U_r = \lambda(m_{s1}u_s + m_{s-1}u_{s-1} + \cdots + m_r u_r), \quad r = s, s-1, \cdots, 1,$$

$$V_r = \lambda(m_{s2}u_s + m_{s+1}u_{s+1} + \cdots + m_r u_r), \quad r = s, s+1, \cdots, n-1,$$

式中 $m_s = m_{s1} + m_{s2}$. 与自由端的情况类似, 系统的运动方程组可以表示为:

$$k_r w_r = U_r, \quad r = s, s-1, \cdots, 1; \qquad -k_{r+1} w_{r+1} = V_r, \quad r = s, s+1, \cdots, n-1.$$

这样只需适当选取正数 m_{s1}, m_{s-1}, $\cdots$, m_1 和 m_{s2}, m_{s+1}, $\cdots$, m_{n-1}, 就可以保证 U_r 和 w_r $(r = s, s-1, \cdots, 1)$ 同号或同时为零, 而 V_r 和 w_{r+1} $(r = s, s+1, \cdots, n-1)$ 异号或同时为零, 进而获得正数 k_r $(r = 1, 2, \cdots, n)$.

(2) $u_s = u_{s+1}$, $u_s > u_{s-1}$, $u_s > u_{s+2}$. 这时上述过程无需修改, 只是这时 $V_s = 0$, 从而可置 $m_{s2} = 0$ 而 k_{s+1} 可取任意正数.

至此可看到, 只要所给矢量 $\boldsymbol{u}$ 满足一定的边条件和变号数条件, 则必定存在一个真实的弹簧–质点系统以它为振型. 条件 (2.3.9) 的充分性证毕. ▌

2.3.3 两个模态的相容性条件和独立模态的个数[4,10]

以上主要讨论了弹簧–质点系统单一位移振型的定性性质. 在结束本节之前, 再来考查一下该系统两个位移振型之间的相互关系问题. 在这方面, 除了大家熟悉的正交关系和前文已经提到的节点交错关系之外, 弹簧–质点系统的两个不同的位移振型及其分量之间还应满足一些重要的关系式. 为此, 记与角频率 ω_i $(i = 1, 2, \cdots, N)$ 相应的位移振型为 $\boldsymbol{u}^{(i)} = (u_{\alpha_1 i}, u_{\alpha_1+1,i}, \cdots, u_{\beta_i i})^{\mathrm{T}}$, 弹簧变形振型为 $\boldsymbol{w}^{(i)} = (w_{1i}, w_{2i}, \cdots, w_{ni})^{\mathrm{T}}$, 这里 α_1 和 β_i 的值由边条件决定. 例如, 弹簧–质点系统左端自由、固定, 与其对应的 α_1 分别取 0 或 1; 右端自由、固定, 与其对应的 β_i 分别取 n 或 $n-1$. 那么可以证明如下性质:

性质 1 对任意的 r $(r = \alpha_1, \alpha_1+1, \cdots, \beta_i - 1)$ 和每一个确定的 i $(i = 1, 2, \cdots, N-1)$, 由下式

$$u_{ri}u_{r+1,i+1} - u_{r+1,i}u_{r,i+1}$$

所得诸量, 其值同时为正或负. 特别地, 如果取 $u_{\beta_i i} > 0$ $(i = 1, 2, \cdots, N)$, 那么其值恒正.

事实上, 因为弹簧–质点系统的刚度矩阵是 Jacobi 矩阵而质量矩阵是对角矩阵, 从而此系统的固有振动问题归结为 Jacobi 矩阵的特征值问题. 这样, 由附录中定理 18 的附注立即可知性质 1 的正确性.

完全类似, 对任意的 $r\ (r=1,2,\cdots,n-1)$ 和每一个确定的 $i\ (i=1,2,\cdots,n)$, 由下式

$$w_{ri}w_{r+1,i+1}-w_{r+1,i}w_{r,i+1}$$

所得诸量, 其值也都同时为正或负.

性质 2　对任意的 $r\ (r=1,2,\cdots,n-1)$ 和每一个确定的 $i,j\ (1\leqslant i<j\leqslant N)$, 则由下式

$$\begin{cases} p_r=\lambda_j u_{rj}w_{ri}-\lambda_i u_{ri}w_{rj}, \\ q_r=\lambda_j u_{rj}w_{r+1,i}-\lambda_i u_{ri}w_{r+1,j}, \\ s_r=w_{rj}w_{r+1,i}-w_{ri}w_{r+1,j} \end{cases} \tag{2.3.11}$$

所得 p_r, q_r 和 $s_r\ (r=1,2,\cdots,n-1)$ 诸量, 其值都同时为正或负, 或同时为零. 式中 $\lambda_i=\omega_i^2$, $\lambda_j=\omega_j^2$ 是相应的特征值.

事实上, 由弹簧–质点系统的模态方程组 (2.3.4) 有[10]

$$k_r w_{ri}-k_{r+1}w_{r+1,i}=\lambda_i m_r u_{ri},\qquad k_r w_{rj}-k_{r+1}w_{r+1,j}=\lambda_j m_r u_{rj}.$$

由此解得

$$\frac{k_r}{m_r}=\frac{\lambda_j u_{rj}w_{r+1,i}-\lambda_i u_{ri}w_{r+1,j}}{w_{rj}w_{r+1,i}-w_{ri}w_{r+1,j}}=\frac{q_r}{s_r}, \tag{2.3.12}$$

$$\frac{k_{r+1}}{m_r}=\frac{\lambda_j u_{rj}w_{ri}-\lambda_i u_{ri}w_{rj}}{w_{rj}w_{r+1,i}-w_{ri}w_{r+1,j}}=\frac{p_r}{s_r}. \tag{2.3.13}$$

由于 k_r, k_{r+1} 和 m_r 均为正数, 故性质 2 成立.

性质 3　若弹簧–质点系统的右端为自由, 则

$$k_n/m_n=\lambda_i u_{ni}/w_{ni}=\lambda_j u_{nj}/w_{nj}>0,\quad i\neq j. \tag{2.3.14}$$

由弹簧–质点系统自由端的模态方程

$$k_n w_{ni}=\lambda_i m_n u_{ni},\qquad k_n w_{nj}=\lambda_j m_n u_{nj},$$

式 (2.3.14) 是显然的.

以上性质 2 和性质 3 被称为两个不同模态的相容性条件.

根据以上的讨论, 可以得到以下重要的定理.

定理 2.6　如果给定了弹簧–质点系统的两阶位移模态 $(f_i,\boldsymbol{u}^{(i)})$ 和 $(f_j,\boldsymbol{u}^{(j)})$, 它们满足振型变号数条件 (2.3.9) 和两阶模态相容性条件, 则当系统不含

自由端时, 由式 (2.3.12) 和 (2.3.13); 当系统右端自由时, 由式 (2.3.12)~(2.3.14) 分别构造出该系统的 m_r 和 k_r, 进而获得此系统的所有模态.

由于上述性质在力学和数学上的重要意义, 特另立下面的定理以表达这个性质.

定理 2.7 自由度为 n 的弹簧–质点系统, 其 n 阶位移模态 $(f_i, \boldsymbol{u}^{(i)})$ $(i=1, 2, \cdots, n)$ 中, 仅有两阶且为任意的两阶位移模态 $(f_{i_1}, \boldsymbol{u}^{(i_1)})$ 和 $(f_{i_2}, \boldsymbol{u}^{(i_2)})$ $(i_1 \neq i_2)$ 是独立的.

这意味着, 如果一个弹簧–质点系统有两阶模态 (含两阶固有频率和相应振型) 和另一个弹簧–质点系统的两阶模态相同, 则在相差一个常数因子的意义下这两个系统必相同. 这也意味着, 可以构造一个弹簧–质点系统, 要求它具有指定的一阶或两阶模态 (当然给定的模态需要满足模态的充要条件和相容性条件), 但若要求它具有多于两阶的指定模态, 一般情况下是不可能的. 需指出, 对于两端自由的系统, 在本分节的讨论中, 应排除刚体模态.

2.4 强迫振动与固有频率的相间性

2.4.1 结构在端点受简谐力的强迫振动

确定结构的强迫振动是工程中的重要课题之一, 本节研究弹簧–质点系统的强迫振动问题. 首先研究左端固定右端自由的弹簧–质点系统, 其在自由端处受一强度为 q_n, 频率为 f 的简谐集中力作用时的强迫振动问题. 这种情况下的强迫振动方程是

$$\begin{cases} -k_r u_{r-1} + (k_r + k_{r+1}) u_r - k_{r+1} u_{r+1} = \lambda m_r u_r, \quad r = 1, 2, \cdots, n-1; \ u_0 = 0, \\ -k_n u_{n-1} + k_n u_n - q_n = \lambda m_n u_n, \end{cases} \tag{2.4.1}$$

式中 $\lambda = (2\pi f)^2$. 将上述方程组改写成矢量形式

$$\lambda \boldsymbol{M} \boldsymbol{u} = \boldsymbol{K} \boldsymbol{u} - q_n \boldsymbol{e}^{(n)}, \tag{2.4.2}$$

式中 $\boldsymbol{e}^{(n)} = (0, 0, \cdots, 0, 1)^{\mathrm{T}}$ 是 n 维矢量.

现采用按振型展开的方法来求解强迫振动问题. 设

$$\boldsymbol{u} = \sum_{i=1}^{n} c_i \boldsymbol{u}^{(i)}, \tag{2.4.3}$$

式中 $\boldsymbol{u}^{(i)}$ $(i=1,2,\cdots,n)$ 是固定–自由的弹簧–质点系统的相应于固有角频率 ω_i 的振型, c_i $(i=1,2,\cdots,n)$ 是待定常数. 为了确定这些常数, 不妨假定 $\boldsymbol{u}^{(i)}$ 已经关于 $\boldsymbol{M}$ 归一化, 将式 (2.4.3) 代入式 (2.4.2) 后, 两边再左乘矢量 $(\boldsymbol{u}^{(i)})^{\mathrm{T}}$, 有

$$\lambda(\boldsymbol{u}^{(i)})^{\mathrm{T}}\boldsymbol{M}\sum_{r=1}^{n}c_r\boldsymbol{u}^{(r)}=(\boldsymbol{u}^{(i)})^{\mathrm{T}}\boldsymbol{K}\sum_{r=1}^{n}c_r\boldsymbol{u}^{(r)}-q_n(\boldsymbol{u}^{(i)})^{\mathrm{T}}\boldsymbol{e}^{(n)}.$$

即

$$\lambda c_i=\lambda_i c_i-q_n u_{ni},$$

式中 $\lambda_i=\omega_i^2$, u_{ni} 是 $\boldsymbol{u}^{(i)}$ 的第 n 分量. 由此解得

$$c_i=\frac{q_n u_{ni}}{\lambda_i-\lambda},\quad i=1,2,\cdots,n. \tag{2.4.4}$$

于是, 强迫振动的振幅矢量可以表示为

$$\boldsymbol{u}=\sum_{i=1}^{n}\frac{q_n u_{ni}}{\lambda_i-\lambda}\boldsymbol{u}^{(i)}. \tag{2.4.5}$$

这就是弹簧–质点系统在其端点处承受简谐集中外力时的强迫响应解. 这一解式在工程和理论上都有重要的意义, 因为从它出发不难得出以下一些重要的结论.

(1) 当 $\lambda=\lambda_i$ $(1\leqslant i\leqslant n)$ 时, 因为 $u_{ni}\neq 0$, 因此只要 $u_{ri}\neq 0$ $(i=1,2,\cdots,n)$, 则必有 $u_r\to\infty$. 这就是说, 当简谐外力的频率等于固定–自由的弹簧–质点系统的某一固有频率时, 除了与该频率相应的振型的节点外, 系统中各质点的振幅都将趋于无穷. 这就是工程上大家所熟悉的共振现象. 当然, 由于阻尼的存在, 实际的振幅将只表现为峰值而不是无穷. 特别地, 有

$$u_n=q_n\sum_{i=1}^{n}\frac{u_{ni}^2}{\lambda_i-\lambda}. \tag{2.4.6}$$

这表明, 当发生共振时, 自由端的振幅必定趋于无穷.

(2) 当 $u_n\equiv 0$ 时, 系统的右端是固定的. 这时, 式 (2.4.6) 成为

$$\sum_{i=1}^{n}\frac{u_{ni}^2}{\lambda_i-\lambda}=0, \tag{2.4.7}$$

这就是两端固定的弹簧–质点系统的频率方程. 换句话说, 在简谐外力作用下, 系统的振动在自由端振幅为零时, 所对应的简谐外力的频率等于原系统在右端固定时的某一阶固有频率.

(3) 从式 (2.4.7) 出发, 还可以导出两端固定的弹簧–质点系统和固定–自由的弹簧–质点系统固有频率之间的相间性.

为此, 给出如下的引理.

引理 2.2 设有实数 $c_i > 0\ (i = 1, 2, \cdots, n)$, $x_1 < x_2 < \cdots < x_n$, 则函数

$$f(x) = \sum_{i=1}^{n} \frac{c_i}{x_i - x} \tag{2.4.8}$$

在区间 $(x_k, x_{k+1})\ (k = 1, 2, \cdots, n-1)$ 内有且仅有一个实根, 从而在 (x_1, x_n) 内共有 $n-1$ 个实根.

证明 注意到

$$\lim_{x \to x_k + 0} f(x) = -\infty \quad \text{和} \quad \lim_{x \to x_{k+1} - 0} f(x) = +\infty,$$

只需要证明 $f(x)$ 在区间 (x_k, x_{k+1}) 内单调递增就行了. 然而这是明显的, 因为总有

$$f'(x) = \sum_{i=1}^{n} \frac{c_i}{(x_i - x)^2} > 0.$$

引理证毕. ▌

应用引理 2.2 于式 (2.4.7), 并注意到, 对固定–自由的弹簧–质点系统 $u_{ni} \neq 0$, 即得

$$\lambda_1^{\text{cf}} < \lambda_1^{\text{cc}} < \lambda_2^{\text{cf}} < \lambda_2^{\text{cc}} < \cdots < \lambda_{n-1}^{\text{cf}} < \lambda_{n-1}^{\text{cc}} < \lambda_n^{\text{cf}}.$$

这与本章 2.2.2 分节的结果完全一致.

2.4.2 结构在内点受强迫力的强迫振动

再来考查系统在内点受简谐集中外力作用时的强迫振动问题. 设强迫力作用于第 $r\ (1 \leqslant r < n)$ 个质点. 这时, 相应的运动方程成为

$$\lambda \boldsymbol{M} \boldsymbol{u} = \boldsymbol{K} \boldsymbol{u} - q_r \boldsymbol{e}^{(r)}. \tag{2.4.9}$$

采用与 2.4.1 分节完全类似的方法, 可以导出这种情况下的强迫响应解是

$$\boldsymbol{u} = \sum_{i=1}^{n} \frac{q_r u_{ri}}{\lambda_i - \lambda} \boldsymbol{u}^{(i)}. \tag{2.4.10}$$

从这一解式出发, 同样可以得出以下结论:

(1) 当 $\lambda = \lambda_i\ (1 \leqslant i \leqslant n)$ 时, 只要 $u_{ri} \neq 0$, 即 u_{ri} 不是第 i 阶振型的节点, 那么系统将处于共振状态. 特别地,

$$u_r = q_r \sum_{i=1}^{n} \frac{u_{ri}^2}{\lambda_i - \lambda} \tag{2.4.11}$$

将趋于无穷, 或者由于阻尼的存在, u_r 将取峰值.

(2) 当 $u_r=0$ 时, 式 (2.4.11) 成为

$$\sum_{i=1}^{n}\frac{u_{ri}^2}{\lambda_i-\lambda}=0. \tag{2.4.12}$$

这就是原系统在受到约束 $u_r=0$ 下的频率方程. 这时, 存在两种可能性:

(a) u_{ri} 对所有的 i $(i=1,2,\cdots,n)$ 全不为零. 这时, 由引理 2.2 即知, 受约束的系统恰有 $n-1$ 个不同的固有角频率 $\{\mu_i\}_1^{n-1}$, 而且它们恰与原系统的固有角频率彼此相间. 即

$$\omega_1<\mu_1<\omega_2<\mu_2<\cdots<\omega_{n-1}<\mu_{n-1}<\omega_n. \tag{2.4.13}$$

(b) 存在一个或几个 i $(1<i<n)$, 使 $u_{ri}=0$. 这时, 方程 (2.4.12) 相应地将减少一项或几项. 这就意味着, 受约束的系统应有一个或几个重频率. 事实上, 这时第 r 个质点的左侧相当于有 $r-1$ 个质点的两端固定的弹簧–质点系统, 而其右侧则是一个有 $n-r$ 个质点的固定–自由的弹簧–质点系统, 它们总共应有 $n-1$ 个频率. 但在现在的条件下, 由引理 2.2 可知, 它们只有 $n-1-s$ 个互不相等的频率, 这里 s 是使 $u_{ri}=0$ 的 i 的个数. 这样只能是第 r 个质点左右两侧的子系统具有共同的频率, 从而受约束的系统存在重频率.

(3) 注意到 $u_{1i}\neq 0$ $(i=1,2,\cdots,n)$, 故当 $r=1$, 即外力作用在第一个质点上而使 $u_1=0$ 时, 式 (2.4.11) 成为

$$\sum_{i=1}^{n}\frac{u_{1i}^2}{\lambda_i-\lambda}=0. \tag{2.4.14}$$

这样, 式 (2.4.13) 必定成立. 这表明, 当截去固定–自由的弹簧–质点系统的第一个弹簧并让第一个质点固定时, 所得系统的固有频率与原系统的固有频率彼此相间.

2.5　杆的差分离散系统模态的定性性质

在 2.1.3 分节中已表明, 杆的纵向振动、剪切振动、扭转振动的差分离散模型等效于弹簧–质点系统或标准 Jacobi 系统. 这样, 上面几节对于弹簧–质点系统所得出的一系列定性性质完全适用于杆的纵向振动、剪切振动、扭转振动的差分离散模型. 这些性质归纳起来就是

(1) 杆的差分离散系统的固有频率和振型具有定理 2.1 和定理 2.2 中所描述的共 4 条振荡性质.

(2) 矢量 $\boldsymbol{u} = (u_\alpha, u_{\alpha+1}, \cdots, u_\beta)^{\mathrm{T}}$ 为杆的差分离散系统的振型的充分必要条件是, $\boldsymbol{u}$ 及由之产生的矢量 $\boldsymbol{w} = -\boldsymbol{E}\boldsymbol{u}$ 均有确定的变号数, 并满足

$$S_{\boldsymbol{u}} = S_{\boldsymbol{w}} - \gamma,$$

这里 α 取 1(相应于左端为固定端) 或 0(相应于左端为自由端); β 取 $n-1$(相应于右端为固定端) 或 n(相应于右端为自由端); 又

$$\boldsymbol{w} = (w_1, w_2, \cdots, w_n)^{\mathrm{T}}, \quad \text{而 } w_r = u_r - u_{r-1}, \quad r = 1, 2, \cdots, n;$$

γ 则取 1 (两端固定的系统), 0 (固定–自由的系统), 或 -1 (两端自由的系统). 如果进一步要求它是相应于 ω_i 的振型, 则其变号数应满足:

$$S_{\boldsymbol{u}} = i - 1, \quad S_w = i + \gamma - 1, \qquad i = 1, 2, \cdots, N.$$

(3) 相邻阶位移振型 $\boldsymbol{u}^{(i)}$ 和 $\boldsymbol{u}^{(i+1)}$ $(i = 2, 3, \cdots, N-1)$ 的分量之间必定满足这样的关系, 即对任意的 r $(r = \alpha, \alpha+1, \cdots, \beta-1)$ 和每一个确定的 i $(i = 1, 2, \cdots, N-1)$, 则由下式

$$u_{ri}\, u_{r+1,i+1} - u_{r+1,i}\, u_{r,i+1}$$

所得诸量, 其值都同时为正或负. 特别地, 如果取 $u_{\beta i} > 0$ $(i = 1, 2, \cdots, N)$, 那么其值恒正.

相邻阶相对位移振型 $\boldsymbol{w}^{(i)}$ 和 $\boldsymbol{w}^{(i+1)}$ $(i = 2, 3, \cdots, n-1)$ 的节点彼此交错.

同阶位移振型 $\boldsymbol{u}^{(i)}$ 和相对位移振型 $\boldsymbol{w}^{(i)}$ $(i = 2, 3, \cdots, N)$ 的节点彼此交错.

(4) 任意两振型的分量之间必须满足相容性条件. 即, 对任意的 r $(r = 1, 2, \cdots, n-1)$ 和每一个确定的 i, j $(1 \leqslant i < j \leqslant N)$, 则由下式

$$\begin{cases} p_r = \lambda_j u_{rj}\, w_{ri} - \lambda_i u_{ri}\, w_{rj}, \\ q_r = \lambda_j u_{rj}\, w_{r+1,i} - \lambda_i u_{ri}\, w_{r+1,j}, \\ s_r = w_{rj}\, w_{r+1,i} - w_{ri}\, w_{r+1,j} \end{cases} \tag{2.5.1}$$

所得诸量, 其值都同时为正或负, 或同时为零. 式中 $\lambda_i = \omega_i^2$, $\lambda_j = \omega_j^2$ 是相应的特征值.

若杆的右端为自由, 则

$$\lambda_i u_{ni}/w_{ni} = \lambda_j u_{nj}/w_{nj} > 0, \quad i \neq j. \tag{2.5.2}$$

(5) 采用按振型展开法, 研究固定–自由杆的差分离散系统在其右端点受一强度为 q_n, 频率为 f 的简谐外力作用下的强迫振动问题, 可以得到该杆右端点的位移是

$$u_n = q_n \sum_{i=1}^{n} \frac{u_{ni}^2}{\lambda_i - \lambda},$$

式中 $\lambda = (2\pi f)^2$, $\lambda_i = \omega_i^2$, u_{ni} 是固定–自由杆的相应于角频率 ω_i 的振型 $\boldsymbol{u}^{(i)}$ 的最后一个分量. 从这里进一步给出, 当固定–自由杆的右端点固定后所得两端固定杆的频率方程是

$$\sum_{i=1}^{n} \frac{u_{ni}^2}{\lambda_i - \lambda} = 0. \tag{2.5.3}$$

由此可以断定, 内部参数完全相同的两端固定杆和固定–自由杆的差分离散系统的固有频率彼此相间.

此外, 在本章 2.2~2.4 节中所获得的其他一些结论也都适用于杆的差分离散系统. 限于篇幅, 这里不再一一赘述.

2.6 杆的有限元离散系统模态的定性性质

以杆的左端为坐标原点 O, 并以杆的轴线为 x 轴, 杆长为 l, 我们以分点 $0 = x_0 < x_1 < \cdots < x_{n-1} < x_n = l$ 把杆分成 n 个单元, 如图 2.4 所示. 记第 r 个单元左、右两端沿 x 轴向的位移分别为 y_{r-1} 和 y_r $(r = 1, 2, \cdots, n)$, 那么单元内点的位移可用线性插值取为:

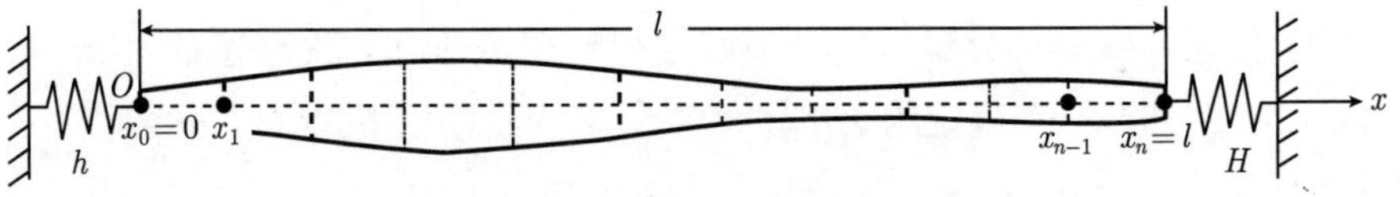

图 2.4 杆的有限元模型

$$y(x,t) = y_{r-1}(t)(1-\xi) + y_r(t)\xi, \quad x_{r-1} < x < x_r, \tag{2.6.1}$$

其中

$$\xi = \frac{x - x_{r-1}}{l_r}. \tag{2.6.2}$$

显然, ξ 的值从 0 变到 1. 当 r 取 $1, 2, \cdots, n$ 时, 式 (2.6.1) 通过 $n+1$ 个广义坐标 $\{y_r\}_0^n$ 表达了杆的各点的位移.

下面, 利用大家熟悉的 Lagrange 方程, 即

$$\frac{\mathrm{d}}{\mathrm{d}t}\left(\frac{\partial L}{\partial \dot{q}_r}\right)-\frac{\partial L}{\partial q_r}=0 \tag{2.6.3}$$

来建立杆的有限元模型, 这里广义坐标 $q_r = y_r$. 现按具有集中质量和具有分布质量两种情况加以讨论.

2.6.1 具有集中质量的有限元模型

对于具有集中质量的有限元模型, 首先假定杆的质量已经物理的被集中在各结点处. 换句话说, 具有结点质量 m_r $(r=0,1,\cdots,n)$. 这时, 系统的动能和应变能分别为

$$T=\frac{1}{2}\sum_{r=0}^{n} m_r \dot{y}_r^2, \tag{2.6.4}$$

$$V=\frac{1}{2}\int_0^l EA\left(\frac{\partial y}{\partial x}\right)^2 \mathrm{d}x, \tag{2.6.5}$$

式中 EA 为杆的抗拉刚度. 若以由广义坐标表出的位移表达式 (2.6.1) 代入上式, 则应变能成为

$$V=\frac{1}{2}\sum_{r=1}^{n} k_r (y_r-y_{r-1})^2, \tag{2.6.6}$$

式中

$$k_r=\frac{1}{l_r}\int_0^1 EA(x_{r-1}+l_r\xi)\mathrm{d}\xi. \tag{2.6.7}$$

因为 $L=T-V$, 将其代入 Lagrange 方程, 即得系统的运动方程组

$$\begin{cases} m_0\ddot{y}_0 = k_1(y_1-y_0), \\ m_r\ddot{y}_r = -k_r(y_r-y_{r-1})+k_{r+1}(y_{r+1}-y_r), \quad r=1,2,\cdots,n-1, \\ m_n\ddot{y}_n = -k_n(y_n-y_{n-1}). \end{cases} \tag{2.6.8}$$

上式已经略去了广义力项, 即只考虑杆的自由振动. 不难看出, 当以固有振动

$$y_r(t)=u_r\sin\omega t, \quad r=0,1,\cdots,n$$

代入方程 (2.6.8) 并消去因子 $\sin\omega t$ 后, 所得方程恰好是方程组 (2.1.2).

至于边条件, 当左端固定时, 显然应取 $y_0=0$ 或相应的振幅 $u_0=0$; 当左端自由时, 式 (2.6.1) 意味着 $y'(0,t)\neq 0$, 因此不适合这种情况. 然而对于能量法,

个别点上函数值的差异并无实质影响, 而上面导出的方程组 (2.6.8) 恰好对应于自由端; 也和差分模型一样, 边界弹性支承相当于自由度增加 1 的固定端.

由此可见, 对于具有集中质量的杆的有限元模型, 可以归结为本章开始阐述的弹簧–质点系统, 从而也就具有本章 2.5 节所叙述的一系列定性性质.

2.6.2 具有分布质量的有限元模型

对于具有分布质量的有限元模型的情况, 应变能 V 的表达式仍为上面的式 (2.6.6), 不同的是系统的动能应为

$$\begin{aligned} T &= \frac{1}{2}\int_0^l \rho A\dot{y}^2\mathrm{d}x \\ &= \frac{1}{2}\sum_{r=1}^{n}\int_0^1 \rho A(x_{r-1}+l_r\xi)[(1-\xi)\dot{y}_{r-1}+\dot{y}_r\xi]^2 l_r\mathrm{d}\xi \\ &= \frac{1}{2}\sum_{r=1}^{n}\left(a_r\dot{y}_{r-1}^2+2b_r\dot{y}_r\dot{y}_{r-1}+c_r\dot{y}_r^2\right), \end{aligned} \tag{2.6.9}$$

其中

$$\left.\begin{aligned} a_r &= \int_0^1 \rho A(x_{r-1}+l_r\xi)(1-\xi)^2 l_r\mathrm{d}\xi, \\ b_r &= \int_0^1 \rho A(x_{r-1}+l_r\xi)(1-\xi)\xi l_r\mathrm{d}\xi, \qquad r=1,2,\cdots,n. \\ c_r &= \int_0^1 \rho A(x_{r-1}+l_r\xi)\xi^2 l_r\mathrm{d}\xi, \end{aligned}\right. \tag{2.6.10}$$

将式 (2.6.9) 和 (2.6.6) 代入 Lagrange 方程, 得到相应的运动方程组

$$\begin{cases} a_1\ddot{y}_0+b_1\ddot{y}_1=-k_1(y_0-y_1), \\ b_r\ddot{y}_{r-1}+(c_r+a_{r+1})\ddot{y}_r+b_{r+1}\ddot{y}_{r+1} \\ \qquad =k_r(y_{r-1}-y_r)-k_{r+1}(y_r-y_{r+1}), \quad r=1,2,\cdots,n-1, \\ b_n\ddot{y}_{n-1}+c_n\ddot{y}_n=k_n(y_{n-1}-y_n). \end{cases} \tag{2.6.11}$$

如令 $y_r(t)=u_r\sin\omega t$, 将其代入上式后, 消去因子 $\sin\omega t$ 得到

$$\begin{cases} \lambda(a_1u_0+b_1u_1)=k_1(u_0-u_1), \\ \lambda[b_ru_{r-1}+(c_r+a_{r+1})u_r+b_{r+1}u_{r+1}] \\ \qquad =-k_r(u_{r-1}-u_r)+k_{r+1}(u_r-u_{r+1}), \quad r=1,2,\cdots,n-1, \\ \lambda(b_nu_{n-1}+c_nu_n)=-k_n(u_{n-1}-u_n). \end{cases} \tag{2.6.12}$$

若将上述结果改写成矩阵形式, 则有

$$\boldsymbol{C}\boldsymbol{u} = \lambda \boldsymbol{A}\boldsymbol{u}, \tag{2.6.13}$$

此处 $\lambda = \omega^2$ 是特征值, $\boldsymbol{u} = (u_0, u_1, \cdots, u_n)^{\mathrm{T}}$ 是位移振幅矢量, 质量矩阵 $\boldsymbol{A}$ 与刚度矩阵 $\boldsymbol{C}$ 都是三对角矩阵, 其具体形式分别为

$$\boldsymbol{A} = \begin{bmatrix} a_1 & b_1 & 0 & \cdots & 0 & 0 & 0 \\ b_1 & c_1 + a_2 & b_2 & \cdots & 0 & 0 & 0 \\ 0 & b_2 & c_2 + a_3 & \cdots & 0 & 0 & 0 \\ \vdots & \vdots & \vdots & & \vdots & \vdots & \vdots \\ 0 & 0 & 0 & \cdots & b_{n-1} & c_{n-1} + a_n & b_n \\ 0 & 0 & 0 & \cdots & 0 & b_n & c_n \end{bmatrix},$$

$$\boldsymbol{C} = \begin{bmatrix} k_1 & -k_1 & 0 & \cdots & 0 & 0 & 0 \\ -k_1 & k_1 + k_2 & -k_2 & \cdots & 0 & 0 & 0 \\ 0 & -k_2 & k_2 + k_3 & \cdots & 0 & 0 & 0 \\ \vdots & \vdots & \vdots & & \vdots & \vdots & \vdots \\ 0 & 0 & 0 & \cdots & -k_{n-1} & k_{n-1} + k_n & -k_n \\ 0 & 0 & 0 & \cdots & 0 & -k_n & k_n \end{bmatrix}.$$

不难验证, 这里的 $\boldsymbol{A}$ 是非奇异的而 $\boldsymbol{C}$ 则是奇异的, 即 $\det \boldsymbol{C} = 0$. 然而, 只要杆至少有一端是固定的, 即从 $\boldsymbol{A}$ 和 $\boldsymbol{C}$ 中同时划去第一行和第一列和/或最后一行和最后一列, 那么所得的截短子矩阵 $\boldsymbol{A}_1$, $\boldsymbol{C}_1$ 或 $\boldsymbol{A}_n$, $\boldsymbol{C}_n$ 或 $\boldsymbol{A}_{1n}$, $\boldsymbol{C}_{1n}$ 将是正定的 Jacobi 矩阵. 这样, 由附录 A.4 节的讨论可知, 上述截短子矩阵分别是振荡矩阵和符号振荡矩阵. 再由振荡矩阵的运算性质 (附录中定理 11) 知, $\boldsymbol{C}_1^{-1}$, $\boldsymbol{C}_n^{-1}$, $\boldsymbol{C}_{1n}^{-1}$ 也都是振荡矩阵, 进而 $\boldsymbol{C}_1^{-1}\boldsymbol{A}_1$, $\boldsymbol{C}_n^{-1}\boldsymbol{A}_n$ 和 $\boldsymbol{C}_{1n}^{-1}\boldsymbol{A}_{1n}$ 仍为振荡矩阵 (参看附录 A.4 节振荡矩阵的运算性质 5). 这表明, 对于固定–自由 (或自由–固定) 和两端固定的杆的有限元离散系统, 其运动方程组都可以归结为, 其系数矩阵 $\boldsymbol{B}$ 是振荡矩阵的矩阵特征值问题, 亦即

$$(\lambda^{-1}\boldsymbol{I} - \boldsymbol{B})\boldsymbol{u} = 0. \tag{2.6.14}$$

其中对固定–自由的杆,

$$\boldsymbol{B} = \boldsymbol{C}_1^{-1}\boldsymbol{A}_1, \quad \boldsymbol{u} = (u_1, u_2, \cdots, u_n)^{\mathrm{T}}; \tag{2.6.15}$$

而对两端固定的杆,

$$\boldsymbol{B} = \boldsymbol{C}_{1n}^{-1}\boldsymbol{A}_{1n}, \quad \boldsymbol{u} = (u_1, u_2, \cdots, u_{n-1})^{\mathrm{T}}. \tag{2.6.16}$$

由振荡矩阵的理论立即可知, 以上两种支承方式的杆的有限元离散系统, 其模态必定具有定理 2.1 和定理 2.2 中所描述的共 4 条振荡性质. 此外还有

(1) 相邻阶位移振型

$$\boldsymbol{u}^{(i)} = (u_{1i}, u_{2i}, \cdots, u_{Ni})^{\mathrm{T}}$$

和

$$\boldsymbol{u}^{(i+1)} = (u_{1,i+1}, u_{2,i+1}, \cdots, u_{N,i+1})^{\mathrm{T}}, \quad i = 2, 3, \cdots, N-1$$

的分量之间必定满足这样的关系, 即对任意的 r ($r = 1, 2, \cdots, N-1$) 和每一个确定的 i ($i = 1, 2, \cdots, N-1$), 则由下式

$$u_{ri} \cdot u_{r+1,i+1} - u_{r+1,i} \cdot u_{r,i+1}$$

所得诸量, 其值都同时大于零或小于零. 特别地, 如果取 $u_{Ni} > 0 (i = 1, 2, \cdots, N)$, 那么其值恒正. 以上 N 是系统的自由度.

(2) 对于固定–自由杆, 还可以进一步导出如下定性性质.

仿照本章 2.3 节我们引入矩阵 $\widetilde{\boldsymbol{E}}$,

$$\widetilde{\boldsymbol{E}} = \begin{bmatrix} 1 & -1 & & & \\ & 1 & -1 & & 0 \\ & & \ddots & \ddots & \\ & 0 & & 1 & -1 \\ & & & & 1 \end{bmatrix},$$

则固定–自由杆的模态方程可以改写为

$$\lambda \boldsymbol{A}_1 \boldsymbol{u} = \widetilde{\boldsymbol{E}} \underline{\boldsymbol{K}} \widetilde{\boldsymbol{E}}^{\mathrm{T}} \boldsymbol{u}, \tag{2.6.17}$$

此处 $\underline{\boldsymbol{K}} = \mathrm{diag}(k_1, k_2, \cdots, k_n)$, $\boldsymbol{u} = (u_1, u_2, \cdots, u_n)^{\mathrm{T}}$. 记

$$\boldsymbol{w} = (w_1, w_2, \cdots, w_n)^{\mathrm{T}} = -\widetilde{\boldsymbol{E}}^{\mathrm{T}} \boldsymbol{u}, \tag{2.6.18}$$

则式 (2.6.17) 变为

$$\underline{\boldsymbol{K}}^{-1} \widetilde{\boldsymbol{E}}^{-1} \boldsymbol{A}_1 (\widetilde{\boldsymbol{E}}^{-1})^{\mathrm{T}} \boldsymbol{w} = \lambda^{-1} \boldsymbol{w}, \tag{2.6.19}$$

其中

$$\widetilde{\boldsymbol{E}}^{-1} = \begin{bmatrix} 1 & \cdots & 1 \\ & \ddots & \vdots \\ 0 & & 1 \end{bmatrix}.$$

显然上式是完全非负矩阵且

$$\det \widetilde{\boldsymbol{E}}^{-1} = 1.$$

这样 $\underline{\boldsymbol{K}}^{-1}\widetilde{\boldsymbol{E}}^{-1}\boldsymbol{A}_1(\widetilde{\boldsymbol{E}}^{-1})^{\mathrm{T}}$ 是振荡矩阵. 于是即有下述性质:

(a) 相应于 f_i 的相对位移振型 $\boldsymbol{w}^{(i)}$ 也恰有 $i-1$ 个变号数.

从变号数的结论出发可以推出, 由本章 2.3 节中的推论 1 至推论 7 所描述的弹簧–质点系统的位移振型的进一步性质, 同样适用于固定–自由杆的有限元系统. 这些推论概括起来就是

(b) $u_{1i}\cdot w_{1i}>0,\ u_{ni}\cdot w_{ni}>0\ (i=1,2,\cdots,n)$.

(c) 位移振型 $\boldsymbol{u}^{(i)}=(u_{1i},u_{2i},\cdots,u_{ni})^{\mathrm{T}}$ 的分量序列可以被分成 i 个同号段, 即

$$u_{\alpha_r i},\quad u_{\alpha_r+1,i},\quad \cdots,\quad u_{\beta_r-1,i},\quad u_{\beta_r i},\qquad r=1,2,\cdots,i,$$

并满足

$$u_{\alpha_r i}\cdot u_{\alpha_{r+1},i}<0,\qquad r=1,2,\cdots,i-1;$$

$$u_{\alpha_r i}\cdot u_{ji}>0,\qquad j=\alpha_r+1,\alpha_r+2,\cdots,\beta_r.$$

其中 $\alpha_1=1$, $\beta_i=n$. 在每一个这样的同号段中, 位移振型有且仅有一处极值. 在正的同号段中仅有一处极大值, 在负的同号段中仅有一处极小值. 在两个相邻的极值之间, u 线总是单调递增或递减, 从而有且仅有一个节点.

(d) 若取 $u_{ni}>0(i=1,2,\cdots,n)$, 则固定–自由杆的有限元系统的第一阶振型的分量全大于零且单调递增. 同时, 其任一 u 线的最后一段必定单调递增且上凸.

(e) 相对位移振型 $\boldsymbol{w}^{(i)}$ 与 $\boldsymbol{w}^{(i+1)}(i=2,3,\cdots,n-1)$ 的节点互相交错.

2.7 无质量弹性杆–质点系统模态的定性性质

杆的振动还有另一种物理离散模型. 设杆长为 l, 在其上取分点 x_r, 杆的质量密度在此点的值为 ρ_r, 各段长 $l_r=x_r-x_{r-1}\ (r=1,2,\cdots,n)$. 将分布质量按公式:

$$\begin{cases} m_0=\rho_0 l_1/2, \\ m_r=\rho_r(l_r+l_{r+1})/2, \qquad r=1,2,\cdots,n-1, \\ m_n=\rho_n l_n/2 \end{cases}$$

化为各分点上的集中质量 m_r, 但杆的刚度仍保持为分布刚度, 即得如图 2.5 所示的无质量弹性杆–质点系统.

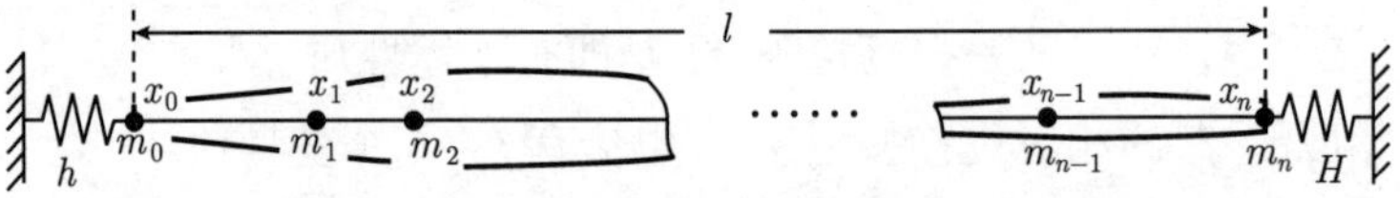

图 2.5　无质量弹性杆–质点系统示意图

设这个系统的柔度系数为 r_{ij} $(i,j=0,1,\cdots,n)$, 它的物理意义为, 在点 x_j 处作用单位力使点 x_i 所产生的位移. 柔度矩阵记为 $\boldsymbol{R}=(r_{ij})$ $(i,j=0,1,\cdots,n)$. 这个系统的自由振动方程为

$$\boldsymbol{y}(t)=\boldsymbol{R}(-\boldsymbol{M}\ddot{\boldsymbol{y}}(t)),$$

式中, $\boldsymbol{y}(t)=(y_0(t),y_1(t),\cdots,y_n(t))^{\mathrm{T}}$ 是系统的位移矢量, $\boldsymbol{M}=\mathrm{diag}(m_0,m_1,\cdots,m_n)$ 是系统的质量矩阵. 对于固有振动, $y_r(t)=u_r\sin\omega t$, 以此式代入上述自由振动方程, 即得固有角频率 $\omega=\sqrt{\lambda}$ 和振型 $\boldsymbol{u}=(u_0,u_1,\cdots,u_n)^{\mathrm{T}}$ 满足下述方程

$$\boldsymbol{u}=\lambda\boldsymbol{R}\boldsymbol{M}\boldsymbol{u}. \tag{2.7.1}$$

为了研究无质量弹性杆–质点系统振动的定性性质, 我们首先需要导出系统的柔度矩阵 $\boldsymbol{R}$. 对于杆的连续系统, 在第四章中我们将要导出它的 Green 函数, 即

$$G(x,s)=\begin{cases}\varphi(x)\psi(s), & x\leqslant s,\\ \varphi(s)\psi(x), & x>s,\end{cases}$$

并将证明式中的函数 $\varphi(x)$ 和 $\psi(x)$ 具有如下性质 (参看第四章定理 4.6):

(1) $\varphi(x)$ 和 $\psi(x)$ 在区间 I 上有严格固定的正负号;

(2) $\varphi(x)/\psi(x)$ 在区间 I 上严格单调递增;

(3) 对于任意的 $x\in I$, 有 $\varphi(x)\psi(x)>0$.

因此, 不失一般性, 可设 $\varphi(x)>0$, $\psi(x)>0$ $(x\in I)$. 这里, I 是闭区间 $[0,l]$ 上的全体动点的集合, 即

$$I=\begin{cases}[0,l], & \text{如果 } h \text{ 和 } H \text{ 均为有限值};\\ [0,l), & \text{如果 } h \text{ 有限而 } H\to\infty;\\ (0,l], & \text{如果 } h\to\infty \text{ 而 } H \text{ 有限};\\ (0,l), & \text{如果 } h \text{ 和 } H \text{ 均趋向于 } \infty.\end{cases}$$

为了书写方便, 以下记 $\varphi(x_i)=\varphi_i, \psi(x_k)=\psi_k$. 这样, 在现在的离散模型中,

$$r_{ik}=G(x_i,x_k)=\begin{cases}\varphi(x_i)\psi(x_k), & x_i \leqslant x_k\\ \varphi(x_k)\psi(x_i), & x_i > x_k\end{cases}=\begin{cases}\varphi_i\psi_k, & i\leqslant k,\\ \varphi_k\psi_i, & i>k;\end{cases} \tag{2.7.2}$$

$$\varphi_0 \geqslant 0, \quad \psi_n \geqslant 0, \quad \varphi_i,\psi_i>0, \qquad i=1,2,\cdots,n-1, \tag{2.7.3}$$

式 (2.7.3) 的第一个式中的等号只当 $h\to\infty$ 成立, 而其第二个式中的等号只当 $H\to\infty$ 时才成立. 这样, 对两端固定、固定–自由和两端弹性支承 $(0<h,H<\infty)$ 的无质量弹性杆–质点系统, 分别有

$$\frac{\varphi_1}{\psi_1}<\frac{\varphi_2}{\psi_2}<\cdots<\frac{\varphi_{n-1}}{\psi_{n-1}};\quad \frac{\varphi_1}{\psi_1}<\frac{\varphi_2}{\psi_2}<\cdots<\frac{\varphi_n}{\psi_n};\quad \frac{\varphi_0}{\psi_0}<\frac{\varphi_1}{\psi_1}<\cdots<\frac{\varphi_n}{\psi_n}.$$

由附录 A.4 节中的例 1 可知, 它们的柔度矩阵

$$\begin{aligned}&\boldsymbol{R}^{\rm cc}=(r_{ij})_{(n-1)\times(n-1)}, \quad i,j=1,2,\cdots,n-1,\\ &\left.\begin{aligned}\boldsymbol{R}^{\rm cf}&=(r_{ij})_{n\times n},\\ \boldsymbol{R}^{\rm tt}&=(r_{ij})_{(n+1)\times(n+1)},\end{aligned}\right. \quad i,j=0,1,\cdots,n\end{aligned}$$

都是振荡矩阵; 将它们乘以正定的对角矩阵后它们仍然属于振荡矩阵, 此处上角标 tt 表示系统的两端为弹性支承. 进而根据振荡矩阵特征对性质的定理可得下面的定理.

定理 2.8 对如图 2.5 所示的无质量弹性杆–质点系统, 当其两端支承方式为两端固定、固定–自由和两端弹性支承 $(0<h,H<\infty)$ 时, 系统的固有频率和振型具有定理 2.1 和定理 2.2 中所描述的共 4 条振荡性质.

2.8 具有弹性基础的弦和杆的离散系统模态的定性性质

本章 2.1 节所给出的具有弹性基础的弦、杆、轴的振动系统其实就是最一般的 Sturm-Liouville 系统, 它们的物理离散系统如图 2.3 所示. 此系统的固有频率和振型满足方程 (2.1.3), (2.1.4) 和 (2.1.7), 即

$$\boldsymbol{K}\boldsymbol{u}=\lambda\boldsymbol{M}\boldsymbol{u}, \tag{2.8.1}$$

$$\boldsymbol{M}=\operatorname{diag}(m_0,m_1,\cdots,m_n), \tag{2.8.2}$$

$$
\boldsymbol{K}=\begin{bmatrix}
k_1+q_0+h & -k_1 & 0 & \cdots & 0 & 0 & 0\\
-k_1 & k_1+k_2+q_1 & -k_2 & \cdots & 0 & 0 & 0\\
\vdots & \vdots & \vdots & & \vdots & \vdots & \vdots\\
0 & 0 & 0 & \cdots & -k_{n-1} & k_{n-1}+k_n+q_{n-1} & -k_n\\
0 & 0 & 0 & \cdots & 0 & -k_n & k_n+q_n+H
\end{bmatrix}.
\tag{2.8.3}
$$

而它们的差分离散系统的固有频率和振型或者满足方程 (2.8.1)~(2.8.3), 或者满足

$$
\begin{cases}
(a_0+q_0)u_0-b_1u_1=\lambda m_0u_0,\\
-c_ru_{r-1}+(a_r+q_r)u_r-b_{r+1}u_{r+1}=\lambda m_ru_r, \quad r=1,2,\cdots,n-1,\\
-c_nu_{n-1}+(a_n+q_n)u_n=\lambda m_nu_n.
\end{cases}
\tag{2.8.4}
$$

由此可见, 具有弹性基础的弦、杆、轴的振动系统的物理离散系统仍然属于正定的标准 Jacobi 系统, 而它们的差分离散系统同样属于正定对称或非对称的标准 Jacobi 系统. 因此, 弹性基础的存在并不改变系统的振荡性质. 也就是说, 前面几节所得到的关于弹簧–质点系统和杆的差分离散系统振动的振荡性质, 它们也完全适用于具有弹性基础的弦、杆、轴振动的差分离散系统和物理离散系统.

需要补充说明的是, 根据附录中定理 20 的推论, 标准 Jacobi 矩阵的最小特征值和最大特征值是其主对角元的增函数. 由于基础刚度系数仅出现在系统刚度矩阵的主对角元中, 因此, 弹性基础的存在将使系统的最低和最高的固有频率一致地升高.

本节主要内容取自参考文献 [26,55].

第三章　梁的离散系统振动的定性性质

3.1　梁的差分离散模型和相应的物理模型

设有一个长为 l, 线密度为 $\rho(x)$, 截面抗弯刚度为 $EJ(x)$ 的梁, 其振动的固有频率 $f=\omega/2\pi$ 和振型 $u(x)$ 满足模态方程

$$[EJ(x)u''(x)]''=\omega^2\rho(x)u(x),\quad 0<x<l, \tag{3.1.1}$$

及最一般的支承条件

$$[EJ(x)u''(x)]'\,|_{x=0}+h_1u(0)=0=[EJ(x)u''(x)]'\,|_{x=l}-h_2u(l), \tag{3.1.2}$$

$$EJ(0)u''(0)-\beta_1u'(0)=0=EJ(l)u''(l)+\beta_2u'(l), \tag{3.1.3}$$

式中 h_1,h_2 和 β_1,β_2 是支承的弹簧常数, 皆大于或等于零. 此梁示图 3.1(a).

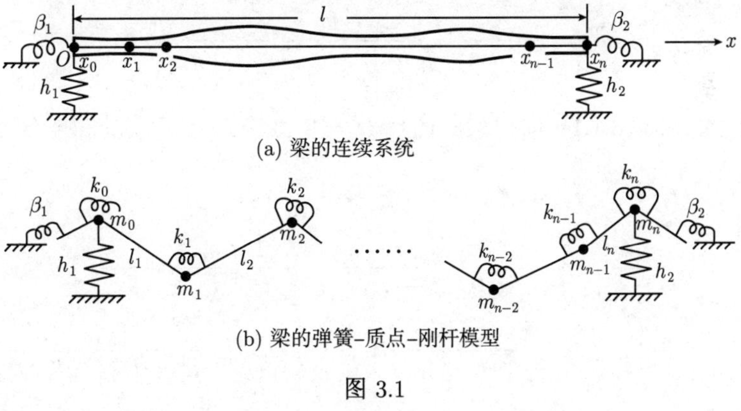

(a) 梁的连续系统

(b) 梁的弹簧–质点–刚杆模型

图 3.1

Gladwell 建立了一个既有理论意义又有实用价值的梁的物理离散模型, 即弹簧–质点–刚杆系统[4], 其参数按以下方法确定.

取梁的中心轴为 Ox 轴. 在 x 轴上取分点 $0=x_0<x_1<\cdots<x_n=l$, 每段长 $l_r=x_r-x_{r-1}\ (r=1,2,\cdots,n)$, 记 $\rho_r=\rho(x_r)$, $s_r=EJ(x_r)\ (r=0,1,\cdots,n)$. 将梁的分布质量和分布刚度按式

$$\begin{cases} m_0 = \dfrac{\rho_0 l_1}{2}, \quad m_r = \rho_r \dfrac{l_r + l_{r+1}}{2} \quad (r = 1,\ 2, \cdots,\ n-1), \quad m_n = \dfrac{\rho_n l_n}{2}; \\ k_0 = \dfrac{2s_0}{l_1}, \qquad k_r = \dfrac{2s_r}{l_r + l_{r+1}} \quad (r = 1,\ 2, \cdots,\ n-1), \qquad k_n = \dfrac{2s_n}{l_n}, \\ k_0^* = \dfrac{k_0}{1 + 2s_0/\beta_1 l_1}, \quad k_n^* = \dfrac{k_n}{1 + 2s_n/\beta_2 l_n} \end{cases} \tag{3.1.4}$$

转化为集中质量和集中刚度, 这时梁被离散为图 3.1(b) 所示系统. 此系统由无重直刚杆在端部铰接并由旋转弹簧连接, 铰接处附有集中质量. 图中 m_r 和 k_r $(r = 0,\ 1, \cdots,\ n)$ 分别表示质点质量、控制同一质点两侧刚杆相对转角的旋转弹簧刚度; l_r $(r = 1,\ 2, \cdots,\ n)$ 是刚杆长度.

有趣的是, 这一物理离散系统与梁的差分离散模型是一样的. 下面我们将详细阐明这一结论[34].

采用第二章使用过的记号, 利用函数 $u(x)$ 的如下 Taylor 展开式:

$$\begin{aligned} u_{r+1} &= u_r + u_r' l_{r+1} + u_r'' l_{r+1}^2/2 + o(l_{r+1}^3), \quad r = 0, 1, \cdots, n-1, \\ u_{r-1} &= u_r - u_r' l_r + u_r'' l_r^2/2 + o(l_r^3), \qquad\qquad r = 1, 2, \cdots, n, \end{aligned} \tag{3.1.5}$$

第二章已经导出有关函数二阶微商的二阶中心差分公式是

$$u_r'' = \frac{2}{l_r + l_{r+1}} \left(\frac{u_{r-1} - u_r}{l_r} - \frac{u_r - u_{r+1}}{l_{r+1}} \right). \tag{3.1.6}$$

将上式代入方程 (3.1.1), 即得梁的内点 $(r = 2,\ 3, \cdots,\ n-2)$ 处的差分方程

$$\begin{aligned} \omega^2 \rho_r u_r =& [EJ(x) u''(x)]'' \big|_{x=x_r} \\ =& \frac{4}{l_r + l_{r+1}} \left\{ \frac{s_{r-1}}{l_{r-1} l_r (l_{r-1} + l_r)} u_{r-2} - \frac{1}{l_r^2} \left(\frac{s_{r-1}}{l_{r-1}} + \frac{s_r}{l_{r+1}} \right) u_{r-1} \right. \\ &+ \left[\frac{s_{r-1}}{l_r^2 (l_{r-1} + l_r)} + \frac{s_r}{l_r l_{r+1}} \left(\frac{1}{l_r} + \frac{1}{l_{r+1}} \right) + \frac{s_{r+1}}{l_{r+1}^2 (l_{r+1} + l_{r+2})} \right] u_r \\ &- \frac{1}{l_{r+1}^2} \left(\frac{s_r}{l_r} + \frac{s_{r+1}}{l_{r+2}} \right) u_{r+1} \\ &\left. + \frac{s_{r+1}}{l_{r+1} l_{r+2} (l_{r+1} + l_{r+2})} u_{r+2} \right\}, \quad r = 2, 3, \cdots, n-2. \end{aligned} \tag{3.1.7}$$

此外, 还需考虑与梁的边界点有关的方程, 这时差分公式 (3.1.6) 并不完全适用, 而需要结合边条件逐一加以讨论.

首先考查梁的左端的情况, 此时有

$$-h_1u(0)=[EJ(x)u''(x)]'\,|_{x=0}\,,\quad u'(0)=EJ(0)u''(0)/\beta_1.$$

记 $\tau(x)=EJ(x)u''(x)$ 和 $\tau_r=\tau(x_r)$. 于是由式 (3.1.5) 的第一式可知

$$\tau_0''=\frac{2(\tau_1-\tau_0)}{l_1^2}-\frac{2\tau_0'}{l_1},$$

$$u_0''=\frac{2(u_1-u_0)}{l_1^2}-\frac{2u_0'}{l_1}=\frac{2(u_1-u_0)}{l_1^2}-\frac{2s_0}{l_1\beta_1}u_0'',$$

由上述第二式得

$$u_0''=\frac{2(u_1-u_0)}{l_1(l_1+2s_0/\beta_1)}.$$

于是

$$\begin{aligned}\omega^2\rho_0u_0=\tau_0''&=\frac{2[s_1u_1''-s_0u_0'']}{l_1^2}+\frac{2\phi_0}{l_1}\\&=\frac{4}{l_1^2}\left[\left(\frac{s_0}{l_1+\bar{\beta}_1}+\frac{s_1}{l_1+l_2}\right)\frac{u_0}{l_1}-\left(\frac{s_0}{l_1+\bar{\beta}_1}+\frac{s_1}{l_2}\right)\frac{u_1}{l_1}+\frac{s_1}{l_1+l_2}\frac{u_2}{l_2}\right]\\&\quad+\frac{2\phi_0}{l_1},\end{aligned}\tag{3.1.8}$$

$$\begin{aligned}\omega^2\rho_1u_1&=2\left[\frac{s_0u_0''}{l_1(l_1+l_2)}-\frac{s_1u_1''}{l_1l_2}+\frac{s_2u_2''}{l_2(l_1+l_2)}\right]\\&=\frac{4}{l_1+l_2}\left\{-\left(\frac{s_0}{l_1+\bar{\beta}_1}+\frac{s_1}{l_2}\right)\frac{u_0}{l_1^2}+\left[\frac{s_0}{l_1^2(l_1+\bar{\beta}_1)}+\frac{s_1}{l_1l_2}\left(\frac{1}{l_1}+\frac{1}{l_2}\right)\right.\right.\\&\quad\left.\left.+\frac{s_2}{l_2^2(l_2+l_3)}\right]u_1-\left(\frac{s_1}{l_1}+\frac{s_2}{l_3}\right)\frac{u_2}{l_2^2}+\frac{s_2}{l_2+l_3}\frac{u_3}{l_2l_3}\right\},\end{aligned}\tag{3.1.9}$$

式中, $\phi_0=h_1u_0$, $\bar{\beta}_1=2s_0/\beta_1$. 显然, 只要令 $h_1=0$, $\beta_1=0$, 则式 (3.1.8) 和 (3.1.9) 对自由端成立; 令 $h_1=0$, $\beta_1\to\infty$, 则式 (3.1.8) 和 (3.1.9) 对滑支端成立. 至于固支端或铰支端, 由于 $u_0=0$, 相应于 m_0 的运动方程成为平衡方程, 其具体形式无关紧要, 故不妨认为式 (3.1.8) 同样适用; 而对与 m_1 相应的运动方程, 由于对固定端有 $u_0'=0$, 对铰支端有 $s_0u_0''=0$, 这样只要在式 (3.1.9) 中分别令

$$u_0=0,\ \beta_1\to\infty\ \text{或}\ u_0=0,\ \beta_1=0,$$

则式 (3.1.9) 也适用于固定端和铰支端. 总之, 只要与适当的边条件相配合, 式 (3.1.8) 和 (3.1.9) 就是在任意支承梁的边界点的固有振动微分方程的差分形式.

至于梁的右端, 完全类似地可以写出

$$\omega^2\rho_{n-1}u_{n-1}=\frac{4}{l_{n-1}+l_n}\left\{\frac{s_{n-2}}{l_{n-2}+l_{n-1}}\frac{u_{n-3}}{l_{n-2}l_{n-1}}-\left(\frac{s_{n-2}}{l_{n-2}}+\frac{s_{n-1}}{l_{n-1}}\right)\frac{u_{n-2}}{l_{n-1}^2}\right.$$
$$+\left[\frac{s_{n-2}}{l_{n-1}^2(l_{n-2}+l_{n-1})}+\frac{s_{n-1}}{l_{n-1}l_n}\left(\frac{1}{l_{n-1}}+\frac{1}{l_n}\right)\right.$$
$$\left.\left.+\frac{s_n}{l_n^2(l_n+\bar{\beta}_2)}\right]u_{n-1}-\left(\frac{s_{n-1}}{l_{n-1}}+\frac{s_n}{l_n+\bar{\beta}_2}\right)\frac{u_n}{l_n^2}\right\}, \tag{3.1.10}$$

$$\omega^2\rho_n u_n=-\frac{2\phi_{n+1}}{l_n}+\frac{4}{l_n^2}\left[\frac{s_{n-1}}{l_{n-1}+l_n}\frac{u_{n-2}}{l_{n-1}}-\left(\frac{s_{n-1}}{l_{n-1}}+\frac{s_n}{l_n+\bar{\beta}_2}\right)\frac{u_{n-1}}{l_n}\right.$$
$$\left.+\left(\frac{s_{n-1}}{l_{n-1}+l_n}+\frac{s_n}{l_n+\bar{\beta}_2}\right)\frac{u_n}{l_n}\right], \tag{3.1.11}$$

此处 $\phi_{n+1}=-h_2u_n$, $\bar{\beta}_2=2s_n/\beta_2$. 式 (3.1.7)~(3.1.11) 即为梁的模态方程的差分方程组. 若记 $\lambda=\omega^2$ 并引入变量

$$\begin{cases} m_0=\dfrac{\rho_0 l_1}{2}, \quad m_n=\dfrac{\rho_n l_n}{2}, \quad m_r=\dfrac{\rho_r(l_r+l_{r+1})}{2}, \quad r=1,\cdots,n-1; \\ k_0=\dfrac{2s_0}{l_1}, \quad k_n=\dfrac{2s_n}{l_n}, \quad k_r=\dfrac{2s_r}{l_r+l_{r+1}}, \quad r=1,\cdots,n-1, \\ k_0^*=\dfrac{k_0}{1+2s_0/\beta_1 l_1}, \quad k_n^*=\dfrac{k_n}{1+2s_n/\beta_2 l_n}. \end{cases} \tag{3.1.12}$$

则方程组 (3.1.7)~(3.1.11) 被重写为

$$\lambda m_0u_0=\frac{k_0^*+k_1}{l_1^2}u_0-\left[\frac{k_0^*}{l_1^2}+\frac{k_1}{l_1}\left(\frac{1}{l_1}+\frac{1}{l_2}\right)\right]u_1+\frac{k_1}{l_1l_2}u_2+\phi_0; \tag{3.1.13}$$

$$\lambda m_1u_1=-\left[\frac{k_0^*}{l_1^2}+\frac{k_1}{l_1}\left(\frac{1}{l_1}+\frac{1}{l_2}\right)\right]u_0+\left[\frac{k_0^*}{l_1^2}+\left(\frac{1}{l_1}+\frac{1}{l_2}\right)^2k_1+\frac{k_2}{l_2^2}\right]u_1$$
$$-\left[\frac{k_1}{l_2}\left(\frac{1}{l_1}+\frac{1}{l_2}\right)+\frac{k_2}{l_2}\left(\frac{1}{l_2}+\frac{1}{l_3}\right)\right]u_2+\frac{k_2}{l_2l_3}u_3; \tag{3.1.14}$$

$$\lambda m_ru_r=\frac{k_{r-1}}{l_{r-1}l_r}u_{r-2}-\left[\left(\frac{1}{l_{r-1}}+\frac{1}{l_r}\right)\frac{k_{r-1}}{l_r}+\left(\frac{1}{l_r}+\frac{1}{l_{r+1}}\right)\frac{k_r}{l_r}\right]u_{r-1}$$
$$+\left[\frac{k_{r-1}}{l_r^2}+\left(\frac{1}{l_r}+\frac{1}{l_{r+1}}\right)^2k_r+\frac{k_{r+1}}{l_{r+1}^2}\right]u_r$$
$$-\left[\left(\frac{1}{l_r}+\frac{1}{l_{r+1}}\right)\frac{k_r}{l_{r+1}}+\left(\frac{1}{l_{r+1}}+\frac{1}{l_{r+2}}\right)\frac{k_{r+1}}{l_{r+1}}\right]u_{r+1}$$

$$+\frac{k_{r+1}}{l_{r+1}l_{r+2}}u_{r+2}, \quad r=2,\ 3,\cdots,\ n-2; \tag{3.1.15}$$

$$\begin{aligned}\lambda m_{n-1}u_{n-1}=&\frac{k_{n-2}}{l_{n-2}l_{n-1}}u_{n-3}-\left[\left(\frac{1}{l_{n-2}}+\frac{1}{l_{n-1}}\right)\frac{k_{n-2}}{l_{n-1}}+\left(\frac{1}{l_{n-1}}+\frac{1}{l_n}\right)\frac{k_{n-1}}{l_{n-1}}\right]u_{n-2}\\&+\left[\frac{k_{n-2}}{l_{n-1}^2}+\left(\frac{1}{l_{n-1}}+\frac{1}{l_n}\right)^2k_{n-1}+\frac{k_n^*}{l_n^2}\right]u_{n-1}\\&-\left[\left(\frac{1}{l_{n-1}}+\frac{1}{l_n}\right)\frac{k_{n-1}}{l_n}+\frac{k_n^*}{l_n^2}\right]u_n;\end{aligned} \tag{3.1.16}$$

$$\begin{aligned}\lambda m_nu_n=&\frac{k_{n-1}}{l_{n-1}l_n}u_{n-2}-\left[\left(\frac{1}{l_{n-1}}+\frac{1}{l_n}\right)\frac{k_{n-1}}{l_n}+\frac{k_n^*}{l_n^2}\right]u_{n-1}\\&+\frac{k_{n-1}+k_n^*}{l_n^2}u_n-\phi_{n+1}.\end{aligned} \tag{3.1.17}$$

不难验证, 上述方程组 (3.1.13)~(3.1.17) 恰好是图 3.1 所示弹簧–质点–刚杆系统固有振动的模态方程组.

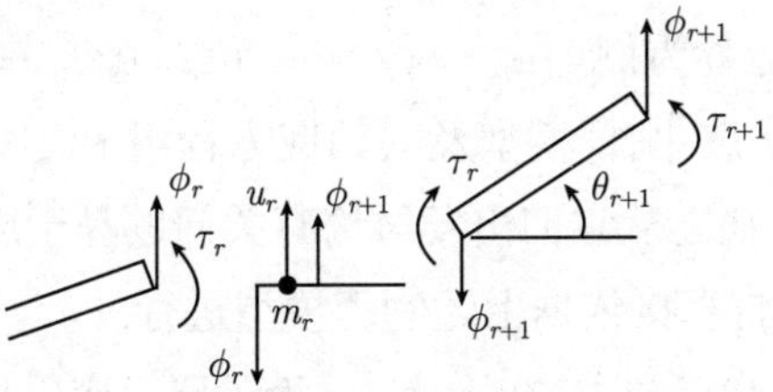

图 3.2 m_r 的受力分析

事实上, 对于图 3.1 所示的系统, 其第 r 个质点 m_r 的受力分析, 可参考图 3.2. 该质点经时间变量分离后的模态方程是

$$\lambda m_ru_r=\phi_r-\phi_{r+1}, \quad r=0,\ 1,\cdots,\ n, \tag{3.1.18}$$

其中 ϕ_r 和 ϕ_{r+1} 是质点 m_r 两侧的刚杆施加给质点 m_r 的剪力. 而由连接 m_{r-1} 和 m_r 的刚杆的平衡关系, 有

$$\phi_r=(\tau_{r-1}-\tau_r)/l_r, \quad r=1,2,\cdots,n, \tag{3.1.19}$$

式中 τ_r 是在具有转动刚度 k_r 的情况下, 使质点 m_r 两边的刚杆产生相对转角 w_r 的力矩. 因此

$$\tau_r=k_r(\theta_{r+1}-\theta_r)=k_rw_r, \quad r=0,1,\cdots,n, \tag{3.1.20}$$

而连接 m_{r-1} 和 m_r 的刚杆的转角则是

$$\theta_r = (u_r - u_{r-1})/l_r, \quad r = 1, 2, \cdots, n. \tag{3.1.21}$$

对上述模型的内点, 将式 (3.1.19) 至 (3.1.21) 依次代入式 (3.1.18), 即得方程 (3.1.15). 至于上述模型的边界点, 只要引入模型左、右两侧虚拟杆的转角 θ_0 和 θ_{n+1}, 以及外界作用于两端的横向支反力 ϕ_0 和 ϕ_{n+1}, 同样可得方程 (3.1.13), (3.1.14) 和 (3.1.16), (3.1.17). 由此可见, 图 3.1 所示的系统就是 Euler 梁差分离散系统的物理模型. 但需注意, 上面定义的 τ_r $(r = 0,\ 1, \cdots,\ n)$ 正好是弯矩在相应分点处的差分量, 而 θ_r 和 ϕ_r $(r = 1,\ 2, \cdots,\ n)$ 则是转角和剪力的相应分量的一级近似值.

采用上面定义的符号, 不同支承情况下的边条件也可表示为

固支: $u_0 = \theta_0 = 0$ 或 $u_n = \theta_{n+1} = 0$.

铰支: $u_0 = \beta_1 = 0$ 或 $u_n = \beta_2 = 0$.

滑支: $\theta_0 = \phi_0 = 0$ 或 $\theta_{n+1} = \phi_{n+1} = 0$.

自由: $\beta_1 = \phi_0 = 0$ 或 $\beta_2 = \phi_{n+1} = 0$.

反共振 (仅以右边界为例): $u_n = \phi_{n+1} = 0$ 或 $\theta_{n+1} = \beta_2 = 0$.

鉴于梁的弹簧–质点–刚杆模型及其相应方程组 (3.1.13)~(3.1.17) 的表示式简单, 物理意义清晰, 加之从它们出发讨论有关问题易于应用已有的结果, 所以在本章今后的讨论中将直接依据上述物理模型进行.

由于方程组 (3.1.13)~(3.1.17) 太庞大, 为了便于应用振荡矩阵的理论, 把方程 (3.1.13) 至 (3.1.21) 改写成矢量形式. 为此, 记系统的位移 $\boldsymbol{u}$, 转角 $\boldsymbol{\theta}$, 弯矩 $\boldsymbol{\tau}$ 和剪力振型 $\boldsymbol{\phi}$ 分别为

$$\begin{aligned} &\boldsymbol{u} = (u_0, u_1, \cdots, u_n)^{\mathrm{T}}, \quad \boldsymbol{\theta} = (\theta_1, \theta_2, \cdots, \theta_n)^{\mathrm{T}}, \\ &\boldsymbol{\tau} = (\tau_0, \tau_1, \cdots, \tau_n)^{\mathrm{T}}, \quad \boldsymbol{\phi} = (\phi_1, \phi_2, \cdots, \phi_n)^{\mathrm{T}}. \end{aligned} \tag{3.1.22}$$

系统的质量矩阵记为 $\boldsymbol{M} = \mathrm{diag}(m_0, m_1, \cdots, m_n)$, 弹簧常数矩阵记为 $\boldsymbol{K} = \mathrm{diag}(k_0, k_1, \cdots, k_n)$; 又记 $\boldsymbol{L}= \mathrm{diag}(l_1, l_2, \cdots, l_n)$; 记 $n \times (n+1)$ 阶矩阵 $\boldsymbol{E}$, $n+1$ 阶方阵 $\widetilde{\boldsymbol{E}}$, $n+1$ 维矢量 $\boldsymbol{e}^{(1)}$ 和 $\boldsymbol{e}^{(n+1)}$, 它们分别是

$$\boldsymbol{E} = \begin{bmatrix} 1 & -1 & & & & \\ & 1 & -1 & & 0 & \\ & & \ddots & \ddots & & \\ & 0 & & 1 & -1 & \\ & & & & 1 & -1 \end{bmatrix}, \quad \widetilde{\boldsymbol{E}} = \begin{bmatrix} 1 & -1 & & & & \\ & 1 & -1 & & 0 & \\ & & \ddots & \ddots & & \\ & 0 & & & 1 & -1 \\ & & & & & 1 \end{bmatrix}, \tag{3.1.23}$$

$$e^{(1)} = (1, 0, \cdots, 0, 0)^{\mathrm{T}}, \quad e^{(n+1)} = (0, 0, \cdots, 0, 1)^{\mathrm{T}}.$$

于是式 (3.1.19) 至 (3.1.21) 成为

$$\boldsymbol{\theta} = -\boldsymbol{L}^{-1}\boldsymbol{E}\boldsymbol{u}, \quad \boldsymbol{w} = \boldsymbol{E}^{\mathrm{T}}\boldsymbol{\theta} - \theta_0 \boldsymbol{e}^{(1)} + \theta_{n+1}\boldsymbol{e}^{(n+1)}, \quad \boldsymbol{\tau} = \boldsymbol{K}\boldsymbol{w}, \quad \boldsymbol{\phi} = \boldsymbol{L}^{-1}\boldsymbol{E}\boldsymbol{\tau}. \tag{3.1.24}$$

而方程 (3.1.18) 又可表示为

$$\begin{aligned}\lambda \boldsymbol{M}\boldsymbol{u} &= -\boldsymbol{E}^{\mathrm{T}}\boldsymbol{\phi} + \phi_0 \boldsymbol{e}^{(1)} - \phi_{n+1}\boldsymbol{e}^{(n+1)} \\ &= \boldsymbol{A}\boldsymbol{u} + \boldsymbol{E}^{\mathrm{T}}\boldsymbol{L}^{-1}\boldsymbol{E}(k_0\theta_0\boldsymbol{e}^{(1)} - k_n\theta_{n+1}\boldsymbol{e}^{(n+1)}) \\ &\quad + h_1 u_0 \boldsymbol{e}^{(1)} + h_2 u_n \boldsymbol{e}^{(n+1)},\end{aligned} \tag{3.1.25}$$

其中矩阵

$$\boldsymbol{A} = \boldsymbol{E}^{\mathrm{T}}\boldsymbol{L}^{-1}\boldsymbol{E}\boldsymbol{K}\boldsymbol{E}^{\mathrm{T}}\boldsymbol{L}^{-1}\boldsymbol{E}. \tag{3.1.26}$$

利用边条件 (3.1.3) 有

$$\theta_0 = \frac{EJ(0)u''(0)}{\beta_1} = \frac{\bar{\beta}_1}{l_1}\frac{u_1 - u_0}{l_1 + \bar{\beta}_1}, \quad \theta_{n+1} = \frac{EJ(l)u''(l)}{\beta_2} = \frac{\bar{\beta}_2}{l_2}\frac{u_{n-1} - u_n}{l_n + \bar{\beta}_2}.$$

将上式代入式 (3.1.25) 后消去等号右边第二项, 矢量形式的模态方程简化为

$$\lambda \boldsymbol{M}\boldsymbol{u} = \underline{\boldsymbol{A}}\boldsymbol{u} + h_1 u_0 \boldsymbol{e}^{(1)} + h_2 u_n \boldsymbol{e}^{(n+1)}, \tag{3.1.27}$$

其中 $\underline{\boldsymbol{A}}$ 与 $\boldsymbol{A}$ 的差别仅在于将 $\boldsymbol{A}$ 中的 k_0, k_n 换成式 (3.1.12) 中的 k_0^*, k_n^*, 即

$$\underline{\boldsymbol{A}} = \boldsymbol{E}^{\mathrm{T}}\boldsymbol{L}^{-1}\boldsymbol{E}\underline{\boldsymbol{K}}\boldsymbol{E}^{\mathrm{T}}\boldsymbol{L}^{-1}\boldsymbol{E}, \tag{3.1.28}$$

其中 $\underline{\boldsymbol{K}} = \mathrm{diag}(k_0^*,\ k_1,\ \cdots,\ k_{n-1},\ k_n^*)$. 下面就从方程 (3.1.27) 出发来讨论梁的离散系统的振荡性质.

3.2 静定、超静定梁的差分离散模型模态的定性性质

首先阐明静定和超静定梁的刚度矩阵的符号振荡性, 为此给出如下的引理.

引理 3.1 若 $\widetilde{\boldsymbol{E}}$ 由式 (3.1.23) 所定义, 则其符号倒换矩阵 $\widetilde{\boldsymbol{E}}^*$ 为完全非负矩阵.

注意到 $\widetilde{\boldsymbol{E}}^*$ 的任意子矩阵或为零矩阵或为上三角形矩阵或为下三角形矩阵, 而其主对角元仅为 0 或 1, 因而引理 3.1 的正确性是显然的. 同理可知 $\boldsymbol{L}^{-1}$ 也是完全非负矩阵.

推论 记 $\boldsymbol{B}=\boldsymbol{E}^{\mathrm{T}}\boldsymbol{L}^{-1}\boldsymbol{E}$, 则其符号倒换矩阵 $\boldsymbol{B}^*$ 是完全非负矩阵.

证明 一方面, $\boldsymbol{L}^{-1}$ 为完全非负矩阵; 另一方面, $\boldsymbol{E}^*$ 和 $(\boldsymbol{E}^{\mathrm{T}})^*$ 的任一子式同时必是完全非负矩阵 $\widetilde{\boldsymbol{E}}^*$ 或 $(\widetilde{\boldsymbol{E}}^*)^{\mathrm{T}}$ 的子式之一. 这样由附录 A.2 节的 Binet-Cauchy 恒等式立即得本推论. ▌

现在, 记 $\underline{\boldsymbol{A}}=(a_{ij})_{(n+1)\times(n+1)}$, 其截短子矩阵为 $\underline{\boldsymbol{A}}_1=(a_{ij})_2^{n+1}$, $\underline{\boldsymbol{A}}_n=(a_{ij})_1^n$, $\underline{\boldsymbol{A}}_{1n}=(a_{ij})_2^n$. 由以上推论表明, $\underline{\boldsymbol{A}}^*=\boldsymbol{B}^*\underline{\boldsymbol{K}}\boldsymbol{B}^*$ 是完全非负矩阵. 作为 $\underline{\boldsymbol{A}}^*$ 的截短子矩阵, $\underline{\boldsymbol{A}}_1^*$, $\underline{\boldsymbol{A}}_n^*$ 和 $\underline{\boldsymbol{A}}_{1n}^*$ 当然也是完全非负矩阵. 直接检验发现,

$$\det\underline{\boldsymbol{A}}=0,\quad \det\underline{\boldsymbol{A}}_{1n}>0,\quad a_{r,r+1}=a_{r+1,r}<0,$$

当 k_0^* 和 k_n^* 之一大于零时, $\det\underline{\boldsymbol{A}}_1>0$, $\det\underline{\boldsymbol{A}}_n>0$.

为了进一步证明方程 (3.1.27) 的刚度矩阵的非奇异性, 利用上面给出的式 (3.1.28), 将方程 (3.1.27) 改写为

$$\lambda\boldsymbol{M}\boldsymbol{u}=\boldsymbol{C}\boldsymbol{u},$$

此处刚度矩阵 $\boldsymbol{C}=(c_{ij})_{(n+1)\times(n+1)}$ 的元与 $\underline{\boldsymbol{A}}=(a_{ij})_{(n+1)\times(n+1)}$ 的元之间的关系是

$$c_{11}=a_{11}+h_1,\quad c_{n+1,\,n+1}=a_{n+1,\,n+1}+h_2,$$

其余的 $c_{ij}=a_{ij}$. 这样 $\boldsymbol{C}$ 的符号倒换矩阵 $\boldsymbol{C}^*$ 是完全非负矩阵. 又由行列式按一列拆分定理, 以下展开式

$$\det\boldsymbol{C}=\det\underline{\boldsymbol{A}}+h_1\det\underline{\boldsymbol{A}}_1+h_2\det\underline{\boldsymbol{A}}_n+h_1h_2\det\underline{\boldsymbol{A}}_{1n}$$

成立. 由此可以断定:

(1) 当 $h_1+h_2>0$, $\beta_1+\beta_2>0$ 时, 必有 $k_0^*+k_n^*>0$, 从而总有

$$h_1\det\underline{\boldsymbol{A}}_1>0\ \text{ 或 }\ h_2\det\underline{\boldsymbol{A}}_n>0,$$

于是 $\det\boldsymbol{C}>0$, 即 $\boldsymbol{C}$ 是非奇异矩阵. 同时方程 (3.1.13)~(3.1.17) 显示, $\boldsymbol{C}$ 的次对角元全为负数. 根据符号振荡矩阵的判定法则 (参见附录 A.4.2 分节), $\boldsymbol{C}$ 是符号振荡矩阵, 且相应系统是正系统.

(2) 当 $h_1\cdot h_2>0$, $\beta_1=\beta_2=0$ 时, 尽管此时 $k_0^*=k_n^*=0$, 因而

$$\det\underline{\boldsymbol{A}}_1=0,\quad \det\underline{\boldsymbol{A}}_n=0,$$

但仍有

$$\det\boldsymbol{C}=h_1h_2\ \det\underline{\boldsymbol{A}}_{1n}>0,$$

即 $\boldsymbol{C}$ 为非奇异的, 同时方程 (3.1.13)~(3.1.17) 显示, $\boldsymbol{C}$ 的次对角元全为负数. 从而 $\boldsymbol{C}$ 仍是符号振荡矩阵, 相应系统同样是正系统. 反之, 当 h_1 和 h_2 之一为零, 且 $\beta_1=\beta_2=0$ 或 h_1 和 h_2 同时为零时, 必有 $\det\boldsymbol{C}=0$. 系统将有零特征值.

以上导出了在较为一般的支承方式下梁的刚度矩阵的符号振荡性. 作为特殊情况, 由本章 3.1 节提到的自由、滑支、铰支和固定四种支承方式组合而成的各种梁的刚度矩阵和质量矩阵分别是

两端铰支: $\boldsymbol{A}_{\mathrm{pp}} = \underline{\boldsymbol{A}}_{1n}|_{k_0^*=k_n^*=0}$; $\boldsymbol{M}_{\mathrm{pp}} = \mathrm{diag}(m_1,\ m_2, \cdots,\ m_{n-1})$.

固定–自由: $\boldsymbol{A}_{\mathrm{cf}} = \underline{\boldsymbol{A}}_1|_{k_n^*=0}$; $\boldsymbol{M}_{\mathrm{cf}} = \mathrm{diag}(m_1,\ m_2, \cdots,\ m_n)$.

铰支–滑支: $\boldsymbol{A}_{\mathrm{ps}} = \underline{\boldsymbol{A}}_1|_{k_0^*=0}$; $\boldsymbol{M}_{\mathrm{ps}} = \boldsymbol{M}_{\mathrm{cf}}$.

两端固定: $\boldsymbol{A}_{\mathrm{cc}} = \underline{\boldsymbol{A}}_{1n}$; $\boldsymbol{M}_{\mathrm{cc}} = \boldsymbol{M}_{\mathrm{pp}}$.

固定–铰支: $\boldsymbol{A}_{\mathrm{cp}} = \underline{\boldsymbol{A}}_{1n}|_{k_n^*=0}$; $\boldsymbol{M}_{\mathrm{cp}} = \boldsymbol{M}_{\mathrm{pp}}$.

固定–滑支: $\boldsymbol{A}_{\mathrm{cs}} = \underline{\boldsymbol{A}}_1$; $\boldsymbol{M}_{\mathrm{cs}} = \boldsymbol{M}_{\mathrm{cf}}$.

两端自由: $\boldsymbol{A}_{\mathrm{ff}} = \underline{\boldsymbol{A}}|_{k_0^*=k_n^*=0}$; $\boldsymbol{M}_{\mathrm{ff}} = \boldsymbol{M} = \mathrm{diag}(m_0, m_1, \cdots, m_n)$.

铰支–自由: $\boldsymbol{A}_{\mathrm{pf}} = \underline{\boldsymbol{A}}_1|_{k_0^*=k_n^*=0}$; $\boldsymbol{M}_{\mathrm{pf}} = \boldsymbol{M}_{\mathrm{cf}}$.

滑支–自由: $\boldsymbol{A}_{\mathrm{sf}} = \underline{\boldsymbol{A}}|_{k_n^*=0}$; $\boldsymbol{M}_{\mathrm{sf}} = \boldsymbol{M}$.

两端滑支: $\boldsymbol{A}_{\mathrm{ss}} = \underline{\boldsymbol{A}}$; $\boldsymbol{M}_{\mathrm{ss}} = \boldsymbol{M}$.

很明显, 在上面所列举的前六种支承方式下, 梁是静定或超静定的; 而在后四种支承方式下, 梁有着一个或两个刚体运动形态. 根据附录 A.4 节中符号振荡矩阵的定义及其判定准则, 可以得到下述定理.

定理 3.1 两端铰支、铰支–固定、两端固定、固定–自由、固定–滑支、铰支–滑支梁的刚度矩阵均为符号振荡矩阵.

注意到, 上述六种梁的质量矩阵是非奇异的对角矩阵, 以及它们的完全非负性, 又因为非奇异的完全非负矩阵与符号振荡矩阵的乘积仍为符号振荡矩阵 (参看附录 A.4 节振荡矩阵的运算性质 5), 因而应用符号振荡矩阵的理论 (附录中的定理 16 和 17) 于上述六种梁, 即得以下推论.

推论 两端铰支、铰支–固定、两端固定、固定–自由、固定–滑支、铰支–滑支梁具有以下性质:

(1) 固有频率都是单的. 可将其按递增次序排列为

$$0 < f_1 < f_2 < \cdots < f_N,$$

上式中, 对前三种梁 $N = n - 1$, 对后三种梁 $N = n$. (注: 关于 N 的这一说明以下几节都适用.)

(2) 记与 f_i 相应的位移振型为 $\boldsymbol{u}^{(i)} = (u_{1i}, u_{2i}, \cdots, u_{Ni})^{\mathrm{T}}$. 则振型 $\boldsymbol{u}^{(i)}$ 的分量序列的变号数恰为 $i-1$, 即 $\boldsymbol{u}^{(i)}$ 有 $i-1$ 个节点, 记作 $S_{\boldsymbol{u}^{(i)}} = i - 1$. 而由序列变号数的概念 (参看附录 A.3 节), 意味着:

(a) $\boldsymbol{u}^{(i)}$ 的首尾分量不能为零, 即 $u_{1i} \neq 0, u_{Ni} \neq 0\ (i=1,\ 2, \cdots,\ N)$;

(b) 如果某个 $u_{ri}=0$, 则必有 $u_{r-1,i}u_{r+1,i}<0\ (i=1,2,\cdots,N; r=2,3,\cdots,N-1)$.

(3) 对任意一组不全为零的实数 $c_i\ (i=p,\ p+1, \cdots,\ q)$, 矢量

$$\boldsymbol{u}=c_p\boldsymbol{u}^{(p)}+c_{p+1}\boldsymbol{u}^{(p+1)}+\cdots+c_q\boldsymbol{u}^{(q)}, \quad 1 \leqslant p \leqslant q \leqslant n$$

的变号数 $S_{\boldsymbol{u}}$ 介于 $p-1$ 和 $q-1$ 之间, 即:

$$p-1 \leqslant S_{\boldsymbol{u}}^{-} \leqslant S_{\boldsymbol{u}}^{+} \leqslant q-1.$$

(4) 相邻阶位移振型 $\boldsymbol{u}^{(i)}$ 和 $\boldsymbol{u}^{(i+1)}\ (i=2,3,\cdots,N-1)$ 的节点互相交错.

以上性质我们称之为振动的振荡性质.

本节主要内容取材于参考文献 [34].

3.3 具有刚体运动形态的梁的差分离散系统模态的定性性质

为了研究上节所列举的具有刚体运动形态的四种梁的振荡性质, 我们借用材料力学中共轭梁的概念, 对这类梁的离散系统引入 “共轭梁” 的离散系统. 为此, 回忆式 (3.1.27), 当只考虑固定、铰支、滑支和自由这四种支承方式时, 有

$$k_0^*\theta_0=0, \quad k_n^*\theta_{n+1}=0, \quad \phi_0=h_1u_0=0, \quad \phi_{n+1}=-h_2u_{n+1}=0.$$

这样, 前面的式 (3.1.24) 成为

$$\boldsymbol{\theta}=-\boldsymbol{L}^{-1}\boldsymbol{E}\boldsymbol{u}, \quad \boldsymbol{w}=\boldsymbol{E}^{\mathrm{T}}\boldsymbol{\theta}, \quad \boldsymbol{\tau}=\boldsymbol{K}\boldsymbol{w}, \quad \boldsymbol{\phi}=\boldsymbol{L}^{-1}\boldsymbol{E}\boldsymbol{\tau}. \tag{3.3.1}$$

而固有振动的模态方程 (3.1.27) 简化为

$$\lambda\boldsymbol{M}\boldsymbol{u}=\boldsymbol{E}^{\mathrm{T}}\boldsymbol{L}^{-1}\boldsymbol{E}\boldsymbol{K}\boldsymbol{E}^{\mathrm{T}}\boldsymbol{L}^{-1}\boldsymbol{E}\boldsymbol{u}=-\boldsymbol{E}^{\mathrm{T}}\boldsymbol{L}^{-1}\boldsymbol{E}\boldsymbol{\tau}. \tag{3.3.2}$$

将上式等号两边同乘以 $\boldsymbol{M}^{-1}$ 后再乘以 $\boldsymbol{K}^{-1}(-\boldsymbol{K}\boldsymbol{E}^{\mathrm{T}}\boldsymbol{L}^{-1}\boldsymbol{E})$, 即得

$$\lambda\widetilde{\boldsymbol{M}}\boldsymbol{\tau}=\boldsymbol{E}^{\mathrm{T}}\boldsymbol{L}^{-1}\boldsymbol{E}\widetilde{\boldsymbol{K}}\boldsymbol{E}^{\mathrm{T}}\boldsymbol{L}^{-1}\boldsymbol{E}\boldsymbol{\tau}=\widetilde{\boldsymbol{A}}\boldsymbol{\tau}, \tag{3.3.3}$$

其中

$$\widetilde{\boldsymbol{M}}=\boldsymbol{K}^{-1}=\mathrm{diag}(\widetilde{m}_0,\widetilde{m}_1,\cdots,\widetilde{m}_n), \quad \widetilde{\boldsymbol{K}}=\boldsymbol{M}^{-1}=\mathrm{diag}(\widetilde{k}_0,\widetilde{k}_1,\cdots,\widetilde{k}_n).$$

由于式 (3.3.3), 与在 $\phi_0 = 0$ 及 $\phi_{n+1} = 0$ 情况下的梁的固有振动的模态方程 (3.1.27) 具有完全相同的形式, 我们可以把它视为含参数

$$l_r\,(r=1,2,\cdots,n),\quad \widetilde{m}_r = k_r^{-1}\,(r=0,1,\cdots,n),\quad \widetilde{k}_r = m_r^{-1}\,(r=0,1,\cdots,n)$$

的弹簧–质点–刚杆系统的运动方程组, 而 $\boldsymbol{\tau} = \boldsymbol{K}\boldsymbol{w}$ 则是它的 "位移" 矢量. 同时, 我们称含上述参数为其差分近似量的 "梁" 为原梁的共轭梁.

根据共轭梁的定义与式 (3.3.1), 显然原梁的剪力振型对应于共轭梁的转角振型; 而由运动方程 (3.3.2), 其右端可以视为共轭梁的 "弯矩", 从而原梁的位移振型 (在相差一个因子的意义上) 对应于共轭梁的弯矩振型; 参照式 (3.3.1) 的第一式和最后一式, 又有原梁的转角振型对应于共轭梁的剪力振型.

依据这些振型对应关系, 显然原梁的固定端 (位移、转角皆为零) 对应于共轭梁的自由端 (弯矩、剪力皆为零); 原梁的自由端对应于共轭梁的固定端; 原梁的铰支端 (位移、弯矩皆为零) 对应于共轭梁的铰支端; 原梁的滑支端 (转角、剪力皆为零) 对应于共轭梁的滑支端.

表 3.1 原梁和共轭梁的各种振型及其支承方式之间的对应关系

	振 型	支承方式
原 梁	弯矩 剪力 位移 转角	固定 铰支 自由 滑支
共轭梁	位移 转角 弯矩 剪力	自由 铰支 固定 滑支

原梁和共轭梁的各种振型及其支承方式之间的对应关系如表 3.1 所示. 而由表 3.1 立刻可以发现以下两个重要的事实:

(1) 鉴于式 (3.3.3) 完全是由式 (3.1.27) 经简单四则运算得到, 从而原梁和共轭梁必有相同的非零固有频率;

(2) 3.2 节中所列举的静定梁的共轭梁仍为静定梁; 3.2 节中所列举的超静定梁必定对应于具有刚体运动形态的共轭梁. 反之, 具有刚体运动形态的原梁必定对应于超静定的共轭梁.

从以上事实出发, 注意到 $\widetilde{\boldsymbol{A}}$ 与 $\underline{\boldsymbol{A}}$ 有着完全相同的结构, 以及 3.2 节中关于 $\underline{\boldsymbol{A}}$ 及其截短子矩阵符号振荡性的讨论, 可以得出与定理 3.1 平行的下述定理.

定理 3.2 当梁的固有频率按递增次序排列时, 两端铰支、固定–自由、铰支–滑支梁的与 λ_i 相应的弯矩振型 $\boldsymbol{\tau}^{(i)}$(或相对转角振型 $\boldsymbol{w}^{(i)}$) 的变号数恰为 $i-1$, 即

$$S_{\boldsymbol{\tau}^{(i)}} = S_{\boldsymbol{w}^{(i)}} = i-1,\quad i=1,\,2,\cdots,\,N;$$

同时, 相邻阶振型 $\boldsymbol{\tau}^{(i)}$ 与 $\boldsymbol{\tau}^{(i+1)}$(或 $\boldsymbol{w}^{(i)}$ 与 $\boldsymbol{w}^{(i+1)}$) 的节点彼此交错. 这里对前一种梁 $N = n - 1$, 而对后两种梁 $N = n$.

定理 3.3 铰支–自由、两端自由、自由–滑支梁的非零特征值是正的和单的; 若把它们按递增次序排列为

$$\lambda_1^* < \lambda_2^* < \cdots < \lambda_N^*,$$

则相应于 λ_i^* 的弯矩振型 $\boldsymbol{\tau}_{\rm co}^{(i)} = (\tau_{1i}, \tau_{2i}, \cdots, \tau_{Ni})^{\rm T}$ 的变号数恰为 $i-1$ $(i = 1, 2, \cdots, N)$, 且相邻阶弯矩振型的节点彼此交错. 这里对前两种梁 $N = n - 1$, 而对后一种梁 $N = n$; 下角标 co 表示该量是与共轭系统有关的量.

应该指出的是, 由于铰支–自由梁与自由–滑支梁具有一个值为零的固有频率, 而两端自由梁则有两个值为零的固有频率. 当计入零频率时, 以上三种梁的固有频率的排序, 以及与第 i 个固有频率 $f_i = \sqrt{\lambda_i}/2\pi$ 相应的弯矩振型的变号数分别表达如下:

铰支–自由梁: 其固有频率排序为 $0 = f_1 < f_2 < \cdots < f_n$, 与 $f_i = f_{i-1}^*$ 相应的弯矩振型的变号数为

$$S_{\boldsymbol{\tau}^{(i)}} = i - 2, \quad i = 2, 3, \cdots, n. \tag{3.3.4}$$

两端自由梁: 其固有频率排序为 $0 = f_1 = f_2 < f_3 < \cdots < f_{n+1}$, 与 $f_i = f_{i-2}^*$ 相应的弯矩振型的变号数为

$$S_{\boldsymbol{\tau}^{(i)}} = i - 3, \quad i = 3, 4, \cdots, n+1. \tag{3.3.5}$$

自由–滑支梁: 其固有频率排序为 $0 = f_1 < f_2 < \cdots < f_{n+1}$, 与 $f_i = f_{i-1}^*$ 相应的弯矩振型的变号数为

$$S_{\boldsymbol{\tau}^{(i)}} = i - 2, \quad i = 2, 3, \cdots, n+1. \tag{3.3.6}$$

最后, 考查两端滑支梁. 为此, 改写固有振动的模态方程 (3.3.2) 的前半部分为

$$\lambda\boldsymbol{\theta} = \boldsymbol{L}^{-1}\boldsymbol{E}\boldsymbol{M}^{-1}\boldsymbol{E}^{\rm T}\boldsymbol{L}^{-1}\boldsymbol{E}\boldsymbol{K}\boldsymbol{E}^{\rm T}\boldsymbol{\theta}, \tag{3.3.7}$$

$$\lambda\boldsymbol{\phi} = \boldsymbol{L}^{-1}\boldsymbol{E}\boldsymbol{K}\boldsymbol{E}^{\rm T}\boldsymbol{L}^{-1}\boldsymbol{E}\boldsymbol{M}^{-1}\boldsymbol{E}^{\rm T}\boldsymbol{\phi}. \tag{3.3.8}$$

同 3.2 节类似, $\boldsymbol{E}\boldsymbol{M}^{-1}\boldsymbol{E}^{\rm T}$ 与 $\boldsymbol{E}\boldsymbol{K}\boldsymbol{E}^{\rm T}$ 的符号倒换矩阵 $(\boldsymbol{E}\boldsymbol{M}^{-1}\boldsymbol{E}^{\rm T})^*$ 与 $(\boldsymbol{E}\boldsymbol{K}\boldsymbol{E}^{\rm T})^*$ 都是完全非负矩阵而其次主对角元皆为正. 又当 $k_0 + k_n \neq 0$ 和 $m_0^{-1} + m_n^{-1} \neq 0$ 时, $\det(\boldsymbol{E}\boldsymbol{K}\boldsymbol{E}^{\rm T})$ 和 $\det(\boldsymbol{E}\boldsymbol{M}^{-1}\boldsymbol{E}^{\rm T})$ 均大于零, 从而 $\boldsymbol{E}\boldsymbol{K}\boldsymbol{E}^{\rm T}$ 和 $\boldsymbol{E}\boldsymbol{M}^{-1}\boldsymbol{E}^{\rm T}$ 均为

符号振荡矩阵, $\boldsymbol{L}^{-1}$ 则是正定对角矩阵. 于是可以得出结论: 对两端滑支梁, 式 (3.3.7) 和 (3.3.8) 的系数矩阵是符号振荡矩阵. 这样由振荡矩阵的理论也有:

(1) 两端滑支梁的非零固有频率是正的和单的, 可按递增次序排列为

$$0 = f_1 < f_2 < \cdots < f_{n+1}.$$

(2) 与非零固有频率相对应的转角振型、剪力振型都具有确定的变号数, 即

$$S_{\boldsymbol{\theta}_{\rm ss}^{(i)}} = S_{\boldsymbol{\phi}_{\rm ss}^{(i)}} = i - 2, \qquad i = 2,\ 3, \cdots,\ n+1. \tag{3.3.9}$$

本节和 3.4 及 3.5 节的主要内容取材于参考文献 [18].

3.4 任意支承梁的位移、转角、弯矩和剪力振型的变号数

3.4.1 几个引理

以上主要讨论了各种支承方式下梁的固有频率和位移振型 (对具有刚体运动形态的梁则是弯矩振型或转角与剪力振型) 的定性性质, 为了完成梁的定性性质的讨论, 需要应用下面的几个引理.

令

$$\boldsymbol{y} = -\boldsymbol{L}^{-1}\boldsymbol{E}\boldsymbol{x}, \quad \boldsymbol{z} = \boldsymbol{K}\boldsymbol{E}^{\rm T}\boldsymbol{y}, \tag{3.4.1}$$

式中 $\boldsymbol{x} = (x_0,\ x_1, \cdots,\ x_n)^{\rm T}$, $\boldsymbol{y} = (y_1,\ y_2, \cdots,\ y_n)^{\rm T}$, $\boldsymbol{z} = (z_0,\ z_1, \cdots,\ z_n)^{\rm T}$, 而

$$\boldsymbol{K} = {\rm diag}(k_0, k_1, \cdots, k_n); \quad \boldsymbol{L} = {\rm diag}(l_1, l_2, \cdots, l_n);$$

$\boldsymbol{E}$ 的定义见式 (3.1.23). 于是有

引理 3.2 若矢量 $\boldsymbol{x}$ 的最小变号数 $S_{\boldsymbol{x}}^- = j$, 则矢量 $\boldsymbol{y}$ 和 $\boldsymbol{z}$ 的变号数满足

$$S_{\boldsymbol{y}}^- \geqslant j + 1 - H(x_0) - H(x_n), \quad S_{\boldsymbol{z}}^- \geqslant j + H(k_0) + H(k_n) - H(x_0) - H(x_n).$$

式中, 描述边条件影响的函数

$$H(t) = \begin{cases} 0, & t = 0, \\ 1, & t \neq 0. \end{cases}$$

证明 根据附录 A.3 节中所叙述的矢量变号数的概念, 当 $S_{\boldsymbol{x}}^- = j$ 时, 必有这样一组指标 $(0 \leqslant)\ r_1 < r_2 < \cdots < r_{j+1}\ (\leqslant n)$, 使得

$$x_{r_k} x_{r_{k+1}} < 0, \quad k = 1,\ 2, \cdots,\ j.$$

又由矢量 $\boldsymbol{y}$ 的定义,

$$y_s = (x_s - x_{s-1})/l_s, \quad s = 1,\ 2, \cdots,\ n.$$

于是必有满足 $r_{i-1} < s_i \leqslant r_i$ 的 s_i, 使得 $y_{s_i} x_{r_i} > 0 (i = 2, 3, \cdots, j+1)$. 从而有

$$y_{s_i} y_{s_{i+1}} < 0, \quad i = 2,\ 3, \cdots,\ j.$$

这表明, 当 x_0 和 x_n 都不为零时, $S_{\boldsymbol{y}}^- \geqslant j - 1$.

现在考虑边条件的影响. 当 $x_0 = 0$ 时, 定有 $r_1 > 0$ 而 $x_{r_1} \neq 0$, 于是也有 s_1 满足 $0 < s_1 \leqslant r_1$, 使得 $y_{s_1} x_{r_1} > 0$, 从而 $y_{s_1} y_{s_2} < 0$. 这就是说, $x_0 = 0$ 将使 $S_{\boldsymbol{y}}^-$ 增加 1. 同理, $x_n = 0$ 亦使 $S_{\boldsymbol{y}}^-$ 增加 1. 由此引理中的第一个不等式成立.

为了证明有关 $S_{\boldsymbol{z}}^-$ 的不等式成立, 注意到矢量 $\boldsymbol{z}$ 与 $\boldsymbol{y}$ 的关系同矢量 $\boldsymbol{y}$ 与 $\boldsymbol{x}$ 的关系相似, 以及 y_{s_2} (或 y_{s_1}) 与 $y_{s_{n-1}}$ (或 y_{s_n}) 均不为零. 则当 k_0 和 k_n 全为零时, 完全同样的推理可以得出

$$S_{\boldsymbol{z}}^- \geqslant j - H(x_0) - H(x_n).$$

如果 $k_0 \neq 0$, 则设 y_t 是矢量 $\boldsymbol{y}$ 的第一个非零分量. 显然有 $0 < t \leqslant s_2$ (或 s_1), 于是 $z_t = k_{t-1}(y_t - y_{t-1})$ 与 y_t 同号. 这样无论 t 等于还是小于 s_2 (或 s_1) 时, 矢量 $\boldsymbol{z}$ 的最小变号数 $S_{\boldsymbol{z}}^-$ 都将至少增加 1. $k_n \neq 0$ 时也有类似的结论. 因此引理中的第二个不等式亦成立. ▌

引理 3.3 若矢量 $\boldsymbol{z}$ 的最大变号数 $S_{\boldsymbol{z}}^+ = j$, 则 $S_{\boldsymbol{y}}^+ \leqslant j - 1$, $S_{\boldsymbol{x}}^+ \leqslant j$.

证明 采用反证法. 即设 $S_{\boldsymbol{y}}^+ \geqslant j$, 则由最大变号数的定义, 至少存在这样的指标族: $(1 =)\ s_1 < s_2 < \cdots < s_{j+1}\ (\leqslant n)$, 使得

$$y_{s_i} y_{s_{i+1}} \leqslant 0, \quad i = 1, 2,\ \cdots,\ j.$$

与引理 3.2 类似, 进而又有 t_i 满足 $s_i < t_i \leqslant s_{i+1}$, 使得

$$z_{t_i} z_{t_{i+1}} \leqslant 0, \quad i = 1,\ 2, \cdots,\ j.$$

为了确定起见, 不妨设 $y_1 \geqslant 0$, 于是 $z_{t_1} \leqslant 0$. 另一方面, 注意到 $t_1 > 0$, 从而 $z_0 \cdot z_{t_1} \leqslant 0$, 这就得出 $S_{\boldsymbol{z}}^+ > j$; 类似的, 如果 $S_{\boldsymbol{x}}^+ > j$, 也有 $S_{\boldsymbol{y}}^+ \geqslant j$. 这些都与已知矛盾, 从而引理 3.3 得证. ▌

引理 3.4 若矢量 $\boldsymbol{y}$ 的变号数是 $S_{\boldsymbol{y}} = j$, 则 $S_{\boldsymbol{x}}^+ \leqslant j + 1$, 而

$$S_{\boldsymbol{z}}^- \geqslant j - 1 + H(k_0) + H(k_n).$$

事实上, $S_{\boldsymbol{y}} = j$ 意味着 $S_{\boldsymbol{y}}^+ = S_{\boldsymbol{y}}^- = j$. 于是由引理 3.3 给出第一个不等式, 而由引理 3.2 给出第二个不等式.

3.4.2 任意支承梁的位移、转角、弯矩和剪力振型的变号数

在作了上述准备后, 现在完全有能力给出各种梁的位移、转角、弯矩 (相对转角) 和剪力振型的定性性质.

1. 静定梁

对两端铰支梁, 由定理 3.1 的推论与定理 3.2 即有

$$S_{\boldsymbol{u}^{(i)}} = S_{\boldsymbol{\tau}^{(i)}} = i-1, \quad i=1,\ 2,\cdots,\ n-1. \tag{3.4.2}$$

这就是它的位移振型的必要条件. 这里 $\boldsymbol{\tau}^{(i)} = (\tau_{1i}, \tau_{2i}, \cdots, \tau_{n-1,i})^{\mathrm{T}}$ 是与 $\boldsymbol{u}^{(i)}$ 相应的弯矩振型, 其分量系由式 (3.3.1) 所确定.

从式 (3.4.2) 出发, 注意到 $\boldsymbol{\phi}^{(i)}$ 与 $\boldsymbol{\tau}^{(i)}$ 的关系类似于 $\boldsymbol{\theta}^{(i)}$ 与 $\boldsymbol{u}^{(i)}$ 的关系 (见式 (3.3.1)), 而对两端铰支梁, $u_{0i} = u_{ni} = 0$, $\tau_{0i} = \tau_{ni} = 0$. 应用引理 3.2 得出

$$S^-_{\boldsymbol{\theta}^{(i)}} \geqslant i, \quad S^-_{\boldsymbol{\phi}^{(i)}} \geqslant i.$$

又对扩展的 $\underline{\boldsymbol{\tau}}^{(i)} = (0, \tau_{1i},\ \tau_{2i}, \cdots,\ \tau_{n-1,i}, 0)^{\mathrm{T}}$, $S^+_{\underline{\boldsymbol{\tau}}^{(i)}} = i+1$. 于是, 由引理 3.3 得

$$S^+_{\boldsymbol{\theta}^{(i)}} \leqslant i.$$

根据固有振动的模态方程

$$\lambda \boldsymbol{u} = \boldsymbol{M}^{-1}\boldsymbol{E}^{\mathrm{T}}\boldsymbol{\phi},$$

$\boldsymbol{\phi}^{(i)}$ 与扩展的 $\underline{\boldsymbol{u}}^{(i)} = (0,\ u_{1i},\ u_{2i}, \cdots,\ u_{n-1,\,i},\ 0)^{\mathrm{T}}$ 的关系类似于式 (3.4.1) 中 $\boldsymbol{y}$ 与 $\boldsymbol{z}$ 的关系, 而 $S^+_{\underline{\boldsymbol{u}}^{(i)}} = i+1$. 再次应用引理 3.3, 得到 $S^+_{\boldsymbol{\phi}^{(i)}} \leqslant i$. 这样我们得到两端铰支梁的转角和剪力振型的变号数分别是:

$$S_{\boldsymbol{\theta}^{(i)}} = S_{\boldsymbol{\phi}^{(i)}} = i, \quad i=1,\ 2,\cdots,\ n-1. \tag{3.4.3}$$

完全类似的讨论可给出铰支–滑支梁和固定–自由梁的各种振型的变号数:

$$S_{\boldsymbol{u}^{(i)}} = S_{\boldsymbol{\theta}^{(i)}} = S_{\boldsymbol{\tau}^{(i)}} = S_{\boldsymbol{\phi}^{(i)}} = i-1, \quad i=1,\ 2,\cdots,\ n.$$

只是式中 $\boldsymbol{\tau}^{(i)}_{\mathrm{ps}} = (\tau_{1i},\ \tau_{2i}, \cdots,\ \tau_{ni})^{\mathrm{T}}$, $\boldsymbol{\tau}^{(i)}_{\mathrm{cf}} = (\tau_{1i}, \tau_{2i}, \cdots, \tau_{ni})^{\mathrm{T}}$.

2. 超静定梁和具有刚体运动形态的梁

对于铰支–固定梁, 为了确定它的振型的定性性质, 考查包含端点位移在内的矢量

$$\underline{\boldsymbol{u}}^{(i)} = (0,\ u_{1i},\ u_{2i},\ \cdots,\ u_{n-1,\,i},\ 0)^{\mathrm{T}}.$$

由定理 3.1 的推论可知

$$S_{\boldsymbol{u}^{(i)}} = i-1, \quad i=1,\ 2,\cdots,\ n-1.$$

于是 $S^-_{\underline{\boldsymbol{u}}^{(i)}} = i-1$. 由 $u_{0i} = u_{ni} = 0$ 和 $k_0 = 0$, 应用引理 3.2 即有

$$S^-_{\boldsymbol{\theta}^{(i)}} \geqslant i, \quad S^-_{\boldsymbol{\tau}^{(i)}} \geqslant i, \quad i = 1, 2, \cdots, n-1. \tag{3.4.4}$$

另一方面, 根据固有振动的模态方程

$$\lambda_i \underline{\boldsymbol{u}}^{(i)} = \boldsymbol{M}^{-1}\boldsymbol{E}^{\mathrm{T}}\boldsymbol{L}^{-1}\boldsymbol{E}\boldsymbol{\tau}^{(i)} = \boldsymbol{M}^{-1}\boldsymbol{E}^{\mathrm{T}}\boldsymbol{\phi}^{(i)}$$

和引理 3.3, 注意到 $S^+_{\underline{\boldsymbol{u}}^{(i)}} = i+1$ 和 $k_0 = 0$, 我们又可以得出

$$S^+_{\boldsymbol{\phi}^{(i)}} \leqslant i, \quad S^+_{\underline{\boldsymbol{\tau}}^{(i)}} \leqslant i+1, \quad S^+_{\boldsymbol{\tau}^{(i)}} \leqslant i,$$

此处, $\underline{\boldsymbol{\tau}}^{(i)}_{\mathrm{pc}} = (0, \tau_{1i}, \tau_{2i}, \cdots, \tau_{ni})^{\mathrm{T}}, \boldsymbol{\tau}^{(i)}_{\mathrm{pc}} = (\tau_{1i}, \tau_{2i}, \cdots, \tau_{ni})^{\mathrm{T}}$. 将上面所得的有关 $\boldsymbol{\tau}^{(i)}$ 的变号数的两个不等式相比较, 我们发现:

$$S_{\boldsymbol{\tau}^{(i)}} = i, \quad i = 1, 2, \cdots, n-1. \tag{3.4.5}$$

从 $S^+_{\underline{\boldsymbol{\tau}}^{(i)}} = i+1$ 和 $S^-_{\boldsymbol{\tau}^{(i)}} = i$ 出发, 再次分别应用引理 3.3 和引理 3.2 可得

$$S^+_{\boldsymbol{\theta}^{(i)}} \leqslant i, \quad S^-_{\boldsymbol{\phi}^{(i)}} \geqslant i.$$

最终得出:

$$S_{\boldsymbol{\theta}^{(i)}} = S_{\boldsymbol{\phi}^{(i)}} = i, \quad i = 1, 2, \cdots, n-1. \tag{3.4.6}$$

至此完全确定了铰支–固定梁各种振型的变号数.

鉴于铰支–自由梁是铰支–固定梁的共轭梁, 依据 3.3 节所列举的共轭梁与原梁的振型之间的对应关系, 即可得出铰支–自由梁的相应于 λ_i 的各种非刚体振型的变号数, 它们是

$$S_{\boldsymbol{u}^{(i)}} = S_{\boldsymbol{\theta}^{(i)}} = S_{\boldsymbol{\phi}^{(i)}} = i-1, \quad S_{\boldsymbol{\tau}^{(i)}} = i-2, \quad i = 2, 3, \cdots, n. \tag{3.4.7}$$

类似的讨论同样可给出两端固定和两端自由梁各种振型的变号数, 分别为

$$S_{\boldsymbol{u}^{(i)}_{\mathrm{cc}}} = i-1, \quad S_{\boldsymbol{\tau}^{(i)}_{\mathrm{cc}}} = i+1, \quad S_{\boldsymbol{\theta}^{(i)}_{\mathrm{cc}}} = S_{\boldsymbol{\phi}^{(i)}_{\mathrm{cc}}} = i, \quad i = 1, 2, \cdots, n-1; \tag{3.4.8}$$

$$S_{\boldsymbol{u}^{(i)}_{\mathrm{ff}}} = i-1, \quad S_{\boldsymbol{\tau}^{(i)}_{\mathrm{ff}}} = i-3, \quad S_{\boldsymbol{\theta}^{(i)}_{\mathrm{ff}}} = S_{\boldsymbol{\phi}^{(i)}_{\mathrm{ff}}} = i-2, \quad i = 3, 4, \cdots, n+1. \tag{3.4.9}$$

而固定–滑支和自由–滑支梁的各种振型的变号数则是

$$S_{\boldsymbol{u}^{(i)}_{\mathrm{cs}}} = S_{\boldsymbol{\theta}^{(i)}_{\mathrm{cs}}} = S_{\boldsymbol{\phi}^{(i)}_{\mathrm{cs}}} = i-1, \quad S_{\boldsymbol{\tau}^{(i)}_{\mathrm{cs}}} = i, \quad i = 1, 2, \cdots, n; \tag{3.4.10}$$

$$S_{\boldsymbol{u}^{(i)}_{\mathrm{fs}}} = i-1, \quad S_{\boldsymbol{\theta}^{(i)}_{\mathrm{fs}}} = S_{\boldsymbol{\tau}^{(i)}_{\mathrm{fs}}} = S_{\boldsymbol{\phi}^{(i)}_{\mathrm{fs}}} = i-2, \quad i = 2, 3, \cdots, n+1. \tag{3.4.11}$$

提醒读者注意的是, 在式 (3.4.6)~(3.4.11) 中, $\boldsymbol{u}^{(i)}$, $\boldsymbol{\theta}^{(i)}$, $\boldsymbol{\tau}^{(i)}$ 和 $\boldsymbol{\phi}^{(i)}$ 都是相应于同一 λ_i 的振型, 它们均由式 (3.3.1) 所确定. 不过 $\boldsymbol{\theta}$ 和 $\boldsymbol{\phi}$ 均有 n 个分量, 而 $\boldsymbol{\tau}$ 的分量则随支承方式的改变而不同. 具体写出来就是

$$\boldsymbol{\tau}_{\text{cc}}=(\tau_1,\tau_2,\cdots,\tau_{n-1})^{\text{T}},\quad \boldsymbol{\tau}_{\text{pc}}=(\tau_1,\tau_2,\cdots,\tau_{n-1})^{\text{T}};$$

$$\boldsymbol{\tau}_{\text{pf}}=(\tau_1,\tau_2,\cdots,\tau_n)^{\text{T}},\quad \boldsymbol{\tau}_{\text{cs}}=(\tau_1,\tau_2,\cdots,\tau_n)^{\text{T}};$$

$$\boldsymbol{\tau}_{\text{ff}}=(\tau_0,\tau_1,\cdots,\tau_n)^{\text{T}},\quad \boldsymbol{\tau}_{\text{fs}}=(\tau_0,\tau_1,\cdots,\tau_n)^{\text{T}};$$

3. 两端滑支梁

在 3.3 节中, 式 (3.3.9) 已给出两端滑支梁的转角振型和剪力振型变号数为

$$S_{\boldsymbol{\theta}_{\text{ss}}^{(i)}}=S_{\boldsymbol{\phi}_{\text{ss}}^{(i)}}=i-2,\quad i=2,\ 3,\cdots,\ n+1.$$

根据引理 3.4, 则有

$$S^+_{\boldsymbol{u}_{\text{ss}}^{(i)}}\leqslant i-1,\quad S^-_{\boldsymbol{\tau}_{\text{ss}}^{(i)}}\geqslant i-1,\quad S^+_{\boldsymbol{\tau}_{\text{ss}}^{(i)}}\leqslant i-1,\quad i=2,\ 3,\cdots,\ n+1.$$

同样, 由固有振动的模态方程

$$\lambda_i\boldsymbol{u}^{(i)}=\boldsymbol{M}^{-1}\boldsymbol{E}^{\text{T}}\boldsymbol{\phi}^{(i)}$$

与引理 3.4, 即有 $S^-_{\boldsymbol{u}_{\text{ss}}^{(i)}}\geqslant i-1$. 这样

$$S_{\boldsymbol{u}_{\text{ss}}^{(i)}}=S_{\boldsymbol{w}_{\text{ss}}^{(i)}}=i-1,\quad i=2,\ 3,\cdots,\ n+1. \tag{3.4.12}$$

汇集以上关于各种振型变号数的结果, 可得表 3.2. 同时强调一点: 对于任意支承的同一种梁, 总有 $S_{\boldsymbol{\tau}^{(i)}}=S_{\boldsymbol{w}^{(i)}}$.

表 3.2 梁的离散系统的位移、转角、弯矩和剪力振型的变号数 S

支承方式					$S_{\boldsymbol{u}^{(i)}}$	$S_{\boldsymbol{\theta}^{(i)}}$	$S_{\boldsymbol{\tau}^{(i)}}$	$S_{\boldsymbol{\phi}^{(i)}}$
类别	h_1	β_1	h_2	β_2				
固定–自由	∞	∞	0	0	$i-1$	$i-1$	$i-1$	$i-1$
固定–滑支	∞	∞	0	∞	$i-1$	$i-1$	i	$i-1$
固定–铰支	∞	∞	∞	0	$i-1$	i	i	i
固定–固定	∞	∞	∞	∞	$i-1$	i	$i+1$	i
铰支–铰支	∞	0	∞	0	$i-1$	i	$i-1$	i
铰支–滑支	∞	0	0	∞	$i-1$	$i-1$	$i-1$	$i-1$
自由–铰支	0	0	∞	0	$i-1$	$i-1$	$i-2$①	$i-1$
自由–滑支	0	0	0	∞	$i-1$	$i-2$①	$i-2$①	$i-2$①
自由–自由	0	0	0	0	$i-1$	$i-2$①	$i-3$②	$i-2$①
滑支–滑支	0	∞	0	∞	$i-1$	$i-2$①	$i-1$	$i-2$①

① 对自由–铰支梁, $S_{\boldsymbol{\tau}^{(1)}}=0$; 对自由–滑支梁, $S_{\boldsymbol{\theta}^{(1)}}=S_{\boldsymbol{\tau}^{(1)}}=S_{\boldsymbol{\phi}^{(1)}}=0$; 对自由–自由和滑支–滑支梁, $S_{\boldsymbol{\theta}^{(1)}}=S_{\boldsymbol{\phi}^{(1)}}=0$.

② 对自由–自由梁, $S_{\boldsymbol{\tau}^{(1)}}=S_{\boldsymbol{\tau}^{(2)}}=0$.

本节的最后, 我们来证明, 对具有刚体运动模态的梁的离散系统, 定理 3.1 的推论中的性质 (3) 也成立[117]. 但需区分两种情况.

(1) 铰支–自由、两端自由和自由–滑支梁. 对于这三种具有刚体运动形态的梁的离散系统, 它们的共轭系统的 “位移振型” $\boldsymbol{\tau}_{\mathrm{co}}^{(i)}$ $(i=1,\ 2,\cdots,\ N)$ 都是符号振荡矩阵的特征矢量, 因而定理 3.1 的推论中的性质 (3) 对它们成立. 即对任意一组不全为零的实数 c_i $(i=p,\ p+1,\cdots,\ q)$, 矢量

$$\boldsymbol{\tau}=c_p\boldsymbol{\tau}_{\mathrm{co}}^{(p)}+c_{p+1}\boldsymbol{\tau}_{\mathrm{co}}^{(p+1)}+\cdots+c_q\boldsymbol{\tau}_{\mathrm{co}}^{(q)},\quad 1\leqslant p\leqslant q\leqslant N \tag{3.4.13}$$

的变号数介于 $p-1$ 和 $q-1$ 之间, 即

$$p-1\leqslant S_{\boldsymbol{\tau}}^{-}\leqslant S_{\boldsymbol{\tau}}^{+}\leqslant q-1.$$

对于铰支–自由梁的离散系统, 需注意两点: 第一, 它的共轭系统的 “位移振型” 是 $\boldsymbol{\tau}_{\mathrm{co}}^{(i)}$ $(i=1,\ 2,\cdots,\ n-1)$, 与之相应的共轭系统的特征值 λ_i^* 对应于原系统的特征值 λ_{i+1}, 从而有

$$\boldsymbol{\tau}_{\mathrm{co}}^{(i)}=-\boldsymbol{K}\boldsymbol{E}^{\mathrm{T}}\boldsymbol{L}^{-1}\boldsymbol{E}\boldsymbol{u}^{(i+1)}. \tag{3.4.14}$$

第二, $\boldsymbol{\tau}_{\mathrm{co}}^{(i)}$ 只有 $n-1$ 个分量. 为了应用引理 3.3, 注意到式 (3.4.1) 中的矢量 $\boldsymbol{x}$ 和 $\boldsymbol{z}$ 均包含 $n+1$ 个分量, 故应将式 (3.4.13) 中的 $\boldsymbol{\tau}$ 和 $\boldsymbol{\tau}_{\mathrm{co}}^{(i)}$ 各增加首尾两个零分量:

$$\underline{\boldsymbol{\tau}}=(0,\ \tau_1,\cdots,\ \tau_{n-1},\ 0)^{\mathrm{T}},$$
$$\underline{\boldsymbol{\tau}}_{\mathrm{co}}^{(i)}=(0,\ \tau_{1i},\ \cdots,\ \tau_{n-1,i},\ 0)^{\mathrm{T}},\quad i=p,p+1,\cdots,q.$$

而原系统的位移振型 $\boldsymbol{u}^{(i)}$ 及其组合 $\boldsymbol{u}$ 也应增加一个零分量:

$$\underline{\boldsymbol{u}}=(0,\ u_1,\ u_2,\cdots,\ u_n)^{\mathrm{T}},$$
$$\underline{\boldsymbol{u}}^{(i)}=(0,\ u_{1i},\ u_{2i},\cdots,\ u_{ni})^{\mathrm{T}},\quad i=p+1,\ p+2,\cdots,\ q+1.$$

这样

$$S_{\underline{\boldsymbol{\tau}}}^{+}\leqslant q+1.$$

对比式 (3.3.1) 和 (3.4.1), 可以应用引理 3.3 于 $\boldsymbol{\tau}$ 和相应的 $\boldsymbol{u}$, 有

$$S_{\underline{\boldsymbol{u}}}^{+}\leqslant q+1.$$

比较 $\boldsymbol{u}=(u_1,\ u_2,\cdots,\ u_n)^{\mathrm{T}}$ 与 $\underline{\boldsymbol{u}}$ 的分量式, 我们得出

$$S_{\boldsymbol{u}}^{+}\leqslant q.$$

又由改写的铰支–自由梁的离散系统的模态方程

$$\lambda \boldsymbol{M}\underline{\boldsymbol{u}} = -\boldsymbol{E}^{\mathrm{T}}\boldsymbol{L}^{-1}\boldsymbol{E}\underline{\boldsymbol{\tau}},$$

注意这时 $\underline{\boldsymbol{\tau}}$ 和 $\underline{\boldsymbol{u}}$ 在上式中的所处位置分别与式 (3.4.1) 中的 $\boldsymbol{x}$ 和 $\boldsymbol{z}$ 相对应, 而 $u_0 = 0$, $u_n \neq 0$; 又首尾零分量的存在不影响该矢量的最小变号数, 从而有 $S_{\underline{\boldsymbol{\tau}}}^- \geqslant p-1$. 故应用引理 3.2 于 $\underline{\boldsymbol{\tau}}$ 和相应的 $\underline{\boldsymbol{u}}$, 则有

$$S_{\boldsymbol{u}}^- = S_{\underline{\boldsymbol{u}}}^- \geqslant S_{\underline{\boldsymbol{\tau}}}^- + H(u_0) + H(u_n) - H(\tau_0) - H(\tau_n) \geqslant p-1+0+1-0-0 = p.$$

综合起来就有

$$p \leqslant S_{\boldsymbol{u}}^- \leqslant S_{\boldsymbol{u}}^+ \leqslant q. \tag{3.4.15}$$

由式 (3.4.14), 得到与式 (3.4.13) 中的矢量 $\boldsymbol{\tau}$ 相应的矢量 $\boldsymbol{u}$ 是

$$\boldsymbol{u} = c_p\boldsymbol{u}^{(p+1)} + c_{p+1}\boldsymbol{u}^{(p+2)} + \cdots + c_q\boldsymbol{u}^{(q+1)}. \tag{3.4.16}$$

于是, 式 (3.4.15), 即是我们所要证明的.

对于两端自由梁的离散系统, 同样需注意两点: 第一, 它的共轭系统的 "位移振型" 是 $\boldsymbol{\tau}_{\mathrm{co}}^{(i)}(i=1,\ 2,\cdots,\ n-1)$, 与之相应的共轭系统的特征值 λ_i^* 对应于原系统的特征值 λ_{i+2}, 从而

$$\boldsymbol{\tau}_{\mathrm{co}}^{(i)} = -\boldsymbol{K}\boldsymbol{E}^{\mathrm{T}}\boldsymbol{L}^{-1}\boldsymbol{E}\boldsymbol{u}^{(i+2)}. \tag{3.4.17}$$

第二, 已知该系统的弯矩振型 $\boldsymbol{\tau}_{\mathrm{co}}^{(i)}$ 也只有 $n-1$ 个分量. 同样应将式 (3.4.13) 中的 $\boldsymbol{\tau}$ 和 $\boldsymbol{\tau}_{\mathrm{co}}^{(i)}$ 扩展为

$$\underline{\boldsymbol{\tau}} = (0,\ \tau_1,\cdots,\ \tau_{n-1},\ 0)^{\mathrm{T}},$$

$$\underline{\boldsymbol{\tau}}_{\mathrm{co}}^{(i)} = (0,\ \tau_{1i},\ \cdots,\ \tau_{n-1,i},\ 0)^{\mathrm{T}}, \quad i=p,\ p+1,\cdots,\ q.$$

这样 $S_{\underline{\boldsymbol{\tau}}}^+ \leqslant q+1$. 比较式 (3.3.1) 和 (3.4.1), 可以应用引理 3.3 于 $\boldsymbol{\tau}$ 和相应的 $\boldsymbol{u}$, 得到

$$S_{\boldsymbol{u}}^+ \leqslant q+1.$$

又由改写的两端自由梁的离散系统的模态方程

$$\lambda \boldsymbol{M}\boldsymbol{u} = -\boldsymbol{E}^{\mathrm{T}}\boldsymbol{L}^{-1}\boldsymbol{E}\underline{\boldsymbol{\tau}},$$

注意, 这时 $\underline{\boldsymbol{\tau}}$ 和 $\boldsymbol{u}$ 在上式中所处位置分别与式 (3.4.1) 中的 $\boldsymbol{x}$ 和 $\boldsymbol{z}$ 相对应, 而 $u_0 \neq 0$, $u_n \neq 0$; 又因首尾零分量的存在不影响该矢量的最小变号数. 应用引理 3.2 于 $\underline{\boldsymbol{\tau}}$ 和相应的 $\boldsymbol{u}$, 则有

$$S_{\boldsymbol{u}}^- \geqslant S_{\underline{\boldsymbol{\tau}}}^- + H(u_0) + H(u_n) - H(\tau_0) - H(\tau_n) \geqslant p-1+1+1-0-0 = p+1.$$

综合起来就有

$$p+1 \leqslant S_{\boldsymbol{u}}^- \leqslant S_{\boldsymbol{u}}^+ \leqslant q+1. \tag{3.4.18}$$

由式 (3.4.17), 得到与式 (3.4.13) 中的矢量 $\boldsymbol{\tau}$ 相应的矢量 $\boldsymbol{u}$, 因而有

$$\boldsymbol{u}=c_p\boldsymbol{u}^{(p+2)}+c_{p+1}\boldsymbol{u}^{(p+3)}+\cdots+c_q\boldsymbol{u}^{(q+2)}. \tag{3.4.19}$$

于是, 式 (3.4.18) 即是我们所要证明的.

对于自由–滑支梁的离散系统, 可以完全类似地证明, 具体从略.

(2) 滑支–滑支梁的离散系统. 称由式 (3.3.7) 和 (3.3.8) 所代表的系统为滑支–滑支梁的离散系统的转换系统. 则这两个转换系统的 “位移振型”$\boldsymbol{\theta}_{\mathrm{tr}}^{(i)}$ 和 $\boldsymbol{\phi}_{\mathrm{tr}}^{(i)}$ $(i=1,\ 2,\cdots,\ n)$ 都是符号振荡矩阵的特征矢量 (下角标 tr 表示该量是与转换系统有关的量), 因而定理 3.1 的推论中的性质 (3) 对它们成立. 即对任意一组不全为零的实数 $c_i\ (i=p,\ p+1,\cdots,\ q)$, 矢量

$$\boldsymbol{\theta}=c_p\boldsymbol{\theta}_{\mathrm{tr}}^{(p)}+c_{p+1}\boldsymbol{\theta}_{\mathrm{tr}}^{(p+1)}+\cdots+c_q\boldsymbol{\theta}_{\mathrm{tr}}^{(q)},\quad 1\leqslant p\leqslant q\leqslant n \tag{3.4.20}$$

和矢量

$$\boldsymbol{\phi}=c_p\boldsymbol{\phi}_{\mathrm{tr}}^{(p)}+c_{p+1}\boldsymbol{\phi}_{\mathrm{tr}}^{(p+1)}+\cdots+c_q\boldsymbol{\phi}_{\mathrm{tr}}^{(q)},\quad 1\leqslant p\leqslant q\leqslant n \tag{3.4.21}$$

的变号数介于 $p-1$ 和 $q-1$ 之间, 即

$$p-1\leqslant S_{\boldsymbol{\theta}}^{-}\leqslant S_{\boldsymbol{\theta}}^{+}\leqslant q-1,\quad p-1\leqslant S_{\boldsymbol{\phi}}^{-}\leqslant S_{\boldsymbol{\phi}}^{+}\leqslant q-1. \tag{3.4.22}$$

对比式 (3.3.1) 与 (3.4.1), 这里 $\boldsymbol{\theta}$ 与 $\boldsymbol{u}$ 的关系相当于引理 3.4 中 $\boldsymbol{y}$ 与 $\boldsymbol{x}$ 的关系, 应用引理 3.4 于矢量 $\boldsymbol{\theta}$ 与 $\boldsymbol{u}$, 有 $S_{\boldsymbol{u}}^{+}\leqslant q$. 又将改写的滑支–滑支梁的离散系统的模态方程

$$\lambda\boldsymbol{u}=\boldsymbol{M}^{-1}\boldsymbol{E}^{\mathrm{T}}\boldsymbol{\phi}$$

与式 (3.4.1) 对比, 这里 $\boldsymbol{\phi}$ 与 $\boldsymbol{u}$ 的关系相当于引理 3.4 中 $\boldsymbol{y}$ 与 $\boldsymbol{z}$ 的关系. 应用引理 3.4 于矢量 $\boldsymbol{\phi}$ 与 $\boldsymbol{u}$, 有

$$S_{\boldsymbol{u}}^{-}\geqslant S_{\boldsymbol{\phi}}^{-}-1+H(u_0)+H(u_n)\geqslant(p-1)-1+1+1=p.$$

综合起来就是

$$p\leqslant S_{\boldsymbol{u}}^{-}\leqslant S_{\boldsymbol{u}}^{+}\leqslant q. \tag{3.4.23}$$

同样考虑到与式 (3.4.20) 中的矢量 $\boldsymbol{\theta}$ 以及式 (3.4.21) 中的矢量 $\boldsymbol{\phi}$ 相应的矢量 $\boldsymbol{u}$ 都是

$$\boldsymbol{u}=c_p\boldsymbol{u}^{(p+1)}+c_{p+1}\boldsymbol{u}^{(p+2)}+\cdots+c_q\boldsymbol{u}^{(q+1)}.$$

因而式 (3.4.23) 即是我们所要证明的.

3.5 单个振型满足的充分必要条件

给定一个矢量 $\boldsymbol{u}$ 和一组正数 λ, l_i $(i=1, 2, \cdots, n)$, 由式 (3.3.1) 可以构造出矢量 $\boldsymbol{w}$. 现在我们来证明下述命题.

命题 在一定的边条件下, 为使矢量 $\boldsymbol{u}$ 成为以 l_i $(i=1, 2, \cdots, n)$ 为刚杆长度的弹簧–质点–刚杆系统的相应于 λ 的位移振型, 其充分必要条件是: $\boldsymbol{u}$ 和 $\boldsymbol{w}$ 都有确定的变号数, 并满足 3.4 节所确定的各种关系式.

例如, 对两端铰支梁和固定–自由梁, 充分必要条件就是

$$S_{\boldsymbol{u}}=S_{\boldsymbol{w}};$$

如果进一步要求 $\boldsymbol{u}$ 是上述两种梁的第 i 阶振型, 则这些条件成为

$$S_{\boldsymbol{u}}=S_{\boldsymbol{w}}=i-1, \quad 1\leqslant i\leqslant N.$$

这一命题的必要性在 3.4 节中已经证明. 本节我们将证明它的充分性.

3.5.1 一个引理

为了便于叙述, 首先我们给出如下的引理.

引理 3.5 设 $a_i>0$ $(i=1, 2, \cdots, k+1)$; 又设 d_r $(r=1, 2, \cdots, k)$ 为一组常数, 其中至少有一个数的值为 $d\,(d>0)$, 而其他数的值或为 $-\varepsilon d$ $(\varepsilon>0)$ 或为零. 则方程组

$$\begin{cases}(a_1+a_2)x_1-a_2\,x_2=d_1,\\ -a_r\,x_{r-1}+(a_r+a_{r+1})x_r-a_{r+1}\,x_{r+1}=d_r, \quad r=2,\,3,\cdots,\,k-1,\\ -a_k\,x_{k-1}+(a_k+a_{k+1})x_k=d_k\end{cases} \tag{3.5.1}$$

的解存在, 并且具有形式

$$x_r=\xi_r\,d, \quad r=1, 2,\cdots, k.$$

其中 ξ_r 是常数, 当 ε 充分小时, 它们均为正数.

证明 记方程组的系数矩阵为 $\boldsymbol{A}$, 显然 $\boldsymbol{A}$ 是正定的标准 Jacobi 矩阵, 它的逆矩阵 $\boldsymbol{A}^{-1}=(\boldsymbol{A}_{ji})_{k\times k}/\det\boldsymbol{A}$ 的元全大于零. 改写方程组 (3.5.1) 为矢量形式

$$\boldsymbol{Ax}=\boldsymbol{y},$$

其中 $\boldsymbol{x}=(x_1,\ x_2,\cdots,\ x_k)^{\mathrm{T}}$, $\boldsymbol{y}=(d_1,\ d_2,\cdots,\ d_k)^{\mathrm{T}}$. 于是

$$\boldsymbol{x}=\boldsymbol{A}^{-1}\boldsymbol{y},$$

亦即

$$x_r=(A_{1r}\,d_1+A_{2r}\,d_2+\cdots+A_{kr}\,d_k)/|\boldsymbol{A}|=\xi_r\,d,\quad r=1,\ 2,\cdots,\ k.$$

这样由 $\boldsymbol{A}^{-1}$ 的元全大于零和引理的条件, 当 ε 足够小时, 必有

$$\xi_r>0,\quad r=1,\ 2,\cdots,\ k. \qquad \blacksquare$$

3.5.2 构造两端铰支梁

现在我们来证明, 当 $\boldsymbol{u}=(u_1,\ u_2,\cdots,\ u_{n-1})^{\mathrm{T}}$ 已知, 相应的 $\boldsymbol{w}=(w_1,\ w_2,\cdots,\ w_{n-1})^{\mathrm{T}}$, 它们满足 $S_{\boldsymbol{u}}=S_{\boldsymbol{w}}=i-1$ 时, 则以它们为第 i 阶振型的两端铰支梁存在. 为此, 先说明条件

$$S_{\boldsymbol{u}}=S_{\boldsymbol{w}}=i-1,\quad 1\leqslant i\leqslant n-1$$

的几何意义.

考虑分段线性函数

$$u_r(\xi-L_{r-1})/l_r+u_{r-1}(L_r-\xi)/l_r,\quad r=1,\ 2,\cdots,\ n, \tag{3.5.2}$$

其中

$$L_0=0,\quad L_r=\sum_{p=1}^{r}l_p,\quad L_{r-1}\leqslant\xi\leqslant L_r;\qquad u_0=0=u_n.$$

这实际上就是图 3.1 所示系统在两端铰支条件下振动时刚杆所构成的曲线. 由于 $S_{\boldsymbol{u}}=i-1$, 故曲线 (3.5.2) 有 $i-1$ 个节点. 于是将它分成 i 段, 在每一段中函数 (3.5.2) 非零且具有相同正负号, 而其相邻两段的正负号相反. 因而, 函数 (3.5.2) 在其具有相同正负号的每一段中存在一极值 $u_{t_j}\neq 0$ $(j=1,\ 2,\cdots,\ i)$, 下角标 t_j 是取极值的质点的序号. 当 $u_{t_j}>0$ 时, u_{t_j} 为极大值; 而当 $u_{t_j}<0$ 时, u_{t_j} 为极小值. 又由于 $S_{\boldsymbol{w}}=i-1$, 故不能出现 $u_{t_j-1}=u_{t_j}=u_{t_j+1}$ 的情形, 于是

$$w_{t_j}u_{t_j}<0,\quad j=1,\ 2,\cdots,\ i.$$

进而可以得出结论: $\boldsymbol{w}$ 的分量 w_r 在 $(w_{t_j},\ w_{t_j+1},\cdots,\ w_{t_{j+1}})$ 中有且仅有一次正负号改变, 这里 $1\leqslant j\leqslant i-1$; 而在 $(w_1,\ w_2,\cdots,\ w_{t_1})$ 和 $(w_{t_i},\ w_{t_i+1},\cdots,\ w_{n-1})$ 中均无正负号改变. 因此, 可以把 $\boldsymbol{w}$ 的分量分类. 非零的 $\boldsymbol{w}$ 分量可以分成 i 组:

$$w_{\alpha_j},\ w_{\alpha_j+1},\cdots,\ w_{\beta_j},\quad j=1,\ 2,\cdots,\ i;\ \alpha_1=1,\ \beta_i=n-1.$$

在第 j $(1\leqslant j\leqslant i)$ 组中, 下列不等式成立:

$$w_{\alpha_j-1}w_{t_j}\leqslant 0,\quad w_{\beta_j+1}w_{t_j}\leqslant 0,$$

$$w_r w_{t_j}>0,\quad r=\alpha_j,\ \alpha_j+1,\cdots,\ t_j,\ \cdots,\ \beta_j.$$

对每个 j $(1\leqslant j\leqslant i)$, 考查方程组

$$\begin{cases} -\left(\dfrac{1}{l_{\alpha_j}}+\dfrac{1}{l_{\alpha_j+1}}\right)\tau_{\alpha_j}+\dfrac{\tau_{\alpha_j+1}}{l_{\alpha_j+1}}=\lambda m_{\alpha_j}u_{\alpha_j}-\dfrac{\tau_{\alpha_j-1}}{l_{\alpha_j}}, \\ \dfrac{\tau_{r-1}}{l_r}-\left(\dfrac{1}{l_r}+\dfrac{1}{l_{r+1}}\right)\tau_r+\dfrac{\tau_{r+1}}{l_{r+1}}=\lambda m_r u_r,\quad r=\alpha_j+1,\alpha_j+2,\cdots,\ \beta_j-1, \\ \dfrac{\tau_{\beta_j-1}}{l_{\beta_j}}-\left(\dfrac{1}{l_{\beta_j}}+\dfrac{1}{l_{\beta_j+1}}\right)\tau_{\beta_j}=\lambda m_{\beta_j}u_{\beta_j}-\dfrac{\tau_{\beta_j+1}}{l_{\beta_j+1}}, \end{cases} \tag{3.5.3}$$

其中

$$\tau_{\alpha_1-1}=0=\tau_{\beta_i+1},\quad 即\ \tau_0=0=\tau_n.$$

当 $u_{\alpha_j}\neq 0$ 或 $w_{\alpha_j-1}=0$, 并且 $u_{\beta_j}\neq 0$ 或 $w_{\beta_j+1}=0$ 时, 则取

$$m_r=\begin{cases} \left(-w_{t_j}\rho_j+\delta_{\alpha_j r}\dfrac{\tau_{\alpha_j-1}}{l_{\alpha_j}}+\delta_{\beta_j r}\dfrac{\tau_{\beta_j+1}}{l_{\beta_j+1}}\right)\dfrac{1}{\lambda u_r}, & w_r u_r<0, \\ 1, & u_r=0, \\ \left(\varepsilon_j w_{t_j}\rho_j+\delta_{\alpha_j r}\dfrac{\tau_{\alpha_j-1}}{l_{\alpha_j}}+\delta_{\beta_j r}\dfrac{\tau_{\beta_j+1}}{l_{\beta_j+1}}\right)\dfrac{1}{\lambda u_r}, & w_r u_r>0, \end{cases} \tag{3.5.4}$$

其中参数

$$\rho_j,\ \varepsilon_j>0;\quad r=\alpha_j,\ \alpha_j+1,\cdots,\ \beta_j;\quad \delta_{\alpha\beta}=\begin{cases}1, & \alpha=\beta,\\ 0, & \alpha\neq\beta.\end{cases}$$

这样, 只要适当地选取 ε_j, 由引理 3.5, 就可以解出

$$\tau_r=\xi_r\rho_j w_{t_j},\quad \xi_r>0;\ r=\alpha_j,\ \alpha_j+1,\ \cdots,\ \beta_j,$$

由式 (3.3.1) 得 $(k_r)_{\alpha_j}^{\beta_j}=(\tau_r/w_r)_{\alpha_j}^{\beta_j}$ 均为正数. 同时, 根据上面的取法, $(m_r)_{\alpha_j+1}^{\beta_j-1}$ 显然也是正数. 现在来看 m_{α_j}: 当 $w_{\alpha_j-1}=0$ 或 $w_{\alpha_j}u_{\alpha_j}<0$ 时, 显然 m_{α_j} 仍然是正数. 若

$$w_{\alpha_j-1}\neq 0 \text{ 且 } w_{\alpha_j}u_{\alpha_j}>0,$$

这时

$$\beta_{j-1}=\alpha_j-1 \text{ 且 } w_{\beta_{j-1}}u_{\beta_{j-1}}<0.$$

则

$$m_{\alpha_j}=\left(\varepsilon_j w_{t_j}\rho_j+\frac{\tau_{\alpha_j-1}}{l_{\alpha_j}}\right)\frac{1}{\lambda u_{\alpha_j}}=\left(\varepsilon_j w_{t_j}\rho_j+\frac{\xi_{\beta_{j-1}}\rho_{j-1}w_{t_{j-1}}}{l_{\alpha_j}}\right)\frac{1}{\lambda u_{\alpha_j}}.$$

只要选取 ρ_{j-1}/ρ_j 值足够小, 便有 $m_{\alpha_j}>0$; 而不管 ρ_{j-1}/ρ_j 取什么样的正值, 恒有 $m_{\beta_j-1}>0$. 类似地, 可以说明, 上面所解出的 $m_{\beta_j}>0$, 或通过适当地选取 ρ_j/ρ_{j+1} 的值, 可使得 m_{β_j} 为正数.

如果 $u_{\alpha_j}=0$, 同时也有 $u_{\beta_j}=0$, 这时必有

$$u_r w_r<0,\quad r=\alpha_j+1,\ \alpha_j+2,\cdots,\ \beta_j-1.$$

这样只要取 ρ_j/ρ_{j-1} 和 ρ_j/ρ_{j+1} 足够大, 并取

$$m_{\alpha_j}=m_{\beta_j}=1,\quad m_r=-w_{t_j}\rho_j/\lambda u_r,\qquad r=\alpha_j+1,\ \alpha_j+2,\cdots,\ \beta_j-1,$$

则由引理 3.5 即可保证 $(k_r)_{\alpha_j}^{\beta_j}=(\tau_r/w_r)_{\alpha_j}^{\beta_j}$ 全部大于零.

我们再来考查 $u_{\alpha_j}=0$ 而 $w_{\alpha_j-1}\neq 0$, 但 $u_{\beta_j}\neq 0$ 或 $w_{\beta_j+1}=0$ 的情况. 这时上面的证明过程必需作如下修改: 将方程组 (3.5.3) 中与 m_{α_j} 相关的第一个方程从此方程组中分离出来, 并改写为

$$\left(\frac{1}{l_{\alpha_j}}+\frac{1}{l_{\alpha_j+1}}\right)\tau_{\alpha_j}=\frac{\tau_{\alpha_j-1}}{l_{\alpha_j}}+\frac{\tau_{\alpha_j+1}}{l_{\alpha_j+1}}.\tag{3.5.5}$$

注意到这时必有

$$\beta_{j-1}=\alpha_j-1,\quad w_{\alpha_j-1}u_{\alpha_j-1}<0 \text{ 且 } w_{\alpha_j+1}u_{\alpha_j+1}<0.$$

取

$$m_r=\begin{cases}\left(-w_{t_j}\rho_j+\delta_{\alpha_j+1,\,r}\dfrac{\tau_{\alpha_j}}{l_{\alpha_j+1}}+\delta_{\beta_j r}\dfrac{\tau_{\beta_j+1}}{l_{\beta_j+1}}\right)\dfrac{1}{\lambda u_r}, & w_{t_j}u_r<0,\\ 1, & u_r=0,\\ \left(\varepsilon_j w_{t_j}\rho_j+\delta_{\beta_j r}\dfrac{\tau_{\beta_j+1}}{l_{\beta_j+1}}\right)\dfrac{1}{\lambda u_r}, & w_{t_j}u_r>0,\end{cases}\tag{3.5.6}$$

式中 $r=\alpha_j,\ \alpha_j+1,\cdots,\ \beta_j$. 同前面一样, 可以说明, 只要适当选取正数 ε_j, 即可使得

$$(k_r)_{\alpha_j+1}^{\beta_j}=(k_r/w_r)_{\alpha_j+1}^{\beta_j},\quad (m_r)_{\alpha_j+2}^{\beta_j} \text{ 和 } m_{\alpha_j}$$

为正数, 或者通过适当调整 ρ_j/ρ_{j+1}, 从而使上式各量为正数. 至于 m_{α_j+1}, 由式 (3.5.5) 及 (3.5.6) 可得到

$$m_{\alpha_j+1} = \left[-w_{t_j}\rho_j + \frac{l_{\alpha_j}}{l_{\alpha_j}+l_{\alpha_j+1}}\left(\frac{\tau_{\alpha_j+1}}{l_{\alpha_j+1}} + \frac{\tau_{\alpha_j-1}}{l_{\alpha_j}}\right)\right]\frac{1}{\lambda u_{\alpha_j+1}}. \tag{3.5.7}$$

为使 τ_{α_j} 和 $m_{\alpha_j+1} > 0$, 由式 (3.5.5) 和 (3.5.7) 可知, 应选取 ρ_{j-1}/ρ_j 满足不等式

$$-\frac{w_{t_j}}{w_{t_{j-1}}}\cdot\frac{l_{\alpha_j}}{\xi_{\alpha_j-1}}\left(\frac{\xi_{\alpha_j+1}}{l_{\alpha_j+1}} - \frac{l_{\alpha_j}+l_{\alpha_j+1}}{l_{\alpha_j}}\right) < \frac{\rho_{j-1}}{\rho_j} < -\frac{w_{t_j}}{w_{t_{j-1}}}\frac{l_{\alpha_j}}{\xi_{\alpha_j-1}}\frac{\xi_{\alpha_j+1}}{l_{\alpha_j+1}}. \tag{3.5.8}$$

显然, 满足上式的 ρ_{j-1}/ρ_j 总存在. 因为 $w_{\beta_{j-1}}u_{\beta_{j-1}} < 0$, 所以不需要改变 ρ_{j-1}/ρ_j 的值即可使 $m_{\beta_{j-1}} > 0$. 对于其他情形, 可以完全类似地讨论.

最后, 我们还应考查矢量 $\boldsymbol{w}$ 的某个分量 $w_s = 0$ 的情况. 对于这种情况, 必然存在某个 $j\,(1 \leqslant j \leqslant i-2)$, 使得 $s-1=\beta_j$, 而 $s+1=\alpha_{j+1}$. 这时 k_s 作为 $\tau_s = k_s w_s$ 的系数, 可取任意正值. 因为在这种情况下前面的讨论未包括第 s 个质点的模态方程. 为满足该方程, 应取

$$m_s = \begin{cases} [(\tau_{s-1}/l_s) + (\tau_{s+1}/l_{s+1})]/\lambda u_s, & u_s \neq 0, \\ 1, & u_s = 0. \end{cases} \tag{3.5.9}$$

由于

$$\tau_{s-1} = \xi_{\beta_j} w_{t_j}\rho_j \quad \text{且} \quad \tau_{s+1} = \xi_{\alpha_{j+1}} w_{t_{j+1}}\rho_{j+1},$$

故可以适当调节 ρ_j/ρ_{j+1} 的值, 使得

$$\frac{(\tau_{s-1}/l_s) + (\tau_{s+1}/l_{s+1})}{u_s} > 0, \quad u_s \neq 0,$$

或者

$$(\tau_{s-1}/l_s) + (\tau_{s+1}/l_{s+1}) = 0, \quad u_s = 0,$$

就可以保证 $m_s > 0$; 同时不需改变 ρ_j/ρ_{j+1}, 就能使 m_{β_j} 和 $m_{\alpha_j+1} > 0$.

至此, 我们说明了, 满足条件 $S_{\boldsymbol{u}} = S_{\boldsymbol{w}}$, 就能够保证两端铰支梁的结构参数取正值.

3.5.3 其他支承方式梁的构造

以上证明方法不难推广到梁的其他支承的情况, 现以梁的左端为例说明这一点.

当梁的左端为自由端时, 取 $\alpha_1 = 1$, $\tau_0 = 0$. 在 3.5.2 分节中叙述的结构参数的算法在此完全适用, 只是因为在这种情况下, $\boldsymbol{u} = (u_0, u_1, \cdots, u_{n-1})^{\mathrm{T}}$ 并多出一个质点 m_0, 所以应有

$$m_0 = k_1 w_1 / \lambda u_0 l_1.$$

对于左端为自由端, 下节将证明

$$w_1 u_0 > 0,$$

因而

$$m_0 > 0.$$

当左端为滑支端时, 由 3.4 节知, 必有 $\alpha_1 = t_1 = 0$. 结构参数的算法与 3.5.2 分节完全相同.

最后, 当左端为固定端时, $(m_r)_{\alpha_1}^{\beta_1}$ 和 $(k_r)_{\alpha_1}^{\beta_1} = (\tau_r/w_r)_{\alpha_1}^{\beta_1}$ 的算法仍如同 3.5.2 分节, 只是当左端为固定端时, $\boldsymbol{\tau}^{(i)}$ 的变号数增加 1, 它的分量序列也增加一个同号段, 即 $\alpha_1 > 1$. 因而 $(m_r)_1^{\alpha_1 - 1}$ 和 $(k_r)_0^{\alpha_1 - 1} = (\tau_r/w_r)_0^{\alpha_1 - 1}$ 的确定需要单独处理. 由于对固定端有

$$|S_{\boldsymbol{w}} - S_{\boldsymbol{u}}| = 1,$$

由此可以说明必定有

$$w_{t_1} w_{r-1} < 0 \ \text{ 和 } \ w_{t_1} u_r < 0, \qquad r = 1, 2, \cdots, \alpha_1 - 1.$$

另外

$$w_{t_1} w_{\alpha_1 - 1} \leqslant 0, \qquad w_{\alpha_1} u_{\alpha_1} < 0,$$

这说明按照式 (3.5.4) 求出的 m_{α_1} 总是正的, 不受 $\tau_{\alpha_1 - 1}$ 的值的影响. 适当地选取正数 $k_0, k_1, \cdots, k_{\alpha_1 - 1}$ 的值, 使之依次递减, 就能保证

$$m_r = \left[\frac{\tau_{r-1}}{l_r} - \left(\frac{1}{l_{r+1}} + \frac{1}{l_r}\right)\tau_r + \frac{\tau_{r+1}}{l_{r+1}}\right]\frac{1}{\lambda u_r}, \quad r = 1, 2, \cdots, \alpha_1 - 1 \tag{3.5.10}$$

为正数.

至此, 我们完全证明了在 3.4 节中所证明的关于变号数 $S_{\boldsymbol{u}}$ 和 $S_{\boldsymbol{w}} = S_{\boldsymbol{\tau}}$ 的条件即是单个振型数据的充分条件.

3.6 位移振型的形状特征及其他性质

3.6.1 位移振型的形状特征[4,18]

从 3.4 节导出的梁在各种支承情况下的位移、转角、弯矩 (或相对转角) 和

剪力振型的变号数规律出发, 可以进一步给出梁的位移振型的某些形状特征.

特征 1 设 u_r 是位移振型的一个极值, 则 $u_r\, w_r < 0$ $(0 \leqslant r \leqslant n)$, 括号内的等号只对滑支端成立.

事实上, 当 u_r 是位移振型的一个极值时, 由 $S_{\boldsymbol{u}^{(i)}} = i-1$ 即可推出:

(1) $u_r \neq 0$, 否则 $\boldsymbol{u}$ 将无确定的变号数.

(2) $\boldsymbol{u}$ 的分量可以分成 i 个同号段. 在每个同号段中 $\boldsymbol{u}$ 的分量的正负号相同, 而在两个相邻的同号段中 $\boldsymbol{u}$ 的分量的正负号相反. 因为 $\boldsymbol{\theta}$ 亦有确定的变号数, 从而不可能有两个以上的相邻 $\boldsymbol{u}$ 分量相等. 于是当 u_r 是极值时, 必有 $\theta_r\theta_{r+1} < 0$ (当 $u_r = u_{r+1}$ 时, 则有 $\theta_r\theta_{r+2} < 0$), 即 $\boldsymbol{u}$ 的每个极值位置使 $\boldsymbol{\theta}$ 改变一次符号. 再注意到总有

$$|S_{\boldsymbol{\theta}} - S_{\boldsymbol{u}}| \leqslant 1,$$

这样在 $\boldsymbol{u}$ 的分量的每个同号段中, 有且仅有一处为极值. 显然, 正的同号段只能有极大值而负的同号段只能有极小值. 最后由 $\boldsymbol{w}$ 的定义即有

$$u_r w_r = u_r \left(\frac{u_{r-1} - u_r}{l_r} + \frac{u_{r+1} - u_r}{l_{r+1}} \right) < 0.$$

(3) 以上推理还表明, 同阶位移振型 $\boldsymbol{u}^{(i)}$ 和转角振型 $\boldsymbol{\theta}^{(i)}$ 的节点互相交错.

根据 3.3 节中关于共轭梁的讨论, 同样可知, 同阶相对转角振型 $\boldsymbol{w}^{(i)}$ 和剪力振型 $\boldsymbol{\phi}^{(i)}$ 的节点互相交错.

类似的讨论还可以证明: 同阶转角振型 $\boldsymbol{\theta}^{(i)}$ 和相对转角振型 $\boldsymbol{w}^{(i)}$ 的节点互相交错.

(4) 值得注意的是, 由引理 3.2 可知, 自由端和滑支端将使 $\boldsymbol{\theta}$ 的变号数减少 1. 这就暗含着自由端和滑支端必为所在同号段的极值位置. 不过对自由端而言, w_0 和 w_n 没有太大实际意义. 至于滑支端, 以上推理完全适用, 即当左端或右端为滑支时, 必有 $u_0 w_0 < 0$ 或 $u_n w_n < 0$.

特征 2 设梁的右端为自由, 则必有这样的 s, 使得

$$u_{ni}\, u_{si} \leqslant 0 \;\; \text{而} \;\; u_{ni}\, \theta_{ri} > 0, \quad u_{ni}\, w_{r-1,\, i} > 0, \quad r = n,\, n-1,\, \cdots,\, s+1.$$

特别地, 有

$$u_{ni}\, \theta_{ni} > 0, \quad u_{ni}\, w_{n-1,\, i} > 0, \quad u_{ni}\, \phi_{ni} > 0, \quad i = 1,\, 2, \cdots,\, n. \tag{3.6.1}$$

这里 $\boldsymbol{u}^{(i)}$ 是梁的相应于 λ_i 的非刚体振型. 不过固定–自由梁的第一阶振型例外, 这时, 可取 $s = 0$ 但 $u_{n1}u_{01} = 0$, 而其余结论仍然成立.

事实上, 不妨设 $u_{ni}>0\ (i=1,\ 2,\cdots,\ n)$, 则必存在这样的指标 $s(s<n)$, 满足.

$$u_{ni}u_{s+1,i}>0,\quad u_{ni}u_{si}\leqslant 0.$$

于是

$$\theta_{s+1,i}=\frac{u_{s+1,i}-u_{si}}{l_{s+1}}>0.$$

因为自由端本身是极值位置且使 $\boldsymbol{\theta}$ 的变号数减少 1, 所以从 $\theta_{s+1,i}$ 到 θ_{ni} 均属于 $\boldsymbol{\theta}$ 的最后一个同号段, 这样 $\theta_{ri}>0$, 进而就有

$$u_{ni}\,\theta_{ri}>0,\quad r=n,\ n-1,\ \cdots,\ s+1.$$

另一方面, 由式 (3.1.18), 即由

$$\lambda m_r u_r=\phi_r-\phi_{r+1}$$

知,

$$\phi_{ri}-\phi_{r+1,i}>0,\quad r=n,\ n-1,\ \cdots,\ s+1;$$

注意到, 对右端自由的梁必有

$$\phi_{n+1,i}=0.$$

由以上两式给出

$$\phi_{ri}>0,\quad r=\ s+1,\ s+2,\cdots,\ n,$$

从而

$$u_{ni}\cdot\phi_{ri}>0,\quad r=\ s+1,\ s+2,\cdots,\ n.$$

再由

$$\phi_r=(\tau_{r-1}-\tau_r)/l_r,\quad r=1,2,\cdots,n,$$

完全类似地可得

$$\tau_{ri}>0\ \text{ 和 }\ w_{ri}>0,\quad r=s,s+1,\ \cdots,\ n-1,$$

从而也有

$$u_{ni}\cdot w_{ri}>0,\quad r=\ s,\ s+1,\cdots,\ n-1.$$

对于固定–自由梁, 由于它的第一阶振型 $\boldsymbol{u}^{(1)}$, $\boldsymbol{\theta}^{(1)}$, $\boldsymbol{w}^{(1)}$ 和 $\boldsymbol{\phi}^{(1)}$ 均不改变正负号, 除了 $u_{n1}u_{01}=0$ 外, 上面的证明过程显然仍适用. 所以有

$$u_{n1}\,\theta_{r1}>0,\quad u_{n1}\,w_{r-1,1}>0,\quad u_{n1}\,\phi_{r1}>0,\quad r=\ 1,\ 2,\cdots,\ n.$$

上述的结论意味着, 当取梁的自由端处的位移为正时, 梁的自由端附近一段的位移振型曲线必定上凹.

显然当梁的左端自由时, 完全可以得出类似的结论.

通过以上讨论, 可以画出梁的位移振型示意图 (见图 3.3(a) 和 (b)).

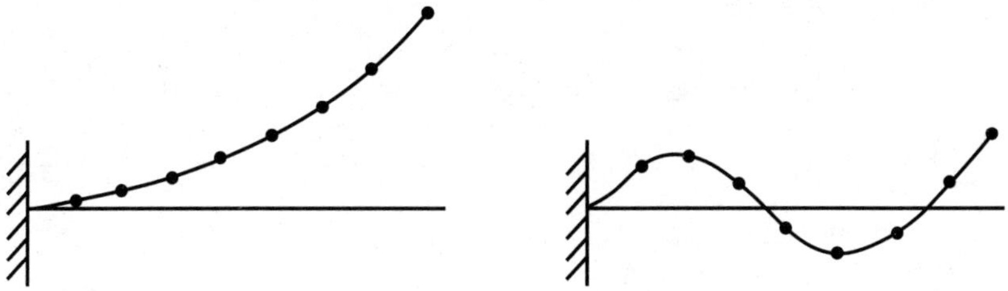

(a) 固定–自由梁的第一、三阶振型

(b) 两端铰支梁的第一、四阶振型

图 3.3

特征 3 由附录中定理 18 可知, 当记梁的与 λ_i $(i=1,\ 2,\cdots,\ N)$ 相应的特征矢量 $\boldsymbol{u}^{(i)}$ 为 $\boldsymbol{u}^{(i)}=(u_{1i},\ u_{2i},\ \cdots,\ u_{Ni})^{\mathrm{T}}$ 时, 则

$$u_{ki}\,u_{k+1,i+1}-u_{k+1,i}\,u_{k,i+1}$$

的值不等于零, 并对任意的 k $(k=1,2,\cdots,N-1)$ 和每一个确定的 i 都具有相同的正负号.

3.6.2 悬臂梁和简支梁的位移振型的其他特性

鉴于固定–自由梁和两端铰支梁 (即悬臂梁和简支梁) 在工程问题中的重要性, 我们进一步考查这两种梁的振型分量所满足的如下一些重要关系式.

1. 固定–自由梁[4]

对于固定–自由梁, 有

$$u_{ni}\,\theta_{nj}-u_{nj}\,\theta_{ni}>0,\quad 1\leqslant i<j\leqslant n. \tag{3.6.2}$$

事实上, 因为

$$\theta_n=\frac{u_n-u_{n-1}}{l_n},$$

所以

$$u_{ni}\,\theta_{nj}-u_{nj}\,\theta_{ni}=\frac{u_{n-1,i}\,u_{nj}-u_{ni}\,u_{n-1,j}}{l_n}.$$

而由附录中定理 19 的附注, 立即可知式 (3.6.2) 的正确性.

2. **两端铰支梁**[19]

对于两端铰支梁, 因

$$\boldsymbol{u}^{(i)} = (u_{1i}, u_{2i}, \cdots, u_{n-1,i})^{\mathrm{T}}, \quad i = 1, 2, \cdots, n-1,$$

以及与之相应的

$$\boldsymbol{\theta}^{(i)} = (\theta_{1i},\ \theta_{2i}, \cdots,\ \theta_{ni})^{\mathrm{T}}, \quad i = 1, 2, \cdots, n-1,$$

$$\boldsymbol{\tau}^{(i)} = (\tau_{1i},\ \tau_{2i}, \cdots,\ \tau_{n-1,i})^{\mathrm{T}}, \quad i = 1, 2, \cdots, n-1,$$

$$\boldsymbol{\phi}^{(i)} = (\phi_{1i},\ \phi_{2i}, \cdots,\ \phi_{ni})^{\mathrm{T}}, \quad i = 1, 2, \cdots, n-1,$$

则下列各关系式成立.

(1) 对左端, 有

$$u_{1i}\,\theta_{1i} > 0, \quad u_{1i}\,\tau_{1i} < 0, \quad u_{1i}\,\phi_{1i} > 0, \quad i = 1,\ 2, \cdots, n-1. \tag{3.6.3}$$

事实上, 注意到 $u_{0i} = 0$, 则由式

$$\theta_r = (u_r - u_{r-1})/l_r, \quad r = 1, 2, \cdots, n,$$

显然有

$$u_{1i}\,\theta_{1i} = \frac{u_{1i}^2}{l_1} > 0.$$

为了证明式 (3.6.3) 中的第二、第三两个不等式, 不妨假设 $u_{1i} > 0$, 并用反证法, 即 $\tau_{1i} > 0$. 于是就有这样的 s, 使

$$u_{si} > 0, \quad u_{s+1,i} \leqslant 0, \qquad 1 \leqslant s \leqslant n-1;\ i = 1,\ 2, \cdots, n-1,$$

进一步也有

$$\theta_{s+1,i} = \frac{u_{s+1,i} - u_{si}}{l_{s+1}} < 0. \tag{3.6.4}$$

另一方面, 由方程 (3.1.18), 即 $\lambda m_r u_r = \phi_r - \phi_{r+1}$ 可得

$$\phi_{1i} > \phi_{2i} > \cdots > \phi_{s+1,i}.$$

因为 $\phi_{1i} = -\tau_{1i}/l_1 < 0$, 这样由式

$$\phi_r = (\tau_{r-1} - \tau_r)/l_r, \quad \tau_r = k_r(\theta_{r+1} - \theta_r) = k_r w_r$$

又给出: $0 < \tau_{1i} < \tau_{2i} < \cdots < \tau_{s+1,i}$ 和 $0 < \theta_{1i} < \theta_{2i} < \cdots < \theta_{s+1,i}$. 这与式 (3.6.4) 矛盾, 因而 $u_{1i}\,\tau_{1i} < 0$ 得证. 同理亦有

$$u_{1i}\,\phi_{1i} > 0, \quad i = 1, 2, \cdots, n-1.$$

(2) 对右端, 类似地有

$$u_{n-1,i}\,\theta_{ni} < 0, \quad u_{n-1,i}\,\tau_{n-1,i} < 0, \quad u_{n-1,i}\,\phi_{ni} < 0, \quad i = 1,\ 2, \cdots,\ n-1. \tag{3.6.5}$$

由此进一步推出

$$\theta_{ni}\,\phi_{ni} > 0, \quad i = 1,\ 2, \cdots,\ n-1. \tag{3.6.6}$$

(3) 对两端铰支梁, 有不等式

$$\sum_{j=0}^{n-1} \frac{\theta_{nj}\,\phi_{nj}}{\lambda_j} < \frac{1}{l_n}. \tag{3.6.7}$$

为证明不等式 (3.6.7), 记

$$\boldsymbol{U} = (u_{ij})_{(n-1)\times(n-1)}, \quad \boldsymbol{\Lambda} = \mathrm{diag}(\lambda_1,\ \lambda_2, \cdots,\ \lambda_{n-1}).$$

当 $\boldsymbol{U}$ 已经归一化, 亦即 $\boldsymbol{U}^{\mathrm{T}}\boldsymbol{M}\boldsymbol{U} = \boldsymbol{I}$ 时, 则有

$$\boldsymbol{U}^{\mathrm{T}}\boldsymbol{A}_{\mathrm{pp}}\boldsymbol{U} = \boldsymbol{U}^{\mathrm{T}}\boldsymbol{E}_{n-1}\boldsymbol{\Phi} = \boldsymbol{\Lambda} \ \text{或}\ \boldsymbol{\Theta}^{\mathrm{T}}\boldsymbol{L}\boldsymbol{\Phi} = \boldsymbol{\Lambda},$$

式中 $\boldsymbol{E}_{n-1}$ 是从式 (3.1.23) 定义的 $\boldsymbol{E}$ 中划去最后一行和最后一列所得的 $(n-1)\times n$ 阶截短矩阵; 而

$$\boldsymbol{\Theta} = \boldsymbol{L}^{-1}\boldsymbol{E}_{n-1}^{\mathrm{T}}\boldsymbol{U}, \quad \boldsymbol{\Phi} = \boldsymbol{L}^{-1}\boldsymbol{E}_{n-1}^{\mathrm{T}}\boldsymbol{K}\boldsymbol{E}_{n-1}\boldsymbol{\Theta}$$

是 $n\times(n-1)$ 阶矩阵. 引入 n 维列矢量 $\boldsymbol{e} = (-1,\ -1,\ \cdots,\ -1)^{\mathrm{T}}$, 并记

$$\widetilde{\boldsymbol{\Theta}} = \{\boldsymbol{e},\ \boldsymbol{\theta}^{(1)},\ \boldsymbol{\theta}^{(2)}, \cdots,\ \boldsymbol{\theta}^{(n-1)}\}, \quad \widetilde{\boldsymbol{\Phi}} = \{\boldsymbol{e},\ \boldsymbol{\phi}^{(1)},\ \boldsymbol{\phi}^{(2)}, \cdots,\ \boldsymbol{\phi}^{(n-1)}\},$$
$$l = l_1 + l_2 + \cdots + l_n, \quad \widetilde{\boldsymbol{\Lambda}} = \mathrm{diag}(l,\ \lambda_1,\ \lambda_2, \cdots,\ \lambda_{n-1}).$$

那么不难验证:

$$\widetilde{\boldsymbol{\Theta}}^{\mathrm{T}}\boldsymbol{L}\widetilde{\boldsymbol{\Phi}} = \widetilde{\boldsymbol{\Lambda}}.$$

因而

$$\boldsymbol{L}^{-1} = \widetilde{\boldsymbol{\Phi}}\widetilde{\boldsymbol{\Lambda}}^{-1}\widetilde{\boldsymbol{\Theta}}^{\mathrm{T}},$$

矩阵 $\boldsymbol{L}^{-1}$ 的最后一个元为

$$\frac{1}{l_n} = \sum_{j=0}^{n-1} \frac{\theta_{nj}\,\phi_{nj}}{\lambda_j} + \frac{1}{l}. \tag{3.6.8}$$

此式显然证明了式 (3.6.7) 成立.

3.6.3 由两阶模态构造梁的差分离散系统 [15,16]

与弹簧–质点系统类似，在差分步长 $l_r(r=1,\ 2,\cdots,\ n)$ 为已知的条件下，也可以由两组模态确定梁的差分离散系统的物理参数. 为了便于叙述，仅以固定–自由梁和两端铰支梁为例，现论证如下.

先看固定–自由梁的离散系统. 当给定它的两阶位移模态 $(\omega_i,\boldsymbol{u}^{(i)})$ 和 $(\omega_j,\boldsymbol{u}^{(j)})$ 时，在 $l_r(r=1,2,\cdots,n)$ 已知的情况下，可以由式 (3.3.1) 计算出相应的相对转角振型 $\boldsymbol{w}^{(i)}$ 和 $\boldsymbol{w}^{(j)}$. 由固定–自由梁差分离散系统的模态方程组，即有 [16]

$$\begin{cases} \omega_i^2 m_r u_{ri} = k_{r-1}\dfrac{w_{r-1,i}}{l_r} - k_r w_{ri}\left(\dfrac{1}{l_r}+\dfrac{1}{l_{r+1}}\right) + k_{r+1}\dfrac{w_{r+1,i}}{l_{r+1}}, \\ \omega_j^2 m_r u_{rj} = k_{r-1}\dfrac{w_{r-1,j}}{l_r} - k_r w_{rj}\left(\dfrac{1}{l_r}+\dfrac{1}{l_{r+1}}\right) + k_{r+1}\dfrac{w_{r+1,j}}{l_{r+1}}, \\ \qquad r=1,2,\cdots,n-1,\ k_n=0; \end{cases} \tag{3.6.9}$$

$$\omega_i^2 m_n u_{ni} = k_{n-1}\frac{w_{n-1,i}}{l_n}, \quad \omega_j^2 m_n u_{nj} = k_{n-1}\frac{w_{n-1,j}}{l_n}. \tag{3.6.10}$$

不失一般性，假定第 $n-1$ 个差分点处的截面抗弯刚度也是已知的，这样可以求出 k_{n-1}. 则由式 (3.6.10)，即可求出

$$m_n = k_{n-1}w_{n-1,i}/\omega_i^2 l_n u_{ni}.$$

若记

$$\begin{cases} a_r = (\omega_i^2 u_{ri}w_{r-1,j} - \omega_j^2 u_{rj}w_{r-1,i})/l_r, & r=1,2,\cdots,n-1, \\ b_r = (\omega_i^2 u_{ri}w_{rj} - \omega_j^2 u_{rj}w_{ri})(l_r+l_{r+1})/l_r l_{r+1}, & r=1,2,\cdots,n-1, \\ c_r = (\omega_i^2 u_{ri}w_{r+1,j} - \omega_j^2 u_{rj}w_{r+1,i})/l_{r+1}, & r=1,2,\cdots,n-2, \\ e_r = (w_{r-1,i}w_{rj} - w_{ri}w_{r-1,j})(l_r+l_{r+1})/l_r l_{r+1}, & r=1,2,\cdots,n-1, \\ g_r = (w_{r-1,i}w_{r+1,j} - w_{r+1,i}w_{r-1,j})/l_{r+1}, & r=1,2,\cdots,n-2. \end{cases} \tag{3.6.11}$$

进一步由式 (3.6.9) 解得

$$\begin{cases} k_{r-1} = \dfrac{b_r k_r - c_r k_{r+1}}{a_r}, & r=n-1,n-2,\cdots,1;\ k_n=0, \\ m_r = \dfrac{e_r k_r - g_r k_{r+1}}{a_r l_r}, & r=n-1,n-2,\cdots,1;\ k_n=0. \end{cases} \tag{3.6.12}$$

为了保证求得的物理参数均为正数，其充分条件是：

(1) $a_r \neq 0\ (r=1,2,\cdots,n-1)$.

(2) $\omega_i^2 u_{ni}/w_{n-1,i} = \omega_j^2 u_{nj}/w_{n-1,j} > 0\ (i \neq j)$.

(3) $\det \boldsymbol{A}^{(r)} > 0$, $\det \boldsymbol{B}^{(r)} > 0$, 其中 $r = 1, 2, \cdots, n-1$; $\boldsymbol{A}^{(r)}$, $\boldsymbol{B}^{(r)}$ 均为 $n-r$ 阶三对角矩阵, $\boldsymbol{A}^{(r)}$ 主对角线上的元分别是 $(b_i/a_i)_r^{n-1}$, 左、右次对角线上的元分别是 $(c_i/a_i)_r^{n-2}$ 和 (-1); 把 $\boldsymbol{A}^{(r)}$ 的第一行第一列的元的分子 b_r 换成 e_r, 把 $\boldsymbol{A}^{(r)}$ 的第二行第一列的元的分子 c_r 换成 g_r, 即得矩阵 $\boldsymbol{B}^{(r)}$. 当求得 $\{k_r\}_0^{n-1}$ 和 $\{m_r\}_1^n$ 后, 还可由式 (3.1.12) 求出各差分点处的截面抗弯刚度和线密度.

至于两端铰支梁的差分离散系统, 由其两组模态构造梁的差分离散系统物理参数的过程与构造固定–自由梁的差分离散系统的过程几乎相同. 只是对两端铰支梁, 它的模态方程组不含式 (3.6.10), 从而无需计算 m_n; 又因为对两端铰支梁必有 $k_0 = 0$, 式 (3.6.12) 的第一式仅需对 $r = n-1,\ n-2, \cdots,\ 3, 2$ 进行计算且需满足 $\det \boldsymbol{A}^{(1)} = 0$.

至此得出结论: 在差分步长 $l_r(r = 1,\ 2, \cdots,\ n)$ 已知和相差一个常数因子的意义下, 存在唯一的固定–自由梁 (或两端铰支梁) 的差分离散系统, 它以 $(\omega_i, \boldsymbol{u}^{(i)})$ 和 $(\omega_j, \boldsymbol{u}^{(j)})$ 为其两阶不同的模态.

3.7 不同支承梁的固有频率的相间性

梁的强迫响应问题同样是工程界所关心的, 本节讨论固定–自由梁和两端铰支梁的强迫响应问题. 读者将看到, 这里的讨论不仅将给出梁的强迫响应问题的一些定性性质, 更重要的是将导出当梁的一端支承不变而另一端支承改变时, 各种梁的固有频率的相间性.

3.7.1 两个引理

在下面的讨论中, 除了必须用到第二章的引理 2.2 外, 还需要用到如下的引理.

引理 3.6 若记引理 2.2 中的

$$f(x) = \sum_{i=1}^{n} \frac{c_i}{x_i - x}, \quad c_i > 0, i = 1,\ 2, \cdots,\ n;\ 0 < x_1 < x_2 < \ \cdots < x_n$$

的根为 $\{s_r\}_1^{n-1}$, 则方程

$$f(x) + q = 0$$

的 n 个根 $\{\eta_r\}_1^n$, 当 $q > 0$ 时满足:

$$0 < x_1 < \eta_1 < s_1 < x_2 < \cdots < x_{n-1} < \eta_{n-1} < s_{n-1} < x_n < \eta_n; \tag{3.7.1}$$

而当 $q<0$ 时则满足:

$$\eta_1 < x_1 < s_1 < \eta_2 < x_2 < \cdots < x_{n-1} < s_{n-1} < \eta_n < x_n, \tag{3.7.2}$$

且仅当 $-q>f(0)$ 时, 才有 $\eta_1>0$.

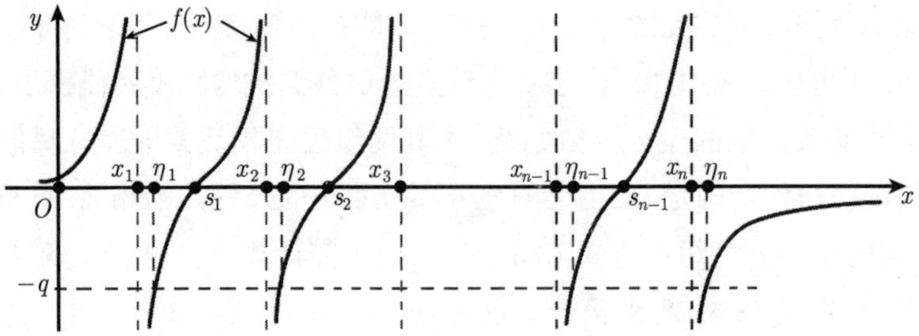

图 3.4 方程 $f(x)=0$ 和 $f(x)+q=0$ $(q>0)$ 的根之间关系

证明 事实上, 由引理 2.2 的证明可知, $f(x)$ 在 $(-\infty,x_1)$ 和 (x_n,∞) 内也是单调递增的. 另一方面, $y=f(x)+q$ 的图形可由 $y=f(x)$ 的图形沿 y 轴方向上下平移而得到 (见图 3.4), 于是式 (3.7.1) 与 (3.7.2) 成立. ▌

引理 3.7 设 $p_i>0,\ q_i>0\ (i=1,\ 2,\cdots,\ n)$, $\{\xi_i\}_1^{n-1}$ 和 $\{\eta_i\}_1^{n-1}$ 分别是函数

$$f(x)=\sum_{i=1}^{n}\frac{p_i}{x_i-x},\quad g(x)=\sum_{i=1}^{n}\frac{q_i}{x_i-x}$$

的零点, 这里 $x_1<x_2<\cdots<x_n$. 又设当 $i<j\ (i,\ j=1,\ 2,\cdots,\ n)$ 时有

$$p_i\cdot q_j-p_j\cdot q_i>0,$$

则有 $\xi_i>\eta_i\ (i=1,\ 2,\cdots,\ n-1)$.

证明 事实上, 因为

$$q_j\cdot f(\xi_j)-p_j\cdot g(\xi_j)=-p_j\cdot g(\xi_j)=\sum_{i=1}^{n}\frac{p_iq_j-p_jq_i}{x_i-\xi_j},$$

上式右端中除 $i=j$ 时为零的项外, 其余每一项都小于零, 这表明 $g(\xi_j)>0$. 而在引理的条件下, $g(x)$ 的函数图形与图 3.4 中函数 $f(x)$ 的图形是相似的, 从而即有 $\xi_i>\eta_i\ (i=1,\ 2,\cdots,\ n-1)$. ▌

3.7.2 一端固定的各种梁的固有频率的相间性[4,5]

首先讨论固定-自由梁在其自由端处受一简谐集中载荷作用时的强迫响应

问题. 同时, 借助上面几个引理, 着重导出当梁的左端保持固定, 右端支承改变(分别为自由、滑支、铰支、反共振和固定) 时梁的离散系统固有频率的相间性.

对于与固定–自由梁相应的弹簧–质点–刚杆系统, 记其固有角频率为 ω_i ($i = 1, 2, \cdots, n$); 又记它的归一化的特征矢量矩阵为

$$\boldsymbol{U} = (\boldsymbol{u}^{(1)}, \boldsymbol{u}^{(2)}, \cdots, \boldsymbol{u}^{(n)}), \quad \boldsymbol{U}^{\mathrm{T}}\boldsymbol{M}\boldsymbol{U} = \boldsymbol{I}, \tag{3.7.3}$$

式中 $\boldsymbol{u}^{(i)} = (u_{1i}, u_{2i}, \cdots, u_{ni})^{\mathrm{T}}$ 是与 ω_i 相应的特征矢量. 在 3.2 和 3.6 节中已分别证明:

$$(0<)\, \omega_1 < \omega_2 < \cdots < \omega_n.$$

$$u_{ni}\,\theta_{ni} > 0, \quad i = 1, 2, \cdots, n. \tag{3.7.4}$$

$$u_{ni}\,\theta_{nj} - u_{nj}\,\theta_{ni} > 0, \quad 1 \leqslant i < j \leqslant n. \tag{3.7.5}$$

当固定–自由梁在其自由端受到一个角频率为 ω 的简谐集中力矩 M 和一个简谐集中力 Q:

$$M = \tau_n \sin\omega t, \quad Q = \phi_{n+1}\sin\omega t$$

共同作用时, 相应的强迫振动方程可以表示为

$$\omega^2\boldsymbol{M}_{\mathrm{cf}}\boldsymbol{u} = \boldsymbol{A}_{\mathrm{cf}}\boldsymbol{u} + \phi_{n+1}\boldsymbol{e}^{(n)} - \tau_n\widetilde{\boldsymbol{E}}_n\boldsymbol{e}^{(n)}/l_n. \tag{3.7.6}$$

式中 $\widetilde{\boldsymbol{E}}_n$ 是形如式 (3.1.23) 中的 $\widetilde{\boldsymbol{E}}$ 的 n 阶方阵. 利用按固有振型展开的方法求解这一强迫响应问题, 即令

$$\boldsymbol{u} = \sum_{i=1}^{n}\alpha_i\boldsymbol{u}^{(i)}. \tag{3.7.7}$$

将此式代入式 (3.7.6) 后再用 $(\boldsymbol{u}^{(k)})^{\mathrm{T}}$ ($k = 1, 2, \cdots, n$) 左乘所得的等式, 注意到式 (3.7.3), 即有

$$\omega^2\alpha_i = \omega_i^2\alpha_i + \phi_{n+1}u_{ni} - \tau_n\theta_{ni}, \quad i = 1, 2, \cdots, n.$$

由此解出 $\alpha_i (i = 1, 2, \cdots, n)$ 后再代入式 (3.7.7), 即可得

$$\boldsymbol{u} = \sum_{i=1}^{n}\boldsymbol{u}^{(i)}\frac{\tau_n\theta_{ni} - \phi_{n+1}u_{ni}}{\omega_i^2 - \omega^2}.$$

相应的转角矢量 $\boldsymbol{\theta}$ 则是

$$\boldsymbol{\theta} = \sum_{i=1}^{n}\boldsymbol{\theta}^{(i)}\frac{\tau_n\theta_{ni} - \phi_{n+1}u_{ni}}{\omega_i^2 - \omega^2}.$$

从这两个式子出发, 即可得到以下一些重要的结论.

1. 共振现象

当 $\omega=\omega_r\ (1\leqslant r\leqslant n)$ 即强迫力的频率等于梁的某一固有频率时，除了某一质点是梁的相应于该频率的固有振型的节点这种特殊情况外，其余所有质点的振幅都将趋向于无穷，亦即发生共振现象. 正如第二章已经指出的那样，实际情况是，由于阻尼的存在，梁的非节点的质点处的振幅将出现峰值而不是无穷. 特别地，

$$u_n=\sum_{i=1}^{n}\frac{u_{ni}\left(\tau_n\theta_{ni}-\phi_{n+1}u_{ni}\right)}{\omega_i^2-\omega^2},\tag{3.7.8}$$

$$\theta_n=\sum_{i=1}^{n}\frac{\theta_{ni}\left(\tau_n\theta_{ni}-\phi_{n+1}u_{ni}\right)}{\omega_i^2-\omega^2}.\tag{3.7.9}$$

由于 $u_{ni}\neq 0,\ \theta_{ni}\neq 0(i=1,\ 2,\cdots,\ n)$，所以出现共振时，梁的端点处的位移和转角振幅都将出现峰值. 这一结果正好可以用来测定梁的固有频率，即：在梁端点处强迫力的作用下，使梁端点处的强迫响应出现峰值时强迫力的频率就是梁的某一固有频率；同时，相应强迫响应位移矢量的节点个数可以表明该频率是第几阶固有频率.

2. 一端固定的各种梁的固有频率的相间性

(1) 固定–滑支梁. 这时，$\theta_{n+1}=0,\phi_{n+1}=0,\ \tau_n=-k_n\theta_n$. 把它们代入式 (3.7.9)，即有

$$k_n\sum_{i=1}^{n}\frac{\theta_{ni}^2}{\omega_i^2-\omega^2}+1=0,\tag{3.7.10}$$

这就是固定–滑支梁的频率方程. 由引理 2.2 和引理 3.6 可知，固定–滑支梁的 n 个固有角频率 $\{\sigma_i\}_1^n$ 满足关系式

$$\omega_i<\sigma_i<\omega_{i+1}<\sigma_{i+1},\quad i=1,\ 2,\cdots,\ n-1.\tag{3.7.11}$$

(2) 固定–铰支梁. 这时 $u_n=0,\tau_n=0$，将其代入式 (3.7.8)，亦有

$$\sum_{i=1}^{n}\frac{u_{ni}^2}{\omega_i^2-\omega^2}=0,\tag{3.7.12}$$

这是固定–铰支梁的频率方程. 由引理 2.2，它的 $n-1$ 个固有角频率 $\{\mu_i\}_1^{n-1}$ 满足关系式

$$\omega_i<\mu_i<\omega_{i+1},\quad i=1,\ 2,\cdots,\ n-1.\tag{3.7.13}$$

(3) 固定–反共振梁. 所谓反共振指的是这样一种支承方式，即

$$u_n=0,\quad \phi_{n+1}=0,\ \text{或}\ \theta_{n+1}=0,\quad \tau_n=0.\tag{3.7.14}$$

无论哪种情况, 由式 (3.7.8) 或 (3.7.9) 都将给出固定–反共振梁的频率方程

$$\sum_{i=1}^{n} \frac{u_{ni}\,\theta_{ni}}{\omega_i^2-\omega^2}=0. \tag{3.7.15}$$

由式 (3.7.4) 和引理 2.2, 它的 $n-1$ 个固有角频率 $\{\nu_i\}_1^{n-1}$ 满足关系式

$$\omega_i<\nu_i<\omega_{i+1},\quad i=1,\,2,\cdots,\,n-1. \tag{3.7.16}$$

以上讨论表明, 上述三种梁的频率都与悬臂梁的固有频率相间.

(4) 固定–滑支梁, 固定–铰支梁和固定–反共振梁的固有频率之间的相间性. 由式 (3.7.5), 应用引理 3.7 于方程 (3.7.12) 和 (3.7.15) 左边的函数, 得到

$$\nu_i<\mu_i,\quad i=1,\,2,\cdots,\,n-1.$$

又记 $\{\sigma_i'\}_1^{n-1}$ 为方程

$$\sum_{i=1}^{n} \frac{\theta_{ni}^2}{\omega_i^2-\omega^2}=0 \tag{3.7.17}$$

的根, 则由式 (3.7.5) 和引理 3.6, 应用引理 3.7 于方程 (3.7.15) 和 (3.7.17) 左边的函数, 即可得

$$\sigma_i<\sigma_i'<\nu_i,\quad i=1,\,2,\cdots,\,n-1.$$

综合以上结果, 即得如下不等式:

$$\omega_i<\sigma_i<\nu_i<\mu_i<\omega_{i+1}<\sigma_{i+1},\quad i=1,\,2,\cdots,\,n-1. \tag{3.7.18}$$

(5) 最后考虑两端固定梁. 由于固定端可以看成为由滑支或铰支端通过进一步加强约束而得到, 若记两端固定梁的频谱为 $\{\eta_i\}_1^{n-1}$, 则必有

$$\sigma_i<\nu_i<\mu_i<\eta_i,\quad i=1,\,2,\cdots,\,n-1.$$

需要说明的是, 理论和实际计算均表明, 两端固定梁与固定–自由梁的固有角频率 η_i 与 ω_{i+1} 之间的关系尚未确定. 这样, 综合以上的讨论最终得

$$(\eta_{i-1},\omega_i)<\sigma_i<\nu_i<\mu_i<(\eta_i,\omega_{i+1})<\sigma_{i+1},\quad i=1,\,2,\cdots,\,n-1. \tag{3.7.19}$$

此式完全确定了梁的左端保持为固定而其右端支承改变时, 各种梁的固有频率之间的相间关系.

3.7.3 一端铰支的各种梁的固有频率的相间性[19]

与 3.7.2 分节完全相类似, 可以讨论梁的左端保持为铰支, 而其右端分别为

反共振、铰支和固定这三种梁的固有频率的相间性.

从两端铰支梁出发, 记其关于 $\boldsymbol{M}_{\mathrm{pp}}$ 归一化的特征矩阵为 $\boldsymbol{U}=(u_{ji})$. 考查它的如下强迫振动方程:

$$\omega^2\boldsymbol{M}_{\mathrm{pp}}\boldsymbol{u}=\boldsymbol{A}_{\mathrm{pp}}\boldsymbol{u}+\boldsymbol{\tau}_n\boldsymbol{e}^{(n-1)}/l_n.$$

根据按固有振型展开的方法, 与 3.7.2 分节完全类似地可以得出

$$\boldsymbol{u}=\sum_{i=1}^{n-1}\boldsymbol{u}^{(i)}\frac{\theta_{ni}\,\tau_n}{\omega_i^2-\omega^2}. \tag{3.7.20}$$

上式用到了 $\theta_n=-u_{n-1}/l_n$, 与之相应的有

$$\theta_n=\sum_{i=1}^{n-1}\frac{\theta_{ni}^2\,\tau_n}{\omega_i^2-\omega^2}, \tag{3.7.21}$$

$$\phi_n=\sum_{i=1}^{n-1}\frac{\theta_{ni}\,\phi_{ni}\,\tau_n}{\omega_i^2-\omega^2}-\frac{\tau_n}{l_n}. \tag{3.7.22}$$

对于铰支–反共振梁, 其右端支承条件为 $u_n=0,\ \phi_{n+1}=0$, 则由右端点的平衡方程可知, ϕ_n 也为零. 这样, 式 (3.7.22) 给出铰支–反共振梁的频率方程为

$$\sum_{i=1}^{n-1}\frac{\theta_{ni}\,\phi_{ni}}{\omega_i^2-\omega^2}=\frac{1}{l_n}. \tag{3.7.23}$$

前已证明, 简支梁的固有角频率 $\{\omega_i\}_1^{n-1}$ 是正的和单的, 且有 $\theta_{ni}\,\phi_{ni}>0$ $(i=1,\ 2,\cdots,\ n-1)$(参见式 (3.6.6)). 于是由引理 3.6 再次证明, 铰支–反共振梁的固有角频率 $\{\xi_i\}_1^{n-1}$ 满足不等式

$$\omega_i<\xi_{i+1}<\omega_{i+1},\quad i=1,\ 2,\cdots,\ n-2. \tag{3.7.24}$$

至于 ξ_1, 注意到式 (3.6.7) 以及式 (3.7.23) 左端函数在 $(0,\ \omega_1)$ 内的单调性, 即有 $0<\xi_1<\omega_1$.

再看铰支–固定梁, 其固有角频率仍记为 $\{\mu_i\}_1^{n-1}$. 由于其右端支承条件是 $u_n=0,\ \theta_{n+1}=0,\ \tau_n=-k_n\theta_n$, 则由式 (3.7.21) 给出它的频率方程是

$$\sum_{i=1}^{n-1}\frac{\theta_{ni}^2}{\omega_i^2-\omega^2}=-\frac{1}{k_n}. \tag{3.7.25}$$

由引理 3.6 并注意到此式等号左边函数在 $(\omega_{n-1},+\infty)$ 内的单调性, 又可以得到

$$\omega_i<\mu_i<\omega_{i+1}<\mu_{i+1},\quad i=1,\ 2,\cdots,\ n-2. \tag{3.7.26}$$

为确定 $\{\xi_i\}_1^{n-1}$ 与 $\{\mu_i\}_1^{n-1}$ 的相间性, 也就是 ξ_{i+1} 与 μ_i $(i=1,\ 2,\cdots,\ n-2)$ 的关系, 设 $\boldsymbol{v}^{(j)}$ $(j=1,\ 2,\cdots,\ n-1)$ 是铰支–反共振梁的振型. 考查方程

$$\nu^2\boldsymbol{M}_{\rm pp}\boldsymbol{v}=\boldsymbol{C}'\boldsymbol{v}-\widetilde{\varphi}_n\boldsymbol{e}^{(n-1)},$$

式中 $\boldsymbol{C}'$ 是铰支–反共振梁的刚度矩阵, $\widetilde{\varphi}_n$ 是加在梁的右端的剪力. 与 3.7.2 分节完全同样地处理, 可得上述方程的任意解为

$$\boldsymbol{v}=\sum_{j=1}^{n-1}\frac{\widetilde{\varphi}_n v_{n-1}^{(j)}}{\xi_j^2-\nu^2}\boldsymbol{v}^{(j)},$$

与之相应的有

$$\widetilde{\boldsymbol{\theta}}=\sum_{j=1}^{n-1}\frac{\widetilde{\varphi}_n v_{n-1}^{(j)}}{\xi_j^2-\nu^2}\widetilde{\boldsymbol{\theta}}^{(j)},\quad \widetilde{\boldsymbol{\tau}}=\sum_{j=1}^{n-1}\frac{\widetilde{\varphi}_n v_{n-1}^{(j)}}{\xi_j^2-\nu^2}\widetilde{\boldsymbol{\tau}}^{(j)}.$$

对铰支–反共振梁, 因 $\widetilde{\theta}_{n+1}=0$, 故

$$\widetilde{\tau}_n=-k_n\widetilde{\theta}_n=-\sum_{j=1}^{n-1}\frac{v_{n-1}^{(j)}\widetilde{\theta}_n^{(j)}}{\xi_j^2-\nu^2}k_n\widetilde{\varphi}_n.$$

另一方面,

$$\widetilde{\tau}_n=\widetilde{\tau}_{n-1}-l_n\widetilde{\varphi}_n=\widetilde{\varphi}_n\left(\sum_{j=1}^{n-1}\frac{v_{n-1}^{(j)}\widetilde{\tau}_{n-1}^{(j)}}{\xi_j^2-\nu^2}-l_n\right).$$

将上述两式联立, 即得铰支–固定梁的又一频率方程

$$\sum_{j=1}^{n-1}\frac{v_{n-1}^{(j)}[k_n\widetilde{\theta}_n^{(j)}+\widetilde{\tau}_{n-1}^{(j)}]}{\xi_j^2-\nu^2}=l_n. \tag{3.7.27}$$

而由式 (3.7.20) 和 (3.7.21), 可以得到

$$\begin{cases} v_{n-1}^{(j)}=u_{n-1}|_{\omega=\xi_j}=-l_n\tau_n\displaystyle\sum_{i=1}^{n-1}\frac{(\theta_n^{(i)})^2}{\omega_i^2-\xi_j^2}, \\ \widetilde{\theta}_n^{(j)}=\theta_n|_{\omega=\xi_j}=\tau_n\displaystyle\sum_{i=1}^{n-1}\frac{(\theta_n^{(i)})^2}{\omega_i^2-\xi_j^2}, \\ \widetilde{\tau}_{n-1}^{(j)}=\tau_{n-1}|_{\omega=\xi_j}=\tau_n,\qquad \widetilde{\varphi}_n=0, \end{cases}\qquad j=1,\ 2,\cdots,\ n-1.$$

记

$$P_j=\left[\sum_{i=1}^{n-1}\frac{(\theta_n^{(i)})^2}{\omega_i^2-\xi_j^2}\right]\left[\sum_{i=1}^{n-1}\frac{(\theta_n^{(i)})^2}{\omega_i^2-\xi_j^2}+\frac{1}{k_n}\right]\tau_n^2,\quad j=1,\ 2,\cdots,\ n-1.$$

式 (3.7.27) 成为

$$\sum_{j=1}^{n-1}\frac{P_j}{\xi_j^2-\nu^2}=-\frac{1}{k_n}. \tag{3.7.28}$$

现在来具体讨论 $\{\xi_i\}_1^{n-1}$ 与 $\{\mu_i\}_1^{n-1}$ 的相间性. 首先, $P_j\neq 0\ (j=1,2,\cdots,n-1)$, 否则式 (3.7.27) 的根将少于 $n-1$ 个, 与前文矛盾. 据此, $\xi_j\neq s''_{j-1}$, $\xi_j\neq\mu_{j-1}$. 而 $\{s''_j\}_1^{n-1}$ 是方程

$$\sum_{i=1}^{n-1}\frac{(\theta_n^{(i)})^2}{\omega_i^2-\omega^2}=0$$

的根. 其次, 注意到 $P_1>0$, 我们分三种情况考查 ξ_2 与 μ_1 的相对位置:

(1) $\omega_1<\xi_2<\mu_1$. 此时 $P_2>0$, 方程 (3.7.28) 在 (ξ_1,ξ_2) 内至少应有一个根 μ_1. 这与 $\mu_1>\xi_2$ 矛盾.

(2) $\mu_1<\xi_2<s''_1$. 此时 $P_2<0$, 方程 (3.7.28) 在 (ξ_1,ξ_2) 内无根或有偶数个根. 这与 $\mu_1<\xi_2$, 而 $\mu_2>s''_1>\xi_2$ 矛盾.

(3) $s''_1<\xi_2<\omega_2$. 此时 $P_2>0$, 方程 (3.7.28) 在 (ξ_1,ξ_2) 内至少应有一个根. 注意到式 (3.7.26) 即有: $\omega_1<\mu_1<s''_1<\xi_2<\omega_2$.

依此类推, 可以证明总有: $P_j>0\ (j=2,\ 3,\cdots,\ n-1)$, 以及左端铰支, 右端分别为反共振、铰支和固定这三种梁的固有角频率的如下相间关系:

$$0<\xi_1<\omega_1<\mu_1<\xi_2<\omega_2<\cdots<\omega_{n-2}<\mu_{n-2}<\xi_{n-1}<\omega_{n-1}<\mu_{n-1}. \tag{3.7.29}$$

关于简支梁的强迫共振现象的讨论这里从略.

3.7.4 由三组频谱构造梁的差分离散系统

基于 3.7.2 与 3.7.3 分节所建立的各种不同支承方式梁的固有角频率的相间性, Gladwell 在参考文献 [4]、何北昌等在参考文献 [12]、王其申等在参考文献 [19] 中分别讨论了由三组不同支承方式的梁的频谱构造梁的差分离散系统这一振动反问题. 即

(1) 由固定–自由梁的频谱 $\{\omega_i\}_1^n$ 和固定–滑支、固定–铰支及固定–反共振梁的三组频谱 $\{\sigma_i\}_1^n$, $\{\mu_i,\ \nu_i\}_1^{n-1}$ 中的任意两组, 利用块 Lanczos 算法, 即可构造左端固定梁的差分离散系统[4,12].

(2) 由左端铰支, 右端分别为反共振、铰支和固定这三种梁的频谱 $\{\xi_i,\ \omega_i,\ \mu_i\}_1^{n-1}$, 利用块 Lanczos 算法, 同样可以构造左端铰支梁的差分离散系统[19].

3.8 梁的其他离散系统模态的定性性质

以上讨论都是基于我们在本章 3.1 节给出的弹簧–质点–刚杆离散模型. 以下讨论梁的两种其他形式的离散系统模态的振荡性质.

3.8.1 无质量弹性梁–质点系统的模态的定性性质

我们在第一章 1.3.5 分节中曾给出如图 3.5 所示的梁的另外一种形式的离散系统, 并将其称为无质量弹性梁–质点系统. 这种系统的固有频率和振型矢量满足如下矩阵方程

$$\boldsymbol{u} = \lambda \boldsymbol{R}\boldsymbol{M}\boldsymbol{u}, \tag{3.8.1}$$

其中 $\boldsymbol{u} = (u_0, u_1, \cdots, u_n)^{\mathrm{T}}$ 是位移振型, $\boldsymbol{R} = (r_{ij})_{(n+1)\times(n+1)}$ ($i,\ j = 0,\ 1,\ \cdots,\ n$) 是系统的柔度矩阵, 系统的质量矩阵 $\boldsymbol{M}$ 则是对角矩阵, 即 $\boldsymbol{M} = \mathrm{diag}(m_0, m_1, \cdots, m_n)$.

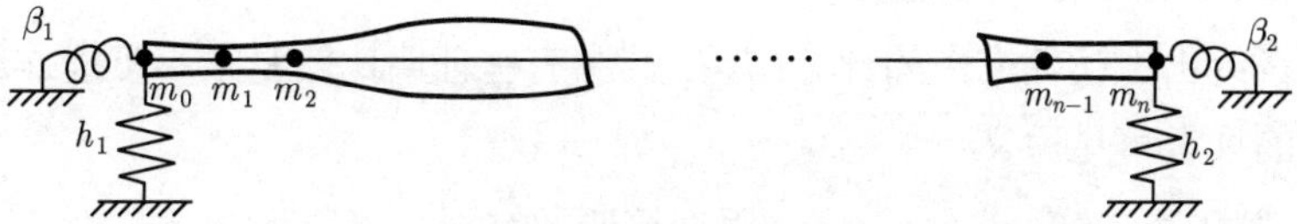

图 3.5 无质量弹性梁–质点系统示意图

对于这种系统模态的定性性质, 根据第五章将要证明的定理 5.9, 静定、超静定梁的 Green 函数 $G(x,s)$ 属于振荡核; 再由附录 A.7 节所介绍的振荡核的充要条件, 即可证方程 (3.8.1) 中的柔度矩阵 $\boldsymbol{R}$ 属于振荡矩阵; 再将 $\boldsymbol{R}$ 乘以该系统的质量矩阵 $\boldsymbol{M}$ 即为方程 (3.8.1) 的系数矩阵 $\boldsymbol{RM}$, 它仍为振荡矩阵. 这样, 图 3.5 所示的无质量弹性梁–质点系统的固有频率和振型也具有振动的振荡性质.

3.8.2 具有集中质量矩阵的梁的有限元离散系统振动的定性性质[52,53,56,115]

梁的有限元离散系统在工程中使用广泛, 因而它的振动的定性性质倍受关注.

二结点三次 Hermite 插值的位移型单元与弯矩 (内力) 线性插值的混合型单元是工程中最常见的. 一般情况下, 二结点梁单元的离散系统的总体刚度矩阵是七对角矩阵. 沿用矩阵分解的方法来判断该总体刚度矩阵是否为符号振荡

矩阵是很困难的. Gladwell[9] 在 1991 年使用巧妙的方法, 仍用矩阵分解法证明了当单元抗弯刚度为常数时, 系统的刚度矩阵是符号振荡矩阵.

不过, 利用这种有限元离散系统与 3.8.1 分节中的无质量弹性梁–质点系统等同的性质, 可以容易得到该系统的柔度矩阵是振荡矩阵的答案.

考虑第一章中图 1.12 所示的梁的有限元离散系统, 并规定单元内的位移是梁的坐标的三次函数. 此梁是图 3.5 所示无质量弹性梁–质点系统的一种特殊情形, 即两相邻质点间梁是等截面的. 这种梁当只在质点处受到集中力作用时, 每个等截面段的位移也是梁的坐标的三次函数, 因此这两种系统的柔度矩阵是相同的. 由此, 可以得到下述定理.

定理 3.4 由势能原理构造的三次 Hermite 插值位移单元, 如果每个梁单元是等截面单元, 则此梁的有限元离散系统的正系统的柔度矩阵是振荡矩阵. 从而, 此系统如果采用集中质量矩阵, 则具有振动的振荡性质.

郑子君、陈璞和王大钧于 2012 年和 2013 年发表了一组论文[52,53,56], 在有关梁的有限元离散系统的柔度矩阵的性质, 以及振荡矩阵、振荡核的一般理论方面, 取得了几项重要的进展.

现在给出上述论文中的部分结论, 其中有些证明比较复杂不可能详细介绍. 有兴趣的读者可见原文.

(1) 关于由 Hellinger-Reissner 原理构造的有限元离散系统. 这种离散系统也是工程中常用的, 它以单元内弯矩 (内力) 为线性分布导出单元柔度矩阵. 而对于无质量弹性梁–质点系统在质点处受到集中力作用时, 不论截面抗弯刚度如何分布, 梁在两质点间的弯矩分布都是线性的. 所以这两种离散系统的柔度矩阵是相同的. 此结论可表为下述定理.

定理 3.5 由 Hellinger-Reissner 原理构造的梁的有限元离散系统的正系统, 不论梁的抗弯刚度如何, 其柔度矩阵都是振荡矩阵, 从而此系统如采用集中质量矩阵, 则具有振动的振荡性质.

(2) 关于由势能原理构造的单元位移三次 Hermite 插值的有限元离散系统. 前面已讨论了当梁的抗弯刚度在单元内为常数时, 这种系统的柔度矩阵是振荡矩阵. 对于变截面梁, 显然问题变得复杂了. 郑子君等的论文[52,53] 用两种方法证明了下述很有吸引力的定理.

定理 3.6 由势能原理构造的单元位移三次插值的梁的有限元离散系统, 其正系统的柔度矩阵是振荡矩阵, 如果每个单元的抗弯刚度分布满足

$$\int_0^1 EJ(\xi)(9\xi^2-9\xi+2)\mathrm{d}\xi=\int_0^1 EJ(\xi)(3\xi-1)(3\xi-2)\mathrm{d}\xi>0. \tag{3.8.2}$$

这个定理给出了这类系统的柔度矩阵是振荡矩阵的充分条件. 这个条件是很宽松的. 式 (3.8.2) 中的权函数 $w(\xi)=9\xi^2-9\xi+2$ 如图 3.6 所示. 实际梁的抗弯刚度分布一般都会满足 (3.8.2) 式.

(3) 用梁的局部静变形性质统一导出了多种梁离散模型的振动振荡性质.

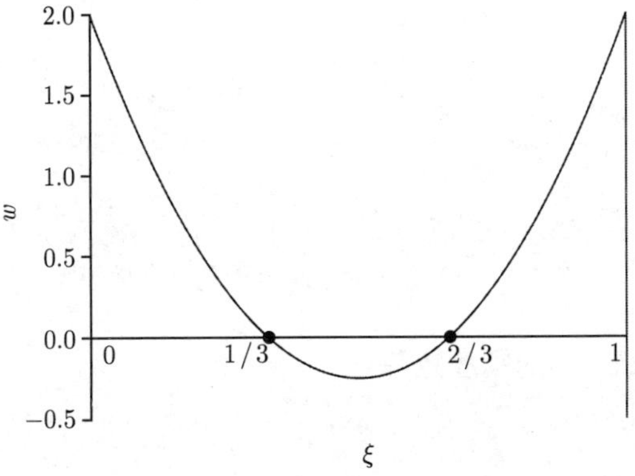

图 3.6 定理 3.6 中的权函数

虽然式 (3.8.2) 不是必要条件, 但不满足此条件的梁的离散系统可能不具有振动的振荡性质, 郑子君等的论文[52,115] 给出了算例.

3.9 任意支承多跨梁振动模态的定性性质

3.9.1 两端任意支承多跨梁的差分离散模型

对于长为 l, 线密度为 $\rho(x)$, 截面抗弯刚度为 $EJ(x)$ 的梁, 其在一般支承条件 (3.1.2) 和 (3.1.3) 下作横向振动时, 采用二阶中心差分公式, 我们已在本章 3.1 节中将其离散化为两端任意支承的单跨梁的差分离散模型, 如图 3.1 所示. 图中的参数 m_r 和 k_r $(r=0,\ 1,\cdots,\ n)$ 分别表示质点质量、控制同一质点两侧刚杆相对转角的旋转弹簧刚度; l_r $(r=1,\ 2,\cdots,\ n)$ 是无重刚杆长度; 方程组中的 u_r $(r=0,\ 1,\cdots,\ n)$ 则是第 r 个质点的横向线位移.

现在考查在梁的跨度中的 $(0<)\ x_{c_1}<x_{c_2}<\cdots<x_{c_p}(<l)$ 点处梁有中间铰支座, 即

$$u(x_{c_k})=0,\quad k=1,2,\cdots,p \tag{3.9.1}$$

的情况. 这时, 补充取 p 个支承点为差分点:

$$\begin{aligned}0=x_0<x_1<\cdots<x_{r_1-1}<x_{r_1}(=x_{c_1})<x_{r_1+1}<\cdots<x_{r_p}(=x_{c_p})\\<x_{r_p+1}<\cdots<x_n=l,\end{aligned}$$

其相应的物理模型如图 3.7 所示. 以下称图 3.1 所示模型为系统 S, 称图 3.7 所示模型为与 S 相应的系统 S^*. 图中各参数的意义如前.

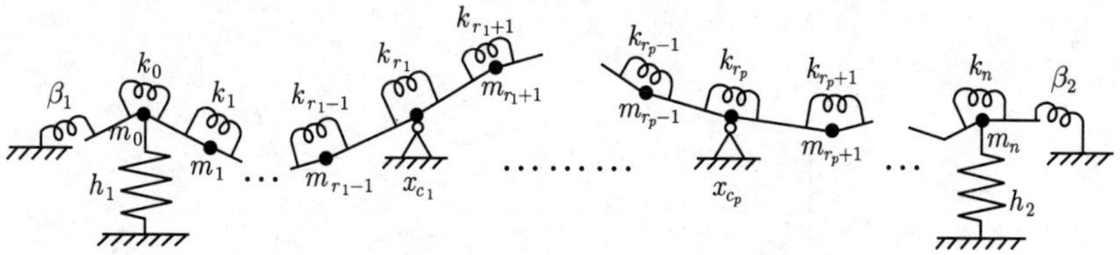

图 3.7 任意支承多跨梁的差分离散模型

3.9.2 多跨梁系统 S^* 的刚度矩阵

若记

$$\lambda=\omega^2,\quad u_r=u(x_r).$$

本章 3.1 节已经证明, 上述系统 S 的模态方程组是

$$\begin{cases}\lambda m_0u_0=a_0u_0-b_1u_1+c_1u_2+h_1u_0,\\ \lambda m_1u_1=-b_1u_0+a_1u_1-b_2u_2+c_2u_3,\\ \lambda m_ru_r=c_{r-1}u_{r-2}-b_ru_{r-1}+a_ru_r-b_{r+1}u_{r+1}+c_{r+1}u_{r+2},\quad r=2,3,\cdots,n-2,\\ \lambda m_{n-1}u_{n-1}=c_{n-2}u_{n-3}-b_{n-1}u_{n-2}+a_{n-1}u_{n-1}-b_nu_n,\\ \lambda m_nu_n=c_{n-1}u_{n-2}-b_nu_{n-1}+a_nu_n+h_2u_n.\end{cases} \tag{3.9.2}$$

式中

$$\begin{cases}a_0=\dfrac{k_0^*+k_1}{l_1^2},\quad a_1=\dfrac{k_0^*}{l_1^2}+\left(\dfrac{1}{l_1}+\dfrac{1}{l_2}\right)^2k_1+\dfrac{k_2}{l_2^2},\\ a_r=\dfrac{k_{r-1}}{l_r^2}+\left(\dfrac{1}{l_r}+\dfrac{1}{l_{r+1}}\right)^2k_r+\dfrac{k_{r+1}}{l_{r+1}^2},\qquad r=2,3,\cdots,n-2,\\ a_{n-1}=\dfrac{k_{n-2}}{l_{n-1}^2}+\left(\dfrac{1}{l_{n-1}}+\dfrac{1}{l_n}\right)^2k_{n-1}+\dfrac{k_n^*}{l_n^2},\\ a_n=\dfrac{k_n^*+k_{n-1}}{l_n^2}.\end{cases} \tag{3.9.3}$$

$$
\begin{cases}
b_1 = \dfrac{k_0^*}{l_1^2} + \dfrac{k_1}{l_1}\left(\dfrac{1}{l_1} + \dfrac{1}{l_2}\right) \\
b_r = \dfrac{k_{r-1}}{l_r}\left(\dfrac{1}{l_{r-1}} + \dfrac{1}{l_r}\right) + \dfrac{k_r}{l_r}\left(\dfrac{1}{l_r} + \dfrac{1}{l_{r+1}}\right), \quad r = 2, 3, \cdots, n-1, \\
b_n = \dfrac{k_{n-1}}{l_n}\left(\dfrac{1}{l_{n-1}} + \dfrac{1}{l_n}\right) + \dfrac{k_n^*}{l_n^2};
\end{cases} \tag{3.9.4}
$$

$$
c_r = \frac{k_r}{l_r l_{r+1}}, \quad r = 1, 2, \cdots, n-1. \tag{3.9.5}
$$

又

$$
k_0^* = \frac{k_0}{1+2s_0/\beta_1 l_1}, \quad k_n^* = \frac{k_n}{1+2s_n/\beta_2 l_n}.
$$

显然, 由图 3.7 所示模型的系统 S^* 与系统 S 的模态方程组不同之处仅在于其中间支座两侧紧邻的质点的模态方程. 事实上, 由图 3.7, 由于位于 $x_{c_k}(k = 1, 2, \cdots, p)$ 处的质点处在静止状态, 因此与之相应的模态方程退化为平衡方程, 不再出现在模态方程组中. 因而在与它紧邻的质点的模态方程中, 与其相应的振型分量应该用零代替. 这样系统 S^* 的模态方程组即是

$$
\begin{cases}
\lambda m_0 u_0 = a_0 u_0 - b_1 u_1 + c_1 u_2 + h_1 u_0, \\
\lambda m_1 u_1 = -b_1 u_0 + a_1 u_1 - b_2 u_2 + c_2 u_3, \\
\lambda m_r u_r = c_{r-1} u_{r-2} - b_r u_{r-1} + a_r u_r - b_{r+1} u_{r+1} + c_{r+1} u_{r+2} \\
\qquad (r = 2, 3, \cdots, r_1 - 3; r_1 + 3, \cdots, r_2 - 3; \cdots; r_p + 3, \cdots, n-2), \\
\lambda m_{r_k-2} u_{r_k-2} = c_{r_k-3} u_{r_k-4} - b_{r_k-2} u_{r_k-3} + a_{r_k-2} u_{r_k-2} - b_{r_k-1} u_{r_k-1}, \\
\lambda m_{r_k-1} u_{r_k-1} = c_{r_k-2} u_{r_k-3} - b_{r_k-1} u_{r_k-2} + a_{r_k-1} u_{r_k-1} + c_{r_k} u_{r_k+1}, \\
\lambda m_{r_k+1} u_{r_k+1} = c_{r_k} u_{r_k-1} + a_{r_k+1} u_{r_k+1} - b_{r_k+2} u_{r_k+2} + c_{r_k+2} u_{r_k+3}, \\
\lambda m_{r_k+2} u_{r_k+2} = -b_{r_k+2} u_{r_k+1} + a_{r_k+2} u_{r_k+2} - b_{r_k+3} u_{r_k+3} + c_{r_k+3} u_{r_k+4} \\
\qquad (k = 1, 2, \cdots, p), \\
\lambda m_{n-1} u_{n-1} = c_{n-2} u_{n-3} - b_{n-1} u_{n-2} + a_{n-1} u_{n-1} - b_n u_n, \\
\lambda m_n u_n = c_{n-1} u_{n-2} - b_n u_{n-1} + a_n u_n + h_2 u_n.
\end{cases} \tag{3.9.6}
$$

它还可以写成矢量形式:

$$
\lambda \boldsymbol{M} \boldsymbol{u} = \boldsymbol{A}_p \boldsymbol{u}, \tag{3.9.7}
$$

式中

$$
\boldsymbol{u} = (u_0, u_1, \cdots, u_{r_1-1}, u_{r_1+1}, u_{r_1+2}, \cdots, u_{r_p-1}, u_{r_p+1}, u_{r_p+2}, \cdots, u_n)^{\mathrm{T}}
$$

为系统 S^* 的振型矢量, 系统的质量矩阵为

$$\boldsymbol{M} = \mathrm{diag}(m_0, m_1, \cdots, m_{r_1-1}, m_{r_1+1}, \cdots, m_{r_p-1}, m_{r_p+1} \cdots, m_n),$$

刚度矩阵 $\boldsymbol{A}_p$ 则是分块三对角矩阵:

$$\boldsymbol{A}_p = \begin{bmatrix} \boldsymbol{A}_{11} & \boldsymbol{A}_{12} & \boldsymbol{0} & \cdots & \boldsymbol{0} & \boldsymbol{0} & \boldsymbol{0} \\ \boldsymbol{A}_{21} & \boldsymbol{A}_{22} & \boldsymbol{A}_{23} & \cdots & \boldsymbol{0} & \boldsymbol{0} & \boldsymbol{0} \\ \boldsymbol{0} & \boldsymbol{A}_{32} & \boldsymbol{A}_{33} & \cdots & \boldsymbol{0} & \boldsymbol{0} & \boldsymbol{0} \\ \vdots & \vdots & \vdots & & \vdots & \vdots & \vdots \\ \boldsymbol{0} & \boldsymbol{0} & \boldsymbol{0} & \cdots & \boldsymbol{A}_{p-1,p-1} & \boldsymbol{A}_{p-1,p} & \boldsymbol{0} \\ \boldsymbol{0} & \boldsymbol{0} & \boldsymbol{0} & \cdots & \boldsymbol{A}_{p,p-1} & \boldsymbol{A}_{pp} & \boldsymbol{A}_{p,p+1} \\ \boldsymbol{0} & \boldsymbol{0} & \boldsymbol{0} & \cdots & \boldsymbol{0} & \boldsymbol{A}_{p+1,p} & \boldsymbol{A}_{p+1,p+1} \end{bmatrix}, \tag{3.9.8}$$

其中, $\boldsymbol{0}$ 表示其矩阵的元全为零的子矩阵, 而

$$\boldsymbol{A}_{11} = \begin{bmatrix} a_0+h_1 & -b_1 & c_1 & & & & \\ -b_1 & a_1 & -b_2 & c_2 & & 0 & \\ c_1 & -b_2 & a_2 & -b_3 & c_3 & & \\ & \ddots & \ddots & \ddots & \ddots & \ddots & \\ & & c_{r_1-4} & -b_{r_1-3} & a_{r_1-3} & -b_{r_1-2} & c_{r_1-2} \\ & 0 & & c_{r_1-3} & -b_{r_1-2} & a_{r_1-2} & -b_{r_1-1} \\ & & & & c_{r_1-2} & -b_{r_1-1} & a_{r_1-1} \end{bmatrix},$$

$$\boldsymbol{A}_{ii} = \begin{bmatrix} a_{r_{i-1}+1} & -b_{r_{i-1}+2} & c_{r_{i-1}+2} & & & & \\ -b_{r_{i-1}+2} & a_{r_{i-1}+2} & -b_{r_{i-1}+3} & c_{r_{i-1}+3} & & 0 & \\ c_{r_{i-1}+2} & -b_{r_{i-1}+3} & a_{r_{i-1}+3} & -b_{r_{i-1}+4} & c_{r_{i-1}+4} & & \\ & \ddots & \ddots & \ddots & \ddots & \ddots & \\ & & c_{r_i-4} & -b_{r_i-3} & a_{r_i-3} & -b_{r_i-2} & c_{r_i-2} \\ & 0 & & c_{r_i-3} & -b_{r_i-2} & a_{r_i-2} & -b_{r_i-1} \\ & & & & c_{r_i-2} & -b_{r_i-1} & a_{r_i-1} \end{bmatrix},$$

$$i = 2, 3, \cdots, p,$$

$$\boldsymbol{A}_{p+1,p+1} = \begin{bmatrix} a_{r_p+1} & -b_{r_p+2} & c_{r_p+2} & & & & \\ -b_{r_p+2} & a_{r_p+2} & -b_{r_p+3} & c_{r_p+3} & & 0 & \\ c_{r_p+2} & -b_{r_p+3} & a_{r_p+3} & -b_{r_p+4} & c_{r_p+4} & & \\ & \ddots & \ddots & \ddots & \ddots & \ddots & \\ & & c_{n-3} & -b_{n-2} & a_{n-2} & -b_{n-1} & c_{n-1} \\ & 0 & & c_{n-2} & -b_{n-1} & a_{n-1} & -b_n \\ & & & & c_{n-1} & -b_n & a_n+h_2 \end{bmatrix},$$

$$\boldsymbol{A}_{i,i+1} = \boldsymbol{A}_{i+1,i}^{\mathrm{T}} = \begin{bmatrix} 0 & 0 & \cdots & 0 & 0 \\ 0 & 0 & \cdots & 0 & 0 \\ \vdots & \vdots & & \vdots & \vdots \\ 0 & 0 & \cdots & 0 & 0 \\ c_{r_i} & 0 & \cdots & 0 & 0 \end{bmatrix}_{t_i \times n_i}, \quad i = 1, 2, \cdots, p,$$

式中

$$t_1 = r_1, \quad t_i = r_i - r_{i-1} - 1 = n_{i-1}, \qquad i = 2, 3, \cdots, p,$$

$$n_p = n - r_p.$$

3.9.3 双跨梁系统刚度矩阵的符号振荡性

为了叙述方便, 我们先就只有一个中间支座, 即 $p=1$ 的情况来证明刚度矩阵的符号振荡性, 然后将其推广到多支座的情况.

记只有一个中间支座的双跨梁系统为 S_1^*. 在式 (3.9.8) 中令 $p=1$, 就给出了系统 S_1^* 的刚度矩阵:

$$\boldsymbol{A}_1 = \begin{bmatrix} \boldsymbol{A}_{11} & \boldsymbol{A}_{12} \\ \boldsymbol{A}_{21} & \boldsymbol{A}_{22} \end{bmatrix}.$$

显然矩阵 $\boldsymbol{A}_1$ 不是符号振荡矩阵, 因为按符号振荡矩阵的判定准则, 它的次对角元均应为负数, 而其位于第 r_1 行第 r_1+1 列和第 r_1+1 行第 r_1 列 (即 $\boldsymbol{A}_{12}$ 的左下角和 $\boldsymbol{A}_{21}$ 的右上角) 的元 c_{r_1} 皆是正数. 我们引入矢量

$$\bar{\boldsymbol{u}} = (u_0, u_1, \cdots, u_{r_1-1}, -u_{r_1+1}, -u_{r_1+2}, \cdots, -u_n)^{\mathrm{T}}, \tag{3.9.9}$$

那么模态方程 (3.9.7) 将转化为

$$\lambda \boldsymbol{M} \bar{\boldsymbol{u}} = \widetilde{\boldsymbol{A}}_1 \bar{\boldsymbol{u}}. \tag{3.9.10}$$

显然转换后的系统 (记为 $\widetilde{S}_1$) 的刚度矩阵 $\widetilde{\boldsymbol{A}}_1$ 与原系统刚度矩阵 $\boldsymbol{A}_1$ 有完全相同的形式, 其唯一变化就是原刚度矩阵 $\boldsymbol{A}_1$ 的第 r_1 行第 r_1+1 列和第 r_1+1 行第 r_1 列的 c_{r_1} 被 $-c_{r_1}$ 所代替. 依据符号振荡矩阵的判定准则 (参见附录 A.4.2 分节), 我们尚需证明以下两点:

(1) 与 $\widetilde{\boldsymbol{A}}_1 = (a_{ij})$ 相应的符号倒换矩阵 $\widetilde{\boldsymbol{A}}_1^* = ((-1)^{i+j} a_{ij})$ 是完全非负矩阵.

这是显然的. 事实上, 本章 3.2 节已证明, 与方程组 (3.9.2) 的系数矩阵

$$\boldsymbol{C} = (c_{ij})_{(n+1)\times(n+1)}$$

相应的符号倒换矩阵

$$C^* = ((-1)^{i+j}c_{ij})_{(n+1)\times(n+1)}$$

是完全非负矩阵. 而 $\widetilde{\boldsymbol{A}}_1^*$ 是由 $\boldsymbol{C}^*$ 划去第 r_1+1 行和第 r_1+1 列所得的子矩阵, $\widetilde{\boldsymbol{A}}_1^*$ 的子式都是 $\boldsymbol{C}^*$ 的子式, 所以 $\widetilde{\boldsymbol{A}}_1^*$ 是完全非负矩阵.

(2) $\widetilde{\boldsymbol{A}}_1$ 是非奇异的, 即

$$|\widetilde{\boldsymbol{A}}_1| = |\boldsymbol{A}_1| > 0.$$

事实上, 根据行列式按子式展开的 Laplace 定理, 有

$$\begin{aligned}
|\boldsymbol{A}_1| =& A_1\begin{pmatrix}1 & 2 & \cdots & r_1\\ 1 & 2 & \cdots & r_1\end{pmatrix}\cdot A_1\begin{pmatrix}r_1+1 & r_1+2 & \cdots & n\\ r_1+1 & r_1+2 & \cdots & n\end{pmatrix}\\
&- A_1\begin{pmatrix}1 & 2 & \cdots & r_1-1 & r_1\\ 1 & 2 & \cdots & r_1-1 & r_1+1\end{pmatrix}\cdot A_1\begin{pmatrix}r_1+1 & r_1+2 & \cdots & n\\ r_1 & r_1+2 & \cdots & n\end{pmatrix}\\
=& \left[A_1\begin{pmatrix}1 & 2 & \cdots & r_1\\ 1 & 2 & \cdots & r_1\end{pmatrix} - A_1\begin{pmatrix}1 & 2 & \cdots & r_1-1 & r_1\\ 1 & 2 & \cdots & r_1-1 & r_1+1\end{pmatrix}\right]\\
&\cdot A_1\begin{pmatrix}r_1+1 & r_1+2 & \cdots & n\\ r_1+1 & r_1+2 & \cdots & n\end{pmatrix} + A_1\begin{pmatrix}1 & 2 & \cdots & r_1-1 & r_1\\ 1 & 2 & \cdots & r_1-1 & r_1+1\end{pmatrix}\\
&\cdot\left[A_1\begin{pmatrix}r_1+1 & r_1+2 & \cdots & n\\ r_1+1 & r_1+2 & \cdots & n\end{pmatrix} - A_1\begin{pmatrix}r_1+1 & r_1+2 & \cdots & n\\ r_1 & r_1+2 & \cdots & n\end{pmatrix}\right].
\end{aligned}$$

注意到

$$A_1\begin{pmatrix}1 & 2 & \cdots & r_1\\ 1 & 2 & \cdots & r_1\end{pmatrix} \quad 与 \quad A_1\begin{pmatrix}1 & 2 & \cdots & r_1-1 & r_1\\ 1 & 2 & \cdots & r_1-1 & r_1+1\end{pmatrix}$$

只有最后一列不同, 而后者最后一列又只有右下角元素 c_{r_1} 非零, 这样由行列式按一列拆分的性质有

$$\begin{aligned}
|\boldsymbol{A}_{1c}| = A_1&\begin{pmatrix}1 & 2 & \cdots & r_1\\ 1 & 2 & \cdots & r_1\end{pmatrix}\\
&- A_1\begin{pmatrix}1 & 2 & \cdots & r_1-1 & r_1\\ 1 & 2 & \cdots & r_1-1 & r_1+1\end{pmatrix}
\end{aligned}$$

$$
= \begin{bmatrix}
a_0^* & -b_1 & c_1 & & & & & \\
-b_1 & a_1 & -b_2 & c_2 & & & 0 & \\
c_1 & -b_2 & a_2 & -b_3 & c_3 & & & \\
 & \ddots & \ddots & \ddots & \ddots & \ddots & & \\
 & & c_{r_1-4} & -b_{r_1-3} & a_{r_1-3} & -b_{r_1-2} & c_{r_1-2} & \\
 & 0 & & c_{r_1-3} & -b_{r_1-2} & a_{r_1-2} & -b_{r_1-1} & \\
 & & & & c_{r_1-2} & -b_{r_1-1} & a_{r_1-1}-c_{r_1} &
\end{bmatrix},
$$

其中 $a_0^* = a_0 + h_1$. 同理,

$$
|\boldsymbol{B}_{1c}| = A_1\begin{pmatrix} r_1+1 & r_1+2 & \cdots & n \\ r_1+1 & r_1+2 & \cdots & n \end{pmatrix} - A_1\begin{pmatrix} r_1+1 & r_1+2 & \cdots & n \\ r_1 & r_1+2 & \cdots & n \end{pmatrix}
$$

$$
= \begin{bmatrix}
a_{r_1+1}-c_{r_1} & -b_{r_1+2} & c_{r_1+2} & & & & \\
-b_{r_1+2} & a_{r_1+2} & -b_{r_1+3} & c_{r_1+3} & & 0 & \\
c_{r_1+2} & -b_{r_1+3} & a_{r_1+3} & -b_{r_1+4} & c_{r_1+4} & & \\
 & \ddots & \ddots & \ddots & \ddots & \ddots & \\
 & & c_{n-3} & -b_{n-2} & a_{n-2} & -b_{n-1} & c_{n-1} \\
 & 0 & & c_{n-2} & -b_{n-1} & a_{n-1} & -b_n \\
 & & & & c_{n-1} & -b_n & a_n^*
\end{bmatrix},
$$

其中 $a_n^* = a_n + h_2$. 因为

$$
a_{r_1-1} - c_{r_1} = \frac{k_{r_1-2}}{l_{r_1-1}^2} + \left(\frac{1}{l_{r_1-1}} + \frac{1}{l_{r_1}}\right)^2 k_{r_1-1} + \frac{k_{r_1}}{l_{r_1}^2} - \frac{k_{r_1}}{l_{r_1} l_{r_1+1}},
$$

$$
a_{r_1+1} - c_{r_1} = \frac{k_{r_1}}{l_{r_1+1}^2} + \left(\frac{1}{l_{r_1+1}} + \frac{1}{l_{r_1+2}}\right)^2 k_{r_1+1} + \frac{k_{r_1+2}}{l_{r_1+2}^2} - \frac{k_{r_1}}{l_{r_1} l_{r_1+1}},
$$

所以, 当 $l_{r_1} = l_{r_1+1}$ 时, $\boldsymbol{A}_{1c}$ 是左端任意支承右端铰支梁的刚度矩阵, $\boldsymbol{B}_{1c}$ 是左端铰支右端任意支承梁的刚度矩阵. 故当原梁左右两端有一端是固定、铰支或滑支端时, 必有 $|\boldsymbol{A}_{1c}|$ 和 $|\boldsymbol{B}_{1c}|$ 之一大于零. 又

$$
A_1\begin{pmatrix} 1 & 2 & \cdots & r_1-1 & r_1 \\ 1 & 2 & \cdots & r_1-1 & r_1+1 \end{pmatrix} = c_{r_1} A_1\begin{pmatrix} 1 & 2 & \cdots & r_1-1 \\ 1 & 2 & \cdots & r_1-1 \end{pmatrix} > 0,
$$

$$
A_1\begin{pmatrix} r_1+1 & r_1+2 & \cdots & n \\ r_1+1 & r_1+2 & \cdots & n \end{pmatrix} > 0.
$$

这是因为它们所对应的矩阵都是有一端为固定端的单跨梁的刚度矩阵. 于是, 对实际的梁的差分模型, l_{r_1} 与 l_{r_1+1} 相等这一条件可以满足, 因此得出

$$|\boldsymbol{A}_1| = |\boldsymbol{A}_{1c}| \cdot A_1\begin{pmatrix} r_1+1 & r_1+2 & \cdots & n \\ r_1+1 & r_1+2 & \cdots & n \end{pmatrix} + A_1\begin{pmatrix} 1 & 2 & \cdots & r_1-1 & r_1 \\ 1 & 2 & \cdots & r_1-1 & r_1+1 \end{pmatrix} \cdot |\boldsymbol{B}_{1c}| > 0.$$

综合以上讨论, 我们证明了当中间支座两侧的差分步长相等, 原梁左右两端至少有一端是固定、铰支或滑支端, 并具有一个中间支座时, 梁的差分离散系统的刚度矩阵所对应的转换矩阵 $\widetilde{\boldsymbol{A}}_1$ 是符号振荡矩阵.

3.9.4　任意支承多跨梁离散系统刚度矩阵的符号振荡性

为了阐明任意支承多跨梁差分离散系统刚度矩阵的符号振荡性, 考虑到上一段的结果与梁的两端支承条件有关, 因此我们仍需对具有两个中间支座即三跨梁的情况加以讨论, 记该系统为 S_2^*. 由 3.9.2 分节, 三跨梁的刚度矩阵是

$$\boldsymbol{A}_2 = \begin{bmatrix} \boldsymbol{A}_{11} & \boldsymbol{A}_{12} & \boldsymbol{0} \\ \boldsymbol{A}_{21} & \boldsymbol{A}_{22} & \boldsymbol{A}_{23} \\ \boldsymbol{0} & \boldsymbol{A}_{32} & \boldsymbol{A}_{33} \end{bmatrix}. \tag{3.9.11}$$

与上一分节类似, 通过引入矢量

$$\widetilde{\boldsymbol{u}} = (u_0, u_1, \cdots, u_{r_1-1}, -u_{r_1+1}, -u_{r_1+2}, \cdots, -u_{r_2-1}, u_{r_2+1}, u_{r_2+2}, \cdots, u_n)^{\mathrm{T}}, \tag{3.9.12}$$

那么模态方程 (3.9.7) 将转化为

$$\lambda \boldsymbol{M}\widetilde{\boldsymbol{u}} = \widetilde{\boldsymbol{A}}_2\widetilde{\boldsymbol{u}}. \tag{3.9.13}$$

式中经转换后的系统的刚度矩阵 $\widetilde{\boldsymbol{A}}_2$ 与原刚度矩阵 $\boldsymbol{A}_2$ 同样有完全相同的形式, 其唯一变化就是刚度矩阵 $\boldsymbol{A}_2$ 的第 r_1 和 r_1+1 行 (即 $\boldsymbol{A}_{12}$ 的左下角和 $\boldsymbol{A}_{21}$ 的右上角) 的 c_{r_1} 被 $-c_{r_1}$ 所代替, 第 r_2-1 和 r_2 行 (即 $\boldsymbol{A}_{23}$ 的左下角和 $\boldsymbol{A}_{32}$ 的右上角) 的 c_{r_2} 被 $-c_{r_2}$ 所代替. 矩阵 $\widetilde{\boldsymbol{A}}_2$ 所对应的符号倒换矩阵 $\widetilde{\boldsymbol{A}}_2^*$ 仍然是由符号倒换矩阵 $\boldsymbol{C}^*$ 划去第 r_1+1 行第 r_1+1 列和第 r_2+1 行第 r_2+1 列所得的子矩阵, 因而也是完全非负矩阵. 又, 与 3.9.3 分节类似, 有

$$|\widetilde{\boldsymbol{A}}_2| = |\boldsymbol{A}_2| = A_2\begin{pmatrix} 1 & 2 & \cdots & r_1 \\ 1 & 2 & \cdots & r_1 \end{pmatrix} \cdot A_2\begin{pmatrix} r_1+1 & r_1+2 & \cdots & n-1 \\ r_1+1 & r_1+2 & \cdots & n-1 \end{pmatrix}$$

$$-A_2\begin{pmatrix}1 & 2 & \cdots & r-1_1 & r_1\\ 1 & 2 & \cdots & r_1-1 & r_1+1\end{pmatrix}\cdot A_2\begin{pmatrix}r_1+1 & r_1+2 & \cdots & n-1\\ r_1 & r_1+2 & \cdots & n-1\end{pmatrix}$$
$$=|\boldsymbol{A}_{2c}|\cdot A_2\begin{pmatrix}r_1+1 & r_1+2 & \cdots & n-1\\ r_1+1 & r_1+2 & \cdots & n-1\end{pmatrix}$$
$$+A_2\begin{pmatrix}1 & 2 & \cdots & r_1-1 & r_1\\ 1 & 2 & \cdots & r_1-1 & r_1+1\end{pmatrix}\cdot|\boldsymbol{B}_{2c}|,$$

其中

$$|\boldsymbol{A}_{2c}|=A_2\begin{pmatrix}1 & 2 & \cdots & r_1\\ 1 & 2 & \cdots & r_1\end{pmatrix}-A_2\begin{pmatrix}1 & 2 & \cdots & r_1-1 & r_1\\ 1 & 2 & \cdots & r_1-1 & r_1+1\end{pmatrix}\geqslant 0,$$

$$|\boldsymbol{B}_{2c}|=A_2\begin{pmatrix}r_1+1 & r_1+2 & \cdots & n-1\\ r_1+1 & r_1+2 & \cdots & n-1\end{pmatrix}-A_2\begin{pmatrix}r_1+1 & r_1+2 & \cdots & n-1\\ r_1 & r_1+2 & \cdots & n-1\end{pmatrix}>0.$$

这是因为在 $l_{r_1}=l_{r_1+1}$ 时相应矩阵 $\boldsymbol{A}_{2c}$ 是左端任意支承 (包括自由) 右端铰支的单跨梁的刚度矩阵, 而 $\boldsymbol{B}_{2c}$ 是左端铰支右端任意支承, 并在第 r_2 个质点处存在中间铰支座的双跨梁的刚度矩阵. 又与 3.9.3 分节同样的理由, 有

$$A_2\begin{pmatrix}1 & 2 & \cdots & r_1-1 & r_1\\ 1 & 2 & \cdots & r_1-1 & r_1+1\end{pmatrix}=c_{r_1}A_2\begin{pmatrix}1 & 2 & \cdots & r_1-1\\ 1 & 2 & \cdots & r_1-1\end{pmatrix}>0.$$

于是只要 l_{r_1} 与 l_{r_1+1}, l_{r_2} 与 l_{r_2+1} 分别相等时总有

$$|\widetilde{\boldsymbol{A}}_2|=|\boldsymbol{A}_2|>0.$$

这就证明了 $\widetilde{\boldsymbol{A}}_2$ 是符号振荡矩阵.

以上处理两跨和三跨梁的方法还可推广到两端任意支承的多跨梁. 若记具有 $p\ (p>2)$ 个中间支座的多跨梁系统为 S_p^*, 相应的转换系统 $\widetilde{S}_p$ 的位移分量为

$$\widetilde{u}_r=\varepsilon_k u_r, \tag{3.9.14}$$

式 (3.9.14) 中下角标分别为: $r=r_{k-1}+1, r_{k-1}+2,\cdots,r_k-1; k=1,2,\cdots,p+1$; $r_0=-1, r_{p+1}-1=n$; 而 ε_k 为符号表示, 即

$$\varepsilon_k=(-1)^{k-1},\qquad k=1,2,\cdots,p+1.$$

当以矢量

$$\widetilde{\boldsymbol{u}}=(\widetilde{u}_0,\widetilde{u}_1,\cdots,\widetilde{u}_{r_1-1},\widetilde{u}_{r_1+1},\widetilde{u}_{r_1+2},\cdots,\widetilde{u}_{r_2-1},\widetilde{u}_{r_2+1},\cdots,$$
$$\widetilde{u}_{r_p-1},\widetilde{u}_{r_p+1},\widetilde{u}_{r_p+2},\cdots,\widetilde{u}_n)^{\mathrm{T}}$$

代替矢量

$$\begin{aligned}\boldsymbol{u}=&(u_0,u_1,\cdots,u_{r_1-1},u_{r_1+1},u_{r_1+2},\cdots,u_{r_2-1},u_{r_2+1},\cdots,\\&u_{r_p-1},u_{r_p+1},u_{r_p+2},\cdots,u_n)^{\mathrm{T}},\end{aligned}$$

所得的数学系统记为 $\widetilde{S}_p$, 那么采用数学归纳法可以证明, 与系统 $\widetilde{S}_p$ 相应的刚度矩阵 $\widetilde{\boldsymbol{A}}_p$ 是符号振荡矩阵.

事实上, 按照归纳法, 假设 $\widetilde{S}_{p-1}$ 相应的刚度矩阵 $\widetilde{\boldsymbol{A}}_{p-1}$ 是符号振荡矩阵. 在此假设下, 只要以 $\boldsymbol{A}_p$ 代替 $\boldsymbol{A}_2$, $\widetilde{\boldsymbol{A}}_p$ 代替 $\widetilde{\boldsymbol{A}}_2$, 则几乎可以逐字逐句照抄关于 $\widetilde{\boldsymbol{A}}_2$ 的符号振荡性的证明过程, 从而给出: (1) $\widetilde{\boldsymbol{A}}_p$ 是完全非负矩阵; (2) $|\widetilde{\boldsymbol{A}}_p|=|\boldsymbol{A}_p|>0$. 由此断定 $\widetilde{\boldsymbol{A}}_p$ 是符号振荡矩阵.

3.9.5 多跨梁离散系统模态的定性性质

从 $\widetilde{\boldsymbol{A}}_p$ 的符号振荡性出发, 应用振荡矩阵的理论[3,4], 我们发现, 系统 $\widetilde{S}_p$ 的特征值和特征矢量具有如下定性性质:

(1) 系统的特征值 $\lambda=\omega^2$ 是正的和单的, 可按从小到大次序排列为:

$$(0<)\ \lambda_1<\lambda_2<\cdots<\lambda_{n-p+1}.$$

(2) 系统 $\widetilde{S}_p$ 的特征矢量 $\widetilde{\boldsymbol{u}}^{(i)}$ 对应的 $\widetilde{u}^{(i)}$ 线恰有 $i-1$ 个节点 (孤立零点), 或者说, 系统 $\widetilde{S}_p$ 的特征矢量 $\widetilde{\boldsymbol{u}}^{(i)}$ 的分量序列中的变号数恰为 $i-1$.

(3) 与特征矢量 $\widetilde{\boldsymbol{u}}^{(i)}$ 和 $\widetilde{\boldsymbol{u}}^{(i+1)}$ 相应的 $\widetilde{u}^{(i)}$ 线与 $\widetilde{u}^{(i+1)}$ 线 ($i=2,\ 3,\cdots,\ t-1$) 的节点彼此交错, 这里 $t=n-p+1$.

由式 (3.9.14) 可知, 系统 S_p^* 的位移 u_i 和转换系统 $\widetilde{S}_p$ 的位移 $\widetilde{u}_i$ 具有在奇数跨内相等, 在偶数跨内等值反号的规则. 系统 $\widetilde{S}_p$ 的上述三条定性性质可以转化到多跨梁系统 S_p^*, 即多跨梁也具有相应的下述定性性质:

(1) 引入

$$\begin{aligned}\boldsymbol{G}_p=\mathrm{diag}(&\overbrace{1,\ 1,\cdots,\ 1,}^{r_1\text{ 个}}\overbrace{-1,-1,\ \cdots,\ -1,}^{r_2-r_1-1\text{ 个}}\overbrace{1,\ 1,\cdots,\ 1,}^{r_3-r_2-1\text{ 个}}\\&\cdots,\ \underbrace{(-1)^p,(-1)^p,\ \cdots,\ (-1)^p}_{n-r_p\text{ 个}}).\end{aligned}$$

由于矩阵 $\boldsymbol{G}_p^{-1}=\boldsymbol{G}_p$, 于是 $\widetilde{\boldsymbol{A}}_p=\boldsymbol{G}_p^{-1}\boldsymbol{A}_p\boldsymbol{G}_p$, 即 $\widetilde{\boldsymbol{A}}_p$ 和 $\boldsymbol{A}_p$ 是相似矩阵. 两者有完全相同的特征值, 因此多跨梁的 $n-p+1$ 个固有频率是单的.

(2) 多跨梁的第一阶振型恰有 p(中间支座的个数) 个节点. 如果约定将节点

与支座之间没有系统 S_p^* 中的质点的情况称为节点与支座重合, 则所有这些节点均与支座重合.

(3) 多跨梁的第 i $(i \geqslant 2)$ 阶振型恰有 $i-1+p-2s$ 个节点, 这里 s 是 $\widetilde{u}^{(i)}$ 线的节点与支座重合的次数,

$$s \leqslant \min(i-1, p).$$

这是因为 $\widetilde{u}^{(i)}$ 线有 $i-1$ 个节点, 如有 s 个节点与支座重合, 则多跨梁的 $u^{(i)}$ 线减少 s 个节点, 而在其余 $p-s$ 个支座处增加 $p-s$ 个节点. 由此多跨梁的第 i $(i \geqslant 2)$ 阶振型的节点数为

$$(i-1)-s+(p-s)=i-1+p-2s.$$

(4) 当 $\widetilde{u}^{(i)}$ 线与 $\widetilde{u}^{(i+1)}$ 线的节点均不与支座重合时, 多跨梁的 $u^{(i)}$ 线与 $u^{(i+1)}$ 线 $(i=2,\ 3,\cdots,\ t-1)$ 除支座外的节点彼此交错; 而当 $\widetilde{u}^{(i)}$ 线与 $\widetilde{u}^{(i+1)}$ 线的节点之一与支座重合时, 多跨梁不再具有与系统 $\widetilde{S}_p$ 的性质 (3) 相似的性质, 即此时多跨梁的 $u^{(i)}$ 线与 $u^{(i+1)}$ 线 $(i=2,3,\cdots,t-1)$ 的节点不一定彼此交错.

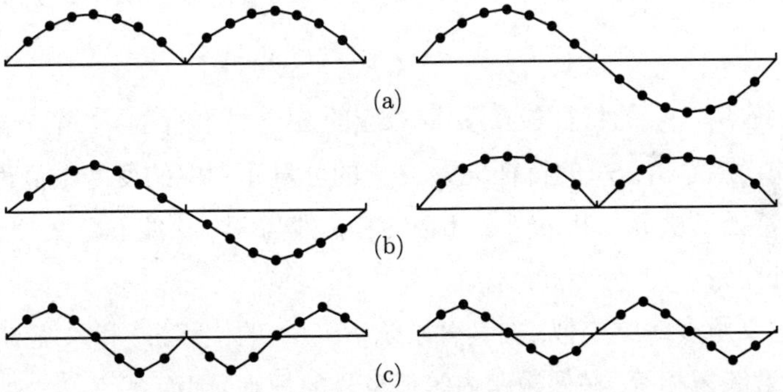

图 3.8 系统 $\widetilde{S}$(左图) 与 S^* (右图) 的第一、二、三阶振型

图 3.8 画出了只有一个中间支座的两端铰支梁的第一、二、三阶振型的示意图. 为了简单起见, 图中中间支座位于跨度中点且假定结构关于中点对称.

本节主要内容取自参考文献 [36,38].

3.10 外伸梁离散系统模态的定性性质

上节我们实际上已经阐明了, 图 3.9 所示的只有一个外伸端的双跨外伸梁,

图 3.10 所示的具有两个外伸端的三跨外伸梁, 它们的转换系统的刚度矩阵 $\widetilde{\boldsymbol{A}}_1$ 和 $\widetilde{\boldsymbol{A}}_2$ 都具有有符号振荡性. 从 $\widetilde{\boldsymbol{A}}_1$ 和 $\widetilde{\boldsymbol{A}}_2$ 的符号振荡性出发, 应用振荡矩阵的理论, 我们发现系统 $\widetilde{S}_1$, $\widetilde{S}_2$ 的特征值和特征矢量具有如下性质:

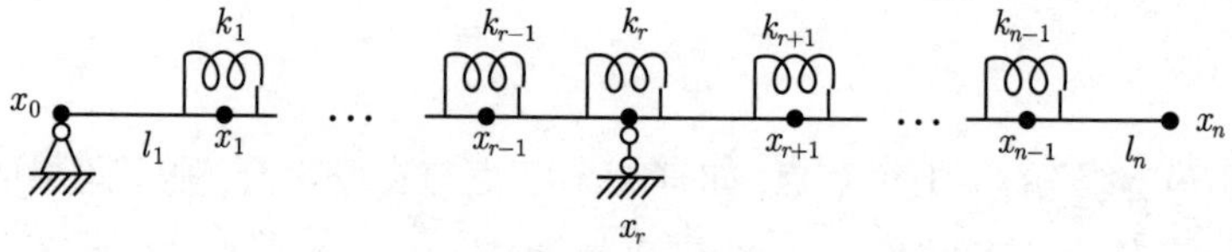

图 3.9　两跨外伸梁的弹簧–质点–刚杆模型

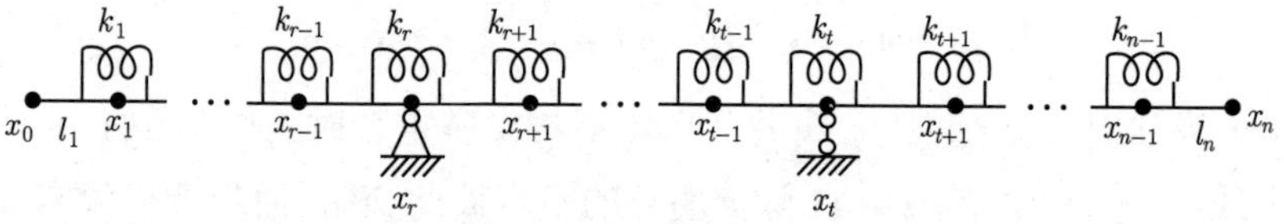

图 3.10　三跨外伸梁的弹簧–质点–刚杆模型

(1) 系统 $\widetilde{S}_1$, $\widetilde{S}_2$ 的特征值 $\lambda=\omega^2$ 是正的和单的, 可按从小到大次序排列为

$$(0<)\ \lambda_1<\lambda_2<\cdots<\lambda_{n-1}.$$

(2) 系统 $\widetilde{S}_1$, $\widetilde{S}_2$ 的特征矢量 $\widetilde{\boldsymbol{u}}^{(i)}$ 对应的 $\widetilde{u}^{(i)}$ 线恰有 $i-1$ 个节点 (孤立零点), 或者说, 系统 $\widetilde{S}_1$, $\widetilde{S}_2$ 的特征矢量 $\widetilde{\boldsymbol{u}}^{(i)}$ 的分量序列中的变号数恰为 $i-1$.

(3) 与特征矢量 $\widetilde{\boldsymbol{u}}^{(i)}$ 和 $\widetilde{\boldsymbol{u}}^{(i+1)}$ 相应的 $\widetilde{u}^{(i)}$ 线与 $\widetilde{u}^{(i+1)}$ 线 $(i=2,\ 3,\cdots,\ n-2)$ 的节点彼此交错.

与任意支承多跨梁类似, 也具有系统 S_1^*, S_2^* 的位移 u_i 和系统 $\widetilde{S}_1$, $\widetilde{S}_2$ 的位移 $\widetilde{u}_i$ 在奇数跨内相等, 在偶数跨内等值反号的规则. 因而系统 $\widetilde{S}_1$, $\widetilde{S}_2$ 的以上性质同样可以转化到系统 S_1^*, S_2^*, 也即两跨外伸梁和三跨外伸梁的模态具有下述性质:

性质 1　由于 $\widetilde{\boldsymbol{A}}_p=\boldsymbol{G}_p^{-1}\boldsymbol{A}_p\boldsymbol{G}_p\ (p=1,\ 2)$, 即 $\widetilde{\boldsymbol{A}}_1$ 和 $\boldsymbol{A}_1$, $\widetilde{\boldsymbol{A}}_2$ 和 $\boldsymbol{A}_2$ 是相似矩阵. 因而两者有完全相同的特征值, 由此两跨外伸梁和三跨外伸梁的 $n-1$ 个固有频率是单的.

性质 2　外伸梁的第一阶振型恰有 $p\ (p=1$ 或 $2)$ 个节点, 所有这些节点均与支座重合.

性质 3　外伸梁的第 $i\ (i\geqslant 2)$ 阶振型恰有 $i-1+p-2s\ (p=1,\ 2)$ 个节点, 这里 s 是 $\widetilde{u}^{(i)}$ 线的节点与支座重合的次数. 对两跨外伸梁 $s\leqslant 1$, 而对三跨外伸

梁, $s \leqslant 2$.

性质 4 当 $\widetilde{u}^{(i)}$ 线与 $\widetilde{u}^{(i+1)}$ 线的节点均不与支座重合时,外伸梁的 $u^{(i)}$ 线与 $u^{(i+1)}$ 线 ($i=2,\ 3,\cdots,\ n-2$) 除支座外的节点皆彼此交错; 而当 $\widetilde{u}^{(i)}$ 线与 $\widetilde{u}^{(i+1)}$ 线的节点之一与支座重合时, 外伸梁不再具有与系统 $\widetilde{S}_p$ ($p=1,\ 2$) 的性质 (3) 相似的性质. 即在这种情况下外伸梁的 $u^{(i)}$ 线与 $u^{(i+1)}$ 线 ($i=2,\ 3,\cdots,\ n-2$) 的节点不一定彼此交错.

另外, 此类梁还另有四项较重要的定性性质, 即性质 5 和性质 6, 性质 7 和性质 8. 由于它们的证明过程较复杂, 将分别在 3.10.2 和 3.10.3 分节中给出.

3.10.1 外伸梁的共轭结构

为了进一步讨论外伸梁的转角、弯矩、剪力振型的定性性质, 仿照 3.3 节, 我们引入外伸梁的共轭结构. 首先考查两跨外伸梁. 它的离散模型的模态方程组是

$$\begin{cases}\lambda m_1u_1=a_1u_1-b_2u_2+c_2u_3,\\ \lambda m_1u_1=-b_2u_1+a_2u_2-b_3u_3+c_3u_4,\\ \lambda m_ku_k=c_{k-1}u_{k-2}-b_ku_{k-1}+a_ku_k-b_{k+1}u_{k+1}+c_{k+1}u_{k+2}\\ \qquad\qquad\qquad\qquad\qquad\qquad (k=3,4,\cdots,r-3),\\ \lambda m_{r-2}u_{r-2}=c_{r-3}u_{r-4}-b_{r-2}u_{r-3}+a_{r-2}u_{r-2}-b_{r-1}u_{r-1},\\ \lambda m_{r-1}u_{r-1}=c_{r-2}u_{r-3}-b_{r-1}u_{r-2}+a_{r-1}u_{r-1}+c_ru_{r+1},\\ \lambda m_{r+1}u_{r+1}=c_ru_{r-1}+a_{r+1}u_{r+1}-b_{r+2}u_{r+2}+c_{r+2}u_{r+3},\\ \lambda m_{r+2}u_{r+2}=-b_{r+2}u_{r+1}+a_{r+2}u_{r+2}-b_{r+3}u_{r+3}+c_{r+3}u_{r+4},\\ \lambda m_ku_k=c_{k-1}u_{k-2}-b_ku_{k-1}+a_ku_k-b_{k+1}u_{k+1}+c_{k+1}u_{k+2}\\ \qquad\qquad\qquad\qquad\qquad (k=r+3,r+4,\cdots,n-2),\\ \lambda m_{n-1}u_{n-1}=c_{n-2}u_{n-3}-b_{n-1}u_{n-2}+a_{n-1}u_{n-1}-b_nu_n,\\ \lambda m_nu_n=c_{n-1}u_{n-2}-b_nu_{n-1}+a_nu_n.\end{cases} \tag{3.10.1}$$

记

$$\boldsymbol{M}=\mathrm{diag}(m_1,m_2,\cdots,m_r,\cdots,m_n),\quad \boldsymbol{K}=\mathrm{diag}(k_1,k_2,\cdots,k_r,\cdots,k_{n-1}),$$

$$\overline{\boldsymbol{u}}=(u_1,u_2,\cdots,u_{r-1},0,u_{r+1},u_{r+2},\cdots,u_n)^{\mathrm{T}},\quad \boldsymbol{L}=\mathrm{diag}(l_1,l_2,\cdots,l_n).$$

以及两跨外伸梁的弯矩振型

$$\boldsymbol{\tau}=(\tau_1,\tau_2,\cdots,\tau_{n-1})^{\mathrm{T}}=\boldsymbol{K}\boldsymbol{E}_{n-1}\boldsymbol{L}^{-1}\widetilde{\boldsymbol{E}}_n^{\mathrm{T}}\overline{\boldsymbol{u}}, \tag{3.10.2}$$

式中矩阵 $\boldsymbol{E}_{n-1}$ 与 $\widetilde{\boldsymbol{E}}_n$ 的形式仍如式 (3.1.23), 只是 $\boldsymbol{E}_{n-1}$ 的阶数为 $(n-1)\times n$. 而 $\widetilde{\boldsymbol{E}}_n$ 是 n 阶方阵. 这样, 可将方程 (3.10.1) 改写为

$$\lambda \boldsymbol{M}\overline{\boldsymbol{u}} = \widetilde{\boldsymbol{E}}_n\boldsymbol{L}^{-1}\boldsymbol{E}_{n-1}^{\mathrm{T}}\boldsymbol{K}\boldsymbol{E}_{n-1}\boldsymbol{L}^{-1}\widetilde{\boldsymbol{E}}_n^{\mathrm{T}}\overline{\boldsymbol{u}} + R_r\boldsymbol{e}^{(r)} = \widetilde{\boldsymbol{E}}_n\boldsymbol{L}^{-1}\boldsymbol{E}_{n-1}^{\mathrm{T}}\boldsymbol{\tau} + R_r\boldsymbol{e}^{(r)}. \tag{3.10.3}$$

注意, 上式中含有在两跨外伸梁的模态方程组 (3.10.1) 中被略去的第 r 个质点即中间支座处的平衡方程:

$$0 = \frac{1}{m_r}\left(\frac{\tau_r - \tau_{r-1}}{l_r} - \frac{\tau_{r+1}-\tau_r}{l_{r+1}}\right) + \frac{R_r}{m_r}; \tag{3.10.4}$$

又式 (3.10.3) 中 R_r 是中间支座处的约束反力, $\boldsymbol{e}^{(r)}$ 是第 r 个分量为 1 其余分量为 0 的 n 维单位列矢量. 当视 m_r 为无穷大时, $R_r/m_r \to 0$. 这样, 式 (3.10.3) 可以进一步改写为

$$\lambda \boldsymbol{E}_{n-1}\boldsymbol{L}^{-1}\widetilde{\boldsymbol{E}}_n^{\mathrm{T}}\overline{\boldsymbol{u}} = \boldsymbol{E}_{n-1}\boldsymbol{L}^{-1}\widetilde{\boldsymbol{E}}_n^{\mathrm{T}}\boldsymbol{M}^{-1}\widetilde{\boldsymbol{E}}_n\boldsymbol{L}^{-1}\boldsymbol{E}_{n-1}^{\mathrm{T}}\boldsymbol{\tau}$$

或

$$\lambda \boldsymbol{K}^{-1}\boldsymbol{\tau} = \boldsymbol{E}_{n-1}\boldsymbol{L}^{-1}\widetilde{\boldsymbol{E}}_n^{\mathrm{T}}\boldsymbol{M}^{-1}\widetilde{\boldsymbol{E}}_n\boldsymbol{L}^{-1}\boldsymbol{E}_{n-1}^{\mathrm{T}}\boldsymbol{\tau} = \boldsymbol{A}_{1\tau}\boldsymbol{\tau}. \tag{3.10.5}$$

此式同样代表某种具有自由度为 $n-1$ 的 "梁" 的振型方程, 我们称由此式所代表的振动系统为两跨外伸梁的共轭系统. 而由两跨外伸梁的边条件和平衡方程 (3.10.4) 可知

$$\tau_0 = 0, \quad \tau_0'' = 0, \quad \tau_n = 0, \quad \tau_n' = 0, \quad \frac{\tau_r''}{m_r} = 0.$$

这样, 两跨外伸梁的共轭系统为如图 3.11(a) 所表示的左端铰支, 右端固定, 而在 $x_r = c$ 处存在一个中间铰链连接的两跨连续梁的离散系统. 它以 $\boldsymbol{\tau} = (\tau_1, \tau_2, \cdots, \tau_{n-1})^{\mathrm{T}}$ 为其 "位移" 振型, 同时具有参数

$$\{\overline{m}_i\}_1^{n-1} = \{k_i^{-1}\}_1^{n-1}, \quad \bar{k}_i = m_i^{-1} \quad (i = 1, 2, \cdots, n;\ i \neq r), \quad \{l_i\}_1^n,$$

并视 $\bar{k}_r = m_r^{-1} = 0$.

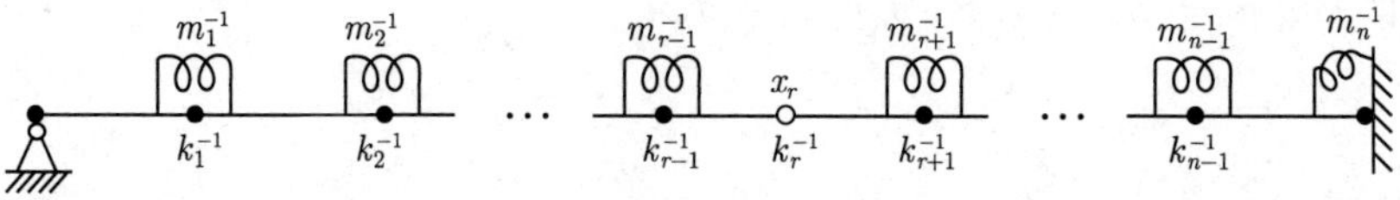

(a)

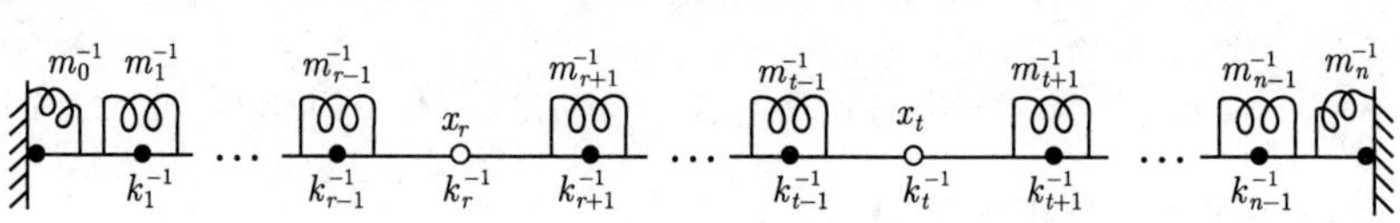

(b)

图 3.11 外伸梁的共轭系统

完全类似的讨论可以给出, 三跨外伸梁的共轭系统为如图 3.11(b) 所示的两端固定、在 x_r 和 x_t 处存在两个中间铰链连接的三跨连续梁的离散系统, 它也以 $\boldsymbol{\tau}=(\tau_1,\tau_2,\cdots,\tau_{n-1})^{\mathrm{T}}$ 为其 "位移" 振型, 同时具有参数

$$\{\overline{m}_i\}_1^{n-1}=\{k_i^{-1}\}_1^{n-1},\quad \bar{k}_i=m_i^{-1}\quad(i=0,1,\cdots,n;\ i\neq r,t),\quad \{l_i\}_1^n,$$

并视 $\bar{k}_r=0$, $\bar{k}_t=0$.

以上的推导还表明, 外伸梁的共轭系统与外伸梁本身有完全相同的频谱.

3.10.2 外伸梁共轭系统基本定性性质

外伸梁共轭系统具有以下基本定性性质.

(1) 两跨外伸梁共轭系统的刚度矩阵是符号振荡矩阵. 记

$$\overline{\boldsymbol{A}}_{11}=\begin{bmatrix}\bar{a}_1 & -\bar{b}_2 & \bar{c}_2 & & & & & \\ -\bar{b}_2 & \bar{a}_2 & -\bar{b}_3 & \bar{c}_3 & & & 0 & \\ \bar{c}_2 & -\bar{b}_3 & \bar{a}_3 & -\bar{b}_4 & \bar{c}_4 & & & \\ & \ddots & \ddots & \ddots & \ddots & \ddots & & \\ & & \bar{c}_{r-3} & -\bar{b}_{r-2} & \bar{a}_{r-2} & -\bar{b}_{r-1} & \bar{c}_{r-1} \\ & 0 & & \bar{c}_{r-2} & -\bar{b}_{r-1} & \bar{a}'_{r-1} & -\bar{b}'_r \\ & & & & \bar{c}_{r-1} & -\bar{b}'_r & \bar{a}'_r\end{bmatrix},$$

$$\overline{\boldsymbol{A}}_{12}=\overline{\boldsymbol{A}}_{21}^{\mathrm{T}}=\begin{bmatrix}0 & 0 & 0 & \cdots & 0\\ \vdots & \vdots & \vdots & & \vdots\\ 0 & 0 & 0 & \cdots & 0\\ 0 & 0 & 0 & \cdots & 0\\ -\bar{b}'_{r+1} & \bar{c}_{r+1} & 0 & \cdots & 0\end{bmatrix}_{r\times(n-r-1)},$$

$$\widetilde{\boldsymbol{A}}_{22}=\begin{bmatrix}\bar{a}'_r & -\bar{b}'_{r+1} & \bar{c}_{r+1} & & & & \\ -\bar{b}'_{r+1} & \bar{a}'_{r+1} & -\bar{b}_{r+2} & \bar{c}_{r+2} & & 0 & \\ \bar{c}_{r+1} & -\bar{b}_{r+2} & \bar{a}_{r+2} & -\bar{b}_{r+3} & \bar{c}_{r+3} & & \\ & \ddots & \ddots & \ddots & \ddots & \ddots & \\ & & \bar{c}_{n-4} & -\bar{b}_{n-3} & \bar{a}_{n-3} & -\bar{b}_{n-2} & \bar{c}_{n-2}\\ & 0 & & \bar{c}_{n-3} & -\bar{b}_{n-2} & \bar{a}_{n-2} & -\bar{b}_{n-1}\\ & & & & \bar{c}_{n-2} & -\bar{b}_{n-1} & \bar{a}_{n-1}\end{bmatrix},$$

$$\widetilde{\boldsymbol{A}}_{12}=\widetilde{\boldsymbol{A}}_{21}^{\mathrm{T}}=\begin{bmatrix}0 & 0 & 0 & \cdots & 0\\ \vdots & \vdots & \vdots & & \vdots\\ 0 & 0 & 0 & \cdots & 0\\ \bar{c}_{r-1} & 0 & 0 & \cdots & 0\\ -\bar{b}'_r & 0 & 0 & \cdots & 0\end{bmatrix}_{(r-1)\times(n-r)}.$$

以上矩阵中, $\bar{a}_i\ (i=1,\cdots,r-2,r+2,\cdots n-2)$, $\bar{b}_i\ (i=2,\cdots,r-1,r+2,\cdots,n-1)$ 及 $\bar{c}_i\ (i=2,3,\cdots,\ n-2)$ 与由式 (3.9.3)~(3.9.5) 所定义的相应参数形式完全相同, 只是以 $\bar{k}_i$ 代替式 (3.9.3)~(3.9.5) 中相应的 k_i, 而

$$\bar{a}'_{r-1}=\frac{\bar{k}_{r-2}}{l_{r-1}^2}+\left(\frac{1}{l_{r-1}}+\frac{1}{l_r}\right)^2\bar{k}_{r-1},$$

$$\bar{a}'_r=\frac{\bar{k}_{r-1}}{l_r^2}+\frac{\bar{k}_{r+1}}{l_{r+1}^2},$$

$$\bar{a}'_{r+1}=\left(\frac{1}{l_{r+1}}+\frac{1}{l_{r+2}}\right)^2\bar{k}_{r+1}+\frac{\bar{k}_{r+2}}{l_{r+2}^2},$$

$$\bar{a}_{n-1}=\frac{\bar{k}_{n-2}}{l_{n-1}^2}+\left(\frac{1}{l_{n-1}}+\frac{1}{l_n}\right)^2\bar{k}_{n-1}+\frac{\bar{k}_n}{l_n^2},$$

$$\bar{b}'_r=\left(\frac{1}{l_r}+\frac{1}{l_{r+1}}\right)\frac{\bar{k}_{r-1}}{l_r},$$

$$\bar{b}'_{r+1}=\left(\frac{1}{l_{r+1}}+\frac{1}{l_{r+2}}\right)\frac{\bar{k}_{r+1}}{l_{r+1}}.$$

由此, 上节所导出的两跨外伸梁的共轭模型的离散系统, 其刚度矩阵即是

$$\boldsymbol{A}_{1\tau}=\begin{bmatrix}\overline{\boldsymbol{A}}_{11} & \overline{\boldsymbol{A}}_{12}\\ \overline{\boldsymbol{A}}_{21} & \overline{\boldsymbol{A}}_{22}\end{bmatrix}=\begin{bmatrix}\widetilde{\boldsymbol{A}}_{11} & \widetilde{\boldsymbol{A}}_{12}\\ \widetilde{\boldsymbol{A}}_{21} & \widetilde{\boldsymbol{A}}_{22}\end{bmatrix}, \tag{3.10.6}$$

式中 $\widetilde{\boldsymbol{A}}_{11}$ 是从 $\overline{\boldsymbol{A}}_{11}$ 中划去最后一行和最后一列所得的矩阵, $\overline{\boldsymbol{A}}_{22}$ 是从 $\widetilde{\boldsymbol{A}}_{22}$ 中划去第一行和第一列所得的矩阵.

对于刚度矩阵 $\boldsymbol{A}_{1\tau}$, 从式 (3.10.6) 可见, 它具有负的次主对角元, 它的符号倒换矩阵 $\boldsymbol{A}_{1\tau}^*$ 是完全非负矩阵. 又可将行列式 $|\boldsymbol{A}_{1\tau}|$ 的第 r 行分解为

$$\begin{aligned}&(0\ \ \cdots\ \ 0\ \ \bar{c}_{r-1}\ \ -\bar{b}'_r\ \ \bar{a}'_r\ \ -\bar{b}'_{r+1}\ \ \bar{c}_{r+1}\ \ 0\ \ \cdots\ \ 0)\\ &=(0\ \ \cdots\ \ 0\ \ \bar{c}_{r-1}\ \ -\bar{b}'_r\ \ \bar{a}'_{r1}\ \ 0\ \ 0\ \ 0\ \ \cdots\ \ 0)\\ &\quad+(0\ \ \cdots\ \ 0\ \ 0\ \ 0\ \ \bar{a}'_{r2}\ \ -\bar{b}'_{r+1}\ \ \bar{c}_{r+1}\ \ 0\ \ \cdots\ \ 0),\end{aligned}$$

其中

$$\bar{a}'_{r1}=\frac{\bar{k}_{r-1}}{l_r^2},\quad \bar{a}'_{r2}=\frac{\bar{k}_{r+1}}{l_{r+1}^2},\quad \bar{a}'_{r1}+\bar{a}'_{r2}=\bar{a}'_r.$$

这样, 可以把行列式 $\det\boldsymbol{A}_{1\tau}$ 按第 r 行分解为两个行列式之和, 即

$$\det\boldsymbol{A}_{1\tau}=\det\begin{bmatrix}\widehat{\boldsymbol{A}}_{11} & \boldsymbol{0}\\ \overline{\boldsymbol{A}}_{21} & \overline{\boldsymbol{A}}_{22}\end{bmatrix}+\det\begin{bmatrix}\widetilde{\boldsymbol{A}}_{11} & \widetilde{\boldsymbol{A}}_{12}\\ \boldsymbol{0} & \widehat{\boldsymbol{A}}_{22}\end{bmatrix}, \tag{3.10.7}$$

式中, 矩阵 $\widehat{\boldsymbol{A}}_{11}$ 与 $\overline{\boldsymbol{A}}_{11}$ 的唯一差别是把 $\overline{\boldsymbol{A}}_{11}$ 的右下角元 $\bar{a}'_r$ 换成 $\bar{a}'_{r1}$, 矩阵 $\widehat{\boldsymbol{A}}_{22}$ 与 $\widetilde{\boldsymbol{A}}_{22}$ 的唯一差别是把 $\widetilde{\boldsymbol{A}}_{22}$ 的左上角元 $\bar{a}'_r$ 换成 $\bar{a}'_{r2}$, $\boldsymbol{0}$ 是矩阵的元全为零的子

矩阵.

注意到, 式 (3.10.7) 右边的第一个行列式中左上角子矩阵 $\widehat{\boldsymbol{A}}_{11}$ 是铰支–自由梁的刚度矩阵, 其相应的子式等于零, 从而

$$\det\begin{bmatrix}\widehat{\boldsymbol{A}}_{11} & \boldsymbol{0}\\ \overline{\boldsymbol{A}}_{21} & \overline{\boldsymbol{A}}_{22}\end{bmatrix}=0;$$

第二个行列式中左上角子矩阵 $\widetilde{\boldsymbol{A}}_{11}$ 是铰支–铰支即简支梁的刚度矩阵, 右下角子矩阵 $\widehat{\boldsymbol{A}}_{22}$ 是自由–固定即悬臂梁的刚度矩阵, 它们相应的子式均大于零, 即

$$\det\begin{bmatrix}\widetilde{\boldsymbol{A}}_{11} & \widetilde{\boldsymbol{A}}_{12}\\ \boldsymbol{0} & \widehat{\boldsymbol{A}}_{22}\end{bmatrix}>0.$$

因而

$$\det \boldsymbol{A}_{1\tau}>0.$$

根据振荡矩阵的判定准则[3,4], 两跨外伸梁的共轭系统的刚度矩阵是符号振荡矩阵.

(2) 三跨外伸梁共轭系统的刚度矩阵是符号振荡矩阵. 同两跨外伸梁类似, 上节导出的三跨外伸梁的共轭模型离散系统的刚度矩阵 $\boldsymbol{A}_{2\tau}$ 也有负的次主对角元, 它的符号倒换矩阵 $\boldsymbol{A}_{2\tau}^{*}$ 是完全非负矩阵. 也可将 $|\boldsymbol{A}_{2\tau}|$ 按第 r 行分解为两个行列式之和,

$$\det\boldsymbol{A}_{2\tau}=\det\begin{bmatrix}\widehat{\boldsymbol{B}}_{11} & \boldsymbol{0}\\ \overline{\boldsymbol{B}}_{21} & \overline{\boldsymbol{B}}_{22}\end{bmatrix}+\det\begin{bmatrix}\widetilde{\boldsymbol{B}}_{11} & \widetilde{\boldsymbol{B}}_{12}\\ \boldsymbol{0} & \widehat{\boldsymbol{B}}_{22}\end{bmatrix}$$

其中 $\widehat{\boldsymbol{B}}_{11}$ 是由 $\boldsymbol{A}_{2\tau}$ 的前 r 行、前 r 列组成的矩阵并将其右下角元 $\overline{a}'_r=\overline{a}'_{r1}+\overline{a}'_{r2}$ 换成 $\overline{a}'_{r1}$, 即是固定–自由梁的刚度矩阵, 与其相应的子式大于零; $\overline{\boldsymbol{B}}_{22}$ 是由 $\boldsymbol{A}_{2\tau}$ 的后 $n-r-1$ 行、后 $n-r-1$ 列组成的矩阵, 即是左端为铰支右端固定并含有一个中间铰链的两跨外伸梁的共轭系统的刚度矩阵, 与它相应的子式也大于零; $\widehat{\boldsymbol{B}}_{22}$ 是由 $\boldsymbol{A}_{2\tau}$ 的后 $n-r$ 行、后 $n-r$ 列组成的矩阵并将其左上角元 $\overline{a}'_r$ 换成 $\overline{a}'_{r2}$, 即是左端自由, 右端固定并含有一个中间铰梁的刚度矩阵, 其行列式为零. 故也有

$$\det\boldsymbol{A}_{2\tau}>0.$$

根据振荡矩阵的判定准则, 三跨外伸梁的共轭系统的刚度矩阵也是符号振荡矩阵.

(3) 外伸梁的弯矩振型的定性性质. 既然两跨和三跨外伸梁的共轭系统的刚度矩阵都是符号振荡矩阵, 其质量矩阵都是正定的对角矩阵, 那么根据振荡矩阵的理论[3,4], 若记与 ω_i $(i=1,2,\cdots,n-1)$ 相应的外伸梁的弯矩振型为 $\boldsymbol{\tau}^{(i)}$, 则外伸梁的弯矩振型具有以下定性性质 (性质 1~性质 4 见第 128, 129 页):

性质 5　$\boldsymbol{\tau}^{(i)}$ 恰有 $i-1\ (i=1,2,\cdots,n-1)$ 个节点.

性质 6　$\tau^{(i)}$ 线与 $\tau^{(i+1)}$ 线 $(i=2,3,\cdots,n-2)$ 的节点彼此相间.

3.10.3　外伸梁其他的定性性质

外伸梁具有以下其他的定性性质:

(1) 我们指出这样一个重要事实: 当外伸梁的 $\widetilde{u}^{(i)}$ 线的某一节点与支座 x_r 重合时, 中间支座必是包含中间支承点在内的位移振型 $\overline{\boldsymbol{u}}^{(i)}$ 的一个零腹点. 因为根据 "位移振型遇支座变号" 的规则, 在这种情况下中间支座两侧紧邻的质点必在梁的平衡位置的同一侧, 如图 3.12 所示. 于是, 尽管外伸梁的第 i 阶振型 $\boldsymbol{u}^{(i)}$ 只有 $i-1+p-2s$ 个节点, 但与振型 $\boldsymbol{u}^{(i)}$ 相应的 $\overline{u}^{(i)}$ 线则有 $i-1+p$ $(p=1$ 或 $2)$ 个零点 (一个零腹点当作两个单零点计数).

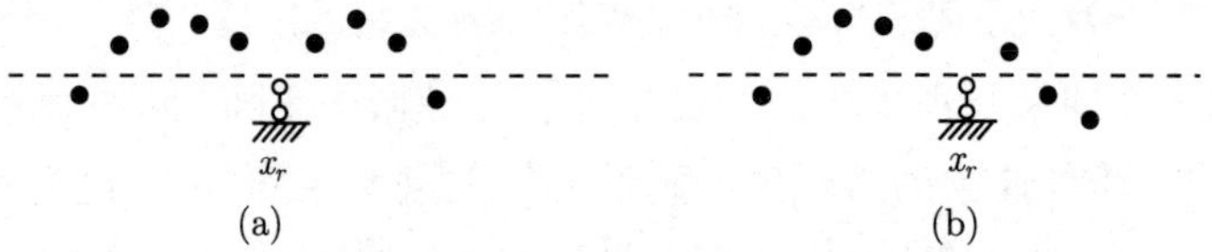

图 3.12　$\widetilde{u}^{(i)}$ 线的某一节点与支座重合的两种可能的图案

(2) 设 u_t 是 $\boldsymbol{u}^{(i)}$ 的一个内部极大值, 即

$$u_t \geqslant u_{t-1}, \quad u_t \geqslant u_{t+1}.$$

上述两个不等式中的等号不能同时成立, 否则由 $\boldsymbol{\tau}$ 的定义, 即有

$$\tau_t = k_t\left(\frac{u_{t+1}-u_t}{l_{t+1}} - \frac{u_t-u_{t-1}}{l_t}\right) = 0, \quad \tau_{t-1} \leqslant 0, \quad \tau_{t+1} \leqslant 0.$$

这与 $\boldsymbol{\tau}^{(i)}$ 有确定的变号数矛盾. 这样, 当 u_t 是一个内部极大值时, $\tau_t < 0$; 同理, 当 u_t 是一个内部极小值时, $\tau_t > 0$.

(3) 如果定义外伸梁的转角振型为: 对两跨外伸梁,

$$\boldsymbol{\theta} = \boldsymbol{L}^{-1}\widetilde{\boldsymbol{E}}_n^{\mathrm{T}}\overline{\boldsymbol{u}};$$

对三跨外伸梁,

$$\boldsymbol{\theta} = -\boldsymbol{L}^{-1}\boldsymbol{E}\overline{\boldsymbol{v}},$$

$$\overline{\boldsymbol{v}} = (u_0,\ u_1,\ \cdots,\ u_{r-1},\ 0,\ u_{r+1},\ \cdots,\ u_{t-1}, 0, u_{t+1}, \cdots, u_n)^{\mathrm{T}},$$

其中 $\boldsymbol{E}$ 和 $\widetilde{\boldsymbol{E}}$ 由式 (3.1.23) 所定义, $\widetilde{\boldsymbol{E}}_n$ 是形如 $\widetilde{\boldsymbol{E}}$ 的 n 阶方阵. 则有

性质 7　外伸梁的第 i 阶转角振型 $\boldsymbol{\theta}^{(i)}$ 的分量序列中的变号数恰为 i.

事实上, 根据外伸梁的第 i 阶振型 $\boldsymbol{u}^{(i)}$ 恰有 $i-1+p-2s\ (p=1,2)$ 个节点以及节点的定义, 它们把 $\boldsymbol{u}^{(i)}$ 的分量序列分成 $i+p-2s$ 个同号段. 除包含自由端 (恰好是 p 个) 的同号段外, 每个同号段中至少存在一个极值位置. 这样, 在 $\boldsymbol{u}^{(i)}$ 的分量序列中至少存在 $i-2s$ 个内部极值位置. 当外伸梁的 $\widetilde{u}^{(i)}$ 线的节点均不与支座重合时, $s=0$; 当外伸梁的 $\widetilde{u}^{(i)}$ 线的某一节点与支座重合时, 由图 3.12 所示, 梁中间支座两侧紧邻的 $\boldsymbol{u}^{(i)}$ 的两个节点之间存在 $\overline{u}^{(i)}$ 线的 3 个极值位置, 即每个与支座重合的 $\widetilde{u}^{(i)}$ 线的节点 (共 s 个) 将给 u 线多提供两个内部极值位置. 于是 $\overline{u}^{(i)}$ 线的分量序列中至少存在 i 个内部极值位置. 另一方面, 根据外伸梁的弯矩振型 $\boldsymbol{\tau}^{(i)}$ 恰有 $i-1\ (i=1,2,\cdots,n-1)$ 个节点, 即 $\boldsymbol{\tau}^{(i)}$ 的分量序列中的变号数恰为 $i-1$, 连同本小节中的 (2) 可知, $\overline{u}^{(i)}$ 线的分量序列中至多存在 i 个内部极值位置. 这就表明 $\overline{u}^{(i)}$ 线的分量序列中有且仅有 i 个内部极值位置. 注意到在每个极值位置的两侧, $\boldsymbol{\theta}^{(i)}$ 的符号改变一次, 这就可以断定性质 7 成立.

上述的讨论还表明, 除支座紧邻两侧外, 在 $\boldsymbol{u}^{(i)}$ 的正同号段中只有一个极大位置, 而在 $\boldsymbol{u}^{(i)}$ 的负同号段中只有一个极小位置. 同时, 应该注意的是, 若把 $\boldsymbol{\theta}$ 的定义式中的 $\overline{\boldsymbol{u}}$, $\overline{\boldsymbol{v}}$ 换成 $\boldsymbol{u}$ 与 $\boldsymbol{v}$, 则这样定义的 $\boldsymbol{\theta}$ 将不一定有确定的变号数.

(4) 如果定义外伸梁的剪力振型为

$$\boldsymbol{\phi}=\boldsymbol{L}^{-1}\boldsymbol{E}_{n-1}^{\mathrm{T}}\boldsymbol{\tau},$$

则由 $\boldsymbol{\tau}^{(i)}$ 的节点数和 $\overline{\boldsymbol{u}}^{(i)}$, $\overline{\boldsymbol{v}}^{(i)}$ 的零点数, 以及方程 (3.10.3), 同上述类似的讨论可以给出下述性质 8:

性质 8 第 i 阶剪力振型 $\boldsymbol{\phi}^{(i)}$ 的分量序列中的变号数恰为 i.

(5) 类似于 3.6 节关于悬臂梁的自由端和简支梁的铰支端的讨论, 对于两跨外伸的弹簧–质点–刚杆梁 (见图 3.9 所示) 具有性质:

$$u_{1i}\cdot\theta_{1i}>0,\quad u_{1i}\cdot\tau_{1i}<0,\quad u_{1i}\cdot\phi_{1i}>0,\quad i=1,2,\cdots,n-1;$$
$$u_{ni}\cdot\theta_{ni}>0,\quad u_{ni}\cdot\tau_{n-1,i}>0,\quad u_{ni}\cdot\phi_{ni}>0,\quad i=1,2,\cdots,n-1.$$

而对图 3.10 所示的三跨外伸的弹簧–质点–刚杆梁则可以写出:

$$u_{0i}\cdot\theta_{1i}<0,\quad u_{0i}\cdot\tau_{1i}<0,\quad u_{0i}\cdot\phi_{1i}<0,\quad i=1,\ 2,\cdots,\ n-1;$$
$$u_{ni}\cdot\theta_{ni}>0,\quad u_{ni}\cdot\tau_{n-1,i}>0,\quad u_{ni}\cdot\phi_{ni}>0,\quad i=1,\ 2,\cdots,\ n-1.$$

根据上面的讨论, 我们可以画出两跨外伸梁差分离散系统的第一、二阶振型的示意图, 如图 3.13 所示.

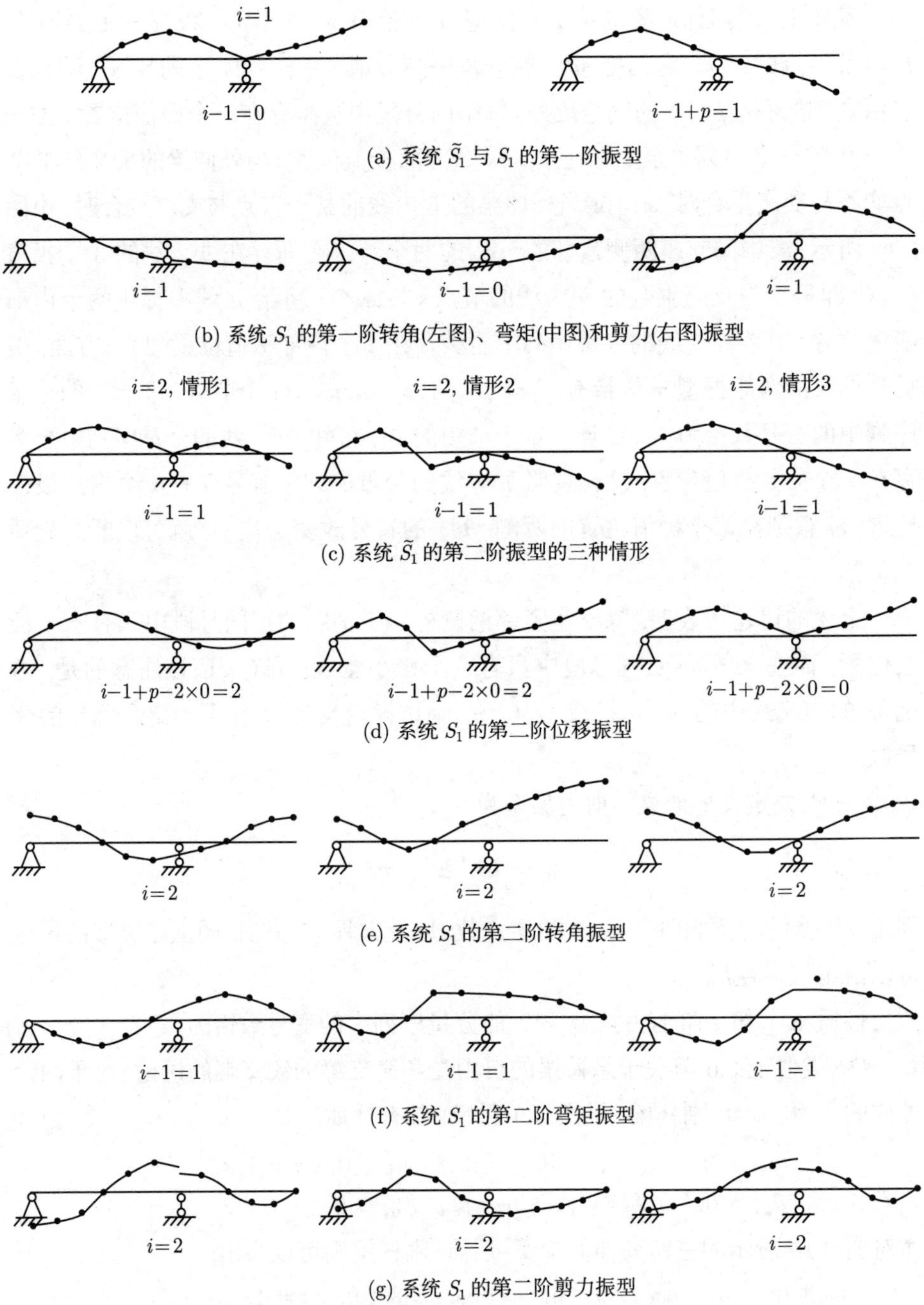

(a) 系统 $\tilde{S}_1$ 与 S_1 的第一阶振型

(b) 系统 S_1 的第一阶转角(左图)、弯矩(中图)和剪力(右图)振型

(c) 系统 $\tilde{S}_1$ 的第二阶振型的三种情形

(d) 系统 S_1 的第二阶位移振型

(e) 系统 S_1 的第二阶转角振型

(f) 系统 S_1 的第二阶弯矩振型

(g) 系统 S_1 的第二阶剪力振型

图 3.13 两跨外伸梁的第一、二阶振型

本节主要内容取自参考文献 [37, 42].

第四章　Sturm-Liouville 系统振动的定性性质

第二和第三章讨论的都是离散系统振动的定性性质, 本章转而讨论 Sturm-Liouville 系统振动的定性性质, 着重讨论具有分布参数的杆作纵向振动时的定性性质.

4.1　Sturm-Liouville 系统的固有振动

在第一章 1.3.2 分节中已指出, 杆的纵向振动、扭转振动和剪切振动的固有角频率 ω 及其振型 $u(x)$ 所满足的微分方程可以统一表示为

$$[p(x)u'(x)]' + \omega^2\rho(x)u(x) = 0, \quad 0 < x < l, \tag{4.1.1}$$

式中 $\rho(x)$ 是杆的线密度. 对于纵向振动,

$$p(x) = E(x)A(x),$$

式中 $A(x)$, $E(x)$ 分别是杆的横截面面积和材料的弹性模量. 而对扭转振动,

$$p(x) = G(x)J_t(x), \quad \rho(x) = I_t(x).$$

式中 $G(x)$ 和 $J_t(x)$ 是杆的剪切模量和截面的极惯性矩, $I_t(x)$ 为线转动惯量, 它们都是 x 的正函数. $u(x)$ 表示位于 x 处的截面形心的位移振幅或扭转角振幅. 杆两端的支承条件可以统一表示为

$$p(0)u'(0) - hu(0) = 0 = p(l)u'(l) + Hu(l), \tag{4.1.2}$$

其中 l 是杆长, h 和 H 是边界弹簧的弹簧常数, $h, H \geqslant 0$. 当 h(或 H) 为零时, 相应杆端自由; 当 h(或 H)$\to \infty$ 时, 相应杆端固定.

现在, 引入所谓 Sturm-Liouville 算子:

$$Lu = -[p(x)u'(x)]' + q(x)u(x). \tag{4.1.3}$$

它描述的物理系统称为 Sturm-Liouville 系统, 其中 $p(x)$ 是 $[0,l]$ 上的连续或分段连续的正函数, $q(x)\geqslant 0$. 此系统固有振动的模态方程为

$$Lu=\lambda\rho(x)u(x), \tag{4.1.4}$$

式中 $\lambda=\omega^2$, ω 是固有角频率, $\rho(x)$ 为线惯量密度. 边条件仍为式 (4.1.2). 如果 $h,H\geqslant 0$ 且 $h+H>0$, $q(x)\geqslant 0$ ($x\in[0,l]$), 则称系统为正的 Sturm-Liouville 系统. 容易看出, 具有和不具有弹性基础的弦的横向振动系统、拉压杆的振动系统都是 Sturm-Liouville 系统. 进一步, 只要弦或杆至少有一端固定或有弹性支承时, 它们就是正的 Sturm-Liouville 系统. 记

$$(u,v)=\int_0^l u(x)v(x)\mathrm{d}x. \tag{4.1.5}$$

对于正的 Sturm-Liouville 系统, 以下性质是大家熟悉的.

定理 4.1 对于定义在区间 $[0,l]$ 上并满足边条件 (4.1.2) 的函数 $u(x)$ 和 $v(x)$, Sturm-Liouville 问题的微分算子 L 是自共轭微分算子, 即

$$(u,Lv)=(v,Lu). \tag{4.1.6}$$

证明 事实上, 对于定义在 $0\leqslant x\leqslant l$ 上的二阶可微函数 $u(x)$ 和 $v(x)$, 有

$$\int_0^l (vLu-uLv)\mathrm{d}x=\int_0^l [v(pu')'-u(pv')']\mathrm{d}x=[\,p(u'v-uv')]|_0^l. \tag{4.1.7}$$

由于 $u(x)$ 和 $v(x)$ 满足边条件 (4.1.2), 显然上式右端为零. ∎

人们也称式 (4.1.6) 为 Green 恒等式[4].

从定理 4.1 出发, 进一步可以证明 Sturm-Liouville 问题的特征值和特征函数具有如下性质:

定理 4.2 对于 Sturm-Liouville 系统, 其特征值 λ 是实的和单的, 相应的特征函数为实函数.

证明 首先, 设 λ 是 Sturm-Liouville 系统的一个特征值, $u(x)$ 是相应的特征函数. 注意, 它们可能是复的. 于是

$$(Lu,\bar{u})=\lambda(\rho u,\bar{u}).$$

但是, 由 Green 恒等式 (4.1.6),

$$(Lu,\bar{u})=(L\bar{u},u)=\overline{(Lu,\bar{u})},$$

因而 $(Lu,\bar{u})$ 是实数. $(\rho u,\bar{u})$ 显然是实数, 因此 λ 也是实数.

其次, 如果满足方程 (4.1.4) 的函数 u 是复函数, 由于算子 L 和 $\rho(x)$ 均为实的, 故 $\bar{u}$ 也满足方程 (4.1.4), 即

$$L\bar{u}=\lambda\rho(x)\bar{u}(x).$$

将上述方程与方程 (4.1.4) 相加, 有

$$L(u+\bar{u})=\lambda\rho(x)(u+\bar{u}).$$

即 $u+\bar{u}$ 也是对应于同一 λ 的特征函数, 而 $u+\bar{u}$ 是实函数.

最后, 设对应同一个 λ 有两个线性无关的非平凡解: $u(x)$ 与 $v(x)$, 则

$$(Lu)v-(Lv)u=-v(pu')'+u(pv')'=-[p(vu'-uv')]'=0,$$

从而有

$$p(vu'-uv')=c\ (\text{常数}).$$

又因为 $u(x)$ 和 $v(x)$ 都必须满足边条件 (4.1.2), 即在系统左、右端点处, 上式左边只能为零. 这样, $c=0$, 但一般的 $p(x)\neq 0$, 故 $vu'-uv'=0$, 或

$$\frac{\mathrm{d}}{\mathrm{d}x}\left(\frac{u}{v}\right)=0 \quad\Longrightarrow\quad \frac{u}{v}=C\ (\text{常数}).$$

这与 $u(x)$ 和 $v(x)$ 线性无关矛盾. 这一矛盾意味着, 对应一个特征值不可能有两个以上线性无关的特征函数, 即特征值是单的. ▌

定理 4.3 正的 Sturm-Liouville 系统的特征值 λ 是正的.

证明 事实上, 因为

$$\begin{aligned}\lambda(\rho u,u)=&-\int_0^l (pu')'u\mathrm{d}x+\int_0^l qu^2\mathrm{d}x=-puu'\big|_0^l+\int_0^l\left[p(u')^2+qu^2\right]\mathrm{d}x\\ =&\ hu^2(0)+Hu^2(l)+\int_0^l\left[p(u')^2+qu^2\right]\mathrm{d}x.\end{aligned}\tag{4.1.8}$$

对于正系统, 当其至少有一弹性支承端时, 式 (4.1.8) 最后一个等号右边前两项中至少有一项为正, 而积分项非负, 又 $(\rho u,u)$ 为正, 故 λ 为正. 而当系统一端固定一端自由或两端固定时, 尽管上式等号右边前两项为零, 此时积分项必大于零, 否则应有 $u'\equiv 0$; 再考虑到边条件, 进一步有 $u\equiv 0$, 这是不可能的. ▌

式 (4.1.8) 还表明, 对于两端自由的 Sturm-Liouville 系统, 即 $h=0=H$, 仍可得出其特征值非负的结论.

定理 4.4 Sturm-Liouville 系统中的对应不同特征值的特征函数是带权 $\rho(x)$ 正交的, 即

$$\int_0^l \rho(x)u_k(x)u_r(x)\mathrm{d}x=0,\quad k\neq r,\tag{4.1.9}$$

式中 $u_r(x)$ 是与 λ_r 相对应的特征函数.

证明 因为

$$Lu_k = \lambda_k \rho(x) u_k(x), \quad Lu_r = \lambda_r \rho(x) u_r(x).$$

则由定理 4.1 即有

$$(\lambda_k - \lambda_r)(\rho u_k, u_r) = (Lu_k, u_r) - (Lu_r, u_k) = 0.$$

但 $\lambda_k \neq \lambda_r$, 由式 (4.1.5), 故必有式 (4.1.9) 成立. ▌

4.2 Sturm-Liouville 系统的 Green 函数

为了导出 Sturm-Liouville 系统的进一步的性质, 本节首先给出 Sturm-Liouville 方程在不同边条件下的 Green 函数 (亦称影响函数).

下面分几种情况加以讨论.

4.2.1 单位载荷法和 Green 函数的引入

试回忆求解等截面直杆在分布载荷作用下静平衡问题的单位载荷法. 设杆两端固定, 长 l, 抗拉刚度 $EA=$ 常数, 杆在 $x=s$ 处受一单位集中力作用, 即

$$-EA\frac{\mathrm{d}}{\mathrm{d}x}\left(\frac{\mathrm{d}G}{\mathrm{d}x}\right) = \delta(x-s).$$

则杆的轴向线位移可以表示为

$$G(x,s) = \begin{cases} Cx, & x \leqslant s, \\ D(l-x), & x > s, \end{cases}$$

其中 C 和 D 为常数. 由于在 $x=s$ 处杆受有单位集中力作用, 同时它的轴向线位移必须连续, 因此有

$$Cs = D(l-s), \qquad EAG_x|_{x=s-0} - EAG_x|_{x=s+0} = 1.$$

由此解得

$$G(x,s) = \begin{cases} \dfrac{x(l-s)}{EAl}, & x \leqslant s, \\ \dfrac{s(l-x)}{EAl}, & x > s. \end{cases} \tag{4.2.1}$$

上式即为两端固定的均匀等截面直杆或弦在单位载荷作用下的影响函数, 或称 Green 函数. 它的意义在于, 当两端固定杆受有分布载荷 $f(x)$ 作用时, 其轴向线位移可以表示为

$$u(x)=\int_0^l G(x,s)f(s)\mathrm{d}s. \tag{4.2.2}$$

这个例子虽然简单, 但它则是引入 Green 函数的最好途径. 同时, 这样得到的 Green 函数也适用于动力学问题.

4.2.2 正的 Sturm-Liouville 系统的 Green 函数[4]

现在讨论正的 Sturm-Liouville 系统的 Green 函数. 它的定义是

$$L_xG(x,s)=\delta(x-s),\quad x,s\in I, \tag{4.2.3}$$

$$p(0)G_x(0,s)-hG(0,s)=0=p(l)G_x(l,s)+HG(l,s), \tag{4.2.4}$$

式中算子 L 由式 (4.1.3) 所定义, L_x 表示算子 L 只对变量 x 求微商, $\delta(x-s)$ 则是 δ 函数, I 仍为第二章所引入的集合的符号, 表示在区间 $[0,l]$ 上全体动点的集合. 以上两式的物理意义是:

(1) 除 $x=s$ 外, Green 函数满足齐次方程

$$L_xG(x,s)=0;$$

(2) 在 $x=s$ 处, Green 函数的微商满足

$$G_x(s-0,s)-G_x(s+0,s)=\frac{1}{p(s)}. \tag{4.2.5}$$

(3) 在端点处, Green 函数必须满足 Sturm-Liouville 系统原有的边条件 (4.1.2).

下面来构造 Sturm-Liouville 系统的 Green 函数.

设 $\varphi(x)$ 和 $\psi(x)$ 分别是下列两个问题的非平凡解, 即

$$L\varphi=0\quad(0<x<l),\ \text{且}\ p(0)\varphi'(0)-h\varphi(0)=0; \tag{4.2.6}$$

$$L\psi=0\quad(0<x<l),\ \text{且}\ p(l)\psi'(l)+H\psi(l)=0. \tag{4.2.7}$$

则算子 L 的 Green 函数可以表示为

$$G(x,s)=\begin{cases}\varphi(x)\psi(s), & x\leqslant s,\\ \varphi(s)\psi(x), & x>s,\end{cases}\quad x,s\in I. \tag{4.2.8}$$

这样确定的 Green 函数显然满足上述条件 (1) 和 (3). 至于条件 (2), 因为

$$G_x(s-0,s)-G_x(s+0,s)=\varphi'(s)\psi(s)-\varphi(s)\psi'(s),$$

而由 $\varphi(x)$ 和 $\psi(x)$ 所满足的方程 (4.2.6) 和 (4.2.7), 有

$$(L\varphi)\psi-(L\psi)\varphi=-\psi(p\varphi')'+\varphi(p\psi')'=-[p(\varphi'\psi-\varphi\psi')]'=0.$$

由此得到, 对任意的 $0<s<l$,

$$p(s)[\varphi'(s)\psi(s)-\varphi(s)\psi'(s)]=\text{常数}. \tag{4.2.9}$$

这个常数不能为零, 否则, 参照定理 4.2 的证明, $\varphi(s)$ 与 $\psi(s)$ 成比例, 从而零是 Sturm- Liouville 系统的特征值, 这与系统是正的相矛盾. 于是, 可以适当选取 $\varphi(s)$ 和 $\psi(s)$, 使得这个常数为 1.

容易看出, 式 (4.2.8) 所定义的 Green 函数是对称的. 这可以总结为下面的定理.

定理 4.5 由式 (4.2.3) 和 (4.2.4) 所定义的 Green 函数是对称的, 即

$$G(x,s)=G(s,x),\quad x,s\in I.$$

具体证明从略.

这一定理的力学解释是人所共知的. 即对 Sturm-Liouville 系统上某点 s 作用一个单位力, 则在该系统上另一点 x 所获得的位移, 必等于将单位力作用于点 x 而在点 s 所获得的位移.

4.2.3 两端弹性支承杆和弹性支承–自由杆的 Green 函数[23]

作为具体的例子, 考查不具有弹性基础的两端弹性支承杆和弹性支承–自由杆的 Green 函数.

例 1 对不具有弹性基础的两端弹性支承杆, 这时

$$q(x)=0.$$

方程 (4.2.6) 和 (4.2.7) 给出:

$$\varphi(x)=C\biggl(\int_0^x\frac{\mathrm{d}t}{p(t)}+\frac{1}{h}\biggr),$$

$$\psi(x)=D\biggl(\int_x^l\frac{\mathrm{d}t}{p(t)}+\frac{1}{H}\biggr).$$

这样, 两端弹性支承杆的 Green 函数是

$$G(x,s)=\begin{cases} k\left(\displaystyle\int_0^x \frac{\mathrm{d}t}{p(t)}+\frac{1}{h}\right)\left(\displaystyle\int_s^l \frac{\mathrm{d}t}{p(t)}+\frac{1}{H}\right), & x \leqslant s, \\ k\left(\displaystyle\int_0^s \frac{\mathrm{d}t}{p(t)}+\frac{1}{h}\right)\left(\displaystyle\int_x^l \frac{\mathrm{d}t}{p(t)}+\frac{1}{H}\right), & x > s. \end{cases}$$

至于 k, 由

$$p(s)[\varphi'(s)\psi(s)-\varphi(s)\psi'(s)]=1$$

可以定出为

$$k=\frac{1}{\dfrac{1}{h}+\displaystyle\int_0^l \frac{\mathrm{d}t}{p(t)}+\frac{1}{H}}.$$

于是, 最终得到

$$G(x,s)=\frac{\left(\displaystyle\int_0^\alpha \frac{\mathrm{d}t}{p(t)}+\frac{1}{h}\right)\left(\displaystyle\int_\beta^l \frac{\mathrm{d}t}{p(t)}+\frac{1}{H}\right)}{\dfrac{1}{h}+\displaystyle\int_0^l \frac{\mathrm{d}t}{p(t)}+\frac{1}{H}}, \tag{4.2.10}$$

其中

$$\alpha=\min(x,s), \qquad \beta=\max(x,s).$$

特别地, 对于两端固定杆,

$$G(x,s)=\int_0^\alpha \frac{\mathrm{d}t}{p(t)}\cdot\int_\beta^l \frac{\mathrm{d}t}{p(t)}\Big/\int_0^l \frac{\mathrm{d}t}{p(t)}. \tag{4.2.11}$$

而对刚度均匀 (即 $p(x)=$ 常数) 的两端固定杆, 上式化为式 (4.2.1).

例 2 对不具有弹性基础的弹性支承–自由杆的 Green 函数. 完全类似地有

$$\varphi(x)=C\left(\int_0^x \frac{dt}{P(t)}+\frac{1}{h}\right), \quad \psi(x)=D.$$

同样, 若记 $k=CD$, 则由式 (4.2.9) 给出 $k=1$, 即得弹性支承–自由杆的 Green 函数

$$G(x,s)=\int_0^\alpha \frac{\mathrm{d}t}{p(t)}+\frac{1}{h}. \tag{4.2.12}$$

类似地, 固定–自由的刚度均匀的杆的 Green 函数则是

$$G(x,s)=\frac{\alpha}{p(0)}, \tag{4.2.13}$$

式中 α 的意义同例 1.

4.2.4 从柔度系数导出 Green 函数[23,25]

导出 Green 函数的另一方法是对相应的离散系统的柔度系数取极限. 对于不存在弹性基础的任意支承杆, 第二章 2.1.1 分节给出的刚度矩阵 $\boldsymbol{K}$ 是

$$\boldsymbol{K}=\begin{bmatrix} k_1+h & -k_1 & 0 & \cdots & 0 & 0 & 0 \\ -k_1 & k_1+k_2 & -k_2 & \cdots & 0 & 0 & 0 \\ \vdots & \vdots & \vdots & & \vdots & \vdots & \vdots \\ 0 & 0 & 0 & \cdots & -k_{n-1} & k_{n-1}+k_n & -k_n \\ 0 & 0 & 0 & \cdots & 0 & -k_n & k_n+H \end{bmatrix}, \tag{4.2.14}$$

式中, $h=0$ 时对应于左端自由; $h\to\infty$ 时对应于左端固定; 而当 $0<h<+\infty$ 时代表弹性支承; H 的情况类似. 又

$$k_r=\frac{p_r+p_{r-1}}{2l_r},\quad r=1,2,\cdots,n.$$

式中, $p_r=p(x_r)$ $(r=0,1,\cdots,n)$, $l_r=x_r-x_{r-1}=\Delta x_r$ $(r=1,2,\cdots,n)$.

下面, 我们来求杆的离散模型的柔度矩阵 $\boldsymbol{R}=(r_{ij})$ 的元, 即柔度系数. 为此, 记 $k_0=h$, $k_{n+1}=H$,

$$\begin{aligned}\varDelta_{st}&=K\begin{pmatrix} s & s+1 & \cdots & t \\ s & s+1 & \cdots & t\end{pmatrix}\\ &=\begin{vmatrix} k_{s-1}+k_s & -k_s & 0 & \cdots & 0 & 0 \\ -k_s & k_s+k_{s+1} & -k_{s+1} & \cdots & 0 & 0 \\ \vdots & \vdots & \vdots & & \vdots & \vdots \\ 0 & 0 & 0 & \cdots & -k_{t-1} & k_{t-1}+k_t \end{vmatrix},\end{aligned}$$

$$s=1,2,\cdots,n+1;\quad t=s,s+1,\cdots,n+1.$$

则由行列式按一行展开的定理, 有

$$\varDelta_{st}=k_{s-1}\varDelta_{s+1,t}+k_sk_{s+1}\cdots k_{t-1}k_t.$$

由此利用数学归纳法即可得到

$$\varDelta_{st}=k_{s-1}k_s\cdots k_{t-1}k_t\sum_{\gamma=s-1}^{t}k_\gamma^{-1}.$$

特别地,

$$\det\boldsymbol{K}=\varDelta_{1,n+1}=k_0k_1\cdots k_nk_{n+1}\sum_{\gamma=0}^{n+1}k_\gamma^{-1}.$$

又, 矩阵 $\boldsymbol{K}$ 的元 k_{ij} 的代数余子式为

$$K_{ij} = (-1)^{i+j} K \begin{pmatrix} 1 & 2 & \cdots & i-1 & i+1 & \cdots & n+1 \\ 1 & 2 & \cdots & j-1 & j+1 & \cdots & n+1 \end{pmatrix}.$$

因为 $\boldsymbol{K}$ 是三对角矩阵, 当 $|i-j|>1$ 时 $a_{ij}=0$, 而当 $|i-j|=1$ 时 $a_{i,i+1}=a_{i+1,i}=-k_i$. 这样当 $i \leqslant j$ 时,

$$\begin{aligned} K_{ij} &= K \begin{pmatrix} 1 & 2 & \cdots & i-1 \\ 1 & 2 & \cdots & i-1 \end{pmatrix} \cdot k_i \cdots k_{j-1} \cdot K \begin{pmatrix} j+1 & j+2 & \cdots & n+1 \\ j+1 & j+2 & \cdots & n+1 \end{pmatrix} \\ &= k_0 k_1 \cdots k_n k_{n+1} \sum_{\alpha=0}^{i-1} k_\alpha^{-1} \cdot \sum_{\beta=j}^{n+1} k_\beta^{-1}; \end{aligned}$$

而当 $i>j$ 时,

$$\begin{aligned} K_{ij} &= K \begin{pmatrix} 1 & 2 & \cdots & j-1 \\ 1 & 2 & \cdots & j-1 \end{pmatrix} \cdot k_j \cdots k_{i-1} K \cdot \begin{pmatrix} i+1 & i+2 & \cdots & n+1 \\ i+1 & i+2 & \cdots & n+1 \end{pmatrix} \\ &= k_0 k_1 \cdots k_n k_{n+1} \sum_{\alpha=0}^{j-1} k_\alpha^{-1} \cdot \sum_{\beta=i}^{n+1} k_\beta^{-1}. \end{aligned}$$

因为 $\boldsymbol{R}=\boldsymbol{K}^{-1}$, 由此即得

$$r_{ij} = \frac{K_{ij}}{\det \boldsymbol{K}} = \begin{cases} \left(\sum\limits_{\alpha=0}^{i-1} k_\alpha^{-1} \cdot \sum\limits_{\beta=j}^{n+1} k_\beta^{-1} \right) \Big/ \sum\limits_{\gamma=0}^{n+1} k_\gamma^{-1}, & i \leqslant j, \\ \left(\sum\limits_{\alpha=0}^{j-1} k_\alpha^{-1} \cdot \sum\limits_{\beta=i}^{n+1} k_\beta^{-1} \right) \Big/ \sum\limits_{\gamma=0}^{n+1} k_\gamma^{-1}, & i > j. \end{cases} \tag{4.2.15}$$

公式 (4.2.15) 对于杆的任意支承方式都适用. 特别地, 当杆具有自由端时上式更为简单. 例如固定–自由杆, 因 $k_0=h\to\infty, k_{n+1}=H=0$, 其柔度系数化为

$$r_{ij} = \begin{cases} \sum\limits_{\alpha=1}^{i-1} k_\alpha^{-1}, & i \leqslant j, \\ \sum\limits_{\alpha=1}^{j-1} k_\alpha^{-1}, & i > j. \end{cases} \tag{4.2.16}$$

现在, 考查任意确定的 $x, s \in [0,l]$, 在差分过程中必有这样的 i, j 存在, 使得 $x_{i-1} \leqslant x \leqslant x_i$, $x_{j-1} \leqslant s \leqslant x_j$ $(1 \leqslant i,j \leqslant n)$, 且当 $x<s$ 时 $i<j$, 而 $x>s$ 时 $i>j$. 又随着分法的加密, 即

$$n \to \infty, \quad \delta = \max \Delta x_r \to 0, \quad r = 1, 2, \cdots, n$$

时，这样的 i, j 亦同时趋于无穷. 另一方面, 对工程实际中的杆, $p(x)$ 必为连续或至多有有限个第 1 类间断点的分段连续函数, 从而 $1/p(x)$ 可积, 且有如下公式:

$$\frac{2}{p_r + p_{r+1}} = \frac{1 + b_r}{p(\xi_r)}, \quad x_r \leqslant \xi_r \leqslant x_{r+1}$$

成立, 式中, $b_r = 0$ ($p(x)$ 在 (x_r, x_{r+1}) 内连续), 或有界 ($p(x)$ 在 (x_r, x_{r+1}) 内有间断点). 于是当左端固定时, 如下极限:

$$\lim_{n\to\infty,\delta\to 0} \sum_{r=1}^{i-1} k_r^{-1} = \lim_{n\to\infty,\delta\to 0} \left[\sum_{r=1}^{i-1} \frac{\Delta x_{r+1}}{p(\xi_r)} + \sum_{r=1}^{i-1} \frac{b_r \Delta x_{r+1}}{p(\xi_r)} \right] = \int_0^x \frac{\mathrm{d}t}{p(t)} \tag{4.2.17}$$

成立. 注意, 只有有限个 $b_r \neq 0$, 所以式 (4.2.17) 的第一个等号右边中括号内的第二个和号项的极限为零. 又当左端为弹性支承时, $k_0 = h$, 这样

$$\lim_{n\to\infty,\delta\to 0} \sum_{r=0}^{i-1} k_r^{-1} = \int_0^x \frac{\mathrm{d}t}{p(t)} + \frac{1}{h}. \tag{4.2.18}$$

因为 $h \to \infty$ 相应于固定端, 故式 (4.2.17) 可以视为式 (4.2.18) 的特例. 同理

$$\lim_{n\to\infty,\delta\to 0} \sum_{r=0}^{j-1} k_r^{-1} = \int_0^s \frac{\mathrm{d}t}{p(t)} + \frac{1}{h},$$

$$\lim_{n\to\infty,\delta\to 0} \sum_{r=j}^{n+1} k_r^{-1} = \int_s^l \frac{\mathrm{d}t}{p(t)} + \frac{1}{H},$$

$$\lim_{n\to\infty,\delta\to 0} \sum_{\gamma=0}^{n+1} k_\gamma^{-1} = \frac{1}{h} + \int_0^l \frac{\mathrm{d}t}{p(t)} + \frac{1}{H},$$

$$\lim_{n\to\infty,\delta\to 0} \sum_{r=i}^{n+1} k_r^{-1} = \int_x^l \frac{\mathrm{d}t}{p(t)} + \frac{1}{H}.$$

比较式 (4.2.15) 与式 (4.2.10) 和 (4.2.11), 易见, 当杆端为弹性支承或固定时,

$$\lim_{n\to\infty,\delta\to 0} r_{ij} = G(x, s).$$

至于杆端为自由端, 例如固定–自由杆, 其柔度系数 r_{ij} 由式 (4.2.16) 表出. 显然, 当 $n \to \infty$, $\max \Delta x_r \to 0$ $(r = 1, 2, \cdots, n)$ 时, r_{ij} 的极限就是 $h \to \infty$ 时的式 (4.2.12).

因此, 在不同支承条件下, 杆的柔度系数 r_{ij} 以与其相应的 Green 函数为极限.

4.2.5 Green 函数与积分方程[4]

Green 函数的最重要的价值在于, 借助它可以把正的 Sturm-Liouville 系统的运动方程 (4.1.4) 和 (4.1.2) 转化为如下形式的积分方程:

$$u(x)=\lambda\int_0^l G(x,s)\rho(s)u(s)\mathrm{d}s. \tag{4.2.19}$$

事实上, 当 Green 函数满足式 (4.2.3) 和 (4.2.4) 时, 应用动静法和叠加原理, 正的 Sturm-Liouville 系统的运动方程的解显然是式 (4.2.19); 反之, 当式 (4.2.19) 成立时有

$$Lu=\lambda\int_0^l L_xG(x,s)\rho(s)u(s)\mathrm{d}s=\lambda\int_0^l \delta(x-s)\rho(s)u(s)\mathrm{d}s=\lambda\rho(x)u(x),$$

$$p(0)u'(0)-hu(0)=\lambda\int_0^l [p(0)G_x(0,s)-hG(0,s)]\rho(s)u(s)\mathrm{d}s=0,$$

$$p(l)u'(l)+Hu(l)=\lambda\int_0^l [p(l)G_x(l,s)+HG(l,s)]\rho(s)u(s)\mathrm{d}s=0.$$

这表明, 式 (4.2.19) 的解 $\{\lambda,u(x,\lambda)\}$ 必定满足式 (4.1.4) 和 (4.1.2).

通常, 令

$$\widetilde{u}(x)=\sqrt{\rho(x)}u(x),\qquad K(x,s)=G(x,s)\sqrt{\rho(x)\rho(s)}. \tag{4.2.20}$$

而将式 (4.2.19) 对称化为

$$\widetilde{u}(x)=\lambda\int_0^l K(x,s)\widetilde{u}(s)\mathrm{d}s,\quad x\in I. \tag{4.2.21}$$

称函数 $G(x,s)$ 和 $K(x,s)$ 分别为积分方程 (4.2.19) 和 (4.2.21) 的核.

4.3 Sturm-Liouville 系统振动的振荡性质

对于具有对称核的积分方程的一般性质, 将在附录 A.7 节中介绍. 然而不同于一般对称核的是, 方程 (4.2.19) 的特征值不仅是实的, 而且是正的和单的. 这表明由式 (4.2.8) 和 (4.2.20) 所定义的核 $G(x,s)$ 和 $K(x,s)$ 必定具备某种特

殊的结构. 事实上, 下面将会看到, 上节所给出的核 $G(x,s)$ 和 $K(x,s)$ 的确属于附录 A.7 节所定义的振荡核. 为了阐明这一事实, 可以采取以下两种途径.

其一, 第二章已经指出, 固定–自由杆与两端固定杆的差分离散系统和有限元离散系统的刚度矩阵都是符号振荡矩阵, 与其相应的柔度矩阵则都是振荡矩阵; 另一方面, 4.2.4 分节已经证明, 在不同支承条件下, 杆的柔度系数的确以与其相应的 Green 函数为极限. 这样, 依据附录 A.10 节的定理 29, 即可断定固定–自由杆和两端固定杆的 Green 函数属于振荡核. 略嫌不足的是, 这种方法只能证明不具弹性基础的杆的 Green 函数的振荡性, 而未论证最一般的 Sturm-Liouville 系统的 Green 函数的振荡性.

其二, 为了更加明确 Green 函数的物理意义, 同时也是为了更加一般化, 也可以采用以下的途径.

引进定义:

定义 4.1　如果连续函数 $f(x)$ 对区间 $I\subset[0,l]$ 上的每一点都有 $f(x)\geqslant 0$(或 $\leqslant 0$), 则称 $f(x)$ 在 I 上有固定的符号; 进一步, 如果对 I 上的每一点都有 $f(x)>0$(或 <0), 则称 $f(x)$ 在 I 上有严格固定的符号.

现在, 分两步来证明 Sturm-Liouville 系统 Green 函数是振荡核. 首先给出:

定理 4.6[3,4]　由式 (4.2.6) 和 (4.2.7) 所确定的函数 $\varphi(x)$ 和 $\psi(x)$ 具有如下性质:

(1) $\varphi(x)$ 和 $\psi(x)$ 在区间 I 上有严格固定的正负号;

(2) $\varphi(x)/\psi(x)$ 在区间 I 上严格单调递增;

(3) 对于任意的 $x\in I$, $\varphi(x)\psi(x)>0$, 因此不失一般性, 可设

$$\varphi(x)>0,\quad \psi(x)>0,\qquad x\in I.$$

证明　首先, 我们看 $\varphi(x)$, 采用反证法. 设有某个 $x_0\in I$, 使得 $\varphi(x_0)=0$, 那么

$$\begin{aligned}0=\int_0^{x_0}\varphi L\varphi\mathrm{d}x&=-p(x)\varphi(x)\varphi'(x)|_0^{x_0}+\int_0^{x_0}\left[p(\varphi')^2+q\varphi^2\right]\mathrm{d}x\\&=h\varphi^2(0)+\int_0^{x_0}\left[p(\varphi')^2+q\varphi^2\right]\mathrm{d}x.\end{aligned}$$

当 $h\neq 0$, 或 $h=0$ 而 $\varphi'(x)$ 不恒为 0 时, 上式等号左边为零而右边大于零, 等式矛盾, 这意味着, $\varphi(x)$ 在区间 I 上没有零点. 又由函数 $\varphi(x)$ 在 I 上的连续性

可知, 它不可能改变正负号. 至于 $\varphi'(x) \equiv 0$ 的情况, 这时 $\varphi(x) =$ 常数, 结论显然成立.

完全类似地可证 $\psi(x)$ 在 I 上不改变正负号.

其次, 由式 (4.2.9) 可知:

$$p(x)[\varphi'(x)\psi(x) - \varphi(x)\psi'(x)] = 1, \quad x \in I. \tag{4.3.1}$$

此式可以改写为

$$\frac{\mathrm{d}}{\mathrm{d}x}\left[\frac{\varphi(x)}{\psi(x)}\right] = \frac{1}{p(x)\psi^2(x)} > 0, \quad x \in I. \tag{4.3.2}$$

由此可见性质 (2) 成立.

最后, 要证性质 (3) 等价于证明

$$\frac{\varphi(x)}{\psi(x)} > 0, \quad x \in I. \tag{4.3.3}$$

而由性质 (2), 只要证明 $\varphi(0)/\psi(0) \geqslant 0$ 就够了.

当 $h \to \infty$ 即左端固定时, $\varphi(0) = 0$, 命题显然成立. 因此不妨设 $\varphi(0) > 0$ 而 $\psi(0) < 0$. 则由性质 (1) 和 $\psi(x)$ 所满足的右端边条件, 有

$$\psi(x) < 0 \ (x \in I), \quad \psi'(l) > 0.$$

另一方面, 由式 (4.2.7),

$$[p(x)\psi'(x)]' = q(x)\psi(x) \leqslant 0, \quad x \in I,$$

从而 $p(x)\psi'(x)$ 在 I 上单调下降, 故有

$$p(0)\psi'(0) > 0.$$

这与式 (4.3.1) 矛盾. 因为如果上述不等式成立, 则当 $x = 0$ 时式 (4.3.1) 的左端必为负数. 这就证明了性质 (3). ▌

由性质 (3) 可直接得下述推论:

推论 式 (4.2.8)(或 (4.2.20)) 所定义的核 $G(x,s)$(或 $K(x,s)$) > 0 $(x, s \in I)$.

从定理 4.6 出发, 不难证明:

定理 4.7 式 (4.2.8)(或 (4.2.20)) 所定义的核 $G(x,s)$(或 $K(x,s)$) 是振荡核.

证明 对于任意的 $0 \leqslant x_1 < x_2 < \cdots < x_n \leqslant l$, 当 x_i $(i = 1, 2, \cdots, n)$ 中至少有一个是内点时, 考查矩阵

$$\boldsymbol{L} = (G(x_i, x_j)),$$

式中

$$G(x_i,x_j)=\begin{cases}\varphi_i\psi_j, & i\leqslant j,\\ \varphi_j\psi_i, & i>j,\end{cases}\quad i,j=1,2,\cdots,n,$$

而

$$\varphi_i=\varphi(x_i),\quad \psi_i=\psi(x_i),\quad i=1,2,\cdots,n$$

恰好是式 (4.2.6) 和 (4.2.7) 的解在 x_i 处的值. 因而 $\boldsymbol{L}$ 正是我们在附录 A.4 节中作为振荡矩阵的例子所讨论的矩阵. 于是由定理 4.6, φ_i 和 ψ_i $(i=1,2,\cdots,n)$ 有相同的正负号, 且

$$\frac{\varphi_1}{\psi_1}<\frac{\varphi_2}{\psi_2}<\cdots<\frac{\varphi_n}{\psi_n},$$

从而 $\boldsymbol{L}$ 是振荡矩阵. 再由振荡核的判定定理 (附录中定理 21) 即知, $G(x,s)$ 是振荡核. 完全类似地可知 $K(x,s)$ 也是振荡核. ▌

前面已指明了振荡核的一个物理模型——杆的 Green 函数, 现在, 可以给予第一章 1.13.4 分节中关于振荡核定义中的三个条件

(1) $K(x,s)>0,\ x,s\in I,\ (x,s)\neq(a,b)$;

(2) $K\begin{pmatrix}x_1 & x_2 & \cdots & x_n\\ s_1 & s_2 & \cdots & s_n\end{pmatrix}\geqslant 0,\ a\leqslant\begin{matrix}x_1<x_2<\cdots<x_n\\ s_1<s_2<\cdots<s_n\end{matrix}\leqslant b,\ n=1,2,\cdots$;

(3) $K\begin{pmatrix}x_1 & x_2 & \cdots & x_n\\ x_1 & x_2 & \cdots & x_n\end{pmatrix}>0,\ x_1<x_2<\cdots<x_n\in I,\ n=1,2,\cdots$

的如下明确的物理解释:

当杆或弦的正系统在满足 $0\leqslant s_1<s_2<\cdots<s_n\leqslant l$ 的 n 个点 $x=s_i$ 处, 分别受到 n 个集中力 F_i(对弦是横向集中力, 对杆则是轴向力) 作用时, 弦或杆上任意一点的位移是

$$u(x)=\sum_{i=1}^{n}F_iG(x,s_i).\tag{4.3.4}$$

于是, 振荡核定义的第 (1) 个条件表明, 当系统仅受一个集中力作用时, 系统内任意一个动点的位移均与外力 “方向相同”. 其次, 当 $s_i\in I$ $(i=1,2,\cdots,n)$ 即所有外力均作用于系统的动点上时, 系统内的应变能是

$$V=\frac{1}{2}\sum_{i=1}^{n}F_iu(s_i)=\frac{1}{2}\sum_{i=1}^{n}\sum_{j=1}^{n}F_iF_jG(s_i,s_j).$$

由此可见, 振荡核定义的第 (3) 个条件意味着, 系统的应变能是正定二次型. 至于振荡核定义的第 (2) 个条件, 附录中定理 24 表明, 它与下面的性质有关.

定理 4.8[3,4] 当杆的正系统在满足 $0 \leqslant s_1 < s_2 < \cdots < s_n \leqslant l$ 的 n 个点 $x = s_i$ 处, 分别受到 n 个集中力 F_i 作用时, 系统的位移函数在区间 $(0, l)$ 内符号改变不超过 $n-1$ 次.

证明 由式 (4.2.8) 和 (4.3.4), 有

$$u(x) = \begin{cases} \varphi(x) \sum\limits_{i=1}^{n} F_i \psi(s_i), & 0 \leqslant x < s_1, \\ \varphi(x) \sum\limits_{i=r+1}^{n} F_i \psi(s_i) + \psi(x) \sum\limits_{i=1}^{r} F_i \varphi(s_i), & \begin{array}{l} s_r < x < s_{r+1}, \\ r = 1, 2, \cdots, n-1, \end{array} \\ \psi(x) \sum\limits_{i=1}^{n} F_i \varphi(s_i), & s_n < x \leqslant l. \end{cases}$$

此式表明, 在 $(0, s_1)$ 和 (s_n, l) 内, $u(x)$ 或者正负号不变, 或者恒为零 (当和号内的数值为零时). 而在 (s_r, s_{r+1}) $(r = 1, 2, \cdots, n-1)$ 内, $u(x)$ 的零点不多于一个. 因为如果不然, 则在 (s_r, s_{r+1}) 内存在不同的两点 c 与 d, 使

$$u(c) = 0 = u(d),$$

即

$$\begin{aligned} &\varphi(c) \sum_{i=r+1}^{n} F_i \psi(s_i) + \psi(c) \sum_{i=1}^{r} F_i \varphi(s_i) \\ &\qquad = 0 = \varphi(d) \sum_{i=r+1}^{n} F_i \psi(s_i) + \psi(d) \sum_{i=1}^{r} F_i \varphi(s_i). \end{aligned}$$

从而有

$$\frac{\varphi(c)}{\psi(c)} = \frac{\varphi(d)}{\psi(d)},$$

这与式 (4.3.2) 矛盾. 可见, $u(x)$ 在 $(0, l)$ 内的变号数不大于 $n-1$. ▌

最后, 根据上面的讨论和具有对称振荡核的积分方程的性质定理 (附录中定理 26), 立即可以得出正 Sturm-Liouville 系统的振动的振荡性质:

(1) 正 Sturm-Liouville 系统的固有频率是单的, 即

$$0 < f_1 < f_2 < f_3 < \cdots.$$

(2) 振型函数族 $u_i(x)$ $(i = 1, 2, \cdots)$ 构成区间 $[0, l]$ 上的 Марков 函数序列, 因而具有附录中定理 25 所描述的各种性质. 即

(a) 第一阶振型 $u_1(x)$ 在区间 I 上没有零点;

(b) 第 i 阶振型 $u_i(x)$ $(i \geqslant 2)$ 在区间 I 上有 $i-1$ 个节点而无其他的零点, 从而在区间 $(0,l)$ 内符号改变 $i-1$ 次;

(c) 在区间 I 上, 函数

$$u(x)=\sum_{i=k}^{m} c_i u_i(x), \quad 1 \leqslant k \leqslant m; \quad \sum_{i=k}^{m} c_i^2 > 0$$

的节点不少于 $k-1$ 个而零点不多于 $m-1$ 个. 特别地, 如果 $u(x)$ 有 $m-1$ 个不同的零点, 那么这些零点都是节点;

(d) 相邻阶振型 $u_i(x)$ 和 $u_{i+1}(x)$ $(i=2,3,\cdots)$ 的节点彼此交错.

4.4　固有频率的进一步性质

上节只是导出了 Sturm-Liouville 系统模态的基本振荡性质, 以下几节则将进一步研究这种系统的其他定性性质. 本节首先讨论 Sturm-Liouville 系统的固有频率对其边界参数的依赖关系, 进而获得对具有不同边条件下的系统之间其固有频率的相间性.

引入如下双线性型:

$$J(u,v)=\int_0^l [(pu')v'+quv]\mathrm{d}x + hu(0)v(0) + Hu(l)v(l), \tag{4.4.1}$$

$$(\rho u, v)=\int_0^l \rho uv\mathrm{d}x. \tag{4.4.2}$$

利用变分原理, 可以给出 Sturm-Liouville 系统的特征值的独立定义, 即

$$\lambda_i = \max_{v_1,v_2,\cdots,v_{i-1}} \min_{\substack{(u,v_j)=0 \\ (j=1,2,\cdots,i-1)}} \frac{J(u,u)}{(\rho u,u)}. \tag{4.4.3}$$

容易看出, $J(u,u)$ 随 $p(x)$ 和 $q(x)$ 在区间 I 内各点的增大, 以及随 h 和 H 的增大而连续增大, $(\rho u,u)$ 随 $\rho(x)$ 在 I 内各点的增大也连续增大. 这样根据式 (4.4.3) 立即可以得出;

(1) λ_i $(i=1,2,\cdots)$ 随 $p(x)$ 和 $q(x)$ 在区间 I 内的各点的增大而连续增大, 但随 $\rho(x)$ 在 I 内的各点的增大而连续减小;

(2) λ_i $(i=1,2,\cdots)$ 随 h 和 H 的增大而增大;

(3) 当 $h<h_1$, $H<H_1$ 时,

$$\lambda_i(h,H)<\lambda_i(h_1,H)<\lambda_{i+1}(h,H),\quad i=1,2,\cdots,\tag{4.4.4}$$

$$\lambda_i(h,H)<\lambda_i(h,H_1)<\lambda_{i+1}(h,H),\quad i=1,2,\cdots.\tag{4.4.5}$$

亦即对应不同的边条件, Sturm-Liouville 系统的固有频率具有相间性.

导出相间关系的做法如下: 记式 (4.1.3), (4.1.4) 和 (4.1.2) 的特征值与相应的特征函数族及其模的平方分别为

$$\{\lambda_i,u_i(x)\},\qquad \int_0^l \rho(x)u_i^2(x)\mathrm{d}x=\rho_i,\quad i=1,2,\cdots,$$

则方程 (4.1.4) 在新的边条件

$$p(0)u'(0)-h_1u(0)=0=p(l)u'(l)+Hu(l)\tag{4.4.6}$$

下的解 $u(x)$ 可以表示为

$$u(x)=\sum_{i=1}^{\infty}c_iu_i(x).\tag{4.4.7}$$

由于

$$J(u_i,u_j)=\lambda_i\rho_i\delta_{ij},\quad i,j=1,2,\cdots,\tag{4.4.8}$$

式中

$$\delta_{ij}=\begin{cases}1, & i=j,\\ 0, & i\neq j,\end{cases}$$

δ_{ij} 的表示式以后不再另述. 则与新边条件 (4.4.6) 相应的二次型变为

$$J^*(u,u)=\int_0^l[p(u')^2+qu^2]\mathrm{d}x+h_1u^2(0)+Hu^2(l)=\sum_{i=1}^{\infty}\lambda_ic_i^2\rho_i+(h_1-h)u^2(0).$$

另一方面,

$$J^*(u,u)=\lambda(\rho u,u)=\sum_{i=1}^{\infty}\lambda c_i^2\rho_i,$$

与前式联立, 并将前式第二个等号右边第二项中的一个因子 $u(0)$ 用下式代替:

$$u(0)=\sum_{i=1}^{\infty}c_iu_i(0),$$

得

$$c_i=\frac{(h_1-h)u(0)u_i(0)}{\rho_i(\lambda-\lambda_i)}.$$

将上式代入式 (4.4.7), 并令 $x=0$ 即得

$$1=(h_1-h)\sum_{i=1}^{\infty}\frac{u_i^2(0)}{\rho_i(\lambda-\lambda_i)}. \tag{4.4.9}$$

上式即为方程 (4.1.4) 在新边条件 (4.4.6) 下的特征方程. 据此, 应用引理 3.6 即得式 (4.4.4). 同理可证, 当 $H<H_1$ 时, 式 (4.4.5) 也成立.

4.5 杆振型的进一步性质

本节转而讨论振型的进一步性质. 不过为了方便起见, 这里不拟讨论一般的 Sturm-Liouville 系统的振型而直接讨论杆的振型.

4.5.1 静定、超静定杆振型的进一步性质[21]

前已指出, 杆的模态方程和相应的边条件是

$$[p(x)u'(x)]'+\lambda\rho(x)u(x)=0, \tag{4.5.1}$$

$$p(0)u'(0)-hu(0)=0=p(l)u'(l)+Hu(l)=0. \tag{4.5.2}$$

关于杆的正系统的振动的振荡性质, 已在本章 4.3 节中给出. 为了下文的需要, 在阐明静定、超静定杆的振型的进一步性质之前, 给出下面的引理.

引理 4.1 设 $u(x)$ 是定义在区间 $[0,l]$ 上, 满足方程 (4.5.1) 和边条件 (4.5.2) 的可微函数. 如果 $u(x)$ 在区间 $(0,l)$ 内有 j 个节点, 则 $u'(x)$ 在区间 $(0,l)$ 内的节点数是

$$S_{u'}=j+1-\varDelta(u'(0))-\varDelta(u'(l)),$$

式中

$$\varDelta(t)=\begin{cases}1, & t=0,\\ 0, & t\neq 0.\end{cases}$$

证明 设 $u(x)$ 的节点是 $\xi_1,\xi_2,\cdots,\xi_j$, 它们把区间 $[0,l]$ 分成 $j+1$ 个子区间: $[0,\xi_1]$, $[\xi_1,\xi_2]$, $\cdots$, $[\xi_j,l]$. 由 Rolle 定理, 函数 $u'(x)$ 在 $[\xi_r,\xi_{r+1}]$ $(r=1,2,\cdots,j-1)$ 上至少有一个零点. 至于在 $[0,\xi_1]$ 上, 当 $h=0$ 或 ∞ 时, $u'(x)$ 显然至少有一个零点; 如果 $0<h<\infty$, 则必有 $s\in(0,\xi_1)$, 使 $u'(0)u'(s)\leqslant 0$, 否则 $u(x)$ 在 $[0,\xi_1]$

上严格单调上升或下降, 这与 $u(\xi_1)=0$ 矛盾. 这样由 $u'(x)$ 的连续性可知, $u'(x)$ 在 $[0,\xi_1]$ 上至少有一个零点. 在 $[\xi_j,l]$ 上的情况完全类似.

现假定在某个小区间 $[\xi_r,\xi_{r+1}]$ $(r=0,1,\cdots,j;\ \xi_0=0,\xi_{j+1}=l)$ 上 $u'(x)$ 有两个或两个以上的零点: $c,d,\cdots$, 将式 (4.5.1) 在 $[c,d]\subset[\xi_r,\xi_{r+1}]$ 上积分, 即有

$$\int_c^d\{[p(x)u'(x)]'+\lambda\rho(x)u(x)\}\mathrm{d}x=\lambda\int_c^d\rho(x)u(x)\mathrm{d}x.$$

由于 $u(x)$ 在 $[c,d]$ 上正负号不变, 故上式右端不等于零, 这显然不真. 这就表明 $u'(x)$ 在 (ξ_r,ξ_{r+1}) 内有且仅有一个零点. 又由 Rolle 定理的证明过程知, 除首尾两个小区间外, $u'(x)$ 的零点 x_r 只能位于这些小区间的内点且均为节点, 即

$$0\leqslant x_1<\xi_1<x_2<\xi_2<\cdots<x_j<\xi_j<x_{j+1}\leqslant l. \tag{4.5.3}$$

式中等号只在 h(或 H) 为零时成立, 且 $u_i'(x_r)=0$ $(r=1,2,\cdots,j+1)$. 注意到当 h(或 H) 为零时, $x_1=0$(或 $x_{j+1}=l$) 一定不是节点, 引理 4.1 得证. ▌

从式 (4.5.1) 和 (4.5.2) 以及引理 4.1 出发, 便可以指出:

第一, 由边条件 (4.5.2) 即可以看出, 杆的端点的位移和应变应遵循边条件关系式

$$u_i(0)u_i'(0)\geqslant 0,\quad u_i(l)u_i'(l)\leqslant 0, \tag{4.5.4}$$

上式中等号只在 h(或 H) 为 0 或 $\to\infty$ 时成立. 同时对于杆的两个不同的振型 $u_i(x)$ 和 $u_k(x)$, 由式 (4.5.2) 得

$$u_i(0)u_k'(0)-u_k(0)u_i'(0)=0=u_i(l)u_k'(l)-u_k(l)u_i'(l), \tag{4.5.5}$$

式中 $i\neq k$ $(i,k=1,2,3,\cdots)$.

第二, 因为杆的正系统的位移振型 $u_i(x)$ 有且仅有 $i-1$ $(i=1,2,\cdots)$ 个节点, 应用引理 4.1 及式 (4.5.3), 并注意到, h(或 H) 为零等价于 $u'(0)=0$(或 $u'(l)=0$), 立即可得下述定理:

定理 4.9 (1) 杆的正系统的应变振型 $u_i'(x)$ 的节点数是

$$S_{u_i'}=i-\varDelta(h)-\varDelta(H),\quad i=2,3,\cdots. \tag{4.5.6}$$

(2) 杆的正系统的同阶位移振型 $u_i(x)$ 的节点 ξ_r $(r=1,2,\cdots,i-1)$ 和应变振型 $u_i'(x)$ 的节点 x_r $(r=1,2,\cdots,i-\varDelta(h)-\varDelta(H))$ 如式 (4.5.3) 所示互相交错.

以上的讨论没有包含 $u_1(x)$ 的情况, 因它只有一个子区间 $[0,l]$. 显然式 (4.5.6) 也适用于 $u_1'(x)$.

第三, 由改写的杆的模态方程

$$p(x)u_i''(x)+p'(x)u_i'(x)+\lambda_i\rho(x)u_i(x)=0,\quad i=1,2,\cdots \tag{4.5.7}$$

和 $u_i'(x_r)=0$, 可得

$$u_i(x_r)u_i''(x_r)<0,\quad i=1,2,\cdots;\ r=1,2,\cdots,i. \tag{4.5.8}$$

总结以上的讨论, 可以得出下述定理.

定理 4.10 函数 $\varphi(x)$ 作为杆的振型的必要条件是:

条件 A 函数 $\varphi(x)$ 及其微商在区间 I 上有确定的变号数, 并满足式 (4.5.4) 和

$$S_{\varphi'}=S_\varphi+1-\varDelta(\varphi'(0))-\varDelta(\varphi'(l)). \tag{4.5.9}$$

特别地, 如果进一步要求 $\varphi(x)$ 是杆的第 i 阶振型, 则有 $S_\varphi=i-1\ (i=1,2,\cdots)$.

下面进一步证明, 上述条件 A 不仅是必要的, 而且也是充分的. 为此, 先证明下面的引理.

引理 4.2 设 $\varphi(x)$ 在区间 $[0,l]$ 上具有连续的一阶微商 $\varphi'(x)$ 并满足上述条件 A. 则 $\varphi(x)$ 的节点 ξ_r 和 $\varphi'(x)$ 的节点 x_r 相间, 如式 (4.5.3) 所示, 并且

$$\varphi(x_r)\varphi''(x_r)<0,\quad r=1,2,\cdots,S_{\varphi'}.$$

证明 因为 $\varphi(x)$ 在 I 上有确定的变号数, 记 $S_\varphi=i-1$, 则有 $\{\xi_r\}_1^{i-1}$ 满足

$$0<\xi_1<\xi_2<\cdots<\xi_{i-1}<l,$$

并使 $\varphi(\xi_r)=0$. 而由式 (4.5.9) 可知, 在区间 (ξ_r,ξ_{r+1}) $(r=1,2,\cdots,i-2)$ 内, $\varphi'(x)$ 的符号恰好改变一次; 在区间 $[0,\xi_1]$ 和 $[\xi_{i-1},l]$ 上, 则视 $\varphi'(0)$ 和 $\varphi'(l)$ 是否为零, $\varphi'(x)$ 的符号可能不改变也可能恰好改变一次. 根据 Rolle 定理, $\varphi'(x)$ 在上述每个小区间上恰有一个零点且必为节点, 即式 (4.5.3) 成立. 进一步, $\varphi'(x)$ 在上述正的子区间上的变号点只能是极大值点, 而在负的子区间上的变号点必为极小值点, 否则与式 (4.5.9) 矛盾. 因而 $\varphi(x_r)\varphi''(x_r)<0$ 也成立. ▌

以上推理过程还表明, 在 $u_i'(x)$ 的两个相邻的节点之间, $u_i(x)$ 只能单调上升或单调下降. 这样又有下述推论.

推论 设 x_r 是 $u_i'(x)$ $(i=1,2,\cdots;r=1,2,\cdots,i)$ 的节点, 则

$$u_i(x_r)u_i'(x)>0,\quad x_{r-1}<x<x_r;\ i=1,2,\cdots;\ r=1,2,\cdots,i,$$

$$u_i(x_r)u_i'(x)<0,\quad x_r<x<x_{r+1};\ i=1,2,\cdots;\ r=1,2,\cdots,i.$$

定理 4.11 定理 4.10 所给出的条件 A 是函数 $\varphi(x)$ 作为杆的振型的充分条件.

证明 采用构造性证法. 考虑给定正数 λ 和函数 $\varphi(x)$, $\varphi(x)$ 在 $[0,l]$ 上有连续的一阶微商和分段连续的二阶微商, 并满足上述必要条件 A. 则必可由它们构造具有正参数 $p(x)$ 和 $\rho(x)$ 的杆, 使其作纵向振动时以 $\varphi(x)$ 为其振型, 而以 $\sqrt{\lambda}$ 为相应的固有角频率.

事实上, 当 $\varphi(x)$ 满足条件 A 时, 由式 (4.5.4) 可知

$$h=\frac{p(0)\varphi'(0)}{\varphi(0)}\geqslant 0,\qquad H=-\frac{p(l)\varphi'(l)}{\varphi(l)}\geqslant 0. \tag{4.5.10}$$

同时由引理 4.2 知, 式 (4.5.3) 和 $\varphi(x_r)\varphi''(x_r)<0$ 也成立; 另由式 (4.5.1) 有

$$p(x)=\frac{1}{\varphi'(x)}\left[p(0)\varphi'(0)-\lambda\int_0^x\rho(s)\varphi(s)\mathrm{d}s\right]. \tag{4.5.11}$$

记 $S_\varphi=i-1$. 以下分三种情况讨论.

(1) $x_1>0,\ x_i<l$. 这时, 只要适当选取 $\rho(x)>0$, 并使

$$\lambda\int_0^{x_r}\rho(s)\varphi(s)\mathrm{d}s=B,\quad r=1,2,\cdots,i;\ \varphi'(x_r)=0, \tag{4.5.12}$$

式中 B 是常数且与 $\varphi(0+0)$ 同号. 这时就可以取

$$p(x)=\begin{cases}\dfrac{1}{\varphi'(x)}\left[B-\lambda\displaystyle\int_0^x\rho(s)\varphi(s)\mathrm{d}s\right], & x_r<x<x_{r+1},\ r=0,1,\cdots,i,\\ & x_0=0,\ x_{i+1}=l;\\ -\lambda\rho(x_r)\dfrac{\varphi(x_r)}{\varphi''(x_r)}, & x=x_r,\ r=1,2,\cdots,i.\end{cases} \tag{4.5.13}$$

现将按式 (4.5.13) 选取的 $p(x)$ 与 ρ,h,H 一并构成待求杆的参数.

问题在于, 如何选取 $\rho(x)$ 以使由式 (4.5.13) 所确定的 $p(x)$ 恒正? 其实, $\rho(x)$ 的选取有很大的自由, 例如可取

$$\rho(x)=\begin{cases}a_r, & x_r\leqslant x\leqslant\xi_r,\\ a_r+\dfrac{a_{r+1}-a_r}{c_r}(x-\xi_r), & \xi_r\leqslant x\leqslant\xi_r+c_r,\quad r=1,2,\cdots,i-1.\\ a_{r+1}, & \xi_r+c_r\leqslant x\leqslant x_{r+1},\end{cases} \tag{4.5.14}$$

式中

$$c_r = (\xi_r - x_r)/10, \quad r = 1, 2, \cdots, i-1, \tag{4.5.15}$$

至于在 $[0, x_1]$ 与 $[x_i, l]$ 上, $\rho(x)$ 可分别取 a_1 与 a_i. 只要指定 $a_1 > 0$, 即可由

$$\int_{x_r}^{x_{r+1}} \rho(s)\varphi(s)\mathrm{d}s = 0, \quad r = 1, 2, \cdots, i-1$$

唯一确定 $a_r(r = 2, 3, \cdots, i)$, 显然这样选取的 $\rho(x)$ 是正的. 而在这样选取 $\rho(x)$ 后, 由上式和式 (4.5.12), 则

$$B - \lambda \int_0^x \rho(s)\varphi(s)\mathrm{d}s = \lambda \int_x^{x_{r+1}} \rho(s)\varphi(s)\mathrm{d}s,$$

$$x_r < x < x_{r+1};\ r = 0, 1, \cdots, i-1; \quad x_0 = 0,\ x_{i+1} = l$$

必与 $\varphi(x_{r+1})$ 同号, 进而由引理 4.2 的推论可知, 上式必与区间 (x_r, x_{r+1}) $(r = 0, 1, \cdots, i-1)$ 内的 $\varphi'(x)$ 同号, 故由式 (4.5.13) 确定的 $p(x)$ 在区间 (x_r, x_{r+1}) $(r = 0, 1, \cdots, i-1)$ 内及其端点上肯定大于零.

至于对于区间 (x_i, l) 内的 $p(x)$, 这时,

$$B - \lambda \int_0^x \rho(s)\varphi(s)\mathrm{d}s = -\lambda \int_{x_i}^x \rho(s)\varphi(s)\mathrm{d}s, \quad x_i < x < l.$$

显然, $p(x)$ 与 $\varphi(x_i)$ 异号, 从而也与该区间内的 $\varphi'(x)$ 同号, 在此区间 $[x_i, l]$ 上式 (4.5.13) 所确定的 $p(x)$ 也是正的.

(2) 以上讨论显然完全适用于 $x_1 = 0$, $x_i < l$ 的情况, 只是 $r = 2, 3, \cdots, i$.

(3) 以上讨论也完全适用于 $x_1 > 0$, $x_i = l$ 的情况, 只是 $r = 1, 2, \cdots, i-1$.

综上所述, 即已证明了, 只要 $\varphi(x)$ 满足必要条件 A, 它一定是某杆的一个振型. 定理得证. ▌

为了有助于读者理解以上的讨论, 不妨看一个例子.

考查函数 $\varphi(x) = \cos x + \sin x$, 在 $[0, 5\pi/4]$ 上它作为某一杆的振型的必要条件:

$$S_\varphi = S_{\varphi'} = 1, \qquad h = \frac{p(0)\varphi'(0)}{\varphi(0)} = p(0) > 0, \qquad \varphi'(5\pi/4) = 0.$$

若取 $\rho(x)$ 为正常数, 则由式 (4.5.13) 可得 $p = \lambda\rho$ 也是正常数. 由此可见, 当 $p(x)$ 和 $\rho(x)$ 为常数时, $\omega = \sqrt{p/\rho}$ 是长为 $l = 5\pi/4$、左端为弹性支承 $(h = p(0))$、右端自由的杆的第二阶固有角频率, 而 $\cos x + \sin x$ 是该杆的第二阶振型. 这与直接解微分方程的结果完全一致. 值得指出的是, 在本例中函数 $\varphi(x) = \cos x + \sin x$

的取值区间可以扩展为 $[0,l]$ ($l \in [5\pi/4, 3\pi/2]$). 这时, 除右端支承方式由自由变为弹性支承或固定外, $\varphi(x)$ 均可成为某一杆的振型. 然而如果 $\varphi(x)$ 的取值区间 $[0,l]$ 取得不合适, 例如 $l \in (3\pi/4, 5\pi/4)$, 那么式 (4.5.10) 将不成立, 此时 $\varphi(x)$ 不为杆的振型. 因而对于同样一个函数 $\varphi(x)$, 如果取值区间取得不当, 它就可能不为杆的振型.

以上获得了函数 $\varphi(x)$ 为杆的振型的充分必要条件. 显然, 上述证明适用于最常见的固定–自由杆和两端固定杆.

4.5.2 模态相容性条件和独立模态的个数[21]

与离散问题完全类似, 也可以讨论杆的两个不同的振型之间的协调关系.

设 $\varphi(x)$ 和 $\psi(x)$ 是杆的两个不同的振型, λ 和 μ 是相应的固有角频率的平方. 这时除需满足必要条件 A 和式 (4.5.5) 外, 由 $\varphi(x)$ 和 $\psi(x)$ 所满足的方程:

$$\begin{cases} [p(x)\varphi'(x)]' + \lambda\rho(x)\varphi(x) = 0, \\ [p(x)\psi'(x)]' + \mu\rho(x)\psi(x) = 0 \end{cases} \tag{4.5.16}$$

或

$$\begin{cases} \varphi''(x) + \varphi'(x)\dfrac{p'(x)}{p(x)} + \lambda\varphi(x)\dfrac{\rho(x)}{p(x)} = 0, \\ \psi''(x) + \psi'(x)\dfrac{p'(x)}{p(x)} + \mu\psi(x)\dfrac{\rho(x)}{p(x)} = 0, \end{cases}$$

即可得

$$\frac{\rho}{p} = \frac{z(x)}{f(x)}, \qquad p(x) = C\exp\left\{-\int_0^x \frac{g(s)}{f(s)}\mathrm{d}s\right\}, \tag{4.5.17}$$

其中

$$f(x) = \mu\varphi'(x)\psi(x) - \lambda\varphi(x)\psi'(x),$$

$$g(x) = \mu\varphi''(x)\psi(x) - \lambda\varphi(x)\psi''(x),$$

$$z(x) = \varphi''(x)\psi'(x) - \varphi'(x)\psi''(x).$$

由此可见, 除了条件 A 和方程 (4.5.5) 外, $\varphi(x)$ 和 $\psi(x)$ 还要满足: 对于 $[0,l]$ 上的任一点 x, $z(x)$ 和 $f(x)$ 只能同时为零或同号; 对于使 $f(s)=0$ 的 s, 则当 $x \to s$ 时, $g(x)/f(x)$ 应有有限极限, $z(x)/f(x)$ 应有正极限. 称这一条件为两个不同模态之间的相容性条件.

从以上讨论可得以下定理.

定理 4.12 如果给定杆的两个位移模态 $(\omega_i=\sqrt{\lambda},\varphi(x))$ 和 $(\omega_j=\sqrt{\mu},\psi(x))$, 它们满足振型的必要条件 A 和上述相容性条件, 那么就可以由式 (4.5.17) 构造出杆的密度函数 $\rho(x)$ 和刚度 $p(x)$, 进而获得杆的其余的所有模态.

由于这个性质在力学上的重要性, 我们从另一角度将其表述为如下定理.

定理 4.13 杆的连续系统的无穷个位移模态 $(\omega_i,u_i(x))$ $(i=1,2,\cdots)$ 中, 仅有两个, 且是任意的两个位移模态 $(\omega_{i_1},u_{i_1}(x))$ 和 $(\omega_{i_2},u_{i_2}(x))$ $(i_1\neq i_2)$ 是独立的.

这意味着, 如果两个杆系统彼此有两个模态 (含两阶固有频率和相应振型) 相同, 则这两个系统相同. 也意味着, 如果设计一个杆, 要求具有某些模态, 则最多只能要求具有两个指定的模态.

需指出, 弦的独立模态只有一个. 弦的固有角频率 ω 和振型 $\varphi(x)$ 满足方程

$$\begin{cases}T\varphi''(x)+\omega^2\rho(x)\varphi(x)=0,\\ \varphi(0)=\varphi(l)=0.\end{cases}\tag{4.5.18}$$

由于弦的张力 T 是一个常数, 则对上述方程求解, 可得

$$\rho(x)=-T\varphi''(x)/\omega^2\varphi(x).\tag{4.5.19}$$

可见, 如果给定一组模态数据 $(\omega,\varphi(x))$, 它们满足这样的条件: $\varphi''(x)$ 与 $\varphi(x)$ 反号, 或在 $\varphi(\xi)=0$ 处 $\varphi''(\xi)=0$, 且 $\varphi''(x)/\varphi(x)$ 当 $x\to\xi$ 时的极限存在并为负值, 则可求出 $\rho(x)$ 的值如式 (4.5.19). 由此得出结论: 当弦的张力 T 已知, $\rho(x)$ 未知时, 只要给定一阶模态, 就可以求出 $\rho(x)$. 因此可以给出下面的定理.

定理 4.14 弦有无穷阶模态, 但只有一阶模态是独立的. 只要给定一阶模态, 则其余模态都是确定的.

对于两根同长同张力 T 的弦, 如果两者有一阶模态是相同的, 则此两根弦相同, 从而所有模态相同.

需要说明的是, 对于两端自由的杆, 在排除该系统具有的刚体模态后, 本分节的讨论都是适用的.

4.5.3 两端自由杆模态的定性性质

需要提醒读者注意的是, 以上的讨论均不适用于两端自由的杆. 为了研究两端自由杆的定性性质, 仿照离散系统的做法, 可以令

$$\sigma(x)=p(x)u'(x).\tag{4.5.20}$$

而把方程 (4.5.1) 改写为

$$[\rho^{-1}(x)\sigma'(x)]' + \lambda p^{-1}(x)\sigma(x) = 0. \tag{4.5.21}$$

这仍然是 "杆" 的振动模态方程. 我们称以

$$p^*(x) = \rho^{-1}(x), \qquad \rho^*(x) = p^{-1}(x)$$

为截面参数的 "杆" 为原杆的共轭杆. 另一方面, 在变换 (4.5.20) 下, 两端自由杆的边条件变为

$$\sigma(0) = 0 = \sigma(l). \tag{4.5.22}$$

即其共轭杆是两端固定的. 于是不难发现, 两端自由杆有下述模态的定性性质:

(1) 两端自由杆的非零固有频率是正的和单的, 可按递增次序排列为

$$0 = f_1 < f_2 < f_3 < \cdots.$$

(2) 记两端自由杆的共轭杆的固有频率和相应振型为 $(f_i^{\text{co}}, \sigma_i^{\text{co}}(x))$ $(i = 1, 2, \cdots)$, 这里上角标 co 表示该量是与共轭杆相应的量. 注意到 $f_i^{\text{co}} = f_{i+1}$, 以及作为两端固定的共轭杆的振型, $\sigma_i^{\text{co}}(x)$ $(i = 1, 2, \cdots)$ 在区间 $[0, l]$ 上的变号数为 $i-1$, 则两端自由杆与 f_i 相应的 $\sigma_i(x)$(与之相应的 $u_i'(x)$) $(i = 2, 3, \cdots)$ 在区间 $[0, l]$ 上的变号数为 $i-2$.

(3) 由运动方程, 有

$$\sigma_i'(x) = -\lambda_i \rho(x) u_i(x).$$

这表明, $\sigma_i'(x)$ 和 $u_i(x)$ 有着完全相同的定性性质. 根据引理 4.1, 当 $\sigma_i(x)$ $(i = 2, 3, \cdots)$ 在区间 $[0, l]$ 上的变号数为 $i-2$ 时, 注意到 $\sigma_i(0) = 0 = \sigma_i(l)$, $\sigma_i'(x)$ 在 $[0, l]$ 上的变号数恰为 $i-1$. 于是得出结论, $u_i(x)$ $(i = 1, 2, \cdots)$ 在 $[0, l]$ 上的变号数亦为 $i-1$.

至于 $u_1(x)$(它与 $f_1 = 0$ 相对应), 显然可以取它为常数, 从而同样具有上述 (3) 的性质. 只是 $u_1'(x)$ 的变号数也是零. 这样也得出:

(4) 函数 $u_i(x)$ 作为两端自由杆的第 i 阶振型的充分必要条件是

$$S_{u_i} = S_{u_i'} + 1 = i - 1, \quad i = 2, 3, \cdots. \tag{4.5.23}$$

关于这一条件的充分性, 完全可以仿照定理 4.11 加以证明, 这里从略.

(5) 4.3 节最后所给出的正 Sturm-Liouville 系统的振动的振荡性质 (2) 中的 (c), 对两端自由杆同样成立[116]. 即有命题:

命题 在区间 I 上, 由两端自由杆的某些阶振型 $u_i(x)$ ($i=k,k+1,\cdots,m$; $1\leqslant k\leqslant m$) 组合而成的函数

$$u(x)=\sum_{i=k}^{m}c_iu_i(x),\quad 1\leqslant k\leqslant m;\ \sum_{i=k}^{m}c_i^2>0$$

的节点不少于 $k-1$ 个, 而零点不多于 $m-1$ 个.

证明 由正 Sturm-Liouville 系统振动的振荡性质 (2) 中的 (c) 知: 由两端自由杆的共轭杆的某些阶振型 $\sigma_i^{\rm co}(x)(i=k,k+1,\cdots,m;\ 1\leqslant k\leqslant m)$ 组合而成的 "位移"

$$\sigma(x)=\sum_{i=k}^{m}c_i\sigma_i^{\rm co}(x),\quad 1\leqslant k\leqslant m;\ \sum_{i=k}^{m}c_i^2>0,$$

在区间 $[0,l]$ 上的节点不少于 $k-1$ 个, 而零点不多于 $m-1$ 个. 注意到式 (4.5.20), 上式等价于: 对于两端自由杆的某些阶应变振型 $u_i'(x)$ ($i=k+1,k+2,\cdots,m+1$; $1\leqslant k\leqslant m$), 由它们组合而成的函数

$$u'(x)=\sum_{i=k}^{m}c_iu_{i+1}'(x),\quad 1\leqslant k\leqslant m;\ \sum_{i=k}^{m}c_i^2>0\tag{4.5.24}$$

在区间 $[0,l]$ 上的节点不少于 $k-1$ 个, 而零点不多于 $m+1$ 个, 这里, $u'(x)$ 在区间 $[0,l]$ 的两个端点上的零点已被计数.

采用反证法证明命题. 先证命题的第二个结论. 即设与式 (4.5.24) 相应的 $u(x)$ 的零点个数多于 m 个. 应用引理 4.1, 并注意到现在 $h=0=H$, 式 (4.5.24) 中的 $u'(x)$ 的零点个数多于 $m+1$ 个, 从而矛盾. 所以, 与式 (4.5.24) 相应的 $u(x)$ 的零点个数不多于 m 个.

再证命题的第一个结论. 考查改写后的两端自由杆的模态方程

$$\sigma'(x)=-\lambda\rho(x)u(x),$$

说明 $u(x)$ 与 $\sigma'(x)$ 有完全相同的节点. 从 $\sigma(x)$ 的节点不少于 $k-1$ 个出发, 并注意到 $\sigma'(0)$ 和 $\sigma'(l)$ 均不为零, 应用引理 4.1 于 $\sigma(x)$ 和 $\sigma'(x)$, 则 $\sigma'(x)$ 的节点不少于 k 个. 由此, 与式 (4.5.24) 相应的 $u(x)$ 的节点个数不少于 k 个. 注意到与式 (4.5.24) 相应的 $u(x)$ 具有表达式

$$u(x)=\sum_{i=k}^{m}c_iu_{i+1}(x),\quad 1\leqslant k\leqslant m;\ \sum_{i=k}^{m}c_i^2>0.$$

命题得证. ▌

4.5.4 杆各种振型节点的相间性

由于附录中定理 25 在证明 Марков 函数序列中的函数 $\varphi_i(x)$ 与 $\varphi_{i+1}(x)$ 的节点相间时, 仅仅利用了定理 25 中 Марков 函数序列的性质 (2) 和 (3), 亦即本章 4.3 节末 Sturm-Liouville 系统振动的振荡性质 (2) 中的 (b) 和 (c). 而 4.3 节和 4.5.3 分节中又已证明, 任意支承杆的位移振型和应变振型均具有振荡性质 (2) 中的 (b) 和 (c), 因此除了上面已经提到的正系统的相邻阶位移振型 $u_i(x)$ 与 $u_{i+1}(x)$ 的节点互相交错、正系统的同阶位移振型 $u_i(x)$ 与应变振型 $u_i'(x)$ 的节点互相交错外, 我们可以进一步得到下述推论:

两端自由杆的相邻阶位移振型 $u_i(x)$ 与 $u_{i+1}(x)$ $(i=2,3,\cdots)$ 的节点互相交错;

任意支承杆的相邻阶应变振型 $u_i'(x)$ 与 $u_{i+1}'(x)$ $(i=2,3,\cdots)$ 的节点互相交错;

仿照定理 4.9 的导出过程, 利用 Rolle 定理和变号数规律可以证明: 两端自由杆的同阶位移振型 $u_i(x)$ 与应变振型 $u_i'(x)$ $(i=2,3,\cdots)$ 的节点互相交错.

根据本节的讨论, 我们可以画出杆的振型的示意图, 如图 4.1~4.3.

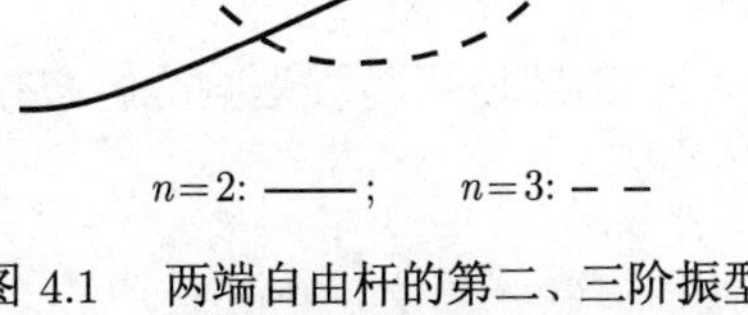

$n=2$: ——; $n=3$: – –

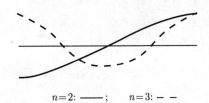

图 4.1 两端自由杆的第二、三阶振型

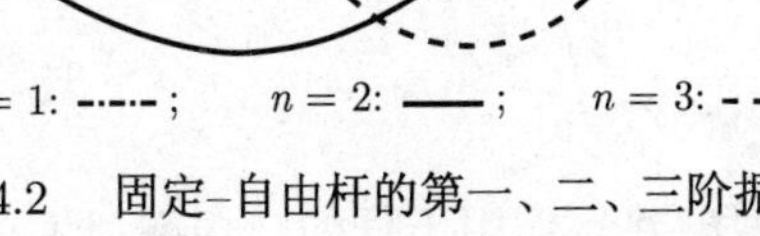

$n=1$: -·-·-·-; $n=2$: ——; $n=3$: - - -

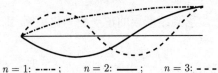

图 4.2 固定–自由杆的第一、二、三阶振型

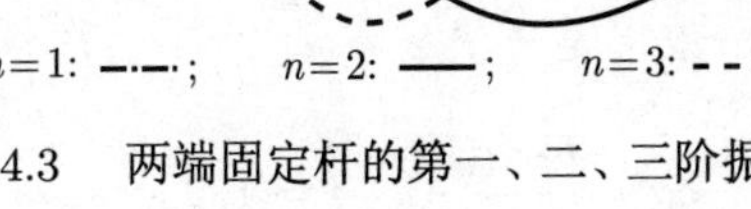

$n=1$: -·-·-; $n=2$: ——; $n=3$: - - -

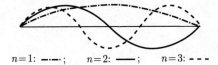

图 4.3 两端固定杆的第一、二、三阶振型

4.6 不同边界支承的杆固有频率的相间性

确定杆的强迫响应是工程振动问题中的重要课题之一. 本节就以固定-自由杆的强迫响应问题为例, 阐述研究这一问题的方法. 如同前两章一样, 这样做的主要目的仍在于通过研究强迫响应来导出不同支承方式下杆的固有频率的相间性. 下面分两种情况讨论.

4.6.1 简谐载荷作用下的强迫振动

设在固定-自由杆的整个杆上作用有强迫力 $F(x)\sin\omega t$, 则强迫振动的解为

$$u(x,t)=u(x)\sin\omega t.$$

若记 $\lambda=\omega^2$, 则 $u(x)$ 满足方程

$$[p(x)u'(x)]'+\lambda\rho(x)u(x)=F(x),\quad 0<x\leqslant l. \tag{4.6.1}$$

又记与上述方程相对应的齐次方程的模态解是 $\{\lambda_i,u_i(x)\}$ $(i=1,2,\cdots)$, 且已归一化, 即

$$\int_0^l\rho(x)u_i^2(x)\mathrm{d}x=1,\quad i=1,2,\cdots.$$

和离散系统问题中的处理方法类似, 可将强迫响应解按振型族展开, 其展开式可以表示为

$$u(x)=\sum_{i=1}^{\infty}c_iu_i(x). \tag{4.6.2}$$

以此式代入式 (4.6.1), 注意到振型族的正交归一化关系, 即得

$$c_i=\frac{1}{\lambda-\lambda_i}\int_0^lF(x)u_i(x)\mathrm{d}x,\quad i=1,2,\cdots.$$

如果强迫力是一个集中力, 并且作用于杆的自由端, 即

$$F(x)=F_0\delta(x-l).$$

那么, 展开式 (4.6.2) 的系数将是

$$c_i=\frac{F_0u_i(l)}{\lambda-\lambda_i},\quad i=1,2,\cdots.$$

这样, 相应的强迫响应解是

$$u(x) = F_0 \sum_{i=1}^{\infty} \frac{u_i(l)}{\lambda - \lambda_i} u_i(x). \tag{4.6.3}$$

由此式得到结论:

(1) 当 $\lambda \to \lambda_r$ $(r = 1, 2, \cdots)$ 时, 除 $u_r(x)$ 的节点外, 因为 $u_r(l) \neq 0$, 则必有 $u(x) \to \infty$. 这就是说, 当简谐外载的频率等于固定–自由杆的某一固有频率时, 除了与该频率相应的振型的节点外, 杆的其余各点的振幅都将趋于无穷, 亦即出现共振现象. 当然, 与离散系统一样, 由于阻尼的存在, 实际的振幅将只表现为峰值而不是无穷. 特别地, 有

$$u(l) = F_0 \sum_{i=1}^{\infty} \frac{u_i^2(l)}{\lambda - \lambda_i}. \tag{4.6.4}$$

这表明, 当发生共振时, 自由端的振幅必定出现峰值且其相位与外载的相位一致.

(2) 当 $u(l) \equiv 0$ 时, 杆的右端是固定的. 这时, 式 (4.6.4) 成为

$$\sum_{i=1}^{\infty} \frac{u_i^2(l)}{\lambda - \lambda_i} = 0, \tag{4.6.5}$$

这就是两端固定杆的频率方程. 换句话说, 在简谐外载作用下, 自由端的振幅为零时, 所对应的外载的频率就是原系统在右端固定时的某一固有频率. 进一步, 如果此时的强迫响应函数 $u(x, \omega)$ 在 $(0, l)$ 内有 $i - 1$ 个节点, 则 ω 就是两端固定杆的第 i 个角频率 $(i = 1, 2, \cdots)$. 不过, 这时的强迫响应函数本身并非两端固定杆的振型. 这是因为对于强迫响应函数 $u(x, \omega)$ 总有

$$u'(l) = F_0 \sum_{i=1}^{\infty} \frac{u_i(l) u_i'(l)}{\lambda - \lambda_i} = 0.$$

注意到, 对固定–自由杆恒有 $u_i(l) \neq 0$, 应用引理 2.2 于式 (4.6.5) 得

$$\lambda_1^{\mathrm{cf}} < \lambda_1^{\mathrm{cc}} < \lambda_2^{\mathrm{cf}} < \lambda_2^{\mathrm{cc}} < \cdots. \tag{4.6.6}$$

式中上角标的意义同第二章. 由此可见, 固定–自由杆和两端固定杆的固有频率彼此相间.

4.6.2 两端自由杆与固定–自由杆固有频率的相间关系

利用上一分节的方法和共轭杆的概念, 我们可以获得两端自由杆和与之相应的固定–自由杆的固有频率的相间关系.

设有一两端自由的变截面杆, 另一左端固定右端自由的变截面杆, 两杆除其左端支承方式不同外其余完全相同. 设它们的固有频率分别为

$$0 = f_1^{\mathrm{ff}} < f_2^{\mathrm{ff}} < \cdots \quad 与 \quad 0 < f_1^{\mathrm{cf}} < f_2^{\mathrm{cf}} < \cdots .$$

由本章 4.5 节关于共轭杆的讨论可知, 两端自由杆的共轭系统是两端固定 “杆”, 而固定–自由杆的共轭系统是自由–固定 “杆”. 显然, 这两个共轭系统也是除左端支承方式不同外都具有完全相同的参数. 记它们的固有频率分别为

$$0 < \widetilde{f}_1^{\mathrm{cc}} < \widetilde{f}_2^{\mathrm{cc}} < \cdots \quad 与 \quad 0 < \widetilde{f}_1^{\mathrm{fc}} < \widetilde{f}_2^{\mathrm{fc}} < \cdots .$$

采用上一分节完全同样的方法, 可以证明

$$0 < \widetilde{f}_1^{\mathrm{fc}} < \widetilde{f}_1^{\mathrm{cc}} < \widetilde{f}_2^{\mathrm{fc}} < \widetilde{f}_2^{\mathrm{cc}} < \cdots .$$

注意到共轭系统的固有频率与原系统的固有频率之间的关系:

$$\widetilde{f}_i^{\mathrm{fc}} = f_i^{\mathrm{cf}}, \quad \widetilde{f}_i^{\mathrm{cc}} = f_{i+1}^{\mathrm{ff}}, \quad i = 1, 2, \cdots ,$$

即得到两端自由杆与固定–自由杆的固有频率彼此相间:

$$0 = f_1^{\mathrm{ff}} < f_1^{\mathrm{cf}} < f_2^{\mathrm{ff}} < f_2^{\mathrm{cf}} < \cdots . \tag{4.6.7}$$

综合式 (4.6.6) 与 (4.6.7), 即有

$$f_i^{\mathrm{ff}} < f_i^{\mathrm{cf}} < (f_i^{\mathrm{cc}}, f_{i+1}^{\mathrm{ff}}) < \lambda_{i+1}^{\mathrm{cf}}, \quad i = 1, 2, \cdots . \tag{4.6.8}$$

上式内的括号部分表明两端自由杆与两端固定杆的固有频率之间的关系是不确定的. 事实上, 对具有完全相同的常参数的两端自由杆与两端固定杆, 恰恰有

$$f_i^{\mathrm{cc}} = f_{i+1}^{\mathrm{ff}}, \quad i = 1, 2, \cdots .$$

4.7 Sturm-Liouville 系统自由振动和强迫振动的定性性质

4.7.1 自由振动[3]

对于具有动端点的 Sturm-Liouville 系统, 其由初位移、初速度引起的自由振动有如下的定性性质:

(1) 简谐振动在动端点的幅值异于零;

(2) 任何自由振动在动端点的位移不可能在所有时间皆为零.

事实上, 包括单跨 Euler 梁在内的具有振荡 Green 函数的系统都遵循下述定理.

定理 4.15 具有振荡 Green 函数, 并有动端点的连续结构的自由振动都具有上述性质 (1) 和 (2).

证明 先证 (1). 自由振动是简谐振动 $u(x,t)=u(x)\sin\omega t$ 时, 只能是某个固有振动

$$u(x,t)=u_i(x)\sin\omega_i t,$$

由振型函数只有节点而无其他的零点知, 振型 $u_i(x)$ 在动端点不为零.

再证 (2). 一般的自由振动可以表成如下振型的级数:

$$u(x,t)=\sum_{i=1}^{\infty}c_iu_i(x)\sin(\omega_i t+\alpha_i),\quad 0\leqslant t<\infty.$$

设结构以 $x=0$ 为动端点, 有

$$u(0,t)=\sum_{i=1}^{\infty}c_iu_i(0)\sin(\omega_i t+\alpha_i),\quad 0\leqslant t<\infty.$$

由此得

$$c_iu_i(0)=\lim_{T\to\infty}\frac{2}{T}\int_0^T u(0,t)\sin(\omega_i t+\alpha_i)\mathrm{d}t.$$

式中 T 表充分长的时间. 如果动端点在每一时刻的位移皆为零, 即 $u(0,t)=0\ (0\leqslant t<\infty)$, 而 $u_i(0)\neq 0\ (i=1,2,\cdots)$, 所以 $c_i=0\ (i=1,2,\cdots)$, 从而自由振动 $u(x,t)\equiv 0\ (0\leqslant x\leqslant l;\ 0\leqslant t<\infty)$, 这与性质 (1) 矛盾, 故 $u(0,t)$ 不可能在每一时刻都为零. ▌

Левин的论文[57] 证明了更强的结论: 自由振动中, 弦的动端点的位移不可能在大于某个量的时间间隔内为零.

4.7.2 强迫振动

记至少有一自由端的 Sturm-Liouville 系统 S 的固有频率为 f_i, 其相应的振型为 $u_i(x)$. 设在某一动端点处设置刚性支座后的系统为 S^*, 其固有频率和相应振型分别为 f_i^* 和 $u_i^*(x)$. 在 4.6 节中已证明

$$f_{i-1}^*<f_i<f_i^*.$$

现阐述对于 Sturm-Liouville 系统, 当其受到简谐集中力作用时所产生的纯强迫振动具有的定性性质.

定理 4.16 具有振荡 Green 函数并有动端点的连续结构, 在其动端点处受到角频率为 ω 的简谐集中力 $F\sin\omega t$ 的作用时, 纯强迫振动

$$Y(x,t)=u(x)\sin\omega t$$

具有性质:

(1) 如果系统 S^* 的大于激励频率 $f=\omega/2\pi$ 的第一个固有频率为 f_i^*, 则 $u(x)$ 有着与 S^* 的第 i 阶振型 $u_i^*(x)$ 相同个数的节点, 且在 I 上无别的不动点.

(2) 如果 $f_{i-1}^*<f<f_i$, 则动端点的位移和外力同相; 如果 $f_i<f<f_i^*$, 则动端点的位移和外力反相, 这里 $f_i\ (i=1,2,\cdots)$ 是原系统的固有频率.

(3) 如果 $f=f_i^*$, 则外力作用点的位移恒为零.

这个定理的证明实在太长, 而且还要涉及积分方程理论中的某些概念和命题. 限于数学基础和篇幅, 这里不予证明. 有兴趣的读者可以参阅参考文献 [3] 中的第四章定理 10 和定理 10′ 的证明.

对于弦, 可以得到更进一步的如下性质.

定理 4.17 弦在非端点 c 处受到频率为 f 的简谐集中力作用时, 如果 $f_{i-1}^*<f<f_i^*$, $f\neq f_i$, c 点也不是振型 $u_i(x)$ 的节点. 则强迫振动的振幅函数 $u(x)$ 恰有 $i-1$ 个节点.

与定理 4.16 相似, 这个定理也不予证明.

4.8 杆的高阶固有频率渐近公式

对于 Sturm-Liouville 系统的渐近行为一直是人们关心的, 不少历史文献[58,59] 讨论了这一问题, 下面介绍这方面的主要成果.

直接导出杆的高频渐近公式的简单方法是利用小参数摄动法. 为此, 人们通常总是借助变换

$$v=(p\rho)^{1/4}u,\qquad z=\int_0^x\sqrt{\frac{\rho(s)}{p(s)}}\mathrm{d}s,\tag{4.8.1}$$

把杆的振动的模态方程 (4.1.1) 化为如下的规范形式:

$$v''(z)+[\lambda+q(z)]v(z)=0;\tag{4.8.2}$$

相应的边条件则变为

$$v'(0) - h_1 v(0) = 0 = v'(b) + H_1 v(b). \tag{4.8.3}$$

式中

$$q(z) = p^{5/4}\rho^{-3/4}\left(\frac{\mathrm{d}^2}{\mathrm{d}x^2}\frac{1}{\sqrt[4]{p\rho}} + \frac{1}{p}\frac{\mathrm{d}p}{\mathrm{d}x}\frac{\mathrm{d}}{\mathrm{d}x}\frac{1}{\sqrt[4]{p\rho}}\right), \quad b = \int_0^l \sqrt{\frac{\rho(x)}{p(x)}}\mathrm{d}x. \tag{4.8.4}$$

当 $\lambda = \omega^2$ 足够大时, 根据小参数摄动法, 方程 (4.8.2) 的解可以表示为

$$v(z) = \exp\left\{\omega \sum_{r=0}^{\infty} v_r(z)\omega^{-r}\right\}. \tag{4.8.5}$$

以式 (4.8.5) 代入式 (4.8.2), 消去公因子后比较 ω 的同幂次项系数, 即可得到 v_r 所满足的方程:

$$\begin{cases} {v_0'}^2 + 1 = 0, \\ 2v_0'v_r' + q_r + \sum\limits_{k=1}^{r-1} v_k' v_{r-k}' + v_{r-1}'' = 0, \quad r = 1, 2, \cdots, \end{cases} \tag{4.8.6}$$

其中

$$q_2 = q(z), \quad q_r = 0, \quad r = 1, 3, 4, \cdots.$$

由此可以解得

$$v_0 = \pm \mathrm{i}z + c_0, \qquad v_1 = c_1,$$

$$v_2 = \pm\frac{\mathrm{i}}{2}\int_0^z q(s)\mathrm{d}s + c_2, \qquad v_3 = -\frac{q(z)}{4} + c_3,$$

$$v_4 = -\frac{\mathrm{i}}{8}\left[\int_0^z q^2(s)\mathrm{d}s + q'(z)\right] + c_4, \quad \cdots$$

以上式中 $\mathrm{i} = \sqrt{-1}$, c_r $(r = 0, 1, \cdots)$ 都是常数. 如果只保留上述级数 (4.8.5) 中的前四项, 则

$$\begin{aligned} v(z) = \Bigg\{ & A\sin\left[\omega z + \frac{1}{2\omega}\int_0^z q(s)\mathrm{d}s + o(\omega^{-3})\right] \\ & + B\cos\left[\omega z + \frac{1}{2\omega}\int_0^z q(s)\mathrm{d}s + o(\omega^{-3})\right]\Bigg\} \exp\left\{\frac{-q(z)}{4\omega^2}\right\}, \end{aligned} \tag{4.8.7}$$

式中, A 和 B 是不同时为零的待定系数. 下面我们分三种情况加以讨论.

(1) $0 \leqslant h_1, H_1 < \infty$. 这时, 将式 (4.8.7) 代入边条件 (4.8.3), 可得杆的频率方程为

$$\sin[\omega b + m/\omega - \theta + o(\omega^{-3})] = 0, \tag{4.8.8}$$

式中 $m = \dfrac{1}{2}\displaystyle\int_0^b q(t)\mathrm{d}t$, θ 满足

$$\tan\theta = \frac{(h_1 + H_1)/\omega + o(\omega^{-3})}{1 + o(\omega^{-2})}. \tag{4.8.9}$$

由式 (4.8.8), 得到杆的高阶固有角频率的渐近公式为

$$\omega_n = \frac{n\pi}{b} + \frac{h_1 + H_1 - m}{n\pi} + o(n^{-3}); \tag{4.8.10}$$

相应的高阶振型的估计式是

$$\begin{aligned} v_n(z) = {} & \sin\frac{n\pi z}{b}\left[\frac{Q(z) - cz}{n} + o(n^{-3})\right] \\ & + \cos\frac{n\pi z}{b}[1 - o(n^{-2})], \qquad n \to \infty, \end{aligned} \tag{4.8.11}$$

式中

$$c = \frac{h_1 + H_1 - m}{\pi}, \qquad Q(z) = \frac{b}{\pi}\left[h_1 - \frac{1}{2}\int_0^z q(s)\mathrm{d}s\right].$$

同时我们还可以进一步得到高阶振型的模的估计式为

$$\rho_n = \int_0^l \rho(x)u_n^2(x)\mathrm{d}x = \int_0^b v_n^2(z)\mathrm{d}z = \frac{b}{2} + o(n^{-3}). \tag{4.8.12}$$

(2) 当 $h_1 \to \infty$ 但 H_1 仍为有限值时, 这种情况下的高阶固有角频率的渐近公式为

$$\omega_n = \frac{(2n+1)\pi}{2b} + \frac{H_1 - m}{(n+1/2)\pi} + o(n^{-3}); \tag{4.8.13}$$

相应的高阶振型的渐近公式为

$$\begin{aligned} v_n(z) = {} & \sin\frac{(n+1/2)\pi z}{b}[1 + o(n^{-2})] + \cos\frac{(n+1/2)\pi z}{b} \\ & \cdot\left[\frac{(m - H_1)z}{(n+1/2)\pi} - \frac{b}{(2n+1)\pi}\int_0^z q(s)\mathrm{d}s + o(n^{-3})\right], \quad n \to \infty. \end{aligned} \tag{4.8.14}$$

当 h_1 有限而 $H_1 \to \infty$ 时, 完全类似地可得高阶固有频率和相应振型的渐近公式分别为

$$\omega_n = \frac{(2n+1)\pi}{2b} + \frac{h_1 - m}{(n+1/2)\pi} + o(n^{-3}); \tag{4.8.15}$$

$$\begin{aligned} v_n(z) = &\cos\frac{(n+1/2)\pi z}{b}[1+o(n^{-2})] + \sin\frac{(n+1/2)\pi z}{b} \\ &\cdot \left[\frac{Q(z)-(h_1-m)z}{(n+1/2)\pi} + o(n^{-3})\right], \quad n \to \infty. \end{aligned} \tag{4.8.16}$$

同理, 当 h_1 和 H_1 同时趋于无穷即杆两端固定时, 其高阶固有角频率和相应振型的渐近公式分别为

$$\omega_n = \frac{(n+1)\pi}{b} - \frac{m}{(n+1)\pi} + o(n^{-3}); \tag{4.8.17}$$

$$\begin{aligned} v_n(z) = &\sin\frac{(n+1)\pi z}{b}\left[\frac{b}{2(n+1)\pi}\int_0^z q(s)\mathrm{d}s + o(n^{-3})\right] \\ &+ \cos\frac{(n+1)\pi z}{b}[1+o(n^{-2})], \quad n \to \infty. \end{aligned} \tag{4.8.18}$$

(3) 比较以上两类情况下的高频渐近公式, 可以发现:

(a) h_1(或 H_1) $\to \infty$ 时, 高阶固有角频率的有限部分将增加 $\pi/2b$. 即隐含着, 仅当

$$n > \max\left(\frac{2bh_1}{\pi}, \frac{2bH_1}{\pi}\right)$$

时, 高阶固有角频率的渐近公式 (4.8.13), (4.8.15) 和 (4.8.17) 才成立.

(b) 注意到对于 $0 \leqslant h, H < \infty$ 的均匀杆, 即 $p(x)$ 和 $\rho(x)$ 为常数时,

$$\omega_n = \frac{n\pi\sqrt{p/\rho}}{l} + \frac{(h+H)l}{n\pi\sqrt{p/\rho}} + o(n^{-3}).$$

以上讨论表明, 当略去一阶小量 $(o(n^{-1}))$ 时, 对于具有相同参数

$$b = \int_0^l \sqrt{\frac{\rho(x)}{p(x)}}\mathrm{d}x$$

的杆, 无论 $\rho(x)$ 和 $p(x)$ 如何变化, 其高阶固有角频率和高阶振型均相同, 正好就是具有常参数 ρ 和 p 的均匀杆的高阶固有角频率和高阶振型. 其中 ρ 和 p 满

足

$$\frac{\rho}{p}=\left[\frac{1}{l}\int_0^l\sqrt{\frac{\rho(x)}{p(x)}}\mathrm{d}x\right]^2.$$

需要指出, 有关高阶模态的渐近性质主要是基于数学上的研究, 而在物理上缺乏实际意义. 因为结构按高阶模态振动时, 例如杆、Euler 梁这类基于平截面假设的力学模型已不适用, 应代之以弹性体模型.

4.9 截面参数具有间断性时杆振动的定性性质

以上讨论的都是杆的截面参数足够光滑的情况. 但在工程实际问题中, 常常会遇到截面参数存在间断性的杆. 现在就来研究两种情况下这种杆的某些振动特性.

4.9.1 截面参数具有第一类间断的情形[58]

考虑一种比较简单的情况. 设杆的截面面积为 $A(x)$, 杆在 $x=al\ (0<a<1)$ 处, 其刚度和质量参数 $p(x)$, $\rho(x)$ 间断, 而在 $[0,al)$ 和 $(al,l]$ 两段内 $p(x),\rho(x)$ 足够光滑. 以 $p_1(x)$, $\rho_1(x)$ 和 $p_2(x),\rho_2(x)$ 分别表示该两段的刚度和质量参数, 那么杆的振动的模态方程为

$$[p_1(x)u_1'(x)]'+\lambda\rho_1(x)u_1(x)=0,\quad 0<x<al, \tag{4.9.1}$$

$$[p_2(x)u_2'(x)]'+\lambda\rho_2(x)u_2(x)=0,\quad al<x<l. \tag{4.9.2}$$

考虑两端固定杆, 边条件仍然是

$$u_1(0)=0=u_2(l), \tag{4.9.3}$$

而在参数间断处其连接条件为

$$u_1(al-0)=u_2(al+0), \tag{4.9.4}$$

$$p_1(al-0)u_1'(al-0)=p_2(al+0)u_2'(al+0). \tag{4.9.5}$$

若设方程 (4.9.1) 在左端边条件下的解是 $C\varphi(x)$, 而方程 (4.9.2) 在右端边条件下的解是 $B\psi(x)$, 其中 C,B 为满足连接条件而引入的非零待定系数. 则由连接条件可得该杆的频率方程

$$p_1(al-0)\varphi'(al-0)\psi(al+0)-p_2(al+0)\psi'(al+0)\varphi(al-0)=0. \tag{4.9.6}$$

一般的讨论上述方程没有太大价值, 不过从它至少可以看到: 当杆的截面参数存在间断时, 杆的固有频率与间断点的位置以及间断值的大小有关. 为了更清楚地说明这一点, 考查更简单的情况, 即在两段中设 $p(x)$ 和 $\rho(x)$ 均为常数的情况. 这时

$$\varphi(x) = \sin(\sqrt{\rho_1/p_1}\ \omega x), \qquad \psi(x) = \sin(\sqrt{\rho_2/p_2}\ \omega(l-x)),$$

从而频率方程为

$$\begin{aligned} &\sin(\sqrt{\rho_1/p_1}\ \omega al)\cos(\sqrt{\rho_2/p_2}\ \omega(1-a)l) \\ &\quad + \beta\cos(\sqrt{\rho_1/p_1}\ \omega al)\sin(\sqrt{\rho_2/p_2}\ \omega(1-a)l) = 0, \end{aligned} \tag{4.9.7}$$

其中

$$\beta = \sqrt{p_1\rho_1/p_2\rho_2}.$$

这就更具体地表明, 杆的固有频率依赖于间断点的位置和杆的截面参数的间断比 β; 且与杆的截面面积的具体数值无关.

4.9.2 带有集中质量的杆

带有集中质量的杆也是工程问题中常见的情况. 设杆在 $x = al$ $(0 < a \leqslant 1)$ 处附加集中质量 M. 这时, 杆的振动模态方程可以表示为

$$[p(x)u'(x)]' + \lambda[\rho(x) + M\delta(x-al)]u(x) = 0, \quad 0 < x < l. \tag{4.9.8}$$

如果仍旧考虑最一般的边条件

$$p(0)u'(0) - hu(0) = 0 = p(l)u'(l) + Hu(l). \tag{4.9.9}$$

并记

$$\rho_1(x) = \rho(x) + M\delta(x-al).$$

容易看出, 方程 (4.9.8) 与方程 (4.1.1) 的区别仅在于以 $\rho_1(x)$ 代替了 $\rho(x)$. 由此并依据本章前面各节的讨论, 立即可以得出以下几点结论:

(1) 对于任意的 $0 < a \leqslant 1$, 附加集中质量的杆的固有频率必定严格低于原杆相应的频率.

(2) 相应于不同频率的振型是带权 $\rho_1(x)$ 正交的, 具体表达为

$$\int_0^l \rho_1(x)y_k(x)y_r(x)\mathrm{d}x = \int_0^l \rho(x)y_k(x)y_r(x)\mathrm{d}x + My_k(al)y_r(al) = 0, \quad k \neq r.$$

(3) 集中质量的存在并不改变杆的 Green 函数, 因而也就不改变杆的基本振荡属性.

(4) 以上结果可以推广到存在多个集中质量的情况.

4.10 离散系统与连续系统的比较

以上考查了杆的连续系统振动的定性性质. 与在第二章所研究的杆的离散系统的同类问题相比, 二者既有不少共同之处, 也有一些相当重要的区别. 在模态的振荡性质方面, 离散系统和连续系统是完全一致的. 这也说明了杆的差分模型和杆的有限元模型具有一定的合理性, 亦即由离散模型所获得的振动中的杆的有关性质, 的确是连续系统的振动特性的一种近似. 然而以下三点值得注意:

(1) 对于离散模型, 弹性支承可以视为固支的特例, 它们的自由度仅相差 1. 因而在离散系统的振型的充要条件中没有涉及边条件的问题. 而对于连续系统, 振型必须事先满足边条件关系式 (4.5.4).

(2) 连续系统存在高阶渐近关系, 而且正如本章 4.8 节所指出的那样, 在忽略一阶微量 (即 $o(n^{-1})$) 的意义上, 杆的高阶固有频率和高阶振型均接近于具有常截面参数的均匀杆的相应量, 这些性质在离散模型中是不可能得到的. 而事实上, 离散模型的高阶固有频率和高阶振型与连续系统的相应频率及振型往往相差甚远.

(3) 和离散模型不同, 杆的截面参数的间断性将给杆的定性性质的研究带来很大困难.

第五章　梁的连续系统振动的定性性质

5.1　梁的运动微分方程

第一章 1.3.4 分节已经指出, 长为 l, 截面参数随截面位置变化的细长直梁 (参见图 5.1) 的固有频率 f 和振型 $u(x)$ 满足的方程是:

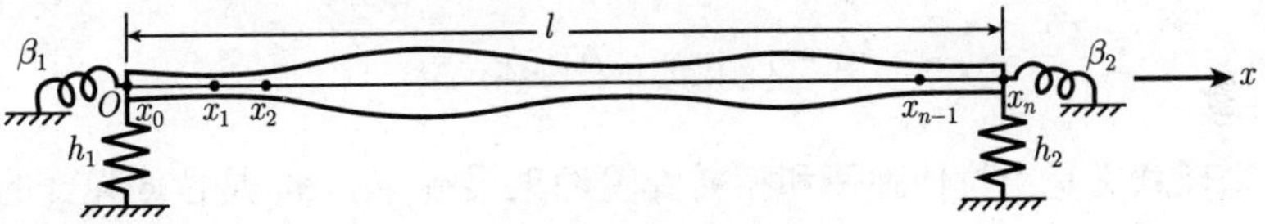

图 5.1　变截面的梁

$$[EJ(x)u''(x)]'' = \lambda\rho(x)u(x), \quad 0 < x < l. \tag{5.1.1}$$

其中

$$\lambda = (2\pi f)^2,$$

$\rho(x)$ 为梁的质量线密度, $EJ(x)$ 为梁的抗弯刚度. 显然,

$$EJ(x) > 0, \quad \rho(x) > 0.$$

以下假定 $EJ(x)$, $\rho(x)$ 始终存在二阶微商. 在实际应用中, 梁的常见支承方式是: 在端点处

$$\begin{aligned}
&\text{自由:}\quad u'' = 0,\ \ (EJu'')' = 0;\\
&\text{滑支:}\quad u' = 0,\ \ (EJu'')' = 0;\\
&\text{铰支:}\quad u = 0,\ \ u'' = 0;\\
&\text{固定:}\quad u = 0,\ \ u' = 0.
\end{aligned} \tag{5.1.2}$$

以上 4 种边条件的某些组合允许梁作刚体运动. 图 5.2 给出了这些边条件组合以及可能的运动方式, 它们正是方程 (5.1.1) 对应于 $\lambda = 0$ 及相应边条件时的振型, 称之为刚体振型. 注意, 两端自由梁有两种刚体振型, 虽然图 5.2 中 (b) 所示振型并不直接与 (a) 带权 $\rho(x)$ 正交, 但是 (a) 与 (b) 的某一组合总是与 (a) 带权 $\rho(x)$ 正交. 梁的 4 种支承方式可以统一表示为

$$[EJ(x)u''(x)]'|_{x=0} + h_1 u(0) = 0 = [EJ(x)u''(x)]'|_{x=l} - h_2 u(l), \tag{5.1.3}$$

$$EJ(0)u''(0) - \beta_1 u'(0) = 0 = EJ(l)u''(l) + \beta_2 u'(l). \tag{5.1.4}$$

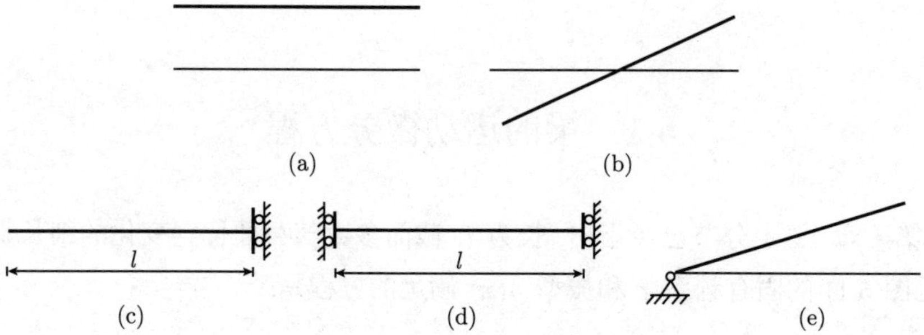

图 5.2　梁的各种刚体振型

它们的物理意义是用拉伸弹簧和扭转弹簧约束梁端, h_1, h_2 是拉伸弹簧的刚度, β_1, β_2 则是扭转弹簧的刚度, 它们均为非负常数. 条件 (5.1.2) 分别相应于

自由: $h=0,\ \ \beta=0;$	滑支: $h=0,\ \ \beta\to\infty;$
铰支: $h\to\infty,\ \ \beta=0;$	固定: $h\to\infty,\ \ \beta\to\infty.$

该系统与相应的离散系统相似, 若

$$h_1 + h_2 > 0, \quad \beta_1 + \beta_2 > 0, \tag{5.1.5}$$

或

$$h_1 \cdot h_2 > 0. \tag{5.1.6}$$

则称由方程 (5.1.1), (5.1.3) 和 (5.1.4) 描述的系统是正的[4,24]. 由于弹簧刚度非负, 所以条件 (5.1.5) 意味着 h_1 和 h_2 中至少有一个大于零, β_1 和 β_2 中也至少有一个大于零; 条件 (5.1.6) 意味着允许 β_1 和 β_2 同时为零, 但在此种情况下 h_1 和 h_2 皆大于零. 下文将证明, 当式 (5.1.5) 或 (5.1.6) 成立时, 图 5.2 所示的所有刚体振型将被排除. 现给出人们熟知的梁的振动的模态方程的一些性质.

定理 5.1　梁的微分算子

$$Bu \equiv [EJ(x)u''(x)]''$$

在边条件 (5.1.3) 和 (5.1.4) 下是对称的, 即

$$(Bu, v) = (Bv, u). \tag{5.1.7}$$

证明 事实上,

$$
\begin{aligned}
(Bu,v)-(Bv,u)=&\int_0^l\{[EJ(x)u''(x)]''v(x)-[EJ(x)v''(x)]''u(x)\}\mathrm{d}x\\
=&\{[EJ(x)u''(x)]'v(x)-[EJ(x)v''(x)]'u(x)\}|_0^l\\
&-EJ(x)[u''(x)v'(x)-v''(x)u'(x)]|_0^l.
\end{aligned}
$$

在边条件为 (5.1.3) 与 (5.1.4) 时, 上式中第二个等号右边的每一项皆为零. 定理证毕. ▍

定理 5.2 在边条件为 (5.1.3) 和 (5.1.4) 时, 梁的模态方程的特征值是实的和非负的. 如果要求它的特征值恒正, 其充分必要条件是系统为正的.

证明 设 λ 是方程 (5.1.1) 在边条件为 (5.1.3) 和 (5.1.4) 时的特征值, $u(x)$ 是相应的特征函数, 即

$$
Bu(x)=\lambda\rho(x)u(x).
$$

因为 $EJ(x)$ 和 $\rho(x)$ 都是实函数, 所以

$$
\lambda\,(\rho u,\bar{u})=(Bu,\bar{u})=(B\bar{u},u)=\overline{(Bu,\bar{u})}=\bar{\lambda}\;\overline{(\rho u,\bar{u})}=\bar{\lambda}\,(\rho u,\bar{u})\,.
$$

这表明, λ 是实的. 进一步有

$$
\begin{aligned}
\lambda\,(\rho u,u)=&(Bu,u)\\
=&\{[EJ(x)u''(x)]'u(x)-EJ(x)u''(x)u'(x)\}|_0^l+\int_0^l EJ(x)[u''(x)]^2\mathrm{d}x\\
=&h_1u^2(0)+h_2u^2(l)+\beta_1(u'(0))^2+\beta_2(u'(l))^2+\int_0^l EJ(x)[u''(x)]^2\mathrm{d}x.
\end{aligned}
$$

由此, 对于不恒为零的 $u(x)$, 显然有 $\lambda\geqslant 0$. 要使 λ 为零, 即使上式等号右边为零, 其充分必要条件是: $u''(x)\equiv 0$, 亦即 $u(x)=cx+d$, 以及

$$
h_1d^2=h_2(c\,l+d)^2=\beta_1c^2=\beta_2c^2=0.
$$

这只能是: $c=0$ 时, $h_1=h_2=0$, 梁两端只有转动弹簧支承, 梁的刚体振型为平动; 或者 $d=0$ 时, $h_2=0$, $\beta_1=\beta_2=0$, 梁在左端有平动弹簧支承, 其刚体振型为绕点 O 转动; 或者 $c\neq 0$, $d\neq 0$ 时, $h_1=h_2=0$, $\beta_1=\beta_2=0$, 梁无任何支承, 为自由–自由梁, 其刚体振型为平动加转动. 总之, 可以看到, 如果系统是正的, 则 $\lambda>0$. 反之, 则必有零特征值. 以上讨论包括了 h_r,β_r ($r=1,\ 2$; 下文均如此) 为无穷的情况. ▍

定理 5.3 在边条件为 (5.1.3) 和 (5.1.4) 时, 梁的模态方程中属于不同特征值的特征函数带权 $\rho(x)$ 正交.

证明 设 λ 和 μ 是两个不同的特征值, $u(x)$ 和 $v(x)$ 是相应的特征函数, 即

$$Bu(x) = \lambda\rho(x)u(x), \quad Bv(x) = \mu\rho(x)v(x).$$

则由定理 5.1 有

$$(Bu, v) - (Bv, u) = (\lambda - \mu)\int_0^l \rho(x)u(x)v(x)\mathrm{d}x = 0.$$

但 $\lambda \neq \mu$, 故

$$\int_0^l \rho(x)u(x)v(x)\mathrm{d}x = 0. \tag{5.1.8}$$

定理证毕. ▌

5.2 梁的 Green 函数

如同杆的问题一样, Green 函数对于确定梁的定性性质起着至关重要的作用. 因此, 本节将要给出梁的 Green 函数的基本性质、它的一般表达式, 以及两种常见梁——固定-自由梁和两端铰支梁的 Green 函数[23,28].

梁的 Green 函数是指如下特殊边值问题的解:

$$\begin{cases} B_xG(x,s) = \delta(x-s), \qquad 0 < x < l,\ 0 < s < l, \\ [EJ(x)G_{xx}(x,s)]_x|_{x=0} + h_1G(0,s) = 0 = [EJ(x)G_{xx}(x,s)]_x|_{x=l} - h_2G(l,s), \\ EJ(0)G_{xx}(0,s) - \beta_1G_x(0,s) = 0 = EJ(l)G_{xx}(l,s) + \beta_2G_x(l,s). \end{cases} \tag{5.2.1}$$

其中 h_r, β_r $(r = 1, 2)$ 均为非负常数并满足式 (5.1.5) 或 (5.1.6), B_x 表示算子 B 对变量 x 求微商. 这一定义表明, 梁的 Green 函数 $G(x,s)$ 具有如下性质:

(1) 对任意的 $x \in [0,l]$, $G(x,s)$ 连续并满足边条件 (5.1.3) 和 (5.1.4).

(2) 除 $x = s$ 外, $G(x,s)$ 对任意的 $x \in [0,l]$ 存在四阶微商, 但在点 s 处它的三阶微商存在间断:

$$[EJ(x)G_{xx}(x,s)]_x\Big|_{x=s-0}^{x=s+0} = 1. \tag{5.2.2}$$

(3) 除 $x = s$ 外, $B_xG(x,s) = 0$.

根据以上性质, 可按下述步骤构造梁的正系统的 Green 函数.

首先, 把方程 (5.2.1) 的第一式对 x 积分一次, 有

$$[EJ(x)G''(x,s)]' = \begin{cases} C_1, & x < s, \\ 1 + C_1, & x > s. \end{cases}$$

此式表明, 所谓 Green 函数, 就是对梁上点 s 作用一个单位集中力而形成的梁的静位移. 然后继续对 x 积分三次, 有

$$G(x,s) = \begin{cases} \displaystyle\int_0^x \mathrm{d}z \int_0^z \frac{C_1 t + C_2}{EJ(t)} \mathrm{d}t + C_4 x + C_6, & x < s, \\ \displaystyle\int_0^x \mathrm{d}z \int_0^z \frac{(C_1+1)t + C_3}{EJ(t)} \mathrm{d}t + C_5 x + C_7, & x > s. \end{cases}$$

由在点 s 处位移、转角、弯矩的连续性条件求得

$$C_3 = C_2 - s, \quad C_5 = C_4 - \int_0^s \frac{t-s}{EJ(t)} \mathrm{d}t,$$

$$C_7 = C_6 - \int_0^s \mathrm{d}z \int_0^z \frac{t-s}{EJ(t)} \mathrm{d}t + s \int_0^s \frac{t-s}{EJ(t)} \mathrm{d}t.$$

这样

$$G(x,s) = \begin{cases} \displaystyle\int_0^x \mathrm{d}z \int_0^z \frac{C_1 t + C_2}{EJ(t)} \mathrm{d}t + C_4 x + C_6, & x < s, \\ \displaystyle\int_0^x \mathrm{d}z \int_0^z \frac{C_1 t + C_2}{EJ(t)} \mathrm{d}t + C_4 x + C_6 + \int_s^x \mathrm{d}z \int_s^z \frac{t-s}{EJ(t)} \mathrm{d}t, & x > s. \end{cases}$$

再采用分部积分消除中间变量 z, 得

$$G(x,s) = \begin{cases} \displaystyle\int_0^x \frac{(x-t)(C_1 t + C_2)}{EJ(t)} \mathrm{d}t + C_4 x + C_6, & x < s, \\ \displaystyle\int_0^x \frac{(x-t)(C_1 t + C_2)}{EJ(t)} \mathrm{d}t + C_4 x + C_6 & \\ \qquad\qquad + \displaystyle\int_s^x \frac{(x-t)(t-s)}{EJ(t)} \mathrm{d}t, & x > s. \end{cases} \tag{5.2.3}$$

最后, 再根据具体边条件确定积分常数, 从而构造出梁在各类边条件下的正系统的 Green 函数.

固定–自由梁. 此时, 容易求得

$$C_4 = C_6 = 0, \quad C_1 = -1, \quad C_2 = s.$$

于是固定–自由梁的 Green 函数为

$$G^{\mathrm{cf}}(x,s) = \int_0^{\min(x,s)} \frac{(x-t)(s-t)}{EJ(t)} \mathrm{d}t, \quad 0 \leqslant x, s \leqslant l. \tag{5.2.4}$$

两端铰支梁. 它的积分常数满足

$$C_2 = C_6 = 0, \quad (C_1+1)l - s = 0,$$

$$\int_0^l \frac{(l-t)C_1 t}{EJ(t)}\mathrm{d}t + C_4 l + \int_s^l \frac{(l-t)(t-s)}{EJ(t)}\mathrm{d}t = 0.$$

故两端铰支梁的 Green 函数为

$$G^{\mathrm{pp}}(x,s) = \begin{cases} \dfrac{l-s}{l}\displaystyle\int_0^x \frac{t(t-x)}{EJ(t)}\mathrm{d}t - \frac{x}{l}\int_0^s \frac{(l-t)(s-t)}{EJ(t)}\mathrm{d}t \\ \qquad + \dfrac{xs}{l^2}\displaystyle\int_0^l \frac{(l-t)^2}{EJ(t)}\mathrm{d}t, & x \leqslant s \\ \dfrac{l-x}{l}\displaystyle\int_0^s \frac{t(t-s)}{EJ(t)}\mathrm{d}t - \frac{s}{l}\int_0^x \frac{(l-t)(x-t)}{EJ(t)}\mathrm{d}t \\ \qquad + \dfrac{xs}{l^2}\displaystyle\int_0^l \frac{(l-t)^2}{EJ(t)}\mathrm{d}t, & x > s. \end{cases} \tag{5.2.5}$$

完全类似地可以求得铰支–滑支梁、固定–滑支梁、固定–铰支梁和两端固定梁的 Green 函数, 它们分别是

$$G^{\mathrm{ps}}(x,s) = \begin{cases} xs\displaystyle\int_s^l \frac{\mathrm{d}t}{EJ(t)} + x\int_x^s \frac{t\mathrm{d}t}{EJ(t)} + \int_0^x \frac{t^2\mathrm{d}t}{EJ(t)}, & x < s, \\ xs\displaystyle\int_x^l \frac{\mathrm{d}t}{EJ(t)} + s\int_s^x \frac{t\mathrm{d}t}{EJ(t)} + \int_0^s \frac{t^2\mathrm{d}t}{EJ(t)}, & x > s; \end{cases}$$

$$G^{\mathrm{cs}}(x,s) = \int_0^{\min(x,s)} \frac{(x-t)(s-t)}{EJ(t)}\mathrm{d}t - \int_0^x \frac{x-t}{EJ(t)}\mathrm{d}t \int_0^s \frac{s-t}{EJ(t)}\mathrm{d}t \Bigg/ \int_0^l \frac{\mathrm{d}t}{EJ(t)};$$

$$\begin{aligned} G^{\mathrm{cp}}(x,s) = &\int_0^{\min(x,s)} \frac{(x-t)(s-t)}{EJ(t)}\mathrm{d}t \\ &- \int_0^x \frac{(l-t)(x-t)}{EJ(t)}\mathrm{d}t \int_0^s \frac{(l-t)(s-t)}{EJ(t)}\mathrm{d}t \Bigg/ \int_0^l \frac{(l-t)^2}{EJ(t)}\mathrm{d}t; \end{aligned}$$

$$\begin{aligned} G^{\mathrm{cc}}(x,s) = &\int_0^{\min(x,s)} \frac{(x-t)(s-t)}{EJ(t)}\mathrm{d}t \\ &- \frac{1}{\varDelta}\Bigg[\int_0^x \frac{t(x-t)}{EJ(t)}\mathrm{d}t \int_0^s \frac{t(s-t)}{EJ(t)}\mathrm{d}t \int_0^l \frac{\mathrm{d}t}{EJ(t)} \\ &+ \int_0^x \frac{x-t}{EJ(t)}\mathrm{d}t \int_0^s \frac{s-t}{EJ(t)}\mathrm{d}t \int_0^l \frac{t^2\mathrm{d}t}{EJ(t)} \\ &- \left(\int_0^x \frac{t(x-t)}{EJ(t)}\mathrm{d}t \int_0^s \frac{s-t}{EJ(t)}\mathrm{d}t + \int_0^x \frac{x-t}{EJ(t)}\mathrm{d}t \int_0^s \frac{t(s-t)}{EJ(t)}\mathrm{d}t\right) \int_0^l \frac{t\mathrm{d}t}{EJ(t)}\Bigg], \end{aligned}$$

式中

$$\varDelta=\int_0^l \frac{t^2}{EJ(t)}\mathrm{d}t\int_0^l \frac{dt}{EJ(t)}-\left(\int_0^l \frac{t}{EJ(t)}\mathrm{d}t\right)^2.$$

以上各式中, 上角标 c, f, p, s 分别表示梁的相应端点固定、自由、铰支和滑支.

梁的 Green 函数也可以由相应离散系统的柔度系数通过极限过程来得到. 仅以固定–自由梁和两端铰支梁为例[23].

先看固定–自由梁. 事实上, 第三章给出的固定–自由梁的差分离散系统的刚度矩阵 $\boldsymbol{A}$ 是

$$\boldsymbol{A}=\widetilde{\boldsymbol{E}}_n\boldsymbol{L}^{-1}\widetilde{\boldsymbol{E}}_n\boldsymbol{K}_{\mathrm{cf}}\widetilde{\boldsymbol{E}}_n^{\mathrm{T}}\boldsymbol{L}^{-1}\widetilde{\boldsymbol{E}}_n^{\mathrm{T}}.$$

此处 $\boldsymbol{L}=\mathrm{diag}(l_1,l_2,\cdots,l_n)$, $\boldsymbol{K}_{\mathrm{cf}}=\mathrm{diag}(k_0,k_1,\cdots,k_{n-1})$, n 阶方阵 $\widetilde{\boldsymbol{E}}_n$ 和它的逆阵 $\boldsymbol{F}$ 分别是

$$\widetilde{\boldsymbol{E}}_n=\begin{bmatrix}1 & -1 & & & & \\ & 1 & -1 & & 0 & \\ & & \ddots & \ddots & & \\ & & & 1 & -1 & \\ & 0 & & & 1\end{bmatrix}_{n\times n},\quad \boldsymbol{F}=\begin{bmatrix}1 & 1 & \cdots & 1\\ & 1 & \cdots & 1\\ & & \ddots & \vdots\\ 0 & & & 1\end{bmatrix}_{n\times n}.$$

因而相应的柔度矩阵 $\boldsymbol{R}$ 是

$$\boldsymbol{R}=\boldsymbol{F}^{\mathrm{T}}\boldsymbol{L}\boldsymbol{F}^{\mathrm{T}}\boldsymbol{K}_{\mathrm{cf}}^{-1}\boldsymbol{F}\boldsymbol{L}\boldsymbol{F}. \tag{5.2.6}$$

则柔度系数 r_{ij} 是

$$r_{ij}=\begin{cases}\displaystyle\sum_{\alpha=1}^{i-1}\left(\sum_{p=\alpha}^{i-1}l_p\right)k_{\alpha-1}^{-1}\left(\sum_{q=\alpha}^{j-1}l_q\right), & i\leqslant j,\\ \displaystyle\sum_{\alpha=1}^{j-1}\left(\sum_{p=\alpha}^{i-1}l_p\right)k_{\alpha-1}^{-1}\left(\sum_{q=\alpha}^{j-1}l_q\right), & i>j.\end{cases} \tag{5.2.7}$$

在差分格式 (参见式 (3.1.12)) 下, 有

$$k_\alpha^{-1}=\frac{1}{2}\left[\frac{\Delta x_\alpha}{EJ(x_\alpha)}+\frac{\Delta x_{\alpha+1}}{EJ(x_\alpha)}\right],\quad \alpha=1,2,\cdots,n-1. \tag{5.2.8}$$

如同杆的讨论一样, 在差分过程中总存在这样的 i, j, 使得对任意的 x, s, 有

$$x_{i-1}\leqslant x\leqslant x_i,\quad x_{j-1}\leqslant s\leqslant x_j.$$

于是

$$\sum_{p=\alpha}^{i-1}l_p=x-x_\alpha+b_i\Delta x_i,\quad \sum_{q=\alpha}^{j-1}l_q=s-x_\alpha+b_j'\Delta x_j,$$

其中 b_i, b'_j 均为小于 1 的正数. 于是随着差分点的无限增加, 当所有差分步长 Δx_α 一致趋于零时, 式 (5.2.7) 的极限表示式就是

$$\begin{aligned}\lim_{n\to\infty,\delta\to 0} r_{ij} &= \lim_{n\to\infty,\delta\to 0}\sum_{\alpha=0}^{\min(i,j)-1}(x-x_\alpha+b_i\Delta x_i)\frac{\Delta x_\alpha+\Delta x_{\alpha+1}}{2EJ(x_\alpha)}(s-x_\alpha+b'_j\Delta x_j)\\ &=\int_0^{\min(x,s)}\frac{(x-t)(s-t)}{EJ(t)}\mathrm{d}t,\quad 0\leqslant x,s\leqslant l.\end{aligned}$$

式中, $\delta=\max\Delta x_\alpha$ $(\alpha=1,2,\cdots,n)$; 上式中第二个等号右边项正是前面所给出的固定–自由梁的 Green 函数表达式 (5.2.4).

再来考查两端铰支梁. 根据第三章给出的两端铰支梁的刚度矩阵

$$\boldsymbol{A}=\boldsymbol{E}_{n-1}\boldsymbol{L}^{-1}\boldsymbol{E}_{n-1}^{\mathrm{T}}\boldsymbol{K}_{\mathrm{pp}}\boldsymbol{E}_{n-1}\boldsymbol{L}^{-1}\boldsymbol{E}_{n-1}^{\mathrm{T}},$$

式中 $\boldsymbol{E}_{n-1}$ 形状如式 (3.1.23) 中的 $\boldsymbol{E}$, 不同的是该式中 $\boldsymbol{E}$ 是 $n\times(n+1)$ 阶矩阵, 而 $\boldsymbol{E}_{n-1}$ 为 $(n-1)\times n$ 阶矩阵; $\boldsymbol{K}_{\mathrm{pp}}=\mathrm{diag}(k_1,k_2,\cdots,k_{n-1})$. 因为 $\boldsymbol{E}_{n-1}\boldsymbol{L}^{-1}\boldsymbol{E}_{n-1}^{\mathrm{T}}$ 的形状恰好就是式 (4.2.15), 只是应以 l_i^{-1} 代替式中的 k_i. 这样若记

$$(\boldsymbol{E}_{n-1}\boldsymbol{L}^{-1}\boldsymbol{E}_{n-1}^{\mathrm{T}})^{-1}=\{b_{ij}\}_1^{n-1},$$

则

$$b_{ij}=\begin{cases}\displaystyle\sum_{p=1}^{i-1}l_p\cdot\sum_{q=j}^{n}l_q\Big/\sum_{t=1}^{n}l_t=\frac{x_i(l-x_j)}{l}, & i\leqslant j,\\ \displaystyle\sum_{p=1}^{j-1}l_p\cdot\sum_{q=i}^{n}l_q\Big/\sum_{t=1}^{n}l_t=\frac{x_j(l-x_i)}{l}, & i>j.\end{cases}$$

而柔度矩阵

$$\boldsymbol{R}=(r_{ij})_{(n-1)\times(n-1)}=(\boldsymbol{E}_{n-1}\boldsymbol{L}^{-1}\boldsymbol{E}_{n-1}^{\mathrm{T}})^{-1}\boldsymbol{K}_{\mathrm{pp}}^{-1}(\boldsymbol{E}_{n-1}\boldsymbol{L}^{-1}\boldsymbol{E}_{n-1}^{\mathrm{T}})^{-1},$$

这样可以求得两端铰支梁的柔度系数为

$$\begin{aligned}r_{ij}&=\sum_{\alpha=1}^{n-1}k_\alpha^{-1}b_{i\alpha}b_{\alpha j}\\ &=\begin{cases}\displaystyle\sum_{\alpha=1}^{i-1}k_\alpha^{-1}b_{i\alpha}b_{\alpha j}+\sum_{\alpha=i}^{j-1}k_\alpha^{-1}b_{i\alpha}b_{\alpha j}+\sum_{\alpha=j}^{n-1}k_\alpha^{-1}b_{i\alpha}b_{\alpha j}, & i\leqslant j,\\ \displaystyle\sum_{\alpha=1}^{j-1}k_\alpha^{-1}b_{i\alpha}b_{\alpha j}+\sum_{\alpha=j}^{i-1}k_\alpha^{-1}b_{i\alpha}b_{\alpha j}+\sum_{\alpha=i}^{n-1}k_\alpha^{-1}b_{i\alpha}b_{\alpha j}, & i>j.\end{cases}\end{aligned}$$

以式 (5.2.8) 中的 k_α^{-1} 和上述 b_{ij} 代入上式, 即得

$$r_{ij} = \begin{cases} \displaystyle\sum_{\alpha=1}^{i-1} \frac{x_\alpha(l-x)(\Delta x_\alpha + \Delta x_{\alpha+1})x_\alpha(l-s)}{2EJ(x_\alpha)l^2} \\ \displaystyle\quad + \sum_{\alpha=i}^{j-1} \frac{x(l-x_\alpha)(\Delta x_\alpha + \Delta x_{\alpha+1})x_\alpha(l-s)}{2EJ(x_\alpha)l^2} \\ \displaystyle\quad + \sum_{\alpha=j}^{n-1} \frac{x(l-x_\alpha)(\Delta x_\alpha + \Delta x_{\alpha+1})s(l-x_\alpha)}{2EJ(x_\alpha)l^2}, & i \leqslant j, \\ \displaystyle\sum_{\alpha=1}^{j-1} \frac{x_\alpha(l-s)(\Delta x_\alpha + \Delta x_{\alpha+1})x_\alpha(l-x)}{2EJ(x_\alpha)l^2} \\ \displaystyle\quad + \sum_{\alpha=j}^{i-1} \frac{s(l-x_\alpha)(\Delta x_\alpha + \Delta x_{\alpha+1})x_\alpha(l-x)}{2EJ(x_\alpha)l^2} \\ \displaystyle\quad + \sum_{\alpha=i}^{n-1} \frac{x(l-x_\alpha)(\Delta x_\alpha + \Delta x_{\alpha+1})s(l-x_\alpha)}{2EJ(x_\alpha)l^2}, & i > j, \end{cases} \tag{5.2.9}$$

式中略去了二阶以上无穷小量. 当 $n \to \infty$ 且所有 $\Delta x_\alpha \to 0$ 时, $i, j, n-i, n-j, j-i$ 都同时趋于 ∞, 于是

$$\lim_{n\to\infty,\delta\to 0} r_{ij} = \begin{cases} \displaystyle\int_0^x \frac{(l-x)(l-s)}{l^2}\frac{t^2}{EJ}\mathrm{d}t + \int_x^s \frac{x(l-s)}{l^2}\frac{t(l-t)}{EJ}\mathrm{d}t \\ \displaystyle\qquad + \int_s^l \frac{xs}{l^2}\frac{(l-t)^2}{EJ}\mathrm{d}t, & x \leqslant s, \\ \displaystyle\int_0^s \frac{(l-x)(l-s)}{l^2}\frac{t^2}{EJ}\mathrm{d}t + \int_s^x \frac{s(l-x)}{l^2}\frac{t(l-t)}{EJ}\mathrm{d}t \\ \displaystyle\qquad + \int_x^l \frac{xs}{l^2}\frac{(l-t)^2}{EJ}\mathrm{d}t, & x > s. \end{cases}$$

易于验证, 此式就是式 (5.2.5).

完全类似地可以验证, 固定–滑支、固定–铰支、固定–固定, 以及铰支–滑支梁的离散系统的柔度系数 r_{ij} 同样以相应的 Green 函数为其极限[28].

关于梁的 Green 函数, 同样可以证明它有如下两条重要性质.

定理 5.4 梁的 Green 函数是对称的, 即 $G(x,s) = G(s,x)$.

证明从略. 读者不难利用虚功原理来验证梁的 Green 函数的对称性.

定理 5.5 函数

$$u(x) = \int_0^l G(x,s)f(s)\mathrm{d}s \tag{5.2.10}$$

必是方程

$$Bu = f(x) \tag{5.2.11}$$

在边条件为 (5.1.3) 和 (5.1.4) 时的解; 反之, 方程 (5.2.11) 在边条件 (5.1.3) 和 (5.1.4) 下的解总可表示为式 (5.2.10) 的形式.

证明 事实上, 只要对式 (5.2.10) 的两边同时施用梁的微分算子. 注意到 Green 函数的定义式 (5.2.1), 即得式 (5.2.11). 反之, 因为

$$(Bu, G) = \int_0^l G(x,s)f(x)\mathrm{d}x,$$

$$(u, B_x G) = \int_0^l u(x)\delta(x-s)\mathrm{d}x = u(s).$$

这样, 由 Euler 梁的微分算子的对称性即可得到

$$u(s) = \int_0^l G(x,s)f(x)\mathrm{d}x.$$

但 Green 函数是对称的, 所以这就是 (5.2.10) 式. ▌

根据定理 5.5, 如同杆的问题一样, 可将梁振动的固有角频率 $\omega = \sqrt{\lambda}$ 和振型 $u(x)$ 所满足的方程改写为积分方程的形式, 即

$$u(x) = \lambda \int_0^l G(x,s)\rho(s)u(s)\mathrm{d}s, \quad 0 < x < l. \tag{5.2.12}$$

这正是引入 Green 函数的目的. 此式同样可以对称化, 令

$$\widetilde{u}(x) = \sqrt{\rho(x)}u(x), \quad K(x,s) = \sqrt{\rho(x)\rho(s)}G(x,s). \tag{5.2.13}$$

则式 (5.2.12) 成为

$$\widetilde{u}(x) = \lambda \int_0^l K(x,s)\widetilde{u}(s)\mathrm{d}s, \quad 0 < x < l. \tag{5.2.14}$$

函数 $G(x,s)$ 和 $K(x,s)$ 分别称为积分方程 (5.2.12) 和 (5.2.14) 的核. 由此出发, 下节我们将证明核 $K(x,s)$ 是振荡核, 继而导出任意支承梁的振动的振荡性质.

5.3 梁振动的振荡性质

如同杆的问题一样, 有两种方法可以证明任意支承梁的正系统的 Green 函数是振荡核.

其一, 在第三章中已指出, 对应正系统的任意支承梁的差分离散系统的刚度矩阵是符号振荡矩阵, 相应的柔度矩阵则是振荡矩阵; 另一方面, 在本章 5.2 节

中又已指出, 在各种支承条件下梁的柔度系数以相应的 Green 函数为极限. 这样, 依据附录 A.10 节的定理 29, 即可断定由边条件 (5.1.2) 所组合的 6 种静定、超静定梁的 Green 函数属于振荡核.

其二, 利用梁的正系统的静变形振荡性质, 可以直接证明梁的 Green 函数是振荡核而无须导出 Green 函数. 为此, 需要阐明附录 A.7 节中振荡核的定义中三个条件的力学意义. Гантмахер 和 Крейн[3] 指出, 振荡核的条件 (A.7.4), (A.7.5) 等同于下面两条性质:

性质 A 一维连续体的某一动点上受一集中力作用, 该连续体上所有动点的挠度异于零且其方向与作用力的方向相同.

性质 B 一维连续体受 n 个集中力作用, 该连续体的挠度 $u(x)$ 的正负号改变不多于 $n-1$ 次, 即 $S_u \leqslant n-1$.

我们将性质 A 与性质 B 称为系统的 "静变形振荡性质".

注意到 Green 函数的定义和对称性, 性质 A 与条件 (A.7.4) 的等价性是显然的. 现在来阐明性质 B 与振荡核的条件 (A.7.5) 的等价性. 这需要用到下面的两个引理.

在给出两个引理之前, 先不加证明地给出这样一个公式: 设 $\{\varphi_i(x)\}_1^n$ 在 $[0,l]$ 上连续, $m(x,s)$ 在正方形区域 $0 \leqslant x,\ s \leqslant l$ 中连续; 又

$$\psi_i(x) = \int_0^l m(x,s)\varphi_i(s)\mathrm{d}s, \quad i = 1,2,\cdots,n.$$

则对任意的 $i,j = 1,2,\cdots,n$, 有

$$\begin{aligned}\varPsi\begin{pmatrix} x_1 & x_2 & \cdots & x_n \\ 1 & 2 & \cdots & n\end{pmatrix} &= \det(\psi_i(x_j)) \\ &= \underset{V}{\iint\cdots\int} M\begin{pmatrix} x_1 & x_2 & \cdots & x_n \\ s_1 & s_2 & \cdots & s_n\end{pmatrix} \\ &\quad\cdot \varPhi\begin{pmatrix} s_1 & s_2 & \cdots & s_n \\ 1 & 2 & \cdots & n\end{pmatrix}\mathrm{d}s_1\mathrm{d}s_2\cdots\mathrm{d}s_n, \end{aligned} \quad (5.3.1)$$

其中 V 是单纯形, 其内点满足 $0 \leqslant s_1 < s_2 < \cdots < s_n \leqslant l$; 而

$$M\begin{pmatrix} x_1 & x_2 & \cdots & x_n \\ s_1 & s_2 & \cdots & s_n\end{pmatrix} = \det(m(x_i,s_j)), \quad 0 \leqslant \begin{matrix} x_1 < x_2 < \cdots < x_n \\ s_1 < s_2 < \cdots < s_n\end{matrix} \leqslant l,$$

$$\varPhi\begin{pmatrix} s_1 & s_2 & \cdots & s_n \\ 1 & 2 & \cdots & n\end{pmatrix} = \det(\varphi_i(s_j)), \quad i,j = 1,2,\cdots,n.$$

引理 5.1　设 $\varphi(x)$ 在 $[0,l]$ 上连续且不恒为零, 它在这个区间上的正负号改变不多于 $n-1$ 次; 又

$$\psi(x)=\int_0^l m(x,s)\varphi(s)\mathrm{d}s,\quad 0\leqslant x\leqslant l,$$

式中 $m(x,s)$ 在 $0\leqslant x,s\leqslant l$ 上连续并满足:

$$M\begin{pmatrix} x_1 & x_2 & \cdots & x_n \\ s_1 & s_2 & \cdots & s_n \end{pmatrix}>0,\quad 0\leqslant \begin{matrix} x_1<x_2<\cdots<x_n \\ s_1<s_2<\cdots<s_n \end{matrix}\leqslant l.$$

则 $\psi(x)$ 在 $I\subset[0,l]$ 上取零值不超过 $n-1$ 次. 这里 I 的定义和第二章相似, 即

$$I=\begin{cases} [0,l], & \text{如果 } h_1 \text{ 和 } h_2 \text{ 均为有限值}, \\ [0,l), & \text{如果 } h_1 \text{ 有限而 } h_2\to\infty, \\ (0,l], & \text{如果 } h_1\to\infty \text{ 而 } h_2 \text{ 有限}, \\ (0,l), & \text{如果 } h_1 \text{ 和 } h_2 \text{ 均趋向于 } \infty. \end{cases}$$

证明　由引理的条件可知, 存在这样的点 $\{\xi_r\}_0^n$, 满足 $0=\xi_0<\xi_1<\cdots<\xi_n=l$, 使得 $\varphi(x)$ 在每个小区间 (ξ_{r-1},ξ_r) $(r=1,\ 2,\cdots,\ n)$ 内正负号不变且不恒为零. 令

$$\psi_i(x)=\int_{\xi_{i-1}}^{\xi_i} m(x,s)\varphi(s)\mathrm{d}s,\quad i=1,2,\cdots,n. \tag{5.3.2}$$

显然

$$\psi(x)=\psi_1(x)+\psi_2(x)+\cdots+\psi_n(x).$$

于是, 对于任意的 $0\leqslant x_1<x_2<\cdots<x_n\leqslant l$, 有

$$\begin{aligned} &\Psi\begin{pmatrix} x_1 & x_2 & \cdots & x_n \\ 1 & 2 & \cdots & n \end{pmatrix} \\ &\quad=\int_{\xi_{n-1}}^{\xi_n}\cdots\int_{\xi_0}^{\xi_1} M\begin{pmatrix} x_1 & x_2 & \cdots & x_n \\ s_1 & s_2 & \cdots & s_n \end{pmatrix}\cdot\varphi(s_1)\varphi(s_2)\cdots\varphi(s_n)\ \mathrm{d}s_1\mathrm{d}s_2\cdots\mathrm{d}s_n. \end{aligned}$$

由于积分号下的函数每一项都有确定的正负号且不恒为零, 所以上式左端的行列式的值对于任意的 $0\leqslant x_1<x_2<\cdots<x_n\leqslant l$ 有严格固定的正负号. 这样, 根据附录中定理 24, $\psi_i(x)$ $(i=1,2,\cdots,n)$ 构成区间 $I\subset[0,l]$ 上的Чебышев函数族, 从而 $\psi(x)$ 在 $I\subset[0,l]$ 上的零点个数不超过 $n-1$. ▌

满足引理 5.1 中的条件的一个最重要的核是热力学核:

$$M_t(x,s)=\frac{2}{\sqrt{\pi t}}\exp\left\{\frac{-(x-s)^2}{t^2}\right\}.$$

它是一个有着优良性质的核, 现已证明[2,4], 当 $t \to 0$ 时, 它以 $\delta(x-s)$ 为其弱极限. 即对区间 $[0,l]$ 上的连续函数 $\varphi(x)$, 若令

$$\psi(x,t) = \int_0^l M_t(x,s)\varphi(s)\mathrm{d}s, \quad 0 \leqslant x \leqslant l,$$

则

$$\begin{aligned}\lim_{t\to 0}\psi(x,t) &= \lim_{t\to 0}\int_0^l M_t(x,s)\varphi(s)\mathrm{d}s \\ &= \int_0^l \delta(x-s)\varphi(s)ds = \varphi(x), \quad 0 \leqslant x \leqslant l.\end{aligned} \tag{5.3.3}$$

利用这样定义的核 $M_t(x,s)$, 现在可以证明下面的引理.

引理 5.2 设 $\varphi_i(x)$ $(i=1,2,\cdots,n)$ 是 $[0,l]$ 上的线性无关的连续函数族. 则对任意一组不全为零的实数 c_i $(i=1,\ 2,\cdots,\ n)$, 函数

$$\varphi(x) = \sum_{i=1}^n c_i\varphi_i(x)$$

在区间 $[0,l]$ 上其变号数 $S_\varphi \leqslant n-1$ 的充分必要条件是: 对于任意一组满足 $0 \leqslant x_1 < x_2 < \cdots < x_n \leqslant l$ 的 $x_i \in I$ $(i=1,2,\cdots,n)$, 行列式

$$\varPhi\begin{pmatrix} x_1 & x_2 & \cdots & x_n \\ 1 & 2 & \cdots & n\end{pmatrix} = \det(\varphi_i(x_j))_{n\times n} \tag{5.3.4}$$

的值有固定的正负号, 即在其值不等于零之处同为正数或同为负数.

证明 因为 $\varphi_i(x)$ $(i=1,2,\cdots,n)$ 在 $[0,l]$ 上线性无关, 所以行列式 (5.3.4) 不恒为零. 令

$$\psi(x,t) = \int_0^l M_t(x,s)\varphi(s)\mathrm{d}s, \quad 0 \leqslant x \leqslant l, \tag{5.3.5}$$

$$\psi_i(x,t) = \int_0^l M_t(x,s)\varphi_i(s)\mathrm{d}s, \quad i=1,2,\cdots,n;\ 0 \leqslant x \leqslant l. \tag{5.3.6}$$

则

$$\psi(x,t) = \int_0^l M_t(x,s)\sum_{i=1}^n c_i\varphi_i(s)\mathrm{d}s = \sum_{i=1}^n c_i\psi_i(x,t).$$

由引理 5.1 知, $S_\varphi \leqslant n-1$ 等价于函数 $\psi(x,t)$ 在 $I \subset [0,l]$ 上取零值不超过 $n-1$ 次. 而由附录中定理 24 又知, 函数 $\psi(x,t)$ 在 $I \in [0,l]$ 上取零值不超过 $n-1$ 次的充分必要条件是: 行列式

$$\varPsi\begin{pmatrix} x_1 & x_2 & \cdots & x_n \\ 1 & 2 & \cdots & n\end{pmatrix} \tag{5.3.7}$$

对任意一组满足 $x_1 < x_2 < \cdots < x_n$ 的 $x_i \in I$ $(i = 1, 2, \cdots, n)$ 均有严格固定的正负号. 由式 (5.3.3) 知, 行列式 (5.3.4) 对任意一组满足 $x_1 < x_2 < \cdots < x_n$ 的 $x_i \in I$ $(i = 1, 2, \cdots, n)$ 都有固定的正负号. 反之, 当取 $m(x, s) = M_t(x, s)$ 时, 式 (5.3.1) 表明, 只要行列式 (5.3.4) 对任意一组满足 $x_1 < x_2 < \cdots < x_n$ 的 $x_i \in I$ $(i = 1, 2, \cdots, n)$ 有固定的正负号, 则行列式 (5.3.7) 对同样一组 $x_i \in I$ $(i = 1, 2, \cdots, n)$ 就有严格固定的正负号. ▌

定理 5.6 一维连续体的静变形振荡性质 B 与附录中振荡核的条件 (A.7.5) 等价.

证明 事实上, 在点 $(0 \leqslant) s_1 < s_2 < \cdots < s_n (\leqslant l)$ 处受 n 个集中力 $F_1, F_2, \cdots, F_n$ 作用, 一维连续体的挠度 $y(x)$ 的表达式为

$$y(x) = \sum_{i=1}^{n} F_i \varphi_i(x),$$

其中 $\varphi_i(x) = K(x, s_i)$ $(i = 1, 2, \cdots, n)$, 而 $K(x, s)$ 是该连续体的 Green 函数. 在这种情况下

$$\varPhi\begin{pmatrix} x_1 & x_2 & \cdots & x_n \\ 1 & 2 & \cdots & n \end{pmatrix} = K\begin{pmatrix} x_1 & x_2 & \cdots & x_n \\ s_1 & s_2 & \cdots & s_n \end{pmatrix}. \tag{5.3.8}$$

由引理 5.2, 意味着, 性质 B 等价于行列式 (5.3.8) 对所有可能的 $x_1 < x_2 < \cdots < x_n (x_i \in I)$ 在其异于零处有固定的正负号. 另一方面, 如果性质 B 成立, 则由二次型

$$V = \frac{1}{2}\sum_{i,j=1}^{n} K(s_i, s_j) F_i F_j \tag{5.3.9}$$

的正定性, 行列式 (5.3.8) 在 $x_i = s_i$ $(i = 1,\ 2,\ \cdots,\ n)$ 时是正的. 这意味着, 所有行列式 (5.3.8) 非负, 即

$$K\begin{pmatrix} x_1 & x_2 & \cdots & x_n \\ s_1 & s_2 & \cdots & s_n \end{pmatrix} \geqslant 0, \quad 0 \leqslant \begin{matrix} x_1 < x_2 < \cdots < x_n \\ s_1 < s_2 < \cdots < s_n \end{matrix} \leqslant l.$$

反之亦真. ▌

总之, 要阐明任意支承梁的正系统的 Green 函数的振荡性质, 只要检验性质 A 与 B, 以及应变能的正定性对它们是否成立就够了. 以下给出有关的定理.

引理 5.3 当 h_r, β_r $(r = 1,\ 2)$ 均为正的有限值时, 记

$$u(x) = G(x, s), \quad 0 \leqslant x,\ s \leqslant l,$$

式中 $G(x,s)$ 是梁的正系统的 Green 函数, 即为式 (5.2.1) 的解. 则

$$\tau'(x) = [EJ(x)u''(x)]' = \begin{cases} -c, & 0 \leqslant x < s, \\ 1-c, & s < x \leqslant l, \end{cases} \tag{5.3.10}$$

式中 $0 < c < 1$.

证明 由式 (5.2.2) 及其下面的 Green 函数的性质 (3), 必有某个 c 存在, 使得式 (5.3.10) 成立. 当 h_r, β_r $(r = 1,\ 2)$ 均为正的有限值时, 由静力学的基本知识知, $c = 0$ 或 $c = 1$ 应排除. 现在只需要证明 $0 < c < 1$.

考查函数 $\tau(x)$, 它在区间 $(0,l)$ 内不能恒正. 否则, $\tau(x)$ 的边条件只能有三种情况: (1) $\tau(0) \geqslant 0$, $\tau(l) > 0$. 由 $G(x,s)$ 所满足的式 (5.2.1) 的第三式给出 $u'(0) \geqslant 0$, $u'(l) < 0$. (2) $\tau(0) > 0$, $\tau(l) = 0$. 式 (5.2.1) 的第三式给出 $u'(0) > 0$, $u'(l) = 0$. (3) $\tau(0) = 0$, $\tau(l) = 0$. 式 (5.2.1) 的第三式给出 $u'(0) = 0$, $u'(l) = 0$, 此时显然 $u'(x) \equiv 0$ 应排除. 无论何种情况, 这都与 $u'(x)$ 在区间 $(0,l)$ 内单调递增相矛盾.

同理, 函数 $\tau(x)$ 在区间 $(0,l)$ 内不能恒负.

现在, 设 $c < 0$, $\tau'(x)$ 在区间 $[0,l]$ 上恒正, $\tau(x)$ 在区间 $[0,l]$ 上单调递增. 由于其他情况已经被排除, 故只有 $\tau(0) < 0$, $\tau(l) > 0$. 式 (5.2.1) 的第三式给出 $u'(0) < 0$, $u'(l) < 0$. 注意到 $\tau(x)$ 是分段线性函数, 它只有一个零点, 于是 $u'(x)$ 在 $[0,l]$ 上只有一个极小值点, 从而对任意的 $x \in [0,l]$ 都有 $u'(x) < 0$. 但因 $\tau'(0) > 0$, $\tau'(l) > 0$, 由式 (5.2.1) 的第二式有 $u(0) < 0$, $u(l) > 0$, 这与 $u(x)$ 在区间 $[0,l]$ 上单调递减矛盾.

类似地, 如果 $c > 1$, $\tau'(x)$ 在区间 $[0,l]$ 上恒负, $\tau(x)$ 在区间 $[0,l]$ 上单调递减. 则 $u'(x) > 0$ $(x \in [0,l])$, 这与由式 (5.2.1) 的第二式所给出的 $u(0) > 0$, $u(l) < 0$ 相矛盾.

以上证明了只能有 $0 < c < 1$. ▌

对于 h_r, β_r 分别为 0 和 ∞ 的情况可以类似地讨论, 不过这时定理的结论需要修改为 $0 \leqslant c \leqslant 1$. 例如, 对固定–自由梁 $c = 1$, 而对自由–固定梁 $c = 0$.

推论 $\tau(x)$ 在区间 $[0,l]$ 上不可能有相同的正负号.

证明 既然在引理 5.3 的证明过程中已经排除了 $\tau(x)$ 恒小于零和恒大于零的这两种情况, 则 $\tau(x)$ 在区间 $[0,l]$ 上正负号一定改变. ▌

定理 5.7 在式 (5.2.1) 所示的边条件下, 梁的正系统的 Green 函数满足:

$$G(x,s) > 0, \quad x,\ s \in I.$$

证明　根据引理 5.3, 当 h_r, β_r $(r=1,\ 2)$ 均为正的有限值时, $\tau'(x)$ 的函数图形如图 5.3(a) 所示; 相应的, $\tau(x)$ 的函数图形只能有图 5.3(b) 所示的三种情况; 由式 (5.2.1) 的第三式, $u'(0)$ 与 $\tau(0)$ 的值同号, $u'(l)$ 与 $\tau(l)$ 的值反号, 根据函数单调性和极值的判别法则, $u'(x)$ 的函数图形也只能有图 5.3(c) 所示的三种

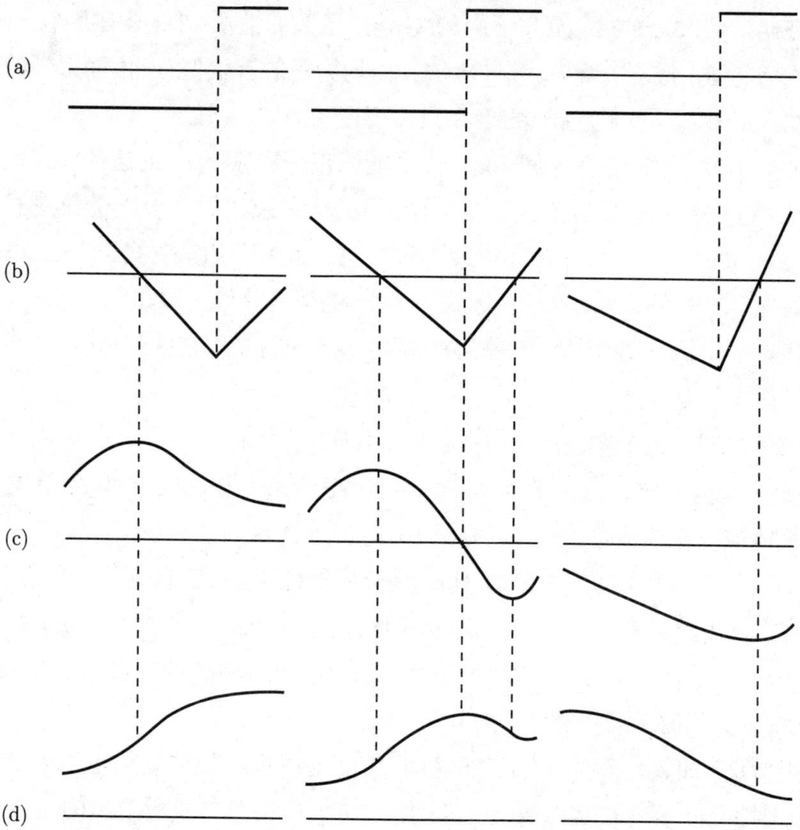

图 5.3　函数 $\tau'(x)$(图 (a)), $\tau(x)$(图 (b)), $u'(x)$(图 (c)) 和 $u(x)$(图 (d)) 的三种可能的图形

情况; 最后由式 (5.2.1) 的第二式, $u(0)$ 与 $\tau'(0)$ 的值反号, $u(l)$ 与 $\tau'(l)$ 的值同号, 故 $u(0)>0$, $u(l)>0$, 则 $u(x)$ 的函数图形仍然只能有图 5.3 的 (d) 所示的三种情况. 这些图形清楚地表明, 不管哪种情况, 都有 $u(x)=G(x,s)>0$ $(x,s\in I)$, 即定理 5.7 成立. 而对 h_r, β_r 分别取 0 和 ∞, 但系统仍为正系统, 亦即本章 5.2 节中出现过的固定–自由、固定–滑支、固定–铰支、两端固定、铰支–滑支和两端铰支这 6 种静定、超静定梁. 由材料力学知, 它们在单位载荷作用下的挠曲线同样清楚地表明定理成立. ▌

总之, 任意支承梁的正系统的 Green 函数满足性质 A.

下面我们检验任意支承梁的正系统的 Green 函数满足性质 B. 为此引入下面的引理.

引理 5.4 设 $\varphi'(x)$ 在区间 $[a,b]$ 上连续且以 $\xi_i\ (i=1,\ 2,\cdots,\ n)$ 为其自左至右顺序排列的节点而无别的零点, 则 $\varphi(x)$ 在子区间 $(a,\xi_1),(\xi_1,\xi_2),\cdots,(\xi_n,b)$ 内至多各有一个零点, 从而 $\varphi(x)$ 在 (a,b) 内最多共有 $n+1$ 个零点. 如果

$$\varphi(a)\varphi'(a)>0 \quad \text{或} \quad \varphi(b)\varphi'(b)<0,$$

则 $\varphi(x)$ 在子区间 (a,ξ_1) 或 (ξ_n,b) 内将没有零点. 即当上述不等式之一成立时, $\varphi(x)$ 在 (a,b) 内的零点数都将减少 1.

证明 利用反证法来证明引理的前半部分. 假设在某个子区间 (ξ_{r-1},ξ_r) 内 $\varphi(x)$ 存在两个零点 c 与 d, 则由 Rolle 定理, 必存在一点 ξ, 使 $\varphi'(\xi)=0$, 这与引理的条件矛盾.

至于引理的后半部分, 当 $\varphi(a)\varphi'(a)>0$ 时, 由 $\varphi'(x)$ 的连续性, 在子区间 (a,ξ_1) 内 $\varphi(a)\varphi'(x)>0$, 否则将与 ξ_1 是 $\varphi'(x)$ 的第一个节点矛盾. 再由微分中值定理, 对于任意的 $x\in(a,\xi_1)$, 存在一点 $x_0\in(a,x)$, 使得

$$\varphi(a)\varphi(x)=\varphi(a)[\varphi(a)+\varphi'(x_0)(x-a)]>0,$$

即 $\varphi(x)$ 在子区间 (a,ξ_1) 内没有零点.

同理, 当 $\varphi(b)\varphi'(b)<0$ 时, 对于任意的 $x\in(\xi_n,b)$, 存在一点 $x_1\in(x,b)$, 使得

$$\varphi(b)\varphi(x)=\varphi(b)[\varphi(b)-\varphi'(x_1)(b-x)]>0,$$

即 $\varphi(x)$ 在子区间 (ξ_n,b) 内没有零点. ▌

附注 不难看到, 引理的后半部分对于 $\varphi(a)=0$ 和 $\varphi(b)=0$ 仍然成立.

另外, 为了便于应用, 可将引理 5.4 进一步推广为:

引理 5.5 设 $\varphi'(x)$ 在区间 $[a,b]$ 上分段连续且以 $\xi_i\ (i=1,\ 2,\cdots,\ n)$ 为其自左至右顺序排列的可能的变号点, 而在每个子区间 $(a,\xi_1),(\xi_1,\xi_2),\cdots,(\xi_n,b)$ 内正负号不变, 则引理 5.4 的结论同样成立.

定理 5.8 设梁在点 $s_1<s_2<\cdots<s_n\ (0\leqslant s_1,s_n\leqslant l)$ 处受 n 个强度为 $F_i\ (i=1,2,\cdots,n)$ 的集中力作用, 则梁的正系统的位移 $u(x)$ 的正负号改变不超过 $n-1$ 次.

证明 首先假设 $0 < s_1, s_n < l$. 在定理的条件下, 梁的位移是

$$u(x) = \sum_{i=1}^{n} F_i G(x, s_i). \tag{5.3.11}$$

仍记 $\tau(x) = EJ(x)u''(x)$, 则由上面的讨论可知

$$\tau'(x) = c_i, \quad s_i < x < s_{i+1},\ i = 0, 1, \cdots, n;\ s_0 = 0,\ s_{n+1} = l, \tag{5.3.12}$$

其中

$$c_i = c_0 + \sum_{r=1}^{i} F_r, \quad i = 1, 2, \cdots, n. \tag{5.3.13}$$

于是, $\tau'(x)$ 满足引理 5.5 的条件, 这样 $\tau(x)$(或者等价的 $u''(x)$) 在 $[0, l]$ 上的变号数不大于 $n+1$. 而引理 5.4 则表明, $u'(x)$ 的变号数不大于 $n+2$, $u(x)$ 的变号数不大于 $n+3$.

现在考查序列:

$$\tau'(x), \quad \tau(x), \quad u'(x), \quad u(x).$$

当 β_1 和 β_2 为有限值时, 边条件 (5.1.4) 给出:

$$u'(0)u''(0) > 0, \quad u'(l)u''(l) < 0. \tag{5.3.14}$$

这样, $u'(x)$ 的变号数不大于 n; 相应的, $u(x)$ 的变号数不大于 $n+1$. 又因为在 h_1 和 h_2 也是有限值的条件下, 边条件 (5.1.3) 给出:

$$\tau'(0)u(0) < 0, \quad \tau'(l)u(l) > 0. \tag{5.3.15}$$

于是, 或者 $\tau'(0)\tau(0) > 0$, 从而 $\tau(x), u'(x), u(x)$ 的变号数同时减少 1; 或者 $\tau'(0)\tau(0) < 0$, 那么式 (5.3.14) 和 (5.3.15) 给出 $u'(0)u(0) > 0$, $u(x)$ 的变号数也要减少 1. 完全类似地, 或者 $\tau'(l)\tau(l) < 0$, 从而 $\tau(x)$, $u'(x)$, $u(x)$ 的变号数同时减少 1; 或者 $\tau'(l)\tau(l) > 0$, 因而有 $u'(l)u(l) < 0$, $u(x)$ 的变号数同样减少 1. 总之, 在 h_r 和 β_r 均取正的有限值的情况下, $u(x)$ 的变号数不大于 $n-1$.

至于各种特殊情况, 这里不拟详细讨论. 不过可以指出以下事实:

(1) 边界参数 h_r 和 β_r 的影响, 显然只限于 $u''(x)$, $u'(x)$, $u(x)$ 各自的第一和最后一个正负号不变的子区间内的情况, 所以不难讨论其影响. 如以左端为例, 当 β_1 为 ∞ 时, $u'(0) = 0$, 由引理 5.4 的附注表明, $u'(x)$ (相应的 $u(x)$) 的变号数仍然减少 1 . 另一方面, 只有以下三种可能的情况: (a) $\tau'(0)\tau(0) > 0$, $u(x)$ 的变号数再减少 1; (b) $\tau'(0)\tau(0) < 0$, 因而有 $u''(0)u(0) > 0$, 这样, $u(x)$ 在 $u'(x)$ 的

第一个正负号不变的子区间内, 或者从正值单调上升, 或者从负值单调下降, 其变号数仍然减少 1; (c) $\tau'(0)=0$, 这种情况下, $\tau(x)$ 在 $u'(x)$ 的第一个正负号不变的子区间内为常数, 其变号数还是减少 1. 可见, 定理的结论仍成立. 再如, 当 $\beta_1\to\infty, h_1\to\infty$ 时, $u(0)=u'(0)=0$, 这种情况下的推理和上面完全类似, 唯一的差别是: $u(x)$ 是从零开始单调上升或单调下降.

(2) 当 $s_1=0$ 和/或 $s_n=l$ 时, 式 (5.3.12) 中的分段函数 $\tau'(x)$ 的分段数将减少. 因而显然不影响定理的证明. ▌

在做了以上准备之后, 可以给出:

定理 5.9 任意支承梁的正系统的 Green 函数是对称振荡核.

证明 定理 5.7 和定理 5.8 分别表明, 梁的正系统的 Green 函数满足附录中振荡核定义中条件式 (A.7.4) 和 (A.7.5); 关于应变能的讨论表明, 梁的正系统的 Green 函数满足振荡核定义中条件 (A.7.6). 故任意支承梁的正系统的 Green 函数是对称振荡核. ▌

同杆的问题一样, 有了定理 5.9, 即可得出如下推论.

推论 任意支承梁的正系统具有如下振动的振荡性质:

(1) 任意支承梁的正系统的固有频率是单的, 即

$$0<f_1<f_2<f_3<\cdots.$$

(2) 振型 $u_i(x)(i=1,\ 2,\ \cdots)$ 构成区间 $[0,l]$ 上的 Марков 函数序列, 因而具备附录中定理 25 所描述的各种性质. 即

(a) $u_1(x)$ 在点集 $I\subset[0,l]$ 上没有零点;

(b) $u_i(x)(i=2,3,\cdots)$ 在点集 $I\subset[0,l]$ 上有 $i-1$ 个节点而无其他零点, 从而在区间 $[0,l]$ 上正负号改变 $i-1$ 次;

(c) 在点集 $I\subset[0,l]$ 上, 函数

$$u(x)=\sum_{i=p}^{q}c_iu_i(x),\quad 1\leqslant p\leqslant q\leqslant n;\ \ \sum_{i=p}^{q}c_i>0$$

的节点不少于 $p-1$ 个, 而零点不多于 $q-1$ 个; 特别地, 如果 $u(x)$ 有 $q-1$ 个不同的零点, 那么这些零点都是节点;

(d) 相邻阶的振型 $u_i(x)$ 和 $u_{i+1}(x)$ $(i=2,3,\cdots)$ 的节点彼此交错.

顺便指出, Гантмахер 和 Крейн 又证明了, 一维连续体的静变形振荡性质 A 可以由静变形振荡性质 B 和系统应变能的正定性而得到. 所以, 只要一个正

系统具有静变形振荡性质 B, 这个系统的 Green 函数就是振荡核. 由此, 也可将一个正系统的静变形振荡性质理解为性质 B.

本节主要内容取自参考文献 [3, 4].

5.4 梁的转角、弯矩和剪力振型的定性性质

5.4.1 静定、超静定梁的转角、弯矩 (或曲率) 和剪力振型的定性性质[27]

上面只是确定了梁的正系统的振动的基本定性性质——所谓振动的振荡性质, 本节则将进一步扩展这一经典理论. 不过, 不拟采用与第三章 3.3 节平行的做法, 即通过引入共轭梁来实现这一点, 而是借助下面的引理, 在一般边条件 (5.1.3) 和 (5.1.4) 下, 直接确定梁的正系统的剪力、弯矩 (或曲率) 和转角振型所应满足的变号数条件, 进而导出由边条件 (5.1.2) 组合而成的 6 种静定和超静定梁的振型的必要条件.

引理 5.6 设 $\varphi(x)$ 在区间 $I\subset[0,l]$ 上可微且有 n 个节点而无别的零点, 则 $\varphi'(x)$ 在 I 上的变号数不小于 $n-1$. 如果

$$\varphi(0)\varphi'(0)>0 \quad \text{或} \quad \varphi(l)\varphi'(l)<0,$$

则 $\varphi'(x)$ 的变号数至少各增加 1.

证明 设 $\xi_r\ (r=1,2,\cdots,n)$ 是 $\varphi(x)$ 在区间 I 上的 n 个节点,

$$0<\xi_1<\xi_2<\cdots<\xi_n<l.$$

它们将区间 I 分为 $n+1$ 个子区间 $[\xi_r,\xi_{r+1}](r=0,1,\cdots,n;\xi_0=0,\xi_{n+1}=l)$. 由 Rolle 定理知, $\varphi'(x)$ 在子区间 $(\xi_r,\xi_{r+1})(r=1,2,\cdots,n-1)$ 内至少有一个零点, 从而

$$S_{\varphi'}\geqslant n-1.$$

如果 $\varphi(0)\varphi'(0)>0$, 连续函数 $\varphi(x)$ 在 $[0,\xi_1]$ 上或者先从正数单调上升至极大值再下降至零; 或者先从负数单调下降至极小值再上升至零, 从而至少有一个极值点, 即 $\varphi'(x)$ 在此区间上的变号数至少增加 1. 同理 $\varphi(l)\varphi'(l)<0$ 也使 $\varphi'(x)$ 在此区间上的变号数至少增加 1. ▌

容易看出, $\varphi(0)=0$ 或 $\varphi(l)=0$ 时引理的后半部分仍然成立.

定理 5.10 设 $\{\lambda_i,\ u_i(x)\}\ (i=1,2,\cdots)$ 是 Euler 梁的正系统的特征值和相应的特征函数. 记

$$\tau_i(x) = EJ(x)u_i''(x), \quad i = 1, 2, \cdots. \tag{5.4.1}$$

则 $\tau_i'(x)$, $\tau_i(x)$, $u_i'(x)$ $(i = 1, 2, \cdots)$ 在 $[0, l]$ 上的变号数分别满足:

$$i - 2 + \Delta(h_1^{-1}) + \Delta(h_2^{-1}) \leqslant S_{\tau_i'}^- \leqslant S_{\tau_i'}^+ \leqslant i - \Delta(h_1) - \Delta(h_2), \tag{5.4.2}$$

$$\begin{aligned} &i - 1 - \Delta(\beta_1) - \Delta(\beta_2) + \Delta(h_1^{-1}) + \Delta(h_2^{-1}) \\ &\quad \leqslant S_{\tau_i}^- \leqslant S_{\tau_i}^+ \leqslant i + 1 - \Delta(h_1) - \Delta(h_2) - \Delta(\beta_1) - \Delta(\beta_2), \end{aligned} \tag{5.4.3}$$

$$i - 2 + \Delta(h_1^{-1}) + \Delta(h_2^{-1}) \leqslant S_{u_i'}^- \leqslant S_{u_i'}^+ \leqslant i - \Delta(h_1) - \Delta(h_2), \tag{5.4.4}$$

式中

$$\Delta(t) = \begin{cases} 1, & t = 0, \\ 0, & t \neq 0. \end{cases}$$

证明 上节已经确定 $u_i(x)$ 的变号数 $S_{u_i} = i - 1$. 于是, 由引理 5.6 可知

$$S_{u_i'}^- \geqslant i - 2.$$

而当 $h_r \to \infty$ $(r = 1, 2)$ 时, 由边条件 (5.1.3) 必有 $u_i(0) = 0$ 或 $u_i(l) = 0$, 由此导出不等式 (5.4.4) 的前一个不等式. 当 $\beta_r \neq 0$ $(r = 1, 2)$ 时, 由边条件 (5.1.4), 必有 $u_i'(0)u_i''(0) > 0$ 和 $u_i'(l)u_i''(l) < 0$. 同样由引理 5.6 和不等式 (5.4.4) 的前一个不等式可得

$$S_{\tau_i}^- \geqslant i - 1 + \Delta(h_1^{-1}) + \Delta(h_2^{-1});$$

而当 $\beta_1 = 0$ 和/或 $\beta_2 = 0$ 时, 由边条件 (5.1.4), 有 $\tau_i(0) = 0$ 和/或 $\tau_i(l) = 0$; 又函数在区间端点处的零点不影响该函数的最小变号数, 这就给出不等式 (5.4.3) 的前一个不等式. 再由引理 5.6 和不等式 (5.4.3) 的前一个不等式可得

$$S_{\tau_i'}^- \geqslant i - 2 + \Delta(h_1^{-1}) + \Delta(h_2^{-1}) - \Delta(\beta_1) - \Delta(\beta_2); \tag{5.4.5}$$

但是如果 $\beta_r \neq 0$ $(r = 1, 2)$, 相应的 $\Delta(\beta_1) = 0$ 或 $\Delta(\beta_2) = 0$; 如果 $\beta_1 = 0$ 或 $\beta_2 = 0$, 相应的有 $\tau_i(0) = 0$ 或 $\tau_i(l) = 0$, 那么 $\tau_i'(x)$ 的变号数应在此式基础上相应的至少各增加 1. 这样, 不论 $\beta_r (r = 1,\ 2)$ 是否为零, 不等式 (5.4.5) 的右半部分后两项都不出现, 这就给出不等式 (5.4.2) 的前一个不等式.

根据梁的模态方程

$$\lambda\rho(x)u(x) = [EJ(x)u''(x)]'' = [\tau'(x)]',$$

$\tau_i'(x) = \phi_i(x)$(剪力振型) 的微商 $\phi_i'(x)$ 与 $u_i(x)$ 有完全相同的节点和变号数, 这样应用引理 5.4 于 $\tau_i'(x)$, 同时注意到当 $h_r = 0 (r = 1, 2)$ 时, 由边条件 (5.1.3) 必

有 $\phi_i(0)=0$ 或 $\phi_i(l)=0$, 这样导出不等式 (5.4.2) 的后一个不等式. 其次应用引理 5.4 于 $\tau_i'(x)$ 和 $\tau_i(x)$, 并注意到边条件 (5.1.4), 当 $\beta_r=0(r=1,2)$ 时必有 $\tau_i(0)=0$ 和 $\tau_i(l)=0$, 即得不等式 (5.4.3) 的后一个不等式. 最后, 仍然应用引理 5.4 于 $\tau_i(x)$ 和 $u_i'(x)$, 有

$$S_{u_i'}^{+}\leqslant i+2-\varDelta(h_1^{-1})-\varDelta(h_2^{-1})-\varDelta(\beta_1)-\varDelta(\beta_2).$$

与上文类似, 如果 $\beta_r\neq 0(r=1,2)$, 相应的 $\varDelta(\beta_1)=0$ 和 $\varDelta(\beta_2)=0$, 但由边条件 (5.1.4), 有 $u_i'(0)u_i''(0)>0$ 和 $u_i'(l)u_i''(l)<0$, 从而 $u_i'(x)$ 的变号数相应地减少 2; 如果 $\beta_1=0$ 或 $\beta_2=0$, 又有 $\varDelta(\beta_1)=1$ 或 $\varDelta(\beta_2)=1$. 不论那种情况, 都有不等式 (5.4.4) 的后一个不等式. ▌

根据这一定理, 即可得出静定、超静定梁的位移、转角、弯矩和剪力振型均有确定的变号数, 具体结果列于表 5.1 的前 6 行. 然而遗憾的是, 如果 h_r 和 β_r 均为有限值时, 不等式 (5.4.2)~(5.4.4) 不能完全确定转角、弯矩和剪力振型的变号数. 此外, 提醒读者注意, 由式 (5.4.1), 弯矩振型 $\tau_i(x)$ 与曲率振型 $u_i''(x)$ 有完全相同的变号数 (或者说节点数).

表 5.1　梁的连续系统的位移、转角、弯矩和剪力振型的变号数 S

序号	边条件					S_{u_i}	$S_{u_i'}$	S_{τ_i}	S_{ϕ_i}
	类型	h_1	β_1	h_2	β_2				
1	固定–自由	∞	∞	0	0	$i-1$	$i-1$	$i-1$	$i-1$
2	固定–滑支	∞	∞	0	∞	$i-1$	$i-1$	i	$i-1$
3	固定–铰支	∞	∞	∞	0	$i-1$	i	i	i
4	固定–固定	∞	∞	∞	∞	$i-1$	i	$i+1$	i
5	铰支–铰支	∞	0	∞	0	$i-1$	i	$i-1$	i
6	铰支–滑支	∞	0	0	∞	$i-1$	$i-1$	$i-1$	$i-1$
7	自由–铰支	0	0	∞	0	$i-1$	$i-1$	$i-2$①	$i-1$
8	自由–滑支	0	0	0	∞	$i-1$	$i-2$①	$i-2$①	$i-2$①
9	自由–自由	0	0	0	0	$i-1$	$i-2$①	$i-3$②	$i-2$①
10	滑支–滑支	0	∞	0	∞	$i-1$	$i-2$①	$i-1$	$i-2$①

① 对自由–铰支梁, $S_{\tau_1}=0$; 对自由–滑支梁, $S_{u_1'}=S_{\tau_1}=S_{\phi_1}=0$; 对自由–自由和滑支–滑支梁, $S_{u_1'}=S_{\phi_1}=0$.

② 对自由–自由梁, $S_{\tau_1}=S_{\tau_2}=0$.

设 $\xi_r(r=1,2,\cdots,i-1)$ 是 $u_i(x)$ 在 $(0,l)$ 内的节点. 根据定理 5.10, 又有如下一些重要的推论.

推论 1　设梁的右端自由, 即 $h_2=0=\beta_2$, 则

$$u_i(l)u_i'(x) > 0, \quad \xi_{i-1} \leqslant x \leqslant l;\ i = 1, 2, \cdots. \tag{5.4.6}$$

这是因为: 根据表 5.1, 当梁的左端支承方式相同, 右端是自由端, 与右端固定或右端铰支相比, 梁的转角振型 $u_i'(x)$ 的变号数少 1. 这意味着, 由于自由端的存在, 在 $u_i(x)$ 的最后一个同号段中, $u_i'(x)$ 符号不变. 于是式 (5.4.6) 成立.

显然,

(1) 如果梁的左端自由, 与推论 1 类似的不等式

$$u_i(0)u_i'(x) < 0, \quad 0 \leqslant x \leqslant \xi_1;\ i = 1, 2, \cdots \tag{5.4.7}$$

成立.

(2) 如果梁的左端或右端为滑支, 推论 1 依然成立但略有差异, 即

$$u_i(0)u_i'(x) < 0, \quad 0 < x \leqslant \xi_1;\ i = 1, 2, \cdots \tag{5.4.8}$$

或

$$u_i(l)u_i'(x) > 0, \quad \xi_{i-1} \leqslant x < l;\ i = 1, 2, \cdots. \tag{5.4.9}$$

推论 2 在子区间 (ξ_r, ξ_{r+1}) 内, $u_i(x)$ 有且仅有一个极值点 x_r $(r = 1, 2, \cdots, i-2)$; 同时以下不等式

$$u_i(x_r)u_i''(x_r) < 0, \quad i = 1, 2, \cdots \tag{5.4.10}$$

成立

对于至少存在三阶连续微商的函数 $u_i(x)$, 如果它在 $(\xi_r,\ \xi_{r+1})$ 内的极值点多于一个, 则至少应有三个, 从而 $|S_{u_i'} - S_{u_i}| > 2$, 这与式 (5.4.4) 矛盾. 因而在 $u_i(x)$ 为正的子区间内只能有一个极大值, 而在它为负的子区间内只能有一个极小值, 故式 (5.4.10) 成立.

最后, 式 (5.4.3) 和 (5.4.4) 清楚地显示:

推论 3 由于固定端的存在, 使得 $u_i''(x)$ 在 $(0, \xi_1)$ 或 (ξ_{i-1}, l) 内出现一次正负号改变; 而固定端和铰支端均使 $u_i'(x)$ 在 $(0, \xi_1)$ 和 (ξ_{i-1}, l) 内各出现一次正负号改变.

5.4.2 具有刚体运动形态的梁的振动的振荡性质[27]

以上所研究的都是梁的正系统. 但在工程中常会遇到具有刚体运动形态的梁. 为了研究这种梁的振荡性质, 和离散系统类似, 须引入共轭梁这一概念.

记

$$\tau(x) = EJ(x)u''(x). \tag{5.4.11}$$

则方程 (5.1.1) 可以改写为

$$[(EJ(x))^*\tau''(x)]'' = \lambda\rho^*(x)\tau(x), \tag{5.4.12}$$

方程 (5.4.12) 仍可视为定义在区间 $[0,l]$ 上, 为具有下述参数

$$[EJ(x)]^* = \rho^{-1}(x), \quad \rho^*(x) = [EJ(x)]^{-1}$$

的某种 “梁” 的模态方程. 称此 “梁” 为原梁的共轭梁, 而称 $\tau(x)$ 为共轭梁的 “位移” 振型.

在变换 (5.4.11) 下, 原梁的自由端对应于其共轭梁的固定端; 联系到原梁模态方程的改写形式:

$$\tau''(x) = \lambda\rho(x)u(x), \quad [\rho^{-1}(x)\tau''(x)]' = \lambda u'(x),$$

即可得到原梁与其共轭梁的支承方式, 以及各种振型之间的对应关系, 如表 5.2 所示.

表 5.2　原梁与共轭梁的支承方式, 以及各种振型之间的对应关系

	端点支承方式				振型			
原　梁	自由	滑支	铰支	固定	位移	转角	弯矩	剪力
共轭梁	固定	滑支	铰支	自由	弯矩	剪力	位移	转角

下面给出具有刚体运动形态的梁的模态的振荡性质:

(1) 由以上对应关系可以得到如下三种具有刚体运动形态的梁的振荡性质:

(a) 自由–铰支和自由–滑支梁. 它们的共轭梁分别是固定–铰支和固定–滑支梁. 所以它们的非零固有频率是正的和单的, 即

$$0 = f_1 < f_2 < \cdots < f_n < \cdots;$$

相应于 $f_i(\ i = 2,\ 3,\ \cdots)$ 的弯矩 (共轭梁的 “位移”) 振型在区间 $[0,l]$ 上的变号数为 $i-2$; 从而其位移、转角、剪力等振型均有确定的变号数, 见表 5.1 的第 7 和第 8 两行.

(b) 两端自由梁. 它的共轭梁是两端固定梁. 这样, 它的非零固有频率也是正的和单的, 即

$$0 = f_1 = f_2 < f_3 < \cdots < f_n < \cdots;$$

相应于 $f_i(\ i = 3,\ 4,\ \cdots)$ 的弯矩 (共轭梁的 “位移”) 振型在区间 $[0,l]$ 上的变号数为 $i-3$; 其位移、转角、剪力等振型的变号数见表 5.1 的第 9 行.

(2) 对于两端滑支梁, 它的共轭梁仍为两端滑支梁, 这对确定它的定性性质不起作用. 为了导出它的定性性质, 改写模态方程 (5.1.1) 为

$$[\rho^{-1}(x)(EJ(x)v'(x))'']' = \lambda v(x), \tag{5.4.13}$$

式中 $v(x) = u'(x)$. 记 $\phi(x) = \tau'(x)$, 上式可以进一步改写为

$$[\rho^{-1}(x)\phi'(x)]' = \lambda v(x), \tag{5.4.14}$$

$$[EJ(x)v'(x)]' = \phi(x). \tag{5.4.15}$$

相应的边条件则是

$$v(0) = v(l) = 0, \quad \phi(0) = \phi(l) = 0. \tag{5.4.16}$$

注意到方程 (5.4.14) 和 (5.4.15) 左端的微分算子正好是 $q(x) = 0$ 时的 Sturm-Liouville 算子, 在边条件 (5.4.16) 下, 它们都是正的自共轭微分算子. 于是, 由方程 (5.4.13) 和边条件 (5.4.16) 所表征的 "梁" 的 Green 函数可以表示为

$$K(x, s) = \int_0^l G_1(x, t)G_2(t, s)\mathrm{d}t, \tag{5.4.17}$$

式中, $G_1(x, s)$, $G_2(x, s)$ 分别是方程 (5.4.14) 和 (5.4.15) 在边条件 (5.4.16) 下的 Green 函数, 它们都是振荡核. 参考附录 A.8 节关于复合核的性质 (1), 则有

$$K\begin{pmatrix} x_1 & x_2 & \cdots & x_p \\ s_1 & s_2 & \cdots & s_p \end{pmatrix} = \int_0^l \int_0^{t_p} \cdots \int_0^{t_2} G_1\begin{pmatrix} x_1 & x_2 & \cdots & x_p \\ t_1 & t_2 & \cdots & t_p \end{pmatrix} \cdot G_2\begin{pmatrix} t_1 & t_2 & \cdots & t_p \\ s_1 & s_2 & \cdots & s_p \end{pmatrix} \mathrm{d}t_1\mathrm{d}t_2\cdots\mathrm{d}t_p. \tag{5.4.18}$$

由此容易验证, 式 (5.4.17) 所定义的 Green 函数满足振荡核定义的三个条件, 因此它是振荡核. 进而即可得出两端滑支梁的振荡性质是:

(a) 非零固有频率是正的和单的; 考虑到它有一个零固有频率, 可以将其排列为

$$0 = f_1 < f_2 < \cdots < f_n < \cdots.$$

(b) 相应于 $f_i(i = 2, 3, \cdots)$ 的转角振型在区间 $[0, l]$ 上的变号数为 $i - 2$.

(c) 鉴于引理 5.4~5.6 的证明均与系统是否为正系统无关, 因此从上述性质 (2) 出发, 仿照定理 5.10 的推理, 同样可以得出两端滑支梁的位移、弯矩、剪力等振型均有确定的变号数. 其结果见表 5.1 的第 10 行.

(3) 以上获得了具有刚体运动形态的梁的部分振荡性质. 现在来证明, 对具有刚体运动形态的梁, 定理 5.9 的推论中性质 (2) 的 (c) 也成立[116]. 将梁分为两类进行证明.

(a) 铰支–自由、两端自由和自由–滑支梁. 对于这三种具有刚体运动形态的梁, 它们的共轭系统的 "位移振型" $\tau_i^{\mathrm{co}}(x)$ ($i=1,2,\cdots$, 上角标 co 表示该量是与共轭系统有关的量) 都是具有振荡核的积分方程的特征函数, 因而定理 5.9 的推论中性质 (2) 的 (c) 对这三种梁都成立. 即对任意一组不全为零的实数 $c_i(i=p,\ p+1,\cdots,q)$, 函数

$$\tau(x)=c_p\tau_p^{\mathrm{co}}(x)+c_{p+1}\tau_{p+1}^{\mathrm{co}}(x)+\cdots+c_q\tau_q^{\mathrm{co}}(x),\quad 1\leqslant p\leqslant q \tag{5.4.19}$$

的节点不少于 $p-1$ 个, 而其零点不多于 $q-1$ 个; 或者写成①

$$p-1\leqslant S_\tau^-\leqslant S_\tau^+\leqslant q-1. \tag{5.4.20}$$

因为函数 $\tau(x)=EJ(x)u''(x)$, 式 (5.4.20) 即等价于下式:

$$p-1\leqslant S_{u''}^-\leqslant S_{u''}^+\leqslant q-1. \tag{5.4.21}$$

不过式 (5.4.21) 中的函数 $u(x)$ 的组成依赖于梁的边条件, 故需按不同边条件进行论述.

对于铰支–自由梁, 它的共轭系统的 "位移振型" 为 $\tau_i^{\mathrm{co}}(x)(i=1,2,\cdots)$, 与之相应的共轭系统的固有频率 f_i^{co} 对应于原系统的固有频率 f_{i+1}, 则式 (5.4.19) 等价于下式:

$$u''(x)=c_pu''_{p+1}(x)+c_{p+1}u''_{p+2}(x)+\cdots+c_qu''_{q+1}(x),\quad 1\leqslant p\leqslant q.$$

从式 (5.4.21) 右端出发, 两次应用引理 5.4, 注意到 $u(0)=0$, 则分别得到

$$S_{u'}^+\leqslant S_{u''}^++1=q-1+1=q,\quad S_u^+\leqslant S_{u'}^++1-1=q,$$

又由改写的铰支–自由梁的模态方程

$$\lambda\rho u=\tau''(x)$$

① 连续函数在区间 $(0,l)$ 内的零点只有两类: 节点和零腹点. 按照函数变号数的概念, 零腹点的数量不计入函数的最小变号数, 而把一个零腹点当作两个单零点计入函数的最大变号数. 因此, 函数在区间 $(0,l)$ 内的节点数等于其最小变号数; 而函数的所有零点数, 包括区间端点处的零点个数, 等于其最大变号数.

即知, 函数 $u(x)$ 与 $\tau''(x)$ 有相同的变号数. 从式 (5.4.20) 左端出发, 两次应用引理 5.6, 注意到 $\tau(0)=0=\tau(l)$ 和 $\tau'(0)=\phi(0)=0$, 则分别得到

$$S_{\phi}^{-}\geqslant S_{\tau}^{-}-1+2=p-1+1=p,$$

$$S_{u}^{-}=S_{\tau''}^{-}\geqslant S_{\phi}^{-}-1+1=p.$$

综合起来就有

$$p\leqslant S_{u}^{-}\leqslant S_{u}^{+}\leqslant q. \tag{5.4.22}$$

对于铰支–自由梁, 由于它的 $\tau_i^{\rm co}(x)=EJ(x)u_{i+1}''(x)$, 与式 (5.4.19) 相应的函数 $u(x)$ 是

$$u(x)=c_pu_{p+1}(x)+c_{p+1}u_{p+2}(x)+\cdots+c_qu_{q+1}(x),\quad 1\leqslant p\leqslant q. \tag{5.4.23}$$

于是, 式 (5.4.22) 就是我们所要证明的.

对于两端自由梁, 它的共轭系统的 "位移振型" 为 $\tau_i^{\rm co}(x)$ $(i=1,2,\cdots)$, 与之相应的共轭系统的固有频率 $f_i^{\rm co}$ 对应于原系统的固有频率 f_{i+2}. 完全类似地推理, 只是在应用引理 5.4 时, 不再有 $u(0)=0$, 所以分别得到

$$S_{u'}^{+}\leqslant q,\quad S_{u}^{+}\leqslant q+1.$$

又在两次应用引理 5.6 时, 注意到 $\tau(0)=0=\tau(l)$ 和 $\phi(0)=\phi(l)=0$, 从而分别得到

$$S_{\phi}^{-}\geqslant p,\quad S_{u}^{-}\geqslant p+1,$$

综合起来就有

$$p+1\leqslant S_{u}^{-}\leqslant S_{u}^{+}\leqslant q+1. \tag{5.4.24}$$

对于两端自由梁, 由于它的 $\tau_i^{\rm co}(x)=EJ(x)u_{i+2}''(x)$, 与式 (5.4.19) 相应的函数 $u(x)$ 是

$$u(x)=c_pu_{p+2}(x)+c_{p+1}u_{p+3}(x)+\cdots+c_qu_{q+2}(x),\quad 1\leqslant p\leqslant q. \tag{5.4.25}$$

于是, 式 (5.4.24) 也是我们所要证明的.

对于自由–滑支梁, 可以完全类似地证明, 其结果同铰支–自由梁.

(b) 两端滑支梁. 称由式 (5.4.13) 所代表的系统为两端滑支梁的转换系统. 这个转换系统的 "位移振型" $v_i^{\rm tr}(x)(i=1,2,\cdots)$ 是具有振荡核的积分方程的特征函数 (上角标 tr 表示该量是与转换系统有关的量), 因而定理 5.9 的推论中性质 (2) 的 (c) 对此转换系统成立. 即对任意一组不全为零的实数 c_i $(i=p,\ p+1,\cdots,q)$, 函数

$$v(x)=c_pv_p^{\rm tr}(x)+c_{p+1}v_{p+1}^{\rm tr}(x)+\cdots+c_qv_q^{\rm tr}(x),\quad 1\leqslant p\leqslant q \tag{5.4.26}$$

的节点不少于 $p-1$ 个, 而其零点不多于 $q-1$ 个. 或者写成

$$p-1\leqslant S_v^-\leqslant S_v^+\leqslant q-1.$$

因为函数 $v(x)=u'(x)$, 上式等价于

$$p-1\leqslant S_{u'}^-\leqslant S_{u'}^+\leqslant q-1. \tag{5.4.27}$$

从式 (5.4.27) 右端出发, 应用引理 5.4, 则将得到 $S_u^+\leqslant q$, 其中

$$u(x)=c_pu_{p+1}(x)+c_{p+1}u_{p+2}(x)+\cdots+c_qu_{q+1}(x),\quad 1\leqslant p\leqslant q. \tag{5.4.28}$$

而两端滑支梁的模态方程又可以改写为

$$[EJ(x)(\rho^{-1}(x)\phi'(x))'']'=\lambda\phi(x), \tag{5.4.29}$$

式中 $\phi(x)=[EJ(x)u''(x)]'$. 这是两端滑支梁的另一种形式的转换系统. 由于这一新的转换系统与式 (5.4.13) 所代表的转换系统具有同一类型的模态方程和同一类型的边条件, 因而对新的转换系统的 "位移振型" $\phi_i^{\rm tr}(x)(i=1,2,\cdots)$ 同样可以写出下面的不等式

$$p-1\leqslant S_\phi^-\leqslant S_\phi^+\leqslant q-1. \tag{5.4.30}$$

再由改写的两端滑支梁的模态方程

$$\lambda\rho u=\phi'(x)$$

即知, 函数 $u(x)$ 与 $\phi'(x)$ 有相同的变号数. 从式 (5.4.30) 的左端出发, 注意到 $\phi(0)=0=\phi(l)$, 则由引理 5.6 得,

$$S_u^-=S_{\phi'}^-\geqslant S_\phi^--1+2=p.$$

综合起来就有

$$p\leqslant S_u^-\leqslant S_u^+\leqslant q. \tag{5.4.31}$$

式中函数 $u(x)$ 的表达式仍是式 (5.4.28). 因此式 (5.4.31) 就是我们所要证明的.

最后指出两点:

第一, 5.4.1 分节末关于支承方式对振型的影响的三个推论, 同样适用于具有刚体运动形态的梁.

第二, 以上证明了表 5.1 所列 10 种梁的位移振型, 对于定理 5.9 的推论中梁的振荡性质 2 中 (c) 都成立. 依据梁的各种振型之间的函数关系, 这一结论不

难推广于表 5.1 所列 10 种梁的转角振型、弯矩振型和剪力振型. 具体叙述和证明从略.

5.4.3 各种振型节点的交错性

与第四章一样, 鉴于附录中的定理 25 在证明 Марков 函数序列中的函数 $\varphi_i(x)$ 与 $\varphi_{i+1}(x)$ 的节点彼此交错时, 仅仅利用了该定理中 Марков 函数序列的性质 (2) 和 (3), 亦即定理 5.9 的推论中梁的正系统的振荡性质 2 中 (b) 和 (c), 而上文又指出, 任意支承梁的位移、转角、应变和剪力振型的振荡性质 2 中 (b) 和 (c) 均成立, 则由上面的讨论进一步得到以下推论: 对任意支承梁,

相邻阶位移振型 $u_i(x)$ 与 $u_{i+1}(x)$ $(i=2,\ 3,\ \cdots)$ 的节点互相交错;

相邻阶转角振型 $u_i'(x)$ 与 $u_{i+1}'(x)$ $(i=2,\ 3,\ \cdots)$ 的节点互相交错;

相邻阶弯矩振型 $\tau_i(x)$ 与 $\tau_{i+1}(x)$ $(i=2,\ 3,\ \cdots)$ 的节点互相交错;

相邻阶剪力振型 $\phi_i(x)$ 与 $\phi_{i+1}(x)$ $(i=2,\ 3,\ \cdots)$ 的节点互相交错.

与第四章类似, 利用 Rolle 定理和变号数规律我们来证明: 任意支承梁的同阶位移振型 $u_i(x)$ 与转角振型 $u_i'(x)$ $(i=2,3,\cdots)$ 的节点互相交错.

事实上, 对任意支承梁, 设其第 i 阶位移振型 $u_i(x)$ 的节点为 $\{\xi_r\}_1^{i-1}(i=1,2,\cdots)$, 它们把区间 $[0,l]$ 区分为 i 个小区间. 由 5.4.1 分节中的推论 2, 在中间的子区间 (ξ_r,ξ_{r+1}) 内, $u_i(x)$ 有且仅有一个极值点 $x_r(r=1,2,\cdots,i-2)$. 而在 $(0,\xi_1)$ 内, 则视 $u_i(0)=0$(固定、铰支) 或 $u_i(0)\neq 0$(滑支、自由), $u_i'(x)$ 有或没有一个节点; (ξ_{i-1},l) 的情况类似. 由此断定, 任意支承梁的同阶位移振型 $u_i(x)$ 与转角振型 $u_i'(x)$ 的节点互相交错.

完全同样的推理给出下面两个结论: 对任意支承梁,

同阶转角振型 $u_i'(x)$ 与曲率振型 $u_i''(x)$ $(i=2,3,\cdots)$ 的节点互相交错;

同阶曲率振型 $u_i''(x)$ 与剪力振型 $\phi_i(x)=[EJu_i''(x)]'$ 的节点互相交错.

5.5 给定模态数据确定梁

5.5.1 梁的振型的充分必要条件[27]

可以证明, 具有表 5.1 所列的 10 种梁的位移振型的充分必要条件是:

(1) 函数 $u(x)$ 满足相应的边条件;

(2) 至少存在四阶微商;

(3) $u(x)$ 和 $u''(x)$ 有如表 5.1 所列的变号数.

条件的必要性已于 5.4.1 和 5.4.2 分节中论述, 这里采用构造法来证明条件的充分性. 即给定满足上述条件 (2) 和表 5.1 所列 10 种边条件之一的函数 $u(x)$, 当 u 和 u'' 在 I 上的节点数也满足表 5.1 的相应要求时, 存在某一真实梁 (不是唯一的), 此梁以 $u(x)$ 作为自己的第 $i\ (=S_u+1)$ 阶位移振型.

记 $u(x), u''(x)$ 的顺序节点分别为 $\{\xi_m\}_1^{i-1}, \{x_m\}_{N_1}^{N_2}$, 这里 N_1 取 0 (固定端), 1 (铰支和滑支) 或 2 (自由端), N_2 取 i (固定端), $i-1$ (铰支和滑支) 或 $i-2$ (自由端). 在区间 $[x_k, x_{k+1}]\ (k=N_1, N_1+1, \cdots, N_2-1)$ 上把模态方程 (5.1.1) 积分两次得

$$EJ(x)u''(x) = EJ(x_k)u'''(x_k)(x-x_k) + \lambda\int_{x_k}^{x}\mathrm{d}z\int_{x_k}^{z}\rho(s)u(s)\mathrm{d}s. \tag{5.5.1}$$

记

$$x_k' = \min(x_k, \xi_k), \quad x_k'' = \max(x_k, \xi_k).$$

因有

$$u''(x)u'''(x_k) > 0, \quad x_k < x < x_{k+1},$$

$$u''(x)u(x) < 0, \quad x_k'' < x < x_{k+1}',$$

$$u''(x)u(x) > 0, \quad x_k' < x < x_k'' \quad \text{或} \quad x_{k+1}' < x < x_{k+1}'',$$

为获得正函数 $EJ(x)$, 需分 4 种情况选取 $\rho(x)$:

情况 1. 当 $\xi_k \leqslant x_k < x_{k+1} \leqslant \xi_{k+1}$ 时, 可取

$$\rho(x) = d_k, \quad x_k < x \leqslant x_{k+1};$$

情况 2. 当 $x_k < \xi_k < x_{k+1} \leqslant \xi_{k+1}$ 时, 可取

$$\rho(x) = \begin{cases} \varepsilon_{k1}d_k, & x_k < x < \xi_k, \\ d_k, & \xi_k \leqslant x \leqslant x_{k+1}; \end{cases}$$

情况 3. 当 $\xi_k \leqslant x_k < \xi_{k+1} < x_{k+1}$ 时, 可取

$$\rho(x) = \begin{cases} d_k, & x_k < x \leqslant \xi_{k+1}, \\ \varepsilon_{k2}d_k, & \xi_{k+1} < x \leqslant x_{k+1}; \end{cases}$$

情况 4. 当 $x_k < \xi_k < \xi_{k+1} < x_{k+1}$ 时, 可取

$$\rho(x)=\begin{cases}\varepsilon_{k1}d_k, & x_k<x\leqslant\xi_k,\\ d_k, & \xi_k<x\leqslant\xi_{k+1},\\ \varepsilon_{k2}d_k, & \xi_{k+1}<x\leqslant x_{k+1}.\end{cases}$$

其中 $d_k, \varepsilon_{k1}, \varepsilon_{k2}$ 都是待调节的正常数. 对于这样选取的 $\rho(x)$, 在以上 4 种情况下, 函数

$$F(x)=\lambda\int_{x_k}^{x}\mathrm{d}z\int_{x_k}^{z}\rho(s)u(s)\mathrm{d}s \tag{5.5.2}$$

的图形如图 5.4 中 (a)~(d) 所示. 图中假定

$$u'''(x_k)<0.$$

在相反的情况下, 即

$$u'''(x_k)>0$$

时, 函数 $F(x)$ 的图形特征不变, 只是方向正好相反. 因 $F(x)$, $F'(x)$ 均正比于 d_k, 故只要取 $\varepsilon_{k1}, \varepsilon_{k2}$ 足够小并适当调节 d_k, 即可做到:

$$EJ(x_k)u'''(x_k)(x_{k+1}-x_k)+F(x_{k+1})=0,$$

$$EJ(x)=[EJ(x_k)u'''(x_k)(x-x_k)+F(x)]/u''(x)>0,\quad x_k<x<x_{k+1}, \tag{5.5.3}$$

$$EJ(x_{k+1})=[EJ(x_k)u'''(x_k)+F'(x_{k+1})]/u'''(x_{k+1})>0. \tag{5.5.4}$$

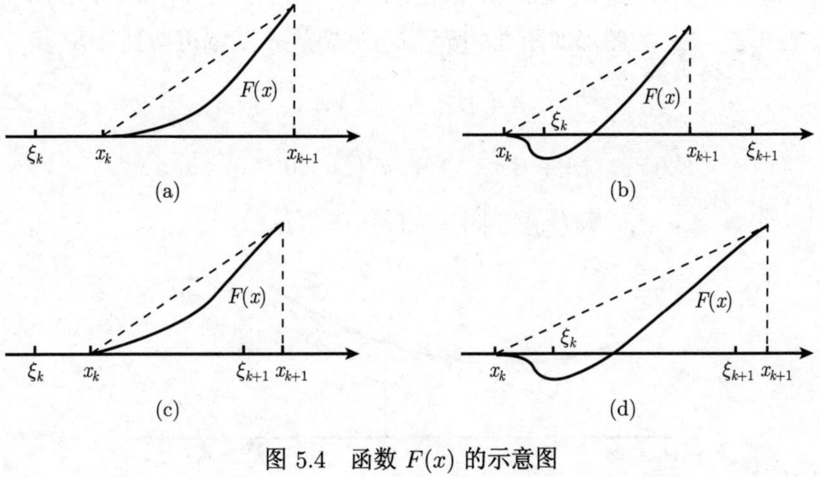

图 5.4 函数 $F(x)$ 的示意图

以上讨论不仅适用于 $k=N_1,N_1+1,\cdots,N_2-1$ 的区段, 也完全适用于 $u''(x)$ 的最后一个同号段 $(x_{N_2},l]$. 同样, 当梁的左端 $(x=0)$ 的边条件是自由或

铰支时, 以上讨论还适用于 $[0,x_{N_1})$ 段 (这时 $EJ(0)$ 可取任意正数). 仅当梁的左端边条件是滑支或固定时, 由于其特殊性, 因而将在下面分别进行讨论.

当梁左端 $(x=0)$ 的边条件是滑支时, 式 (5.1.1) 的积分形式是

$$EJ(x)u''(x)=EJ(0)u''(0)+\lambda\int_0^x \mathrm{d}z\int_0^z \rho(s)u(s)\mathrm{d}s. \tag{5.5.5}$$

这时 $u''(0)u(x)<0\ (0\leqslant x\leqslant x_1)$, 因此, 只要按上面的情况 1 或 3 选取 $\rho(x)$, 则函数

$$f(x)=\lambda\int_0^x \mathrm{d}z\int_0^z \rho(s)u(s)\mathrm{d}s \tag{5.5.6}$$

的图形类似于图 5.4 中 (a) 或 (c), 而 $A=EJ(0)u''(0)$ 是常数. 这样只要取 ε_{02} 足够小并适当选取 d_0, 即有

$$A+f(x_1)=0,$$

$$EJ(x)=[A+f(x)]/u''(x)>0,\quad 0\leqslant x<x_1, \tag{5.5.7}$$

$$EJ(x_1)=f'(x_1)/u'''(x_1)>0. \tag{5.5.8}$$

当梁左端的边条件是固定时, 式 (5.1.1) 的积分形式是

$$EJ(x)u''(x)=A+Bx+f(x).$$

此时, $u''(0)u(x)>0\ (0<x<x_0)$, $u''(0)u'''(x_0)<0$. 取 $\rho(x)=d_{-1}(0\leqslant x\leqslant x_0)$, $EJ(0)$ 取任意正数, 选取 $EJ'(0)$ 以使 $B=[EJ(x)u''(x)]'|_{x=0}$ 与 A 异号, 则 $A+f(x)$ 与 $-Bx$ 的图形如图 5.5 所示. 可见调节 d_{-1} 就可做到

$$A+Bx_0+f(x_0)=0,$$

$$EJ(x)=[A+Bx+f(x)]/u''(x)>0,\quad 0<x<x_0,$$

$$EJ(x_0)=[B+f'(x_0)]/u'''(x_0)>0.$$

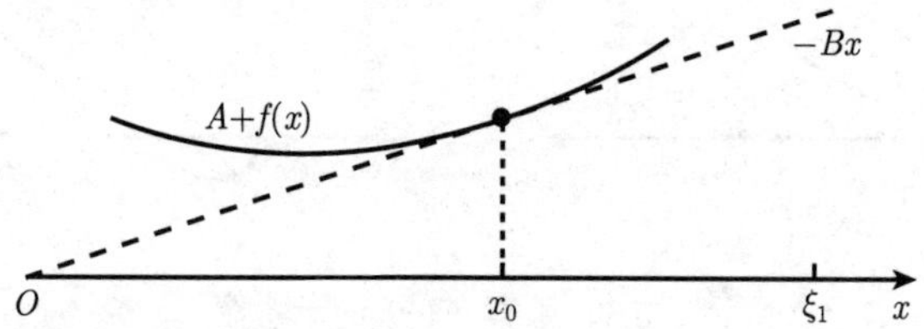

图 5.5 $A+f(x)$ 与 $-Bx$ 的图形 (实线表示 $A+f(x)$, 虚线表示 $-Bx$)

至此获得了整个梁段上正的 $EJ(x)$. 从而梁的位移振型的充分条件得证.

5.5.2 梁的二模态反问题[115]

在第二、第四和第三章中分别给出了由两阶模态数据确定杆的弹簧-质点离散系统、杆的连续系统和梁的差分离散系统的理论结果和构造方法. 关于用模态数据确定梁的连续系统的问题, 比上述三类问题要复杂许多, 虽倍受关注, 但长期未得到清晰的结论. 最近, 郑子君的博士论文[115] 对此问题给出了相当清晰的结果. 该文揭示了可将梁的二模态反问题转换为奇异微分方程的求解, 给出了求解方法, 指出给定两阶模态有可能但不总是能唯一确定梁的物理参数.

下面对其理论作一简要介绍.

给定两阶模态 $(\lambda, u(x))$ 和 $(\mu, v(x))$, 其中 $\lambda < \mu$, $u(x)$ 和 $v(x)$ 足够光滑, 由此确定梁的参数 $EJ(x)$ 和 $\rho A(x)$.

由给定的两阶模态和梁的模态方程 (5.1.1), 得方程

$$\gamma EJ + \beta EJ' + \alpha EJ'' = 0, \quad 0 < x < l,$$

其中

$$\alpha = \mu vu'' - \lambda uv'', \quad \beta = 2(\mu vu^{(3)} - \lambda uv^{(3)}), \quad \gamma = \mu vu^{(4)} - \lambda uv^{(4)}.$$

如果 $\alpha \neq 0 (0 < x < l)$, 则上述方程有两个解, $EJ(x)$ 不是唯一的, 也不一定都是正的. 因此给定的模态数据应排除这种情形.

使 $\alpha(x) = 0$ 的点 x_s 称为方程的奇点. 按极限 β/α 和 γ/α 在奇点处存在与否, 称 x_s 为可去奇点与不可去奇点. 记

$$\frac{\beta}{\alpha} = \frac{f(x)}{x - x_s}.$$

按

$$f(x_s) < -1, \quad f(x_s) > -1 \quad 和 \quad f(x_s) = -1,$$

分别称不可去奇点 x_s 为第一、第二和第三类奇点.

最终结论是:

(1) 给定的两阶模态使第一类奇点和第二类奇点交错分布, 则存在唯一的二阶连续可微的 $EJ(x)$ 以及 $\rho(x)$, 都取正值.

(2) 当且仅当给定的两阶模态数据使第一类奇点连续出现, $EJ(x)$ 没有解.

上述结论表明, 在梁的无限阶的模态中, 多数的两阶模态可确定唯一的梁, 其余模态可以由此衍生. 但有些两阶模态则不能确定唯一的梁.

5.6 固定-自由梁和两端铰支梁振型的若干重要不等式

针对工程上的两种常见梁——固定-自由梁和两端铰支梁, 本节将要给出它们的振型所满足的几个重要不等式. 导出这些不等式, 既是为了下文的需要, 其本身也有一定的理论意义和应用价值.

5.6.1 固定-自由梁[4,5]

对固定-自由梁即悬臂梁, 记其自由振动的特征值和振型族为 $\{\lambda_i u_i(x)\}_1^\infty$, 业已证明它们具备所谓振动的振荡性质. 同时, 由式 (5.4.9), 显然有

$$u_i(l)u_i'(l) > 0, \quad i = 1, 2, \cdots. \tag{5.6.1}$$

下面进一步给出:

定理 5.11 若取 $u_i(l) > 0$ $(i = 1, 2, \cdots)$, 则存在区间 (ξ, l), 其中 $\xi \in (0, l)$ 且与 i 有关, 使得在此区间内,

$$u(x) = u_{i+1}(l)u_i(x) - u_i(l)u_{i+1}(x) > 0 \tag{5.6.2}$$

对任意的 $i = 1, 2, \cdots$ 皆成立.

证明 根据本章 5.3 节定理 5.9 的推论中关于振动的振荡性质 (2) 的 (c) 可知, $u(x)$ 在 $[0, l]$ 上的节点不少于 $i-1$ 个而零点不多于 i 个. 因为显然有 $u(l) = 0$, 所以 $u(x)$ 在 $(0,\ l)$ 内有且仅有 $i-1$ 个节点. 又因为

$$(-1)^{i-1}u_i(0+0) > 0, \quad (-1)^i u_{i+1}(0+0) > 0,$$

从而必有

$$(-1)^{i-1}u(0+0) > 0.$$

于是式 (5.6.2) 在 $u(x)$ 的最后一个节点 ξ 的右侧成立. ▌

推论 在定理 5.11 的条件下, 必有 $u'(l) < 0$. 亦即

$$u_{i+1}(l)u_i'(l) - u_i(l)u_{i+1}'(l) < 0, \quad i = 1, 2, \cdots. \tag{5.6.3}$$

证明 因为 $u(l) = 0$, 由固定-自由梁的自由端条件

$$u''(l) = 0 \quad 和 \quad [EJu''(x)]'|_{x=l} = 0$$

可以推出 $u'''(l)=0$, 则由函数的 Taylor 展开式有

$$u(l-x)=-xu'(l)+\frac{1}{4!}x^4u^{(4)}(l)+\cdots.$$

既然对于任意充分小的 x, 总有 $u(l-x)>0$, 这只能有

$$u'(l)\leqslant 0.$$

但是

$$u^{(4)}(l)=u_{i+1}(l)u_i^{(4)}(l)-u_i(l)u_{i+1}^{(4)}(l)=\rho(l)(\lambda_i-\lambda_{i+1})\frac{u_i(l)u_{i+1}(l)}{EJ(l)}<0,$$

表明 $u'(l)\leqslant 0$ 中的等号不能成立. 这就证明了推论. ▌

需特别指出: 式 (5.6.2) 和 (5.6.3) 的成立并不完全依赖于是否取 $u_i(l)>0$, 而是依赖于乘积 $u_i(l)u_{i+1}(l)$ 的正负号. 只要乘积 $u_i(l)u_{i+1}(l)$ 大于零, 则式 (5.6.2) 和 (5.6.3) 成立; 如果此乘积小于零, 则此二式中的“$>$”和“$<$”符号也应换成相反的符号.

5.6.2 两端铰支梁

对于两端铰支梁, 和上面类似, 记其自由振动的特征值和相应的振型族为 $\{\lambda_i u_i(x)\}_1^\infty$. 前已证明: 它相应于 λ_i $(i=1,2,\cdots)$ 的位移、转角、曲率、剪力等振型均有确定的变号数. 由此可以进一步推出:

定理 5.12 对于两端铰支梁, 下述不等式

$$u_i(l-x)\theta_i<0,\quad u_i(l-x)u_i''(l-x)<0,\quad u_i(l-x)q_i>0 \tag{5.6.4}$$

成立, 式中 x 是充分小的任意正数, $\theta_i=u_i'(l)$, $q_i=[EJ(x)u_i''(x)]|_{x=l}'$.

证明 因为两端铰支梁, 其边条件为 $u_i(l)=u_i''(l)=0$, 故

$$u_i(l-x)=-x\theta_i-\frac{1}{3!}x^3u_i'''(l)+\cdots.$$

由于 x 是任意充分小的正数, 从而应有

$$u_i(l-x)\theta_i\leqslant 0.$$

但是上式中等号不能成立, 否则无论是 $u_i(l-x)=0$, 还是 $\theta_i=0$, 都将导致与 $S_{u_i}=i-1$ 或 $S_{u_i'}=i$ 相矛盾. 这就证明了式 (5.6.4) 中第一个不等式.

由于 $EJ(x)u_i''(x)$ 是两端铰支梁的共轭梁的“位移”振型, 完全类似地有

$$u_i''(l-x)q_i<0. \tag{5.6.5}$$

假设 $u_i(l-x)u_i''(l-x) \geqslant 0$, 定理 5.10 的推论 3 已经表明, $u_i(x)$ 在其最后一个正负号不变的子区间 (ξ_{i-1}, l) 内存在一个极值点 x_i, 而在点 x_i 处, 有 $u_i(x_i)u_i''(x_i) < 0$, 这与 $u''(x)$ 在 (x_i, l) 内正负号不变相矛盾. 可见式 (5.6.4) 中的第二个不等式成立.

综合第二个不等式和式 (5.6.5) 即得要证的第三个不等式. 由此还可以推出:

$$\theta_i q_i < 0, \quad i = 1, 2, \cdots. \tag{5.6.6}$$

定理证毕. ▍

定理 5.13 若取 $u_i(l-\varepsilon) > 0 (i = 1, 2, \cdots)$, 这里 ε 是任意充分小的正数. 则总存在一个区间 $(\xi,\ l)$, 其中 $\xi \in (0,\ l)$ 且与 i 有关, 使得在此区间内,

$$u(x) = u_{i+1}'(l)u_i(x) - u_i'(l)u_{i+1}(x) < 0 \tag{5.6.7}$$

对任意的 $i = 1, 2, \cdots$ 成立.

此定理的证明几乎可以逐字逐句的照抄定理 5.11 的证明, 故不再重述. 注意, 这里用到了式 (5.6.4) 中的第一个不等式.

同理又有:

推论 在定理 5.13 的条件下, 总存在区间 (ξ, l), 其中 $\xi \in (0, l)$ 且与 i 有关, 使得在此区间内,

$$\varphi(x) = q_{i+1}u_i''(x) - q_i u_{i+1}''(x) < 0 \tag{5.6.8}$$

对任意的 $i = 1, 2, \cdots$ 成立.

读者不妨把以上内容与第三章 3.6 节的最后一段作一比较.

5.7 梁的固有频率的进一步性质

以上几节深入研究了梁的振型的定性性质, 现在转而分三种情况研究梁的固有频率的进一步性质.

5.7.1 固有频率对截面参数和边界参数的依赖关系

仿照第四章 4.4 节的做法, 引入双线性型:

$$\begin{aligned} J(u,v) = &\int_0^l EJ(x)u''(x)v''(x)dx \\ &+ h_1 u(0)v(0) + h_2 u(l)v(l) + \beta_1 u'(0)v'(0) + \beta_2 u'(l)v'(l), \end{aligned} \tag{5.7.1}$$

$$(\rho u, v) = \int_0^l \rho(x)u(x)v(x)dx. \tag{5.7.2}$$

根据变分原理, 梁的特征值的独立定义是

$$\lambda_i = \max_{v_1, v_2, \cdots, v_{i-1}} \min_{(u, v_j)=0(j=1,2,\cdots,i-1)} \frac{J(u,u)}{(\rho u, u)}. \tag{5.7.3}$$

容易看出, $J(u,u)$ 随 $EJ(x)$ 在 I 内各点的增大, 以及随 h_r 和 β_r 的增大而增大, $(\rho u, u)$ 随 $\rho(x)$ 在 I 内各点的增大而增大. 这样由式 (5.7.3), 首先可得:

(1) $\lambda_i (i=1,2,\cdots)$ 随 $EJ(x)$ 在 I 内各点的增大而增大, 但随 $\rho(x)$ 在 I 内各点的增大而减小;

(2) λ_i $(i=1,2,\cdots)$ 随 h_r, β_r 的增大而增大.

其次, 在 h_r 和 β_r 取有限值的条件下, 可以证明, 当 $h_r < h_r'$, $\beta_r < \beta_r'$ 时, 有

$$\lambda_i(h_1,h_2,\beta_1,\beta_2) < \lambda_i(h_1',h_2,\beta_1,\beta_2) < \lambda_{i+1}(h_1,h_2,\beta_1,\beta_2), \tag{5.7.4}$$

$$\lambda_i(h_1,h_2,\beta_1,\beta_2) < \lambda_i(h_1,h_2',\beta_1,\beta_2) < \lambda_{i+1}(h_1,\ h_2,\beta_1,\beta_2), \tag{5.7.5}$$

$$\lambda_i(h_1,h_2,\beta_1,\beta_2) < \lambda_i(h_1,h_2,\beta_1',\beta_2) < \lambda_{i+1}(h_1,h_2,\beta_1,\beta_2), \tag{5.7.6}$$

$$\lambda_i(h_1,h_2,\beta_1,\beta_2) < \lambda_i(h_1,h_2,\beta_1,\beta_2') < \lambda_{i+1}(h_1,h_2,\beta_1,\beta_2). \tag{5.7.7}$$

亦即对应不同的边条件, 梁的固有频率具有相间性. 导出相间关系 (5.7.4)~(5.7.7) 的做法仍如第四章 4.4 节. 即记式 (5.1.1), (5.1.3) 和 (5.1.4) 的特征对为 $\{\lambda_i u_i(x)\}_1^\infty$, 振型函数模的平方为

$$\int_0^l \rho(x)u_i^2(x)dx = \rho_i, \quad i = 1, 2, \cdots.$$

则方程 (5.1.1) 在新的边条件

$$[EJ(x)u''(x)]'\,|_{x=0} + h_1'u(0) = 0 = [EJ(x)u''(x)]'\,|_{x=l} - h_2u(l), \tag{5.7.8}$$

$$EJ(0)u''(0) - \beta_1u'(0) = 0 = EJ(l)u''(l) + \beta_2u'(l) \tag{5.7.9}$$

下的解 $u(x)$ 可以表示为

$$u(x) = \sum_{i=1}^{\infty} c_i u_i(x). \tag{5.7.10}$$

由于

$$J(u_i, u_j) = \lambda_i \rho_i \delta_{ij}, \quad i,\ j = 1,\ 2,\ \cdots, \tag{5.7.11}$$

则

$$J^*(u,u)=\int_0^\infty EJ(x)[u''(x)]^2\mathrm{d}x+h_1'u^2(0)+h_2u^2(l)+\beta_1(u'(0))^2+\beta_2(u'(l))^2$$
$$=\sum_{i=0}^\infty\lambda_ic_i^2\rho_i+(h_1'-h_1)u^2(0).$$

另一方面,

$$J^*(u,u)=\lambda(\rho u,u)=\sum_{i=1}^\infty\lambda c_i^2\rho_i,$$

将此式与上式联立得

$$c_i=\frac{(h_1'-h_1)u(0)u_i(0)}{\rho_i(\lambda-\lambda_i)}.$$

将所求得的 c_i 代入式 (5.7.10) 并令 $x=0$, 即得

$$1=(h_1'-h_1)\sum_{i=1}^\infty\frac{u_i^2(0)}{\rho_i(\lambda-\lambda_i)}.\tag{5.7.12}$$

这是式 (5.1.1) 在式 (5.7.8) 及 (5.7.9) 下的特征方程, 据此由引理 3.6 即得式 (5.7.4).

同理可证, 当 $h_2<h_2'$ 或 $\beta_r<\beta_r'$ 时, 式 (5.7.5)~(5.7.7) 也成立.

梁不同于杆之处是: 由于梁有 4 个边界参数, 所以采用上面的证明方法还可以导出:

$$\lambda_i(h_2,\beta_1)<\lambda_i(h_2',\beta_1')<\lambda_{i+1}(h_2,\beta_1),$$

$$\lambda_i(h_2,\beta_2)<\lambda_i(h_2',\beta_2')<\lambda_{i+1}(h_2,\beta_2),\quad\cdots\cdots$$

注意, 为了书写简便, 这里略去了参数相同的因子. 同时应该指出, 式 (5.7.4)~(5.7.7), 以及上面的两个式子只适用于 $h_r,\beta_r(r=1,2)$ 为零及有限值的情况, 对于 h_r,β_r 之一为无穷的情况则不一定适用.

5.7.2 一端固定的各种梁的固有频率的相间性[4,5]

考虑左端固定而其右端可取各种不同支承的梁, 利用本章 5.6 节的结果可对相应的特征值排序.

设有固定–自由梁, 它的右端同时受到具有相同角频率 ω 的一个集中力 F 和一个集中力偶 τ 的作用. 则其振动的模态方程和边条件是

$$[EJ(x)u''(x)]''=\lambda\rho(x)u(x),\quad 0<x<l,\tag{5.7.13}$$

$$u(0)=0,\quad u'(0)=0,\quad EJ(l)u''(l)=\tau,\quad [EJ(x)u''(x)]'|_{x=l}=-F,\tag{5.7.14}$$

式中 $\lambda=\omega^2$. 为了求出这种情况下的强迫振动解, 利用变分原理则是较为方便的.

考虑确定泛函

$$J(u)=\frac{1}{2}\left[\int_0^l EJ(x)[u''(x)]^2\mathrm{d}x-\lambda\int_0^l \rho(x)u^2(x)\mathrm{d}x\right]-Fu(l)-\tau u'(l)\tag{5.7.15}$$

的驻值变分问题, 其中 $u(x)$ 只需满足位移边条件, 即 (5.7.14) 的前两式. 按照通常的做法, 分部积分两次后即得 $J(u)$ 的一阶变分式:

$$\begin{aligned}\delta J=&\int_0^l [(EJu'')''-\lambda\rho u]\delta u\mathrm{d}x+[EJ(l)u''(l)-\tau]\delta u'(l)\\&-[(EJu''(x))'|_{x=l}+F]\delta u(l).\end{aligned}\tag{5.7.16}$$

因而, 使泛函 $J(u)$ 取极值的位移函数 $u(x)$ 满足方程 (5.7.13) 及式 (5.7.14), 亦即它是固定–自由梁在 $x=l$ 处受集中力 F 和集中力偶 τ 共同作用下的位移. 鉴于固定–自由梁的振型族 $\{u_i(x)\}_1^\infty$ 是 $[0,\ l]$ 上的正交归一且完备的函数族, 所以可记

$$u(x)=\sum_{i=1}^\infty c_iu_i(x),\quad 0\leqslant x\leqslant l.\tag{5.7.17}$$

对于固定–自由梁, 因为

$$\int_0^l EJ(x)u_i''(x)u_j''(x)\mathrm{d}x=\omega_i^2\rho_i\delta_{ij},\quad i,\ j=1,\ 2,\ \cdots,\tag{5.7.18}$$

式中 $\omega_i=2\pi f_i$ 是与 $u_i(x)$ 相应的固有角频率. 不妨选取 $u_i(x)$, 使得

$$\rho_i=\int_0^l \rho(x)u_i^2(x)\mathrm{d}x=1,\quad i=1,\ 2,\ \cdots.$$

则以式 (5.7.17) 代入式 (5.7.15) 有

$$J(u)=\frac{1}{2}\sum_{i=1}^\infty(\omega_i^2-\omega^2)c_i^2-\sum_{i=1}^\infty c_i[Fu_i(l)+\tau u_i'(l)].\tag{5.7.19}$$

可见, 如取

$$(\omega_i^2-\omega^2)c_i=Fu_i(l)+\tau u_i'(l),$$

即有

$$u(x)=\sum_{i=1}^\infty\frac{Fu_i(l)+\tau u_i'(l)}{\omega_i^2-\omega^2}u_i(x),\quad 0\leqslant x\leqslant l.\tag{5.7.20}$$

则式 (5.7.19) 将确定泛函的驻值. 这表明, 式 (5.7.20) 就是要求的强迫振动解. 由式 (5.7.20) 可以进一步得到

$$u'(x)=\sum_{i=1}^{\infty}\frac{Fu_i(l)+\tau u_i'(l)}{\omega_i^2-\omega^2}u_i'(x),\quad 0\leqslant x\leqslant l. \tag{5.7.21}$$

又对于固定–自由梁, 前面已指出:

$$u_i(l)\neq 0,\quad u_i(l)u_i'(l)>0,\quad i=1,2,\cdots.$$

这样, 同第三章完全类似, 可得到一端固定的各种梁的固有频率的相同性:

(1) 固定–滑支梁. 它的右端边条件要求 $F=0$, $u'(l)=0$. 故其频率方程是

$$\sum_{i=1}^{\infty}\frac{u'^2_i(l)}{\omega_i^2-\omega^2}=0. \tag{5.7.22}$$

记其固有角频率为 $\{\sigma_i\}_1^\infty$. 又不难将引理 2.2 推广到收敛的无穷级数的情形, 于是得出

$$\omega_i<\sigma_i<\omega_{i+1},\quad i=1,\ 2,\ \cdots. \tag{5.7.23}$$

(2) 固定–反共振梁. 它的右端边条件是

$$u(l)=0,\ \tau'(l)=0\qquad\text{或}\qquad u'(l)=0,\ \tau(l)=0. \tag{5.7.24}$$

式 (5.7.24) 相当于要求 $u(l)=0$, $F=0$ 或 $u'(l)=0$, $\tau=0$. 无论何种情况, 它的频率方程都是

$$\sum_{i=1}^{\infty}\frac{u_i(l)u_i'(l)}{\omega_i^2-\omega^2}=0. \tag{5.7.25}$$

进一步也有

$$\omega_i<\nu_i<\omega_{i+1},\quad i=1,2,\cdots. \tag{5.7.26}$$

这里 $\{\nu_i\}_1^\infty$ 是固定–反共振梁的固有角频率. 可见, 固定–反共振梁的固有频率也是正的和单的.

(3) 固定–铰支梁. 它的右端边条件要求 $u(l)=0$, $\tau=0$, 频率方程是

$$\sum_{i=1}^{\infty}\frac{u_i^2(l)}{\omega_i^2-\omega^2}=0. \tag{5.7.27}$$

它的固有角频率 $\{\mu_i\}_1^\infty$ 与固定–自由梁的固有角频率满足相间关系为

$$\omega_i<\mu_i<\omega_{i+1},\quad i=1,2,\cdots. \tag{5.7.28}$$

(4) 可以理解, 引理 3.6, 引理 3.7 同样不难被推广到收敛的无穷级数的情形. 由此并注意到式 (5.6.3), 即可断定

$$\sigma_i < \nu_i < \mu_i, \quad i = 1, 2, \cdots.$$

(5) 固定–固定梁. 完全类似地处理可以给出

$$\eta_{i-1} < \sigma_i < \eta_i, \quad \eta_{i-1} < \mu_i < \eta_i, \quad i = 1, 2, \cdots; \eta_0 = 0,$$

其中 η_i 是两端固定梁的固有角频率. 不过 ω_i 与 η_{i-1} 的关系至今尚未确定.

综上所述, 可将左端固定而右端采取各种不同支承方式的梁的固有角频率排序为:

$$\omega_i < \sigma_i < \nu_i < \mu_i < (\eta_i, \omega_{i+1}) < \sigma_{i+1}, \quad i = 1, 2, \cdots. \tag{5.7.29}$$

5.7.3 一端铰支的各种梁的固有频率的相间性

考虑两端铰支梁, 其右端受到一个角频率为 ω 的集中力偶 τ 的作用. 梁的振动的模态方程和相应的边条件是

$$[EJ(x)u''(x)]'' = \lambda\rho(x)u(x), \quad 0 < x < l, \tag{5.7.30}$$

$$u(0) = 0, \quad EJ(0)u''(0) = 0, \quad u(l) = 0, \quad EJ(l)u''(l) = \tau. \tag{5.7.31}$$

完全仿照 5.7.2 分节的推理, 得其强迫振动解是

$$u(x) = \sum_{i=1}^{\infty} \frac{\tau u_i'(l)}{\omega_i^2 - \omega^2} u_i(x), \quad 0 \leqslant x \leqslant l,$$

式中 ω_i 与 $u_i(x)$ $(i = 1, 2, \cdots)$ 分别是两端铰支梁的固有角频率和相应的振型. 与此相应的有

$$u'(x) = \sum_{i=1}^{\infty} \frac{\tau u_i'(l)}{\omega_i^2 - \omega^2} u_i'(x), \quad 0 \leqslant x \leqslant l. \tag{5.7.32}$$

由此, 和 5.7.2 分节完全类似, 可以得到左端铰支, 右端分别为固定、铰支和反共振这三种梁的固有频率的相同性:

(1) 铰支–固定梁. 它的右端边条件给出 $u'(l) = 0$, 则由式 (5.7.32) 可得铰支–固定梁的频率方程为

$$\sum_{i=1}^{\infty} \frac{\theta_i^2(l)}{\omega_i^2 - \omega^2} = 0. \tag{5.7.33}$$

对于两端铰支梁, 已知 $u_i'(l) = \theta_i(l) \neq 0$ $(i = 1, 2, \cdots)$, 若记方程 (5.7.33) 的根为 $\{\mu_i\}_1^\infty$, 则有

$$\omega_i < \mu_i < \omega_{i+1}, \quad i = 1, 2, \cdots. \tag{5.7.34}$$

即两端铰支梁和铰支–固定梁的固有角频率是彼此相间的.

(2) 铰支–反共振梁. 其右端支承条件是 $u(l) = 0$ 和右端总反力为零; 其右端点受外力偶 τ 作用的两端铰支梁, 意味着

$$\tau'(l) + \tau/l = 0,$$

由此给出它的频率方程是

$$\sum_{i=1}^{\infty} \frac{\theta_i q_i}{\omega_i^2 - \omega^2} = -\frac{1}{l}. \tag{5.7.35}$$

由式 (5.6.6), $\theta_i q_i < 0 (i = 1, 2, \cdots)$ 即可导出铰支–反共振梁与两端铰支梁的固有角频率的相间关系:

$$\xi_i < \omega_i < \xi_{i+1}, \quad i = 1, 2, \cdots . \tag{5.7.36}$$

这里 $\{\xi_i\}_1^\infty$ 是铰支–反共振梁的固有角频率.

5.7.4 由三组频谱构造梁的连续系统

基于以上 5.7.2 分节所建立的各种不同支承方式梁的固有角频率的相间性, Gladwell 在参考文献 [4] 中, 讨论了由三组不同支承方式下的梁的频谱可以构造梁连续系统这一振动反问题. 即由左端固定右端分别取三种不同支承的梁的三组频谱 $\{\omega_i, \sigma_i, \mu_i\}_1^\infty$ 或者 $\{\omega_i, \sigma_i, \nu_i\}_1^\infty$ 或者 $\{\omega_i, \mu_i, \nu_i\}_1^\infty$, 在满足一些必要的条件后, 即可以构造固定–自由梁的参数 $EJ(x)$ 和 $\rho(x)$[4,12].

频谱是可用声学方法测出来的, 因而上述反问题的物理意义在于: 梁的物理参数是可以 “听” 出来的.

5.8 梁的自由振动和强迫振动的定性性质

5.8.1 自由振动[3]

由于正定单跨梁的 Green 函数是振荡核, 因而由第四章的定理 4.15 得到梁的自由振动如下的定性性质:

(1) 简谐振动在动端点的幅值异于零;

(2) 任何自由振动在动端点的位移不可能在所有时间为零.

Левин[57] 证明了更强的结论: 自由振动中, 梁在动端点的位移不可能在无论多么小的时间间隔内为零. 也就是说, 只能在一瞬时为零.

5.8.2 强迫振动[3]

同样地, 由于正定单跨梁的 Green 函数是振荡核. 当梁在其动端点受到角频率为 ω 的简谐集中力 $F\sin\omega t$ 的作用时, 其纯强迫振动为

$$u(x,t)=u(x)\sin\omega t.$$

系统 S^* 是指, 在简谐集中力所作用的那个动端点处加上铰支座, 而另一端支承方式不变的系统. 由第四章的定理 4.16 即得到梁的强迫振动具有如下的定性性质:

(1) 如果大于激励频率 $f=\omega/2\pi$ 的第一个系统 S^* 的固有频率为 f_i^*, 则 $u(x)$ 有着与 S^* 的第 i 阶振型 $u_i^*(x)$ 相同个数的节点, 并且在 I 上没有别的不动点.

(2) 如果 $f_{i-1}^*<f<f_i$, 则动端点的位移和外力同相; 如果 $f_i<f<f_i^*$, 则动端点的位移和外力反相. 这里 $f_i\ (i=1,2,\cdots)$ 是原系统的固有频率.

(3) 如果 $f=f_i^*$, 则外力的作用点的位移恒为零.

上述单跨梁的强迫振动的定性性质可以自然地推广到多跨梁的情形.

5.9 梁的高阶固有频率和振型的渐近公式

如同杆的问题一样, 梁的高频渐近特性同样是读者所关心的. 为了导出梁的高阶频率渐近公式, 仍然采用摄动法. 考查梁的振动的模态方程

$$[r(x)u''(x)]''=\lambda\rho(x)u(x),\quad 0<x<l, \tag{5.9.1}$$

其中 $r(x)=EJ(x)$. 记 $z=\sqrt{\omega}$, 并设

$$u(x)=\exp\left\{z\sum_{n=0}^{\infty}v_n(x)z^{-n}\right\}. \tag{5.9.2}$$

以式 (5.9.2) 代入式 (5.9.1), 在只保留前三项而略去 z 的高阶负幂次项的情况下, 比较 z 的同幂次项系数, 即可解得 $v_k(x)\ (k=0,1,2)$ 的 4 组解:

$$\begin{aligned}
&v_0=f(x), && v_1=\ln q(x), && v_2=g(x);\\
&v_0=-f(x), && v_1=\ln q(x), && v_2=-g(x);\\
&v_0=\mathrm{i}f(x), && v_1=\ln q(x), && v_2=-\mathrm{i}g(x);\\
&v_0=-\mathrm{i}f(x), && v_1=\ln q(x), && v_2=\mathrm{i}g(x).
\end{aligned}$$

式中 $\mathrm{i}=\sqrt{-1}$ 是虚数单位,

$$f(x)=\int_0^x p(t)\mathrm{d}t,\quad q(x)=\frac{1}{\sqrt{p^3r}},$$

$$g(x)=\int_0^x\left[\frac{5}{8}\left(\frac{2p''}{p^2}-\frac{3(p')^2}{p^3}\right)-\frac{3(r')^2-4rr''}{8r^2p}\right]\mathrm{d}x,\quad p(x)=\left[\frac{\rho(x)}{r(x)}\right]^{1/4}.$$

于是 $u(x)$ 的通解近似式可以表示为

$$u(x)=q(x)[AQ(x)+BS(x)+CR(x)+DT(x)],\tag{5.9.3}$$

其中

$$\begin{aligned}Q(x)&=\cosh\varphi+\cos\psi, & R(x)&=\sinh\varphi+\sin\psi,\\ S(x)&=\cosh\varphi-\cos\psi, & T(x)&=\sinh\varphi-\sin\psi,\end{aligned}\tag{5.9.4}$$

而

$$\varphi=zf(x)+g(x)/z+o(z^{-2}),\quad \psi=zf(x)-g(x)/z+o(z^{-2}).$$

当 $u(0)=0$ 时, 定有 $A=0$. 这样, 在略去高阶小量的情况下, 对于两端铰支梁, 其相应的频率方程是

$$\begin{vmatrix}a_1(0)z^2 & a_3(0)z & a_4(0)/z\\ S(l) & R(l) & T(l)\\ b_1(l) & b_2(l) & b_3(l)\end{vmatrix}=0,\tag{5.9.5}$$

式中

$$\begin{aligned}&a_1=q(x)(f'(x))^2, && a_2=q''(x)+2q(x)f'(x)g'(x),\\ &a_3=q(x)f''(x)+2q'(x)f'(x), && a_4=q(x)g''(x)+2q'(x)g'(x),\end{aligned}$$

$$b_1=[q(x)S(x)]''=a_1z^2Q+a_2S+a_3zR+a_4T/z+o(1/\omega),$$

$$b_2=[q(x)R(x)]''=a_3zQ+a_4S/z+a_2R+a_1z^2T+o(1/\omega),$$

$$b_3=[q(x)T(x)]''=a_4Q/z+a_3zS+a_1z^2R+a_2T+o(1/\omega).$$

对于足够大的 ω, $\cosh\varphi\approx \mathrm{e}^{\varphi}/2$, $\sinh\varphi\approx \mathrm{e}^{\varphi}/2$. 式 (5.9.5) 化简后即得

$$\sin[zf(l)-g(l)/z-\theta_1+o(1/\omega)]=0,$$

$$\tan\theta_1=\frac{a_3(l)/a_1(l)-a_3(0)/a_1(0)}{2z+a_3(l)/a_1(l)-a_3(0)/a_1(0)}.$$

所以, 两端铰支梁的高阶固有角频率的渐近公式为

$$\omega_n = \frac{n^2\pi^2}{L^2}\left[1 + \frac{2L^2(g(l)+b)}{n^2\pi^2} + o(n^{-3})\right], \tag{5.9.6}$$

式中 $$L = \int_0^l p(x)\mathrm{d}x,\quad b = \frac{c-d}{2},\quad c = \frac{a_3(l)}{a_1(l)},\quad d = \frac{a_3(0)}{a_1(0)}.$$

相应的高阶振型的渐近公式为

$$\begin{aligned}\frac{u_n(x)}{q(x)} &= \left[1 - \frac{Ld}{n\pi} + o(n^{-2})\right]\sin\frac{n\pi f(x)}{L}\\ &\quad + \left[\frac{(g(l)+b)f(x) - g(x) - d}{n\pi} + o(n^{-2})\right]\cos\frac{n\pi f(x)}{L}.\end{aligned} \tag{5.9.7}$$

特别地, 对于具有常参数的均匀两端铰支梁, 其相应的高阶固有角频率和高阶振型渐近公式分别为

$$\omega_n = \frac{n^2\pi^2}{l^2}\sqrt{\frac{\rho}{EJ}},\quad u_n(x) = \sin\frac{n\pi x}{l},\quad n \to \infty, \tag{5.9.8}$$

式中 EJ 和 ρ 都是常数. 其实, 这就是精确解. 顺便指出: 只要梁的几何、物理参数在其两个端点的邻域内关于梁的跨度中点对称, 即有 $b = 0$.

再看固定–自由梁, 它的频率方程是

$$\begin{vmatrix} b_1(l) & b_3(l) \\ c_1(l) & c_3(l) \end{vmatrix} = 0. \tag{5.9.9}$$

式中

$$c_1 = [(q(x)S(x))'']' = d_1z^2Q + d_2S + d_3zR + d_4z^3T + o(1/\omega),$$

$$c_3 = [(q(x)T(x))'']' = d_4z^3Q + d_3zS + d_1z^2R + d_2T + o(1/\omega),$$

$$d_1 = a_1' + a_3f'(x),\quad d_2 = a_2' + a_4f'(x) + g(x),$$

$$d_3 = a_3' + a_2f'(x),\quad d_4 = a_4' + a_1f'(x).$$

这样, 将式 (5.9.9) 整理化简后即为

$$\cos\left[zL - \frac{g(l)}{z} - \theta_2 + o\left(\frac{1}{\omega}\right)\right] = 0,\quad \tan\theta_2 = \frac{c}{z}.$$

于是, 固定–自由梁的高阶固有角频率渐近公式是

$$\omega_n = \frac{(2n-1)^2\pi^2}{4L^2}\left[1 + \frac{8L^2(g(l)+c)}{(2n-1)^2\pi^2} + o\left(\frac{1}{n^3}\right)\right]. \tag{5.9.10}$$

其相应的高阶振型的渐近公式为

$$\begin{aligned}\frac{u_n(x)}{q(x)}= & \left[1-2L\frac{(g(l)+c)f(x)-g(x)}{(2n-1)\pi}+o(n^{-2})\right]\cos\frac{(2n-1)\pi f(x)}{2L}\\ & -\left[1+2L\frac{(g(l)+c)f(x)-g(x)}{(2n-1)\pi}+o(n^{-2})\right]\sin\frac{(2n-1)\pi f(x)}{2L}\\ & -\exp\left[-\frac{(2n-1)\pi f(x)}{2L}\right].\end{aligned} \tag{5.9.11}$$

对于具有常参数的均匀固定–自由梁, 它的频率方程是

$$\cosh\varphi\cdot\cos\varphi+1=0,\quad \varphi=z(\rho/EJ)^{1/4}. \tag{5.9.12}$$

其高阶固有角频率和高阶振型的渐近公式分别是

$$\omega_n=\frac{(2n-1)^2\pi^2}{4l^2}\sqrt{\frac{\rho}{EJ}},\quad n\to\infty,$$

$$\begin{aligned}u_n(x)= & [1+o(n^{-2})]\cos\frac{(2n-1)\pi x}{2l}\\ & -[1+o(n^{-2})]\sin\frac{(2n-1)\pi x}{2l}-\exp\left[-\frac{(2n-1)\pi x}{2l}\right],\quad n\to\infty.\end{aligned} \tag{5.9.13}$$

可以看到, 在略去一阶小量的情况下, 两端铰支梁和固定–自由梁的高阶固有角频率和高阶振型的渐近公式均与相应的均匀梁的公式相一致.

完全类似地可以给出固定–滑支、固定–铰支、两端固定和固定–反共振梁的高阶固有角频率渐近公式, 它们分别是

$$\omega_n^{\text{cs}}=\frac{(4n-1)^2\pi^2}{16L^2}\left[1+\frac{32L^2(g(l)+e)}{(4n-1)^2\pi^2}+o\left(\frac{1}{n^3}\right)\right];$$

$$\omega_n^{\text{cp}}=\frac{(4n+1)^2\pi^2}{16L^2}\left[1+\frac{32L^2(g(l)+c)}{(4n+1)^2\pi^2}+o\left(\frac{1}{n^3}\right)\right];$$

$$\omega_n^{\text{cc}}=\frac{(2n+1)^2\pi^2}{4L^2}\left[1+\frac{8L^2g(l)}{(2n+1)^2\pi^2}+o\left(\frac{1}{n^3}\right)\right];$$

$$\omega_n^{\text{ca}}=\frac{n^2\pi^2}{L^2}\left[1+\frac{2L^2(g(l)+e)}{n^2\pi^2}+o\left(\frac{1}{n^3}\right)\right],$$

或

$$\omega_n^{\text{ca}}=\frac{n^2\pi^2}{L^2}\left[1+\frac{L^2(g(l)+c)}{n^2\pi^2}+o\left(\frac{1}{n^3}\right)\right],$$

式中的 e 和 c 为常数. 注意, 由于固定–反共振梁的右端边条件有两种不同的形式, 因而亦有两种不同的高阶固有角频率渐近表示式.

5.10 外伸梁连续系统模态的定性性质

考虑长为 l, 线密度为 $\rho(x)$, 截面抗弯刚度为 $r(x)=EJ(x)$ 的外伸 Euler 梁, 其无阻尼横向自由振动的模态方程是

$$[r(x)u''(x)]''=\omega^2\rho(x)\,u(x),\quad 0<x<l, \tag{5.10.1}$$

其中 ω 是固有角频率, $u(x)$ 是位移振型. 如图 5.6(a) 所示的两跨外伸梁的支承条件包括:

$$\begin{aligned}&u(0)=0, && r(0)u''(0)=0;\\ &r(l)u''(l)=0, && [r(x)u''(x)]'|_{x=l}=0;\end{aligned} \tag{5.10.2}$$

和

$$u(c)=0,\quad u'(c)\text{ 和 }u''(c)\text{ 连续}. \tag{5.10.3}$$

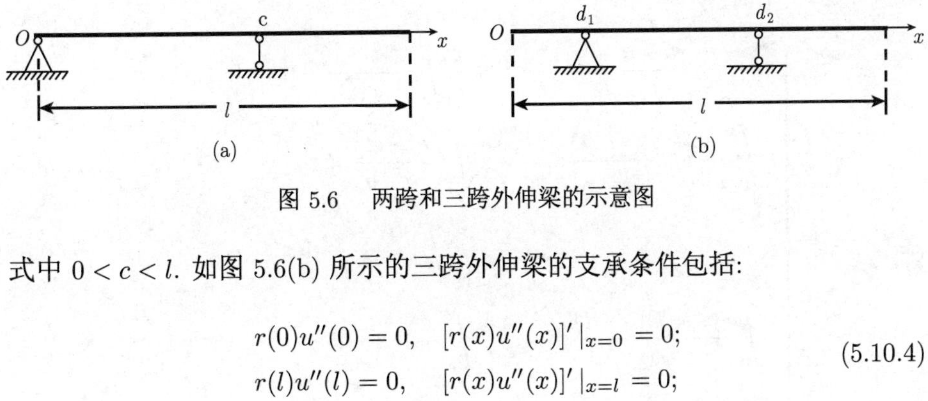

图 5.6 两跨和三跨外伸梁的示意图

式中 $0<c<l$. 如图 5.6(b) 所示的三跨外伸梁的支承条件包括:

$$\begin{aligned}&r(0)u''(0)=0, && [r(x)u''(x)]'\,|_{x=0}=0;\\ &r(l)u''(l)=0, && [r(x)u''(x)]'\,|_{x=l}=0;\end{aligned} \tag{5.10.4}$$

和

$$u(d_i)=0,\quad u'(d_i)\text{ 和 }u''(d_i)\text{ 连续},\qquad i=1,2;\ 0<d_1<d_2<l. \tag{5.10.5}$$

为了阐明外伸梁横向振动的固有角频率和振型的定性性质, 我们首先导出它的 Green 函数. 参照 5.2 节, 两跨外伸梁的 Green 函数 $G(x,s)$ 所满足的方程和边条件分别是

$$
\left\{\begin{array}{ll}
[r(x)G''(x,s)]'' = \delta(x-s), & 0<x,s<l, \\
G(0,s)=G(c,s)=0, \quad G''(0,s)=0, & \\
G'(c-0,s)=G'(c+0,s), \quad G''(c-0,s)=G''(c+0,s), & 0<s<l. \\
G''(l,s)=0, \quad [r(x)G''(x,s)]'|_{x=l}=0, &
\end{array}\right. \tag{5.10.6}
$$

对方程组 (5.10.6) 直接积分即得两跨外伸梁的 Green 函数: 当 $0<s<c$ 时, 有

$$
G(x,s)=\left\{\begin{array}{ll}
\dfrac{s-c}{c}\displaystyle\int_0^x \frac{t(x-t)}{r(t)}\mathrm{d}t+\frac{xs}{c^2}\int_0^c \frac{(c-t)^2}{r(t)}\mathrm{d}t & \\
\qquad +\dfrac{x}{c}\displaystyle\int_0^s \frac{(t-c)(s-t)}{r(t)}\mathrm{d}t, & 0\leqslant x<s, \\
\dfrac{s}{c}\displaystyle\int_0^x \frac{(t-c)(x-t)}{r(t)}\mathrm{d}t+\frac{xs}{c^2}\int_0^c \frac{(c-t)^2}{r(t)}\mathrm{d}t & \\
\qquad +\dfrac{x-c}{c}\displaystyle\int_0^s \frac{t(s-t)}{r(t)}\mathrm{d}t, & s<x\leqslant c, \\
\dfrac{x-c}{c}\left[\dfrac{s-c}{c}\displaystyle\int_0^c \frac{t^2}{r(t)}\mathrm{d}t+\frac{s}{c}\int_s^c \frac{t(t-c)}{r(t)}\mathrm{d}t\right], & c<x\leqslant l.
\end{array}\right. \tag{5.10.7}
$$

而当 $c<s\leqslant l$ 时, 有

$$
G(x,s)=\left\{\begin{array}{ll}
\dfrac{s-c}{c}\left[\dfrac{x-c}{c}\displaystyle\int_0^x \frac{t^2}{r(t)}\mathrm{d}t+\frac{x}{c}\int_x^c \frac{t(t-c)}{r(t)}\mathrm{d}t\right], & 0\leqslant x\leqslant c, \\
\displaystyle\int_0^x \frac{(x-t)(s-t)}{r(t)}\mathrm{d}t-\frac{xs}{c^2}\int_0^c \frac{c^2-t^2}{r(t)}\mathrm{d}t & \\
\qquad +\dfrac{x+s}{c}\displaystyle\int_0^c \frac{t(c-t)}{r(t)}\mathrm{d}t, & c<x<s, \\
\displaystyle\int_0^s \frac{(x-t)(s-t)}{r(t)}\mathrm{d}t-\frac{xs}{c^2}\int_0^c \frac{c^2-t^2}{r(t)}\mathrm{d}t & \\
\qquad +\dfrac{x+s}{c}\displaystyle\int_0^c \frac{t(c-t)}{r(t)}dt, & s<x\leqslant l.
\end{array}\right. \tag{5.10.8}
$$

类似地可以给出三跨外伸梁的 Green 函数.

5.10.1　外伸梁的 Green 函数的振荡性

同 5.3 节一样, 要阐明外伸梁的 Green 函数的振荡性质, 我们只要检验 5.3

节中的性质 A 和性质 B, 以及应变能的正定性对外伸梁是否成立就足够了.

1. 双跨外伸梁的 Green 函数的振荡性

对于式 (5.10.7) 与 (5.10.8) 给出的两跨外伸梁的 Green 函数 $G(x,s)$, 显然不属于振荡核, 因为它不满足振荡核的定义条件 (A.7.4). 为了研究外伸梁的定性性质, 引进外伸梁的数学转换系统. 该系统的核称为数学转换核, 它定义为

$$\widetilde{G}(x,s)=\varepsilon(x)\varepsilon(s)G(x,s), \tag{5.10.9}$$

式中函数 $\varepsilon(x)=(-1)^{m-1}$, 其上角标中的 m 是变量 x 在外伸梁上所属跨的序号数, 即当 $0<x<c$ 时 $\varepsilon(x)=1$, 而当 $c<x\leqslant l$ 时 $\varepsilon(x)=-1$.

现在, 我们来检验数学转换核 $\widetilde{G}(x,s)$ 属于振荡核.

首先, 当梁仅受一个集中外力作用时, 无论外力作用点 s 位于哪一跨, 由材料力学知, 其挠曲线如图 5.7 所示. 显然有 $\widetilde{G}(x,s)>0$, 即满足振荡核的定义条件 (A.7.4).

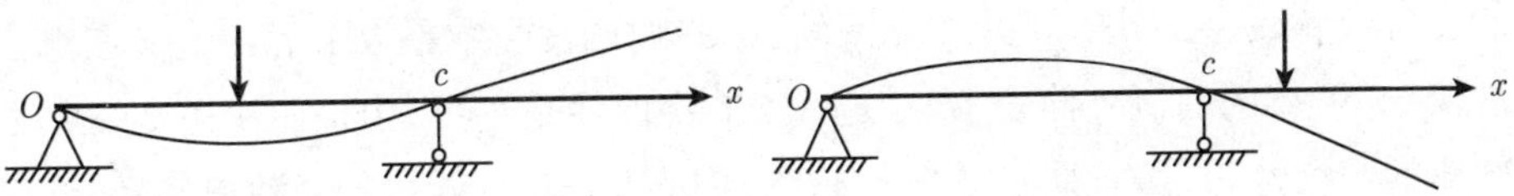

图 5.7 两跨外伸梁受单个外力作用时的挠曲线

其次, 由于外伸梁属于静定系统, 只要 n 个集中外力 $F_1,F_2,\cdots,F_n$ 不同时为零, 则外伸梁的应变能

$$V=\frac{1}{2}\sum_{i,j=1}^{n}G(s_i,s_j)F_iF_j$$

必大于零, 故上式右端为正定二次型. 而由正定二次型的判定法则, 其顺序主子式全大于零, 即

$$G\begin{pmatrix} s_1 & s_2 & \cdots & s_n \\ s_1 & s_2 & \cdots & s_n \end{pmatrix}=\widetilde{G}\begin{pmatrix} s_1 & s_2 & \cdots & s_n \\ s_1 & s_2 & \cdots & s_n \end{pmatrix}>0.$$

从而数学转换核 $\widetilde{G}(x,s)$ 满足振荡核的定义条件 (A.7.6).

最后, 我们重点考查梁受 n 个集中外力作用时, 其挠度 $u(x)$ 的正负号改变次数. 下面分三种情况讨论.

(1) n 个集中外力全部作用于左跨 $(0<s_i<c)$. 这时, 在 $\{F_i\}_1^n$ 的作用下, 梁的位移是

$$u(x)=\sum_{i=1}^{n}F_iG(x,s_i).$$

由材料力学知, $u(x)$ 满足以下剪力方程:

$$\tau'(x) = [EJ(x)u''(x)]' = \begin{cases} C_0, & 0 \leqslant x < s_1, \\ C_i, & s_i < x < s_{i+1};\ i = 1, 2, \cdots, n-1, \\ C_n, & s_n < x < c, \\ 0, & c < x \leqslant l. \end{cases}$$

其中

$$C_i = C_0 + \sum_{j=1}^{i} F_j, \quad i = 1, 2, \cdots, n.$$

上式表明, $\tau'(x)$ 最多只在外力作用点处改变正负号一次, 从而其变号数不大于 n, 且全部位于区间 $(0, c)$ 内. 在 $\tau(0) = 0 = \tau(c)$ 的情况下, 由引理 5.4 可知, $\tau(x)$ 在区间 $(0, c)$ 内的变号数不大于 $n-1$; $u'(x)$ 和 $u(x)$ 在区间 $(0, c)$ 内的变号数不大于 n 和 $n+1$. 但因 $u(0) = 0$ 和 $u(c) = 0$, 将分别使 $u(x)$ 在区间 $(0, c)$ 内的变号数各减少 1. 这样, $u(x)$ 在区间 $(0, c)$ 内的变号数不大于 $n-1$. 又在现在的情况下, 梁的右侧外伸段 $(c < x \leqslant l)$ 的挠曲线是直线, 由挠曲线在支座 c 处转角的连续性, 该段挠曲线必与 $u(x)$ 在子区间 (η_{n-1}, c) 内的函数值反号, 这里 η_{n-1} 是 $u(x)$ 在 $(0, c)$ 内的最后一个零点, 即 $u(x)$ 在区间 $(0, l]$ 内的变号数不大于 n. 而与数学转换核 $\widetilde{G}(x, s)$ 相应的函数

$$\widetilde{u}(x) = \varepsilon(x)u(x) \tag{5.10.10}$$

在区间 $(0, l]$ 内的变号数不大于 $n-1$. 即 5.3 节中性质 B 成立.

附注 需要指出的是, 上述文内只是说 $u(x)$ 在区间 $(0, c)$ 内的变号数不大于 $n-1$; 它还有可能更小. 参考图 5.8, 如果挠曲线存在正的极小或负的极大值时, 每个这样的极值都将使得 $u'(x)$ 的变号数增加 2, 因而相应的 $u(x)$ 在区间 $(0, c)$ 内的变号数也应减少 2. 否则, 由 Roll 定理将会导致 $u'(x)$ 在区间 $(0, c)$ 内的变号数大于 n, 矛盾. 图 5.8 中的点 d 称为挠曲线的零腹点. 与极值点一样, 它的存在也应使 $u(x)$ 在区间 $(0, c)$ 内的变号数减少 2. 显然, 这里讨论的情况只当 $n \geqslant 3$ 时才有可能发生.

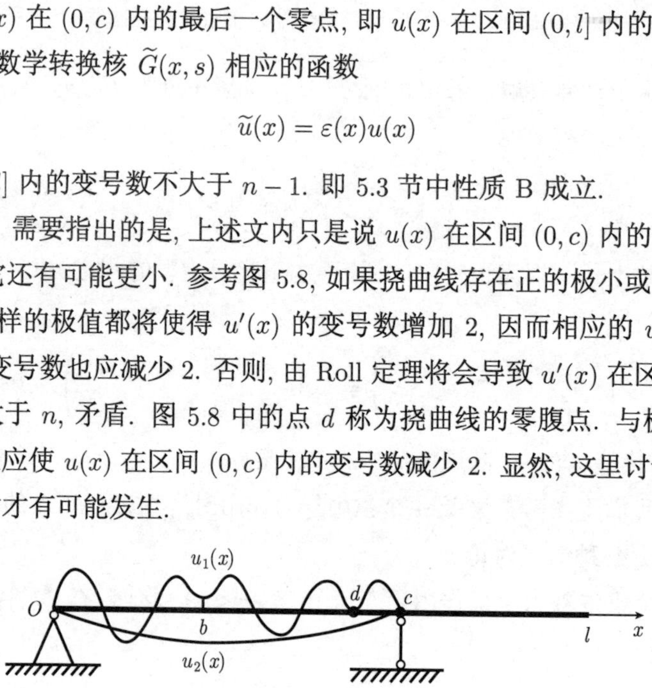

图 5.8 $u_1(x)$ 与 $u_2(x)$ 的叠加

(2) n 个集中外力全部作用于梁的右跨 ($c < s_i \leqslant l$). 这时, 在 $\{F_i\}_1^n$ 的作用下, 梁的位移仍是

$$u(x) = \sum_{i=1}^{n} F_i G(x, s_i).$$

只是此时, $u(x)$ 满足的剪力方程是

$$\tau'(x) = [EJ(x)u''(x)]' = \begin{cases} C_0, & 0 \leqslant x < c, \\ C_0 + C_c, & c < x < s_1, \\ C_i, & s_{i-1} < x < s_i;\ i = 2, 3, \cdots, n, \\ 0, & s_n < x \leqslant l. \end{cases}$$

其中

$$C_i = C_0 + C_c + \sum_{j=1}^{i-1} F_j, \quad i = 2, 3, \cdots, n,$$

C_0 与 C_c 分别是 $x = 0$ 与 $x = c$ 处的支座反力. 上式同样表明, $\tau'(x)$ 在区间 $(c, l]$ 内的变号数不大于 $n - 1$. 在 $\tau(l) = 0$ 时, 由引理 5.4 可知, $\tau(x)$ 在区间 $(c, l]$ 内的变号数不大于 $n - 1$. 又, 由材料力学中的面积图法易知,

$$\tau(c)u'(c) > 0,$$

于是 $u'(x)$ 和 $u(x)$ 在区间 $(c, l]$ 内的变号数不大于 $n - 1$ 和 n. 最后, 因 $u(c) = 0$, 故 $u(x)$ 在区间 $(c, l]$ 内的变号数将减少 1. 这样, $u(x)$ 在区间 $(c, l]$ 内的变号数不大于 $n - 1$. 在现在的情况下, 梁的左跨 $(0 < x < c)$ 的挠曲线必定位于梁的平衡轴线的同一侧, 由挠曲线在支座 c 处转角的连续性, 该段挠曲线必与 $u(x)$ 在子区间 (c, η_1) 内的函数值反号, 这里 η_1 是函数 $u(x)$ 在 $(c, l]$ 内的第一个零点. 从而 $u(x)$ 在区间 $(0, l]$ 内的变号数不大于 n. 这样, 与数学转换核 $\widetilde{G}(x, s)$ 相应的函数 $\widetilde{u}(x) = \varepsilon(x)u(x)$ 在区间 $(0, l]$ 内的变号数仍不大于 $n - 1$. 性质 B 同样成立.

上页中附注在现在的情况下同样正确.

(3) n 个集中外力分别作用于梁的两跨. 设其中 n_1 个集中外力作用于梁的左跨 $(0 < x < c)$, n_2 个集中外力作用于梁的右跨 $(c < x \leqslant l)$, $n_1 + n_2 = n$. 这时, 由上文讨论知, 前 n_1 个集中力引起的位移 $u_1(x)$ 在梁的左跨 $(0 < x < c)$ 的变号数不大于 $n_1 - 1$, 在梁的右跨 $(c < x \leqslant l)$ 正负号不变; 后 n_2 个集中力引起的位移 $u_2(x)$ 在梁的左跨 $(0 < x < c)$ 正负号不变, 在梁的右跨 $(c < x \leqslant l)$ 的变号数不大于 $n_2 - 1$. 根据力的独立作用原理, 梁的挠度

$$u(x) = u_1(x) + u_2(x).$$

我们指出, 在此叠加过程中, 挠曲线分别在梁的两跨上的变号数不大于 $n_1 - 1$ 和 $n_2 - 1$. 以梁的左跨为例, 仅当 $u_1(x)$ 在左跨 $(0 < x < c)$ 存在正的极小或负的极大值或零腹点时, 叠加过程中挠曲线在此跨上的变号数才有可能改变. 以图 5.8 为例, 设在此跨上, $u_2(x) < 0$, $u_1(x)$ 存在一个正的极小值 b 和一个零腹点 d. 这时, 一方面, 该正的极小值的存在可能使叠加后的挠曲线的变号数增加 2, 而零腹点的存在也将使叠加后的挠曲线的变号数增加 2. 但是, 另一方面, 正如第 224 页中附注指出的, 每一个这样的极值点和零腹点的存在, 都将使 $u_1(x)$ 在此跨中的变号数各减少 2. 两者互相抵消. 梁的右跨的情况完全类似.

于是, 叠加后的挠曲线 $u(x)$ 在梁左跨的变号数不大于 $n_1 - 1$, 在右跨的变号数不大于 $n_2 - 1$. 而由 $\widetilde{u}(x)$ 的定义, 它在梁左跨与 $u(x)$ 相等, 在梁右跨与 $u(x)$ 等值反号, 因而也有 $\widetilde{u}(x)$ 在左跨的变号数不大于 $n_1 - 1$, 在右跨的变号数不大于 $n_2 - 1$. 考虑到 $\widetilde{u}(x)$ 的连续性, 它在紧邻梁的中间支座的两侧可能具有相反的正负号. 这样我们得出结论, 当外力分散在梁两跨的情况下, $\widetilde{u}(x)$ 在区间 $(0, l]$ 内的变号数不大于 $n - 1$. 性质 B 仍然成立.

综上所述, 可以断定双跨梁的数学转换核 $\widetilde{G}(x, s)$ 属于振荡核.

2. 三跨外伸梁的 Green 函数的振荡性

对于三跨外伸梁, 它的 Green 函数同样不是振荡核, 而需引入数学转换核

$$\widetilde{G}(x, s) = \varepsilon(x)\varepsilon(s)G(x, s).$$

至于三跨梁的数学转换核的振荡性完全可以仿照双跨梁的情况来证明, 只不过要分多种情况进行讨论而已. 限于篇幅, 具体讨论从略.

5.10.2　外伸梁固有振动的振荡性质

以上我们阐明了, 只有一个外伸端的双跨外伸梁和具有两个外伸端的三跨外伸梁, 其 Green 函数 $G(x, s)$ 的数学转换核 $\widetilde{G}(x, s)$ 是振荡核. 现在进一步考查外伸梁固有振动的频率和振型的定性性质.

利用 Green 函数 $G(x, s)$, 外伸梁的固有振动的模态方程 (5.10.1) 和相应的边条件 (5.10.2)~(5.10.5) 可以转化为如下积分方程的特征值问题:

$$u(x) = \omega^2 \int_0^l G(x, s)\rho(s)u(s)\mathrm{d}s, \quad 0 < x < l. \tag{5.10.11}$$

将上式两边同乘以 $\varepsilon(x)$, 式 (5.10.11) 成为

$$\widetilde{u}(x) = \omega^2 \int_0^l \widetilde{G}(x,s)\rho(s)\widetilde{u}(s)\mathrm{d}s, \quad 0 < x < l. \tag{5.10.12}$$

既然已经证明了 $\widetilde{G}(x,s)$ 是振荡核, 则将其乘以正函数 $\sqrt{\rho(x)\rho(s)}$, 显然不影响核的振荡性, 即核

$$K(x,s) = \widetilde{G}(x,s)\sqrt{\rho(x)\rho(s)}$$

仍为振荡核. 这样, 应用具有振荡核的积分方程特征值问题的性质定理, 我们发现数学转换系统的特征值和特征函数具有如下定性性质:

(1) 数学转换系统的特征值 $\lambda = \omega^2$ 是正的和单的, 可按从小到大次序排列为

$$(0 <)\ \lambda_1 < \lambda_2 < \lambda_3 < \cdots;$$

(2) 数学转换系统对应于 λ_i 的特征函数 $\widetilde{u}_i(x)(i = 1, 2, 3, \cdots)$ 在区间 I 上恰有 $i-1$ 个节点;

(3) 两个顺次特征函数 $\widetilde{u}_i(x)$ 与 $\widetilde{u}_{i+1}(x)(i = 2, 3, \cdots)$ 的节点彼此相间.

由式 (5.10.10) 至式 (5.10.12), 可将数学转换系统的以上性质转化为外伸梁的相应性质:

性质 1 方程 (5.10.12) 系由方程 (5.10.11) 经简单代数运算而得, 两者有完全相同的特征值, 因此两跨和三跨外伸梁的固有频率 $f_i = \omega_i/2\pi\ (i = 1, 2, \cdots)$ 是单的, 可按增加次序排列为

$$(0 <)\ f_1 < f_2 < f_3 < \cdots.$$

性质 2 外伸梁的第一阶振型恰有 p (两跨外伸梁 $p = 1$, 三跨外伸梁 $p = 2$) 个节点. 这些节点均与支座重合.

事实上由式 (5.10.10), 外伸梁的位移振型 $u_i(x)$ 与数学转换系统的特征函数 $\widetilde{u}_i(x)$ 之间在奇数跨上相等而在偶数跨上反号, 因此梁的中间支座或者是梁的位移振型的节点, 或者是梁的位移振型的零腹点. 对第一阶振型, 中间支座处显然是节点.

性质 3 外伸梁的第 $i(i \geqslant 2)$ 阶振型 $u_i(x)$ 恰有 $i-1+p-2t$ 个节点, 其中 t 是函数 $\widetilde{u}_i(x)$ 的节点与支座重合的次数; 对于两跨外伸梁 $t \leqslant 1$, 而对于三跨外伸梁 $t \leqslant 2$.

这是因为函数 $\widetilde{u}_i(x)$ 有 $i-1$ 个节点, 如有 t 个节点与支座重合, 则外伸梁的第 $i\ (i \geqslant 2)$ 阶振型 $u_i(x)$ 减少 t 个节点, 而在其余 $p-t$ 个支座处增加 $p-t$

个节点. 由此外伸梁的第 i $(i \geqslant 2)$ 阶振型 $u_i(x)$ 的节点数为

$$(i-1)-t+(p-t)=i-1+p-2t.$$

注意, 当函数 $\widetilde{u}_i(x)$ 的节点与某一支座重合时, 虽然减少了位移振型 $u_i(x)$ 的节点数, 但正如上文中指出的, 这个中间支座将是位移振型 $u_i(x)$ 的零腹点. 如果在计算零点个数时, 将一个零腹点当作两个单零点计算, 那么位移振型 $u_i(x)$ 的零点个数仍然是 $i+p-1$. 不过其中含有 $i-1+p-2t$ 个节点和 t 个零腹点.

性质 4 当函数 $\widetilde{u}_i(x)$ 与 $\widetilde{u}_{i+1}(x)$ 的节点均不与中间支座重合时, 外伸梁的位移振型 $u_i(x)$ 与 $u_{i+1}(x)$ $(i=2,3,\cdots)$ 除中间支座外的节点彼此相间; 而当函数 $\widetilde{u}_i(x)$ 与 $\widetilde{u}_{i+1}(x)$ 的节点之一与支座重合时, 外伸梁的位移振型 $u_i(x)$ 与 $u_{i+1}(x)$ $(i=2,3,\cdots)$ 的节点不一定彼此相间.

与离散系统一样, 此类梁还另有 4 项较重要的定性性质, 即性质 5 和 6, 性质 7 和 8. 由于它们的证明过程复杂, 将分别在 5.10.4 和 5.10.5 分节中给出.

5.10.3 外伸梁的共轭结构

为了进一步讨论外伸梁的转角振型、弯矩振型, 以及剪力振型的定性性质, 仿照本章的 5.4.2 分节, 我们引入外伸梁的共轭结构. 为此, 记外伸梁的弯矩振型为

$$\bar{u}(x)=\tau(x)=r(x)u''(x), \tag{5.10.13}$$

则方程 (5.10.1) 可改写为

$$[r^*(x)\bar{u}''(x)]''=\lambda\rho^*(x)\bar{u}(x). \tag{5.10.14}$$

此方程可视为定义在区间 $[0,l]$ 上, 具有参数

$$r^*(x)=\rho^{-1}(x),\quad \rho^*(x)=r^{-1}(x) \tag{5.10.15}$$

的梁的模态方程, 称此梁为原梁的共轭梁. 共轭梁的 “位移” 振型就是原梁的弯矩振型. 由变换 (5.10.13) 和

$$\bar{u}''(x)=\lambda\rho(x)u(x),\quad \bar{u}'(x)=[r(x)u''(x)]'$$

可知, 两跨外伸梁的共轭梁的左端仍为铰支端, 右端变为固定端, 中间支座转化为中间铰 $(\bar{u}''(c)=0)$. 这样, 两跨外伸梁的共轭系统是两跨连续梁, 如图 5.9(a) 所示. 完全类似的讨论可以给出, 三跨外伸梁的共轭系统是两端固定, 在 $x=d_1$ 和 $x=d_2$ 处存在两个中间铰链连接的三跨连续梁, 如图 5.9(b) 所示.

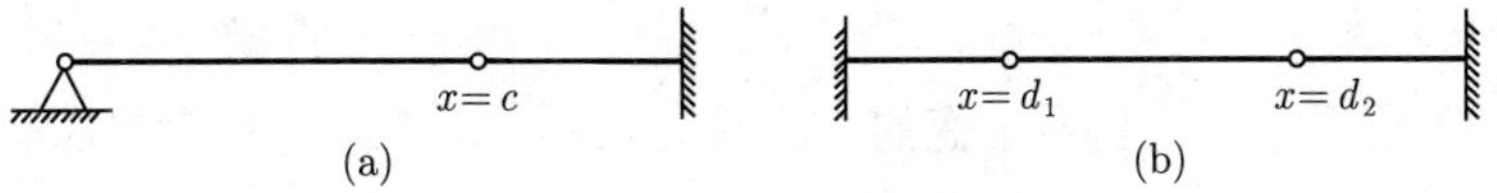

图 5.9 外伸梁的共轭系统

上面的推导还表明, 外伸梁的共轭系统与外伸梁本身有完全相同的频谱.

5.10.4 外伸梁共轭系统的振荡性质

1. 两跨外伸梁共轭系统的 Green 函数 $\overline{G}(x,s)$ 的振荡性

可以直接证明, 外伸梁共轭系统的 Green 函数 $\overline{G}(x,s)$ 属于振荡核. 仍以两跨外伸梁为例.

首先, 当共轭梁仅受一个集中外力作用时, 无论其作用点 s 位于哪一跨, 由结构力学知, 其挠曲线如图 5.10 所示. 显然有 $\overline{G}(x,s)>0$, 即满足附录中振荡核定义条件 (A.7.4).

图 5.10 两跨连续梁受单个外力作用时的挠曲线

其次, 由于图 5.9(a) 所示的两跨连续梁同样属于静定系统, 只要 n 个集中外力 $F_1,F_2,\cdots,F_n$ 不同时为零, 则两跨连续梁的应变能

$$V=\frac{1}{2}\sum_{i,j=1}^{n}\overline{G}(s_i,s_j)F_iF_j$$

大于零. 上式等号右边项为正定二次型, 从而 $\overline{G}(x,s)$ 满足附录中振荡核定义的条件 (A.7.6).

第三, 可以完全类似于两跨外伸梁, 分下述三种情况来讨论两跨连续梁受 n 个集中外力作用时, 其挠度 $\bar{u}(x)$ 的正负号改变次数.

(1) n 个集中外力全部作用于左跨 $(0<x\leqslant c)$. 这时, 与两跨外伸梁相似, $\bar{\tau}'(x)=[r^*(x)\bar{u}''(x)]'$ 最多只在外力作用点处正负号改变一次, 从而其变号数不大于 n, 且全部位于区间 $(0,c)$ 内. 在 $\bar{\tau}(0)=0=\bar{\tau}(c)$ 的情况下, 由引理 5.4 可知, $\bar{\tau}(x)$ 在区间 $(0,c)$ 内的变号数不大于 $n-1$; $\bar{u}'(x)$ 和 $\bar{u}(x)$ 在区间 $(0,c)$ 内的变号

数不大于 n 和 $n+1$, 但因 $\bar{u}(0)=0,\bar{u}(x)$ 在区间 $(0,c)$ 内的变号数将减少 1. 又与 $\bar{\tau}(x)$ 在最后一个正负号不变的子区间 $(\bar{\xi}_{n-1}<x<c)$ 内相应的挠曲线 $\bar{u}(x)$ 只有两种可能的情况, 如图 5.11 所示. 在图 5.11(a) 的情况下, $\bar{u}'(x)$ 在这个子区间内正负号不变, 因而 $\bar{u}'(x)$ 在区间 $(0,c)$ 内的变号数减少 1, 相应的 $\bar{u}(x)$ 在区间 $(0,c)$ 内的变号数也减少 1; 而在图 5.11(b) 的情况下, 显然有 $\bar{u}(c)\bar{u}'(c)<0$, 由引理 5.4, $\bar{u}(x)$ 在区间 $(0,c)$ 内的变号数仍然减少 1. 总之, $\bar{u}(x)$ 在区间 $(0,c)$ 内的变号数不大于 $n-1$. 又在现在的情况下, 梁的右跨 $(c<x\leqslant l)$ 仅受中间铰链的横向支反力的作用, 因而右跨的变形仍如图 5.11 所示. 显然可见, 该段挠曲线的变号数为零, 即 $\bar{u}(x)$ 在区间 $(0,l)$ 内的变号数不大于 $n-1$, 故对两跨外伸梁的共轭系统, 5.3 节中的性质 B 成立.

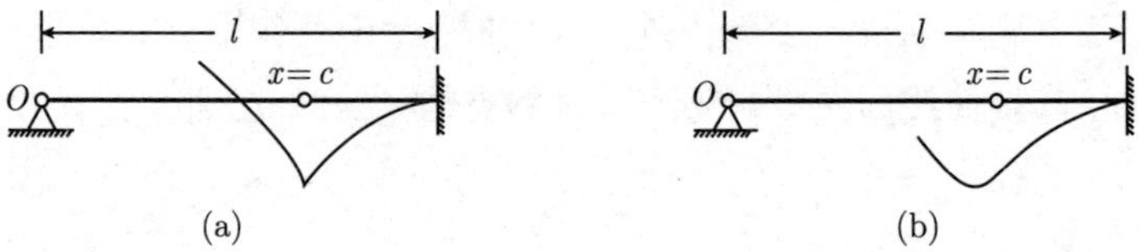

图 5.11　在紧邻中间铰链两侧的挠曲线的两种可能的连接方式

(2) n 个集中外力全部作用于梁的右跨 $(c<s_i\leqslant l)$. 这时, $\bar{u}(x)$ 满足的剪力方程是

$$\bar{\tau}'(x)=[EJ(x)\bar{u}''(x)]'=\begin{cases}0, & 0\leqslant x<s_1,\\ \sum\limits_{j=1}^{i}F_j, & s_i<x<s_{i+1};\quad i=1,2,\cdots,n;\quad s_{n+1}=l.\end{cases}$$

$\bar{\tau}'(x)$ 在区间 $(c,l]$ 内的变号数不大于 $n-1$. 在 $\bar{\tau}(c)=0$ 的情况下, 由引理 5.4 可知, $\bar{\tau}(x)$ 在区间 (c,l) 内的变号数不大于 $n-1$; $\bar{u}'(x)$ 和 $\bar{u}(x)$ 在区间 $(c,l]$ 内的变号数不大于 n 和 $n+1$; 但因 $\bar{u}(l)=\bar{u}'(l)=0$, 故 $\bar{u}'(x)$ 在区间 $(c,l]$ 内的变号数将减少 1, $\bar{u}(x)$ 在区间 $(c,l]$ 内的变号数将减少 2, 这样, $\bar{u}(x)$ 在区间 $(c,l]$ 内的变号数不大于 $n-1$. 在现在的情况下, 梁左跨 $(0<x<c)$ 的挠曲线是斜直线, 该段挠曲线的变号数同样为零, 从而 $\bar{u}(x)$ 在区间 $(0,l]$ 内的变号数不大于 $n-1$. 故对两跨外伸梁的共轭系统, 性质 B 同样成立.

(3) n 个集中外力分别作用于梁的两跨. 设其中 n_1 个集中外力作用于梁的左跨 $(0<x<c)$, n_2 个集中外力作用于梁的右跨 $(c\leqslant x<l)$, $n_1+n_2=n$. 假如有一个集中外力作用于中间铰, 我们把它算在右跨. 这时, 由上文的讨论, 前 n_1 个集中力引起的位移 $\bar{u}_1(x)$ 在梁左跨 $(0<x<c)$ 的变号数不大于 n_1-1, 在

梁右跨 ($c \leqslant x < l$) 其正负号不变; 后 n_2 个集中力引起的位移 $\bar{u}_2(x)$ 在梁左跨 ($0 < x < c$) 正负号不变, 在梁右跨 ($c \leqslant x < l$) 其变号数不大于 $n_2 - 1$. 根据力的独立作用原理, 梁的挠度

$$\bar{u}(x) = \bar{u}_1(x) + \bar{u}_2(x).$$

仍如上文指出的, 在两组位移叠加过程中, 除中间铰链两侧外不会增加挠曲线的变号数, 而在中间铰链两侧变号数可能增加 1, 所以 $\bar{u}(x)$ 在区间 $(0,l)$ 内的变号数不大于 $n-1$. 故对两跨外伸梁的共轭系统, 性质 B 同样成立.

2. 三跨外伸梁的共轭系统的 Green 函数的振荡性

同两跨外伸梁一样, 可以完全类似地证明, 三跨外伸梁的共轭系统的 Green 函数属于振荡核. 具体证明从略.

3. 外伸梁的弯矩振型的定性性质

既然两跨和三跨外伸梁的共轭系统的 Green 函数都是振荡核, 因而把它们乘以正函数所得的核仍然是振荡核. 那么根据具有振荡核的积分方程的性质定理 (附录中定理 25 和定理 26), 若记与 f_i $(i = 1, 2, \cdots)$ 相应的外伸梁的弯矩振型为 $\tau_i(x)$, 则外伸梁的弯矩振型具有以下定性性质 (性质 1~4 见第 227, 228 页):

性质 5 $\tau_i(x) = \bar{u}_i(x)$ 在区间 $(0,l)$ 内恰有 $i-1$ $(i = 1, 2, \cdots, n-1)$ 个节点 (变号数) 而无别的零点.

性质 6 $\tau_i(x)$ 与 $\tau_{i+1}(x)$ $(i = 2, 3, \cdots)$ 的节点互相交错.

5.10.5 外伸梁其他的定性性质

在 5.10.2 和 5.10.4 分节中已讨论了外伸梁的振荡性质, 本分节再讨论外伸梁的一些其他性质.

(1) 我们指出这样一个重要事实: 设 $u(x_0)$ 是某个振型函数的一个内部极值, 则 x_0 只能是一个孤立点而不可能是一个内部极值子区间中的一点. 因为不然的话, 在这个内部极值子区间中的任意一点都有

$$u'(x) = u''(x) = 0,$$

这与性质 5 矛盾. 因此由微积分的常识可知, 在振型函数 $u_i(x)$ 的一个内部极大值点 x_0 处, 必有 $\tau_i(x_0) < 0$, 而在振型函数 $u_i(x)$ 的一个内部极小值点 x_1 处, 必有 $\tau_i(x_1) > 0$.

(2) 对于外伸梁的转角振型, 我们有:

性质 7　外伸梁的第 i 阶转角振型 $(i=1,2,\cdots)$ 在区间 $(0,l)$ 内恰有 i 个节点.

事实上, 根据外伸梁的第 i 阶振型 $u_i(x)$ 恰有 $i-1+p-2t$ $(p=1,2)$ 个节点, 以及按节点的定义, 它们把振型 $u_i(x)$ 分成 $i+p-2t$ 个同号段. 除包含自由端 (恰好是 p 个) 的同号段外, 每个同号段中至少存在一个极值点. 这样, 在振型 $u_i(x)$ 中至少存在 $i-2t$ 个内部极值点. 当转换系统的特征函数 $\widetilde{u}_i(x)$ 的节点均不与支座重合时, $t=0$; 当 $\widetilde{u}_i(x)$ 的某一节点与支座重合时, 如前所述, 中间支座处是振型 $u_i(x)$ 的一个零腹点, 从而也是一个极值点, 这样, 紧邻中间支座两侧的函数 $\widetilde{u}_i(x)$ 的两个节点之间存在振型 $u_i(x)$ 的 3 个极值点. 于是振型 $u_i(x)$ 至少存在 i 个内部极值点. 另一方面, 根据外伸梁的弯矩振型 $\tau_i(x)$ 恰有 $i-1$ $(i=1,2,\cdots)$ 个节点, 即 $\tau_i(x)$ 的变号数恰为 $i-1$, 以及由引理 5.4 可知, 振型 $u_i(x)$ 至多存在 i 个内部极值点. 这就表明振型 $u_i(x)$ 有且仅有 i 个内部极值点. 注意到在每个极值点的两侧, 转角振型正负号改变一次, 该极值点就是转角振型的节点, 故性质 7 成立.

上述讨论还表明, 除紧邻中间支座两侧的同号段外, 在振型 $u_i(x)$ 的正的同号段中只有一个极大值, 而在振型 $u_i(x)$ 的负的同号段中只有一个极小值.

(3) 由 $\tau_i(x)$ 的节点数和 $u_i(x)$ 的零点数, 及模态方程 (5.10.1) 的改写形式

$$\phi_i'(x)=\omega_i^2\rho(x)u_i(x),$$

通过上述类似的讨论可以给出:

性质 8　第 i 阶剪力振型

$$\phi_i(x)=[r(x)u_i''(x)]',\quad i=1,2,\cdots$$

恰有 i 个节点.

(4) 类似于本章 5.6.1 分节关于固定–自由梁 (悬臂梁) 的自由端的讨论, 对于两跨外伸梁同样可以写出位移、转角、弯矩和剪力振型在梁端点的性质:

$$u_i(l)u_i'(l)>0,\quad u_i(l)u_i''(l-0)>0,\quad u_i(l)\phi_i(l-0)>0,\quad i=1,2,\cdots,$$

式中 $u''(l-0)$ 和 $\phi_i(l-0)$ 分别表示 $u_i''(x)$ 和 $\phi_i(x)$ 在梁右端点左侧的函数值. 而对三跨外伸梁则可以写出:

$$u_i(0)u_i'(0)<0,\quad u_i(0)u_i''(0+0)>0,\quad u_i(0)\phi_i(0+0)<0,\quad i=1,2,\cdots;$$

$$u_i(l)u_i'(l) > 0, \quad u_i(l)u_i''(l-0) > 0, \quad u_i(l)\phi_i(l-0) > 0, \quad i = 1, 2, \cdots.$$

式中 $u_i''(0+0)$ 和 $\phi_i(0+0)$ 分别表示 $u_i''(x)$ 和 $\phi_i(x)$ 在梁左端点右侧的函数值.

根据上面的讨论, 我们可以画出两跨外伸梁连续系统的第一、第二阶振型的示意图, 如图 5.12 所示.

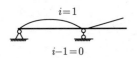

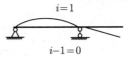

(a) 数学转换系统第一特征函数(左图)和两跨外伸梁的第一阶位移振型(右图)

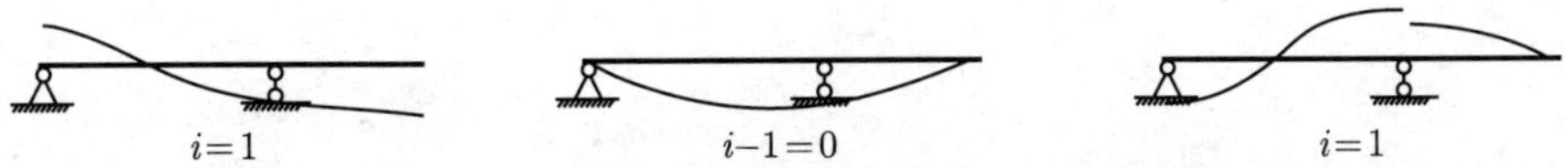

(b) 两跨外伸梁的第一阶转角振型(左图)、弯矩振型(中图)和剪力振型(右图)

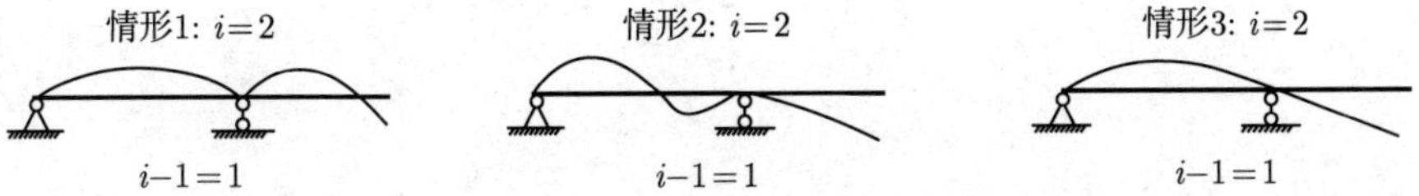

(c) 数学转换系统的第二特征函数的三种可能情况

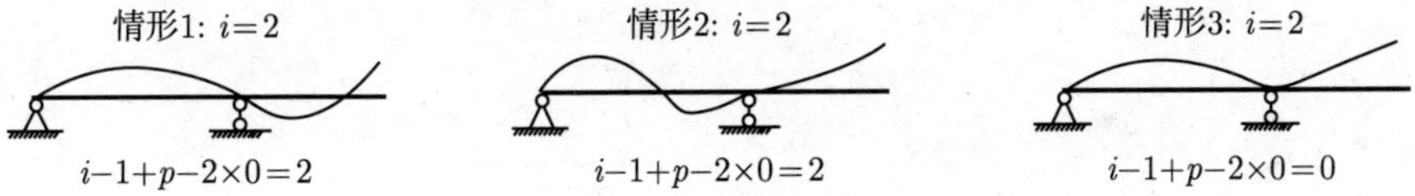

(d) 两跨外伸梁的第二阶位移振型的三种可能情况 ($p=1$)

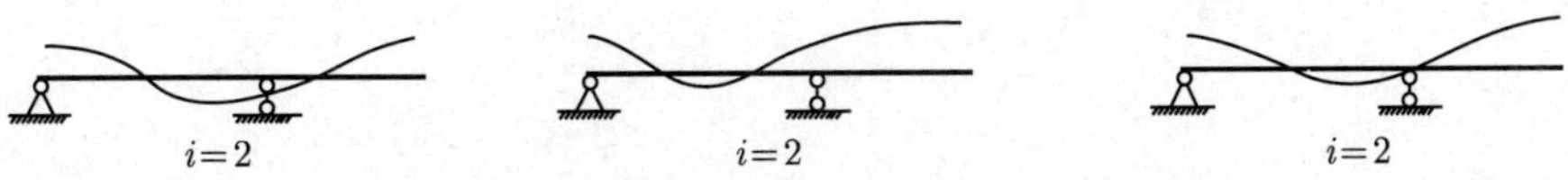

(e) 两跨外伸梁的第二阶转角振型的三种可能情况

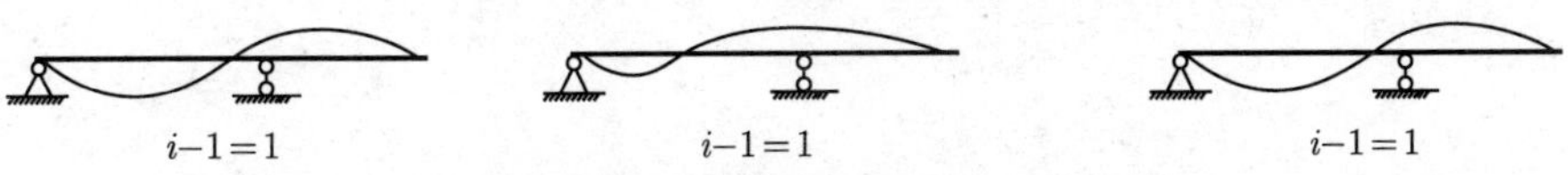

(f) 两跨外伸梁的第二阶弯矩振型的三种可能情况

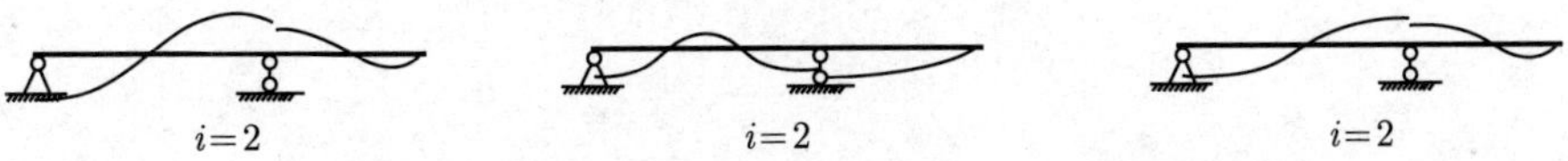

(g) 两跨外伸梁的第二阶剪力振型的三种可能情况

图 5.12 两跨外伸梁的第一、二阶振型

本节主要内容取自参考文献 [41].

最后, 关于本节的讨论可以说明三点: (1) 实际上已经阐明了两跨和三跨连续梁的振动的定性性质; (2) 还可推广到共轭系统为正系统的三跨以上的多跨梁; (3) 与第三章 3.10 节相比较, 可看到外伸梁的离散系统和连续系统具有完全相似的振动的定性性质.

第六章 膜振动的定性性质

第二至第五章讨论的都是一维结构, 本章将讨论简单的二维结构——膜的横向振动的定性性质. 和一维结构相比, 这方面的理论成果要少得多. 究其原因, 首先在于二维结构比一维结构复杂, 没有一维结构所具有的简洁优美的振动的振荡性质; 同时, 也因为缺乏如振荡矩阵和振荡核那样有效的数学工具. 不过, 对于工程问题而言, 本章所介绍的有关定性性质都具有理论意义和应用价值.

设质量面密度为 $\rho(x,y)$, 张力为 T, 占据平面区域 Ω, 其边界为 $\partial\Omega$ 的弹性薄膜, 它作横向振动时的固有频率和振型满足方程

$$T\Delta_2 u+\lambda\rho u(x,y)=0,\quad (x,y)\in\Omega, \tag{6.0.1}$$

式中 Δ_2 是二维 Laplace 算子, $u(x,y)$ 是位移振型, $\lambda=\omega^2$ 是膜作横向振动的特征值, ω 则是固有角频率, T 是正常数, ρ 是 Ω 上的正函数. 较为一般的边条件可以表示为

$$\frac{\partial u}{\partial n}+\sigma u=0,\quad (x,y)\in\partial\Omega. \tag{6.0.2}$$

式中 $\partial u/\partial n$ 是函数 u 沿区域边界的外法向偏微商, $\sigma=h/T$, h 是第一章 1.3.7 分节中引入的边界弹性支承的弹簧常数. 当 $\sigma\to\infty$ 时相当于 $u(x,y)=0$, 即膜的周边固定; 当 $\sigma=0$ 时则相当于膜的周边自由.

现在我们来证明, 在边条件 (6.0.2) 下, 算子

$$Lu=-T\Delta_2 u$$

是自共轭微分算子[2].

事实上, 由二元函数的第一 Green 公式:

$$\iint_\Omega T(u_xv_x+u_yv_y)\mathrm{d}x\mathrm{d}y=-\iint_\Omega vLu\mathrm{d}x\mathrm{d}y+\oint_{\partial\Omega}v\frac{\partial u}{\partial n}\mathrm{d}s,$$

可得

$$(Lu,v)-(Lv,u)=\iint_\Omega(vLu-uLv)\mathrm{d}x\mathrm{d}y=\oint_{\partial\Omega}\left(v\frac{\partial u}{\partial n}-u\frac{\partial u}{\partial n}\right)\mathrm{d}s.$$

在边条件 (6.0.2) 下, 对于 $\partial\Omega$ 上的点 (x,y), 或者

$$u = v = 0, \quad \sigma \to \infty;$$

或者

$$\frac{\partial u}{\partial n} = 0, \quad \frac{\partial v}{\partial n} = 0, \quad \sigma = 0;$$

或者

$$v\frac{\partial u}{\partial n} - u\frac{\partial v}{\partial n} = 0, \quad 0 < \sigma < \infty.$$

无论何种情况, 都有

$$(Lu, v) - (Lv, u) = 0, \tag{6.0.3}$$

即算子 L 是自共轭的.

从算子 L 的自共轭性出发, 容易证明:

定理 6.1 在边条件 (6.0.2) 下, 膜的横向振动的特征值是实的和非负的.

证明 设 λ 是膜的横向振动的特征值, $u(x,y)$ 是相应的特征函数. 由于方程 (6.0.1) 和 (6.0.2) 的系数全是实的, 因而 $\bar{\lambda}$ 和 $\bar{u}(x,y)$ 也是膜的横向振动的特征值和相应的特征函数. 由式 (6.0.3) 得

$$(\overline{Lu}, u) - (Lu, \bar{u}) = (\bar{\lambda} - \lambda)\iint_\Omega \rho u\bar{u}\mathrm{d}x\mathrm{d}y = 0,$$

上式给出 $\bar{\lambda} = \lambda$, 即 λ 是实的. 又

$$\begin{aligned}\lambda\iint_\Omega \rho u^2\mathrm{d}x\mathrm{d}y &= -(Lu, u)\\ &= \iint_\Omega T(u_x^2 + u_y^2)\mathrm{d}x\mathrm{d}y - \oint_{\partial\Omega} u\frac{\partial u}{\partial n}\mathrm{d}s\\ &= \iint_\Omega T(u_x^2 + u_y^2)\mathrm{d}x\mathrm{d}y + \oint_{\partial\Omega} \sigma u^2\mathrm{d}s \geqslant 0,\end{aligned}$$

式中第三个等号用到了边条件 (6.0.2). 从上式可见 λ 非负. 还可以看到, 只要 $\sigma > 0$, 就有 $\lambda > 0$. ▌

定理 6.2 膜的属于不同特征值的特征函数是正交的.

证明 设 λ 和 μ 是膜的横向振动的两个不同的特征值, $u(x,y)$ 和 $v(x,y)$ 是其相应的特征函数, 则由式 (6.0.3),

$$(Lu, v) - (Lv, u) = (\lambda - \mu)\iint_\Omega \rho uv\mathrm{d}x\mathrm{d}y = 0.$$

但 $\lambda \neq \mu$, 即只能有

$$\iint_{\Omega} \rho uv \mathrm{d}x\mathrm{d}y = 0. \qquad \blacksquare$$

关于方程 (6.0.1) 在边条件 (6.0.2) 下的特征值的存在性和特征函数族的完备性, 是偏微分方程理论的重要内容, 这里不加讨论. 需要强调指出的是, 与一维结构不同, 膜的横向振动的固有频率不一定都是单的, 只在某些特殊条件下才没有重固有频率.

与一维结构类似, 使膜的振型 $u(x,y)$ 取零值的线称之为零线, 在其两侧 $u(x,y)$ 的正负号相反的零线称为膜的节线. 对于一般情况下膜的节线的形状和分布规律将在下文讨论.

6.1 矩形膜模态的定性性质

6.1.1 均匀矩形膜横向振动的模态的定性性质[2]

设均匀矩形膜的长为 a 宽为 b, 质量密度为 ρ, 张力为 T. 以矩形的一个角点为坐标原点, 则其横向振动的固有角频率 $\omega = \sqrt{\lambda}$ 和振型 $u(x,y)$ 满足下列方程和边条件:

$$u_{xx} + u_{yy} + \lambda c^2 u = 0, \quad 0 < x < a;\ 0 < y < b, \tag{6.1.1}$$

$$(u_x - \alpha_1 u)\,|_{x=0} = 0, \quad (u_x + \alpha_2 u)|_{x=a} = 0, \tag{6.1.2}$$

$$(u_y - \beta_1 u)\,|_{y=0} = 0, \quad (u_y + \beta_2 u)\,|_{y=b} = 0. \tag{6.1.3}$$

其中 $c = \sqrt{\rho/T}$, $\alpha_1 = h_1/T$, $\alpha_2 = H_1/T$, $\beta_1 = h_2/T$, $\beta_2 = H_2/T$, 而 h_1, H_1, h_2 和 H_2 是边界弹性支承的弹簧常数. 若记

$$u(x,y) = X(x)Y(y).$$

采用分离变数法, 容易得出 $X(x)$ 和 $Y(y)$ 分别满足:

$$\begin{aligned} &X''(x) + \mu^2 X(x) = 0, \quad X'(0) - \alpha_1 X(0) = 0, \quad X'(a) + \alpha_2 X(a) = 0, \\ &Y''(y) + \nu^2 Y(y) = 0, \quad\ Y'(0) - \beta_1 Y(0) = 0; \quad\ Y'(b) + \beta_2 Y(b) = 0. \end{aligned} \tag{6.1.4}$$

它们正好是长度分别为 a 和 b 的均匀杆的纵向振动方程, 因而有两组离散特征值和相应的正交归一完备的特征函数 $\{\mu_m,\ X_m(x)\}_1^\infty$ 和 $\{\nu_n,\ Y_n(y)\}_1^\infty$. 于是均

匀矩形膜的固有角频率和振型分别是：

$$\omega_{mn} = \sqrt{(\mu_m^2 + \nu_n^2)T/\rho}, \quad m, n = 1, 2, \cdots, \tag{6.1.5}$$

$$u_{mn}(x, y) = X_m(x)Y_n(y), \quad 0 \leqslant x \leqslant a; \ 0 \leqslant y \leqslant b. \tag{6.1.6}$$

特别地，如果 α_r 和 $\beta_r (r = 1, 2)$ 均趋于无穷，即周边固定，则相应的固有角频率和振型分别是：

$$\omega_{mn} = \sqrt{\frac{[(m\pi/a)^2 + (n\pi/b)^2]T}{\rho}}, \quad m, n = 1, 2, \cdots, \tag{6.1.7}$$

$$u_{mn}(x, y) = A_{mn} \sin\frac{m\pi x}{a} \sin\frac{n\pi y}{b}, \quad 0 \leqslant x \leqslant a; \ 0 \leqslant y \leqslant b. \tag{6.1.8}$$

对于 α_r 和 $\beta_r (r = 1, 2)$ 分别取零或无穷的各种组合，可以完全类似地导出相应的固有角频率和振型. 而由杆的问题的讨论可知，只当 α_r 和 β_r 同时为零时，膜才会存在零频率和刚体振型. 上面的结果还表明：

(1) 相应于基频 $f_{11} = \omega_{11}/2\pi$ 的振型 $u_{11}(x, y) = A_{11}\sin(\pi x/a)\sin(\pi y/b)$ 在整个定义区域 $0 < x < a; \ 0 < y < b$ 内的符号不变.

(2) 重固有频率可能存在. 例如对于周边固定的均匀膜，当 a/b 是有理数时，对于某些自然数 m 和 n，存在自然数 m_1 和 n_1，使得等式

$$(m/a)^2 + (n/b)^2 = (m_1/a)^2 + (n_1/b)^2$$

成立. 这一数论问题是有解的，而且解的个数正好就是重固有频率的重数.

(3) 由于 $X_m(x)$ 及 $Y_n(y)$ 恰有 $m-1$ 和 $n-1$ 个节点，所以对于非重固有频率

$$f_{mn} = \omega_{mn}/2\pi,$$

其相应的振型恰有 $m-1$ 条平行于 y 轴的节线和 $n-1$ 条平行于 x 轴的节线. 但是对于重固有频率，由于对应同一频率的不同振型的线性组合仍为系统的特征函数，所以许多其他形状的节线可能出现. 例如，对边长为 π，周边固定的正方形均匀膜，函数

$$U_{mn}(x, y) = \alpha\sin mx \sin ny + \beta \sin nx \sin my$$

的零值线就是一个典型的例子，这里 α 和 β 是组合系数. 图 6.1 给出了它的前 3 个重频率对应的振型的几种可能的节线的形状[2].

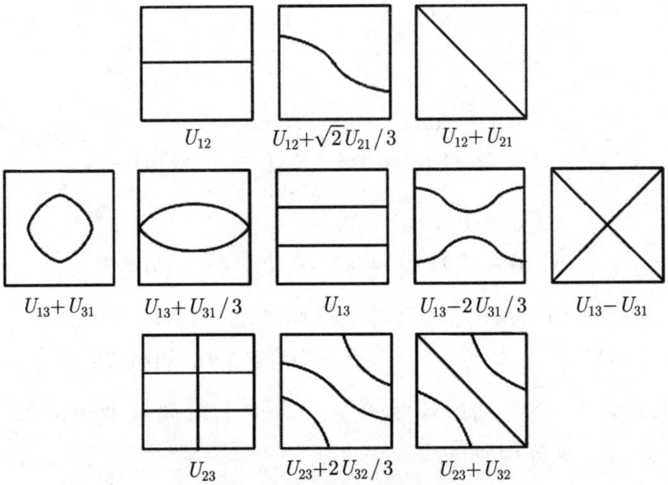

图 6.1 四边固定的正方形均匀膜的部分振型的节线

(4) 根据方程组 (6.1.4) 及第四章所导出的杆的高阶固有角频率渐近公式，可给出周边弹性支承的均匀矩形膜的高阶固有角频率及高阶振型的渐近公式[58]：

$$\omega_{mn}^2=\left(\frac{m\pi}{a}\right)^2\left[1+2a\frac{\alpha_1+\alpha_2}{m^2\pi^2}+o(m^{-3})\right]\frac{T}{\rho}+\left(\frac{n\pi}{b}\right)^2\left[1+2b\frac{\beta_1+\beta_2}{n^2\pi^2}+o(n^{-3})\right]\frac{T}{\rho}, \tag{6.1.9}$$

$$\begin{aligned}u_{mn}(x,y)=&\left\{\sin\frac{m\pi x}{a}\left[\frac{c_1-c_2x}{m}+o(m^{-3})\right]+\cos\frac{m\pi x}{a}[1-o(m^{-2})\right\}\\&\cdot\left\{\sin\frac{n\pi y}{b}\left[\frac{d_1-d_2y}{n}+o(n^{-3})\right]+\cos\frac{n\pi y}{b}[1-o(n^{-2})\right\}\\&(0\leqslant x\leqslant a;\ 0\leqslant y\leqslant b;\ m,n\to\infty),\end{aligned} \tag{6.1.10}$$

式中 $c_1=a\alpha_1/\pi,\ c_2=(\alpha_1+\alpha_2)/\pi,\ d_1=b\beta_1/\pi,\ d_2=(\beta_1+\beta_2)/\pi$.

6.1.2 非均匀矩形膜横向振动的模态的定性性质[60]

考查这样一类非均匀的矩形膜，它的质量分布是 x 或 y 的一元函数. 例如 $\rho=\rho(x)$ 且与 y 无关. 这时方程 (6.0.1) 成为

$$T\,(u_{xx}+u_{yy})+\lambda\rho(x)u(x,y)=0, \tag{6.1.11}$$

其中 T 为张力，λ 为特征值. 当边条件仍为式 (6.1.2) 和 (6.1.3) 时，上述方程经分离变量后为

$$u(x,y) = X(x)Y(y),$$

而

$$\begin{cases} TX''(x) + [\lambda\rho(x) - \nu^2 T]X(x) = 0, \\ X'(0) - \alpha_1 X(0) = 0, \quad X'(a) + \alpha_2 X(a) = 0. \end{cases} \tag{6.1.12}$$

$$\begin{cases} Y''(y) + \nu^2 Y(y) = 0, \\ Y'(0) - \beta_1 Y(0) = 0, \quad Y'(b) + \beta_2 Y(b) = 0. \end{cases} \tag{6.1.13}$$

上述第二个方程组 (6.1.13) 是均匀杆的纵向振动方程组，因而可以确定出一组特征值和特征函数 $\{\nu_n,\ Y_n(y)\}_1^\infty$；第一个方程组 (6.1.12) 则是 Sturm-Liouville 系统的运动方程组，因而对应每一个 ν_n，亦有一组离散谱和相应的特征函数 $\{\lambda_{mn},\ X_{mn}(x)\}_1^\infty$. 这样得到的

$$\omega_{mn} = \sqrt{\lambda_{mn}}$$

就是非均匀矩形膜的固有角频率，

$$u_{mn}(x,y) = X_{mn}(x)Y_n(y)$$

则是与其相应的振型.

根据第四章所阐明的 Sturm-Liouville 系统的 Green 函数的振荡性质, 这类矩形膜的横向振动的频谱和振型具有如下定性性质:

(1) 方程组 (6.1.13) 的特征值是正的和分离的, 即

$$(0<)\,\nu_1 < \nu_2 < \cdots < \nu_n < \cdots. \tag{6.1.14}$$

而对每个确定的 $n = 1,\ 2,\ \cdots$, 有

$$(0<)\,\lambda_{1n} < \lambda_{2n} < \cdots < \lambda_{mn} < \cdots. \tag{6.1.15}$$

需要注意, 这里没有排除重频性. 因为对不同的 n, 仍然可能有

$$\lambda_{m_1 n_2} = \lambda_{m_2 n_1}.$$

(2) 作为 Sturm-Liouville 系统的特征函数, $Y_n(y)$ 恰有 $n-1$ 个节点; $X_{mn}(x)$ 恰有 $m-1$ 个节点. 这样, 与非重固有角频率 ω_{mn} 相应的振型 $u_{mn}(x,y)$ 具有确定形状的节线分布.

(3) 当式 (6.1.2) 或 (6.1.3) 中的某一边条件发生变化时, 相应系统的固有频率存在相间性.

例如, 设方程 (6.1.11) 在边条件

$$u(0,y)=0,\quad u(a,y)=0, \tag{6.1.16}$$

$$\left(\frac{\partial u}{\partial y}-\beta_1 u\right)\bigg|_{y=0}=0,\quad \left(\frac{\partial u}{\partial y}+\beta_2 u\right)\bigg|_{y=b}=0 \tag{6.1.17}$$

下的频谱是 $\{\omega_{mn}\}_1^\infty$, 而方程 (6.1.11) 在边条件

$$u_x(0,y)=0,\quad u(a,y)=0, \tag{6.1.18}$$

$$\left(\frac{\partial u}{\partial y}-\beta_1 u\right)\bigg|_{y=0}=0,\quad \left(\frac{\partial u}{\partial y}+\beta_2 u\right)\bigg|_{y=b}=0 \tag{6.1.19}$$

下的频谱是 $\{\widetilde{\omega}_{mn}\}_1^\infty$. 则因

$$\begin{cases} TX''(x)+[\lambda\rho(x)-\nu_n^2 T]X(x)=0, \\ X(0)=0,\quad X(a)=0, \end{cases}$$

与

$$\begin{cases} TX''(x)+[\lambda\rho(x)-\nu_n^2 T]X(x)=0, \\ X'(0)=0,\quad X(a)=0, \end{cases}$$

对同一个 n 的特征值具有相间性, 从而对确定的 n, 必有

$$\widetilde{\omega}_{in}<\omega_{in}<\widetilde{\omega}_{i+1,n},\quad i=1,\ 2,\ \cdots.$$

当边条件 (6.1.2) 不变而边条件 (6.1.3) 中之一变化时也有类似的结论. 即设方程 (6.1.11) 在边条件

$$\begin{cases} (u_x-\alpha_1 u)|_{x=0}=0,\quad (u_x+\alpha_2 u)|_{x=a}=0, \\ u(x,0)=0,\quad u(x,b)=0 \end{cases}$$

下的频谱是 $\{\overline{\omega}_{mn}\}_1^\infty$, 而方程 (6.1.11) 在边条件

$$\begin{cases} (u_x-\alpha_1 u)|_{x=0}=0,\quad (u_x+\alpha_2 u)|_{x=a}=0, \\ u_y(x,0)=0,\quad u(x,b)=0 \end{cases}$$

下的频谱是 $\{\widehat{\omega}_{mn}\}_1^\infty$, 则对确定的 m, 也有

$$\widehat{\omega}_{mn}<\overline{\omega}_{mn}<\widehat{\omega}_{m,n+1},\quad n=1,\ 2,\ \cdots.$$

(4) 基于 Sturm-Liouville 系统特征函数节点的交错性, 对确定的 n, 相应于 ω_{mn} 与 $\omega_{m+1,n}$ 的振型, 其平行于 y 轴的节线是交错排列的; 而对确定的 m, 相应于 ω_{mn} 与 $\omega_{m,n+1}$ 的振型, 其平行于 x 轴的节线也是交错排列的.

6.2 圆膜模态的定性性质

6.2.1 均匀圆膜横向振动的模态的定性性质[2]

对于半径为 a, 质量面密度为常数 ρ, 张力为 T 的均匀圆膜, 取极坐标系 (r,θ), 原点位于圆膜中心, 相应的固有角频率 $\omega=\sqrt{\lambda}$ 和振型 $u(r,\theta)$ 满足下面的方程和边条件:

$$\frac{1}{r}\frac{\partial}{\partial r}\left(r\frac{\partial u}{\partial r}\right)+\frac{1}{r^2}\frac{\partial^2 u}{\partial\theta^2}+\lambda c^2 u=0,\quad 0\leqslant r<a;\ 0\leqslant\theta\leqslant 2\pi, \tag{6.2.1}$$

$$\left.\frac{\partial u}{\partial r}\right|_{r=a}+\sigma u(a,\theta)=0,\quad 0\leqslant\theta\leqslant 2\pi, \tag{6.2.2}$$

其中

$$c=\sqrt{\rho/T},\quad \sigma=h/T,$$

h 仍为第一章 1.3.7 分节中引入的边界弹性支承的弹簧常数. 偏微分方程理论已经阐明, 这一问题的特征函数 (即振型) 族是

$$u_{mn}(r,\theta)=\mathrm{J}_m(c\,\omega_{mn}r)(A_m\cos m\theta+B_m\sin m\theta), \tag{6.2.3}$$

其中 $\mathrm{J}_m(x)$ 是 m 阶 Bessel 函数, ω_{mn} 则是方程

$$c\omega\mathrm{J}_m'(c\omega a)+\sigma\mathrm{J}_m(c\omega a)=0 \tag{6.2.4}$$

的 (按递增次序排列的) 第 n 个正根. 对于确定的 m, 业已证明, 它们是单的. 同时, $\mathrm{J}_m(c\omega a)$ 与 $\mathrm{J}_{m+1}(c\omega a)$ 的零点是相间的, 即

$$\omega_{m1}<\omega_{m+1,1}<\omega_{m2}<\omega_{m+1,2}<\cdots. \tag{6.2.5}$$

由上述可以得到均匀圆膜横向振动具有下述定性性质:

(1) 均匀圆膜与 $m=0$ 相对应的固有角频率是正的和单的; 除 $m=0$ 外, 均匀圆膜的其余的固有角频率都是重频率. 因对应每一个固有角频率 $\omega_{mn}(m\neq 0)$, 都有两个彼此正交的振型 $\mathrm{J}_m(c\omega_{mn}r)\cos m\theta$ 与 $\mathrm{J}_m(c\omega_{mn}r)\sin m\theta$.

(2) 均匀圆膜振型的节线是以原点为圆心的圆族, 称之为节圆; 从原点出发的射线 (半径), 称之为节径. 同样清楚的是, 与 ω_{mn} 相对应的振型恰有 $n-1$ 个节圆和 m 条节径 (直径).

6.2.2 质量轴对称分布的圆膜横向振动的模态的定性性质[61]

考查受均匀张力 T 作用的半径为 a 的质量轴对称分布的圆膜, 其面密度只与径向坐标有关, 即 $\rho=\rho(r)$. 这时, 圆膜振动的固有频率和振型所满足的方程为

$$T\Delta_2 u+\lambda\rho(r)u=0,\quad 0\leqslant r<0;\ 0\leqslant\theta\leqslant 2\pi. \tag{6.2.6}$$

将 u 分离变数, $u(r,\theta)=R(r)\varPhi(\theta)$, 得方程

$$\frac{T}{r}\frac{\mathrm{d}}{\mathrm{d}r}\left(r\frac{\mathrm{d}R}{\mathrm{d}r}\right)+\left[\lambda\rho(r)-T\frac{m^2}{r^2}\right]R(r)=0,\quad 0<r<a \tag{6.2.7}$$

$$R(0)\text{有界},\quad R'(a)+\sigma R(a)=0, \tag{6.2.8}$$

$$\varPhi''(\theta)+m^2\varPhi(\theta)=0. \tag{6.2.9}$$

上述方程 (6.2.9) 与均匀圆膜的振型 $u(r,\theta)$ 所满足的方程 (6.2.1) 经分离变量后的切向方程是同一方程, 因而有完全相同的解. 至于方程 (6.2.7), 一般而言, 它已不是 Bessel 方程, 但是它显然仍为 Sturm-Liouville 方程. 可以证明, 它在边条件 (6.2.8) 下的 Green 函数是振荡核.

事实上, 与方程 (6.2.7) 和 (6.2.8) 相应的 Green 函数 $G(r,s)$ 满足如下方程、边条件及衔接条件:

$$-T\left[\frac{\mathrm{d}}{\mathrm{d}r}\left(r\frac{\mathrm{d}G}{\mathrm{d}r}\right)+\frac{m^2}{r}G\right]=0,\quad 0<r<a, \tag{6.2.10}$$

$$G(0,s)\text{有界},\quad G'(a,s)+\sigma G(a,s)=0, \tag{6.2.11}$$

$$G(r,s)\text{连续},\quad -T\left(r\frac{\mathrm{d}G}{\mathrm{d}r}\bigg|_{r=s+0}-r\frac{\mathrm{d}G}{\mathrm{d}r}\bigg|_{r=s-0}\right)=1, \tag{6.2.12}$$

式中 s 是区间 $(0,a]$ 内的某个动点. 式 (6.2.12) 中的第二式, 从物理上讲就是, 在以原点为心, 以 s 为半径的圆周上作用的合力为一个单位的均匀分布力.

我们这样来构造满足方程 (6.2.10)~(6.2.12) 的 Green 函数[3,4]. 令

$$G(r,s)=\begin{cases}\varphi(r)\psi(s), & 0\leqslant r<s,\\ \varphi(s)\psi(r), & s\leqslant r<a.\end{cases} \tag{6.2.13}$$

而其中 $\varphi(r)$ 和 $\psi(r)$ 分别满足:

$$\begin{cases}-\dfrac{\mathrm{d}}{\mathrm{d}r}\left(r\dfrac{\mathrm{d}\varphi}{\mathrm{d}r}\right)+\dfrac{m^2}{r}\varphi=0,\quad 0<r<a,\\ \varphi(0)\text{有界},\end{cases} \tag{6.2.14}$$

和

$$\begin{cases} -\dfrac{\mathrm{d}}{\mathrm{d}r}\left(r\dfrac{\mathrm{d}\psi}{\mathrm{d}r}\right)+\dfrac{m^2}{r}\psi=0, \quad 0<r<a, \\ \psi'(a)+\sigma\psi(a)=0. \end{cases} \tag{6.2.15}$$

这样定义的 Green 函数显然满足式 (6.2.12) 的第一个条件. 容易检验, 这样定义的两个函数存在关系式

$$\frac{\mathrm{d}}{\mathrm{d}r}\left[r\left(\psi\frac{\mathrm{d}\varphi}{\mathrm{d}r}-\varphi\frac{\mathrm{d}\psi}{\mathrm{d}r}\right)\right]=0.$$

因此有

$$r\left(\psi\frac{\mathrm{d}\varphi}{\mathrm{d}r}-\varphi\frac{\mathrm{d}\psi}{\mathrm{d}r}\right)=C_0. \tag{6.2.16}$$

与式 (6.2.12) 中的第二式相比较, 应取

$$C_0=1/T.$$

当 $m=0$ 时, (6.2.14) 和 (6.2.15) 两式的解分别是

$$\varphi=C_1, \quad \psi=C_2\left(\ln\frac{a}{r}+\frac{1}{\sigma a}\right). \tag{6.2.17}$$

注意到 Green 函数的表达式 (6.2.13), 可以取 $C_2=1$, 而由式 (6.2.16) 即可得到

$$C_1=1/T.$$

当 $m\neq 0$ 时, (6.2.14) 和 (6.2.15) 两式中的方程属于 Euler 型方程, 其通解为幂函数, 考虑到函数 $\varphi(r)$ 和 $\psi(r)$ 所满足的边条件, 有

$$\varphi=C_3r^m, \quad \psi=C_4\left[\frac{m-\sigma a}{m+\sigma a}\left(\frac{r}{a}\right)^m+\left(\frac{a}{r}\right)^m\right]. \tag{6.2.18}$$

同样理由可取 $C_4=1$, 而由式 (6.2.16) 可得

$$C_3=1/2mTa^m.$$

这样最终我们得到膜的横向振动的 Green 函数是：当 $m=0$ 时,

$$G(r,s)=\begin{cases} \dfrac{1}{T}\left(\ln\dfrac{a}{s}+\dfrac{1}{\sigma a}\right), & 0\leqslant r<s, \\ \dfrac{1}{T}\left(\ln\dfrac{a}{r}+\dfrac{1}{\sigma a}\right), & s\leqslant r\leqslant a; \end{cases} \tag{6.2.19}$$

当 $m \neq 0$ 时,

$$G(r,s)=\begin{cases}\dfrac{1}{2mT}\left(\dfrac{r}{a}\right)^m\left[\dfrac{m-\sigma a}{m+\sigma a}\left(\dfrac{s}{a}\right)^m+\left(\dfrac{a}{s}\right)^m\right], & 0\leqslant r<s,\\[2ex] \dfrac{1}{2mT}\left(\dfrac{s}{a}\right)^m\left[\dfrac{m-\sigma a}{m+\sigma a}\left(\dfrac{r}{a}\right)^m+\left(\dfrac{a}{r}\right)^m\right], & s\leqslant r\leqslant a.\end{cases} \tag{6.2.20}$$

以上两式所表达的 Green 函数属于所谓的双元核. 现证它们还属于振荡核. 根据双元核的振荡性的判定准则 (参看参考文献 [3], 第 4 章 §7 准则 A), 我们只需证明满足以下两条件:

(1) 对于区间 $(0,a)$ 内的任意 r, $\varphi(r)\psi(r)>0$.

当 $m=0$ 时, 这个条件显然满足; 当 $m\neq 0$ 时, 因有

$$-1\leqslant\frac{m-\sigma a}{m+\sigma a}\leqslant 1,$$

从而同样满足条件 (1).

(2) 函数 $\varphi(r)/\psi(r)$ 是区间 $(0,a)$ 内的严格单调增 (或严格单调减) 函数.

事实上, 当 $m=0$ 时, $\varphi(r)$ 是常数, 而 $\psi(r)$ 是区间 $(0,a)$ 内的严格单调减函数, 故满足此条件; 而当 $m\neq 0$ 时,

$$\frac{\varphi(r)}{\psi(r)}=\frac{\dfrac{1}{2mT}\left(\dfrac{r}{a}\right)^m}{\dfrac{m-\sigma a}{m+\sigma a}\left(\dfrac{r}{a}\right)^m+\left(\dfrac{a}{r}\right)^m}=\frac{1}{2mT\left[\dfrac{m-\sigma a}{m+\sigma a}+\left(\dfrac{a}{r}\right)^{2m}\right]}.$$

显然它是区间 $(0,a)$ 内的严格单调增函数, 同样满足条件 (2).

因此, (6.2.19) 和 (6.2.20) 两式所表达的 Green 函数属于振荡核.

依据具有振荡核的积分方程的相关理论[3], 质量轴对称分布的圆膜的横向振动, 其固有频率与相应的振型也具有和杆的纵向振动问题完全相似的定性性质, 即有

(1) 固有频率是分离的: 即

$$(0)\leqslant f_{m1}<f_{m2}<\cdots<f_{mn}<\cdots,$$

上式中等号只在齐次第二类边条件, 即式 (6.2.2) 中的 $\sigma=0$ 时才成立.

(2) 与 $f_{mn}(n=1,\ 2,\ \cdots;\ m=0,\ 1,\ 2,\ \cdots)$ 相对应的振型恰有 $n-1$ 个节圆和 m 条节径.

(3) 相应于 f_{mn} 与 $f_{m,\,n+1}$ 的振型的节圆交错排列; 相应于 f_{mn} 与 $f_{m+1,\,n}$ 的振型的节径交错排列.

(4) 当边条件 (6.2.2) 中的 σ 从零增加到无穷时, 其相应系统的固有频率是 σ 的增函数, 因而若记对应于

$$\sigma = 0, \quad 0 < \sigma < \infty, \quad \sigma \to \infty$$

的系统的固有频率分别为

$$f_{mn}^{\mathrm{f}}, \quad f_{mn}^{\mathrm{t}} \quad 与 \quad f_{mn}^{\mathrm{c}},$$

式中上角标 f, t 和 c 分别表示膜的周边自由、周边弹性支承和周边固定. 则有如下相间关系:

$$f_{mn}^{\mathrm{f}} < f_{mn}^{\mathrm{t}} < f_{mn}^{\mathrm{c}} < f_{m,\,n+1}^{\mathrm{f}}, \quad n = 1,\ 2,\ \cdots. \tag{6.2.21}$$

事实上, 可以设 $\sigma < \sigma_1$, 记方程 (6.2.7) 在边条件 (6.2.8) 下的解为 $\{\lambda_i, R_i(r)\}_1^\infty$. 则方程 (6.2.7) 在新的边条件

$$R(0)有界, \quad R'(a) + \sigma_1 R(a) = 0 \tag{6.2.22}$$

下的解可以表示为

$$R(r) = \sum_{k=1}^{\infty} c_k R_k(r). \tag{6.2.23}$$

因为

$$\int_0^a rTR_i'(r)R_j'(r)\mathrm{d}r + a\sigma R_i(a)R_j(a) = \lambda_i \int_0^a \rho(r)R_i(r)R_j(r)\mathrm{d}r = \lambda_i\rho_i\delta_{ij},$$

式中模

$$\rho_i = \int_0^a \rho(r)R_i^2(r)\mathrm{d}r > 0, \quad i = 1, 2, \cdots.$$

则

$$\int_0^a rT[R'(r)]^2\mathrm{d}r + a\sigma_1 R^2(a) = \sum_{i=1}^{\infty} \lambda_i c_i^2 \rho_i + a(\sigma_1 - \sigma)R^2(a). \tag{6.2.24}$$

又

$$\int_0^a rT[R'(r)]^2\mathrm{d}r + a\sigma_1 R^2(a) = \lambda \int_0^a \rho(r)R^2(r)\mathrm{d}r = \lambda \sum_{i=1}^{\infty} c_i^2 \rho_i.$$

将上式与式 (6.2.24) 比较可得

$$c_i = a(\sigma_1 - \sigma)\frac{R(a)R_i(a)}{(\lambda - \lambda_i)\rho_i}, \quad i = 1, 2, \cdots.$$

将上式代入式 (6.2.23) 并令 $r = a$, 即得方程 (6.2.7) 在新的边条件 (6.2.22) 下的特征方程:

$$1 = a(\sigma_1 - \sigma)\sum_{i=1}^{\infty}\frac{R_i^2(a)}{(\lambda - \lambda_i)\rho_i}.$$

由上式及第三章引理 3.6, 即得上述性质 (4).

6.3 膜模态的其他性质

自从 1923 年 Courant 提出关于微分方程特征函数的节的一般性定理 (参见第八章定理 8.2) 以来, 不少应用数学和数学物理方程领域的学者对于这一定理给予了很大的兴趣, 尤其关注这一定理在膜这样一个具体物理模型上的应用情况. 以下是参考文献 [62~65] 中有关膜的模态及其节域的一些重要的定性性质.

(1) 1923 年 Faber[62] 和 1924 年 Krahn[63] 证明了 Rayleigh 的如下猜想: 对于具有固定边界和相同面积的均匀膜, 圆膜具有最小的第一特征值 (即最小的基频). 在他们的论文中给出了这样的估计式:

$$\lambda_1 \geqslant \frac{\pi x_{01}^2}{V}, \tag{6.3.1}$$

式中 λ_1 是均匀膜的横向振动的第一特征值, V 是膜所占据的面积, x_{01} 则是零阶 Bessel 函数的第一个正零点; 等号当且仅当均匀膜为圆膜时成立.

(2) 作为 Courant 定理的推论, 不难指出: 对任意形状、任意支承的膜,

(a) 其第一特征函数在所占据的区域上正负号不变;

(b) 其余的特征函数在所占据的区域上正负号都变;

(c) 膜的第一特征值总是单的;

(d) 当把膜的特征值按增加次序排列时, 对于 $n > 1$ 的所有特征值都有 $N \geqslant 2$, 这里 N 是相应于 λ_n 的特征函数的节线把膜所占据的区域分成若干子域 (以下称之为节域) 的数量.

(3) 对于周边固定的均匀圆膜, Pleijel[64] 在 1956 年进一步证明了如下公式:

$$\lim_{n\to\infty}\ \sup\frac{N}{n}\leqslant\left(\frac{2}{x_{01}}\right)^2\approx 0.691, \tag{6.3.2}$$

其中 N 是相应于 λ_n 的特征函数的节域的数量, x_{01} 的意义同上. 由此可以推论: 只对有限个数 n, 相应于 λ_n 的特征函数的节域的数量

$$N\geqslant\left[\left(\frac{2}{x_{01}}\right)^2+\varepsilon\right]n,$$

式中 ε 是一个任意充分小的正数.

Polterovich[65] 进一步指出, 估计式 (6.3.2) 对于周边自由膜同样成立, 但对具有固定-自由这种混合边条件的膜不成立. 同时, Polterovich 进一步猜想, 对于周边固定或周边自由的方形膜, 存在估计式:

$$\lim_{n\to\infty}\ \sup\frac{N}{n}\leqslant\frac{2}{\pi}\approx 0.636. \tag{6.3.3}$$

同样可以推论: 只对有限个数 n, 方形膜相应于 λ_n 的特征函数的节域的数量

$$N\geqslant\left(\frac{2}{\pi}+\varepsilon\right)n.$$

第七章　重复性结构振动的定性性质

在自然界和工程中有一类常见的结构称为重复性结构, 它们由一组相同的子结构以一定的方式组合而成. 各子结构在几何形状、物理性质、边条件, 以及与其他子结构的相互关系等方面都具有重复性. 一般情况下, 结构的固有频率和振型依赖于整个结构的物理和几何特性, 但对于重复性结构, 由于其重复性使得其模态 (包括固有频率和振型) 只需依赖于某一个子结构的特性以及和其他子结构的相互关系. 因此, 对于重复性结构, 在数值计算或实验测量其固有频率和振型时, 工作量将大为减少.

目前, 已有许多研究重复性结构的振动问题的论文, 例如, 参考文献 [66~81] 等, Cai 等的专著[71] 对这类问题作了系统、全面的研究, 在理论方法和应用方面都很有价值. 但是多数研究工作都是着眼于数值计算, 所以主要涉及重复性结构的离散系统. 处理重复性结构连续系统振动的问题的文献尚不多见. 2002 年陈璞[77] 用离散 Fourier 变换, 将旋转周期性结构连续系统的平衡问题分解为子结构的相应问题, 显得十分简洁. 这种方法可以推广到处理重复性结构连续系统的振动问题. Wang D J, Zhou C Y 和 Rong J 在参考文献 [33] 中将多种重复性结构连续系统的振动问题分解为子结构连续系统的的振动问题, 更适于从物理上揭示模态的定性性质.

本章主要以重复性结构的连续系统为对象, 研究各种重复性结构的固有频率和振型的定性性质, 更能显现其物理本质; 同时也将讨论这些定性性质在固有频率和振型的数值计算与实验测量中的应用. 关于重复性结构的离散系统将作简要的介绍, 以配合在数值计算中的应用.

运用结构的模态的定性性质, 不仅可以简化数值计算、制定高效率的实验方案, 还可以在许多工程振动问题中帮助分析和检验计算与实验结果, 例如模态分类和检漏等.

本章讨论的重复性结构包括: 镜面对称结构 (以下简称对称结构)、旋转周期结构 (也称循环对称、循环周期结构)、线周期结构、链式结构, 以及轴对称结构.

本章主要参考文献为 [30] 和 [33].

7.1 对称结构模态的定性性质

7.1.1 连续系统及方程

对称结构是指几何形状和物理性质以及边条件都相对于某一平面镜面对称的结构，该平面称为对称面. 被简化为平面 (线) 结构的为对称线 (点). 图 7.1 给出了一对称结构的示例. 图中, 均匀三维弹性体上部紧贴一薄板 L_1, L_1 与垂直其上的两块薄板 L_2 和 L_3 相连, 并在两板对应的点 s_3 处连接一根圆形杆 (x 轴向运动视为杆, y, z 轴向运动视为 Euler 梁), 而两板上对应的点 s_4 处刚性连接, 使两点的位移相同. 板 L_2 上的点 s_1 和板 L_3 上的点 s_2, 以及板 L_3 上的点 s_1 和板 L_2 上的点 s_2 用同样的弹簧相连, 由此构成整体结构. 它存在一个对称面, 其两边各有一个形状、物理性质和边条件完全相同的子结构 No.1 和 No.2.

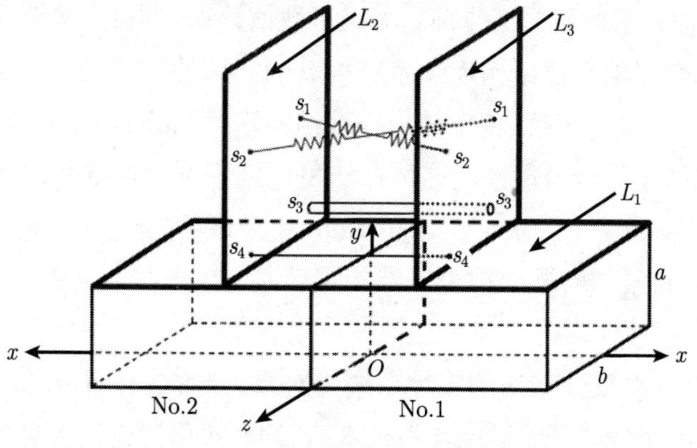

图 7.1 对称结构示例

将整体结构的模态方程表达为下述微分方程特征值问题:

$$\begin{cases} \boldsymbol{L}\boldsymbol{u} = \omega^2 \boldsymbol{M}\boldsymbol{u}, & \widetilde{\Omega} \text{ 内}, \\ \boldsymbol{B}\boldsymbol{u} = \boldsymbol{0}, & \partial\widetilde{\Omega} \text{上}. \end{cases} \tag{7.1.1}$$

其中 ω 为结构的固有角频率, $\boldsymbol{u}$ 为振型函数, $\boldsymbol{L}$ 和 $\boldsymbol{M}$ 分别为结构的弹性和质量矩阵微分算子, $\boldsymbol{B}$ 为边条件矩阵算子, $\widetilde{\Omega}$ 为整体结构的区域, $\partial\widetilde{\Omega}$ 为其边界. 若整体结构由多个不同类型的结构元件, 如梁、板、三维弹性体组成, 则方程 (7.1.1)

包含所有元件的方程、各元件间的连续性条件, 以及各元件间可能存在的约束条件. 这些都隐含在一个简单、统一形式的方程 (7.1.1) 中.

利用对称结构的特点, 整体结构特征值问题 (7.1.1) 可以按子结构的形式表达. 在两个对称的子结构中分别设同类的坐标系, 且相对镜面对称面也是对称的. 不失一般性, 采用直角坐标系, 对称面取 $x=0$ 的 Oyz 平面, 子结构 No.1 和 No.2 中坐标分别为右手系和左手系. 从而, 这两个坐标系相对于对称面是对称的. 子结构 No.1 和 No.2 的广义位移函数或矢量函数分别记为 $\boldsymbol{u}_1$ 和 $\boldsymbol{u}_2$, 整个结构的振型 $\boldsymbol{u}=(\boldsymbol{u}_1,\boldsymbol{u}_2)^{\mathrm{T}}$ 满足模态的微分方程及边条件:

$$\begin{cases} \boldsymbol{L}\boldsymbol{u}_k-\omega^2\boldsymbol{M}\boldsymbol{u}_k=\boldsymbol{0}, & \Omega\ \text{内}, \quad k=1,2, \\ \boldsymbol{B}\boldsymbol{u}_k=\boldsymbol{0}, & \partial\Omega\ \text{上}, \quad k=1,2, \end{cases} \tag{7.1.2}$$

其中 Ω 为子结构的区域, $\partial\Omega$ 为两个子结构的连接边界以外的区域边界.

值得注意的是, 子结构 No.1 和 No.2 在连接边界, 即 Ω 和 Oyz 平面的交集 b_0 处, 它们的广义位移和广义内力应该满足连续性条件, 一般地可表示为微分算子方程:

$$\boldsymbol{J}_1\boldsymbol{u}_1=-\boldsymbol{J}_1\boldsymbol{u}_2, \quad b_0\ \text{上}, \tag{7.1.3a}$$

$$\boldsymbol{J}_2\boldsymbol{u}_1=\boldsymbol{J}_2\boldsymbol{u}_2, \quad b_0\ \text{上}, \tag{7.1.3b}$$

式中 $\boldsymbol{J}_1$ 和 $\boldsymbol{J}_2$ 为矩阵微分算子.

子结构 No.1 和 No.2 之间如果还有弹性和刚性约束, 则需要加上约束条件:

$$\boldsymbol{J}_{r_j}\boldsymbol{u}_1\big|_{s_j}=\overline{\boldsymbol{J}}_{r_j}\boldsymbol{u}_2\big|_{\overline{s}_j}, \quad j=1,\ 2,\ \cdots,\ l, \tag{7.1.4a}$$

$$\overline{\boldsymbol{J}}_{r_j}\boldsymbol{u}_1\big|_{\overline{s}_j}=\boldsymbol{J}_{r_j}\boldsymbol{u}_2\big|_{s_j}, \quad j=1,\ 2,\ \cdots,\ l, \tag{7.1.4b}$$

式中 $\boldsymbol{J}_{r_j}$ 和 $\overline{\boldsymbol{J}}_{r_j}$ 为矩阵微分算子, 下角标 r 表示该算子为表达约束的算子.

例如图 7.1 所示结构, 方程 (7.1.2) 中隐含有三维弹性体、弹性薄板、Euler 梁和弹性杆的模态方程, 以及这些结构元件间的连续性条件. 此结构下部为三维弹性体, 子结构 No. $k(k=1,2)$ 在各自的坐标系 x,y,z 轴方向的位移分别表示为 $u_i,\ v_i,\ w_i$. 在两个子结构下部连接边界面 $b_{01}(x=0,0\leqslant y\leqslant a,-b/2\leqslant z\leqslant b/2)$ 上, 它们的位移和应力的连续性条件分别表示为

$$\begin{bmatrix} 1 & 0 & 0 \\ \partial/\partial y & \partial/\partial x & 0 \\ \partial/\partial z & 0 & \partial/\partial x \end{bmatrix}\begin{bmatrix} u_1 \\ v_1 \\ w_1 \end{bmatrix}=-\begin{bmatrix} 1 & 0 & 0 \\ \partial/\partial y & \partial/\partial x & 0 \\ \partial/\partial z & 0 & \partial/\partial x \end{bmatrix}\begin{bmatrix} u_2 \\ v_2 \\ w_2 \end{bmatrix}, \quad b_{01}\text{上}; \tag{7.1.5a}$$

$$\begin{bmatrix} 0 & 1 & 0 \\ 0 & 0 & 1 \\ \partial/\partial x & 0 & 0 \end{bmatrix}\begin{bmatrix} u_1 \\ v_1 \\ w_1 \end{bmatrix} = \begin{bmatrix} 0 & 1 & 0 \\ 0 & 0 & 1 \\ \partial/\partial x & 0 & 0 \end{bmatrix}\begin{bmatrix} u_2 \\ v_2 \\ w_2 \end{bmatrix}, \quad b_{01}\text{上}. \tag{7.1.5b}$$

将板 L_2 和 L_3 上的对应点 $s_3(y=y_3,\ z=z_3)$ 处的弹性杆在子结构 No.k 部分的位移记为 u_{bk}, v_{bk}, w_{bk}, 在两个子结构连接点 $b_{02}(x=0,\ y=y_3,\ z=z_3)$ 处的位移、合力及合力矩满足的连续性条件 (7.1.3a) 和 (7.1.3b) 分别表示为

$$\begin{bmatrix} 1 & 0 & 0 \\ 0 & \partial/\partial x & 0 \\ 0 & 0 & \partial/\partial x \\ 0 & \partial^3/\partial x^3 & 0 \\ 0 & 0 & \partial^3/\partial x^3 \end{bmatrix}\begin{bmatrix} u_{b1} \\ v_{b1} \\ w_{b1} \end{bmatrix} = -\begin{bmatrix} 1 & 0 & 0 \\ 0 & \partial/\partial x & 0 \\ 0 & 0 & \partial/\partial x \\ 0 & \partial^3/\partial x^3 & 0 \\ 0 & 0 & \partial^3/\partial x^3 \end{bmatrix}\begin{bmatrix} u_{b2} \\ v_{b2} \\ w_{b2} \end{bmatrix}, \quad b_{02}\text{上}; \tag{7.1.5c}$$

$$\begin{bmatrix} \partial/\partial x & 0 & 0 \\ 0 & 1 & 0 \\ 0 & 0 & 1 \\ 0 & \partial^2/\partial x^2 & 0 \\ 0 & 0 & \partial^2/\partial x^2 \end{bmatrix}\begin{bmatrix} u_{b1} \\ v_{b1} \\ w_{b1} \end{bmatrix} = \begin{bmatrix} \partial/\partial x & 0 & 0 \\ 0 & 1 & 0 \\ 0 & 0 & 1 \\ 0 & \partial^2/\partial x^2 & 0 \\ 0 & 0 & \partial^2/\partial x^2 \end{bmatrix}\begin{bmatrix} u_{b2} \\ v_{b2} \\ w_{b2} \end{bmatrix}, \quad b_{02}\text{上}. \tag{7.1.5d}$$

式 (7.1.5a)、(7.1.5c) 和 (7.1.5b)、(7.1.5d) 分别表示两个子结构相对 $x=0$ 平面的反对称和对称变形的连续性条件. 图 7.1 所示的结构中, 板 L_2 和 L_3 间有两根弹簧和一根刚性杆连接, 其约束条件 (7.1.4a) 和 (7.1.4b) 分别表示为

$$\begin{cases} Q_1(s_1) + k_1 \sin^2 \alpha u_1(s_1) = -k_1 \sin^2 \alpha_0 u_2(s_2), \\ Q_1(s_2) + k_1 \sin^2 \alpha u_1(s_2) = -k_1 \sin^2 \alpha_0 u_2(s_1), \\ u_1(s_4) = -u_2(s_4); \end{cases} \tag{7.1.6a}$$

$$\begin{cases} Q_2(s_1) + k_1 \sin^2 \alpha u_2(s_1) = -k_1 \sin^2 \alpha_0 u_1(s_2), \\ Q_2(s_2) + k_1 \sin^2 \alpha u_2(s_2) = -k_1 \sin^2 \alpha_0 u_1(s_1), \\ u_2(s_4) = -u_1(s_4). \end{cases} \tag{7.1.6b}$$

其中 $Q_1(s_i), Q_2(s_i)(i=1,\ 2)$ 分别表示子结构 No.1 和 No.2 中板 L_2, L_3 在点 s_i 处受到的弹簧力, k_1 为弹簧常数, α_0 表示在点 s_i 处的弹簧与板的夹角. 关于水平板 L_1 在对称面上的连接条件从略. 由于连续性条件和约束条件, $\boldsymbol{u}_1$ 和 $\boldsymbol{u}_2$ 是耦合的. 整体结构的模态方程为 (7.1.2)~(7.1.4).

7.1.2 特征值问题的约化以及模态的定性性质

由于 No.1 和 No.2 两个子结构对称, 试设 No.1 的振型分量 $\boldsymbol{u}_1$ 是 No.2 的振型分量 $\boldsymbol{u}_2$ 的常数倍, 即 $\alpha\boldsymbol{u}_2$, 而 $\boldsymbol{u}_2$ 也是 $\boldsymbol{u}_1$ 的同一常数倍, 即

$$\boldsymbol{u}_2=\alpha\boldsymbol{u}_1=\alpha(\alpha\boldsymbol{u}_2)=\alpha^2\boldsymbol{u}_2.$$

于是 $\alpha=\pm1$, 即振型只可能有两种情形:

$$(\boldsymbol{u}_1,\ \boldsymbol{u}_2)^{\mathrm{T}}=(\boldsymbol{q}_1,\ \boldsymbol{q}_1)^{\mathrm{T}};\qquad(\boldsymbol{u}_1,\ \boldsymbol{u}_2)^{\mathrm{T}}=(\boldsymbol{q}_2,\ -\boldsymbol{q}_2)^{\mathrm{T}}.$$

受此启发, 对结构的原广义位移作如下变换:

$$\boldsymbol{u}=\begin{bmatrix}\boldsymbol{u}_1\\ \boldsymbol{u}_2\end{bmatrix}=\boldsymbol{Pq}=\frac{1}{\sqrt{2}}\begin{bmatrix}\boldsymbol{I}&\boldsymbol{I}\\ \boldsymbol{I}&-\boldsymbol{I}\end{bmatrix}\begin{bmatrix}\boldsymbol{q}_1\\ \boldsymbol{q}_2\end{bmatrix}=\frac{1}{\sqrt{2}}\begin{bmatrix}\boldsymbol{I}\\ \boldsymbol{I}\end{bmatrix}\boldsymbol{q}_1+\frac{1}{\sqrt{2}}\begin{bmatrix}\boldsymbol{I}\\ -\boldsymbol{I}\end{bmatrix}\boldsymbol{q}_2.\tag{7.1.7}$$

式中 $\boldsymbol{I}$ 是单位矩阵, 其阶数等于位移变量 $\boldsymbol{u}_1$ 的维数. 上式最后一个等号右端第一项与第二项分别是对称振型和反对称振型; 变换矩阵 $\boldsymbol{P}$ 是正交矩阵, 即

$$\boldsymbol{P}^{\mathrm{T}}\boldsymbol{P}=\boldsymbol{I}.\tag{7.1.8}$$

于是方程 (7.1.2) 和 (7.1.4) 可重写为

$$\begin{bmatrix}\boldsymbol{L}&\boldsymbol{0}\\ \boldsymbol{0}&\boldsymbol{L}\end{bmatrix}\begin{bmatrix}\boldsymbol{u}_1\\ \boldsymbol{u}_2\end{bmatrix}-\omega^2\begin{bmatrix}\boldsymbol{M}&\boldsymbol{0}\\ \boldsymbol{0}&\boldsymbol{M}\end{bmatrix}\begin{bmatrix}\boldsymbol{u}_1\\ \boldsymbol{u}_2\end{bmatrix}=\boldsymbol{0},\quad \boldsymbol{u}_i\ \text{在}\ \varOmega\ \text{内},\tag{7.1.9a}$$

$$\begin{bmatrix}\boldsymbol{B}&\boldsymbol{0}\\ \boldsymbol{0}&\boldsymbol{B}\end{bmatrix}\begin{bmatrix}\boldsymbol{u}_1\\ \boldsymbol{u}_2\end{bmatrix}=\boldsymbol{0},\quad \boldsymbol{u}_i\ \text{在}\ \partial\varOmega\ \text{上},\tag{7.1.9b}$$

$$\begin{bmatrix}\boldsymbol{J}_1&\boldsymbol{J}_1\\ \boldsymbol{J}_2&-\boldsymbol{J}_2\end{bmatrix}\begin{bmatrix}\boldsymbol{u}_1\\ \boldsymbol{u}_2\end{bmatrix}=\boldsymbol{0},\quad \boldsymbol{u}_i\ \text{在}\ b_0\ \text{上},\tag{7.1.9c}$$

$$\begin{bmatrix}\boldsymbol{J}_{r_j}&\boldsymbol{0}\\ \boldsymbol{0}&\boldsymbol{J}_{r_j}\end{bmatrix}\begin{bmatrix}\boldsymbol{u}_1\\ \boldsymbol{u}_2\end{bmatrix}\Bigg|_{s_j}=\begin{bmatrix}\overline{\boldsymbol{J}}_{r_j}&\boldsymbol{0}\\ \boldsymbol{0}&\overline{\boldsymbol{J}}_{r_j}\end{bmatrix}\begin{bmatrix}\boldsymbol{0}&\boldsymbol{I}\\ \boldsymbol{I}&\boldsymbol{0}\end{bmatrix}\begin{bmatrix}\boldsymbol{u}_1\\ \boldsymbol{u}_2\end{bmatrix}\Bigg|_{\bar{s}_j},\quad j=1,\ 2,\ \cdots,\ l,\tag{7.1.9d}$$

式中, $\boldsymbol{L}$, $\boldsymbol{M}$, $\boldsymbol{B}$, $\boldsymbol{J}_1$, $\boldsymbol{J}_2$, $\boldsymbol{J}_{r_j}$ 和 $\overline{\boldsymbol{J}}_{r_j}$ 皆为矩阵微分算子, 单位矩阵 $\boldsymbol{I}$ 的阶数同 $\boldsymbol{u}_1$ 的维数. 将式 (7.1.7) 代入方程 (7.1.9), 再对式 (7.1.9a), (7.1.9b) 和 (7.1.9d) 左乘 $\boldsymbol{P}^{\mathrm{T}}$, 并利用式 (7.1.8) 得

$$\begin{cases} \boldsymbol{L}\boldsymbol{q}_i - \omega^2 \boldsymbol{M}\boldsymbol{q}_i = \boldsymbol{0}, & \Omega \text{ 内}, \ i=1,2, \\ \boldsymbol{B}\boldsymbol{q}_i = \boldsymbol{0}, & \partial\Omega \text{ 上}, \ i=1,2, \\ \boldsymbol{J}_i\boldsymbol{q}_i = \boldsymbol{0}, & b_0 \text{ 上}, \ i=1,2 \\ \boldsymbol{J}_{r_j}\boldsymbol{q}_i\big|_{s_j} = (-1)^{i+1}\,\overline{\boldsymbol{J}}_{r_j}\boldsymbol{q}_i\big|_{\overline{s}_j}, & i=1,2;\ j=1,2,\cdots,l. \end{cases} \tag{7.1.10}$$

这是 $\boldsymbol{q}_1, \boldsymbol{q}_2$ 解耦的两组微分方程与边条件, 其中方程是相同的, 但边条件反映了对称与反对称的特征.

至此, 我们得到结论: 对于对称结构, 整体结构的固有振动问题 (7.1.9) 可以约化为两个子结构的固有振动问题 (7.1.10): (1) $i=1$ 的情形, 将从方程 (7.1.10) 得到的 $\boldsymbol{q}_1$ 代入式 (7.1.7) , 并取 $\boldsymbol{q}_2=0$, 对应整体结构的振型是对称的; (2) $i=2$ 的情形, 将从方程 (7.1.10) 得到的 $\boldsymbol{q}_2$ 代入式 (7.1.7), 并取 $\boldsymbol{q}_1=0$, 对应整体结构的振型是反对称的. 换句话说, 对称结构的振型具有如下性质:

振型分为对称和反对称两组, 既非对称又非反对称的振型必是具有重频的对称和反对称的振型的线性组合.

7.1.3 应用

利用对称结构模态的定性性质, 便于在计算或实验测量模态时得到简化.

(1) 当计算对称结构的振型和固有频率时, 只需计算一半结构的两个特征值问题. 其中, 一半结构内的约束条件 (如有的话) 和对称面上的边条件分别对应整体结构的对称或反对称变形, 所得到的固有频率就是整体结构的固有频率; 再分别将振型对称地或反对称地延拓到另一半结构上就可得整体结构的振型. 该方法的优越性在于: 数值计算中自由度约为整体结构自由度的一半. 矩阵特征值问题的计算量大约为自由度的三次方, 利用一次对称性, 计算量仅为原计算量的 1/4. 如结构存在三个对称面, 则计算量仅仅为原计算量的 1/64.

(2) 用试验方法求对称结构的固有频率和振型时, 只需测量一半结构的振型数据和对称面上的振型数据, 或另一半结构上某点的不为零的振型数据; 如果判断此振型为对称变形 (或反对称变形), 则将此一半结构的振型数据对称 (或反对称) 地延拓到另一半; 如振型数据既非对称又非反对称, 则必为重频振型, 可以改变试验条件, 使其产生一个对称的和一个反对称的重频振型.

7.1.4 例

例 1 对称菱形梁.

如图 7.2(a) 所示, 一个自由–自由对称菱形梁的固有振动问题可以简化为两个子问题: 一个为滑支–自由梁, 如图 7.2(b), 对应于对称振型的子结构; 另一个为铰支–自由梁, 如图 7.2(c), 对应于反对称振型的子结构. 两个子问题都可用解析法求解.

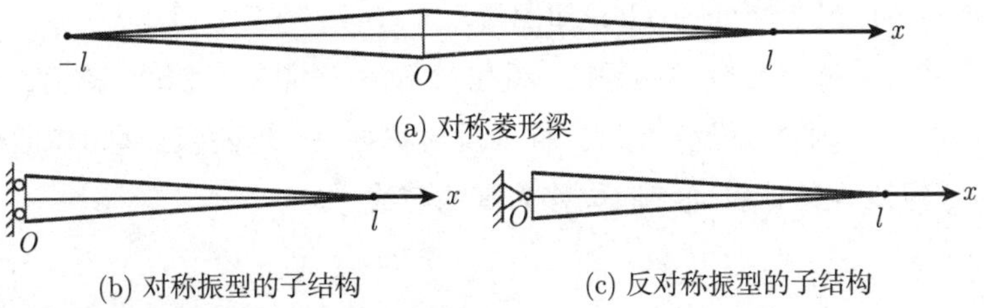

图 7.2 菱形梁的简化

例 2 中国乐钟的双音特性[79].

中国古代乐钟——编钟——蕴含着的宝贵丰富的文化和科技信息.

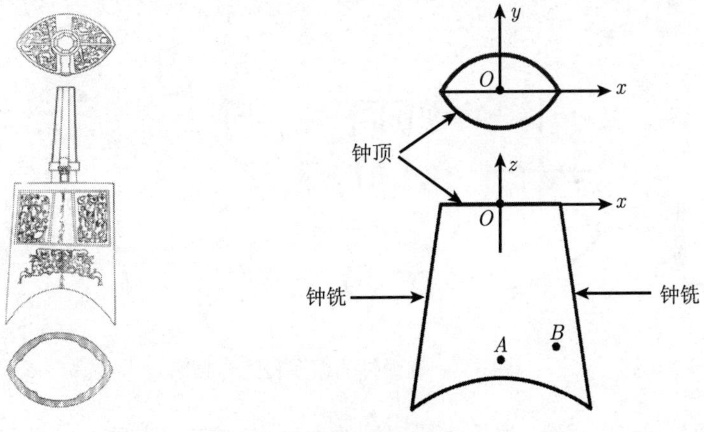

图 7.3 扁形钟示意图

编钟的主要优异性能是一钟能发双音. 当钟的中鼓点 A 和侧鼓点 B 分别受到敲击时, 钟分别发出两个具有不同基音的乐音. 其原因在于它的独特造型, 钟的横截面不是通常所见的圆形, 而是由两段圆弧组成的扁形 (见图 7.3), 故又称扁钟.

东方的各种佛事钟、报时钟, 西方的教堂钟以及一些乐钟, 其横截面都是圆形的, 也称圆钟; 不论敲击何点, 这种钟只能发一个基音. 运用本章 7.1.2 分节关于对称结构模态性质的理论, 很容易对圆形钟只能发单音而扁钟可发双音作出定性分析.

由于圆形钟是一个轴对称结构, 所以不论敲击何点, 声音的基音 (对应钟的基频) 都是一样的. 但扁形钟不是轴对称结构, 而是一个具有两个对称面的镜面对称结构. 取钟顶中心为坐标原点 O, 其中一个对称面为通过点 O 和钟铣的平面即 Oxz 平面, 另一平面为 Oyz, 如图 7.3.

对称结构的振型可分为两组, 一组相对 Oyz 平面是对称的, 称为对称振型, 另一组相对 Oyz 平面是反对称的, 称为反对称振型. 这两组振型的前三阶绘于图 7.4 中. 粗线是钟体表面法向位移为零的节线.

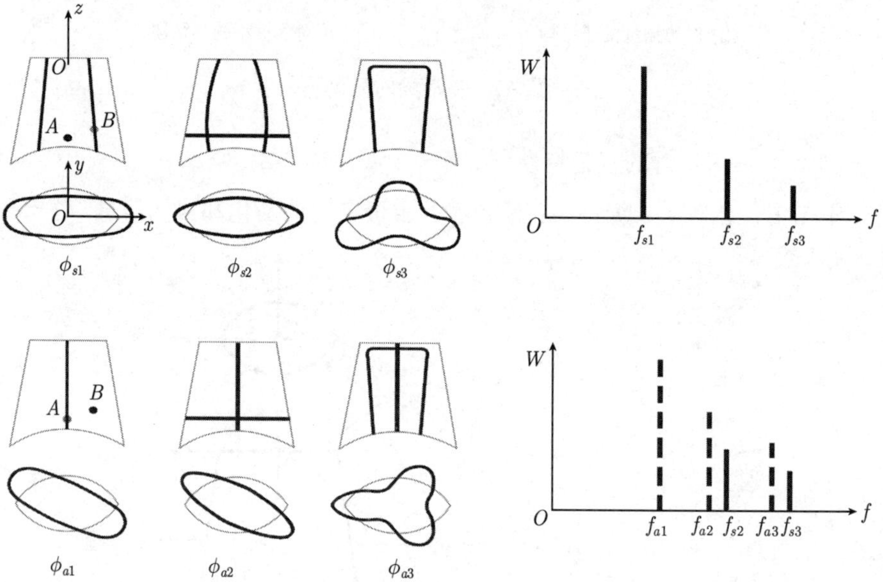

图 7.4　扁形钟的振型和固有频率

从图 7.4 可以看到, 如果将扁形钟的中鼓点 A 正好设置在钟面和 Oyz 平面相交的一点上, 则所有的反对称振型在此点的法向位移均为零. 所以敲击中鼓点 A 时, 不会激发所有的反对称振型, 此时的振动响应为所有的对称振型, 而其主要成分是基本振型 ϕ_{s1}. 钟声的基音对应 ϕ_{s1} 的固有频率 f_{s1}(即扁形钟的基频), 而泛音包含其他对称振型的固有频率 $f_{s2}, f_{s3}, \cdots$. 此钟声即扁形钟的中鼓音. 编钟的巧妙之处在于, 如果把侧鼓点 B 设置在第一阶对称振型的 “节线” 上 (钟面上 ϕ_{s1} 的法向位移为零的线), 则敲击侧鼓点 B 时, 不会激发 ϕ_{s1}. 此时, 振动响应的主要成分是第一阶反对称振型 ϕ_{a1}, 钟声的基音是对应 ϕ_{a1} 的固有频率 f_{a1}(它是钟的第二阶固有频率), 泛音包含其他反对称振型的固有频率 f_{a2},

$f_{a3}, \cdots$, 以及 $f_{s2}, f_{s3}, \cdots$. 此钟声即扁形钟的侧鼓音.

这样, 中鼓音和侧鼓音就是具有不同基音的两个音了. 因而只需设计扁形钟的几何形状、大小和材料, 就可得到两个乐音, 并且能使它们相差大三度或小三度.

在设计编钟进行数值计算时, 针对编钟具有两个对称面的特点, 只要分别对具有四类边条件的四分之一的钟体进行计算即可以了.

7.1.5 离散系统及其模态的性质

用数值计算方法求解模态时, 需要将结构简化为离散系统. 一个经过合理简化的离散系统, 其模态方程为下述广义矩阵特征值问题:

$$\boldsymbol{K}\boldsymbol{u} = \omega^2 \boldsymbol{M}\boldsymbol{u}, \tag{7.1.11}$$

其中 $\boldsymbol{K}$ 和 $\boldsymbol{M}$ 分别为系统的刚度矩阵和质量矩阵, 它们都是实对称矩阵, 且 $\boldsymbol{M}$ 为正定矩阵, $\boldsymbol{K}$ 为正定或半正定矩阵, ω 为固有角频率, $\boldsymbol{u}$ 为位移振型矢量.

如果在离散化过程中利用结构的对称性, 就可以把对称结构的离散系统表达成计算简化的形式.

将广义坐标按对称的方式编号. 在对称面上, 即左右两子结构的连接边界上有两类广义位移: b_1 个在对称面内的位移和转角, 其振型矢量记为 b_1 维矢量 $\boldsymbol{u}_2$; b_2 个垂直对称面的位移和转角, 其振型矢量记为 b_2 维矢量 $\boldsymbol{u}_3$. 需要说明的是, 物理上, $\boldsymbol{u}_2$ 是对称的广义位移, $\boldsymbol{u}_3$ 是反对称的广义位移. 但在数学矢量表示上, $\boldsymbol{u}_2$ 中的转角矢量是反对称的, $\boldsymbol{u}_3$ 中的转角矢量是对称的 (例如, 一个对称杆的离散模型, 即在其弹簧-质点系统的对称面上设一质点, 其轴向位移为标量 u_3; 一个对称弦的离散模型, 即在其无质量弦-质点系统的对称面上设一质点, 其横向位移为标量 u_2; 一个对称扭转轴的离散模型, 即在其扭转弹簧-集中转动惯量系统的对称面上设一转动惯量, 其扭转角为标量 u_2; 一个对称梁的有限元模型, 其结点广义位移为横向位移和弯曲转角的离散系统, 在其对称面上设一结点, 其横向位移为标量 u_2, 转角为标量 u_3; 一个对称三维弹性体的有限元模型, 其结点广义位移为三个位移, 设在其对称面上有 l 个结点, 则在对称面上, 位于对称面内的位移为 $2l$ 维矢量 $\boldsymbol{u}_2$, 与对称面垂直的位移为 l 维矢量 $\boldsymbol{u}_3$). 设对称面左、右两个子结构各有 p 个广义坐标, 振型矢量分别记为 p 维矢量 $\boldsymbol{u}_1$ 和 $\boldsymbol{u}_4$. $\boldsymbol{u}_1$, $\boldsymbol{u}_2$, $\boldsymbol{u}_3$ 和 $\boldsymbol{u}_4$ 的广义坐标排序分别为 1 至 p, $p+1$ 至 $p+b_1$, $p+b_1+1$ 至

$p+b_1+b_2$ 和 $p+b_1+b_2+1$ 至 $2p+b_1+b_2$. 重要的是第 $i(i=1,2,\cdots,p)$ 个广义坐标与第 $2p+b_1+b_2+1-i$ 个广义坐标的位置与方向对称. 这样, 系统的刚度矩阵 $\boldsymbol{K}$ 和质量矩阵 $\boldsymbol{M}$ 可以表达为以下特殊的形式:

$$\boldsymbol{K}=\begin{bmatrix}\boldsymbol{K}_{11} & \boldsymbol{K}_{12} & \boldsymbol{K}_{13} & \boldsymbol{K}_{14}\\ \boldsymbol{K}_{12}^{\mathrm{T}} & \boldsymbol{K}_{22} & \boldsymbol{0} & \boldsymbol{K}_{12}^{\mathrm{T}}\boldsymbol{S}\\ \boldsymbol{K}_{13}^{\mathrm{T}} & \boldsymbol{0} & \boldsymbol{K}_{33} & -\boldsymbol{K}_{13}^{\mathrm{T}}\boldsymbol{S}\\ \boldsymbol{K}_{14}^{\mathrm{T}} & \boldsymbol{S}\boldsymbol{K}_{12} & -\boldsymbol{S}\boldsymbol{K}_{13} & \boldsymbol{K}_{11}^{\mathrm{T}'}\end{bmatrix},\quad \boldsymbol{M}=\begin{bmatrix}\boldsymbol{M}_{11} & \boldsymbol{M}_{12} & \boldsymbol{M}_{13} & \boldsymbol{M}_{14}\\ \boldsymbol{M}_{12}^{\mathrm{T}} & \boldsymbol{M}_{22} & \boldsymbol{0} & \boldsymbol{M}_{12}^{\mathrm{T}}\boldsymbol{S}\\ \boldsymbol{M}_{13}^{\mathrm{T}} & \boldsymbol{0} & \boldsymbol{M}_{33} & -\boldsymbol{M}_{13}^{\mathrm{T}}\boldsymbol{S}\\ \boldsymbol{M}_{14}^{\mathrm{T}} & \boldsymbol{S}\boldsymbol{M}_{12} & -\boldsymbol{S}\boldsymbol{M}_{13} & \boldsymbol{M}_{11}^{\mathrm{T}'}\end{bmatrix}, \tag{7.1.12}$$

其中上角标 T' 表示对矩阵的负对角线的转置. 若矩阵 $\boldsymbol{A}=(a_{ij})_{p\times q}$, 则

$$\boldsymbol{A}^{\mathrm{T}'}=(a_{p-j+1,q-i+1})_{q\times p}.$$

如果定义 p 阶行列置换矩阵为

$$\boldsymbol{S}_p=\begin{bmatrix} & & & 1\\ & 0 & & \\ & & \cdot^{\cdot^{\cdot}} & \\ & & 0 & \\ 1 & & & \end{bmatrix}_p, \tag{7.1.13}$$

则

$$\boldsymbol{A}^{\mathrm{T}'}=\boldsymbol{S}_q\boldsymbol{A}^{\mathrm{T}}\boldsymbol{S}_p.$$

式 (7.1.12) 中 $\boldsymbol{K}_{ij}$ 和 $\boldsymbol{M}_{ij}$ 分别表示广义坐标 $\boldsymbol{u}_i$ 和 $\boldsymbol{u}_j$ 的刚度矩阵和质量矩阵, $\boldsymbol{K}_{ij}$ 具有性质

$$\boldsymbol{K}_{11}=\boldsymbol{K}_{11}^{\mathrm{T}},\quad \boldsymbol{K}_{22}=\boldsymbol{K}_{22}^{\mathrm{T}},\quad \boldsymbol{K}_{33}=\boldsymbol{K}_{33}^{\mathrm{T}},\quad \boldsymbol{K}_{14}=\boldsymbol{K}_{14}^{\mathrm{T}'}. \tag{7.1.14}$$

$\boldsymbol{M}_{ij}$ 与 $\boldsymbol{K}_{ij}$ 具有相同的性质. 顺便指出, 式 (7.1.12) 中的 $\boldsymbol{M}$ 矩阵是一般的形式, 多数情况下采用有限元法时只取更简单的对角矩阵.

对于对称结构的连续系统, 已经证明其振型可分为对称和反对称两组. 可以预计在离散系统中也会有此性质, 即振型有两种情形:

$$\begin{aligned}(\boldsymbol{u}_1,\ \boldsymbol{u}_2,\ \boldsymbol{u}_3,\ \boldsymbol{u}_4)^{\mathrm{T}}&=(\boldsymbol{q}_1,\ \boldsymbol{q}_2,\ \boldsymbol{0},\boldsymbol{S}\boldsymbol{q}_1)^{\mathrm{T}};\\ (\boldsymbol{u}_1,\ \boldsymbol{u}_2,\ \boldsymbol{u}_3,\ \boldsymbol{u}_4)^{\mathrm{T}}&=(\boldsymbol{q}_4,\ \boldsymbol{0},\ \boldsymbol{q}_3,-\boldsymbol{S}\boldsymbol{q}_4)^{\mathrm{T}}.\end{aligned} \tag{7.1.15}$$

受此启发, 对振型矢量作变换:

$$\begin{bmatrix}\boldsymbol{u}_1\\ \boldsymbol{u}_2\\ \boldsymbol{u}_3\\ \boldsymbol{u}_4\end{bmatrix}=\frac{1}{\sqrt{2}}\begin{bmatrix}\boldsymbol{I}_p & \boldsymbol{0} & \boldsymbol{0} & \boldsymbol{I}_p\\ \boldsymbol{0} & \sqrt{2}\boldsymbol{I}_{b_1} & \boldsymbol{0} & \boldsymbol{0}\\ \boldsymbol{0} & \boldsymbol{0} & \sqrt{2}\boldsymbol{I}_{b_2} & \boldsymbol{0}\\ \boldsymbol{S}_p & \boldsymbol{0} & \boldsymbol{0} & -\boldsymbol{S}_p\end{bmatrix}\begin{bmatrix}\boldsymbol{q}_1\\ \boldsymbol{q}_2\\ \boldsymbol{q}_3\\ \boldsymbol{q}_4\end{bmatrix}=\boldsymbol{P}\boldsymbol{Q}, \tag{7.1.16}$$

其中 $\boldsymbol{I}$ 和 $\boldsymbol{S}$ 分别表示单位矩阵和行列置换矩阵, 下角标表示其阶数. 容易验证, $\boldsymbol{P}$ 为正交矩阵, 即 $\boldsymbol{P}^{\mathrm{T}}\boldsymbol{P}=\boldsymbol{I}$.

将变换 (7.1.16) 代入方程 (7.1.11) 后, 左乘 $\boldsymbol{P}^{\mathrm{T}}$, 再利用式 (7.1.12) 和 (7.1.14), 即得方程

$$\begin{bmatrix} \boldsymbol{K}_{11}+\boldsymbol{K}_{14}\boldsymbol{S} & \sqrt{2}\boldsymbol{K}_{12} & \mathbf{0} & \mathbf{0} \\ \sqrt{2}\boldsymbol{K}_{12}^{\mathrm{T}} & \boldsymbol{K}_{22} & \mathbf{0} & \mathbf{0} \\ \mathbf{0} & \mathbf{0} & \boldsymbol{K}_{33} & \sqrt{2}\boldsymbol{K}_{13}^{\mathrm{T}} \\ \mathbf{0} & \mathbf{0} & \sqrt{2}\boldsymbol{K}_{13} & \boldsymbol{K}_{11}-\boldsymbol{K}_{14}S \end{bmatrix}\begin{bmatrix} \boldsymbol{q}_1 \\ \boldsymbol{q}_2 \\ \boldsymbol{q}_3 \\ \boldsymbol{q}_4 \end{bmatrix}$$
$$=\omega^2\begin{bmatrix} \boldsymbol{M}_{11}+\boldsymbol{M}_{14}S & \sqrt{2}\boldsymbol{M}_{12} & \mathbf{0} & \mathbf{0} \\ \sqrt{2}\boldsymbol{M}_{12}^{\mathrm{T}} & \boldsymbol{M}_{22} & \mathbf{0} & \mathbf{0} \\ \mathbf{0} & \mathbf{0} & \boldsymbol{M}_{33} & \sqrt{2}\boldsymbol{M}_{13}^{\mathrm{T}} \\ \mathbf{0} & \mathbf{0} & \sqrt{2}\boldsymbol{M}_{13} & \boldsymbol{M}_{11}-\boldsymbol{M}_{14}\boldsymbol{S} \end{bmatrix}\begin{bmatrix} \boldsymbol{q}_1 \\ \boldsymbol{q}_2 \\ \boldsymbol{q}_3 \\ \boldsymbol{q}_4 \end{bmatrix}. \tag{7.1.17}$$

于是, 广义矩阵特征值问题 (7.1.11) 被解耦为两组矩阵特征值问题:

(1) 第一组. 由

$$\begin{bmatrix} \boldsymbol{K}_{11}+\boldsymbol{K}_{14}\boldsymbol{S} & \sqrt{2}\boldsymbol{K}_{12} \\ \sqrt{2}\boldsymbol{K}_{12}^{\mathrm{T}} & \boldsymbol{K}_{22} \end{bmatrix}\begin{bmatrix} \boldsymbol{q}_1 \\ \boldsymbol{q}_2 \end{bmatrix}=\omega_{\mathrm{s}}^2\begin{bmatrix} \boldsymbol{M}_{11}+\boldsymbol{M}_{14}S & \sqrt{2}\boldsymbol{M}_{12} \\ \sqrt{2}\boldsymbol{M}_{12}^{\mathrm{T}} & \boldsymbol{M}_{22} \end{bmatrix}\begin{bmatrix} \boldsymbol{q}_1 \\ \boldsymbol{q}_2 \end{bmatrix} \tag{7.1.18}$$

得到 $\boldsymbol{q}_1$, $\boldsymbol{q}_2$ 后, 连同 $\boldsymbol{q}_3=\boldsymbol{q}_4=\mathbf{0}$ 代入式 (7.1.15) 中的第一式, 得整体结构的对称振型. 式中 ω 的下角标 s 表示对称.

(2) 第二组. 由

$$\begin{bmatrix} \boldsymbol{K}_{33} & \sqrt{2}\boldsymbol{K}_{13}^{\mathrm{T}} \\ \sqrt{2}\boldsymbol{K}_{13} & \boldsymbol{K}_{11}-\boldsymbol{K}_{14}\boldsymbol{S} \end{bmatrix}\begin{bmatrix} \boldsymbol{q}_3 \\ \boldsymbol{q}_4 \end{bmatrix}=\omega_{\mathrm{a}}^2\begin{bmatrix} \boldsymbol{M}_{33} & \sqrt{2}\boldsymbol{M}_{13}^{\mathrm{T}} \\ \sqrt{2}\boldsymbol{M}_{13} & \boldsymbol{M}_{11}-\boldsymbol{M}_{14}\mathrm{S} \end{bmatrix}\begin{bmatrix} \boldsymbol{q}_3 \\ \boldsymbol{q}_4 \end{bmatrix} \tag{7.1.19}$$

得到 $\boldsymbol{q}_3$, $\boldsymbol{q}_4$ 后, 连同 $\boldsymbol{q}_1=\boldsymbol{q}_2=\mathbf{0}$ 代入式 (7.1.15) 中的第二式, 得整体结构的反对称振型. 式中 ω 的下角标 a 表示反对称.

应该注意到, 由于矩阵 $\boldsymbol{K}$ 是实对称正定 (或为半正定) 矩阵, $\boldsymbol{M}$ 为实对称正定矩阵, 因而广义矩阵特征值问题 (7.1.11) 存在大于等于零的实特征值和实振型矢量. 不难验证, 分解后的两组特征值问题 (7.1.18) 和 (7.1.19) 中的刚度矩阵与质量矩阵也是实对称、正定 (刚度矩阵可能为半正定) 矩阵, 它们同样存在不小于零的实特征值和实振型矢量.

在多数情况下, 不需要在结构对称面上设置广义坐标, 因而上述特征值问题可大为简化. 此时振型矢量 $\boldsymbol{u}=(\boldsymbol{u}_1,\ \boldsymbol{u}_2)^{\mathrm{T}}$ 为 $2p$ 维矢量, 相应的刚度矩阵和质

量矩阵分别为

$$\boldsymbol{K}=\begin{bmatrix}\boldsymbol{K}_{11} & \boldsymbol{K}_{12}\\ \boldsymbol{K}_{12}^{\mathrm{T}} & \boldsymbol{K}_{11}^{\mathrm{T}'}\end{bmatrix},\quad \boldsymbol{M}=\begin{bmatrix}\boldsymbol{M}_{11} & \boldsymbol{M}_{12}\\ \boldsymbol{M}_{12}^{\mathrm{T}} & \boldsymbol{M}_{11}^{\mathrm{T}'}\end{bmatrix}.$$

因此 $2p$ 阶广义矩阵特征值问题 (7.1.11) 就可以分解为两个 p 阶广义矩阵特征值问题：

$$[\boldsymbol{K}_{11}+\boldsymbol{K}_{12}\boldsymbol{S}]\boldsymbol{q}_1=\omega_{\mathrm{s}}^2[\boldsymbol{M}_{11}+\boldsymbol{M}_{12}\boldsymbol{S}]\boldsymbol{q}_1;$$

$$[\boldsymbol{K}_{11}-\boldsymbol{K}_{12}\boldsymbol{S}]\boldsymbol{q}_2=\omega_{\mathrm{a}}^2[\boldsymbol{M}_{11}-\boldsymbol{M}_{12}\boldsymbol{S}]\boldsymbol{q}_2.$$

由此得到一组对称振型

$$(\boldsymbol{u}_1,\ \boldsymbol{u}_2)^{\mathrm{T}}=(\boldsymbol{q}_1,\ \boldsymbol{S}\boldsymbol{q}_1)^{\mathrm{T}}$$

和一组反对称振型

$$(\boldsymbol{u}_1,\ \boldsymbol{u}_2)^{\mathrm{T}}=(\boldsymbol{q}_2,\ -\boldsymbol{S}\boldsymbol{q}_2)^{\mathrm{T}}.$$

由以上论述得到两点重要结论：

(1) 离散系统和连续系统的振型具有一致的定性性质.

(2) 利用振型对称和反对称的定性性质, 可以将整体系统的 $2p$(或 $2p+b_1+b_2$) 阶广义矩阵特征值问题解耦为两个 p 阶 (或一个 $p+b_1$ 阶, 一个 $p+b_2$ 阶) 广义矩阵特征值问题, 这样就很大地减小了计算规模及其工作量.

7.2　旋转周期结构模态的定性性质

7.2.1　连续系统及方程

如果一个整体结构是由一个子结构绕其中心轴旋转 n 次, 每次转角为 $\psi=2\pi/n$ 而形成的, 则称此结构为 n 阶旋转周期 (或循环周期、循环对称) 结构. 如果一个子结构的几何形状、物理性质、边条件, 以及和其他子结构的连接一旦确定, 则其整个结构也就确定了. 图 7.5(见下页) 是一个 6 阶循环周期结构示例, 它由一个圆环形板和 6 片矩形薄板组成, 其子结构间有弹性约束和刚性约束.

为了理论上分析方便, 采用柱坐标系 $Or\theta z$, 取结构的中心轴为 z 轴. 设该整体结构的模态方程为下述微分方程特征值问题：

$$\begin{cases}\boldsymbol{L}\boldsymbol{u}=\omega^2\boldsymbol{M}\boldsymbol{u}, & \widetilde{\Omega}\ 内,\\ \boldsymbol{B}\boldsymbol{u}=\boldsymbol{0}, & \partial\widetilde{\Omega}上.\end{cases}\tag{7.2.1}$$

其中 ω 为结构的固有角频率, $\boldsymbol{u}$ 为振型函数, $\boldsymbol{L}$ 和 $\boldsymbol{M}$ 分别为结构的弹性和惯性矩阵微分算子, $\boldsymbol{B}$ 为边条件矩阵算子, $\widetilde{\Omega}$ 为整体结构的区域, $\partial\widetilde{\Omega}$ 为其边界. 若整体结构由多个不同类型的结构元件, 如梁、板、三维弹性体组成, 则方程 (7.2.1) 包含所有元件的方程、各元件间的连续性条件, 以及各元件间可能存在的约束条件. 这些都隐含在一个简单、统一形式的方程 (7.2.1) 中.

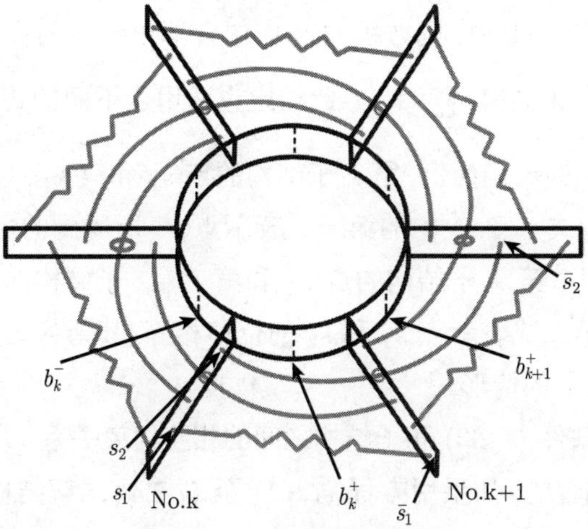

图 7.5 循环周期结构示例

利用旋转周期结构的特点, 整体结构特征值问题 (7.2.1) 可以按子结构的方式表达. 在各子结构中分别设同类的坐标系, 它们在各子结构中位置相同. 在各自的坐标系中, 第 k 个子结构的区域 $\Omega_k = \Omega$, 它与第 $k-1$ 子结构和第 $k+1$ 子结构的连接边界分别为 $b_k^- = b^-$ 和 $b_k^+ = b^+$, 其余的边界为 $\partial\Omega_k = \partial\Omega(k = 1, 2, \cdots, n$; $k = n$ 时, $k+1$ 取 1; $k = 1$ 时, $k-1$ 取 n).

令 $\boldsymbol{u}_k$ 为第 k 个子结构的位移, 则整体结构的模态方程和边条件表为

$$\begin{cases} \boldsymbol{L}\boldsymbol{u}_k = \omega^2 \boldsymbol{M}\boldsymbol{u}_k, & k = 1, 2, \cdots, n;\ \Omega\text{内}, \\ \boldsymbol{B}\boldsymbol{u}_k = \boldsymbol{0}, & k = 1, 2, \cdots, n;\ \partial\Omega\text{上}. \end{cases} \tag{7.2.2}$$

与其两相邻子结构的广义位移和内力在连接边界处的连续性条件为

$$\boldsymbol{J}_0 \boldsymbol{u}_k|_{b^+} = \boldsymbol{J}_0 \boldsymbol{u}_{k+1}|_{b^-}, \quad k = 1, 2, \cdots, n, \tag{7.2.3}$$

其中 $\boldsymbol{u}_{n+1} \equiv \boldsymbol{u}_1$, $\boldsymbol{J}_0$ 是矩阵微分算子, 其阶数与矢量函数 $\boldsymbol{u}_k$ 的维数相同.

如果子结构和与其相邻, 以及不相邻的子结构间有刚性约束和弹性约束, 则可表示为

$$\boldsymbol{J}_{pj}\boldsymbol{u}_k|_{s_{pj}} = \overline{\boldsymbol{J}}_{pj}\boldsymbol{u}_{k+p}|_{\overline{s}_{pj}}, \quad k,p=1,\ 2,\ \cdots,\ n;\ j=0,\ 1,\ \cdots,\ l_p, \tag{7.2.4}$$

其中 $\boldsymbol{J}_{pj}$ 和 $\overline{\boldsymbol{J}}_{pj}$ 为矩阵微分算子, 其阶数与 $\boldsymbol{u}_k$ 的维数相同. 式 (7.2.4) 表示第 k 子结构的区域 s_{pj}(可以是一点或一、二、三维区域) 和第 $k+p$ 子结构的区域 $\overline{s}_{pj}$ 之间的约束. 当 $k+p>n$, $k+p=n+r$ 时, 取 $k+p=r$; 当 $p=n$ 时, 式 (7.2.4) 表示子结构自身的一个约束; 对于某些 p, 第 k 和第 $k+p$ 子结构之间没有约束, 即取 $j=l_p=0$ 时, 则方程 (7.2.4) 中含下角标 p 的式皆不出现. 综上所述, 式 (7.2.4) 的约束共有 $\sum\limits_{p=1}^{n} l_p$ 个. 此约定也适用于下面的式 (7.2.10).

以图 7.5 所示的结构为例, 第 k 子结构的点 s_1 和第 $k+1$ 子结构的点 $\overline{s}_1$ 间有一弹簧相连, 则式 (7.2.4) 中的第一式表示点 s_1 所受到的由点 s_1 和 $\overline{s}_1$ 相对位移引起的弹簧力; 第 k 子结构的点 s_2 和第 $k+2$ 子结构的点 $\overline{s}_2$ 间为刚性连接, 式 (7.2.4) 的第二式表示点 s_2 和 $\overline{s}_2$ 的位移相等, 其余各式都不出现. 此例为 $p=1,2$; $l_1=l_2=1$ 的情形.

由于连续性条件 (7.2.3) 和子结构之间的相互约束关系 (7.2.4), $\boldsymbol{u}_k(k=1,\ 2,\ \cdots,\ n)$ 是相互耦合的, 如果用方程 (7.2.1) 至 (7.2.4) 求解结构的固有频率和振型, 则需要求解 $\boldsymbol{u}_1$ 至 $\boldsymbol{u}_n$ 耦合的方程组.

7.2.2 特征值问题的约化及模态的定性性质

由于整体结构是由一个子结构绕其中心轴旋转n次, 每次转角为 $\psi=2\pi/n$ 组成, 可试设其振型在各子结构上的分量 $\boldsymbol{u}_k(k=1,2,\cdots,n)$ 具有下述关系:

$$\boldsymbol{u}_n = \alpha\boldsymbol{u}_{n-1} = \alpha(\alpha\boldsymbol{u}_{n-2}) = \cdots = \alpha^{n-1}\boldsymbol{u}_1 = \alpha^n\boldsymbol{u}_n,$$

式中 α 为一复数. 由上式得

$$\alpha^n = 1,$$

于是 α 是 1 的 n 次单位根:

$$\alpha_r = \mathrm{e}^{\mathrm{i}r\psi} = \mathrm{e}^{\mathrm{i}r2\pi/n}, \quad r=1,\ 2,\ \cdots,\ n,$$

其中 $\mathrm{i}=\sqrt{-1}$. 第 r 组振型可以表为

$$\begin{aligned}\boldsymbol{u}^{(r)} &= (\boldsymbol{u}_1^{(r)}, \boldsymbol{u}_2^{(r)}, \cdots, \boldsymbol{u}_n^{(r)})^{\mathrm{T}} \\ &= \frac{1}{\sqrt{n}}(\boldsymbol{I}, \mathrm{e}^{\mathrm{i}r\psi}\boldsymbol{I}, \mathrm{e}^{\mathrm{i}2r\psi}\boldsymbol{I}, \cdots, \mathrm{e}^{\mathrm{i}(n-1)r\psi}\boldsymbol{I})^{\mathrm{T}}\boldsymbol{q}_r, \quad r=1,\ 2,\ \cdots,\ n,\end{aligned}$$

其中单位矩阵 $\boldsymbol{I}$ 的阶数同 $\boldsymbol{u}_k$ 的维数. 受此启发, 为得到一组使方程组解耦的广义坐标, 对结构的原广义坐标作如下的变换:

$$\boldsymbol{u}=(\boldsymbol{u}_1,\boldsymbol{u}_2,\cdots,\boldsymbol{u}_n)^{\mathrm{T}}=[\boldsymbol{R}_1\quad \boldsymbol{R}_2\quad \cdots\quad \boldsymbol{R}_n]\begin{bmatrix}\boldsymbol{q}_1\\ \boldsymbol{q}_2\\ \vdots\\ \boldsymbol{q}_n\end{bmatrix}=\boldsymbol{R}\boldsymbol{q}, \tag{7.2.5a}$$

$$\boldsymbol{R}_r=\frac{1}{\sqrt{n}}\left(\boldsymbol{I},\mathrm{e}^{\mathrm{i}r\psi}\boldsymbol{I},\cdots,\mathrm{e}^{\mathrm{i}r(n-1)\psi}\boldsymbol{I}\right)^{\mathrm{T}},\quad r=1,\ 2,\ \cdots,\ n, \tag{7.2.5b}$$

其中 $\psi=2\pi/n$, $\boldsymbol{I}$ 是单位矩阵, 其阶数同 $\boldsymbol{u}_k$ 的维数. 容易证明, 矩阵 $\boldsymbol{R}$ 是一个酉矩阵, 即

$$\overline{\boldsymbol{R}}^{\mathrm{T}}\boldsymbol{R}=\boldsymbol{I}, \tag{7.2.6}$$

上式中 $\boldsymbol{I}$ 的阶数为 $\boldsymbol{u}_k$ 的维数的 n 倍, $\overline{\boldsymbol{R}}$ 为 $\boldsymbol{R}$ 的共轭矩阵.

可将整体结构的模态方程、边条件和连续性条件, 即方程 (7.2.2)~(7.2.4) 重写为

$$\boldsymbol{L}'\boldsymbol{u}-\omega^2\boldsymbol{M}'\boldsymbol{u}=\boldsymbol{0},\quad \boldsymbol{u}_k\ 在\ \varOmega\ 内, \tag{7.2.7}$$

$$\boldsymbol{B}'\boldsymbol{u}=\boldsymbol{0},\qquad\qquad \boldsymbol{u}_k\ 在\ \partial\varOmega\ 上, \tag{7.2.8}$$

$$\boldsymbol{J}_0'\boldsymbol{u}|_{b+}=\boldsymbol{J}_0'\boldsymbol{Y}\boldsymbol{u}|_{b-}, \tag{7.2.9}$$

$$\boldsymbol{J}'_{pj}\boldsymbol{u}|_{s_{pj}}=\overline{\boldsymbol{J}'}_{pj}\boldsymbol{Y}^p\boldsymbol{u}|_{\bar{s}_{pj}},\quad p=1,\ 2,\ \cdots,\ n;\ j=0,\ 1,\ \cdots,\ l_p, \tag{7.2.10}$$

其中 $\boldsymbol{L}'$, $\boldsymbol{M}'$, $\boldsymbol{B}'$, $\boldsymbol{J}_0'$ 和 $\boldsymbol{J}'_{pj}$, $\overline{\boldsymbol{J}'}_{pj}$ 分别是由 $\boldsymbol{L}$, $\boldsymbol{M}$, $\boldsymbol{B}$, $\boldsymbol{J}_0$ 和 $\boldsymbol{J}_{pj}$, $\overline{\boldsymbol{J}}_{pj}$ 组成的分块对角矩阵, 而

$$\boldsymbol{Y}=\begin{bmatrix}\boldsymbol{0} & \overset{2}{\boldsymbol{I}} & & & & \boldsymbol{0}\\ & \boldsymbol{0} & \boldsymbol{I} & & & \\ & & \ddots & \ddots & & \\ & & & \ddots & \ddots & \\ & & & & \boldsymbol{0} & \boldsymbol{I}\\ \underset{1}{\boldsymbol{I}} & & & & & \boldsymbol{0}\end{bmatrix},\quad \boldsymbol{Y}^p=\begin{bmatrix} & & & \overset{p+1}{\boldsymbol{I}} & & & \\ & & & & \boldsymbol{I} & & \\ & & & & & \ddots & \\ & & & & & & \boldsymbol{I}\\ \boldsymbol{I} & & & & & & \\ & \ddots & & & & & \\ & & \underset{p}{\boldsymbol{I}} & & & & \end{bmatrix}, \tag{7.2.11}$$

其中单位矩阵 $\boldsymbol{I}$ 的阶数同 $\boldsymbol{u}_k$ 的维数; $\boldsymbol{Y}$ 和 $\boldsymbol{Y}^p$ 中未标出的分块子矩阵皆为分块零子矩阵; $\boldsymbol{Y}^p$ 是循环换行置换矩阵. 容易证明

$$\overline{\boldsymbol{R}}^{\mathrm{T}}\boldsymbol{Y}^{p}\boldsymbol{R}=\operatorname{diag}(\mathrm{e}^{\mathrm{i}p\psi}\boldsymbol{I},\mathrm{e}^{\mathrm{i}2p\psi}\boldsymbol{I},\cdots,\mathrm{e}^{\mathrm{i}np\psi}\boldsymbol{I}). \tag{7.2.12}$$

将坐标变换 (7.2.5) 代入方程 (7.2.7) 至 (7.2.10), 再用 $\overline{\boldsymbol{R}}^{\mathrm{T}}$ 左乘这些方程, 利用式 (7.2.6) 和 (7.2.12), 得到

$$\begin{cases} \boldsymbol{L}\boldsymbol{q}_r-\omega^2\boldsymbol{M}\boldsymbol{q}_r=\boldsymbol{0}, & \Omega\text{内}, \\ \boldsymbol{B}\boldsymbol{q}_r=\boldsymbol{0}, & \partial\Omega\text{上}, \\ \boldsymbol{J}_0\boldsymbol{q}_r|_{b+}=\boldsymbol{J}_0\mathrm{e}^{\mathrm{i}r\psi}\boldsymbol{q}_r|_{b-},\quad \boldsymbol{J}_p\boldsymbol{q}_{rj}|_{s_{pj}}=\overline{\boldsymbol{J}}_{pj}\mathrm{e}^{\mathrm{i}rp\psi}\boldsymbol{q}_r|_{\bar{s}_{pj}} & \\ \qquad (r=1,2,\cdots,n;\ p=1,2,\cdots,n;\ j=0,1,\cdots,l_p). & \end{cases} \tag{7.2.13}$$

注意, 这组方程中 $\boldsymbol{q}_r(r=1,2,\cdots,n)$ 是解耦的. 一般情形 $\boldsymbol{q}_r$ 可能是复矢量, 令

$$\boldsymbol{q}_r=\boldsymbol{q}_r^{\mathrm{r}}+\mathrm{i}\boldsymbol{q}_r^{\mathrm{i}},$$

式中上角标正体 r 表实部, 正体 i 表虚部. 代入方程 (7.2.13), 得

$$\boldsymbol{L}\boldsymbol{q}_r^{\mathrm{r}}-\omega^2\boldsymbol{M}\boldsymbol{q}_r^{\mathrm{r}}=\boldsymbol{0},\quad \boldsymbol{L}\boldsymbol{q}_r^{\mathrm{i}}-\omega^2\boldsymbol{M}\boldsymbol{q}_r^{\mathrm{i}}=\boldsymbol{0},\qquad \Omega\ \text{内}, \tag{7.2.14}$$

$$\boldsymbol{B}\boldsymbol{q}_r^{\mathrm{r}}=\boldsymbol{0},\quad \boldsymbol{B}\boldsymbol{q}_r^{\mathrm{i}}=\boldsymbol{0},\quad \partial\Omega\ \text{上}, \tag{7.2.15}$$

$$\begin{cases} \boldsymbol{J}_0\boldsymbol{q}_r^{\mathrm{r}}|_{b+}=\boldsymbol{J}_0(\cos r\psi\ \boldsymbol{q}_r^{\mathrm{r}}-\sin r\psi\ \boldsymbol{q}_r^{\mathrm{i}})|_{b-}, \\ \boldsymbol{J}_0\boldsymbol{q}_r^{\mathrm{i}}|_{b+}=\boldsymbol{J}_0(\sin r\psi\ \boldsymbol{q}_r^{\mathrm{r}}+\cos r\psi\ \boldsymbol{q}_r^{\mathrm{i}})|_{b-}, \end{cases} \tag{7.2.16}$$

$$\begin{cases} \boldsymbol{J}_{pj}\boldsymbol{q}_r^{\mathrm{r}}|_{s_{pj}}=\overline{\boldsymbol{J}}_{pj}(\cos rp\psi\ \boldsymbol{q}_r^{\mathrm{r}}-\sin rp\psi\ \boldsymbol{q}_r^{\mathrm{i}})|_{\bar{s}_{pj}}, \\ \boldsymbol{J}_{pj}\boldsymbol{q}_r^{\mathrm{i}}|_{s_{pj}}=\overline{\boldsymbol{J}}_{pj}(\sin rp\psi\ \boldsymbol{q}_r^{\mathrm{r}}+\cos rp\psi\ \boldsymbol{q}_r^{\mathrm{i}})|_{\bar{s}_{pj}}, \end{cases}\quad p=1,2,\cdots,n;\ j=0,1,\cdots,l_p. \tag{7.2.17}$$

这组方程中 $\boldsymbol{q}_r^{\mathrm{r}}$ 和 $\boldsymbol{q}_r^{\mathrm{i}}$ 也是耦合的. 从式 (7.2.13) 可以验证, 对应 r 和 $n-r$ 的复数解是共轭的, 因此只需求 $r=1,2,\cdots,(n-1)/2(n$ 为奇数) 或 $r=1,2,\cdots,n/2(n$ 为偶数) 的解. 特殊情形, 当 $r=n$ 和 $n/2(n$ 为偶数) 时, 这组方程中, $\boldsymbol{q}_r^{\mathrm{r}}$ 和 $\boldsymbol{q}_r^{\mathrm{i}}$ 是解耦的, 而且 $\boldsymbol{q}_r^{\mathrm{r}}$ 和 $\boldsymbol{q}_r^{\mathrm{i}}$ 与方程组 (7.2.13) 中的 $\boldsymbol{q}_r$ 满足相同的方程组, 这意味着方程组 (7.2.13) 的解 $\boldsymbol{q}_r$ 是实的.

至此, 可以得出结论:

(1) 对于循环周期结构, 其整体结构的固有振动问题 (7.2.1)~(7.2.4) 可约化为 n 个单个子结构的固有振动问题 (7.2.13), 然后按式 (7.2.5) 将

$$\boldsymbol{u}^{(r)}=\boldsymbol{v}^{(r)}+\mathrm{i}\boldsymbol{w}^{(r)}$$

延拓为整体结构的振型:

$$\begin{bmatrix} \boldsymbol{v}^{(r)} \\ \boldsymbol{w}^{(r)} \end{bmatrix} = \begin{bmatrix} \boldsymbol{v}_1^{(r)} \\ \vdots \\ \boldsymbol{v}_n^{(r)} \\ \boldsymbol{w}_1^{(r)} \\ \vdots \\ \boldsymbol{w}_n^{(r)} \end{bmatrix} = \begin{bmatrix} \boldsymbol{I} & \boldsymbol{0} \\ \boldsymbol{0} & \boldsymbol{I} \\ \cos r\psi \boldsymbol{I} & -\sin r\psi \boldsymbol{I} \\ \sin r\psi \boldsymbol{I} & \cos r\psi \boldsymbol{I} \\ \vdots & \vdots \\ \cos(n-1)r\psi \boldsymbol{I} & -\sin(n-1)r\psi \boldsymbol{I} \\ \sin(n-1)r\psi \boldsymbol{I} & \cos(n-1)r\psi \boldsymbol{I} \end{bmatrix} \begin{bmatrix} \boldsymbol{q}_r^{\mathrm{r}} \\ \boldsymbol{q}_r^{\mathrm{i}} \end{bmatrix}, \tag{7.2.18}$$

其中单位矩阵 $\boldsymbol{I}$ 的阶数同 $\boldsymbol{u}_k$ 的维数.

(2) 循环周期结构的 n 组振型具有式 (7.2.5) 的性质, 即相邻子结构的振型分量有下述关系:

$$\boldsymbol{u}_{k+1}^{(r)} = \mathrm{e}^{\mathrm{i}r\psi} \boldsymbol{u}_k^{(r)}. \tag{7.2.19}$$

这意味着, 循环周期结构的振型包含以下几种类型:

(a) 当每一个子结构的振型分量相同时, 对应式 (7.2.19) 中 $r = n$ 的情形, 即

$$\boldsymbol{u}^{(n)} = (\boldsymbol{q}_n, \boldsymbol{q}_n, \cdots, \boldsymbol{q}_n)^{\mathrm{T}}. \tag{7.2.20}$$

(b) 当 n 为偶数时, 相邻子结构的振型分量相反, 对应式 (7.2.19) 中 $r = n/2$ 的情形, 即

$$\boldsymbol{u}^{(n/2)} = (\boldsymbol{q}_{n/2}, -\boldsymbol{q}_{n/2}, \cdots, \boldsymbol{q}_{n/2}, -\boldsymbol{q}_{n/2})^{\mathrm{T}}. \tag{7.2.21}$$

(c) 对于 $r \neq n$ 和 $n/2$ (n 为偶数) 的情形, 则存在两组重频的振型:

$$\boldsymbol{v}_1^{(r)}, \boldsymbol{v}_2^{(r)}, \cdots, \boldsymbol{v}_n^{(r)} \quad 和 \quad \boldsymbol{w}_1^{(r)}, \boldsymbol{w}_2^{(r)}, \cdots, \boldsymbol{w}_n^{(r)}$$

$$(r = 1, 2, \cdots, (n-2)/2\ (n为偶数)\ 或\ (n-1)/2\ (n为奇数)).$$

它们之间有关系

$$\begin{bmatrix} \boldsymbol{v}_{k+1}^{(r)} \\ \boldsymbol{w}_{k+1}^{(r)} \end{bmatrix} = \begin{bmatrix} \cos r\psi & -\sin r\psi \\ \sin r\psi & \cos r\psi \end{bmatrix} \begin{bmatrix} \boldsymbol{v}_k^{(r)} \\ \boldsymbol{w}_k^{(r)} \end{bmatrix}. \tag{7.2.22}$$

实际上, 将式 (7.2.19) 用实部和虚部表示, 就可得到式 (7.2.22), 而且可以看到 r 和 $n-r$ 对应的方程组 (7.2.13) 的解是相互共轭的, 此时整体结构的振型为式 (7.2.18).

7.2.3　应用

计算和测量循环周期结构的模态时, 可利用该结构的定性性质.

(1) 计算循环周期结构的固有频率和振型可以分两步:

第一步: 利用方程 (7.2.14) 至 (7.2.17) 求解实特征值问题中耦合的矢量 $\boldsymbol{q}_r^{\mathrm{r}}$ 和 $\boldsymbol{q}_r^{\mathrm{i}}$;

第二步: 利用方程 (7.2.18), 整个结构的振型将由 $\boldsymbol{q}_r^{\mathrm{r}}$ 和 $\boldsymbol{q}_r^{\mathrm{i}}$ 延拓而成. 值得注意的是, 对于 $r=n$ 或 $r=n/2(n$ 是偶数时), 方程 (7.2.13) 及其解是实的.

当利用离散系统进行数值计算时, 假定一个循环周期结构的每个子结构的自由度皆为 m, 那么由方程 (7.2.2) 到 (7.2.4) 所表示的整个结构的特征值问题的自由度为 $n\times m$, 但是对于方程 (7.2.14) 到 (7.2.17) 表示的解耦后的特征值问题, 我们仅需求解 $(n-2)/2(n$ 是偶数) 或者 $(n-1)/2(n$ 是奇数) 个, 其自由度为 $2\times m$ 的特征值问题, 以及两个 (n 是偶数) 或者一个 (n 是奇数) 自由度为 m 的特征值问题. 因此, 计算量大为减少.

(2) 在采用试验方法测量振型和频率时, 如果出现一个单频振型, 则只需测量某一个子结构上的振型值 $\boldsymbol{q}$, 找出其上 $\boldsymbol{q}$ 值不为零的一点 s, 测量相邻子结构在同一点的振型值即可. 如果两者都相同, 则整体结构的振型是

$$\boldsymbol{u}^{(n)}=(\boldsymbol{u}_1^{(n)},\ \boldsymbol{u}_2^{(n)},\ \cdots,\ \boldsymbol{u}_n^{(n)})^{\mathrm{T}}=(\boldsymbol{I},\ \boldsymbol{I},\ \cdots,\ \boldsymbol{I})^{\mathrm{T}}\boldsymbol{q};$$

如果相邻子结构的振型值相反, 则整体结构的振型是

$$\boldsymbol{u}^{(n/2)}=(\boldsymbol{u}_1^{(n/2)},\ \boldsymbol{u}_2^{(n/2)},\ \cdots,\ \boldsymbol{u}_n^{(n/2)})^{\mathrm{T}}=(\boldsymbol{I},\ -\boldsymbol{I},\ \cdots,\ \boldsymbol{I},\ -\boldsymbol{I})^{\mathrm{T}}\boldsymbol{q}.$$

如果在一个子结构 (姑且称为第 1 个子结构) 上测得重频的两个振型分量, 分别记作 $\boldsymbol{v}_1$ 和 $\boldsymbol{w}_1$, 找出 $\boldsymbol{v}_1(s)\neq 0$, $\boldsymbol{w}_1(s)\neq 0$ 的一点 s, 再在第 2 个子结构上的对应点 s, 测出 $\boldsymbol{v}_2(s)$ 和 $\boldsymbol{w}_2(s)$ 值, 最后将 $\boldsymbol{v}_2(s)$, $\boldsymbol{w}_2(s)$, $\boldsymbol{v}_1(s)$ 和 $\boldsymbol{w}_1(s)$ 四个值代入式 (7.2.22) 确定 r 值 (理论上是正整数), 则可判定 $\boldsymbol{v}_1$ 和 $\boldsymbol{w}_1$ 为第 r 组振型 $\boldsymbol{v}^{(r)}$, $\boldsymbol{w}^{(r)}$ 在第 1 个子结构上的分量. 类似地, 按式 (7.2.22) 延拓为整体结构的第 r 组重频振型. 当然, 可以在更多的、乃至所有的子结构上测出 $\boldsymbol{v}$ 和 $\boldsymbol{w}$ 在点 s 的值, 以便更准确地判定 r 值.

7.2.4　例

例 1　由 4 根梁组成的平面框架.

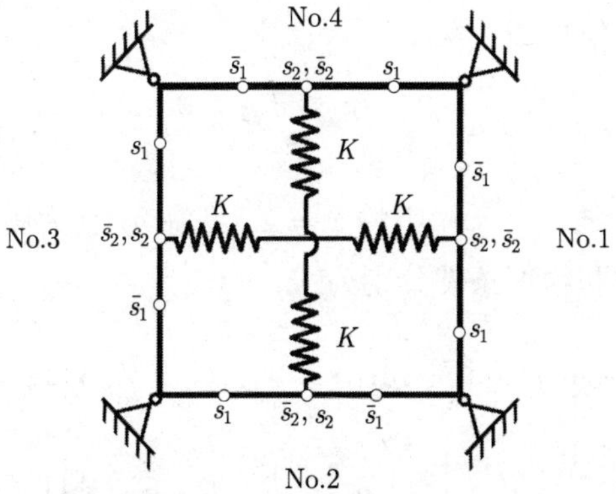

图 7.6 由 4 根梁组成的平面框架 (梁在此平面内运动)

如图 7.6 所示, 平面框架结构由 4 根完全相同的等截面梁刚性连接, 每根梁长为 l, 抗弯刚度为 EJ, 梁与梁的连接处设有铰支; 另外还存在两种约束: (1) 第 $k(k=1,2,3,4)$ 根梁的点 s_1 的横向位移与第 $k+1$(注: k 为由 1 至 4 的循环数, 故当序号梁的编号大于 4 时, 其编号即为原编号减 4 所得数. 如 $k=4$, 编号 $k+1$ 即改为 $k+1-4=1$, 余类似.) 根梁的点 $\bar{s}_1$ 的横向位移相等, (2) 在第 k 根梁的中点 s_2 与第 $k+2$ 根梁的中点 $\bar{s}_2$ 之间有具有弹簧常数为 K 的弹簧相连. $\boldsymbol{u}$ 表示每根梁在平面内的横向位移, u' 表示每根梁沿纵向的微商, 即梁的转角. 第 k 根及与其相关梁的连续性条件以及约束条件分别由以下方程表示:

$$u_k(l)=u_{k+1}(0)=0,$$

$$u'_k(l)=u'_{k+1}(0),\quad u''_k(l)=u''_{k+1}(0);$$

$$u_k(s_1)=u_{k+1}(\bar{s}_1),$$

$$EJ\left[u'''_k\left(\frac{l}{2}+0\right)-u'''_k\left(\frac{l}{2}-0\right)\right]+Ku_k\left(\frac{l}{2}\right)=-Ku_{k+2}\left(\frac{l}{2}\right)$$

$(k=1,2,3,4;$ 当 $k+i>4(i=1,\ 2)$时见上文内注).

按本例的特性, 其整个结构的振型和频率应具有下述三组:

第一组. 该组相邻子结构的振型分量关系对应于式 (7.2.19) 中的 $r=4$. 可将 q_4 视为图 7.7(a) 表示的梁的振型, 此梁的边条件和约束条件分别为:

$$q_4(0)=q_4(l)=0,\quad q'_4(0)=q'_4(l),\quad q''_4(0)=q''_4(l);$$

$$q_4(s_1)=q_4(\bar{s}_1),\quad EJ\left[q'''_4\left(\frac{l}{2}+0\right)-q'''_4\left(\frac{l}{2}-0\right)\right]=-2Kq_4\left(\frac{l}{2}\right).$$

从而整个结构的振型为

$$\boldsymbol{u}^{(4)}=(u_1^{(4)},\ u_2^{(4)},\ u_3^{(4)},\ u_4^{(4)})^{\mathrm{T}}=(1,1,1,1)^{\mathrm{T}}\,q_4(x).$$

第二组. 对应于式 (7.2.19) 中的 $r=2$. 可将 q_2 视为图 7.7(b) 表示的梁的振型, 此梁的边条件和约束条件分别为:

$$q_2(0)=q_2(l)=0,\quad q_2'(0)=-q_2'(l),\quad q_2''(0)=-q_2''(l);$$

$$q_2(s_1)=-q_2\left(\bar{s}_1\right),\quad EJ\left[q_2'''\!\left(\frac{l}{2}+0\right)-q_2'''\!\left(\frac{l}{2}-0\right)\right]=-2Kq_2\!\left(\frac{l}{2}\right).$$

从而整个结构的振型为

$$\boldsymbol{u}^{(2)}=(u_1^{(2)},\ u_2^{(2)},\ u_3^{(2)},\ u_4^{(2)})^{\mathrm{T}}=(1,\ -1,\ 1,\ -1)^{\mathrm{T}}q_2(x).$$

第三组. 对应于式 (7.2.19) 中的 $r=1$. 可将 q_1 视为图 7.7(c) 表示的梁的振型, 此梁的边条件和约束条件分别为:

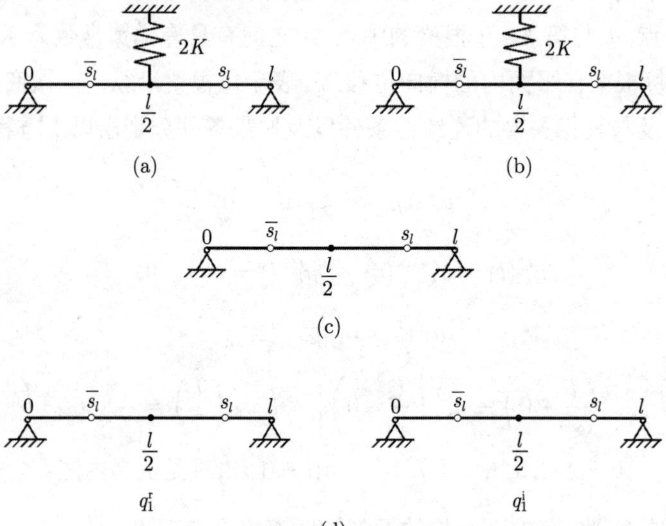

图 7.7　等价结构

$$q_1(0)=q_1(l)=0,\quad q_1'(l)=\mathrm{i}q_1'(0),\quad q_1''(l)=\mathrm{i}q_1''(0);$$

$$q_1(s_1)=\mathrm{i}q_1\left(\bar{s}_1\right),$$

由于

$$EJ\left[q_1'''\!\left(\frac{l}{2}+0\right)-q_1'''\!\left(\frac{l}{2}-0\right)\right]=0,$$

所以弹簧不起作用. 从而整个结构的振型为:

$$\boldsymbol{u}^{(1)}=(u_1^{(1)},\ u_2^{(1)},\ u_3^{(1)},\ u_1^{(1)})^{\mathrm{T}}=(1,\ \mathrm{i},\ -1,\ -\mathrm{i})^{\mathrm{T}}q_1(x).$$

此例是一个具有实特征值的复特征值问题, 它也可表述为实部和虚部耦合的特征值问题. 如图 7.7(d) 所示, 图中为两个相同的单跨梁, 其振型分别以 q_1^{r} 和 q_1^{i} 表示, 两者之间边条件和约束条件是耦合的, 可表示为

$$q_1^{\mathrm{r}}(0)=q_1^{\mathrm{r}}(l)=0,\quad q_1^{\mathrm{i}}(0)=q_1^{\mathrm{i}}(l)=0,$$

$$(q_1^{\mathrm{r}})'|_{x=l}=-(q_1^{\mathrm{i}})'|_{x=0},\quad (q_1^{\mathrm{i}})'|_{x=l}=(q_1^{\mathrm{r}})'|_{x=0},$$

$$(q_1^{\mathrm{r}})''|_{x=l}=-(q_1^{\mathrm{i}})''|_{x=0},\quad (q_1^{\mathrm{i}})''|_{x=l}=(q_1^{\mathrm{r}})''|_{x=0},$$

$$q_1^{\mathrm{r}}(s_1)=-q_1^{\mathrm{i}}(\bar{s}_1),\quad q_1^{\mathrm{i}}(s_1)=q_1^{\mathrm{r}}(\bar{s}_1).$$

例 2 在图 7.6 中去掉所有弹簧和刚性约束.

由例 1 中去掉弹簧和刚性约束后, 可以导出以下三组振型:

第一组. 对应于式 (7.2.19) 中 $r=4$. 此时振型为

$$\boldsymbol{u}^{(4)}=(u_1^{(4)},u_2^{(4)},u_3^{(4)},u_4^{(4)})^{\mathrm{T}}=(q_4,q_4,q_4,q_4)^{\mathrm{T}},$$

固有角频率为 $\omega^{(4)}$. 与其对应的单根梁的边条件又分为两组:

$$q_4'(0)=q_4'(l)=0,\quad q_4''(0)=q_4''(l)$$

及

$$q_4'(0)=q_4'(l),\quad q_4''(0)=q_4''(l)=0.$$

于是第一组的前四阶整体振型如图 7.8 所示.

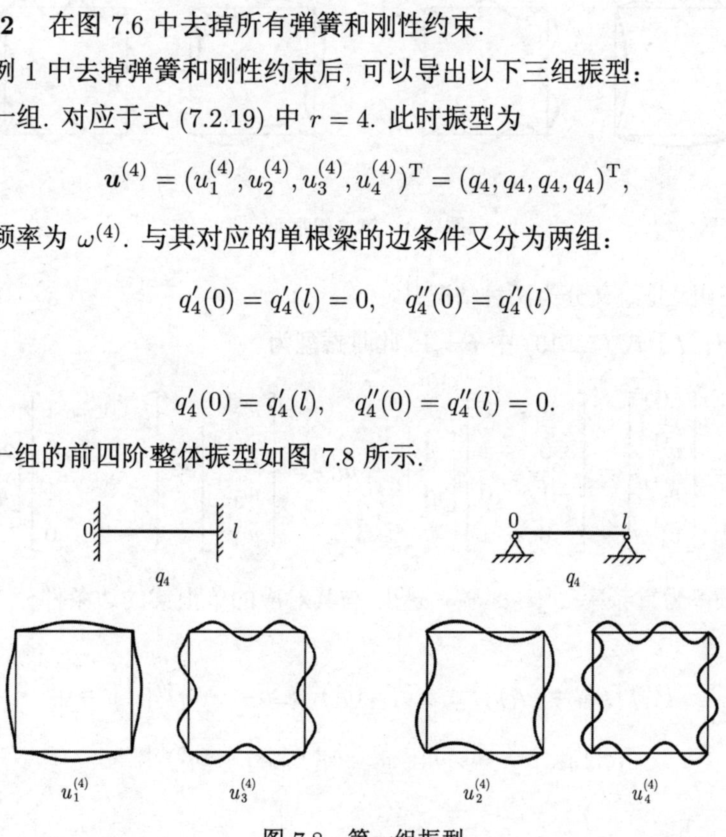

图 7.8 第一组振型

第二组. 对应于式 (7.2.19) 中 $r=2$. 此时振型为

$$\boldsymbol{u}^{(2)}=(u_1^{(2)},u_2^{(2)},u_3^{(2)},u_4^{(2)})^{\mathrm{T}}=(q_2,-q_2,\quad q_2,-q_2)^{\mathrm{T}},$$

固有角频率为 $\omega^{(2)}$. 与其对应的单根梁的边条件分为两组:

$$q_2'(0)=-q_2'(l),\quad q_2''(0)=-q_2''(l)=0$$

及

$$q_2'(0)=q_2'(l)=0,\quad q_2''(0)=-q_2''(l).$$

于是第二组的前四阶整体振型如图 7.9 所示.

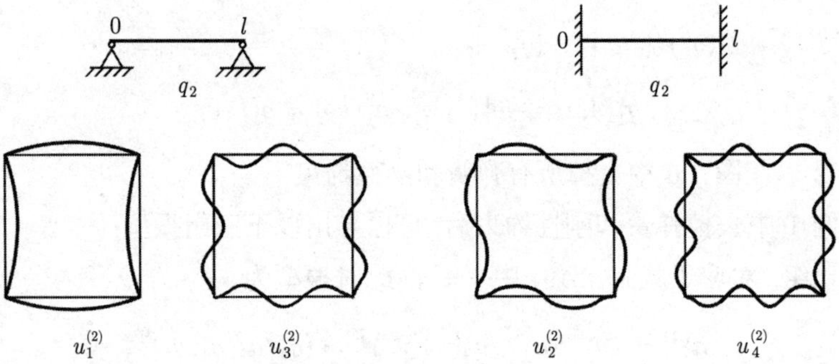

图 7.9 第二组振型

第三组. 此组又分为两种情况:

(a) 对应于式 (7.2.19) 中 $r=1$. 此时振型为

$$\boldsymbol{v}^{(1)}=\begin{bmatrix}v_1^{(1)}\\v_2^{(1)}\\v_3^{(1)}\\v_4^{(1)}\end{bmatrix}=\begin{bmatrix}1&0\\0&-1\\-1&0\\0&1\end{bmatrix}\begin{bmatrix}q_1^{\mathrm{r}}\\q_1^{\mathrm{i}}\end{bmatrix},\quad \boldsymbol{w}^{(1)}=\begin{bmatrix}w_1^{(1)}\\w_2^{(1)}\\w_3^{(1)}\\w_4^{(1)}\end{bmatrix}=\begin{bmatrix}0&1\\1&0\\0&-1\\-1&0\end{bmatrix}\begin{bmatrix}q_1^{\mathrm{r}}\\q_1^{\mathrm{i}}\end{bmatrix},$$

固有角频率为重频率 $\omega^{(1)}$, $\omega^{(1)}=\omega^{(3)}$. 与其对应的单根梁的边条件分为如下两组:

$$(q_1^{\mathrm{r}})'|_{x=0}=(q_1^{\mathrm{i}})'|_{x=l}=0,\quad (q_1^{\mathrm{r}})''|_{x=l}=-(q_1^{\mathrm{i}})''|_{x=0}=0,$$

$$(q_1^{\mathrm{r}})'|_{x=l}=-(q_1^{\mathrm{i}})'|_{x=0},\quad (q_1^{\mathrm{i}})''|_{x=l}=(q_1^{\mathrm{r}})''|_{x=0};$$

及

$$(q_1^{\mathrm{r}})'|_{x=l}=-(q_1^{\mathrm{i}})'|_{x=0}=0,\quad (q_1^{\mathrm{r}})''|_{x=0}=(q_1^{\mathrm{i}})''|_{x=l}=0,$$

$$(q_1^{\rm r})'|_{x=0} = (q_1^{\rm i})'|_{x=l}, \quad (q_1^{\rm r})''|_{x=l} = -(q_1^{\rm i})''|_{x=0}.$$

于是第三组的前两阶整体振型如图 7.10(a) 所示.

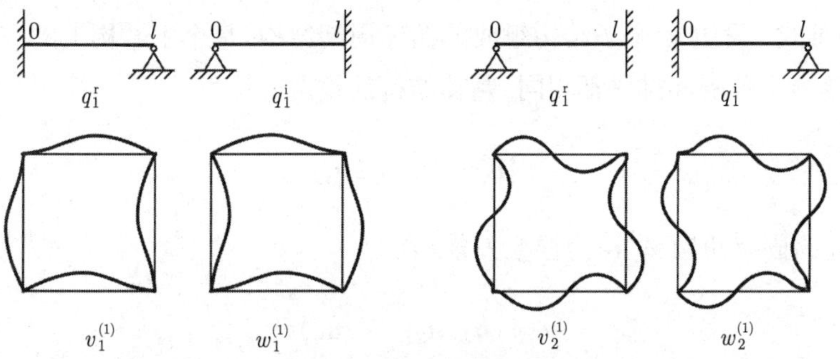

图 7.10(a) 第三组振型

(b) 对应于式 (7.2.19) 中 $r=3$. 此时振型为

$$\boldsymbol{v}^{(3)} = \begin{bmatrix} v_1^{(3)} \\ v_2^{(3)} \\ v_3^{(3)} \\ v_4^{(3)} \end{bmatrix} = \begin{bmatrix} 1 & 0 \\ 0 & 1 \\ -1 & 0 \\ 0 & -1 \end{bmatrix} \begin{bmatrix} q_3^{\rm r} \\ q_3^{\rm i} \end{bmatrix}, \quad \boldsymbol{w}^{(3)} = \begin{bmatrix} w_1^{(3)} \\ w_2^{(3)} \\ w_3^{(3)} \\ w_4^{(3)} \end{bmatrix} = \begin{bmatrix} 0 & 1 \\ -1 & 0 \\ 0 & -1 \\ 1 & 0 \end{bmatrix} \begin{bmatrix} q_3^{\rm r} \\ q_3^{\rm i} \end{bmatrix},$$

固有角频率为重频率 $\omega^{(3)}$, $\omega^{(3)} = \omega^{(1)}$. 与其对应的单根梁的边条件及结构的前两阶整体振型如图 7.10(b) 所示.

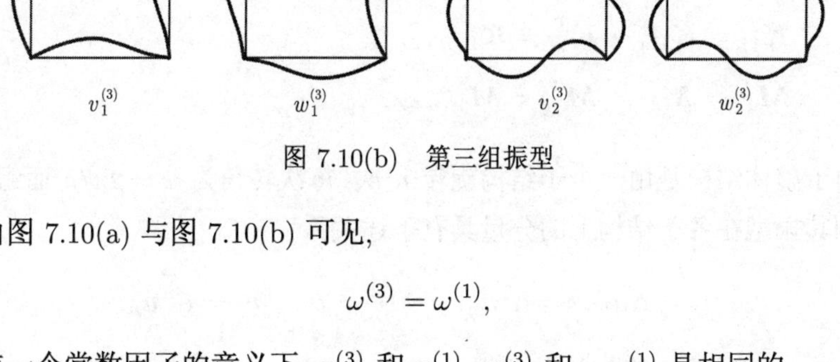

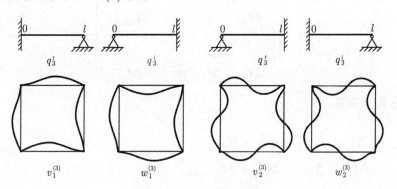

图 7.10(b) 第三组振型

由图 7.10(a) 与图 7.10(b) 可见,

$$\omega^{(3)} = \omega^{(1)},$$

在相差一个常数因子的意义下, $\boldsymbol{v}^{(3)}$ 和 $\boldsymbol{v}^{(1)}$, $\boldsymbol{w}^{(3)}$ 和 $-\boldsymbol{w}^{(1)}$ 是相同的.

7.2.5 离散系统及其模态的定性性质

循环周期结构的离散化也应遵循循环周期性, 由此将离散系统表达成易于约简的形式. 设由 n 个子结构组成的循环周期结构, 每个子结构上的广义坐标数 (设为 p)、位置和排序都相同. 整体结构的模态方程为

$$\boldsymbol{K}\boldsymbol{u}=\omega^2\boldsymbol{M}\boldsymbol{u}, \tag{7.2.23}$$

式中, ω 为固有角频率, $\boldsymbol{u}$ 为振型矢量, 且

$$\boldsymbol{u}=(\boldsymbol{u}_1,\boldsymbol{u}_2,\cdots,\boldsymbol{u}_n)^{\mathrm{T}}, \tag{7.2.24}$$

$\boldsymbol{u}_k(k=1,2,\cdots,n)$ 是振型在第 k 个子结构上的分量. 刚度矩阵 $\boldsymbol{K}$ 和质量矩阵 $\boldsymbol{M}$ 都是实对称的、正定 (或半正定) 的循环矩阵:

$$\boldsymbol{K}=\begin{bmatrix}\boldsymbol{K}_{11} & \boldsymbol{K}_{12} & \cdots & \boldsymbol{K}_{1n}\\ \boldsymbol{K}_{1n} & \boldsymbol{K}_{11} & \cdots & \boldsymbol{K}_{1,n-1}\\ \vdots & \vdots & & \vdots\\ \boldsymbol{K}_{12} & \boldsymbol{K}_{13} & \cdots & \boldsymbol{K}_{11}\end{bmatrix}, \tag{7.2.25}$$

$$\boldsymbol{M}=\begin{bmatrix}\boldsymbol{M}_{11} & \boldsymbol{M}_{12} & \cdots & \boldsymbol{M}_{1n}\\ \boldsymbol{M}_{1n} & \boldsymbol{M}_{11} & \cdots & \boldsymbol{M}_{1,n-1}\\ \vdots & \vdots & & \vdots\\ \boldsymbol{M}_{12} & \boldsymbol{M}_{13} & \cdots & \boldsymbol{M}_{11}\end{bmatrix}, \tag{7.2.26}$$

其中 p 阶子矩阵

$$\begin{matrix}\boldsymbol{K}_{11}^{\mathrm{T}}=\boldsymbol{K}_{11}, \quad \boldsymbol{K}_{1j}^{\mathrm{T}}=\boldsymbol{K}_{1,(n+2-j)};\\ \boldsymbol{M}_{11}^{\mathrm{T}}=\boldsymbol{M}_{11}, \quad \boldsymbol{M}_{1j}^{\mathrm{T}}=\boldsymbol{M}_{1,(n+2-j)},\end{matrix} \quad j=2,\ 3,\ \cdots,\ n. \tag{7.2.27}$$

由于整体结构是由一个子结构旋转 n 次, 每次转角为 $\psi=2\pi/n$ 而组成, 可以推测其振型在各子结构上的分量具有下述关系:

$$\boldsymbol{u}_n=\alpha\boldsymbol{u}_{n-1}=\alpha^2\boldsymbol{u}_{n-2}=\cdots=\alpha^{n-1}\boldsymbol{u}_1=\alpha^n\boldsymbol{u}_n. \tag{7.2.28}$$

因此, $\alpha^n=1$, α 是 1 的 n 次单位根:

$$\alpha_r = \mathrm{e}^{\mathrm{i}r\psi} = \mathrm{e}^{\mathrm{i}r2\pi/n}, \quad r = 1,\ 2,\ \cdots,\ n, \tag{7.2.29}$$

其中 $\mathrm{i} = \sqrt{-1}$. 第 r 组振型可以表示为

$$\begin{aligned}\boldsymbol{u}^{(r)} &= (\boldsymbol{u}_1^{(r)}, \boldsymbol{u}_2^{(r)}, \cdots, \boldsymbol{u}_n^{(r)})^{\mathrm{T}} \\ &= \frac{1}{\sqrt{n}}(\boldsymbol{I},\ \mathrm{e}^{\mathrm{i}r\psi}\boldsymbol{I},\ \mathrm{e}^{\mathrm{i}2r\psi}\boldsymbol{I},\ \cdots,\ \mathrm{e}^{\mathrm{i}(n-1)r\psi}\boldsymbol{I})^{\mathrm{T}}\boldsymbol{q}_r, \quad r = 1,\ 2,\ \cdots,\ n,\end{aligned} \tag{7.2.30}$$

其中 $\boldsymbol{I}$ 为 p 阶单位矩阵, $\boldsymbol{q}_r$ 为 p 维矢量. 这表明第 r 组整体振型 $\boldsymbol{u}^{(r)}(n \times p$ 维矢量) 只取决于一个子结构的振型分量 $\boldsymbol{q}_r(p$ 维矢量).

对振型矢量 $\boldsymbol{u}$ 作变换

$$\boldsymbol{u} = \frac{1}{\sqrt{n}}\begin{bmatrix} \boldsymbol{I} & \cdots & \boldsymbol{I} & \cdots & \boldsymbol{I} \\ \mathrm{e}^{\mathrm{i}\psi}\boldsymbol{I} & \cdots & \mathrm{e}^{\mathrm{i}r\psi}\boldsymbol{I} & \cdots & \mathrm{e}^{\mathrm{i}n\psi}\boldsymbol{I} \\ \vdots & & \vdots & & \vdots \\ \mathrm{e}^{\mathrm{i}(n-1)\psi}\boldsymbol{I} & \cdots & \mathrm{e}^{\mathrm{i}(n-1)r\psi}\boldsymbol{I} & \cdots & \mathrm{e}^{\mathrm{i}(n-1)n\psi}\boldsymbol{I} \end{bmatrix}\begin{bmatrix} \boldsymbol{q}_1 \\ \boldsymbol{q}_2 \\ \vdots \\ \boldsymbol{q}_n \end{bmatrix} = \boldsymbol{R}\boldsymbol{q}. \tag{7.2.31}$$

其中复矩阵 $\boldsymbol{R}$ 是酉矩阵, 具有性质

$$\overline{\boldsymbol{R}}^{\mathrm{T}}\boldsymbol{R} = \boldsymbol{I}. \tag{7.2.32}$$

将式 (7.2.31) 代入模态方程 (7.2.23)~(7.2.26) 后左乘 $\overline{\boldsymbol{R}}^{\mathrm{T}}$, 利用式 (7.2.27) 及等式

$$\sum_{j=1}^{n}\mathrm{e}^{\mathrm{i}j\psi} = 0,$$

得

$$\begin{bmatrix} \boldsymbol{K}_1 & & & \\ & \boldsymbol{K}_2 & & \boldsymbol{0} \\ & & \ddots & \\ \boldsymbol{0} & & & \boldsymbol{K}_n \end{bmatrix}\boldsymbol{q} = \omega^2\begin{bmatrix} \boldsymbol{M}_1 & & & \\ & \boldsymbol{M}_2 & & \boldsymbol{0} \\ & & \ddots & \\ \boldsymbol{0} & & & \boldsymbol{M}_n \end{bmatrix}\boldsymbol{q},$$

即

$$\boldsymbol{K}_r\boldsymbol{q}_r = \omega^2\boldsymbol{M}_r\boldsymbol{q}_r, \quad r = 1,\ 2,\ \cdots,\ n, \tag{7.2.33}$$

其中

$$\boldsymbol{K}_r = \sum_{j=1}^{n}\boldsymbol{K}_{1j}\mathrm{e}^{\mathrm{i}(j-1)r\psi}, \quad \boldsymbol{M}_r = \sum_{j=1}^{n}\boldsymbol{M}_{1j}\mathrm{e}^{\mathrm{i}(j-1)r\psi}, \quad r = 1,\ 2,\ \cdots,\ n. \tag{7.2.34}$$

下面, 对特征值问题 (7.2.33) 和 (7.2.34) 作进一步分析.

(1) 对于 $r=n$ 和 $r=n/2$ (n 为偶数) 的情形, $\boldsymbol{K}_r$ 和 $\boldsymbol{M}_r$ 为实对称矩阵, 所以特征值 ω^2 为实数, 特征矢量 $\boldsymbol{q}_r$ 为实矢量. 由式 (7.2.30) 知, 整体结构的特征矢量 $\boldsymbol{u}^{(n)}$ 和 $\boldsymbol{u}^{(n/2)}$ 为实矢量.

(2) 对于 $r\neq n, r\neq n/2$ 的情形, 由式 (7.2.34) 得

$$\overline{\boldsymbol{K}}_r^{\mathrm{T}}=\boldsymbol{K}_r,\quad \overline{\boldsymbol{M}}_r^{\mathrm{T}}=\boldsymbol{M}_r,$$

即 $\boldsymbol{K}_r$ 和 $\boldsymbol{M}_r$ 为自共轭矩阵, 因此特征值 ω^2 为实数.

(3) 由于 $\mathrm{e}^{\mathrm{i}(n-j)r\psi}=\mathrm{e}^{\mathrm{i}nr\psi}\mathrm{e}^{-\mathrm{i}jr\psi}=\mathrm{e}^{-\mathrm{i}jr\psi}=\overline{\mathrm{e}^{\mathrm{i}jr\psi}}(j=1,2,\cdots,n)$, 得

$$\boldsymbol{K}_{n-r}=\boldsymbol{K}_r,\quad \boldsymbol{M}_{n-r}=\boldsymbol{M}_r.$$

因此, 对 $n-r$ 和 r 的情形, 特征值相同, 特征矢量互为共轭, 即 $\boldsymbol{q}_{n-r}=\overline{\boldsymbol{q}}_r$.

(4) 对于 $r\neq n, r\neq n/2$ 的情形, 可得复特征矢量 $\boldsymbol{q}_r=\boldsymbol{q}_r^{\mathrm{r}}+\mathrm{i}\boldsymbol{q}_r^{\mathrm{i}}$. 由式 (7.2.30) 得对应的整体结构的特征值问题 (7.2.23) 的复特征矢量 $\boldsymbol{u}^{(r)}=\boldsymbol{v}^{(r)}+\mathrm{i}\boldsymbol{w}^{(r)}$, 其中

$$\boldsymbol{v}^{(r)}=\frac{1}{\sqrt{n}}\begin{bmatrix}\boldsymbol{q}_r^{\mathrm{r}}\\ \cos r\psi\,\boldsymbol{q}_r^{\mathrm{r}}-\sin r\psi\,\boldsymbol{q}_r^{\mathrm{i}}\\ \vdots\\ \cos(n-1)r\psi\,\boldsymbol{q}_r^{\mathrm{r}}-\sin(n-1)r\psi\,\boldsymbol{q}_r^{\mathrm{i}}\end{bmatrix},$$

$$\boldsymbol{w}^{(r)}=\frac{1}{\sqrt{n}}\begin{bmatrix}\boldsymbol{q}_r^{\mathrm{i}}\\ \sin r\psi\,\boldsymbol{q}_r^{\mathrm{r}}+\cos r\psi\,\boldsymbol{q}_r^{\mathrm{i}}\\ \vdots\\ \sin(n-1)r\psi\,\boldsymbol{q}_r^{\mathrm{r}}+\cos(n-1)r\psi\,\boldsymbol{q}_r^{\mathrm{i}}\end{bmatrix}.$$

由于整体结构的刚度矩阵 $\boldsymbol{K}$ 和质量矩阵 $\boldsymbol{M}$ 都是实对称的, 所以特征值是实的, 而且 $\overline{\boldsymbol{u}^{(r)}}=\boldsymbol{v}^{(r)}-\mathrm{i}\boldsymbol{w}^{(r)}$ 和 $\boldsymbol{u}^{(r)}$ 是属于同一特征值的特征矢量. 这意味着, $\boldsymbol{v}^{(r)}$ 和 $\boldsymbol{w}^{(r)}$ 是特征值问题 (7.2.23) 的重特征值的实特征矢量.

(5) 当矢量 $\boldsymbol{u}$ 取式 (7.2.30) 所表示的 $\boldsymbol{u}^{(r)}$ 时, 特征值问题 (7.2.23) 和 (7.2.33) 中的二次型的关系是

$$\overline{\boldsymbol{u}^{(r)}}^{\mathrm{T}}\boldsymbol{K}\boldsymbol{u}^{(r)}=\overline{\boldsymbol{q}}_r^{\mathrm{T}}\boldsymbol{K}_r\boldsymbol{q}_r,\quad \overline{\boldsymbol{u}^{(r)}}^{\mathrm{T}}\boldsymbol{M}\boldsymbol{u}^{(r)}=\overline{\boldsymbol{q}}_r^{\mathrm{T}}\boldsymbol{M}_r\boldsymbol{q}_r.$$

因此, $\boldsymbol{K}_r$ 和 $\boldsymbol{M}_r$ 与 $\boldsymbol{K}$ 和 $\boldsymbol{M}$ 一样, 分别是半正定 (或正定) 和正定的, 从而 (7.2.23) 和 (7.2.33) 的特征值 ω^2 是非负的, 可以得到 $\omega\geqslant 0$ 的物理解. 由方程 (7.2.33) 和 (7.2.34) 解出 $\boldsymbol{q}_r$ 后, 代入式 (7.2.30), 即得第 r 组整体结构的振型.

综上所述, 即得到循环周期结构离散系统的振型的如下定性性质:

(1) 相邻子结构, 也就是每一子结构的振型分量相同, 对应于式 (7.2.30) 的 $r=n$ 的情形.

(2) 当 n 为偶数时, 相邻子结构的振型分量数值相同方向相反, 对应于式 (7.2.30) 的 $r=n/2$ 的情形.

(3) 两组重频振型分别为

$$\boldsymbol{v}^{(r)}=(\boldsymbol{v}_1^{(r)},\boldsymbol{v}_2^{(r)},\cdots,\boldsymbol{v}_n^{(r)})^{\mathrm{T}} \quad 和 \quad \boldsymbol{w}^{(r)}=(\boldsymbol{w}_1^{(r)},\boldsymbol{w}_2^{(r)},\cdots,\boldsymbol{w}_n^{(r)})^{\mathrm{T}}.$$

它们在相邻子结构间有如下关系:

$$\begin{aligned}\boldsymbol{v}_{k+1}^{(r)}&=\cos r\psi\ \boldsymbol{v}_k^{(r)}-\sin r\psi\ \boldsymbol{w}_k^{(r)},\\ \boldsymbol{w}_{k+1}^{(r)}&=\sin r\psi\ \boldsymbol{v}_k^{(r)}+\cos r\psi\ \boldsymbol{w}_k^{(r)}.\end{aligned}$$

这两组振型对应于式 (7.2.30) 的 $r\neq n$ 和 $r\neq n/2$ (n 为偶数) 的情形.

从上述定性性质, 得到颇具重要意义的结论: 第一, 离散系统和连续系统的振型的定性性质是完全一致的; 第二, 在离散系统中给出了利用其振型定性性质求解固有频率和振型时减少自由度的方法, 将 n 阶循环周期结构的一个 $n\times p$ 阶实对称、正定 (或 $\boldsymbol{K}$ 为半正定) 矩阵的广义特征值问题, 约化为 1 或 2 (n 为偶数) 个 p 阶和 $(n-1)/2$ (n 为奇数) 或 $(n-2)/2$ (n 为偶数) 个 $2p$ 阶实对称、正定 (或 $\boldsymbol{K}$ 为半正定) 矩阵的广义特征值问题. 所以, 当 n 相当大时, 利用此定性性质所减少的计算规模和工作量是很可观的.

7.3 线周期结构模态的定性性质

7.3.1 模型

线周期结构是指一组相同的子结构均匀分布在一条直线或曲线上所形成的结构, 相邻子结构之间以一定条件互相连接. 其中一个子结构的几何形状、物理性质、边界约束, 以及与其他子结构之间的关联一旦确定, 整个结构可由这一子结构重复延拓得到.

在一些情况下, 一个线周期结构可以适当地拓展, 使拓展后的线周期结构可以当作循环周期结构处理. 这样的循环周期结构称为原周期结构的等价循环周期结构. 如果等价循环周期结构的部分振型满足对应于原线周期结构的两端的边条件, 则这部分振型就是原线周期结构的振型, 这一部分模态的定性性质也是线周期结构的模态的定性性质.

7.3.2　例

设各跨梁的几何形状、物理性质和梁长皆相同, 共有 n 跨, 各跨间设铰支座. 下面以 $n=2$ 为例, 讨论不同边界支承的多跨梁情形. $n\neq 2$ 时作类似处理. 相邻跨的梁在铰支座处的连接也可有一相同的角度, 即整体梁不在一直线上.

1. 两端铰支座

线周期结构二跨梁如图 7.11 所示, 只考虑结构平面内的振动.

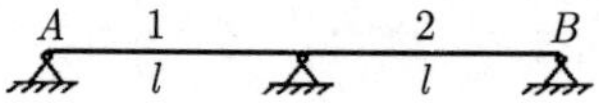

图 7.11　线周期结构

将二跨梁延拓为四跨梁, 如图 7.12 所示.

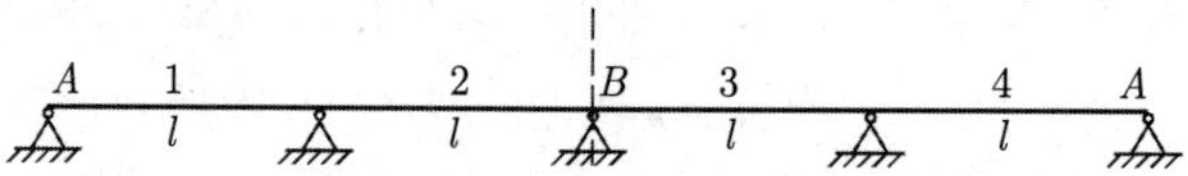

图 7.12　延拓线周期结构

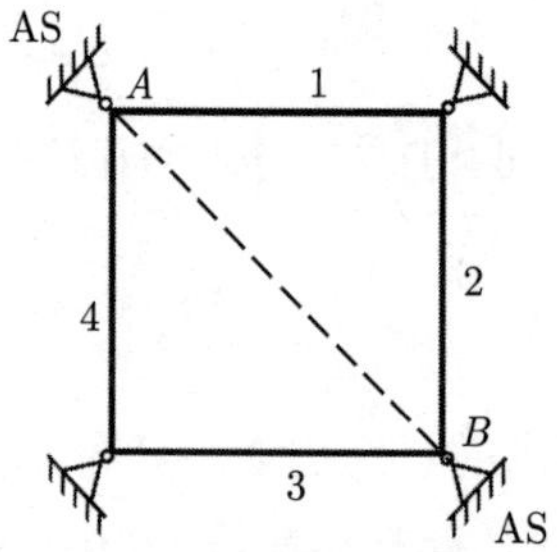

图 7.13　等价循环周期结构

等价的循环周期结构如图 7.13 所示. 这个循环周期结构就是本章 7.2.4 分节中例 2 的平面方形刚架. 由于此结构相对于对角线 AB 轴是对称的, 结构的振型有两类: (1) 相对 AB 轴对称的振型. 此类振型在点 A, B 处转角为零, 相当于二跨梁的边界为固定端, 与原结构二跨梁的铰支边条件不符, 所以此类振型不是原结构的振型. (2) 相对 AB 轴反对称的振型. 此类振型在点 A, B 处弯矩为零, 相当于二跨梁的边界为铰支, 与原结构二跨梁的铰支边条件相吻合, 因此此类振型在第 1, 2 子结构部分的分量就是原线周期结构——两端铰支二跨梁的振型. 这些振型如图 7.14(a), (b), (c) 所示. 第一组为图 7.8 中的振型 $u_2^{(4)}$, $u_4^{(4)}$, $\cdots$; 第二组为图 7.9 中的振型 $u_1^{(2)}$, $u_3^{(2)}$, $\cdots$; 第三组为图 7.10(b) 中的振型 $v_1^{(3)}$, $w_1^{(3)}$, $\cdots$. 对应于两端铰支二跨梁的振型也绘在图 7.14 中. 有意思的是, 这些模态的性质和第三章 3.9 节多跨梁的性质是一致的.

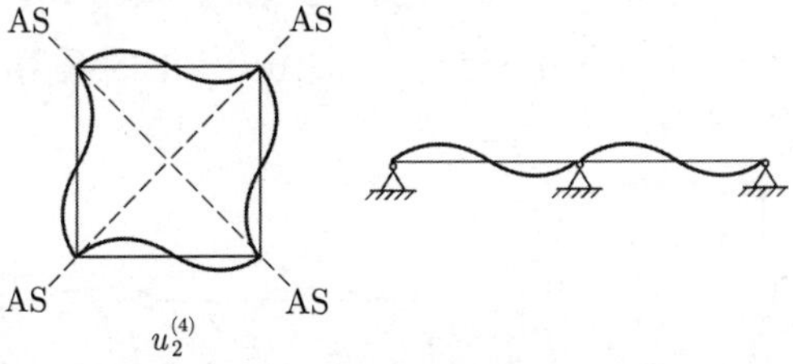

(a) 第一组振型

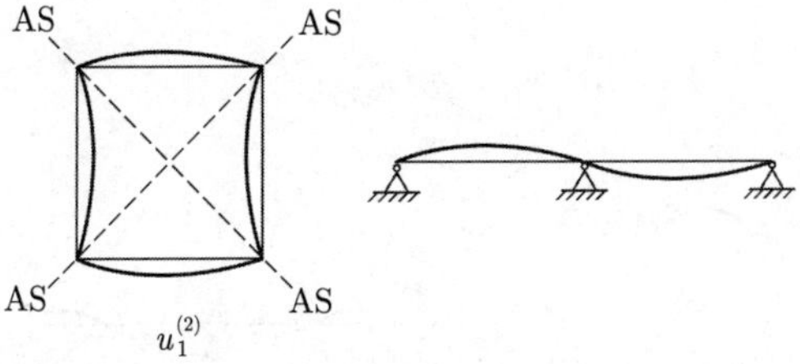

(b) 第二组振型

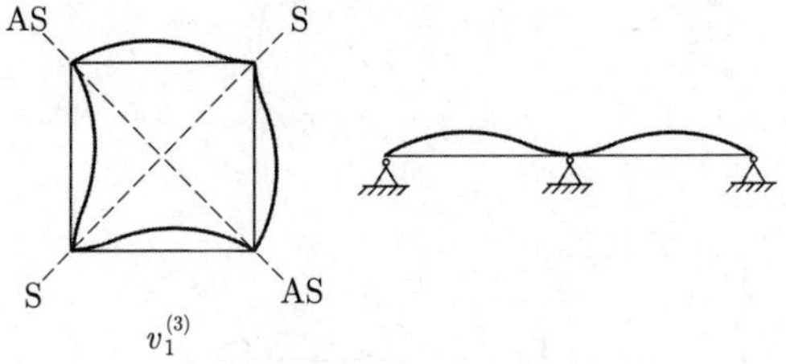

(c) 第三组振型

图 7.14 两端铰支二跨梁的振型

2. 两端固定支座

原结构两跨梁如图 7.15 所示.

图 7.15　原结构两跨梁

延拓后的四跨梁和等价的循环周期结构仍分别如图 7. 12 和图 7. 13 所示. 此时, 等价循环周期结构的相对于图 7.13 中 AB 线对称的振型, 其在点 A, B 处符合固定端条件, 与原结构二跨梁的固定边条件相吻合. 因此, 此类振型在第 1, 2 子结构各部分的分量就是原线周期结构——两端固定二跨梁的振型. 这些振型如图 7.16(a), (b), (c) 所示. 第一组为图 7.8 中的振型 $u_1^{(4)}, u_3^{(4)}, \cdots$; 第二组为图 7.9 中的振型 $u_2^{(2)}, u_4^{(2)}, \cdots$; 第三组为图 7.10(a) 中的振型 $v_1^{(1)}, w_1^{(1)}, \cdots$.

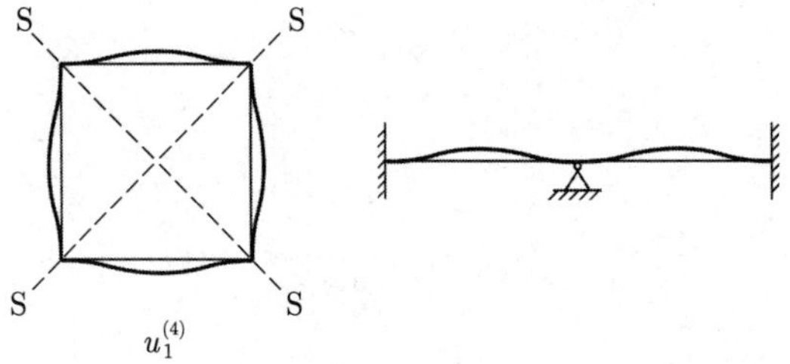

(a) 第一组振型

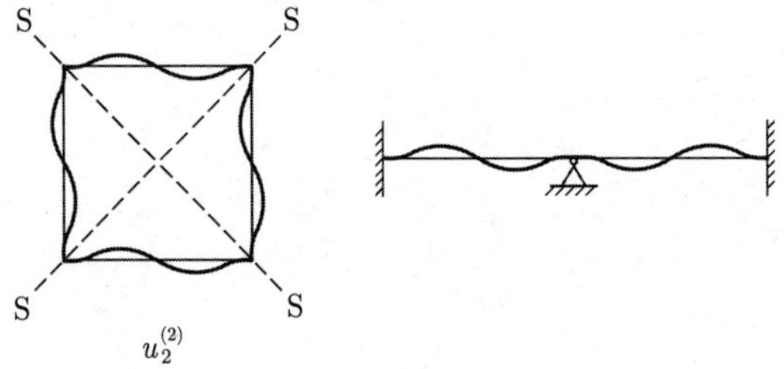

(b) 第二组振型

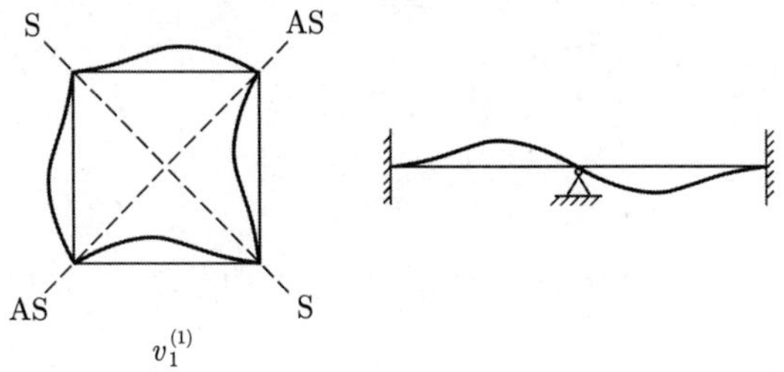

(c) 第三组振型

图 7.16　两端固定二跨梁的振型

3. 固定–铰支二跨梁

原结构如图 7.17(a) 所示.

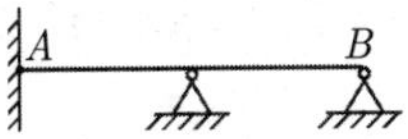

(a) 原线周期结构

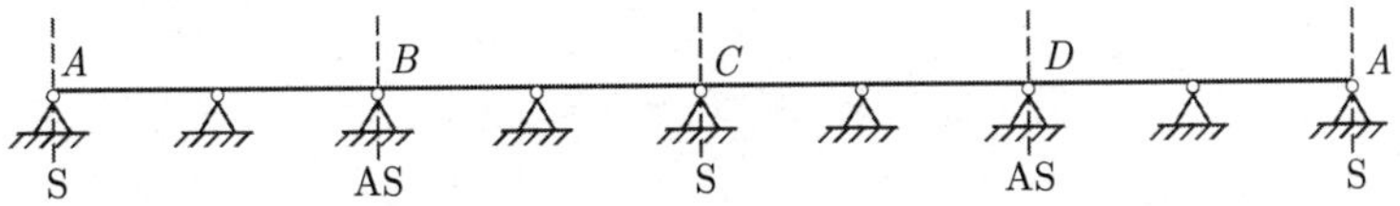

(b) 拓展线周期结构

图 7.17

将原结构拓展成八跨梁, 如图 7.17(b) 所示.

等价循环周期结构如图 7.18 所示, 由 8 个子结构组成. 这种等价循环周期结构的振型中, 相对于对角线 AC 对称、相对于对角线 BD 反对称的振型与点 A 是固定端、点 B 是铰支端的边条件相吻合, 因此, 这一部分振型的第 1, 2 子结构上的分量就是原线周期结构的振型.

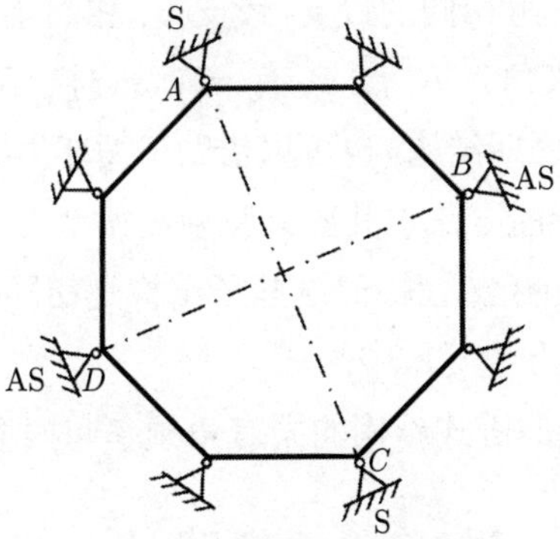

图 7.18　等价循环周期结构

7.4　链式结构模态的定性性质

7.4.1　模型和方程

链式结构是指一组相同的子结构按特定方式连接成一条链, 子结构间无连接边界, 每一子结构只和前、后相邻的子结构有弹性或刚性连接, 且与前、后子结构的连接区域和方式都相同, 整体结构的两端是固定的. 这种结构似一条链, 其典型的最简单的结构是 n 个质量为 m 的相同质点, 由 $n+1$ 个弹簧常数为 k 的相同的弹簧串连, 两端固定的纵向振动系统, 如图 7.19 所示.

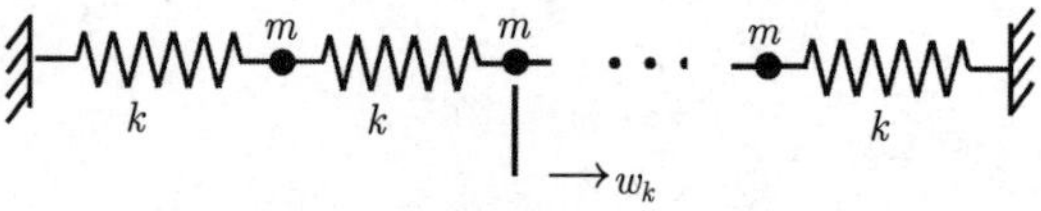

图 7.19　弹簧–质点串连系统

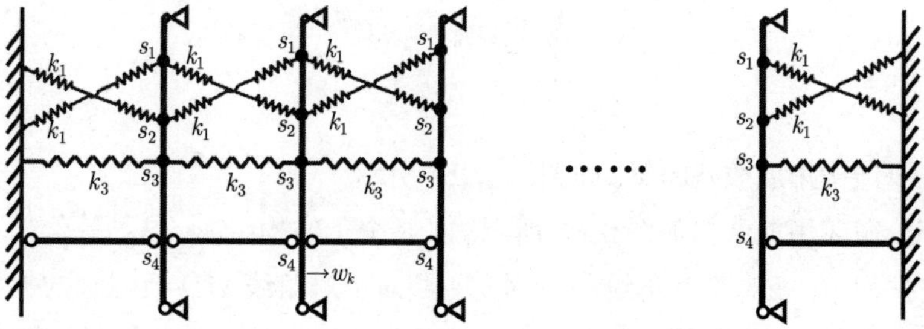

图 7.20　链式结构示例

图 7.20 所示的是一组相同的铰支–铰支梁, 相邻梁的点 s_1 和 s_2 有相同的弹簧连接, 弹簧与梁的夹角为 α, 点 s_3 有一弹簧连接, 刚体在点 s_4 铰接.

链式结构是一类线周期结构, 也可以借助于循环周期结构求解, 但由于其特殊性, 有更简便、更完善的方法求其固有频率和振型.

对子结构采用各自的坐标系, 但这些子结构是相同的, 坐标系也相同. 子结构的区域和边界分别记为 Ω 和 $\partial\Omega$.

由 n 个子结构组成的链式结构的固有角频率和振型分别满足下列方程:

$$\boldsymbol{L}\boldsymbol{u}_k-\omega^2\boldsymbol{M}\boldsymbol{u}_k=0,\qquad \Omega\text{内},\ k=1,2,\cdots,n, \tag{7.4.1}$$

$$\boldsymbol{B}\boldsymbol{u}_k=0,\qquad \partial\Omega\text{上},\ k=1,2,\cdots,n, \tag{7.4.2}$$

$$\boldsymbol{J}_j\boldsymbol{u}_k|_{s_j}=\overline{\boldsymbol{J}}_j\boldsymbol{u}_{k+1}|_{\bar{s}_j}+\overline{\boldsymbol{J}}_j\boldsymbol{u}_{k-1}|_{\bar{s}_j},\quad k=1,2,\cdots,n;\ j=1,2,\cdots,l_1. \tag{7.4.3}$$

其中 $\boldsymbol{u}_k$ 为第 k 个子结构的振型分量, $\boldsymbol{u}_0\equiv\boldsymbol{u}_{n+1}=\boldsymbol{0}$. 方程 (7.4.3) 表示弹性、刚性连接, 例如图 7.20 所示的结构. 因连接点为 4 个, 故 $l_1=4$, 方程 (7.4.3) 有 4 个方程:

$$Q_k(s_1)+2k_1(\sin^2\alpha)u_k(s_1)=k_1(\sin^2\alpha)\left[u_{k+1}(s_2)+u_{k-1}(s_2)\right], \tag{7.4.4}$$

$$Q_k(s_2)+2k_1(\sin^2\alpha)u_k(s_2)=k_1(\sin^2\alpha)\left[u_{k+1}(s_1)+u_{k-1}(s_1)\right], \tag{7.4.5}$$

$$Q_k(s_3)+2k_3u_k(s_3)=k_3u_{k+1}(s_3)+k_3u_{k-1}(s_3), \tag{7.4.6}$$

$$Q_k(s_4)+2k_4u_k(s_4)=k_4u_{k+1}(s_4)+k_4u_{k-1}(s_4). \tag{7.4.7}$$

上述式中 $Q_k(s_r)(r=1,2,3,4)$ 表示点 s_r 所受到的弹簧力, $k_i(i=1,3,4)$ 为弹簧常数. 在方程 (7.4.7) 中, 取 $k_4\to\infty$ 以表示刚性连接, 即

$$u_k(s_4)=0,\quad k=1,2,\cdots,n.$$

7.4.2 特征值问题的约化及模态的定性性质

借助于考查如图 7.19 所示的最简单的链式结构——弹簧-质点串连系统的模态的性质, 从而得到一般的链式结构的模态的性质, 是很有启发性的.

弹簧-质点串连系统的特征值问题是

$$\boldsymbol{K}\boldsymbol{u}=\omega^2\boldsymbol{M}\boldsymbol{u}, \tag{7.4.8}$$

式中刚度矩阵为分块三对角矩阵 (其中分块零子矩阵略):

$$\boldsymbol{K}=\begin{bmatrix} 2k & -k & & & \\ -k & 2k & -k & & \\ & \ddots & \ddots & \ddots & \\ & & -k & 2k & -k \\ & & & -k & 2k \end{bmatrix},$$

质量矩阵 $\boldsymbol{M}$ 为质量 m 乘单位矩阵 $\boldsymbol{I}$.

弹簧-质点串连系统可以视为是连续系统——两端固定等截面杆纵向振动——的差分离散系统, 如第一章 1.3.3 分节所述. 若杆的均匀抗拉刚度为 p, 均匀线密度为 ρ, 长度为 l_0, 将杆等分为 $n+1$ 段, 则自由度为 n 的弹簧-质点串连系统的质量 $m=\rho l_0/(n+1)$, 弹簧常数 $k=p(n+1)/l_0$. 当 n 趋于无穷大时, 该系统趋于两端固定的等截面杆. 可以想象, 当 n 趋于无穷大时, 这个系统的第 r 阶振型矢量 $\boldsymbol{u}^{(r)}$ 应该趋于两端固定等截面杆的第 r 阶振型函数, 即 $u_r=q_r\sin r\pi x/l_0$, q_r 为一任意常数. 自然地, 试设

$$\begin{aligned}\boldsymbol{u}^{(r)}&=(u_1^{(r)},\ u_2^{(r)},\ \cdots,\ u_n^{(r)})^{\mathrm{T}}\\&=(\sin r\psi,\ \sin 2r\psi,\cdots,\ \sin nr\psi)^{\mathrm{T}}q_r,\quad r=1,2,\cdots,n\end{aligned} \tag{7.4.9}$$

是此结构的振型, 其中 $\psi=\pi/(n+1)$. 将其代入特征值问题 (7.4.8), 并利用三角恒等式

$$\sin(s-1)r\psi+\sin(s+1)r\psi=2\cos(r\psi)\sin(sr\psi),\quad s=1,2,\cdots,n,$$

发现 $\boldsymbol{u}^{(r)}$ 满足方程 (7.4.8), 并得到对应的特征值

$$\omega_r^2=2(1-\cos r\psi)k/m.$$

由于 ω_r 的值随 $r(r=1,2,\cdots,n)$ 递增, 所以, ω_r 和 $\boldsymbol{u}^{(r)}$ 分别是这个结构的第 r 阶固有角频率和第 r 阶振型.

由于最简单的链式结构——弹簧-质点串连系统的振型 $\boldsymbol{u}^{(r)}$ 具有式 (7.4.9) 的形式, 其中 q_r 是一常数. 自然会预估一般的链式结构的振型具有下述形式:

$$\begin{aligned}\boldsymbol{u}_r&=(\boldsymbol{u}_{r1},\boldsymbol{u}_{r2},\cdots,\boldsymbol{u}_{rn})^{\mathrm{T}}\\&=(\sin r\psi\boldsymbol{I},\ \sin 2r\psi\boldsymbol{I},\ \cdots,\ \sin nr\psi\boldsymbol{I})^{\mathrm{T}}\boldsymbol{q}_r,\quad r=1,2,\cdots,n,\end{aligned}$$

其中 $\boldsymbol{q}_r$ 为 Ω 内的矢量函数, $\boldsymbol{I}$ 为单位矩阵, 其阶数同 $\boldsymbol{q}_r$ 的维数.

于是, 对一般链式结构的原广义坐标作变换:

$$\boldsymbol{u}=\begin{bmatrix}\boldsymbol{u}_1\\\boldsymbol{u}_2\\\vdots\\\boldsymbol{u}_n\end{bmatrix}=\sqrt{\frac{2}{n+1}}\begin{bmatrix}\sin\psi\boldsymbol{I}&\cdots&\sin r\psi\boldsymbol{I}&\cdots&\sin n\psi\boldsymbol{I}\\\sin 2\psi\boldsymbol{I}&\cdots&\sin 2r\psi\boldsymbol{I}&\cdots&\sin 2n\psi\boldsymbol{I}\\\vdots&&\vdots&&\vdots\\\sin n\psi\boldsymbol{I}&\cdots&\sin rn\psi\boldsymbol{I}&\cdots&\sin n^2\psi\boldsymbol{I}\end{bmatrix}\begin{bmatrix}\boldsymbol{q}_1\\\boldsymbol{q}_2\\\vdots\\\boldsymbol{q}_n\end{bmatrix}=\boldsymbol{C}\boldsymbol{q}.\tag{7.4.10}$$

其中矩阵 $\boldsymbol{C}$ 是正交矩阵, 具有性质

$$\boldsymbol{C}^{\mathrm{T}}\boldsymbol{C}=\boldsymbol{I}.\tag{7.4.11}$$

而

$$\boldsymbol{C}^{\mathrm{T}}\left(\boldsymbol{Y}+\boldsymbol{Y}^{n-1}\right)\boldsymbol{C}=\mathrm{diag}\left(2\cos\psi\boldsymbol{I},\ 2\cos 2\psi\boldsymbol{I},\ \cdots,\ 2\cos n\psi\boldsymbol{I}\right),\tag{7.4.12}$$

其中 $\boldsymbol{Y}$ 和 $\boldsymbol{Y}^{n-1}$ 是式 (7.2.11) 所示矩阵. 因此, 方程 (7.4.1) 至 (7.4.3) 可重写为

$$\boldsymbol{L}'\boldsymbol{u}_k-\omega^2\boldsymbol{M}'\boldsymbol{u}_k=\boldsymbol{0},\quad \boldsymbol{u}_k(k=1,2,\cdots,n)\ 在\ \Omega\ 内,\tag{7.4.13}$$

$$\boldsymbol{B}'\boldsymbol{u}_k=\boldsymbol{0},\quad \boldsymbol{u}_k(k=1,2,\cdots,n)\ 在\ \partial\Omega\ 上,\tag{7.4.14}$$

$$\boldsymbol{J}_j'\boldsymbol{u}_k|_{s_j} = \overline{\boldsymbol{J}_j'}(\boldsymbol{Y}\boldsymbol{u}_k\left|_{\overline{s}_j} + \boldsymbol{Y}^{n-1}\,\boldsymbol{u}_k|_{\overline{s}_j}\right), \quad k=1,2,\cdots,n; j=1,2,\cdots,l, \tag{7.4.15}$$

其中 $\boldsymbol{L}'$, $\boldsymbol{M}'$, $\boldsymbol{B}'$, $\boldsymbol{J}_j'$ 和 $\overline{\boldsymbol{J}_j'}(j=1,2,\cdots,l)$ 分别是由 $\boldsymbol{L}$, $\boldsymbol{M}$, $\boldsymbol{B}$, $\boldsymbol{J}$ 和 $\overline{\boldsymbol{J}}_j$ 组成的分块对角矩阵, 皆为矩阵微分算子; 方程中 $\boldsymbol{u}_1,\boldsymbol{u}_2,\cdots,\boldsymbol{u}_n$ 是相互耦合的. 将式 (7.4.10) 代入方程 (7.4.13)~(7.4.15), 再左乘 $\boldsymbol{C}^{\mathrm{T}}$, 然后利用式 (7.4.11) 和 (7.4.12), 得到

$$\boldsymbol{L}\boldsymbol{q}_r - \omega^2\boldsymbol{M}\boldsymbol{q}_r = \boldsymbol{0}, \quad \Omega\text{内}, \tag{7.4.16}$$

$$\boldsymbol{B}\boldsymbol{q}_r = \boldsymbol{0}, \quad \partial\Omega\text{上}, \tag{7.4.17}$$

$$\boldsymbol{J}_j\boldsymbol{q}_r|_{s_j} = \overline{\boldsymbol{J}}_j 2\cos r\psi\,\boldsymbol{q}_r|_{\overline{s}_j}, \qquad r=1,2,\cdots,n;\ j=1,2,\cdots,l. \tag{7.4.18}$$

至此, 可以得出结论:

(1) 对于链式结构, 整体结构的固有振动问题 (7.4.1)~(7.4.3) 可以约化为 n 个子结构的固有振动问题 (7.4.16)~(7.4.18), 然后按式

$$\begin{aligned}\boldsymbol{u}_r &= (\boldsymbol{u}_{r1},\boldsymbol{u}_{r2},\cdots,\boldsymbol{u}_{rn})^{\mathrm{T}}\\ &= (\sin r\psi\boldsymbol{I},\sin 2r\psi\boldsymbol{I},\cdots,\sin nr\psi\boldsymbol{I})^{\mathrm{T}}\boldsymbol{q}_r, \quad r=1,2,\cdots,n\end{aligned} \tag{7.4.19}$$

延拓成整体结构的振型.

(2) 链式结构的振型可分为 n 组:

$$\boldsymbol{u}_r = (\boldsymbol{u}_{r1},\boldsymbol{u}_{r2},\cdots,\boldsymbol{u}_{rn})^{\mathrm{T}}, \quad r=1,2,\cdots,n, \tag{7.4.20}$$

它们分别具有式 (7.4.19) 表示的关系.

7.4.3 应用

在用计算和实验方法求链式结构的模态时, 可利用该结构的定性性质.

(1) 当利用数值方法求解链式结构的特征值问题时, 只需要计算由方程 (7.4.16)~(7.4.18) 所表示的单个子结构的特征值问题, 共进行 n 次, 整个结构的振型将由方程 (7.4.19) 得到, 这样将大大简化计算.

(2) 在应用试验方法测量频率、振型时, 只需测量第一个子结构振型值 $\boldsymbol{u}_1$, 并在 $\boldsymbol{u}_1(s)$ 不为零的点 s 处测量第二个子结构上的值 $\boldsymbol{u}_2$, 由关系 $u_2(s)/u_1(s) = \sin 2r\psi/\sin r\psi$ 确定 r 的值 (应接近 r 的准确值 1, 2, $\cdots$, n), 则由式 (7.4.19) 知, $\boldsymbol{u}_1$ 可取为 $\boldsymbol{q}_r$(差一常数), 而整体结构的振型为式 (7.4.19). 如此进行 n 次, 得整体结构的 n 组振型. 当然, 如果在多个子结构上的点 s 处测量振型值, 则可以更准确地判断 r 的值.

7.4.4 例

在图 7.20 的结构中, 假定只在点 s_3 处有一个弹簧连接, 在点 s_1 与 s_2 处无弹簧连接, 点 s_4 为刚性连接, 即在此结构中连接点仅为点 s_3 和点 s_4. 则约束条件 (7.4.18) 变为

$$Q_r(s_3) = -2k_3\,(1-\cos r\psi)\,q_r(s_3), \quad q_r(s_4) = 0.$$

在上述约束条件下子结构如图 7.21 所示. 从而在应用计算方法求解或试验方法测量时, 基本上都只需在这一子结构上进行即可.

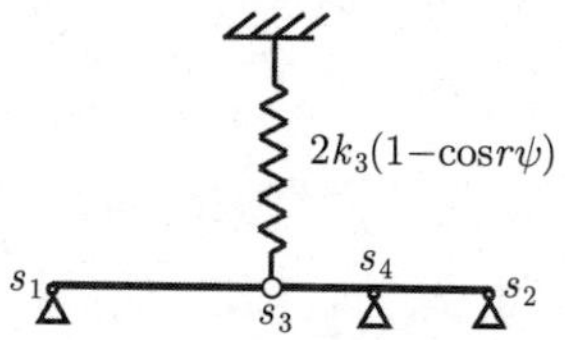

图 7.21 链式结构的子结构

7.4.5 离散系统及其模态的定性性质

由 n 个子结构组成的链式结构, 设第 $k(k=1,2,\cdots,n)$ 个子结构上的广义位移矢量为 $\boldsymbol{u}_k$, 它是 p 维矢量, 整体结构的 $n\times p$ 维矢量为 $\boldsymbol{u}=(\boldsymbol{u}_1,\boldsymbol{u}_2,\cdots,\boldsymbol{u}_n)^{\mathrm{T}}$. 该结构模态方程为

$$\boldsymbol{K}\boldsymbol{u} = \omega^2\boldsymbol{M}\boldsymbol{u}. \tag{7.4.21}$$

令每一子结构上的广义坐标的位置和排序完全一样, 由于每一子结构只与相邻的前后两个子结构有关联, 且关联相同, 故链式结构的离散系统的刚度矩阵 $\boldsymbol{K}$ 和质量矩阵 $\boldsymbol{M}$ 皆为分块三对角矩阵, 分别取如下形式 (其中分块零子矩阵略):

$$\boldsymbol{K}=\begin{bmatrix} \boldsymbol{K}_{11} & \boldsymbol{K}_{12} & & & \\ \boldsymbol{K}_{12} & \boldsymbol{K}_{11} & \boldsymbol{K}_{12} & & \\ & \ddots & \ddots & \ddots & \\ & & \boldsymbol{K}_{12} & \boldsymbol{K}_{11} & \boldsymbol{K}_{12} \\ & & & \boldsymbol{K}_{12} & \boldsymbol{K}_{11} \end{bmatrix}, \quad \boldsymbol{M}=\begin{bmatrix} \boldsymbol{M}_{11} & \boldsymbol{M}_{12} & & & \\ \boldsymbol{M}_{12} & \boldsymbol{M}_{11} & \boldsymbol{M}_{12} & & \\ & \ddots & \ddots & \ddots & \\ & & \boldsymbol{M}_{12} & \boldsymbol{M}_{11} & \boldsymbol{M}_{12} \\ & & & \boldsymbol{M}_{12} & \boldsymbol{M}_{11} \end{bmatrix}, \tag{7.4.22}$$

这里 $\boldsymbol{K}_{11}$, $\boldsymbol{K}_{12}$, $\boldsymbol{M}_{11}$, $\boldsymbol{M}_{12}$ 为 p 阶对称矩阵, $\boldsymbol{K}$ 和 $\boldsymbol{M}$ 为 $n\times p$ 阶对称矩阵. 对于具有如上形式的 $\boldsymbol{K}$ 和 $\boldsymbol{M}$ 的广义特征值问题 (7.4.21), 可以采取和链式结构连续系统相同的思路, 将其解耦为 n 个 p 阶矩阵的广义特征值问题.

首先引入参数 $\psi = \pi/(n+1)$. 设系统的振型采取如下形式:

$$\boldsymbol{u} = (\sin r\psi,\ \sin 2r\psi,\ \cdots,\ \sin nr\psi)^{\mathrm{T}}\boldsymbol{q}_r, \quad r = 1, 2, \cdots, n, \tag{7.4.23}$$

其中 $\boldsymbol{q}_r$ 为 p 维矢量. 将式 (7.4.23) 代入方程 (7.4.21), 再利用式 (7.4.22) 中 $\boldsymbol{K}$ 和 $\boldsymbol{M}$ 的结构, 以及三角恒等式:

$$\sin(s-1)r\psi + \sin(s+1)r\psi = 2\cos(r\psi)\sin(sr\psi), \quad s = 1, 2, \cdots, n,$$

于是特征值问题 (7.4.21) 被解耦为

$$\boldsymbol{K}_r\boldsymbol{q}_r = \omega^2\boldsymbol{M}_r\boldsymbol{q}_r, \quad r = 1, 2, \cdots, n, \tag{7.4.24}$$

而

$$\boldsymbol{K}_r = \boldsymbol{K}_{11} + 2\boldsymbol{K}_{12}\cos r\psi, \quad \boldsymbol{M}_r = \boldsymbol{M}_{11} + 2\boldsymbol{M}_{12}\cos r\psi, \quad r = 1, 2, \cdots, n. \tag{7.4.25}$$

容易验证,

$$\boldsymbol{u}^{\mathrm{T}}\boldsymbol{K}\boldsymbol{u} = (\sin^2 r\psi + \sin^2 2r\psi + \cdots + \sin^2 nr\psi)\boldsymbol{q}_r^{\mathrm{T}}\boldsymbol{K}_r\boldsymbol{q}_r.$$

类似地, 质量矩阵 $\boldsymbol{M}$ 和 $\boldsymbol{M}_r$ 也有上述同样的关系. 因此, 当矩阵 $\boldsymbol{K}$ 和 $\boldsymbol{M}$ 是实对称、正定 (或者 $\boldsymbol{K}$ 为半正定) 矩阵时, $\boldsymbol{K}_r$ 和 $\boldsymbol{M}_r$ 也具有同样性质. 由方程 (7.4.24) 和式 (7.4.25) 求得 $\boldsymbol{q}_r$ 后, 再由式 (7.4.23) 即可得到整体结构的振型.

由以上论述得出重要结论：第一, 链式结构的离散系统与连续系统的振型的定性性质是一致的; 第二, 用振型定性性质给出了离散系统求解固有频率和振型的减缩自由度的方程, 可将 $n\times p$ 阶矩阵的广义特征值问题, 约化为 n 个 p 阶矩阵的广义特征值问题.

7.5 轴对称结构模态的定性性质

7.5.1 模型和方程

若某一结构绕一直线旋转任意角度, 其几何形状、物理性质及边条件都是重复的, 则此结构称为轴对称结构. 此直线称为对称轴, 将它作为柱坐标 $Or\theta z$ 的 z 轴, 则此结构的几何形状、物理性质及边条件与 θ 无关. 在连续系统中, 令 r, θ, z 方向 (称径向、周向、轴向) 的位移分别为 u, v, w. 该三维问题的模态方程及边条件分别为

$$\begin{cases} \boldsymbol{L}_{r,\theta,z}(r,z)\left(u(r,\theta,z),v(r,\theta,z),w(r,\theta,z)\right)^{\mathrm{T}} \\ \qquad -\omega^2\boldsymbol{M}_{r,\theta,z}(r,z)\left(u(r,\theta,z),v(r,\theta,z),w(r,\theta,z)\right)^{\mathrm{T}}=\boldsymbol{0}, \quad \Omega\text{内}, \\ \boldsymbol{B}_{r,\theta,z}(r,z)\left(u(r,\theta,z),v(r,\theta,z),w(r,\theta,z)\right)^{\mathrm{T}}=\boldsymbol{0}, \quad \partial\Omega\text{上}, \end{cases} \tag{7.5.1}$$

其中, Ω 是柱坐标系 $Or\theta z$ 下的三维区域; $\boldsymbol{L}_{r,\theta,z}$, $\boldsymbol{M}_{r,\theta,z}$, $\boldsymbol{B}_{r,\theta,z}$ 分别为弹性、惯性和边条件的微分算子, 由于轴对称性其系数与 θ 无关.

对于二维问题 (如圆形平面膜、板、壳) 的坐标为 r,θ 或者 θ,z, 一维问题 (如圆环) 的坐标为 θ. 在有些问题中, 广义坐标只有 u 和 v(如平面膜), 或 w(如板).

7.5.2 模态的性质

考虑最复杂的情形, 即轴对称的三维弹性体具有三个位移分量 u, v, w. 由于轴对称结构的位移以 2π 为周期, 于是它们可展开成 θ 的 Fourier 级数:

$$\begin{aligned} u(r,\theta,z) &= \sum_{n=0}^{\infty}\left[U_n(r,z)\cos n\theta+U_n'(r,z)\sin n\theta\right], \\ v(r,\theta,z) &= \sum_{n=0}^{\infty}\left[V_n(r,z)\cos n\theta+V_n'(r,z)\sin n\theta\right], \\ w(r,\theta,z) &= \sum_{n=0}^{\infty}\left[W_n(r,z)\cos n\theta+W_n'(r,z)\sin n\theta\right]. \end{aligned} \tag{7.5.2}$$

由于 $\boldsymbol{L}_{r,\theta,z}$, $\boldsymbol{M}_{r,\theta,z}$, $\boldsymbol{B}_{r,\theta,z}$ 是线性微分算子并且其系数与 θ 无关, 将式 (7.5.2) 代入方程 (7.5.1) 后, 根据 $\cos n\theta$,$\sin n\theta$ 的正交性, 可将不同的谐波解耦, 得到

$$\begin{cases} \boldsymbol{L}_{r,\theta,z}(r,z)\left(U_n\cos n\theta+U_n'\sin n\theta,\ V_n\cos n\theta+V_n'\sin n\theta,\ W_n\cos n\theta\right. \\ \qquad \left.+W_n'\sin n\theta\right)^{\mathrm{T}}-\omega^2\boldsymbol{M}_{r,\theta,z}(r,z)(U_n\cos n\theta+U_n'\sin n\theta,\ V_n\cos n\theta \\ \qquad +V_n'\sin n\theta,\ W_n\cos n\theta+W_n'\sin n\theta)^{\mathrm{T}}=\boldsymbol{0}, \quad \Omega\text{内}, \\ \boldsymbol{B}_{r,\theta,z}(r,z)(U_n\cos n\theta+U_n'\sin n\theta,\ V_n\cos n\theta+V_n'\sin n\theta,\ W_n\cos n\theta \\ \qquad +W_n'\sin n\theta)^{\mathrm{T}}=\boldsymbol{0}, \quad \partial\Omega\text{上}. \end{cases} \tag{7.5.3}$$

因此, 此轴对称结构的振型具有下述形式:

$$\begin{aligned} \boldsymbol{U}_n &= \begin{bmatrix} U(r,\theta,z) \\ V(r,\theta,z) \\ W(r,\theta,z) \end{bmatrix} \\ &= \begin{bmatrix} U_n(r,z) \\ V_n(r,z) \\ W_n(r,z) \end{bmatrix}\cos n\theta+\begin{bmatrix} U_n'(r,z) \\ V_n'(r,z) \\ W_n'(r,z) \end{bmatrix}\sin n\theta, \quad n=0,1,2,\cdots. \end{aligned} \tag{7.5.4}$$

因轴对称结构具有镜面对称性, 若取 $-\theta$ 方向为新柱坐标系 $Or'\theta'z'$ 下的 θ' 方向, r 和 z 方向不变, 则此结构在新坐标系下的模态方程和边条件分别为

$$\begin{cases} \boldsymbol{L}_{r',\theta',z'}(r',z')\left(u'(r',\theta',z'),v'(r',\theta',z'),w'(r',\theta',z')\right)^{\mathrm{T}} \\ \qquad -\omega^2\boldsymbol{M}_{r',\theta',z'}(r',z')\left(u'(r',\theta',z'),v'(r',\theta',z'),w'(r',\theta',z')\right)^{\mathrm{T}}=\boldsymbol{0}, & \Omega\text{内}, \\ \boldsymbol{B}_{r',\theta',z'}(r',z')\left(u'(r',\theta',z'),v'(r',\theta',z'),w'(r',\theta',z')\right)^{\mathrm{T}}=\boldsymbol{0}, & \partial\Omega\text{上}, \end{cases} \tag{7.5.5}$$

其中 u', v', w' 分别是 r', θ', z' 方向的位移. 因为此结构具有镜面对称性, 它们与原坐标系下的位移有如下转换关系:

$$\begin{aligned} u'(r',\theta',z') &= u(r,-\theta,z), \\ v'(x',\theta',z') &= -v(r,-\theta,z), \\ w'(x',\theta',z') &= w(r,-\theta,z). \end{aligned} \tag{7.5.6}$$

由式 (7.5.6) 和 (7.5.5) 知, 若式 (7.5.4) 是结构的振型, 那么

$$\boldsymbol{U}_n^* = \begin{bmatrix} U(r,-\theta,z) \\ -V(r,-\theta,z) \\ W(r,-\theta,z) \end{bmatrix} = \begin{bmatrix} U_n(r,z) \\ -V_n(r,z) \\ W_n(r,z) \end{bmatrix}\cos n\theta - \begin{bmatrix} U_n'(r,z) \\ -V_n'(r,z) \\ W_n'(r,z) \end{bmatrix}\sin n\theta \tag{7.5.7}$$

也是相同频率下的振型, 于是 $\boldsymbol{U}_n$ 与 $\boldsymbol{U}_n^*$ 的和与差分别为

$$(\boldsymbol{U})_{n\mathrm{s}} = \frac{1}{2}[\boldsymbol{U}_n + \boldsymbol{U}_n^*] = \begin{bmatrix} U_n(r,z)\cos n\theta \\ V_n'(r,z)\sin n\theta \\ W_n(r,z)\cos n\theta \end{bmatrix}, \quad n=0,1,2,\cdots, \tag{7.5.8}$$

$$(\boldsymbol{U})_{n\mathrm{a}} = \frac{1}{2}[\boldsymbol{U}_n - \boldsymbol{U}_n^*] = \begin{bmatrix} U_n'(r,z)\sin n\theta \\ V_n(r,z)\cos n\theta \\ W_n'(r,z)\sin n\theta \end{bmatrix}, \quad n=0,1,2,\cdots, \tag{7.5.9}$$

它们仍是相同频率下的振型, 前者是对称振型, 后者是反对称振型, 分别用下角标正体 s 与 a 表示, 且此结构的任一振型都可分解为上面两组振型之和.

进一步考查反对称振型和对称振型的关系. 对 θ 作坐标变换 $\theta=\theta'-\pi/2n$, 对称振型 (7.5.8) 即成为

$$\overline{(\boldsymbol{U})}_{n\mathrm{a}} = \begin{bmatrix} U_n(r,z)\sin n\theta' \\ -V_n'(r,z)\cos n\theta' \\ W_n(r,z)\sin n\theta' \end{bmatrix}, \quad n=0,1,2,\cdots. \tag{7.5.10}$$

上式就是式 (7.5.9) 所表示的在柱坐标系 $Or'\theta'z'$ 中的反对称振型. 由于轴对称性, 从而在新、原两坐标系中的反对称振型应相同. 因而, 反对称振型 (7.5.9) 等于:

$$(\boldsymbol{U})_{\mathrm{na}} = \begin{bmatrix} U_n(r,z)\sin n\theta \\ -V_n'(r,z)\cos n\theta \\ W_n(r,z)\sin n\theta \end{bmatrix}, \quad n = 0, 1, 2, \cdots. \tag{7.5.11}$$

至此, 可得到结论:

(1) 轴对称三维弹性体的振型分为对称和反对称振型两组, 分别表示为 (7.5.8) 和 (7.5.11), 周向为 $n(n = 0, 1, 2, \cdots)$ 阶简谐波, 且反对称振型可由对称振型旋转 $\pi/2n$ 而得到, 频率相同.

(2) 将式 (7.5.8) 代入 (7.5.1), 即得确定 U_n, V_n' 和 W_n 的含参数 n 的方程

$$\left\{\begin{array}{ll} \boldsymbol{L}_{r,z,n}\left(U_n(r,z),\ V_n'(r,z),\ W_n(r,z)\right)^{\mathrm{T}} & \\ \qquad -\omega^2\boldsymbol{M}_{r,z,n}\left(U_n(r,z),\ V_n'(r,z),\ W_n(r,z)\right)^{\mathrm{T}} = \boldsymbol{0}, & \Omega\text{内}, \\ \boldsymbol{B}_{r,z,n}\left(U_n(r,z),\ V_n'(r,z),\ W_n(r,z)\right)^{\mathrm{T}} = \boldsymbol{0}, & \partial\Omega\text{上}, \end{array}\right. \quad n = 0,\ 1, \cdots. \tag{7.5.12}$$

这样, 三维特征值问题 (7.5.1) 被无穷个二维特征值问题 (7.5.12) 所代替.

轴对称二维问题如圆形平面膜、板、壳, 轴对称一维问题如圆环, 它们的振型是式 (7.5.8) 和 (7.5.11) 的特殊形式, 都具有相同的振型性质.

7.5.3　应用

在用计算和实验方法测量轴对称结构的模态时, 可用该结构的定性性质.

(1) 在实际工程中, 仅仅需要得到轴对称结构的有限个振型, 因此在利用数值计算求解轴对称结构的特征值问题的过程中, 我们可以利用方程 (7.5.12) 来大大简化方程 (7.5.1) 所表示的特征值问题, 这样计算的问题的维数将减少一维, 从而结构的自由度也将显著减少.

(2) 用实验方法测量振型时, 只需测量结构某一圆周的振型的一个分量的数据, 以判断其简谐波的阶数 n; 然后, 再对三维 (或二维、或一维) 问题, 测量通过其中心轴的一个平面 (或一条母线, 或一个点) 的振型数据.

7.5.4　例

设有一均匀圆柱壳, 其中面半径为 a, 高为 H, 等厚为 h, 弹性模量为 E,

Poisson 比为 ν, 体密度为 ρ, 此壳下端固定, 上端自由. 取柱坐标 $Or\theta z$, z 轴在壳的中心轴上, 方向向上, 原点在壳的下端.

据上所设, 这个圆柱壳的模态方程为

$$\begin{aligned}&\boldsymbol{L}_{\theta,z}(z)\left(u(\theta,z),v(\theta,z),w(\theta,z)\right)^{\mathrm{T}}\\&\quad-\omega^2\boldsymbol{M}_{\theta,z}(z)\left(u(\theta,z),v(\theta,z),w(\theta,z)\right)^{\mathrm{T}}=\boldsymbol{0},\quad 0<\theta\leqslant 2\pi;\ 0<z<H,\end{aligned}\tag{7.5.13}$$

$$\boldsymbol{B}_{\theta,z}(z)\left(u(\theta,z),v(\theta,z),w(\theta,z)\right)^{\mathrm{T}}=\boldsymbol{0},\quad 0<\theta\leqslant 2\pi;\ z=0,H.\tag{7.5.14}$$

方程 (7.5.13) 的具体形式为

$$\begin{cases}\dfrac{-E}{1-\nu^2}\left(\dfrac{\partial^2 u}{\partial z^2}+\dfrac{1-\nu}{2a^2}\dfrac{\partial^2 u}{\partial\theta^2}+\dfrac{1+\nu}{2a}\dfrac{\partial^2 v}{\partial z\partial\theta}+\dfrac{\nu}{a}\dfrac{\partial w}{\partial z}\right)-\omega^2\rho u=0,\\ \dfrac{-E}{1-\nu^2}\left(\dfrac{1+\nu}{2a}\dfrac{\partial^2 u}{\partial z\partial\theta}+\dfrac{1}{a^2}\dfrac{\partial^2 v}{\partial\theta^2}+\dfrac{1-\nu}{2}\dfrac{\partial^2 v}{\partial z^2}+\dfrac{1}{a^2}\dfrac{\partial w}{\partial\theta}\right)-\omega^2\rho v=0,\\ \dfrac{-E}{1-\nu^2}\left(\dfrac{\nu}{a}\dfrac{\partial u}{\partial z}+\dfrac{1}{a^2}\dfrac{\partial v}{\partial\theta}+\dfrac{w}{a^2}+\dfrac{h^2}{12}\nabla^4 w\right)-\omega^2\rho w=0\\ \qquad\qquad (0<\theta\leqslant 2\pi;\ 0<z<H),\end{cases}\tag{7.5.15}$$

其中 ∇^4 为双调和算子. 边界方程 (7.5.14) 的具体形式为

$$u=v=w=\frac{\partial w}{\partial z}=0,\quad z=0,\ 0<\theta\leqslant 2\pi,\tag{7.5.16a}$$

$$\begin{cases}\dfrac{\partial u}{\partial z}+\dfrac{\nu}{a}\left(\dfrac{\partial v}{\partial\theta}+w\right)=0,\\ \dfrac{1}{a}\dfrac{\partial u}{\partial\theta}+\dfrac{\partial v}{\partial z}=0,\\ \dfrac{\nu}{a^2}\left(-\dfrac{\partial v}{\partial\theta}+\dfrac{\partial^2 w}{\partial\theta^2}\right)+\dfrac{\partial^2 w}{\partial z^2}=0,\\ -\dfrac{1}{a^2}\dfrac{\partial^2 v}{\partial z\partial\theta}+\dfrac{\partial^3 w}{\partial z^3}+\dfrac{2-\nu}{a^2}\dfrac{\partial^3 w}{\partial z\partial\theta^2}=0,\end{cases}\quad z=H;\ 0<\theta\leqslant 2\pi.\tag{7.5.16b}$$

按式 (7.5.8), 将位移按对称 (用下角标正体 s 表示) 振型变换, 得

$$\boldsymbol{u}=(\boldsymbol{u})_{n\mathrm{s}}=\begin{bmatrix}U_n(z)\cos n\theta\\ V_n'(z)\sin n\theta\\ W_n(z)\cos n\theta\end{bmatrix},\quad n=0,\ 1,\ 2,\ \cdots.\tag{7.5.17}$$

将上式代入方程 (7.5.15) 和边条件 (7.5.16), 得

$$\begin{cases} \dfrac{-E}{1-\nu^2}\left(\dfrac{\mathrm{d}^2U_n}{\mathrm{d}z^2}-\dfrac{(1-\nu)n^2}{2a^2}U_n+\dfrac{(1-\nu)n}{2a}\dfrac{\mathrm{d}V_n'}{\mathrm{d}z}+\dfrac{\nu}{a}\dfrac{\mathrm{d}W_n}{\mathrm{d}z}\right)-\omega^2\rho U_n=0, \\ \dfrac{-E}{1-\nu^2}\left(\dfrac{(1+\nu)n}{2a}\dfrac{\mathrm{d}U_n}{\mathrm{d}z}-\dfrac{n^2}{a^2}V_n'+\dfrac{1-\nu}{2}\dfrac{\mathrm{d}^2V_n'}{\mathrm{d}z^2}-\dfrac{n}{a^2}W_n\right)-\omega^2\rho V_n'=0, \\ \dfrac{-E}{1-\nu^2}\left(\dfrac{\nu}{a}\dfrac{\mathrm{d}U_n}{\mathrm{d}z}+\dfrac{n}{a^2}V_n'+\dfrac{1}{a^2}W_n+\dfrac{h^2}{12}\left(\dfrac{\mathrm{d}^4W_n}{\mathrm{d}z^4}-\dfrac{2n^2}{a^2}\dfrac{\mathrm{d}^2W_n}{\mathrm{d}z^2}+\dfrac{n^4}{a^4}W_n\right)\right) \\ \qquad -\omega^2\rho W_n=0 \\ \qquad\qquad (n=0,\ 1,\ 2,\ \cdots;\ 0<z<H); \end{cases} \tag{7.5.18}$$

$$U_n(z)=V_n'(z)=W_n(z)=\frac{\mathrm{d}W_n(z)}{\mathrm{d}z}=0,\quad z=0;\ n=0,1,2,\cdots; \tag{7.5.19a}$$

$$\begin{cases} \dfrac{\mathrm{d}U_n}{\mathrm{d}z}+\dfrac{\nu}{a}(nV_n'+W_n)=0, \\ -\dfrac{n}{a}U_n+\dfrac{\mathrm{d}V_n'}{\mathrm{d}z}=0, \\ \dfrac{\nu}{a^2}\left(-nV_n'-n^2W_n\right)+\dfrac{\mathrm{d}^2W_n}{\mathrm{d}z^2}=0, \\ -\dfrac{n}{a^2}\dfrac{\mathrm{d}V_n'}{\mathrm{d}z}-\dfrac{(2-\nu)n^2}{a^2}\dfrac{\mathrm{d}W_n}{\mathrm{d}z}+\dfrac{\mathrm{d}^3W_n}{\mathrm{d}z^3}=0, \end{cases} \quad z=H;\ n=0,1,2,\cdots. \tag{7.5.19b}$$

这样, 二维变量的微分方程特征值问题 (7.5.15) 与 (7.5.16) 被减缩为一系列的一维变量的微分方程特征值问题. 如果进行差分和有限元离散化, 也只需要对方程 (7.5.4) 和 (7.5.19) 进行即可.

7.6 重复性结构强迫振动与静力平衡

对于重复性结构的强迫振动问题, 可以利用振型的定性性质, 仿效与广义位移相类似的方法对外力进行变换, 使整个结构的强迫振动问题被简化成若干个相互解耦的子结构的强迫振动问题.

举一个简单的对称结构的强迫振动的例子. 设该对称结构的两个对称子结构的广义位移分别为 $\boldsymbol{w}_1$ 和 $\boldsymbol{w}_2$, 作用在两子结构上的外力为 $\boldsymbol{F}_1$ 和 $\boldsymbol{F}_2$, 这些外力是位置坐标和时间 t 的函数, 不一定是对称的. 整个系统的强迫振动方程、边条件, 以及对称面上的连续性条件和两子结构之间的约束条件分别为

$$\left\{\begin{array}{ll}\boldsymbol{L}\boldsymbol{w}_i+\boldsymbol{M}\ddot{\boldsymbol{w}}_i=\boldsymbol{F}_i, & \Omega\text{内},\ i=1,2,\\ \boldsymbol{B}\boldsymbol{w}_i=\boldsymbol{0}, & \partial\Omega\text{上},\ i=1,2,\\ \boldsymbol{J}_1\boldsymbol{w}_1\left|_{x=0}\right.=-\boldsymbol{J}_1\boldsymbol{w}_2\left|_{x=0}\right., & \\ \boldsymbol{J}_2\boldsymbol{w}_1\left|_{x=0}\right.=\boldsymbol{J}_2\boldsymbol{w}_2\left|_{x=0}\right., & \\ \boldsymbol{J}_{rj}\boldsymbol{w}_1\left|_{s_j}\right.=\overline{\boldsymbol{J}}_{rj}\boldsymbol{w}_2\left|_{\overline{s}_j}\right., & j=1,2,\cdots,l,\\ \boldsymbol{J}_{rj}\boldsymbol{w}_2\left|_{s_j}\right.=\overline{\boldsymbol{J}}_{rj}\boldsymbol{w}_1\left|_{\overline{s}_j}\right., & j=1,2,\cdots,l,\end{array}\right. \tag{7.6.1}$$

式中 $\boldsymbol{L}$, $\boldsymbol{M}$, $\boldsymbol{B}$, $\boldsymbol{J}_1$, $\boldsymbol{J}_2$ 和 $\boldsymbol{J}_{rj}$ 皆为矩阵微分算子. 利用对称结构的振型的定性性质, 将方程 (7.6.1) 中的广义坐标和外力作同样的变换:

$$\begin{aligned}\boldsymbol{w}&=\begin{bmatrix}\boldsymbol{w}_1\\ \boldsymbol{w}_2\end{bmatrix}=\frac{1}{\sqrt{2}}\begin{bmatrix}\boldsymbol{I} & \boldsymbol{I}\\ \boldsymbol{I} & -\boldsymbol{I}\end{bmatrix}\begin{bmatrix}\boldsymbol{q}_1\\ \boldsymbol{q}_2\end{bmatrix},\\ \boldsymbol{F}&=\begin{bmatrix}\boldsymbol{F}_1\\ \boldsymbol{F}_2\end{bmatrix}=\frac{1}{\sqrt{2}}\begin{bmatrix}\boldsymbol{I} & \boldsymbol{I}\\ \boldsymbol{I} & -\boldsymbol{I}\end{bmatrix}\begin{bmatrix}\boldsymbol{f}_1\\ \boldsymbol{f}_2\end{bmatrix}.\end{aligned} \tag{7.6.2}$$

再将式 (7.6.2) 代入方程 (7.6.1), 得到类似方程 (7.1.10) 的方程

$$\left\{\begin{array}{ll}\boldsymbol{L}\boldsymbol{q}_i+\boldsymbol{M}\ddot{\boldsymbol{q}}_i=\boldsymbol{f}_i, & \Omega\text{内}, i=1,2,\\ \boldsymbol{B}\boldsymbol{q}_i=\boldsymbol{0}, & \partial\Omega\text{上}, i=1,2,\\ \boldsymbol{J}_i\boldsymbol{q}_i\left|_{x=0}\right.=\boldsymbol{0}, & i=1,2,\\ \boldsymbol{J}_{rj}\boldsymbol{q}_i\left|_{s_j}\right.=(-1)^{i+1}\overline{\boldsymbol{J}}_{rj}q_i\left|_{\overline{s}_j}\right., & i=1,2; j=0,1,\cdots,l.\end{array}\right. \tag{7.6.3}$$

这样, 整体结构的强迫振动问题 (7.6.1) 即被约化为两个单个子结构的强迫振动问题.

对于其他的重复性结构分析方法与上述类似. 例如, 对于旋转周期结构, 按式 (7.2.5) 将外力 $\boldsymbol{F}=(\boldsymbol{F}_1,\ \boldsymbol{F}_2,\cdots,\ \boldsymbol{F}_n)^{\mathrm{T}}$ 用 $\boldsymbol{F}=\boldsymbol{R}\boldsymbol{f}$ 转换为可解耦的外力 $\boldsymbol{f}$. 对于链式结构, 按式 (7.4.10) 将外力 $\boldsymbol{F}$ 用 $\boldsymbol{F}=\boldsymbol{C}\boldsymbol{f}$ 转换为可解耦的外力 $\boldsymbol{f}$. 这样处理之后, 整体结构的强迫振动问题都可解耦为一系列单个子结构的强迫振动问题.

对于静力平衡问题, 和处理上述强迫振动问题一样, 只是不考虑惯性项, 在方程 (7.6.1) 和 (7.6.3) 中, 分别不出现 $\boldsymbol{M}\ddot{w}_i$ 和 $\boldsymbol{M}\ddot{q}_i$ 项. 问题变得简单多了.

7.7 重复性结构振动控制和形状控制的降维方法

利用重复性结构的振型的定性性质, 可以找到重复性结构振动控制的一种

降维方法. 本节研究重复性结构离散系统 (在控制理论中常称为集中参数系统) 的降维方法[80,81,118].

首先需要指出, 这里仅利用结构的重复性特点, 对振动控制降维给出一些形式上的方法. 对于控制系统的实际设计、可控性和可观察性等问题未作讨论.

对于重复性结构, 如果广义坐标凝聚、传感器布置、致动器布置, 以及输入和控制力的关系都具有和结构相同的重复性质, 则整体结构的振动控制问题可以约化为多个子结构的振动控制问题, 因此使控制系统的维数显著降低.

7.7.1 对称结构振动控制的降维方法

在结构的对称面上, 取 b_1 个位于对称面内的、b_2 个垂直于对称面的广义坐标, 分别为矢量 $\boldsymbol{w}_2$ 和 $\boldsymbol{w}_3$; 在结构的左右对称部分各取 p 个广义坐标, 分别为矢量 $\boldsymbol{w}_1$ 和 $\boldsymbol{w}_4$. 在控制力作用下整个结构的运动方程为

$$\boldsymbol{M}\ddot{\boldsymbol{w}} + \boldsymbol{K}\boldsymbol{w} + \boldsymbol{B}\boldsymbol{u} = \boldsymbol{0}, \tag{7.7.1}$$

其中 $\boldsymbol{w} = (\boldsymbol{w}_1, \boldsymbol{w}_2, \boldsymbol{w}_3, \boldsymbol{w}_4)^{\mathrm{T}}$ 是 $2p + b_1 + b_2$ 维广义坐标矢量, $\boldsymbol{u}$ 表示系统的输入, $\boldsymbol{B}\boldsymbol{u}$ 是控制力. 如果选取结构左、右部分的广义坐标的位置及其编号相对于对称面对称, 则系统的刚度矩阵 $\boldsymbol{K}$ 可以表示为如下的特殊形式:

$$\boldsymbol{K} = \begin{bmatrix} \boldsymbol{K}_{11} & \boldsymbol{K}_{12} & \boldsymbol{K}_{13} & \boldsymbol{K}_{14} \\ \boldsymbol{K}_{12}^{\mathrm{T}} & \boldsymbol{K}_{22} & \boldsymbol{0} & \boldsymbol{K}_{12}^{\mathrm{T}}\boldsymbol{S}_p \\ \boldsymbol{K}_{13}^{\mathrm{T}} & \boldsymbol{0} & \boldsymbol{K}_{33} & -\boldsymbol{K}_{13}^{\mathrm{T}}\boldsymbol{S}_p \\ \boldsymbol{K}_{14}^{\mathrm{T}} & \boldsymbol{S}_p\boldsymbol{K}_{12} & -\boldsymbol{S}_p\boldsymbol{K}_{13} & \boldsymbol{K}_{11}^{\mathrm{T}'} \end{bmatrix},$$
$$\boldsymbol{S}_p = \begin{bmatrix} 0 & & & 1 \\ & & 1 & \\ & \cdot^{\cdot^{\cdot}} & & \\ 1 & & 0 & \end{bmatrix}_{p\times p}. \tag{7.7.2}$$

质量矩阵 $\boldsymbol{M}$ 也具有与 $\boldsymbol{K}$ 同样的形式.

当在对称面上, 以及在左、右两部分对称地布置一些致动器时, 控制力的输入 $\boldsymbol{u}$ 由四组分量: m 维的 $\boldsymbol{u}_1$ 和 $\boldsymbol{u}_4$, s_1 维的 $\boldsymbol{u}_2$, s_2 维的 $\boldsymbol{u}_3$ 组成, 即

$$\boldsymbol{u} = (\boldsymbol{u}_1, \boldsymbol{u}_2, \boldsymbol{u}_3, \boldsymbol{u}_4)^{\mathrm{T}}, \quad m \leqslant p;\ s_i \leqslant b_i (i = 1, 2).$$

令输入 $\boldsymbol{u}$ 对结构产生的控制力也具有对称性, 即分矢量 $\boldsymbol{u}_1, \boldsymbol{u}_2, \boldsymbol{u}_3, \boldsymbol{u}_4$ 在 $\boldsymbol{w}_1$ 产生的控制力 $\boldsymbol{B}_{11}\boldsymbol{u}_1$, $\boldsymbol{B}_{12}\boldsymbol{u}_2$, $\boldsymbol{B}_{13}\boldsymbol{u}_3$, $\boldsymbol{B}_{14}\boldsymbol{u}_4$ 和 $\boldsymbol{S}_m\boldsymbol{u}_4$, $\boldsymbol{u}_2$, $\boldsymbol{u}_3$, $\boldsymbol{S}_m\boldsymbol{u}_1$ 与在 $\boldsymbol{S}_p\boldsymbol{w}_4$ 产生的控制力相同, $\boldsymbol{u}_1$ 和 $\boldsymbol{S}_m\boldsymbol{u}_4$ 在 $\boldsymbol{w}_2$ 和 $\boldsymbol{w}_3$ 产生的控制力相同, $\boldsymbol{u}_2$ 对 $\boldsymbol{w}_3$, $\boldsymbol{u}_3$ 对 $\boldsymbol{w}_2$ 不产生控制力. 于是控制矩阵 $\boldsymbol{B}$ 具有形式

$$\boldsymbol{B} = \begin{bmatrix} \boldsymbol{B}_{11} & \boldsymbol{B}_{12} & \boldsymbol{B}_{13} & \boldsymbol{B}_{14} \\ \boldsymbol{B}_{21} & \boldsymbol{B}_{22} & \boldsymbol{0} & \boldsymbol{B}_{21}\boldsymbol{S}_m \\ \boldsymbol{B}_{31} & \boldsymbol{0} & \boldsymbol{B}_{33} & -\boldsymbol{B}_{31}\boldsymbol{S}_m \\ \boldsymbol{S}_p\boldsymbol{B}_{14}\boldsymbol{S}_m & \boldsymbol{S}_p\boldsymbol{B}_{12} & -\boldsymbol{S}_p\boldsymbol{B}_{13} & \boldsymbol{S}_p\boldsymbol{B}_{11}\boldsymbol{S}_m \end{bmatrix}, \tag{7.7.3}$$

其中 $\boldsymbol{S}_p$ 为式 (7.7.2) 表示的 $p \times p$ 阶矩阵, $\boldsymbol{S}_m$ 与 $\boldsymbol{S}_p$ 形式相同, 只是矩阵阶数为 $m \times m$.

而在实践中既难于对大量的广义坐标进行观测, 更难于对高维系统实现控制. 因而对于结构的高维广义坐标 $\boldsymbol{w}$, 常常要求将其凝聚成由安装的传感器可以测量的低维变量 $\boldsymbol{y}$, 以减少结构控制的维数. 设在结构的对称面上安装 r_1 个、在垂直对称面上安装 r_2 个传感器, 在对称面的左、右部分各安装 l 个具有同样位置和类型的传感器, 这里 $m < l \leqslant p$, $s_i < r_i \leqslant b_i (i = 1, 2)$. 由这些传感器测量的广义坐标矢量分别用 $\boldsymbol{y}_2$, $\boldsymbol{y}_3$, $\boldsymbol{y}_1$ 和 $\boldsymbol{y}_4$ 表示. 因此, 整个结构的凝聚坐标可以表为

$$\boldsymbol{y} = (\boldsymbol{y}_1, \boldsymbol{y}_2, \boldsymbol{y}_3, \boldsymbol{y}_4)^{\mathrm{T}}.$$

为了保持凝聚系统的对称性, 按以下形式给出凝聚关系:

$$\begin{aligned} \boldsymbol{w} = \begin{bmatrix} \boldsymbol{w}_1 \\ \boldsymbol{w}_2 \\ \boldsymbol{w}_3 \\ \boldsymbol{w}_4 \end{bmatrix} &= \boldsymbol{C}\boldsymbol{y} \\ &= \begin{bmatrix} \boldsymbol{C}_{11} & \boldsymbol{C}_{12} & \boldsymbol{C}_{13} & \boldsymbol{C}_{14} \\ \boldsymbol{C}_{21} & \boldsymbol{C}_{22} & \boldsymbol{0} & \boldsymbol{C}_{21}\boldsymbol{S}_l \\ \boldsymbol{C}_{31} & \boldsymbol{0} & \boldsymbol{C}_{33} & -\boldsymbol{C}_{31}\boldsymbol{S}_l \\ \boldsymbol{S}_p\boldsymbol{C}_{14}\boldsymbol{S}_l & \boldsymbol{S}_p\boldsymbol{C}_{12} & -\boldsymbol{S}_p\boldsymbol{C}_{13} & \boldsymbol{S}_p\boldsymbol{C}_{11}\boldsymbol{S}_l \end{bmatrix} \begin{bmatrix} \boldsymbol{y}_1 \\ \boldsymbol{y}_2 \\ \boldsymbol{y}_3 \\ \boldsymbol{y}_4 \end{bmatrix}. \end{aligned} \tag{7.7.4}$$

将式 (7.7.4) 代入方程 (7.7.1), 并且左乘 $\boldsymbol{C}^{\mathrm{T}}$, 得到 $2l + r_1 + r_2$ 维的控制系统

$$\widetilde{\boldsymbol{M}}\ddot{\boldsymbol{y}} + \widetilde{\boldsymbol{K}}\boldsymbol{y} + \widetilde{\boldsymbol{B}}\boldsymbol{u} = \boldsymbol{0}, \tag{7.7.5}$$

其中

$$\widetilde{\boldsymbol{K}}=\begin{bmatrix}\widetilde{\boldsymbol{K}}_{11} & \widetilde{\boldsymbol{K}}_{12} & \widetilde{\boldsymbol{K}}_{13} & \widetilde{\boldsymbol{K}}_{14}\\ \widetilde{\boldsymbol{K}}_{12}^{\mathrm{T}} & \widetilde{\boldsymbol{K}}_{22} & \mathbf{0} & \widetilde{\boldsymbol{K}}_{12}^{\mathrm{T}}\boldsymbol{S}_l\\ \widetilde{\boldsymbol{K}}_{13}^{\mathrm{T}} & \mathbf{0} & \widetilde{\boldsymbol{K}}_{33} & -\widetilde{\boldsymbol{K}}_{13}^{\mathrm{T}}\boldsymbol{S}_l\\ \widetilde{\boldsymbol{K}}_{14}^{\mathrm{T}} & \boldsymbol{S}_l\widetilde{\boldsymbol{K}}_{12} & -\boldsymbol{S}_l\widetilde{\boldsymbol{K}}_{13} & \widetilde{\boldsymbol{K}}_{11}^{\mathrm{T}'}\end{bmatrix},$$
$$\widetilde{\boldsymbol{B}}=\begin{bmatrix}\widetilde{\boldsymbol{B}}_{11} & \widetilde{\boldsymbol{B}}_{12} & \widetilde{\boldsymbol{B}}_{13} & \widetilde{\boldsymbol{B}}_{14}\\ \widetilde{\boldsymbol{B}}_{21} & \widetilde{\boldsymbol{B}}_{22} & \mathbf{0} & \widetilde{\boldsymbol{B}}_{21}\boldsymbol{S}_m\\ \widetilde{\boldsymbol{B}}_{31} & \mathbf{0} & \widetilde{\boldsymbol{B}}_{33} & -\widetilde{\boldsymbol{B}}_{31}\boldsymbol{S}_m\\ \boldsymbol{S}_l\widetilde{\boldsymbol{B}}_{14}\boldsymbol{S}_m & \boldsymbol{S}_l\widetilde{\boldsymbol{B}}_{12} & -\boldsymbol{S}_l\widetilde{\boldsymbol{B}}_{13} & \boldsymbol{S}_l\widetilde{\boldsymbol{B}}_{11}\boldsymbol{S}_m\end{bmatrix}, \tag{7.7.6}$$

并有

$$\widetilde{\boldsymbol{K}}_{11}^{\mathrm{T}}=\widetilde{\boldsymbol{K}}_{11},\quad \widetilde{\boldsymbol{K}}_{14}^{\mathrm{T}'}=\widetilde{\boldsymbol{K}}_{14},$$

$\widetilde{\boldsymbol{M}}$ 具有和 $\widetilde{\boldsymbol{K}}$ 相同的形式. 这表明凝聚后系统的 $\widetilde{\boldsymbol{M}}$, $\widetilde{\boldsymbol{K}}$, $\widetilde{\boldsymbol{B}}$ 仍保持了对称结构的特性, 如同式 (7.7.2) 与 (7.7.3) 一样.

为了对方程 (7.7.5) 进行约简, 应用坐标变换:

$$\boldsymbol{y}=\begin{bmatrix}\boldsymbol{y}_1\\ \boldsymbol{y}_2\\ \boldsymbol{y}_3\\ \boldsymbol{y}_4\end{bmatrix}=\frac{1}{\sqrt{2}}\begin{bmatrix}\boldsymbol{I}_l & \mathbf{0} & \mathbf{0} & \boldsymbol{I}_l\\ \mathbf{0} & \sqrt{2}\boldsymbol{I}_{r_1} & \mathbf{0} & \mathbf{0}\\ \mathbf{0} & \mathbf{0} & \sqrt{2}\boldsymbol{I}_{r_2} & \mathbf{0}\\ \boldsymbol{S}_l & \mathbf{0} & \mathbf{0} & -\boldsymbol{S}_l\end{bmatrix}\begin{bmatrix}\boldsymbol{q}_1\\ \boldsymbol{q}_2\\ \boldsymbol{q}_3\\ \boldsymbol{q}_4\end{bmatrix}=\boldsymbol{H}_1\boldsymbol{q}, \tag{7.7.7}$$

$$\boldsymbol{u}=\begin{bmatrix}\boldsymbol{u}_1\\ \boldsymbol{u}_2\\ \boldsymbol{u}_3\\ \boldsymbol{u}_4\end{bmatrix}=\frac{1}{\sqrt{2}}\begin{bmatrix}\boldsymbol{I}_m & \mathbf{0} & \mathbf{0} & \boldsymbol{I}_m\\ \mathbf{0} & \sqrt{2}\boldsymbol{I}_{s_1} & \mathbf{0} & \mathbf{0}\\ \mathbf{0} & \mathbf{0} & \sqrt{2}\boldsymbol{I}_{s_2} & \mathbf{0}\\ \boldsymbol{S}_m & \mathbf{0} & \mathbf{0} & -\boldsymbol{S}_m\end{bmatrix}\begin{bmatrix}\boldsymbol{v}_1\\ \boldsymbol{v}_2\\ \boldsymbol{v}_3\\ \boldsymbol{v}_4\end{bmatrix}=\boldsymbol{H}_2\boldsymbol{v}, \tag{7.7.8}$$

其中 $\boldsymbol{I}_l$ 表示 l 阶单位矩阵, 注意 $\boldsymbol{H}_i^{\mathrm{T}}\boldsymbol{H}_i=\boldsymbol{I}(i=1,2)$. 将式 (7.7.7) 和 (7.7.8) 代入方程 (7.7.5), 左乘 $\boldsymbol{H}_i^{\mathrm{T}}$, 得

$$\begin{aligned}&\begin{bmatrix}\widetilde{\boldsymbol{M}}_{11}+\widetilde{\boldsymbol{M}}_{14}\boldsymbol{S}_l & \sqrt{2}\widetilde{\boldsymbol{M}}_{12}\\ \sqrt{2}\widetilde{\boldsymbol{M}}_{12}^{\mathrm{T}} & \widetilde{\boldsymbol{M}}_{22}\end{bmatrix}\begin{bmatrix}\ddot{\boldsymbol{q}}_1\\ \ddot{\boldsymbol{q}}_2\end{bmatrix}\\ &+\begin{bmatrix}\widetilde{\boldsymbol{K}}_{11}+\widetilde{\boldsymbol{K}}_{14}\boldsymbol{S}_l & \sqrt{2}\widetilde{\boldsymbol{K}}_{12}\\ \sqrt{2}\widetilde{\boldsymbol{K}}_{12}^{\mathrm{T}} & \widetilde{\boldsymbol{K}}_{22}\end{bmatrix}\begin{bmatrix}\boldsymbol{q}_1\\ \boldsymbol{q}_2\end{bmatrix}\\ &+\begin{bmatrix}\widetilde{\boldsymbol{B}}_{11}+\widetilde{\boldsymbol{B}}_{14}\boldsymbol{S}_l & \sqrt{2}\widetilde{\boldsymbol{B}}_{12}\\ \sqrt{2}\widetilde{\boldsymbol{B}}_{21} & \widetilde{\boldsymbol{B}}_{22}\end{bmatrix}\begin{bmatrix}\boldsymbol{v}_1\\ \boldsymbol{v}_2\end{bmatrix}=\mathbf{0}\end{aligned} \tag{7.7.9}$$

和

$$\begin{bmatrix} \widetilde{\boldsymbol{M}}_{33} & \sqrt{2}\widetilde{\boldsymbol{M}}_{13}^{\mathrm{T}} \\ \sqrt{2}\widetilde{\boldsymbol{M}}_{13} & \widetilde{\boldsymbol{M}}_{11}-\widetilde{\boldsymbol{M}}_{14}\boldsymbol{S}_l \end{bmatrix}\begin{bmatrix} \ddot{\boldsymbol{q}}_3 \\ \ddot{\boldsymbol{q}}_4 \end{bmatrix} + \begin{bmatrix} \widetilde{\boldsymbol{K}}_{33} & \sqrt{2}\widetilde{\boldsymbol{K}}_{13}^{\mathrm{T}} \\ \sqrt{2}\widetilde{\boldsymbol{K}}_{13} & \widetilde{\boldsymbol{K}}_{11}-\widetilde{\boldsymbol{K}}_{14}\boldsymbol{S}_l \end{bmatrix}\begin{bmatrix} \boldsymbol{q}_3 \\ \boldsymbol{q}_4 \end{bmatrix} + \begin{bmatrix} \widetilde{\boldsymbol{B}}_{33} & \sqrt{2}\widetilde{\boldsymbol{B}}_{31} \\ \sqrt{2}\widetilde{\boldsymbol{B}}_{13} & \widetilde{\boldsymbol{B}}_{11}-\widetilde{\boldsymbol{B}}_{14}\boldsymbol{S}_l \end{bmatrix}\begin{bmatrix} \boldsymbol{v}_3 \\ \boldsymbol{v}_4 \end{bmatrix} = \boldsymbol{0}. \tag{7.7.10}$$

至此, 具有自由度为 $2l+r_1+r_2$ 的原控制系统 (7.7.5) 已被约简为一个自由度为 $l+r_1$ 和另一个自由度为 $l+r_2$ 的控制系统.

如果在对称结构的对称面上不设置广义坐标, 约简过程则更为简单. 此时, $\boldsymbol{w}_2$, $\boldsymbol{w}_3$, $\boldsymbol{u}_2$, $\boldsymbol{u}_3$, $\boldsymbol{y}_2$, $\boldsymbol{y}_3$ 都为零矢量, 因而式 (7.7.6) 变为

$$\begin{aligned} \widetilde{\boldsymbol{M}} &= \begin{bmatrix} \widetilde{\boldsymbol{M}}_{11} & \widetilde{\boldsymbol{M}}_{14} \\ \widetilde{\boldsymbol{M}}_{14}^{\mathrm{T}} & \widetilde{\boldsymbol{M}}_{11}^{\mathrm{T}'} \end{bmatrix}, \\ \widetilde{\boldsymbol{K}} &= \begin{bmatrix} \widetilde{\boldsymbol{K}}_{11} & \widetilde{\boldsymbol{K}}_{14} \\ \widetilde{\boldsymbol{K}}_{14}^{\mathrm{T}} & \widetilde{\boldsymbol{K}}_{11}^{\mathrm{T}'} \end{bmatrix}, \\ \widetilde{\boldsymbol{B}} &= \begin{bmatrix} \widetilde{\boldsymbol{B}}_{11} & \widetilde{\boldsymbol{B}}_{14} \\ \boldsymbol{S}_l\widetilde{\boldsymbol{B}}_{14}\boldsymbol{S}_m & \boldsymbol{S}_l\widetilde{\boldsymbol{B}}_{11}\boldsymbol{S}_m \end{bmatrix}. \end{aligned} \tag{7.7.11}$$

且由上可以看到, 矩阵 $\widetilde{\boldsymbol{M}}$ 和 $\widetilde{\boldsymbol{K}}$ 对于主对角线和负对角线都是对称的; 又式 (7.7.7) 和 (7.7.8) 变为

$$\boldsymbol{y} = \begin{bmatrix} \boldsymbol{y}_1 \\ \boldsymbol{y}_4 \end{bmatrix} = \frac{1}{\sqrt{2}}\begin{bmatrix} \boldsymbol{I}_l & \boldsymbol{I}_l \\ \boldsymbol{S}_l & -\boldsymbol{S}_l \end{bmatrix}\begin{bmatrix} \boldsymbol{q}_1 \\ \boldsymbol{q}_4 \end{bmatrix} = \boldsymbol{U}_1\boldsymbol{q}, \tag{7.7.12}$$

$$\boldsymbol{u} = \begin{bmatrix} \boldsymbol{u}_1 \\ \boldsymbol{u}_4 \end{bmatrix} = \frac{1}{\sqrt{2}}\begin{bmatrix} \boldsymbol{I}_m & \boldsymbol{I}_m \\ \boldsymbol{S}_m & -\boldsymbol{S}_m \end{bmatrix}\begin{bmatrix} \boldsymbol{v}_1 \\ \boldsymbol{v}_4 \end{bmatrix} = \boldsymbol{U}_2\boldsymbol{v}. \tag{7.7.13}$$

最后, 原控制系统被约简为两个自由度为 l 的控制系统:

$$(\widetilde{\boldsymbol{M}}_{11}+\widetilde{\boldsymbol{M}}_{14}\boldsymbol{S}_l)\ddot{\boldsymbol{q}}_1 + (\widetilde{\boldsymbol{K}}_{11}+\widetilde{\boldsymbol{K}}_{14}\boldsymbol{S}_l)\boldsymbol{q}_1 + (\widetilde{\boldsymbol{B}}_{11}+\widetilde{\boldsymbol{B}}_{14}\boldsymbol{S}_m)\boldsymbol{v}_1 = \boldsymbol{0}, \tag{7.7.14}$$

$$(\widetilde{\boldsymbol{M}}_{11}-\widetilde{\boldsymbol{M}}_{14}\boldsymbol{S}_l)\ddot{\boldsymbol{q}}_4 + (\widetilde{\boldsymbol{K}}_{11}-\widetilde{\boldsymbol{K}}_{14}\boldsymbol{S}_l)\boldsymbol{q}_4 + (\widetilde{\boldsymbol{B}}_{11}-\widetilde{\boldsymbol{B}}_{14}\boldsymbol{S}_m)\boldsymbol{v}_4 = \boldsymbol{0}. \tag{7.7.15}$$

综上所述, 式 (7.7.12), (7.7.13) 和方程 (7.7.14), (7.7.15) 指出了用实验实现控制的过程, 其步骤如下:

(1) 根据式 (7.7.12), 将整体结构的观测量 $\boldsymbol{y}=(\boldsymbol{y}_1,\boldsymbol{y}_4)^{\mathrm{T}}$ 按

$$\boldsymbol{q}=\left[\begin{array}{c}\boldsymbol{q}_1\\ \boldsymbol{q}_4\end{array}\right]=\boldsymbol{U}_1^{\mathrm{T}}\boldsymbol{y}=\frac{1}{\sqrt{2}}\left[\begin{array}{c}\boldsymbol{y}_1+\boldsymbol{S}\boldsymbol{y}_4\\ \boldsymbol{y}_1-\boldsymbol{S}\boldsymbol{y}_4\end{array}\right] \tag{7.7.16}$$

组合成 $\boldsymbol{q}_1$ 和 $\boldsymbol{q}_4$, 分别送入控制系统 (7.7.14) 和 (7.7.15).

(2) 按系统 (7.7.14) 和 (7.7.15) 分别设计出反馈输入 $\boldsymbol{v}_1$ 和 $\boldsymbol{v}_4$.

(3) 将 $\boldsymbol{v}_1$ 和 $\boldsymbol{v}_4$ 按式 (7.7.13) 对 $\boldsymbol{v}_1$ 作对称和对 $\boldsymbol{v}_4$ 作反对称的组合后, 送入整体系统的输入 $\boldsymbol{u}$. 这样原为 $2l$ 维系统的振动控制, 可通过处理两个 l 维系统的振动控制加以实现.

7.7.2 循环周期结构振动控制的降维方法

一个 n 阶循环周期结构, 具有绕中心轴旋转排列的 n 个相同的子结构. 设每个子结构有相同的 p 个广义坐标, 坐标矢量记为 $\boldsymbol{w}_i(i=1,\ 2,\ \cdots,\ n)$, 则整体结构的广义坐标矢量为

$$\boldsymbol{w}=(\boldsymbol{w}_1,\ \boldsymbol{w}_2,\ \cdots,\ \boldsymbol{w}_n)^{\mathrm{T}}.$$

其结构振动方程是自由度为 $n\times p$ 系统的运动方程:

$$\boldsymbol{M}\ddot{\boldsymbol{w}}+\boldsymbol{K}\boldsymbol{w}+\boldsymbol{B}\boldsymbol{u}=\boldsymbol{0}, \tag{7.7.17}$$

其中 $\boldsymbol{K}$ 为循环矩阵,

$$\boldsymbol{K}=\left[\begin{array}{ccccc}\boldsymbol{K}_{11} & \boldsymbol{K}_{12} & \cdots & \boldsymbol{K}_{1,n-1} & \boldsymbol{K}_{1n}\\ \boldsymbol{K}_{1n} & \boldsymbol{K}_{11} & \cdots & \boldsymbol{K}_{1,n-2} & \boldsymbol{K}_{1,n-1}\\ \vdots & \vdots & & \vdots & \vdots\\ \boldsymbol{K}_{12} & \boldsymbol{K}_{13} & \cdots & \boldsymbol{K}_{1n} & \boldsymbol{K}_{11}\end{array}\right], \tag{7.7.18}$$

且有

$$\boldsymbol{K}_{11}^{\mathrm{T}}=\boldsymbol{K}_{11},\quad \boldsymbol{K}_{1a}^{\mathrm{T}}=\boldsymbol{K}_{1,(n+2-a)},\quad a=2,3,\cdots,n,$$

$\boldsymbol{M}$ 与 $\boldsymbol{K}$ 具有相同形式.

在每个子结构上安置数量和位置相同的致动器, 其序号和类型也相同. 设第 j 个子结构的输入记为 m 维矢量 $\boldsymbol{u}_j$, 则系统的输入为

$$\boldsymbol{u}=(\boldsymbol{u}_1,\ \boldsymbol{u}_2,\ \cdots,\ \boldsymbol{u}_n)^{\mathrm{T}},$$

它对子结构的控制力的关系也具有循环周期性, 即 $\boldsymbol{u}_1$, $\boldsymbol{u}_2$, $\cdots$, $\boldsymbol{u}_{n-1}$, $\boldsymbol{u}_n$ 在 $\boldsymbol{w}_1$ 产生的控制力 $\boldsymbol{B}_{11}\boldsymbol{u}_1$, $\boldsymbol{B}_{12}\boldsymbol{u}_2$, $\cdots$, $\boldsymbol{B}_{1,n-1}\boldsymbol{u}_{n-1}$, $\boldsymbol{B}_{1n}\boldsymbol{u}_n$ 与 $\boldsymbol{u}_2,\cdots,\boldsymbol{u}_{n-1}$, $\boldsymbol{u}_n$, $\boldsymbol{u}_1$ 在 $\boldsymbol{w}_2$ 产生的控制力相同. 如此类推, 因此控制矩阵为

$$\boldsymbol{B}=\begin{bmatrix}\boldsymbol{B}_{11} & \boldsymbol{B}_{12} & \cdots & \boldsymbol{B}_{1,n-1} & \boldsymbol{B}_{1n}\\ \boldsymbol{B}_{1n} & \boldsymbol{B}_{11} & \cdots & \boldsymbol{B}_{1,n-2} & \boldsymbol{B}_{1,n-1}\\ \vdots & \vdots & & \vdots & \vdots\\ \boldsymbol{B}_{12} & \boldsymbol{B}_{13} & \cdots & \boldsymbol{B}_{1n} & \boldsymbol{B}_{11}\end{bmatrix}, \tag{7.7.19}$$

如果需要通过凝聚广义坐标降低系统的自由度, 为了使凝聚系统保持循环周期性, 则在所有子结构中设置相同数量 (l)、相同类型和位置的传感器, 其序号也相同. 记第 i 个子结构的观测值为矢量 $\boldsymbol{y}_i$, 整体结构上的观测值为

$$\boldsymbol{y}=(\boldsymbol{y}_1,\boldsymbol{y}_2,\cdots,\boldsymbol{y}_n)^{\mathrm{T}}.$$

凝聚关系设定为

$$\boldsymbol{w}=\begin{bmatrix}\boldsymbol{w}_1\\ \boldsymbol{w}_2\\ \vdots\\ \boldsymbol{w}_n\end{bmatrix}=\begin{bmatrix}\boldsymbol{C}_{11} & \boldsymbol{C}_{12} & \cdots & \boldsymbol{C}_{1n}\\ \boldsymbol{C}_{1n} & \boldsymbol{C}_{11} & \cdots & \boldsymbol{C}_{1,n-1}\\ \vdots & \vdots & & \vdots\\ \boldsymbol{C}_{12} & \boldsymbol{C}_{13} & \cdots & \boldsymbol{C}_{11}\end{bmatrix}\begin{bmatrix}\boldsymbol{y}_1\\ \boldsymbol{y}_2\\ \vdots\\ \boldsymbol{y}_n\end{bmatrix}=\boldsymbol{C}\boldsymbol{y}. \tag{7.7.20}$$

将凝聚关系 (7.7.20) 代入方程 (7.7.17), 并左乘 $\boldsymbol{C}^{\mathrm{T}}$, 即得到自由度为 $n\times l$ 系统的振动控制方程:

$$\widetilde{\boldsymbol{M}}\ddot{\boldsymbol{y}}+\widetilde{\boldsymbol{K}}\boldsymbol{y}+\widetilde{\boldsymbol{B}}\boldsymbol{u}=\boldsymbol{0}, \tag{7.7.21}$$

其中 $\widetilde{\boldsymbol{K}}$, $\widetilde{\boldsymbol{M}}$ 和 $\widetilde{\boldsymbol{B}}$ 都保持为循环矩阵, 且 $\widetilde{\boldsymbol{K}}$ 和 $\widetilde{\boldsymbol{M}}$ 都是对称矩阵. 利用这些矩阵的性质, 通过适当的坐标变换, 可以约简系统 (7.7.21). 约简步骤如下:

首先, 作变换

$$\begin{aligned}\boldsymbol{y}=\begin{bmatrix}\boldsymbol{y}_1\\ \boldsymbol{y}_2\\ \vdots\\ \boldsymbol{y}_n\end{bmatrix}&=\frac{1}{\sqrt{n}}\begin{bmatrix}\boldsymbol{I}_l & \boldsymbol{I}_l & \cdots & I_l\\ \mathrm{e}^{\mathrm{i}\psi}\boldsymbol{I}_l & \mathrm{e}^{\mathrm{i}2\psi}\boldsymbol{I}_l & \cdots & \mathrm{e}^{\mathrm{i}n\psi}\boldsymbol{I}_l\\ \vdots & \vdots & & \vdots\\ \mathrm{e}^{\mathrm{i}(n-1)\psi}\boldsymbol{I}_l & \mathrm{e}^{\mathrm{i}2(n-1)\psi}\boldsymbol{I}_l & \cdots & \mathrm{e}^{\mathrm{i}n(n-1)\psi}\boldsymbol{I}_l\end{bmatrix}\begin{bmatrix}\boldsymbol{q}_1\\ \boldsymbol{q}_2\\ \vdots\\ \boldsymbol{q}_n\end{bmatrix}\\ &=\boldsymbol{U}_1\boldsymbol{q},\end{aligned} \tag{7.7.22}$$

$$\boldsymbol{u}=(\boldsymbol{u}_1,\boldsymbol{u}_2,\cdots,\boldsymbol{u}_n)^{\mathrm{T}}=\boldsymbol{U}_2(\boldsymbol{v}_1,\boldsymbol{v}_2,\cdots,\boldsymbol{v}_n)^{\mathrm{T}}=\boldsymbol{U}_2\boldsymbol{v}. \tag{7.7.23}$$

其中 $\mathrm{i}=\sqrt{-1}$, $\psi=2\pi/n$, 矩阵 $\boldsymbol{U}_2$ 和 $\boldsymbol{U}_1$ 形式相同, 只是将其中单位矩阵 $\boldsymbol{I}_l$ 换为 $\boldsymbol{I}_m$. 注意到

$$\overline{\boldsymbol{U}}_j^{\mathrm{T}}\boldsymbol{U}_j=\boldsymbol{I},\quad j=1,2,$$

$\overline{\boldsymbol{U}}_j^{\mathrm{T}}$ 是 $\boldsymbol{U}_j$ 的共轭转置矩阵.

其次，再将变换 (7.7.22) 和 (7.7.23) 代入方程 (7.7.21), 左乘 $\overline{\boldsymbol{U}}_1^{\mathrm{T}}$, 即可得

$$\overline{\boldsymbol{U}}_1^{\mathrm{T}}\widetilde{\boldsymbol{K}}\boldsymbol{U}_1=\mathrm{diag}(\boldsymbol{K}_1,\boldsymbol{K}_2,\cdots,\boldsymbol{K}_n),\quad \boldsymbol{K}_s=\sum_{j=1}^{n}\widetilde{\boldsymbol{K}}_{1j}\mathrm{e}^{\mathrm{i}(j-1)s\psi},\ s=1,2,\cdots,n,\tag{7.7.24}$$

$$\overline{\boldsymbol{U}}_1^{\mathrm{T}}\widetilde{\boldsymbol{B}}\boldsymbol{U}_2=\mathrm{diag}(\boldsymbol{B}_1,\boldsymbol{B}_2,\cdots,\boldsymbol{B}_n),\quad \boldsymbol{B}_s=\sum_{j=1}^{n}\widetilde{\boldsymbol{B}}_{1j}\mathrm{e}^{\mathrm{i}(j-1)s\psi},\ s=1,2,\cdots,n,\tag{7.7.25}$$

在上述推导过程中使用了

$$\overline{\boldsymbol{K}}_s^{\mathrm{T}}=\boldsymbol{K}_s,\quad \overline{\boldsymbol{K}}_{n-s}=\boldsymbol{K}_s,\quad \overline{\boldsymbol{B}}_{n-s}=\boldsymbol{B}_s.$$

又 $\overline{\boldsymbol{U}}_1^{\mathrm{T}}\widetilde{\boldsymbol{M}}\boldsymbol{U}_1$ 与 $\overline{\boldsymbol{U}}_1^{\mathrm{T}}\widetilde{\boldsymbol{K}}\boldsymbol{U}_1$ 具有相同的形式, 于是方程 (7.7.21) 中的三个系数矩阵都被约简为分块对角矩阵.

最后，方程 (7.7.21) 解耦为 n 个自由度为 l 的系统的振动控制方程:

$$\boldsymbol{M}_s\ddot{\boldsymbol{q}}_s+\boldsymbol{K}_s\boldsymbol{q}_s+\boldsymbol{B}_s\boldsymbol{v}_s=\boldsymbol{0},\quad s=1,2,\cdots,n.\tag{7.7.26}$$

方程 (7.7.26) 可以进一步解耦. 将它按实部和虚部展开, 并重组为

$$\begin{bmatrix}\boldsymbol{M}_s^{\mathrm{r}} & -\boldsymbol{M}_s^{\mathrm{i}}\\ \boldsymbol{M}_s^{\mathrm{i}} & \boldsymbol{M}_s^{\mathrm{r}}\end{bmatrix}\begin{bmatrix}\ddot{\boldsymbol{q}}_s^{\mathrm{r}}\\ \ddot{\boldsymbol{q}}_s^{\mathrm{i}}\end{bmatrix}+\begin{bmatrix}\boldsymbol{K}_s^{\mathrm{r}} & -\boldsymbol{K}_s^{\mathrm{i}}\\ \boldsymbol{K}_s^{\mathrm{i}} & \boldsymbol{K}_s^{\mathrm{r}}\end{bmatrix}\begin{bmatrix}\boldsymbol{q}_s^{\mathrm{r}}\\ \boldsymbol{q}_s^{\mathrm{i}}\end{bmatrix}+\begin{bmatrix}\boldsymbol{B}_s^{\mathrm{r}} & -\boldsymbol{B}_s^{\mathrm{i}}\\ \boldsymbol{B}_s^{\mathrm{i}} & \boldsymbol{B}_s^{\mathrm{r}}\end{bmatrix}\begin{bmatrix}\boldsymbol{v}_s^{\mathrm{r}}\\ \boldsymbol{v}_s^{\mathrm{i}}\end{bmatrix}=0,\quad s=1,2,\cdots,n,\tag{7.7.27}$$

式中上角标正体 r 表实部，正体 i 表虚部. 对于方程 (7.7.26), 仅当 $s=n$ 和 $n/2$(如 n 为偶数) 时, 其系数矩阵 $\boldsymbol{K}_s$, $\boldsymbol{M}_s$, $\boldsymbol{B}_s$ 为实矩阵, 同时方程 (7.7.27) 中的虚部全为零; 对其余的 s, 其系数矩阵 $\boldsymbol{K}_s$, $\boldsymbol{M}_s$, $\boldsymbol{B}_s$ 为复矩阵, 因而方程 (7.7.26) 为复变量方程. 但因以上三个系数矩阵对 s 和 $n-s$ 的情形是共轭的, 所以方程 (7.7.26) 中的第 s 和 $n-s$ 方程的解也是共轭的, 即

$$\boldsymbol{q}_{n-s}=\overline{\boldsymbol{q}}_s,\quad \boldsymbol{v}_{n-s}=\overline{\boldsymbol{v}}_s.$$

因此, 具有自由度为 $n\times l$ 的原控制系统 (7.7.21) 可以解耦为 1 (或 2, 当 n 为偶数时) 个自由度为 l 的子系统的控制问题和 $(n-1)/2$ (或 $(n-2)/2$, 当 n 为偶数时) 个自由度为 $2l$ 的子系统的控制问题 (7.7.27).

当求解方程 (7.7.27) 得 $\boldsymbol{q}_s^{\mathrm{r}}$, $\boldsymbol{q}_s^{\mathrm{i}}$, $\boldsymbol{v}_s^{\mathrm{r}}$, $\boldsymbol{v}_s^{\mathrm{i}}$ 后, 将其代回变换 (7.7.22) 和 (7.7.23), 得原系统的解

$$\boldsymbol{y}=\boldsymbol{y}^{\mathrm{r}}+\mathrm{i}\boldsymbol{y}^{\mathrm{i}},\quad \boldsymbol{u}=\boldsymbol{u}^{\mathrm{r}}+\mathrm{i}\boldsymbol{u}^{\mathrm{i}},$$

易证 $\boldsymbol{y}^{\mathrm{i}}=\boldsymbol{0}$, $\boldsymbol{u}^{\mathrm{i}}=\boldsymbol{0}$. 所以原系统的解为实变量.

用实验方法来实现系统 (7.7.21) 的控制时, 按如下步骤进行:

首先，得到原系统观察值 $\boldsymbol{y}$ 后, 按式 (7.7.22) 分配各子系统的观察值, 得

$$\boldsymbol{q}=\overline{\boldsymbol{U}}_1^{\mathrm{T}}\boldsymbol{y},$$

即

$$\boldsymbol{q}_s^{\mathrm{r}}=\frac{1}{\sqrt{n}}[\begin{matrix}\boldsymbol{I} & \cos s\psi\boldsymbol{I} & \cdots & \cos(n-1)s\psi\boldsymbol{I}\end{matrix}](\boldsymbol{y}_1,\boldsymbol{y}_2,\cdots,\boldsymbol{y}_n)^{\mathrm{T}},$$

$$\boldsymbol{q}_s^{\mathrm{i}}=\frac{1}{\sqrt{n}}[\begin{matrix}\boldsymbol{0} & -\sin s\psi\boldsymbol{I} & \cdots & -\sin(n-1)s\psi\boldsymbol{I}\end{matrix}](\boldsymbol{y}_1,\boldsymbol{y}_2,\cdots,\boldsymbol{y}_n)^{\mathrm{T}};$$

其次，由子系统 (7.7.27) 设计出输入 $\boldsymbol{v}_s^{\mathrm{r}}$ 和 $\boldsymbol{v}_s^{\mathrm{i}}$;

最后，按照式 (7.7.23) 将 $\boldsymbol{v}_s$ 合成为原系统 (7.7.21) 的输入 $\boldsymbol{u}$.

因此, 经以上三步骤后, 使一个具有 $n\times l$ 维的控制系统 (7.7.21) 解耦为 1(或 2, 当 n 为偶数时) 个自由度为 l 的子控制系统和 $(n-1)/2$ (或 $(n-2)/2$, 当 n 为偶数时) 个自由度为 $2l$ 的子控制系统 (7.7.27).

7.7.3 链式结构振动控制的降维方法

链式结构为由 n 个相同的子结构用无质量的弹性和刚性连接成链式, 其两端固定, 每个子结构只和其前、后子结构连接, 而且它们是对称的. 现对每个子结构取位置相同的 p 个广义坐标. 这种结构的刚度矩阵 $\boldsymbol{K}$ 是分块三对角矩阵 (其中分块零子矩阵略):

$$\boldsymbol{K}=\begin{bmatrix}\boldsymbol{K}_{11} & \boldsymbol{K}_{12} & & & \\ \boldsymbol{K}_{12} & \boldsymbol{K}_{11} & \boldsymbol{K}_{12} & & \\ & \ddots & \ddots & \ddots & \\ & & \boldsymbol{K}_{12} & \boldsymbol{K}_{11} & \boldsymbol{K}_{12} \\ & & & \boldsymbol{K}_{12} & \boldsymbol{K}_{11}\end{bmatrix},$$

且

$$\boldsymbol{K}_{11}^{\mathrm{T}}=\boldsymbol{K}_{11},\quad \boldsymbol{K}_{12}^{\mathrm{T}}=\boldsymbol{K}_{12}.$$

其质量矩阵 $\boldsymbol{M}$ 具有与 $\boldsymbol{K}$ 同样的形式.

若每个子结构在相同的位置布置致动器, 设输入

$$\boldsymbol{u}=(\boldsymbol{u}_1,\boldsymbol{u}_2,\cdots,\boldsymbol{u}_n)^{\mathrm{T}}.$$

其分矢量 $\boldsymbol{u}_j$ 为 m 维矢量, 对第 j 个子结构的控制力为 $\boldsymbol{B}_{11}\boldsymbol{u}_j$, 对 $j-1$ 和 $j+1$ 子结构的控制力为对称的, 皆为 $\boldsymbol{B}_{12}\boldsymbol{u}_j$. 此时整体结构自由度为 $n\times p$, 其振动控制方程为

$$\boldsymbol{M}\ddot{\boldsymbol{w}}+\boldsymbol{K}\boldsymbol{w}+\boldsymbol{B}\boldsymbol{u}=\boldsymbol{0}, \tag{7.7.28}$$

其中 $\boldsymbol{B}$ 具有与 $\boldsymbol{K}$ 同样的形式.

对自由度很大的结构需要将广义坐标 $\boldsymbol{w}$ 凝聚为由传感器可以观测的变量 $\boldsymbol{y}$, 为了使凝聚后的系统保持链式系统, 在所有结构上设置相同数目 (l)、相同类型和相同位置的传感器. 记第 i 个子结构上的观测值为 $\boldsymbol{y}_i$, 这样整体系统的观测值为

$$\boldsymbol{y}=(\boldsymbol{y}_1,\boldsymbol{y}_2,\cdots,\boldsymbol{y}_n)^{\mathrm{T}}.$$

设定 $\boldsymbol{w}_i$ 只凝聚到 $\boldsymbol{y}_i$, 且对 $i=1,\ 2,\ \cdots,\ n$ 按相同规则凝聚. 因此

$$\boldsymbol{w}=\begin{bmatrix}\boldsymbol{w}_1\\ \boldsymbol{w}_2\\ \vdots\\ \boldsymbol{w}_n\end{bmatrix}=\begin{bmatrix}\boldsymbol{C}_{11} & & & \\ & \boldsymbol{C}_{11} & & \\ & & \ddots & \\ & & & \boldsymbol{C}_{11}\end{bmatrix}\begin{bmatrix}\boldsymbol{y}_1\\ \boldsymbol{y}_2\\ \vdots\\ \boldsymbol{y}_n\end{bmatrix}=\boldsymbol{C}\boldsymbol{y}, \tag{7.7.29}$$

式中矩阵 $\boldsymbol{C}$ 为分块对角矩阵 (其中分块零子矩阵略).

将式 (7.7.29) 代入方程 (7.7.28), 再左乘 $\boldsymbol{C}^{\mathrm{T}}$, 得自由度为 $n\times l$ 系统的控制问题:

$$\widetilde{\boldsymbol{M}}\ddot{\boldsymbol{y}}+\widetilde{\boldsymbol{K}}\boldsymbol{y}+\widetilde{\boldsymbol{B}}\boldsymbol{u}=\boldsymbol{0}, \tag{7.7.30}$$

其中 $\widetilde{\boldsymbol{M}}$, $\widetilde{\boldsymbol{K}}$ 和 $\widetilde{\boldsymbol{B}}$ 具有与刚度矩阵 $\boldsymbol{K}$ 相同的形式, 而

$$\widetilde{\boldsymbol{M}}_{11}=\boldsymbol{C}_{11}^{\mathrm{T}}\boldsymbol{M}_{11}\boldsymbol{C}_{11}=\widetilde{\boldsymbol{M}}_{11}^{\mathrm{T}},\quad \widetilde{\boldsymbol{M}}_{12}=\boldsymbol{C}_{11}^{\mathrm{T}}\boldsymbol{M}_{12}\boldsymbol{C}_{11}=\widetilde{\boldsymbol{M}}_{12}^{\mathrm{T}},$$

$$\widetilde{\boldsymbol{K}}_{11}=\boldsymbol{C}_{11}^{\mathrm{T}}\boldsymbol{K}_{11}\boldsymbol{C}_{11}=\widetilde{\boldsymbol{K}}_{11}^{\mathrm{T}},\quad \widetilde{\boldsymbol{K}}_{12}=\boldsymbol{C}_{11}^{\mathrm{T}}\widetilde{\boldsymbol{K}}_{12}\boldsymbol{C}_{11}=\widetilde{\boldsymbol{K}}_{12}^{\mathrm{T}},$$

$$\widetilde{\boldsymbol{B}}_{11} = \boldsymbol{C}_{11}^{\mathrm{T}}\boldsymbol{B}_{11}, \quad \widetilde{\boldsymbol{B}}_{12} = \boldsymbol{C}_{11}^{\mathrm{T}}\boldsymbol{B}_{12}.$$

利用 $\widetilde{\boldsymbol{M}}$, $\widetilde{\boldsymbol{K}}$, $\widetilde{\boldsymbol{B}}$ 为分块三对角矩阵的性质, 采用适当的坐标变换, 可以将方程 (7.7.30) 约简为 n 个自由度为 l 系统的控制问题. 令 $\phi = \pi/(n+1)$, 作变换

$$\boldsymbol{y} = \begin{bmatrix} \boldsymbol{y}_1 \\ \boldsymbol{y}_2 \\ \vdots \\ \boldsymbol{y}_n \end{bmatrix} = \sqrt{\frac{2}{n+1}} \begin{bmatrix} \sin\phi \boldsymbol{I}_l & \sin 2\phi \boldsymbol{I}_l & \cdots & \sin n\phi \boldsymbol{I}_l \\ \sin 2\phi \boldsymbol{I}_l & \sin 4\phi \boldsymbol{I}_l & \cdots & \sin 2n\phi \boldsymbol{I}_l \\ \vdots & \vdots & & \vdots \\ \sin n\phi \boldsymbol{I}_l & \sin 2n\phi \boldsymbol{I}_l & \cdots & \sin n^2\phi \boldsymbol{I}_l \end{bmatrix} \begin{bmatrix} \boldsymbol{q}_1 \\ \boldsymbol{q}_2 \\ \vdots \\ \boldsymbol{q}_n \end{bmatrix}$$

$$= \boldsymbol{R}_1\boldsymbol{q}, \tag{7.7.31}$$

$$\boldsymbol{u} = (\boldsymbol{u}_1, \boldsymbol{u}_2, \cdots, \boldsymbol{u}_n)^{\mathrm{T}} = \boldsymbol{R}_2\boldsymbol{v}, \tag{7.7.32}$$

其中 $\boldsymbol{R}_1$ 与 $\boldsymbol{R}_2$ 的形式一样, 只是将 $\boldsymbol{I}_l$ 换为 $\boldsymbol{I}_m$. 将式 (7.7.31) 和 (7.7.32) 代入方程 (7.7.30), 再左乘 $\boldsymbol{R}_1^{\mathrm{T}}$，得

$$\boldsymbol{R}_1^{\mathrm{T}}\widetilde{\boldsymbol{K}}\boldsymbol{R}_1 = \mathrm{diag}\,(\boldsymbol{K}_1, \boldsymbol{K}_2, \cdots, \boldsymbol{K}_n), \quad \boldsymbol{K}_s = \widetilde{\boldsymbol{K}}_{11} + 2\cos s\phi\widetilde{\boldsymbol{K}}_{12}, s = 1, 2, \cdots, n,$$

$$\boldsymbol{R}_1^{\mathrm{T}}\widetilde{\boldsymbol{M}}\boldsymbol{R}_1 = \mathrm{diag}\,(\boldsymbol{M}_1, \boldsymbol{M}_2, \cdots, \boldsymbol{M}_n), \quad \boldsymbol{M}_s = \widetilde{\boldsymbol{M}}_{11} + 2\cos s\phi\widetilde{\boldsymbol{M}}_{12}, s = 1, 2, \cdots, n,$$

$$\boldsymbol{R}_1^{\mathrm{T}}\widetilde{\boldsymbol{B}}\boldsymbol{R}_2 = \mathrm{diag}\,(\boldsymbol{B}_1, \boldsymbol{B}_2, \cdots, \boldsymbol{B}_n), \quad \boldsymbol{B}_s = \widetilde{\boldsymbol{B}}_{11} + 2\cos s\phi\widetilde{\boldsymbol{B}}_{12}, s = 1, 2, \cdots, n.$$

这样, 原来自由度为 $n \times l$ 系统的控制问题 (7.7.30) 被简化为 n 个自由度为 l 系统的控制问题：

$$\boldsymbol{M}_s\ddot{\boldsymbol{q}}_s + \boldsymbol{K}_s\boldsymbol{q}_s + \boldsymbol{B}_s\boldsymbol{v}_s = \boldsymbol{0}, \quad s = 1, 2, \cdots, n. \tag{7.7.33}$$

为实现系统 (7.7.30) 的控制, 可采用以下步骤：

首先，将获得的整体系统的观测量 $\boldsymbol{y}$ 按式 (7.7.31) 分解为

$$\boldsymbol{q} = (\boldsymbol{q}_1, \boldsymbol{q}_2, \cdots, \boldsymbol{q}_n)^{\mathrm{T}} = \boldsymbol{R}_1^{\mathrm{T}}\boldsymbol{y};$$

其次，将 $\boldsymbol{q}_s$ 输入子系统 (7.7.33), 按这些子系统设计出反馈输入 $\boldsymbol{v}_s$;

最后，将 $\boldsymbol{v}_s$ 按式 (7.7.32) 组合, 作为整体系统的输入 $\boldsymbol{u}$.

经以上三个步骤，即可实现整体系统的控制.

综上所述，本节给出了对称结构、循环周期结构和链式结构的振动控制的降维方法. 作为一个简例, 考虑每个子结构只有一个传感器和一个致动器的情形. 运用本节给出的降维方法, 对于对称结构, 一个双输入双输出的控制系统可以被缩减为两个单输入单输出的控制系统. 对于 n 阶循环周期结构, 一个 n 输

入 n 输出的控制系统可以被缩减为 1 (或 2, 如 n 为偶数) 个单输入单输出的控制系统和 $(n-1)/2$ (或 $(n-2)/2$, 如 n 为偶数) 个双输入双输出的控制系统. 对于链式结构, 一个 n 输入 n 输出的控制系统可以被缩减为 n 个单输入单输出的控制系统.

本节最后需要指出, 对于重复性结构的静态形状控制问题 [118], 与处理上述振动控制问题完全一样, 只是不计惯性项, 使问题大为简化.

本节内容取自参考文献 [80, 81].

本章最后顺便提及, 各种重复性结构可以是多重的. 例如, 一个具有均匀边条件的正六面均匀弹性体, 此结构具有三个互相垂直的镜面对称面, 它是三重对称结构，而且在 1/8 区域的变形情况仍有对称面. 一个圆环截面的圆环形壳是二重轴对称结构. 如图 7.20 所示的多个相同的弹簧、质点系统在平面内平行排列, 每排相同位置的质点间再用相同弹簧连接, 就成为二重的平面链式结构. 类似地，可以拓展成三重的三维链式结构. 各种重复性结构也可以是组合的, 如本章 7.2.4 分节中的例 2，它是一个循环周期结构, 是由 4 根梁组成的平面钢架. 在求它的第一、二组模态时, 即相邻子结构振型相同和相反的情形时, 子结构都是对称结构，但当求第三组模态, 即重频振型时, 子结构就不能当作对称结构了.

还有一个问题需要说明. 根据本章的论述, 求解一个重复性结构的特征值问题, 可以分解为求解一系列子结构的特征值问题, 但并未涉及解是否存在. 关于结构的特征值问题解的存在性问题将在第九章中论及.

第八章　一般结构模态的三项定性性质

本章论述一般结构模态的三项定性性质, 即: 连续系统的结构参数对固有频率的影响; 二阶自共轭微分方程所描述的结构的第 i 阶振型的节将结构所占区域分成的子区域不多于 i 个; 离散系统中与集聚 (也称密集) 固有频率相应的单个振型矢量对结构参数的改变很敏感, 但是与相应的振型矢量的子空间对结构参数的改变却不敏感.

8.1　结构参数改变对固有频率的影响

结构的固有频率 f 和振型 $u(x)$ 满足微分方程

$$\begin{cases} Au(x) = \lambda\rho(x)u(x), & \Omega \text{ 内}, \\ Bu(x) = 0, & \partial\Omega\text{上}, \end{cases} \tag{8.1.1}$$

式中 A 为结构理论微分算子, B 为边条件微分算子, $\lambda = (2\pi f)^2$, Ω 是结构所占据的区域, $\partial\Omega$ 是 Ω 的边界. 上式中的第一式也称为模态方程. 例如, 梁的模态方程为

$$[EJu''(x)]'' = \lambda\rho(x)u(x), \qquad 0 < x < l. \tag{8.1.2}$$

一般的边条件为

$$\begin{cases} [EJ(x)u''(x)]'\,|_{x=0} + h_1u(0) = 0 = [EJ(x)u''(x)]'\,|_{x=l} - h_2u(l), \\ EJ(0)u''(0) - \beta_1u'(0) = 0 = EJ(l)u''(l) + \beta_2u'(l). \end{cases} \tag{8.1.3}$$

探讨结构的刚度 (如梁的抗弯刚度 $EJ(x)$) 和质量 (如梁的质量密度 $\rho(x)$) 的变化对固有频率和振型的影响, 难于借助于微分方程, 而利用变分方法却是很好的途径. 如果只从定性性质的角度探讨此问题, 利用 Rayleigh 商表达的特征值的极大–极小性质, 是最好的工具.

约定将两个函数 $u(x)$ 和 $v(x)$ 的乘积的积分表示为

$$\int_\Omega uv\mathrm{d}\Omega = (u, v). \tag{8.1.4}$$

当 u, v 为矢量函数时, uv 为矢量的内积. 记

$$(u, Au) = [u, u] = 2\Pi(u), \tag{8.1.5}$$

式中 $\Pi(u)$ 是结构的应变能; 记

$$(\rho u, u) = 2K(u), \tag{8.1.6}$$

式中 $K(u)$ 是结构的动能系数 (动能为 $\omega^2 K(u)$, ω 是系统的固有角频率). 以梁为例,

$$\Pi(u) = \frac{1}{2}\int_0^l EJ(x)(u'')^2 \mathrm{d}x + h_1 u^2(0) + h_2 u^2(l) + \beta_1[u'(0)]^2 + \beta_2[u'(l)]^2, \tag{8.1.7}$$

式中第一项是梁的本体的应变能, 后 4 项是弹性边界的应变能; 而动能系数

$$K(u) = \frac{1}{2}\int_0^l \rho u^2 \mathrm{d}x. \tag{8.1.8}$$

显然, 应变能的值决定于结构的刚度分布, 动能系数的值决定于结构的质量分布.

引进一个泛函——Rayleigh 商 $R(u)$:

$$R(u) = \frac{(Au, u)}{(\rho u, u)} = \frac{\Pi(u)}{K(u)},$$

它在物理和数学的研究中起着重要的作用.

8.1.1 特征值的极值性质

使应变能 $\Pi(u) = [u, u]/2$ 存在的一类函数称为可能 (允许) 位移函数. 例如, 由式 (8.1.7), 梁的可能位移函数是具有二阶微商的函数, 其斜率是连续的. 而杆的可能位移函数只需具有一阶微商, 位移函数本身连续.

在可能位移函数集内特征值的初值具有下述性质:

(1) 在可能位移函数集内, 使 $R(u)$ 商达到极小值的位移函数是第一阶振型 u_1, 而极小值为第一阶特征值 λ_1:

$$\lambda_1 = \min \frac{[u, u]}{(\rho u, u)} = \frac{[u_1, u_1]}{(\rho u_1, u_1)}, \tag{8.1.9}$$

式中 $\lambda_1 = \omega_1^2 = (2\pi f_1)^2$, f_1 为第一阶固有频率.

(2) 在与前 $n-1$ 阶振型正交的可能位移函数集内, 使 $R(u)$ 达到极小值的位移函数是第 n 阶振型 u_n, 而极小值为第 n 阶特征值 λ_n:

$$\lambda_n = \min \frac{[u,u]}{(\rho u,u)} = \frac{[u_n,u_n]}{(\rho u_n,u_n)}, \quad (\rho u,u_i)=0;\ i=1,2,\cdots,n-1. \tag{8.1.10}$$

第九章的 9.2.3 分节中, 将证明上述两个性质, 并在 9.3.2 分节中证明这些解的存在性. 在这两个特征值的极小性质的基础上, 可得如下的特征值的极大–极小性质.

定理 8.1 在可能位移函数集内, 任意给定 $n-1$ 个函数 $v_i(i=1,2,\cdots,n-1)$. 在

$$(\rho u, v_i)=0, \quad i=1,2,\cdots,n-1$$

的条件下, $R(u)=[u,u]/(\rho u,u)$ 的极小值为 $d(v_1,v_2,\cdots,v_{n-1})$. 当 $v_1,v_2,\cdots,v_{n-1}$ 遍及可能位移函数集时, $R(u)$ 在第 n 阶振型 u_n 达到极小值 d 的极大值, 其值为 λ_n:

$$\lambda_n = \max\min \frac{[u,u]}{(\rho u,u)} = \frac{[u_n,u_n]}{(\rho u_n,u_n)}. \tag{8.1.11}$$

证明 (1) 当所选函数 $v_i(i=1,2,\cdots,n-1)$ 是前 $n-1$ 阶振型时, 由前面的性质 (8.1.10) 可知

$$d(u_1,u_2,\cdots,u_{n-1})=\lambda_n.$$

(2) 我们要证, 对任意的 $v_i(i=1,2,\cdots,n-1)$, 有 $d(v_1,v_2,\cdots,v_{n-1})\leqslant\lambda_n$. 为此, 只需找出一个特殊的函数 q, 满足

$$(\rho q, v_i)=0, \quad i=1,2,\cdots,n-1,$$

并使 $[q,q]\leqslant\lambda_n$. 而极小值 $d(v_1,v_2,\cdots,v_{n-1})\leqslant[q,q]$, 所以, $d(v_1,v_2,\cdots,v_{n-1})\leqslant\lambda_n$.

(3) 令 q 为前 n 阶振型的线性组合:

$$q=\sum_{i=1}^{n} c_i u_i.$$

利用

$$(\rho q, v_i)=0, \quad i=1,2,\cdots,n-1$$

以及

$$[u_i,u_k]=0\ (i\neq k), \quad \frac{[u_i,u_i]}{(\rho u_i,u_i)}=\lambda_i$$

等条件, 不难得到

$$[q,q] \leqslant \lambda_n. \qquad \blacksquare$$

详细证明可参见参考文献 [2] 的第六章第 1 节.

8.1.2 结构参数对固有频率的影响

由上述特征值的极大–极小性质, 即定理 8.1, 可以引出两条原理:

原理 1 加强极小问题中的条件, 极小值不减小, 可能增大或不变; 反之, 放宽条件, 极小值减小或不变.

原理 2 给定两个极小问题, 其可能位移函数为同一族 $\{\varphi\}$. 设对每一个 φ, 第一问题中泛函的值不小于第二问题中泛函的值, 则第一问题的极小值也不小于第二问题的极小值.

由定理 8.1 和上述两条原理, 可以得到许多结构参数和固有频率之间的定性关系. 下面列出工程中比较关心的一些定性关系.

(1) 若结构的质量在结构的各点增大或不变, 则其各阶固有频率减小或不变; 若质量在结构的各点减小或不变, 则其各阶固有频率增大或不变.

设结构的质量密度 ρ 单调改变, $\rho' \geqslant \rho$, 则对于每一个可能位移函数 u 而言, 遵从

$$\frac{[u,u]}{(\rho u,u)} \geqslant \frac{[u,u]}{(\rho' u,u)}.$$

可以看出, 上式等号左边项的下确界不小于等号右边项的下确界. 由原理 2 所考虑的两个泛函的下确界的极大之间有与函数 ρ 和 ρ' 相反的大小关系.

(2) 若结构的刚度在结构的各点增大或不变, 则其各阶固有频率增大或不变; 若结构的刚度在各点减小或不变, 则其各阶固有频率减小或不变.

因 $[u,u]$ 是结构的两倍应变能, 当刚度在整个结构的各点都变大或不变, 则对每一个可能位移函数 u 而言, $[u,u]$ 变大或不变. 由原理 2, λ_n 也变大或不变. 当刚度按相反方向变化时, λ_n 也按相反方向变化.

(3) 若在一维结构的某阶振型的一些节点处, 或二维 (三维) 的某阶振型的节线 (节面) 上, 增设刚性或弹性支承, 则此阶的固有频率和振型都不会改变.

设在振型 u_j 的节点 (或节线、节面) 上施加集中质量, 或设置刚性或弹性支承时, 都不改变结构的这一阶振型所对应的应变能 $[u_j,u_j]/2$ 和动能系数 $(\rho u_j,u_j)/2$, 故仍有

$$\lambda_j = \frac{[u_j,u_j]}{(\rho u_j,u_j)}.$$

(4) 若弹性支承边界的弹簧常数增大 (或减小), 则各阶固有频率增大 (或减小).

按上述原理 2, 如果改变边界弹簧刚度, 则对每一个可能位移函数 u, 其应变能 $[u,u]/2$ 的值皆按弹簧刚度改变的方向改变. 因此对给定的 v_i, 应变能 $[u,u]/2$ 的下确界按同一方向改变. 这些下确界的极大也按此方向改变.

(5) 若对结构增加一个约束, 则其各阶固有频率增大或不变. 反之, 除去一个约束, 则其各阶固有频率减小或不变.

系统所受的任一约束, 是加给可能位移函数的附加条件. 当极大–极小问题中加于可能位移函数 u 的条件加强时, 则下确界 $d(v_1, v_2, \cdots, v_{n-1})$ 增加或不减. 因此这些下确界的极大也增加或不减. 此下确界的极大即特征值 λ_n. 相反地, 当除去一个约束时, λ_n 将减小或不变.

(6) 周边固定的结构的第 i 阶固有频率, 必大于或等于其具有部分弹性边界的同一结构的第 i 阶固有频率.

(7) 在固定边条件下, 若结构区域缩小, 则各阶固有频率增大或不变.

性质 (7) 可拓展为更一般的性质: 在边条件为 $u=0$ 的情况下, 区域 Ω 的第 n 个特征值 λ_n, 不大于诸子区域 $G^{(i)}$ 的混合特征值序列中的第 n 个特征值 λ_n^*, 这个序列是按特征值的增序排列的, 并计入各特征值的重数.

(8) 若结构具有弹性支承, 则结构的固有频率连续依赖于弹性支承的弹簧常数.

(9) 当结构的边界及其法线方向连续改变时, 结构的固有频率也连续改变.

上面给出的结构参数对固有频率的影响, 适合于一维、二维结构和弹性体. 这些性质都是定性的. 它们都可作精确的定量分析. 例如, 参考文献 [82~84].

本分节主要内容选自参考文献 [2] 的第六章第 2 节.

8.2 振型的节的一个共同性质

振型的节, 就是一个振型函数取零的全部点. 对一维结构, 如弦、杆、梁, 节是节点; 对二维结构, 如膜、板、壳、二维弹性体, 以及容器内液体表面等, 节是节线; 对三维弹性体, 节是节面.

本节讨论一个在理论和实际应用中都很有兴趣的关于节的定性性质. 它是

由 Courant 于 1923 年发现的[2].

定理 8.2 给定区域 Ω(可为一、二、三维区域) 上的自共轭二阶微分方程的特征值问题

$$Au = \lambda\rho u, \quad \rho > 0$$

具有任意齐次边条件. 如果把它的特征值按递增的次序排列 (对于 k 重特征值, 认为是 k 个相等的特征值), 则第 n 阶特征函数 u_n 的节将区域 Ω 分成的子区域不多于 n 个.

关于此定理的证明, 早在 1923 年已由 Courant 给出, 但比较复杂, 后由 Pleijel[64] 于 1956 年给出了比较简单的证明. 对此定理的证明有兴趣的读者可参阅相关文献.

作为这个定理的特殊情形, 一维区域的自共轭二阶微分方程的特征值问题的第 n 阶特征函数, 它将区域 Ω 恰好分成 n 个子区域, 也就是第 n 阶特征函数恰有 $n-1$ 个节点.

定理 8.3 Sturm-Liouville 问题的第 n 阶特征函数的节点把区间 $[0,l]$ 恰好分为 n 段.

以上两个定理告诉我们, Sturm-Liouville 系统代表的有或无弹性地基的弦、杆的第 i 阶振型恰有 $i-1$ 个节点. 这在第四章中已给予充分论证. 薄膜、容器中理想流体表面波的振动的第 n 阶振型的节线或节面将区域 Ω 分成的子区域不多于 n 个.

8.3 模态对结构参数改变的敏感性

在一些工程问题中, 结构模态对结构参数改变的敏感性颇受关注. 在某些情况下, 人们希望模态对结构参数的改变尽量敏感, 以便对该性质加以利用. 在另一些情况下, 人们需要模态对结构参数的改变不敏感, 以便保持结构功能的稳定.

关于结构的离散系统的模态对结构参数改变的敏感性问题, 也就是实对称矩阵的特征值和特征矢量对矩阵摄动的敏感性问题, 有关的理论和算法已经比较完善[85~87]. 关于连续系统的模态对结构参数改变的敏感性问题, 涉及微分方程的特征值和特征函数对方程参数摄动的敏感性, 有关文献较少. 这方面的研究是值得期待的.

本节只限于讨论实对称矩阵的特征值和特征矢量对矩阵摄动的敏感性的定性性质, 不涉及定量分析和计算.

需要指出, 定量分析中的计算误差, 实验中的测量误差, 如同结构参数的微小改变一样, 也都视为矩阵的摄动.

通过下面各分节的论证, 将给出结构振动中理论与应用都十分重要的几点定性性质:

(1) 单固有频率对结构参数的改变不敏感, 重固有频率的情况比较复杂.

(2) 当振型对应的固有频率不属于集聚固有频率区时, 振型对结构参数的改变不敏感.

(3) 当振型对应的固有频率属于集聚固有频率区时, 单个振型对结构参数的改变敏感.

(4) 当振型对应的固有频率属于集聚固有频率区时, 由振型组成的子空间对结构参数的改变不敏感.

许多工程结构, 尤其是大型柔性结构, 存在集聚固有频率, 因此在进行动力响应分析和结构控制时, 需要避免使用单个振型, 而宜于使用集聚固有频率区对应的振型子空间.

8.3.1 实对称矩阵特征值的敏感性

矩阵特征值理论已证明, 实对称矩阵的特征值, 单特征值对应的特征矢量, 以及重特征值对应的特征矢量子空间对矩阵元的改变具有连续性.

特征值和特征矢量对矩阵改变的敏感性是指, 当矩阵元有微小改变 (称为摄动) 时, 特征值和特征矢量的改变相对矩阵元的改变的敏感程度. 这种敏感性的数学表示有不同的形式. 粗略地说, 当矩阵元作微小改变时, 引起特征值 (特征矢量) 的改变很大, 则称特征值 (特征矢量) 的改变是敏感的, 特征值是病态的. 反之, 特征值 (特征矢量) 的改变很小, 则称特征值 (特征矢量) 的改变是不敏感的, 特征值是良态的.

本节关注的是结构振动的固有频率和振型对结构参数变化的敏感性问题. 结构的离散系统的刚度矩阵是实对称矩阵, 质量矩阵也是实对称矩阵, 且通常只是对角矩阵. 所以本节只讨论正定或半正定实对称矩阵的特征值和特征矢量对矩阵摄动的敏感性问题. 因为结构参数改变后的结构的刚度矩阵、质量矩阵仍是实对称矩阵, 所以摄动矩阵也是实对称矩阵.

1. 特征值的极值性质

为了论述特征值对矩阵摄动的敏感性问题, 需要先涉及特征值的极值性质. 在 8.1 节讨论了与连续系统相关的微分方程的特征值的极值性质. 本节讨论的是与离散系统相关的矩阵的相应问题. 两者的论证方法和结论是相似的.

设 n 阶实对称矩阵 $\boldsymbol{A}$ 的特征值 $\lambda_1 \leqslant \lambda_2 \leqslant \cdots \leqslant \lambda_n$ 按升序排列. 相应的特征矢量 $\boldsymbol{x}_1, \boldsymbol{x}_2, \cdots, \boldsymbol{x}_n$ 组成特征矢量矩阵 $\boldsymbol{Q} = [\boldsymbol{x}_1 \quad \boldsymbol{x}_2 \quad \cdots \quad \boldsymbol{x}_n]$. 与矩阵 $\boldsymbol{A}$ 相应的 Rayleigh 商为 $R = \boldsymbol{x}^{\mathrm{T}}\boldsymbol{A}\boldsymbol{x}/\boldsymbol{x}^{\mathrm{T}}\boldsymbol{x}$.

定理 8.4 (特征值的极小性质 1) 特征矢量 $\boldsymbol{x}_1$ 使 Rayleigh 商达到最小值 λ_1. 即

$$\lambda_1 = \min_{x \neq 0} \frac{\boldsymbol{x}^{\mathrm{T}}\boldsymbol{A}\boldsymbol{x}}{\boldsymbol{x}^{\mathrm{T}}\boldsymbol{x}}. \tag{8.3.1}$$

证明 为推导方便, 给以约束条件 $\boldsymbol{x}^{\mathrm{T}}\boldsymbol{x} = 1$. 因为 $\boldsymbol{A}$ 是实对称矩阵, 于是存在正交矩阵, 实际上是特征矢量矩阵 $\boldsymbol{Q}$, 使

$$\boldsymbol{Q}^{\mathrm{T}}\boldsymbol{A}\boldsymbol{Q} = \mathrm{diag}(\lambda_1,\ \lambda_2,\ \cdots,\ \lambda_n). \tag{8.3.2}$$

引进矢量 $\boldsymbol{y} = (y_1,\ y_2,\ \cdots,\ y_n)^{\mathrm{T}}$, 令

$$\boldsymbol{x} = \boldsymbol{Q}\boldsymbol{y}. \tag{8.3.3}$$

则

$$\boldsymbol{x}^{\mathrm{T}}\boldsymbol{A}\boldsymbol{x} = \boldsymbol{y}^{\mathrm{T}}\boldsymbol{Q}^{\mathrm{T}}\boldsymbol{A}\boldsymbol{Q}\boldsymbol{y} = \boldsymbol{y}^{\mathrm{T}}\mathrm{diag}(\lambda_1, \lambda_2, \cdots, \lambda_n)\boldsymbol{y} = \sum_{i=1}^{n} \lambda_i y_i^2. \tag{8.3.4}$$

注意到

$$\boldsymbol{x}^{\mathrm{T}}\boldsymbol{x} = \boldsymbol{y}^{\mathrm{T}}\boldsymbol{Q}^{\mathrm{T}}\boldsymbol{Q}\boldsymbol{y} = \boldsymbol{y}^{\mathrm{T}}\boldsymbol{y} = \sum_{i=1}^{n} y_i^2, \tag{8.3.5}$$

于是原问题 (8.3.1) 等价于求

$$R = \sum_{i=1}^{n} \lambda_i y_i^2 \tag{8.3.6}$$

在条件 $\sum\limits_{i=1}^{n} y_i^2 = 1$ 下的最小值. 显然, R 的最小值为 λ_1 且在 $y_1 = 1$ 即对应第一特征矢量 $\boldsymbol{x}_1$ 时达到. ▌

定理 8.5 (特征值的极小性质 2) 在条件 $\boldsymbol{x}_j^{\mathrm{T}}\boldsymbol{x} = 0\ (j = 1, 2, \cdots, i-1)$ 下, 特征矢量 $\boldsymbol{x}_i$ 使 Rayleigh 商达到最小值 λ_i. 即

$$\lambda_i = \min_{x \neq 0} \frac{\boldsymbol{x}^{\mathrm{T}}A\boldsymbol{x}}{\boldsymbol{x}^{\mathrm{T}}\boldsymbol{x}}, \qquad \boldsymbol{x}_j^{\mathrm{T}}\boldsymbol{x} = 0, \quad j = 1, 2, \cdots, i-1. \tag{8.3.7}$$

证明 先看 $i=2$ 的情形. 沿用式 (8.3.2) 和 (8.3.3). 由 $\boldsymbol{x}_1^{\mathrm{T}}\boldsymbol{x}=0$, 有

$$0=\boldsymbol{x}_1^{\mathrm{T}}\boldsymbol{x}=\boldsymbol{x}_1^{\mathrm{T}}\boldsymbol{Q}\boldsymbol{y}=\boldsymbol{e}_1^{\mathrm{T}}\boldsymbol{Q}^{\mathrm{T}}\boldsymbol{Q}\boldsymbol{y}=\boldsymbol{e}_1^{\mathrm{T}}\boldsymbol{y}, \tag{8.3.8}$$

其中矢量 $\boldsymbol{e}_1=(1,0,\cdots,0)^{\mathrm{T}}$.

式 (8.3.8) 表示施加在矢量 $\boldsymbol{y}$ 上的约束, 即其第一个分量 y_1 应为零. 由式 (8.3.7), 此时 R 的最小值为 λ_2, 应在矢量 $\boldsymbol{y}$ 的第二个分量 $y_2=1$ 时达到. 由式 (8.3.3), 即在特征矢量 $\boldsymbol{x}=\boldsymbol{x}_2$ 时 R 达到最小值 λ_2.

按此类推, 得到式 (8.3.7) 的结果. ▎

定理 8.6 (特征值的极大–极小性质) 设 $\boldsymbol{p}_j(j=1,2,\cdots,i-1<n)$ 是任意 $i-1$ 个非零实矢量. 在条件

$$\boldsymbol{p}_j^{\mathrm{T}}\boldsymbol{x}=0,\quad j=1,\ 2,\ \cdots,\ i-1 \tag{8.3.9}$$

下, Rayleigh 商有最小值. 当 $\boldsymbol{p}_j$ 遍及所有可能的非零矢量时, 这些最小值的最大值为特征值 λ_i, 即

$$\lambda_i=\max\ \min\frac{\boldsymbol{x}^{\mathrm{T}}\boldsymbol{A}\boldsymbol{x}}{\boldsymbol{x}^{\mathrm{T}}\boldsymbol{x}}, \tag{8.3.10}$$

证明 (1) 当所选矢量 $\boldsymbol{p}_j$ 为前 $i-1$ 个特征矢量 $\boldsymbol{x}_j(j=1,2,\cdots,i-1)$ 时, 由定理 8.5 中的式 (8.3.7), Rayleigh 商的最小值

$$d(\boldsymbol{x}_1,\boldsymbol{x}_2,\cdots,\boldsymbol{x}_{i-1})=\min_{x\neq 0}\frac{\boldsymbol{x}^{\mathrm{T}}\boldsymbol{A}\boldsymbol{x}}{\boldsymbol{x}^{\mathrm{T}}\boldsymbol{x}}=\lambda_i. \tag{8.3.11}$$

(2) 要证明对任意的 $\boldsymbol{p}_j(j=1,2,\cdots,i-1)$, 有 $d(\boldsymbol{p}_1,\boldsymbol{p}_2,\cdots,\boldsymbol{p}_{i-1})\leqslant\lambda_i$. 为此, 只要找出一个特殊的矢量 $\boldsymbol{q}$, 满足

$$\boldsymbol{p}_j^{\mathrm{T}}\boldsymbol{q}=0,\quad j=1,2,\cdots,i-1; \tag{8.3.12}$$

并使 $\boldsymbol{q}^{\mathrm{T}}\boldsymbol{A}\boldsymbol{q}\leqslant\lambda_i$, 从而有最小值

$$d(\boldsymbol{p}_1,\boldsymbol{p}_2,\cdots,\boldsymbol{p}_{i-1})\leqslant\boldsymbol{q}^{\mathrm{T}}\boldsymbol{A}\boldsymbol{q}\leqslant\lambda_i.$$

(3) 为了寻找出具有条件 (8.3.12) 的矢量 $\boldsymbol{q}$, 令 $\boldsymbol{q}$ 为前 i 阶特征矢量的线性组合

$$\boldsymbol{q}=\sum_{j=1}^{i}c_j\boldsymbol{x}_j, \tag{8.3.13}$$

其中 $c_j(j=1,2,\cdots,i)$ 为常数. 现要求 $\boldsymbol{q}$, 使其满足下述条件:

$$\boldsymbol{p}_j^{\mathrm{T}}\boldsymbol{q}=0,\quad j=1,2,\cdots,i-1. \tag{8.3.14}$$

上式为 $c_j(j=1,\ 2,\ \cdots,\ i)$ 的 $i-1$ 个线性齐次方程, 加上归一化条件

$$\boldsymbol{q}^{\mathrm{T}}\boldsymbol{q}=1, \tag{8.3.15}$$

共 i 个方程. 因此可以寻找出适当的 $c_j(j=1,\ 2,\ \cdots,\ i)$, 使得由式 (8.3.13) 确定的矢量 $\boldsymbol{q}$ 在满足条件 (8.3.14) 和 (8.3.15) 之下, 有

$$\begin{aligned}\boldsymbol{q}^{\mathrm{T}}\boldsymbol{A}\boldsymbol{q}&=(c_1,c_2,\cdots,c_i)\begin{pmatrix}\boldsymbol{x}_1^{\mathrm{T}}\\\boldsymbol{x}_2^{\mathrm{T}}\\\vdots\\\boldsymbol{x}_i^{\mathrm{T}}\end{pmatrix}\cdot\boldsymbol{A}\cdot(\boldsymbol{x}_1,\boldsymbol{x}_2,\cdots,\boldsymbol{x}_i)\begin{pmatrix}c_1\\c_2\\\vdots\\c_i\end{pmatrix}\\&=\sum_{j=1}^{i}c_j^2\lambda_j\leqslant\lambda_i\sum_{j=1}^{i}c_j^2=\lambda_i.\end{aligned}$$

定理得证. ▌

2. **实对称矩阵的特征值对矩阵摄动的敏感性**

记矩阵 $\boldsymbol{A}$ 的按升序排列的第 i 阶特征值为 $\lambda_i(\boldsymbol{A})$.

定理 8.7 设 $\boldsymbol{A}$ 和 $\boldsymbol{E}$ 为 n 阶实对称矩阵, 则

$$\lambda_i(\boldsymbol{A})+\lambda_1(\boldsymbol{E})\leqslant\lambda_i(\boldsymbol{A}+\boldsymbol{E})\leqslant\lambda_i(\boldsymbol{A})+\lambda_n(\boldsymbol{E}),\quad i=1,2,\cdots,n. \tag{8.3.16}$$

证明 记 $\boldsymbol{A}+\boldsymbol{E}=\boldsymbol{C}$, 由定理 8.6, 有

$$\lambda_i(\boldsymbol{C})=\max\min(\boldsymbol{x}^{\mathrm{T}}\boldsymbol{C}\boldsymbol{x}),$$
$$\boldsymbol{x}^{\mathrm{T}}\boldsymbol{x}=1,\qquad \boldsymbol{p}_j^{\mathrm{T}}\boldsymbol{x}=0,\quad j=1,2,\cdots,i-1,$$

式中 $\boldsymbol{p}_j$ 取遍所有可能的非零矢量.

若任取一组矢量 $\boldsymbol{p}_j(j=1,2,\cdots,i-1)$, 则

$$\lambda_i(\boldsymbol{C})\geqslant\min(\boldsymbol{x}^{\mathrm{T}}\boldsymbol{C}\boldsymbol{x})=\min(\boldsymbol{x}^{\mathrm{T}}\boldsymbol{A}\boldsymbol{x}+\boldsymbol{x}^{\mathrm{T}}\boldsymbol{E}\boldsymbol{x}). \tag{8.3.17}$$

记 $\boldsymbol{A}$ 的特征矢量矩阵为 $\boldsymbol{Q}$, 则

$$\boldsymbol{Q}^{\mathrm{T}}\boldsymbol{A}\boldsymbol{Q}=\mathrm{diag}(\lambda_1,\lambda_2,\cdots,\lambda_n).$$

取 $\boldsymbol{p}_j=\boldsymbol{Q}\boldsymbol{e}_j$, 其中 $\boldsymbol{e}_j$ 为第 j 个分量为 1, 其余分量为 0 的 n 维列矢量.

沿用式 (8.3.3) 的变换 $\boldsymbol{x}=\boldsymbol{Q}\boldsymbol{y}$, 则有

$$0=\boldsymbol{p}_j^{\mathrm{T}}\boldsymbol{x}=(\boldsymbol{Q}\boldsymbol{e}_j)^{\mathrm{T}}\boldsymbol{x}=\boldsymbol{e}_j^{\mathrm{T}}\boldsymbol{Q}^{\mathrm{T}}\boldsymbol{x}=\boldsymbol{e}_j^{\mathrm{T}}\boldsymbol{y},\qquad j=1,2,\cdots,i-1. \tag{8.3.18}$$

由此组方程得到 $\boldsymbol{y}$ 的前 $i-1$ 个分量为 0, 由式 (8.3.17) 得

$$\begin{aligned}\lambda_i(\boldsymbol{C}) &\geqslant \min(\boldsymbol{x}^{\mathrm{T}}\boldsymbol{A}\boldsymbol{x}+\boldsymbol{x}^{\mathrm{T}}\boldsymbol{E}\boldsymbol{x}) = \min(\boldsymbol{y}^{\mathrm{T}}\boldsymbol{Q}^{\mathrm{T}}\boldsymbol{A}\boldsymbol{Q}\boldsymbol{y}+\boldsymbol{x}^{\mathrm{T}}\boldsymbol{E}\boldsymbol{x}) \\ &= \min\left(\sum_{j=1}^{n}\lambda_j(\boldsymbol{A})y_j^2+\boldsymbol{x}^{\mathrm{T}}\boldsymbol{E}\boldsymbol{x}\right).\end{aligned}$$

由于

$$\sum_{j=i}^{n}\lambda_j(\boldsymbol{A})y_j^2 \geqslant \lambda_i(\boldsymbol{A}),$$

而对于任意的 $\boldsymbol{x}$, 由定理 8.4, 有

$$\boldsymbol{x}^{\mathrm{T}}\boldsymbol{E}\boldsymbol{x} \geqslant \lambda_1(\boldsymbol{E}),$$

从而

$$\lambda_i(\boldsymbol{C}) \geqslant \lambda_i(\boldsymbol{A})+\lambda_1(\boldsymbol{E}). \tag{8.3.19}$$

即式 (8.3.16) 左边的不等式成立. 下面证明其右边的不等式也成立.

由 $\boldsymbol{A}=\boldsymbol{C}+(-\boldsymbol{E})$, 而 $-\boldsymbol{E}$ 的特征值按升序排列为

$$-\lambda_n(\boldsymbol{E}),\ -\lambda_{n-1}(\boldsymbol{E}),\ \cdots,\ -\lambda_1(\boldsymbol{E})$$

以及式 (8.3.19), 有

$$\lambda_i(\boldsymbol{A}) \geqslant \lambda_i(\boldsymbol{C})+\lambda_n(-\boldsymbol{E}).$$

即

$$\lambda_i(\boldsymbol{C}) \leqslant \lambda_i(\boldsymbol{A})+\lambda_n(\boldsymbol{E}). \tag{8.3.20}$$

由式 (8.3.19) 和 (8.3.20) 得式 (8.3.16). ▎

定理 8.7 表明, 当矩阵 $\boldsymbol{A}$ 有一摄动矩阵 $\boldsymbol{E}$ 后, $\boldsymbol{A}$ 的所有特征值得到一个摄动量, 它介于 $\boldsymbol{E}$ 的最小和最大特征值之间. 此结果与 $\boldsymbol{A}$, $\boldsymbol{E}$ 和 $\boldsymbol{A}+\boldsymbol{E}$ 各自的特征值的重数无关.

定理 8.8　设 $\boldsymbol{A}$ 和 $\boldsymbol{A}+\boldsymbol{E}$ 是 n 阶实对称矩阵, 则

$$|\lambda_i(\boldsymbol{A}+\boldsymbol{E})-\lambda_i(\boldsymbol{A})| \leqslant \|\boldsymbol{E}\|_2\,. \tag{8.3.21}$$

证明　由定理 8.7, 有

$$|\lambda_i(\boldsymbol{A}+\boldsymbol{E})-\lambda_i(\boldsymbol{A})| \leqslant \max(|\lambda_1(\boldsymbol{E})|\,,\ |\lambda_n(\boldsymbol{E})|), \tag{8.3.22}$$

只需证明

$$\max(|\lambda_1(\boldsymbol{E})|\,,\ |\lambda_n(\boldsymbol{E})|) = \|\boldsymbol{E}\|_2\,. \tag{8.3.23}$$

式中 $\|\boldsymbol{E}\|_2$ 记为矩阵 $\boldsymbol{E}$ 的模, 其定义为

$$\|\boldsymbol{E}\|_2=\sup(\|\boldsymbol{Ex}\|_2\,/\,\|\boldsymbol{x}\|_2),$$

其中 $\boldsymbol{x}$ 为 n 维矢量, $\|\boldsymbol{x}\|_2$ 为矢量 $\boldsymbol{x}$ 的模; sup 意为上确界.

设 $\boldsymbol{Q}$ 为 $\boldsymbol{E}$ 的特征矢量矩阵, 有

$$\boldsymbol{Q}^{\mathrm{T}}\boldsymbol{EQ}=\mathrm{diag}(\lambda_1(\boldsymbol{E}),\lambda_2(\boldsymbol{E}),\cdots,\lambda_n(\boldsymbol{E}))=\boldsymbol{\Lambda}(\boldsymbol{E}).$$

由于 $\boldsymbol{Q}$ 是正交矩阵, 故

$$\begin{aligned}\|\boldsymbol{Q}^{\mathrm{T}}\boldsymbol{EQ}\|_2&=\sup\frac{(\boldsymbol{y}^{\mathrm{T}}(\boldsymbol{Q}^{\mathrm{T}}\boldsymbol{EQ})^{\mathrm{T}}(\boldsymbol{Q}^{\mathrm{T}}\boldsymbol{EQ})\boldsymbol{y})^{1/2}}{(\boldsymbol{y}^{\mathrm{T}}\boldsymbol{y})^{1/2}}\\&=\sup\frac{(\boldsymbol{y}^{\mathrm{T}}\boldsymbol{Q}^{\mathrm{T}}\boldsymbol{E}^{\mathrm{T}}\boldsymbol{EQy})^{1/2}}{(\boldsymbol{y}^{\mathrm{T}}\boldsymbol{Q}^{\mathrm{T}}\boldsymbol{Qy})^{1/2}}=\sup\frac{(\boldsymbol{x}^{\mathrm{T}}\boldsymbol{E}^{\mathrm{T}}\boldsymbol{Ex})^{1/2}}{(\boldsymbol{x}^{\mathrm{T}}\boldsymbol{x})^{1/2}}\\&=\sup\frac{\|\boldsymbol{Ex}\|_2}{\|\boldsymbol{x}\|_2}=\|\boldsymbol{E}\|_2\,.\end{aligned}\tag{8.3.24}$$

另一方面,

$$\begin{aligned}\|\boldsymbol{Q}^{\mathrm{T}}\boldsymbol{EQ}\|_2&=\sup\frac{\|\boldsymbol{Q}^{\mathrm{T}}\boldsymbol{EQx}\|_2}{\|\boldsymbol{x}\|_2}=\sup\frac{\|\boldsymbol{\Lambda x}\|_2}{\|\boldsymbol{x}\|_2}\\&=\sup\frac{(\boldsymbol{x}^{\mathrm{T}}\boldsymbol{\Lambda}^2\boldsymbol{x})^{1/2}}{(\boldsymbol{x}^{\mathrm{T}}\boldsymbol{x})^{1/2}}\\&=\sup\frac{((\lambda_1(\boldsymbol{E}))^2x_1^2+(\lambda_2(\boldsymbol{E}))^2x_2^2+\cdots+(\lambda_n(\boldsymbol{E}))^2x_n^2)^{1/2}}{(x_1^2+x_2^2+\cdots+x_n^2)^{1/2}}\\&=\max(|\lambda_1(\boldsymbol{E})|,|\lambda_n(\boldsymbol{E})|).\end{aligned}\tag{8.3.25}$$

由式 (8.3.24) 和 (8.3.25) 及 (8.3.22) 得式 (8.3.21). ▌

上述定理表明, 实对称矩阵 $\boldsymbol{A}$ 如有实对称摄动矩阵 $\boldsymbol{E}$, 则变化后的矩阵 $\boldsymbol{A}+\boldsymbol{E}$ 的特征值的摄动量与摄动矩阵 $\boldsymbol{E}$ 的摄动量同阶.

由于

$$\|\boldsymbol{E}\|_2\leqslant\|\boldsymbol{E}\|_{\mathrm{F}}=\left(\sum_{i,j=1}^{n}|e_{ij}|^2\right)^{1/2},$$

其中 e_{ij} 表示矩阵 $\boldsymbol{E}$ 的元, $\|\boldsymbol{E}\|_{\mathrm{F}}$ 为 $\boldsymbol{E}$ 的 Frobenius 模. 如 $\boldsymbol{E}$ 的元为 ε 量级, 则由此定理, 特征值的改变量 $|\lambda_i(\boldsymbol{A}+\boldsymbol{E})-\lambda_i(\boldsymbol{A})|$ 也是 ε 量级, 即特征值对矩阵摄动是不敏感的, 特征值是良态的. 而且此结论与特征值是单或重无关, 与特征值的集聚度也无关.

8.3.2 实对称矩阵特征矢量的敏感性

特征矢量对矩阵摄动的敏感性问题比较复杂, 至少与下列因素有关: (1) 考虑单个特征矢量还是一组特征矢量; (2) 矩阵摄动的量级和有关的特征值分散度之比; (3) 特征值的集聚程度, 即集聚特征值组内相邻特征值之差与这组频率组的特征值与其他的特征值之差的比例.

在讨论特征矢量的敏感性之前, 给出一些必要的预备知识.

1. 预备知识

$m \times n$ 阶矩阵 $\boldsymbol{A}$ 的值域为

$$\operatorname{ran}(\boldsymbol{A}) = \{y \in \mathbb{R}^m : \boldsymbol{y} = \boldsymbol{A}\boldsymbol{x}, \boldsymbol{x} \in \mathbb{R}^n\}, \tag{8.3.26}$$

式中 $\mathbb{R}^m$ 和 $\mathbb{R}^n$ 分别为 m, n 维欧氏空间. 如果 $\boldsymbol{A}$ 被表达为列分块形式: $\boldsymbol{A} = [\boldsymbol{a}_1 \quad \boldsymbol{a}_2 \quad \cdots \quad \boldsymbol{a}_n]$, 则

$$\operatorname{ran}(\boldsymbol{A}) = \operatorname{span}\{\boldsymbol{a}_1,\ \boldsymbol{a}_2,\ \cdots,\ \boldsymbol{a}_n\},$$

式中 $\operatorname{span}\{\boldsymbol{a}_1, \boldsymbol{a}_2, \cdots, \boldsymbol{a}_n\}$ 为矢量 $\boldsymbol{a}_1$ 至 $\boldsymbol{a}_n$ 张成的子空间, 称为这些矢量的张成. 因此

$$\operatorname{ran}(\boldsymbol{A}) = \boldsymbol{y} = \boldsymbol{A}\boldsymbol{x} = \sum_{i=1}^{n} x_i \boldsymbol{a}_i,$$

式中 x_i 为 $\boldsymbol{x}$ 的分量.

$\boldsymbol{A}$ 的零空间为

$$\operatorname{null}(\boldsymbol{A}) = \{\boldsymbol{x} \in \mathbb{R}^n :\ \boldsymbol{A}\boldsymbol{x} = 0\}. \tag{8.3.27}$$

子空间 S 的正交补为

$$S^{\perp} = \{\boldsymbol{y} \in \mathbb{R}^m :\ \boldsymbol{y}^{\mathrm{T}} x = 0,\ \boldsymbol{x} \in S\}. \tag{8.3.28}$$

对于矩阵 $\boldsymbol{P} \in \mathbb{R}^{n\times n}$, 如果

$$\operatorname{ran}(\boldsymbol{P}) = S, \quad \boldsymbol{P}^2 = \boldsymbol{P}, \quad \boldsymbol{P}^{\mathrm{T}} = \boldsymbol{P},$$

则称矩阵 $\boldsymbol{P}$ 是映射到集合 S 的正交投影. 易见, 如果 $\boldsymbol{x} \in \mathbb{R}^n$, 则 $\boldsymbol{P}\boldsymbol{x} \in S$ 并且 $(\boldsymbol{I} - \boldsymbol{P})\boldsymbol{x} \in S^{\perp}$, 即 $\boldsymbol{I} - \boldsymbol{P}$ 是映射到集合 $S^{\perp}$ 的正交投影.

如果 $\boldsymbol{v}_1, \boldsymbol{v}_2, \cdots, \boldsymbol{v}_n$ 是子空间 S 的正交基, 记 $\boldsymbol{V} = [\boldsymbol{v}_1 \quad \boldsymbol{v}_2 \quad \cdots \quad \boldsymbol{v}_n]$, 则 $\boldsymbol{P} = \boldsymbol{V}\boldsymbol{V}^{\mathrm{T}}$ 是唯一的映射到 S 的正交投影矩阵.

借助子空间和映射到它的正交投影之间存在一一对应的关系, 可以建立两个子空间之间的距离的概念. 设两个同维子空间 $S_1 \in \mathbb{R}^n$, $S_2 \in \mathbb{R}^n$, $\dim(S_1) = \dim(S_2)$. 定义两个同维子空间的距离为

$$\mathrm{dist}(S_1,\ S_2) = \|\boldsymbol{P}_1 - \boldsymbol{P}_2\|_2, \tag{8.3.29}$$

其中 $\boldsymbol{P}_1$ 和 $\boldsymbol{P}_2$ 分别为映射到 S_1 和 S_2 的正交投影矩阵.

同维子空间 S_1 和 S_2 之间的距离的值在 0 和 1 之间:

$$0 \leqslant \mathrm{dist}(S_1, S_2) \leqslant 1. \tag{8.3.30}$$

当 $S_1 = S_2$ 时, 距离为 0; 当 $S_1 \cap S_2^{\perp} \neq \{0\}$ 时, 距离为 1.

在二维欧式空间中, 坐标轴为 $\boldsymbol{e}_i(i=1,2)$. 由 $\boldsymbol{e}_1$ 上的矢量组成集合 S_1, 由与 $\boldsymbol{e}_1$ 成夹角 θ 的矢量 $\boldsymbol{x}$ 组成集合 S_2. 下面确定 S_1 和 S_2 之间的距离.

由定义

$$\mathrm{span}\{\boldsymbol{e}_1\} = \begin{bmatrix} 1 \\ 0 \end{bmatrix}, \quad \mathrm{span}\{\boldsymbol{x}\} = \begin{bmatrix} \cos\theta \\ \sin\theta \end{bmatrix}.$$

S_1 和 S_2 的正交投影分别是

$$\boldsymbol{P}_1 = \begin{bmatrix} 1 \\ 0 \end{bmatrix} [1 \quad 0] = \begin{bmatrix} 1 & 0 \\ 0 & 0 \end{bmatrix},$$

$$\boldsymbol{P}_2 = \begin{bmatrix} \cos\theta \\ \sin\theta \end{bmatrix} [\cos\theta \quad \sin\theta] = \begin{bmatrix} \cos^2\theta & \cos\theta\sin\theta \\ \cos\theta\sin\theta & \sin^2\theta \end{bmatrix}.$$

而由式 (8.3.29), 有

$$\mathrm{dist}(S_1,\ S_2) = \|\boldsymbol{P}_1 - \boldsymbol{P}_2\|_2 = \left\| \begin{bmatrix} 1-\cos^2\theta & -\cos\theta\sin\theta \\ -\cos\theta\sin\theta & -\sin^2\theta \end{bmatrix} \right\|_2 = \sin\theta.$$

当 $S_1 = S_2$ 时, $\mathrm{dist}(S_1,\ S_2) = 0$; 当 $S_2 = \mathrm{span}(\boldsymbol{e}_2)$ 时, $\mathrm{dist}(S_1,\ S_2) = 1$. 此例的几何意义如图 8.1 所示.

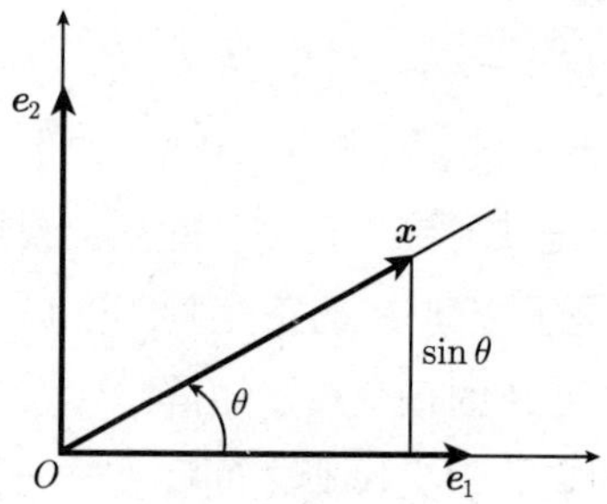

图 8.1　两个子空间之间的距离的几何意义示意图

两个子空间之间的距离还有一重要性质：设两个 n 阶正交矩阵为

$$\boldsymbol{W}=[\underset{k}{\boldsymbol{W}_1}\quad\underset{n-k}{\boldsymbol{W}_2}],\quad \boldsymbol{U}=[\underset{k}{\boldsymbol{U}_1}\quad\underset{n-k}{\boldsymbol{U}_2}],\tag{8.3.31}$$

则 $\mathrm{ran}(\boldsymbol{W}_1)$ 和 $\mathrm{ran}(\boldsymbol{U}_1)$ 之间的距离

$$\mathrm{dist}(\mathrm{ran}(\boldsymbol{W}_1),\mathrm{ran}(\boldsymbol{U}_1))=\|\boldsymbol{W}_1^{\mathrm{T}}\boldsymbol{U}_2\|_2=\|\boldsymbol{U}_1^{\mathrm{T}}\boldsymbol{W}_2\|_2.\tag{8.3.32}$$

其证明见参考文献 [87] 的定理 2.6.1.

为了体现特征值集聚程度, 需要给出适当的测度. 关于测度, 各研究文献中存在不同的提法. 下面给出一个常用的测度：两个矩阵之间特征值的分散度为

$$\mathrm{sep}(\boldsymbol{A}_1,\boldsymbol{A}_2)=\min_{\lambda\in\lambda(\boldsymbol{A}_1),\mu\in\lambda(\boldsymbol{A}_2)}|\lambda-\mu|,\tag{8.3.33}$$

其中 $\lambda(\boldsymbol{A}_1)$ 和 $\lambda(\boldsymbol{A}_2)$ 分别表示矩阵 $\boldsymbol{A}_1$ 和 $\boldsymbol{A}_2$ 的特征值的全体.

2. 特征矢量不变子空间对矩阵摄动的敏感性

设 n 阶实对称矩阵 $\boldsymbol{A}$, 摄动矩阵 $\boldsymbol{E}$ 也是实对称矩阵. 不失一般性, 设 $\boldsymbol{A}$ 的特征值分为两组: $\lambda_1\leqslant\lambda_2\leqslant\cdots\leqslant\lambda_r$ 为一组, $\lambda_{r+1},\lambda_{r+2},\cdots,\lambda_n$ 为另一组.

记 $\boldsymbol{A}$ 的特征矢量组

$$\boldsymbol{Q}=[\boldsymbol{Q}_1\quad\boldsymbol{Q}_2]\tag{8.3.34}$$

是正交矩阵, $\boldsymbol{Q}_1\in\mathbb{R}^{n\times r}$, $\boldsymbol{Q}_2\in\mathbb{R}^{n\times(n-r)}$, 使

$$\boldsymbol{Q}^{\mathrm{T}}\boldsymbol{A}\boldsymbol{Q}=\boldsymbol{D}=\begin{bmatrix}\boldsymbol{D}_1 & \boldsymbol{0}\\ \boldsymbol{0} & \boldsymbol{D}_2\end{bmatrix},\quad \boldsymbol{Q}^{\mathrm{T}}\boldsymbol{E}\boldsymbol{Q}=\begin{bmatrix}\boldsymbol{E}_{11} & \boldsymbol{E}_{12}\\ \boldsymbol{E}_{12}^{\mathrm{T}} & \boldsymbol{E}_{22}\end{bmatrix},\tag{8.3.35}$$

其中

$$\boldsymbol{D}_1=\mathrm{diag}(\lambda_1,\lambda_2,\cdots,\lambda_r),\quad \boldsymbol{D}_2=\mathrm{diag}(\lambda_{r+1},\lambda_{r+2},\cdots,\lambda_n).\tag{8.3.36}$$

令

$$\delta=\mathrm{sep}(\boldsymbol{D}_1,\boldsymbol{D}_2)-\|\boldsymbol{E}_{11}\|_2-\|\boldsymbol{E}_{22}\|_2.\tag{8.3.37}$$

定理 8.9 如果 $\mathrm{sep}(\boldsymbol{D}_1,\boldsymbol{D}_2)>0$, 即 λ_r 和 λ_{r+1} 不重, 且

$$\mathrm{sep}(\boldsymbol{D}_1,\boldsymbol{D}_2)\geqslant 2\|\boldsymbol{E}_{12}\|_2+\|\boldsymbol{E}_{11}\|_2+\|\boldsymbol{E}_{22}\|_2.\tag{8.3.38}$$

则: (1) 存在唯一的矩阵 $\boldsymbol{P}\in\mathbb{R}^{(n-r)\times r}$, 其模

$$\|\boldsymbol{P}\|_2\leqslant 2\frac{\|\boldsymbol{E}_{12}\|_2}{\delta},\tag{8.3.39}$$

使得

$$\widehat{\boldsymbol{Q}}_1 = (\boldsymbol{Q}_1 + \boldsymbol{Q}_2\boldsymbol{P})(\boldsymbol{I} + \boldsymbol{P}^{\mathrm{T}}\boldsymbol{P})^{-1/2} \tag{8.3.40}$$

是摄动后的矩阵 $\boldsymbol{A}+\boldsymbol{E}$ 的前 r 阶特征矢量的不变子空间的一组正交基.

(2) 矩阵 $\boldsymbol{A}$ 摄动前后对应的特征矢量不变子空间的距离

$$\operatorname{dist}(\operatorname{ran}(\boldsymbol{Q}_1), \operatorname{ran}(\widehat{\boldsymbol{Q}}_1)) \leqslant \frac{2\|\boldsymbol{E}_{12}\|_2 + \|\boldsymbol{E}_{11}\|_2 + \|\boldsymbol{E}_{22}\|_2}{\operatorname{sep}(\boldsymbol{D}_1, \boldsymbol{D}_2)}. \tag{8.3.41}$$

证明 此定理的证明较复杂, 有兴趣的读者可参阅证明此定理的经典文献 [86]. 该文献主要是通过其中的定理 4.1, 4.6 和 4.11, 证明 $\boldsymbol{A}$ 是复矩阵的情形. 而本定理中的矩阵是实对称矩阵, 是文献的特殊情形. 下面给出简要的证明.

由式 (8.3.32) 得

$$\operatorname{dist}(\operatorname{ran}(\boldsymbol{Q}_1), \operatorname{ran}(\widehat{\boldsymbol{Q}}_1)) = \|\boldsymbol{Q}_2^{\mathrm{T}}\widehat{\boldsymbol{Q}}_1\|_2,$$

由式 (8.3.40) 以及 $\boldsymbol{Q}_2^{\mathrm{T}}\boldsymbol{Q}_1 = \varnothing$, $\boldsymbol{Q}_2^{\mathrm{T}}\boldsymbol{Q}_2 = \boldsymbol{I}$, 得

$$\|\boldsymbol{Q}_2^{\mathrm{T}}\widehat{\boldsymbol{Q}}_1\|_2 = \|\boldsymbol{P}(\boldsymbol{I} + \boldsymbol{P}^{\mathrm{T}}\boldsymbol{P})^{-1/2}\|_2.$$

借助于奇异值分解, 有

$$\|\boldsymbol{P}(\boldsymbol{I} + \boldsymbol{P}^{\mathrm{T}}\boldsymbol{P})^{-1/2}\|_2 \leqslant \|\boldsymbol{P}\|_2\,.$$

最后得

$$\operatorname{dist}(\operatorname{ran}(\boldsymbol{Q}_1), \operatorname{ran}(\widehat{\boldsymbol{Q}}_1)) \leqslant \|\boldsymbol{P}\|_2 \leqslant \frac{2\|\boldsymbol{E}_{12}\|_2}{\operatorname{sep}(\boldsymbol{D}_1, \boldsymbol{D}_2) - \|\boldsymbol{E}_{11}\|_2 - \|\boldsymbol{E}_{22}\|_2}. \tag{8.3.42}$$

由于式 (8.3.38), 从而

$$\operatorname{dist}(\operatorname{ran}(\boldsymbol{Q}_1), \operatorname{ran}(\widehat{\boldsymbol{Q}}_1)) \leqslant 1,$$

而且

$$\operatorname{dist}(\operatorname{ran}(\boldsymbol{Q}_1), \operatorname{ran}(\widehat{\boldsymbol{Q}}_1)) \leqslant \frac{2\|\boldsymbol{E}_{12}\|_2 + \|\boldsymbol{E}_{11}\|_2 + \|\boldsymbol{E}_{22}\|_2}{\operatorname{sep}(\boldsymbol{D}_1, \boldsymbol{D}_2)}. \tag{8.3.43}$$

定理得证. ▎

式 (8.3.43) 表明, 矩阵 $\boldsymbol{A}$ 的特征矢量组 $\boldsymbol{Q}_1$ 和摄动后的矩阵 $\boldsymbol{A}+\boldsymbol{E}$ 的特征矢量组 $\widehat{\boldsymbol{Q}}_1$ 的距离, 依赖于矩阵摄动量与 $\boldsymbol{Q}_1$ 对应的特征值组和其余特征值之间的分散度之比. 将 $1/\operatorname{sep}(\boldsymbol{D}_1, \boldsymbol{D}_2)$ 看作测量不变子空间 $\boldsymbol{Q}_1$ 对矩阵摄动的敏感性的条件数, 当 $\operatorname{sep}(\boldsymbol{D}_1, \boldsymbol{D}_2)$ 较大时, 特征矢量组 $\boldsymbol{Q}_1$ 的改变不敏感, 而 $\operatorname{sep}(\boldsymbol{D}_1, \boldsymbol{D}_2)$ 很小时, $\boldsymbol{Q}_1$ 的改变将很敏感.

3. 单个特征矢量对矩阵摄动的敏感性

单个特征矢量对矩阵摄动的敏感性问题, 可以作为以上讨论的特征矢量组相应问题的特殊情形处理, 即取 $r=1$.

设 n 阶实对称矩阵 $\boldsymbol{A}$ 的特征矢量矩阵为

$$\boldsymbol{Q}=[\boldsymbol{q}_1 \quad \boldsymbol{Q}_2], \tag{8.3.44}$$

其中 $\boldsymbol{q}_1\in\mathbb{R}^{n\times1}$, $\boldsymbol{Q}_2\in\mathbb{R}^{n\times(n-1)}$, $\boldsymbol{Q}$ 为正交矩阵. 对矩阵 $\boldsymbol{A}$ 和摄动矩阵 $\boldsymbol{E}$, 满足关系

$$\boldsymbol{Q}^{\mathrm{T}}\boldsymbol{A}\boldsymbol{Q}=\begin{bmatrix}\lambda & \boldsymbol{0}\\ \boldsymbol{0} & \boldsymbol{D}_2\end{bmatrix},\quad \boldsymbol{Q}^{\mathrm{T}}\boldsymbol{E}\boldsymbol{Q}=\begin{bmatrix}\varepsilon & \boldsymbol{e}^{\mathrm{T}}\\ \boldsymbol{e} & \boldsymbol{E}_{22}\end{bmatrix}, \tag{8.3.45}$$

其中 λ 为对应 $\boldsymbol{q}_1$ 的单特征值, $\boldsymbol{D}_2$ 为对应特征矢量组 $\boldsymbol{Q}_2$ 的特征值组, ε 为一摄动量, 矢量 $\boldsymbol{e}\in\mathbb{R}^{(n-1)\times1}$.

记 λ 和其余特征值之差为

$$d=\min|\lambda-\mu|. \tag{8.3.46}$$

定理 8.10 如果 $d=\min|\lambda-\mu|>0$, 即 λ 是单特征值, 且

$$d\geqslant 2\|\boldsymbol{e}\|_2+\varepsilon+\|\boldsymbol{E}_{22}\|_2. \tag{8.3.47}$$

则存在一个矢量 $\boldsymbol{p}\in\mathbb{R}^{n-1}$, 满足

$$\|\boldsymbol{p}\|_2\leqslant\frac{2\|\boldsymbol{e}\|_2}{d-\varepsilon-\|\boldsymbol{E}_{22}\|_2},$$

使得

$$\widehat{\boldsymbol{q}}_1=(\boldsymbol{q}_1+\boldsymbol{Q}_2\boldsymbol{p})(\boldsymbol{I}+\boldsymbol{p}^{\mathrm{T}}\boldsymbol{p})^{-1/2} \tag{8.3.48}$$

是摄动后的矩阵 $\boldsymbol{A}+\boldsymbol{E}$ 的第一阶特征矢量, 而且

$$\begin{aligned}\operatorname{dist}(\operatorname{span}\{\boldsymbol{q}_1\},\operatorname{span}\{\widehat{\boldsymbol{q}}_1\})&=[1-(\boldsymbol{q}_1^{\mathrm{T}}\boldsymbol{q}_1)^2]^{1/2}\\&\leqslant\frac{2\|\boldsymbol{e}\|_2+\varepsilon+\|\boldsymbol{E}_{22}\|_2}{d}.\end{aligned} \tag{8.3.49}$$

证明 在定理 8.9 中取

$$r=1,\quad \boldsymbol{D}_1=\lambda,\quad \operatorname{sep}(\boldsymbol{D}_1,\boldsymbol{D}_2)=d,$$

即得定理 8.10. ▌

从式 (8.3.49) 可见, 单个特征矢量对矩阵摄动的敏感性取决于矩阵摄动量与此特征矢量对应的特征值和相邻的特征值的分散度之比. 当分散度较大时, 特征矢量的敏感度小, 否则敏感度大.

由定理 8.9 和定理 8.10 的结论可以看出一个有趣的, 也是有重要意义的性质: 如果矩阵具有一个特征值集聚区, 即这个特征值区内的特征值之间距离很小, 而这个特征值区的边界和非此特征值区的特征值之间距离较大. 这时, 特征值集聚区的单个特征矢量对矩阵摄动将很敏感, 但是, 这个集聚特征值区对应的特征矢量子空间对矩阵摄动却不敏感.

例 1 给定矩阵 $\boldsymbol{A}$ 和摄动矩阵 $\boldsymbol{E}$ 如下:

$$\boldsymbol{A} = \mathrm{diag}(1.0000,\ \ 1.9990,\ \ 2.0000), \quad \boldsymbol{E} = 0.01\begin{bmatrix} 1 & 1 & 1 \\ 1 & 1 & 1 \\ 1 & 1 & 1 \end{bmatrix}.$$

矩阵摄动前后的特征值分别为

$$\lambda(\boldsymbol{A}) = (1.0000,\ 1.9990,\ 2.0000); \quad \lambda(\boldsymbol{A}+\boldsymbol{E}) = (1.0098,\ 1.9995,\ 2.0197).$$

摄动前后的特征矢量分别为

$$\boldsymbol{Q} = [\boldsymbol{q}_1 \quad \boldsymbol{q}_2 \quad \boldsymbol{q}_3] = \begin{bmatrix} 1 & 0 & 0 \\ 0 & 1 & 0 \\ 0 & 0 & 1 \end{bmatrix};$$

$$\widehat{\boldsymbol{Q}} = [\widehat{\boldsymbol{q}}_1 \quad \widehat{\boldsymbol{q}}_2 \widehat{\boldsymbol{q}}_3] = \begin{bmatrix} 0.9999 & 0.0004 & 0.0140 \\ -0.0099 & 0.7244 & 0.6893 \\ -0.0099 & -0.6894 & 0.7243 \end{bmatrix}.$$

从而有

$$|\lambda_i(\boldsymbol{A}+\boldsymbol{E}) - \lambda_i(\boldsymbol{A})| = \begin{cases} 0.0098, & i=1, \\ 0.0005, & i=2, \\ 0.0197, & i=3; \end{cases} \tag{8.3.50}$$

$$\mathrm{dist}(\mathrm{span}\{\boldsymbol{q}_i\}, \mathrm{span}\{\widehat{\boldsymbol{q}}_i\}) = \begin{cases} 0.0140, & i=1, \\ 0.6894, & i=2, \\ 0.6895, & i=3; \end{cases} \tag{8.3.51}$$

$$\begin{aligned} &\mathrm{dist}(\mathrm{span}\{\boldsymbol{q}_2, \boldsymbol{q}_3\}, \mathrm{span}\{\widehat{\boldsymbol{q}}_2, \widehat{\boldsymbol{q}}_3\}) = 0.0140, \\ &\mathrm{dist}(\mathrm{span}\{\boldsymbol{q}_1, \boldsymbol{q}_2\}, \mathrm{span}\{\widehat{\boldsymbol{q}}_1, \widehat{\boldsymbol{q}}_2\}) = 0.6895. \end{aligned} \tag{8.3.52}$$

由上述结果可以看出:

(1) 摄动前后特征值之差符合定理 8.8 的式 (8.3.21). 特征值对矩阵摄动的敏感度虽也与特征值的疏密有关, 但影响较小, 即使 $\lambda_1(\boldsymbol{A})$ 与 $\lambda_2(\boldsymbol{A})$ 之差为 10^{-4} 量级, 而矩阵摄动量为 10^{-2} 量级, 但 $|\lambda_3(\boldsymbol{A}+\boldsymbol{E})-\lambda_3(\boldsymbol{A})|$ 仍为 10^{-2} 量级.

(2) 单个特征矢量摄动前后的距离符合定理 8.10 的式 (8.3.49). 与孤立特征值 λ_1 对应的特征矢量 $\boldsymbol{q}_1$ 的敏感度很小, 而与集聚特征值组 λ_2, λ_3 相对应的特征矢量 $\boldsymbol{q}_2, \boldsymbol{q}_3$ 的敏感度很大.

(3) 矩阵摄动对集聚特征值组的特征矢量子空间 $\mathrm{span}\{\boldsymbol{q}_2, \boldsymbol{q}_3\}$ 的敏感度小, 但对 $\mathrm{span}\{\boldsymbol{q}_1, \boldsymbol{q}_2\}$ 的敏感度却很大.

(4) 摄动前后特征矢量子空间的距离符合定理 8.9 的式 (8.3.41).

为了比较特征值的疏密和摄动量的大小对敏感度的影响, 特给出下面三例.

例 2 给定矩阵 $\boldsymbol{A}$ 和摄动矩阵 $\boldsymbol{E}$ 分别为:

$$\boldsymbol{A}=\mathrm{diag}(1.9980,\ 1.9990,\ 2.0000);\quad \boldsymbol{E}=0.01\begin{bmatrix}1&1&1\\1&1&1\\1&1&1\end{bmatrix}.$$

矩阵摄动前后的特征值, 以及特征矢量子空间的距离分别为:

$$\lambda(\boldsymbol{A})=(1.9980,\ 1.9990,\ 2.0000),\quad \lambda(\boldsymbol{A}+\boldsymbol{E})=(1.9984,\ 1.9996,\ 2.0290),$$

$$|\lambda_i(\boldsymbol{A}+\boldsymbol{E})-\lambda_i(\boldsymbol{A})|=\begin{cases}0.0004, & i=1,\\0.0006, & i=2,\\0.0290, & i=3;\end{cases}$$

$$\mathrm{dist}(\mathrm{span}\{\boldsymbol{q}_i\},\mathrm{span}\{\widehat{\boldsymbol{q}}_i\})=\begin{cases}0.5980, & i=1,\\0.8044, & i=2,\\0.8026, & i=3,\end{cases}$$

$$\mathrm{dist}(\mathrm{span}\{\boldsymbol{q}_1,\boldsymbol{q}_2\},\mathrm{span}\{\widehat{\boldsymbol{q}}_1,\widehat{\boldsymbol{q}}_2\})=0.8026.$$

例 3 给定矩阵 $\boldsymbol{A}$ 和摄动矩阵 $\boldsymbol{E}$ 分别为:

$$\boldsymbol{A}=\mathrm{diag}(1.0000,\ 2.0000,\ 3.0000),\quad \boldsymbol{E}=0.01\begin{bmatrix}1&1&1\\1&1&1\\1&1&1\end{bmatrix}.$$

摄动前后的特征值, 以及特征矢量子空间的距离分别为:

$$\lambda(\boldsymbol{A}+\boldsymbol{E})=(1.0099,\ 2.0100,\ 3.0102),$$

$$|\lambda_i(\boldsymbol{A}+\boldsymbol{E})-\lambda_i(\boldsymbol{A})|=\begin{cases}0.0099, & i=1,\\ 0.0100, & i=2,\\ 0.0102, & i=3;\end{cases}$$

$$\mathrm{dist}(\mathrm{span}\{\boldsymbol{q}_i\},\mathrm{span}\{\widehat{\boldsymbol{q}}_i\})=\begin{cases}0.0111, & i=1,\\ 0.0141, & i=2,\\ 0.0112, & i=3,\end{cases}$$

$$\mathrm{dist}(\mathrm{span}\{\boldsymbol{q}_1,\boldsymbol{q}_2\},\mathrm{span}\{\hat{\boldsymbol{q}}_1,\hat{\boldsymbol{q}}_2\})=0.0112.$$

例 4 给定矩阵 $\boldsymbol{A}$ 和摄动矩阵 $\boldsymbol{E}$ 分别为:

$$\boldsymbol{A}=\mathrm{diag}(1.9980,\ 1.9990,\ 2.0000),\quad \boldsymbol{E}=0.0001\begin{bmatrix}1&1&1\\1&1&1\\1&1&1\end{bmatrix}.$$

摄动前后的特征值, 以及特征矢量子空间的距离分别为:

$$\lambda(\boldsymbol{A}+\boldsymbol{E})=(1.9981,\ 1.9991,\ 2.0001),$$

$$|\lambda_i(\boldsymbol{A}+\boldsymbol{E})-\lambda_i(\boldsymbol{A})|=\begin{cases}0.0001, & i=1,\\ 0.0001, & i=2,\\ 0.0001, & i=3;\end{cases}$$

$$\mathrm{dist}(\mathrm{span}\{\boldsymbol{q}_i\},\mathrm{span}\{\widehat{\boldsymbol{q}}_i\})=\begin{cases}0.1038, & i=1,\\ 0.1393, & i=2,\\ 0.1166, & i=3,\end{cases}$$

$$\mathrm{dist}(\mathrm{span}\{\boldsymbol{q}_1,\boldsymbol{q}_2\},\mathrm{span}\{\widehat{\boldsymbol{q}}_1,\widehat{\boldsymbol{q}}_2\})=0.1166.$$

例 2 和例 3 的三个特征值的间距分别为 10^{-4} 和 10^{0} 量级, 两例的摄动矩阵的摄动量级皆为 10^{-2}. 通过此两例可以考查特征值疏密对于特征值、特征矢量对摄动的敏感性的影响. 例 4 和例 2 摄动前的特征值相同, 但摄动量分别为 10^{-4} 和 10^{-2} 量级, 借以考查摄动量对特征值和特征矢量对摄动敏感性的影响.

以上例 2 至例 4 的结果显示如下性质:

(1) 特征值对矩阵摄动的敏感性受特征值的疏密的影响很小, 在一定范围内, 受矩阵摄动量的影响也不显著.

(2) 单个特征矢量和特征矢量子空间对矩阵摄动的敏感性受特征值的疏密与矩阵摄动量的大小的影响都很显著.

本节主要内容选自参考文献 [86, 87].

第九章　弹性力学和结构理论解的存在性等基础理论

9.1　引　言

本章论述更具基础性的理论课题，包含弹性力学和结构理论解的存在性、结构理论模型的合理性和重要的近似解法——Ritz 法的收敛性等. 虽然本书主要论述结构理论的有关问题，但作为理论基础的弹性力学的有关问题也会深入涉及.

在本书的 1.2.2 分节中，已经强调了上述基础理论的重要性. 除此之外，作者相信，读者研读了前八章后，会深感许多一维结构和重复性结构的模态具有的定性性质极富规律性，而且优美、实用. 但是，有一个前提：模态解是存在的，而且是古典解，即结构理论微分方程特征值问题的解.

从固体力学的学科分类和发展看，有三类标志性的解的存在性问题：微分方程主要是椭圆型微分方程解的存在性、弹性力学问题的解的存在性，以及结构理论问题的解的存在性.

Hilbert 空间理论建立后，一些数学家极其成功地系统地解决了微分方程解的存在性问题. 其代表作之一是 1952 年出版的Михлин的专著《二次泛函的极小问题》[44]，此书系统地阐述了微分方程解的存在唯一性、Ritz 法等近似法的收敛性问题. 该专著成为研究许多物理问题，包括弹性力学中解的存在性问题的理论框架.

随后，一些学者解决了在广泛的边条件下的弹性力学的静力平衡解、模态解，以及动力响应解的存在性问题[44,88~92]. Михлин 在其专著[44] 中，总结了三维弹性体在固定、自由、刚性接触，以及它们的混合边条件下，弹性力学的静力平衡解和模态解的存在性的证明. Fichera 在他发表于 1972 年的专论[45] 中，用 Соболев 空间理论对弹性力学的静力平衡、模态解和动力响应解作了更精细的分析.

关于弹性力学解的存在性证明, 除了基于 Hilbert 空间理论的途径外, 还存在另一种途径. 1954 年 Кубраце 借助于多维奇异位势理论和奇异积分方程, 证明了弹性力学平衡问题解的存在性. 1963 年他将其撰写成书, 并于 1965 年出版英译本[93], 1968 年出版专著《弹性力学和热弹性力学的数学理论的三维问题》, 1979 年出版该专著的英译本[46].

上述前一种途径适于处理变系数方程和一般的边条件, 而后一种途径便于研究解的可微性和解的构造.

结构理论解的存在性问题, 情况有所不同, 一维结构、膜、板的情况简单, 而由于壳体中曲面的几何复杂性和壳体理论模型的多样性, 从方程出发研究壳体解的存在性就比较艰难, 弹性组合结构尤甚, 因此进展较慢.

多年来, 许多学者对各种不同的壳体理论的算子正定性给出了证明. 例如, 1974 年, Shoikhet[94] 对 Novozhilov 的壳模型和 Gordegiani[95] 对 Vekua 的壳模型; 1975 年, Benadou 和 Ciarlet[96] 对于具有固定边界的壳体; 1981 年, 武际可[97] 对相当广泛的中曲面形状、铰支和固定边界的壳体; 1985 年, Benadou 和 Lalanne[98] 对 Koiter 的扁壳模型; 1992 年, Ciarlet 和 Miara[99] 对线性化的 Marguerre-von Kánmán 扁壳模型; 1994 年, Benadou, Ciarlet 和 Miara[100] 对 Koiter 模型和 Naghdi 模型的一般几何形状的中面的壳体等. 这些工作基本上是从壳体方程出发证明壳体理论算子的正定性, 并较少涉及能量嵌入算子的紧性, 即较少涉及动力学问题.

1982 年以来, 王大钧和胡海昌发表了一组文章[47~50], 另辟新路, 用力学和泛函分析结合的方法, 对包含复杂壳体、复合材料结构、复杂形状, 以及复杂材料的组合弹性结构的静力平衡解和模态解给出了统一的存在性定理.

法国著名力学、数学家 Valid 在 1995 年出版的专著[102] 中说:“一个很重要的问题数学家一直未获答案, 一直持续到 ‘中国定理’ 的发表才获得答案. 这个问题是 ‘在一般的结构理论中, 特别是对线性弹性力学的三维理论通过采用应力和/或位移假设所导出的板和壳理论中, 如何像保证三维弹性力学的解的存在性和唯一性那样仍然能保证板和壳理论解的存在性和唯一性’. 1985 年北京大学的王大钧和胡海昌在题为《弹性结构理论中两类算子的正定性和紧致性》的论文中给出了问题的答案.”

南非科学院院士孙博华在 2012 年的专题评论[108] 中指出:“王大钧、胡海昌关于结构理论解的存在性的研究成果是一项开创性的工作, ……. 相当彻底地解决了固体力学中的这一基础性的理论问题. 这是一项具有长远意义的科学成果.”

在本章 9.5 和 9.6 节, 本书作者对王、胡的结构理论的解的存在性理论又作了进一步完善, 特别是论证了结构理论模型的合理性和弹性组合结构的合理性问题.

以下几节, 我们将具体论证弹性力学和结构理论中解的存在性、唯一性等基础理论问题. 在具体论证过程中, 将涉及一些变分学、泛函分析、Hilbert 空间和Соболев 空间等数学知识. 由于本书的读者对象主要是力学研究生和工程技术人员, 所以书中没有系统引入这些知识, 也没有按照泛函分析的理论作精确论述. 读者如对某些问题有深入研究的兴趣, 请参阅参考文献 [44, 45, 103~107, 113, 114].

9.2 结构理论中三类问题的变分解法

9.2.1 结构理论中解的分类

弹性力学和结构理论中求解问题主要有三类: 给定静态外力, 求静力平衡解; 求振动模态解; 给定动态外力和初位移、初速度, 求动力响应解.

以上三类问题的解可分下列两种层次:

(1) 满足微分方程和边条件的解称为古典解. 其三类问题解的形式分别为:

静力平衡解: 解微分方程边值问题

$$\begin{cases} Au = f, & \Omega \text{ 内}, \\ Bu = 0, & \partial\Omega \text{ 上}. \end{cases} \tag{9.2.1}$$

式中 A 是弹性力学微分算子或某种结构理论微分算子, B 是边条件微分算子, f 为外力, Ω 和 $\partial\Omega$ 分别为弹性体或结构所占区域及其边界.

振动模态解: 解微分方程特征值问题

$$\begin{cases} Au = \lambda\rho u, & \Omega \text{ 内}, \\ Bu = 0, & \partial\Omega \text{ 上}. \end{cases} \tag{9.2.2}$$

式中 ρ 为惯性算子, 一般情况下, ρ 为质量密度, 也有较复杂的情形, 如梁计入截面转动惯量, ρ 就含微商项; λ 为特征值; $f = \sqrt{\lambda}/2\pi$ 为固有频率.

动力响应解：解微分方程初边值问题

$$\begin{cases} Au+\rho u_{tt}=f(x,t), & \Omega \text{ 内},\ t>0, \\ Bu=0, & \partial\Omega \text{ 上},\ t\geqslant 0, \\ u(x,t)=g_0(x),\ u_t(x,t)=g_1(x), & \Omega \text{ 内},\ t=0. \end{cases} \tag{9.2.3}$$

(2) 在广义微商意义下, 满足变分方程的解称为广义解. 各类问题解的形式为:

静力平衡解：求势能泛函

$$F(u)=\frac{1}{2}(Au,u)-(u,f) \tag{9.2.4}$$

的最小值的解. 式中符号 (a,b) 表示积分

$$(a,b)=\int_{\Omega} a\bar{b}\mathrm{d}\Omega.$$

振动模态解：求 Rayleigh 商：

$$R(u)=\frac{(Au,\ u)}{(\rho u,\ u)} \tag{9.2.5}$$

的如下诸极小值的解：

$$\begin{cases} \lambda_1=R(u_1)=\min R(u), \\ \lambda_i=R(u_i)=\min R(u),\quad (\rho u,u_j)=0;\quad j=1,2,\cdots,i-1. \end{cases} \tag{9.2.6}$$

动力响应解：求 Hamilton 作用量的变分为零的解：

$$\delta\int_0^{t_1}(\varPi-K-W)\mathrm{d}t=0, \tag{9.2.7}$$

式中 $\varPi$, K 和 W 分别为系统的势能、动能和外力所作之功.

不同层次的解具有不同的可微性, $2k$ 阶微分方程的古典解最低具有 $2k$ 阶普通微商, 而广义解最低仅具有 k 阶广义微商. 讨论解的存在性是指广义解的存在性. 根据各个具体问题的方程系数、边界形状、边条件, 以及外力的可微性可以导出该广义解的可微性.

在一些力学著作中, 用变分法求具有普通微商的解, 也就是在所谓可能 (或允许) 位移函数集内所求得的解, 称为弱解, 它具有 k 阶普通微商, 这不同于在广义微商意义下的广义解. 从本章将讨论的解的存在性理论可知, 只能在广义解的范围内, 才能澄清上述变分问题的解的存在性. 所以从数学理论的角度, 将解分为两个层次：古典解和广义解.

9.2.2 求静力平衡解的变分方法

首先引入一个 Hilbert 空间①——平方可积函数空间 $L_2(\Omega)$, 其元素为有界区域 Ω 上的平方可积矢量函数 $\varphi(p)$, 其内积为

$$(\varphi, \psi) = \int_{\Omega} \varphi(p)\overline{\psi}(p)\mathrm{d}\Omega, \tag{9.2.8}$$

模的平方为

$$\|\varphi\|^2 = \int_{\Omega} |\varphi(p)|^2 \,\mathrm{d}\Omega. \tag{9.2.9}$$

设算子 A 定义在 Hilbert 空间的稠密集 D_A 上, 如对其定义域中的任何异于零的函数 u, 有内积

$$(Au, u) > 0,$$

则称 A 为正算子; 如有

$$(Au, u) \geqslant \gamma^2 \|u\|^2, \tag{9.2.10}$$

式中 γ 为正常数, 则称 A 为正定算子. 正算子是对称算子. 正定算子可开拓为自共轭算子.

定理 9.1 设 A 是正算子, 如方程

$$Au = f \tag{9.2.11}$$

有解, 其解是唯一的.

证明 如果 $Au_1 = Au_2 = f$, 则 $A(u_1 - u_2) = 0$, 从而

$$(A(u_1 - u_2),\ u_1 - u_2) = 0.$$

故 $u_1 - u_2 = 0$. ▌

注意, $u_1 = u_2$ 是在 $L_2(\Omega)$ 空间中, 即在平方可积的意义下相等:

$$\int_{\Omega} (u_1 - u_2)^2 \mathrm{d}\Omega = 0.$$

即在 Ω 上, u_1 和 u_2 几乎处处相等.

定理 9.2 设 A 是正算子, 如方程 (9.2.11) 有解, 则此解使泛函

$$F(u) = (Au,\ u) - (u,\ f) - (f,\ u) \tag{9.2.12}$$

① 本书所谓 Hilbert 空间皆指完备的内积空间.

取最小值.

证明　设 u_0 是方程 (9.2.11) 的解, 即

$$Au_0 = f.$$

由于 A 是正算子, $F(u)$ 为实数, 利用 A 对称, 得

$$\begin{aligned} F(u) &= (Au,\ u) - (u,\ Au_0) - (Au_0,\ u) \\ &= (Au,\ u) - (Au,\ u_0) - (Au_0,\ u) \\ &= (A(u-u_0),\ u-u_0) - (Au_0,\ u_0). \end{aligned}$$

由于 A 是正算子, 上式等号后的第一项皆大于等于零, 当 $u = u_0$ 时 $F(u)$ 达到最小值, 而且

$$\min F(u) = -(Au_0,\ u_0),$$

即最小值为负数. ▌

定理 9.3　设算子 A 是正算子, 则使泛函

$$F(u) = (Au,\ u) - (u,\ f) - (f,\ u)$$

取最小值的函数是方程

$$Au = f$$

的解.

证明　设 u_0 使泛函 $F(u)$ 取最小值, η 为 D_A 中的任意函数, λ 为实数. 则 $u_0 + \lambda\eta \in D_A$, 且

$$F(u_0 + \lambda\eta) \geqslant F(u_0).$$

由于 A 是正算子, 具有对称性, 上式可化为

$$2\lambda \mathrm{Re}[(Au_0 - f,\ \eta)] + \lambda^2 (A\eta,\ \eta) \geqslant 0.$$

这只有当

$$\mathrm{Re}(Au_0 - f,\ \eta) = 0$$

时才有可能. 将上式中以 $\mathrm{i}\eta$ 换 η, 得

$$\mathrm{Im}(Au_0 - f,\ \eta) = 0.$$

于是得

$$(Au_0 - f,\ \eta) = 0.$$

这表明 Hilbert 空间的函数 $Au_0 - f$ 与稠密集 D_A 的任意函数 η 正交, 于是

$$Au_0 = f. \qquad \blacksquare$$

上式是在 L_2 空间即平方可积的意义下的等式. 如果 Au_0 和 f 都连续, 则此等式是在普通意义下的等式, 即 u_0 为古典解.

定理 9.2 给出了通过求方程 (9.2.11) 的解而得泛函 (9.2.12) 的最小值的理论根据. 反之, 定理 9.3 给出了通过求泛函 (9.2.12) 的最小值而得到方程 (9.2.11) 的解的理论根据. 后者被称为基本变分问题, 力学中与之对应为最小势能原理.

需要强调的是, 求泛函 $F(u)$ 的极值, 并非从式 (9.2.12) 出发, 因为式 (9.2.12) 中的 (Au, u) 含有与方程同阶的微商项, 对求解函数域的选择颇为严苛, 不能体现这种方法求解的优越性. 实际上, 求泛函 $F(u)$ 的极值通常采取如下步骤. 把 (Au, u) 的表达式分部积分 k 次以后, 得展开式

$$(Au, u) = \int_\Omega uAu\mathrm{d}\Omega = \Lambda(u, u) + \int_{\partial\Omega}\sum_{j=1}^{k} R_j u\widetilde{R}_j u\mathrm{d}s, \tag{9.2.13}$$

式中 $\Lambda(u, u)$ 是在 Ω 上的积分, 如 Au 是 $2k$ 阶微分方程, 则 $\Lambda(u, u)$ 只含 u 的 k 阶微商项, 从而由式 (9.2.13) 易于求得函数极值的解.

例 1 一端固定, 一端铰支的 Euler 梁. 记 w 为梁的挠度, 它所满足的方程及边条件为

$$\begin{cases} \dfrac{\mathrm{d}^2}{\mathrm{d}x^2}\left(EJ\dfrac{\mathrm{d}^2 w}{\mathrm{d}x^2}\right) = f(x), \\ w(0) = 0, \quad \left.\dfrac{\mathrm{d}w}{\mathrm{d}x}\right|_{x=0} = 0, \\ w(l) = 0, \quad \left.EJ\dfrac{\mathrm{d}^2 w}{\mathrm{d}x^2}\right|_{x=l} = 0. \end{cases} \tag{9.2.14}$$

称 (9.2.14) 中第一个方程等号左端的微分算子为梁的微分算子 A. 泛函 (9.2.12) 为

$$\frac{1}{2}F(w) = \frac{1}{2}\int_0^l w\frac{\mathrm{d}^2}{\mathrm{d}x^2}\left(EJ\frac{\mathrm{d}^2 w}{\mathrm{d}x^2}\right)\mathrm{d}x - \int_0^l wf\mathrm{d}x. \tag{9.2.15}$$

对上式等号右端第一项作分部积分, 得到

$$\frac{1}{2}F(w) = \frac{1}{2}\int_0^l EJ\left(\frac{\mathrm{d}^2 w}{\mathrm{d}x^2}\right)^2\mathrm{d}x - \int_0^l wf\mathrm{d}x = \Pi + W. \tag{9.2.16}$$

式 (9.2.16) 的物理意义是梁的总势能等于梁的应变能 Π 和外力势能 W 之和. 这表明, 求 $F(u)$ 的最小值的解正是最小势能原理, 即精确解使系统的总势能取最小值.

可以看到, 如果从式 (9.2.15) 出发求极值的解, 则解所属的函数集应具有和方程 (9.2.14) 同阶即四阶微商并满足全部边条件, 通常称这类函数集为比较位移函数集.

如果从式 (9.2.16) 出发求极值的解, 解所属的函数集只需具有一半方程阶数的微商并只需满足位移边条件, 不必满足自然边条件. 通常称这类函数集为可能 (或允许) 位移函数集.

因此, 从式 (9.2.16) 出发, 施行变分法求解, 才体现变分解法的优点. 故一般将变分法求解视为从式 (9.2.16) 求解. 但由于定理 9.3, 从式 (9.2.15) 求得的解是原微分方程的解, 而从式 (9.2.16) 求得的解, 则不一定满足原微分方程. 此时需要附加条件: 若此解具有和原微分方程同阶的微商, 则也是原微分方程的解.

在 9.3 节中, 将阐述解的存在性, 将会看到, 即使从式 (9.2.16) 求解, 对许多情形, 也不存在普通微商意义下的解.

例 2　在有限平面区域 Ω 上的弹性薄板, 周边固定. 静力平衡方程和边条件分别为

$$\begin{cases} D\Delta^2 w = f(x), & \Omega \text{ 内}, \\ w = \dfrac{\partial w}{\partial n} = 0, & \partial\Omega \text{ 上}. \end{cases} \tag{9.2.17}$$

式中, 薄板的弯曲刚度 $D = Eh^3/12(1-\mu^2)$; E, μ 为弹性模量和泊松比, h 为板的厚度; Δ^2 为双 Laplace 算子; w 为位移. 板的势能为

$$\begin{aligned} \frac{1}{2}F(w) =& \frac{D}{2}\int_\Omega \left\{ (\Delta w)^2 + 2(1-\mu)\left[\left(\frac{\partial^2 w}{\partial x\,\partial y}\right)^2 - \frac{\partial^2 w}{\partial x^2}\frac{\partial^2 w}{\partial y^2}\right]\right\} \mathrm{d}x\mathrm{d}y \\ & - \int_\Omega w f \mathrm{d}x\mathrm{d}y = \Pi + W, \end{aligned} \tag{9.2.18}$$

式中 Δ 为二维 Laplace 算子.

对于薄板, 微分算子具有位移的四阶微商, Π 内只含位移的二阶微商.

在此分节最后, 顺便指出, 定理 9.1 至定理 9.3 中, 前提是算子 A 是正的. 其物理意义是所考虑的力学系统的应变能是正的.

9.2.3　求模态解的变分方法

由方程 (9.2.2) 引进一个泛函——Rayleigh 商:

$$R(u) = \frac{(Au,\ u)}{(\rho u,\ u)}, \tag{9.2.19}$$

由方程 (9.2.2) 知, 固有频率 f_i 和振型 ϕ_i 满足方程

$$\lambda_i = \frac{(A\phi_i,\ \phi_i)}{(\rho\phi_i,\ \phi_i)}, \tag{9.2.20}$$

式中, 特征值 $\lambda_i = (2\pi f_i)^2$.

定理 9.4 设 A 是正算子, d 是泛函

$$R(\varphi) = \frac{(A\varphi,\ \varphi)}{(\varphi,\ \varphi)} \tag{9.2.21}$$

的下确界. 如存在函数 $\varphi_0 \neq 0$, 使

$$\frac{(A\varphi_0,\ \varphi_0)}{(\varphi_0,\ \varphi_0)} = d, \tag{9.2.22}$$

则 d 是 A 的最小特征值, 而 φ_0 是对应它的振型.

证明 首先, 由于 A 是正算子, $R(\varphi) \geqslant 0, d \geqslant 0$. 设 η 是算子 A 的定义域 D_A 中的任意函数, t 是任意实数, 则

$$\varphi_0 + t\eta \in D_A.$$

t 的函数

$$\begin{aligned}\psi(t) &= \frac{(A(\varphi_0 + t\eta),\ \varphi_0 + t\eta)}{(\varphi_0 + t\eta,\ \varphi_0 + t\eta)} \\ &= \frac{t^2(A\eta,\ \eta) + 2t\mathrm{Re}(A\varphi_0,\ \eta) + A(\varphi_0,\ \varphi_0)}{t^2(\eta,\ \eta) + 2t\mathrm{Re}(\varphi_0,\ \eta) + (\varphi_0,\ \varphi_0)}\end{aligned}$$

当 $t = 0$ 时取极小, 于是 $\psi'(0) = 0$. 计算 $\psi'(0)$, 再利用式 (9.2.22), 得

$$(A\varphi_0 - d\varphi_0,\ \eta) = 0.$$

这表明 $A\varphi_0 - d\varphi_0$ 与稠密集 D_A 的任意函数 η 正交, 所以

$$A\varphi_0 - d\varphi_0 = 0,$$

即 d 和 φ_0 是 A 的特征值和相应的振型. 又因 d 是泛函 (9.2.21) 的下确界, 所以 d 和 φ_0 是 A 的第一阶特征值和相应的振型. ▌

下面的定理是关于如何求高阶特征对的方法.

定理 9.5 设 A 是正的对称算子, $\lambda_1 \leqslant \lambda_2 \leqslant \cdots \leqslant \lambda_n$ 和 $\varphi_1,\ \varphi_2,\ \cdots, \varphi_n$ 是其前 n 阶特征值和相应的振型. 设存在函数 $\varphi \neq 0$, 使泛函 (9.2.21) 在附加条件 $(\varphi,\ \varphi_i) = 0 (i = 1, 2, \cdots, n)$ 之下取极小. 则 φ 和 $\lambda = (A\varphi,\ \varphi)/(\varphi,\ \varphi)$ 分别是 A 的第 $n+1$ 阶振型 φ_{n+1} 和相应的特征值 λ_{n+1}.

在参考文献 [89] 中可看到定理 9.5 的证明.

不难将定理 9.4 和定理 9.5 推广到式 (9.2.19) 的情形, 也就是模态方程 (9.2.2) 的情形.

定理 9.4 和定理 9.5 阐明了用变分法求模态解的理论根据. 证明了求泛函 (9.2.19) 的极值, 即可得到模态方程 (9.2.2) 的的模态解. 但是, 和静力平衡解相似, 这个结论是在式 (9.2.19) 的分子是用表达式 $(A\varphi,\ \varphi)$ 得到的, 此式隐含了选择函数 φ 的函数集必须具有与方程同阶的微商, 属于比较函数集. 但是实际进行变分计算时, 用的是表达式 (9.2.13), 选择函数集是可能函数集.

例 振动的直梁. 模态方程为

$$\frac{\mathrm{d}^2}{\mathrm{d}x^2}\left(EJ\frac{\mathrm{d}^2 w}{\mathrm{d}x^2}\right)=\omega^2 m w, \tag{9.2.23}$$

由

$$\omega^2=\mathrm{st}\frac{\displaystyle\int_0^l\left(EJ\frac{\mathrm{d}^2 w}{\mathrm{d}x^2}\right)^2\mathrm{d}x}{\displaystyle\int_0^l m w^2\mathrm{d}x} \tag{9.2.24}$$

求变分, 得方程

$$\delta\int_0^l EJ\left(\frac{\mathrm{d}^2 w}{\mathrm{d}x^2}\right)^2\mathrm{d}x-\omega^2\delta\int_0^l m w^2\mathrm{d}x=0$$

的解, 式 (9.2.24) 中 st 表示驻值. 一般情况对上式进行运算时, 式中函数 w 的微商阶次只要求具有特征方程 (9.2.23) 的阶次的一半.

9.2.4 求动力响应解的变分法

Hamilton 原理 给定时间边值

$$t=0\ \text{时}, u=u_0; \qquad t=t_1\ \text{时}, u=u_1.$$

则在所有可能运动状态中, 变分式

$$\delta\int_0^{t_1}(\varPi-K-W)\mathrm{d}t=0$$

相当于方程 (9.2.3) 中的动力学方程和边条件. 式中 $\varPi$ 和 K 分别为结构的应变能和动能, W 为外力所作之功.

振动中的动力响应问题, 是时间初值问题. 而 Hamilton 原理是时间边值问题, 不能直接用来求解动力响应, 但是利用它建立动力学方程十分方便. 一些复杂的结构, 不易直接建立其动力学方程, 然而比较容易写出该系统的势能和动能. 因而可以灵活地选取广义坐标, 利用 Hamilton 变分原理来建立这类结构的动力学方程.

Gurtin 于 1964 年提出的 Gurtin 变分原理[109], 适合于建立时间初值动力学方程. 在实际问题中该变分原理的应用可能有更多的前景.

9.2 节讨论了结构力学的三类问题的微分方程求解和变分法求解, 前者是在比较位移函数集中求解, 此函数类具有与方程同阶的微商; 后者在可能位移函数集中求解, 此函数类的微商次数仅为方程阶数的 1/2. 本书关心的主要问题是, 这些求解问题的解存在与否? 若解存在, 属何层次? 这些问题将在下几节论述.

9.3 泛函极值解的存在性

9.3.1 基本变分问题的解

本分节论述使泛函

$$F(u) = (Au,\ u) - (u,\ f) - (f,\ u) \tag{9.3.1}$$

取最小值的解的存在性问题.

(1) 设算子 A 定义在 Hilbert 空间 H 中的稠密线性集 M 上. 它是正定算子, 即存在常数 $\gamma > 0$, 使

$$(Au, u) \geqslant \gamma^2 \|u\|^2, \qquad u \in M. \tag{9.3.2}$$

(2) 在函数集 M 上定义一个新内积

$$[u,\ v] = (Au, v), \qquad u,\ v \in M. \tag{9.3.3}$$

此时 M 成为一个新的内积空间, 其模记为 $|\!|\!| u |\!|\!|$,

$$|\!|\!| u |\!|\!|^2 = (Au, u), \qquad u \in M. \tag{9.3.4}$$

由于 A 是正定算子, 从式 (9.3.2) 得空间 M 中的两种模具有下述重要关系:

$$|\!|\!| u |\!|\!| \geqslant \gamma \|u\|, \qquad u \in M. \tag{9.3.5}$$

M 在 $[\![\cdot]\!]$ 下一般不完备, 用通常方法完备化后所得空间记为 H_A, H_A 在内积 $[u,v]$ 下是一个新的 Hilbert 空间. 可以证明, H_A 嵌入在原 Hilbert 空间 H 中. 还可以证明, 完备化的 H_A 由空间 H 的元素组成. 不等式 (9.3.5) 在空间 H_A 中也成立.

(3) 清楚地了解完备化空间 H_A 的结构, 对于正确理解将要论述的解的存在性和广义解的含义是很重要的. 在此只能作一粗浅的表述. 读者可以参考有关书籍, 如参考文献 [103] 和 [106, 107].

设 Ω 是 N 维欧氏空间 $\mathbb{R}^N$ 中的开集, $x \in \mathbb{R}^N$, $x = (x_1, x_2, \cdots, x_N)$. α_i 为非负整数, $i = 1, 2, \cdots, N$. 符号 $\alpha = (\alpha_1, \alpha_2, \cdots, \alpha_N)$ 称为多重指标. 记

$$x^\alpha = x_1^{\alpha_1} x_2^{\alpha_2} \cdots x_N^{\alpha_N}, \qquad |\alpha| = \alpha_1 + \alpha_2 + \cdots + \alpha_N,$$

$$\mathrm{D}^\alpha = \mathrm{D}_1^{\alpha_1} \mathrm{D}_2^{\alpha_2} \cdots \mathrm{D}_N^{\alpha_N} = \frac{\partial^{|\alpha|}}{\partial x_1^{\alpha_1} \partial x_2^{\alpha_2} \cdots \partial x_N^{\alpha_N}}.$$

假定区域 Ω 有界, 边界充分光滑, 或者是凸多面体. 如果函数 $u \in C^1(\overline{\Omega})$, 则对任意函数 $v \in C_0^\infty(\Omega)$, 多次应用 Green 公式, 可得

$$\int_\Omega v \mathrm{D}^\alpha u \mathrm{d}x = (-1)^{|\alpha|} \int_\Omega u \mathrm{D}^\alpha v \mathrm{d}x, \qquad v \in C_0^\infty(\Omega).$$

利用上式, 引入广义微商的概念.

定义 函数 $u \in L_2(\Omega)$, 如存在一个函数 $u^\alpha \in L_2(\Omega)$, 使对一切 $v \in C_0^\infty(\Omega)$ 有

$$\int_\Omega v u^\alpha \mathrm{d}x = (-1)^{|\alpha|} \int_\Omega u \mathrm{D}^\alpha v \mathrm{d}x, \qquad v \in C_0^\infty(\Omega),$$

则称 u^α 是 u 的 $|\alpha|$ 阶广义微商, 并记为 $\mathrm{D}^\alpha u$.

由定义上面的推导表明, 普通微商必是广义微商. 反之不对.

在函数集 $u \in C^k(\Omega)$ 上定义内积

$$(u,v)_k = \int_\Omega \sum_{|\alpha|=0}^{k} \mathrm{D}^\alpha u \cdot \mathrm{D}^\alpha v \mathrm{d}x,$$

则模

$$\|u\|_k = \left[\int_\Omega \sum_{|\alpha|=0}^{k} (\mathrm{D}^\alpha u)^2 \mathrm{d}x\right]^{1/2}.$$

函数集 $C^k(\overline{\Omega})$ 对于上述内积是一个内积空间, 但它不完备. 把函数集 $C^k(\overline{\Omega})$ 和 $C_0^k(\Omega)$ 按模 $\|\cdot\|_k$ 意义下完备化, 所得空间分别记作 $H_k(\Omega)$ 和 $\mathring{H}_k(\Omega)$, 它们是 Hilbert 空间, 通常被称为 Соболев 空间 $H_k(\Omega)$ 和 $\mathring{H}_k(\Omega)$. 重要的是理解它们的内积和模中的函数微商是广义微商, 而非普通微商.

对于具有 $2k$ 阶微商的算子 A, 对应的空间 C^{2k} 和 C_0^{2k} 的完备化空间是 H_k 和 $\mathring{H}_k$, 其中的函数, 包含广义解是具有 k 阶广义微商的函数. 例如, 梁和板算子的最高阶微商为四阶, 广义解所在的空间为 H_2, 弹性力学、杆、薄膜算子的最高阶微商为二阶, 广义解所在的空间为 H_1.

(4) 基本变分问题本意为寻求函数集 M 中存在函数, 使 (9.3.1) 取最小值. 但是, 一般情况下此问题无解. 需设法扩大求解范围.

首先, 如 $u \in M$, 则定义 $(Au, u) = [u,\ u]$.

其次, 取 f 是空间 H 中的固定函数, 又取 u 是空间 H_A 中的任意函数. 由 Schwarz 不等式有

$$|(u,f)| \leqslant \|f\| \cdot \|u\| \leqslant \frac{\|f\|}{\gamma} [\![u]\!].$$

因此 $(u,\ f)$ 是空间 H_A 中的有界泛函. 根据 Riesz 表示定理, 存在唯一的函数 $u_0 \in H_A$, 使

$$(u,f) = [u,u_0], \quad u \in H_A. \tag{9.3.6}$$

于是

$$F(u) = (Au,u) - (u,f) - (f,u) = [u,u] - [u,u_0] - [u_0,u]. \tag{9.3.7}$$

此式对 $u \in M$ 是成立的, 但上式第二个等号右边诸项在空间 H_A 上有意义. 于是利用式 (9.3.7) 把泛函 $F(u)$ 开拓到空间 H_A 上, 并寻求 $F(u)$ 在 H_A 中的最小值. 将式 (9.3.7) 化为

$$F(u) = [u-u_0,\ u-u_0] - [u_0,\ u_0] = [\![u-u_0]\!]^2 - [\![u_0]\!]^2.$$

当 $u = u_0$ 时, $F(u)$ 达到最小值, 有

$$\min F(u) = -[\![u_0]\!]^2.$$

此结论给出以下定理.

定理 9.6 对于 Hilbert 空间 H 中的正定算子 A 和函数 f, 在空间 H_A 中存在唯一的函数, 使泛函

$$F(u) = (Au,u) - (u,f) - (f,u)$$

取极小值.

在空间 H_A 中的这个解就是所谓广义解. 空间 H_A 是Соболев 空间, 函数具有广义微商. 例如, 若 A 是 $2k$ 阶微分算子, 则泛函 $F(u)$ 中的 (Au, u) 含两个从零阶直到 k 阶微分算子之积, 空间 H_A 的函数元素具有 1 至 k 阶广义微商.

例 1　Euler 梁的算子是正定算子.

先给出一个公式. 设 $u(x)$ 是 $[0,\ l]$ 上的函数,

$$u(x)=\int_0^x \frac{\mathrm{d}u(\xi)}{\mathrm{d}\xi}\mathrm{d}\xi.$$

在 Schwarz 不等式

$$|(\varphi,\psi)|\leqslant \|\phi\|\cdot\|\psi\| \tag{9.3.8}$$

中取

$$\varphi=1,\quad \psi=\frac{\mathrm{d}u(\xi)}{\mathrm{d}\xi},$$

于是

$$|u(x)|=|(\varphi,\psi)|\leqslant\sqrt{x}\cdot\sqrt{\int_0^x\left|\frac{\mathrm{d}u}{\mathrm{d}\xi}\right|^2\mathrm{d}\xi}.$$

所以

$$|u(x)|^2\leqslant x\int_0^x\left|\frac{\mathrm{d}u}{\mathrm{d}\xi}\right|^2\mathrm{d}\xi\leqslant l\int_0^l\left|\frac{\mathrm{d}u}{\mathrm{d}\xi}\right|^2\mathrm{d}\xi. \tag{9.3.9}$$

现在证明 Euler 梁的算子是正定算子. Euler 梁的算子为

$$Au=(EJu'')'', \tag{9.3.10}$$

这里上角标 “$''$” 表示函数对 x 的二阶微商. 由于

$$\begin{aligned}(Au,\ u)&=\int_0^l (EJu'')''u\mathrm{d}x\\&=\int_0^l EJ(u'')^2\mathrm{d}x+(EJu'')'u\big|_0^l-(EJu'')u'\big|_0^l,\end{aligned}$$

式中第二个等号右端第一项为梁的本体的应变能, 第二、三项为边界支承产生的应变能. 根据第五章给出的梁的最一般边条件, 后两项大于等于零, 于是

$$(Au,\ u)\geqslant\int_0^l EJ(u'')^2\mathrm{d}x.$$

由式 (9.3.9),

$$\int_0^l u^2(x)\mathrm{d}x\leqslant l^2\int_0^l\left(\frac{\mathrm{d}u}{\mathrm{d}\xi}\right)^2\mathrm{d}\xi\leqslant l^2\left[l^2\int_0^l\left(\frac{\mathrm{d}^2u}{\mathrm{d}\xi^2}\right)^2\mathrm{d}\xi\right]$$

$$\leqslant \frac{l^4}{EJ_0}\int_0^l EJ\left(\frac{\mathrm{d}^2u}{\mathrm{d}\xi^2}\right)^2\mathrm{d}\xi$$
$$\leqslant \frac{l^4}{EJ_0}(Au,u), \tag{9.3.11}$$

式中 $EJ_0 = \min EJ(x)(0 < x < l)$. 式 (9.3.11) 即

$$(Au,u) \geqslant \gamma^2 \|u\|^2 .$$

这表明当 $(EJu'')''$ 有意义, 即 $EJ \in C^2$ 时, 梁算子是正定的.

因此, 梁的静力平衡问题的基本变分问题——最小势能的解存在, 即梁的静力平衡问题的广义解存在.

例 2 在平面有限区域 Ω 上的弹性薄板, 边界充分光滑, 周边固定. 微分方程和边条件见式 (9.2.17), 势能表达式见式 (9.2.18). 经过一系列推演后得

$$\Pi \geqslant \alpha\int_\Omega\left[u^2+\left(\frac{\partial w}{\partial x}\right)^2+\left(\frac{\partial w}{\partial y}\right)^2+\left(\frac{\partial^2 w}{\partial x^2}\right)^2+\left(\frac{\partial^2 w}{\partial x\partial y}\right)^2+\left(\frac{\partial^2 w}{\partial y^2}\right)^2\right]\mathrm{d}x\mathrm{d}y$$
$$\geqslant \beta\int_\Omega u^2\mathrm{d}x\mathrm{d}y.$$

上式表示板的算子 $A = D\Delta^2$ 是正定的:

$$(Au,u) \geqslant \gamma^2 \|u\|^2 .$$

9.3.2 特征值问题解的存在性

在 9.2.3 分节中已经论述了求模态解的问题可以转化为求泛函 ——Rayleigh 商的极小值问题. 本分节论述此 Rayleigh 商的极小值的存在性, 也就是模态解的存在性及其结构.

定理 9.7 设: (1) A 是正定算子; (2) 空间 H_A 至空间 H 的嵌入算子是紧算子, 则泛函 Rayleigh 商 $R(u)$ 在空间 H_A 中达到其下确界

$$m = \inf R(u_0) = \inf \frac{(Au_0,\ u_0)}{(u_0,\ u_0)},$$

式中, m 和 u_0 分别为特征方程 (9.2.2) 的第一阶特征值和相应的特征函数.

证明 与 9.3.1 分节一样, 空间 H_A 的内积和模的平方分别表示为

$$[u,\ v] = (Au,v) \quad 和 \quad |\!|\!|u|\!|\!|^2 = (Au,u).$$

空间 H_A 至空间 H 的嵌入算子是紧算子的定义为, H_A 中的有界集对应 H 中的紧集.

因为 D_A 在 H_A 中是稠密的, 故

$$\inf_{u\in D_A}\frac{(Au,\ u)}{\|u\|^2}=\inf_{u\in H_A}\frac{|\!|\!|u|\!|\!|^2}{\|u\|^2}.$$

因假定空间 H_A 至空间 H 的嵌入算子是紧算子, 给定函数序列 $\{u_n\}$, 它是 $R(u)$ 的规格化极小序列, 即 $\|u_n\|=1$, 且

$$\lim_{n\to\infty}|\!|\!|u_n|\!|\!|^2=m. \tag{9.3.12}$$

设 η 是空间 H_A 的任意函数, t 为任意实数, 于是

$$\frac{|\!|\!|u_n+t\eta|\!|\!|^2}{\|u_n+t\eta\|^2}\geqslant m.$$

由此可以导出:

$$\lim_{n\to\infty}\{[u_n,\eta]-m(u_n,\eta)\}=0. \tag{9.3.13}$$

极限关于参数 η, 在 $|\!|\!|\eta|\!|\!|\leqslant c$ 上是一致成立的, 这里 c 是不依赖于 n 的常数.

因为式 (9.3.12) 表示 $|\!|\!|u|\!|\!|$ 有极限, 所以有界. 设 $|\!|\!|u_n|\!|\!|\leqslant c'$ 为常数, 于是 $|\!|\!|u_n-u_k|\!|\!|\leqslant 2c'$. 在式 (9.3.13) 中置 $\eta=u_n-u_k$, 得

$$\lim_{n\to\infty}\{[u_n,u_n-u_k]-m(u_n,u_n-u_k)\}=0.$$

在上式中变更 n 和 k 的位置, 把所得的式和上式相加, 得

$$\lim_{n\to\infty,k\to\infty}\{|\!|\!|u_n-u_k|\!|\!|^2-m\|u_n-u_k\|^2\}=0. \tag{9.3.14}$$

按假定, H_A 中的有界序列在 H 中有收敛子列, 由于 $|\!|\!|u|\!|\!|$ 有界, 故序列 $\{u_n\}$ 在 H 中有收敛的子列, 仍记为 $\{u_n\}$. 设

$$\lim_{n\to\infty}u_n=u_0. \tag{9.3.15}$$

于是 $\|u_n-u_0\|\to 0$. 显然 $\|u_0\|=1$, 由式 (9.3.14) 得 $|\!|\!|u_n-u_k|\!|\!|\to 0$, 即序列 $\{u_n\}$ 在 H_A 中也是收敛的, 并收敛于同一函数 u_0. 在式 (9.3.12) 中取极限, 得

$$|\!|\!|u_0|\!|\!|^2=\frac{|\!|\!|u_0|\!|\!|^2}{\|u_0\|^2}=m. \tag{9.3.16}$$

这表明, 泛函 $R(u)$ 在空间 H_A 中达到它的下确界, $u_0\in H_A$. 也就是说, $\min R(u)$ 存在广义解.

进一步可以证明, $u_0 \in D_A$. ▌

定理 9.7 论述了特征值问题 (9.2.2) 的广义解的第一阶特征对的存在性, 下面的定理将论述特征值问题 (9.2.2) 的广义解的高阶特征对的存在性, 以及特征值和特征函数的整体结构.

定理 9.8 设 A 是正定算子, 且从空间 H_A 至空间 H 的嵌入算子是紧算子. 则

(1) 算子 A 有可数无穷多个特征值 (如空间 H 是无穷维的);

(2) 全体特征值仅以无穷远点为聚点;

(3) 特征函数序列在空间 H 及 H_A 中都是完全正交系.

证明 (1) 用 λ_1 表示泛函

$$R(u) = \frac{(Au,\ u)}{\|u\|^2} = \frac{|\!|\!| u |\!|\!|^2}{\|u\|^2} \tag{9.3.17}$$

的下确界, 设函数序列 $\{u_n\}$ 是 $R(u)$ 中标准化的极小化序列, 于是 $|\!|\!| u_n |\!|\!|^2 \to \lambda_1$. 这表明极小化序列 $\{u_n\}$ 在 H_A 中是有界的. 由定理的条件推出它在 H 中是紧的. 由定理 9.7, λ_1 是算子 A 的最小特征值. 用 $\varphi_1 \in H_A$ 表示与 λ_1 对应的特征函数. 假定在升序排列的特征值中已求得前 n 个特征值 $\lambda_1, \lambda_2, \cdots, \lambda_n$ 及对应的特征函数 $\varphi_1, \varphi_2, \cdots, \varphi_n$. 因正定算子是对称算子, 其特征函数相互正交, 所以随后的特征函数可以在空间 H_A 的正交于 $\varphi_1, \varphi_2, \cdots, \varphi_n$ 的子空间 $H^{(n)}$ 中求得, 随后的特征值是 $R(u)$ 在此子空间的下确界. 在 $H^{(n)}$ 中作 $R(u)$ 的标准化极小化序列, 于是这个极小化序列在 H_A 中有界. 由定理的条件, 从空间 H_A 至空间 H 的嵌入算子是紧算子, 从而该极小化序列在 H 中是自列紧的. 重复定理 9.7 的论证, 可以断言, $R(u)$ 在 $H^{(n)}$ 中的下确界是算子 A 的紧随 λ_n 后的特征值 λ_{n+1}. 如空间 H 是无穷维的, 则对任何 n, 子空间 $H^{(n)}$ 不是零空间, 所以算子 A 有可数无穷多个特征值.

(2) 用反证法. 如果特征值以一有限点为聚点, 设 $\lambda_n \to \mu$, $\{\varphi_n\}$ 是对应的特征函数的子序列, 并在空间 H 中标准化, 于是

$$|\!|\!| \varphi_n |\!|\!|^2 = (A\varphi_n,\ \varphi_n) = (\lambda\varphi_n,\ \varphi_n) = \lambda_n \leqslant \mu. \tag{9.3.18}$$

由此得出, $\{\varphi_n\}$ 在空间 H_A 中有界, 按定理假设, $\{\varphi_n\}$ 在空间 H 中是自列紧的, 但这是不可能的. 因为 $\{\varphi_n\}$ 在空间 H 中是标准化正交的. 由此矛盾得到特征值的聚点不可能是有限值.

(3) 先证明算子 A 的特征函数序列在 H_A 中是完全的. 假设相反, 即存在一个 H_A 的子空间, 记为 H'_A, 它正交于 $\{\varphi_n\}$ 的子空间. 和前面一样, 可证

$$\inf_{u \in H'_A} \frac{|\!|\!|u|\!|\!|^2}{\|u\|^2}$$

是算子 A 的特征值, 它应大于一切 λ_n, 但 $\lambda_n \to \infty$, 所以不可能. 因此算子 A 的特征函数序列在 H_A 中是完全的.

再证明算子 A 的特征函数序列在 H 中也是完全的. 设 u 是 H 中的任意元素. 由于构成 H_A 的元素的集合在 H 中是稠密的, 于是可求得 $u_0 \in H_A$, 使 $\|u - u_0\| < \varepsilon/2$, 其中 ε 是任意正数. 已证 $\{\varphi_n\}$ 在 H_A 中是完全的、正交的, 于是当 n 充分大时,

$$\left|\!\left|\!\left| u_0 - \sum_{k=1}^{n} \frac{[u_0,\ \varphi_k]}{\lambda_k} \varphi_k \right|\!\right|\!\right| < \frac{\gamma\varepsilon}{2},$$

这里 γ 是一常数. 因为 A 是正定算子, 由空间 H 和空间 H_A 的模的关系以及 $\|u - u_0\| < \varepsilon/2$, 得

$$\left\| u - \sum_{k=1}^{n} \frac{[u_0,\ \varphi_k]}{\lambda_k} \varphi_k \right\| < \varepsilon.$$

这表明序列 $\{\varphi_n\}$ 在空间 H 中是完全的. ∎

在结构理论中特征值问题的控制方程通常是

$$Au = \lambda Bu, \tag{9.3.19}$$

即所谓广义特征值问题.

定理 9.8 不难推广到广义特征值的情形. 我们不加证明地给出下列定理. 读者可参阅参考文献 [44].

定理 9.9　设算子 A 和 B 都是正定算子, 并且 $D_B \supset D_A$. 对任何实数 λ, 算子 $A - \lambda B$ 是自共轭的; 算子 A 和 B 使从空间 H_A 至空间 H_B 的嵌入算子是紧算子. 则

(1) 方程 (9.3.19) 有可数无穷多个特征值 (如果空间 H 是无穷维的);

(2) 全体特征值仅以无穷远点为聚点;

(3) 特征函数序列在空间 H 及 H_A, H_B 中都是完全正交系.

至此, 已论述了微分方程边值问题 (9.2.1) 和特征值问题 (9.2.2) 的解的存在性. 结论是:

(1) 若算子 A 是正定的, 则微分方程边值问题 (9.2.1) 在空间 H_A 存在唯一解, 即存在广义解.

(2) 若 A 和 B 是正定的, 从空间 H_A 至空间 H_B 的嵌入算子是紧算子, 则微分方程广义特征值问题有可数无穷多个特征值; 只以无穷远点为聚点; 特征函数序列在空间 H, H_A 及 H_B 中都是完全的, 即存在广义解.

9.3.3 振型展开法及其收敛性

1. 静力平衡解的振型展开法

求结构的静力平衡解有许多近似方法, 如很有效的 Ritz 法. 但是, 如果已经用计算或实测的方法得到了许多阶的振型, 则采用振型展开法求静力平衡解就更加快捷.

考虑微分方程

$$\begin{cases} Au(x) = f(x), & \Omega \text{ 内}, \\ Bu = 0, & \partial\Omega \text{ 上}, \end{cases} \tag{9.3.20}$$

式中 f 为外力, A 和 B 为算子. 已知特征值 λ_i 和振型 $\varphi_i(x)(i=1,2,\cdots)$ 满足模态方程

$$A\varphi_i(x) = \lambda_i \varphi_i(x), \quad i = 1, 2, \cdots \tag{9.3.21}$$

和正交性

$$(\varphi_i(x), \varphi_j(x)) = \delta_{ij}, \quad (A\varphi_i, \varphi_j) = \lambda_j \delta_{ij}, \qquad i, j = 1, 2, \cdots. \tag{9.3.22}$$

将方程 (9.3.20) 的解 u_0 展成振型的级数

$$u_0 = \sum_i^\infty a_i \varphi_i(x),$$

将其代入方程 (9.3.20), 再左乘 $\varphi_j(x)$, 利用正交性 (9.3.22) 得到

$$a_j = \frac{1}{\lambda_j}(f(x), \varphi_j(x)) = \frac{f_j}{\lambda_j}, \quad j = 1, 2, \cdots. \tag{9.3.23}$$

于是静力平衡解 u_0 为

$$u_0 = \sum_i^\infty \frac{f_i}{\lambda_i} \varphi_i(x). \tag{9.3.24}$$

上述振型展开法是 Ritz 法的特殊情形, 即取 Ritz 法中的坐标元素为相应系统的振型. 在 9.7 节将证明 Ritz 法的收敛性. 所以振型展开法的收敛性是有保证的.

2. **动力响应解的振型展开法**

振型展开法是求结构动力响应解的有效方法. 考虑微分方程的初边值问题

$$\begin{cases} \rho(x)\ddot{u}(x,t)+Au(x,t)=f(x,t), & \Omega \text{ 内}, t>0, \\ Bu(x,t)=0, & \partial\Omega \text{ 上}, t>0, \\ u(x,0)=g(x), \quad \dot{u}(x,0)=h(x), & \overline{\Omega} \text{ 上}. \end{cases} \tag{9.3.25}$$

式中 "·", "··" 分别表示对时间 t 的一次和二次微商. 设特征值 λ_i 和特征函数 $\varphi_i(x)$ 已经确定, 它们满足关系

$$\begin{aligned} &A\varphi_i(x)=\lambda_i\varphi_i(x), \qquad i=1,2,\cdots, \\ &(\rho(x)\varphi_i(x),\varphi_j(x))=\delta_{ij}, \quad (A\varphi_i,\varphi_j)=\begin{cases} \lambda_i, & i=j, \\ 0, & i\neq j. \end{cases} \end{aligned} \tag{9.3.26}$$

将 "单位质量上的外力"、初位移、初速度以及动力响应都展成 $\varphi_i(x)$ 的级数

$$\begin{cases} \dfrac{f(x,t)}{\rho(x)}=\displaystyle\sum_i^\infty f_i(t)\varphi_i(x), \\ g(x)=\displaystyle\sum_i^\infty g_i\varphi_i(x), \\ h(x)=\displaystyle\sum_i^\infty h_i\varphi_i(x), \end{cases} \tag{9.3.27}$$

$$u(x,t)=\sum_i^\infty a_i(t)\varphi_i(x). \tag{9.3.28}$$

将方程 (9.3.27) 诸式乘以 $\rho(x)\varphi_j(x)$, 由振型的正交性 (9.3.26) 得

$$\begin{cases} f_i(t)=(f(x,t),\varphi_i(x)), \\ g_i=(g(x),\rho(x)\varphi_i(x)), \\ h_i=(h(x),\rho(x)\varphi_i(x)). \end{cases} \tag{9.3.29}$$

将式 (9.3.27) 和 (9.3.28) 代入方程 (9.3.25), 得

$$\begin{cases} \ddot{a}_i(t)+\lambda_i a_i(t)=f_i(t), \\ a_i(0)=g_i, \\ \dot{a}_i(0)=h_i. \end{cases} \tag{9.3.30}$$

方程 (9.3.30) 的解可用 Duhamel 积分表示为

$$a_i(t)=g_i\cos\omega_i t+\frac{h_i}{\omega_i}\sin\omega_i t+\frac{1}{\omega_i}\int_0^t f_i(\tau)\sin\omega_i(t-\tau)\mathrm{d}\tau, \tag{9.3.31}$$

其中 $\omega_i = \sqrt{\lambda_i}$ 是第 i 个单自由度系统的角频率. 将这些 $i = 1, 2, \cdots$ 个单自由度系统的强迫振动方程的解代入式 (9.3.28), 即得连续系统 (9.3.25) 的解.

级数展开只能做到有限项之和. 所以动力响应解的级数展开法的收敛性是很被关注的. 但是, 它涉及比较复杂的理论, 难以在本书中讨论. 这里只给出 Fichera 在参考文献 [45] 中给出的一个最简单的情形的结果, 即 "C^∞-理论" 的结果: 由方程 (9.3.25) 表示的动力响应问题, 如区域 Ω 为 C^∞ 光滑的有界区域, 算子 A 为 Ω 内具有 C^∞ 系数的正定算子, $f(x,t) \in C^\infty(x \in \Omega, t > 0)$, $g(x) \in C^\infty(\overline{\Omega})$, $h(x) \in C^\infty(\overline{\Omega})$, 以及另外一些条件, 则级数解 (9.3.28), 式 (9.3.31) 在 H_m($2m$ 为方程的阶) 中收敛到方程 (9.3.25) 的解.

9.2 节和 9.3 节是求解微分方程的一个有效的理论框架, 是 Hilbert 空间理论在微分方程求解问题上的重要贡献. 下面 9.4 节和 9.5 节将论证弹性力学问题和结构理论问题解的存在性, 这只要论证有关的算子是正定的, 从空间 H_A 至空间 H_B 的嵌入算子是紧算子, 则广义解存在.

9.2 节和 9.3 节的主要部分引自参考文献 [44].

9.4 弹性力学中静力平衡解和模态解的存在性

9.4.1 弹性力学方程及边条件

弹性力学的平衡方程为

$$\begin{cases} \boldsymbol{A}_{\mathrm{e}}\boldsymbol{u} = -\displaystyle\sum_{i,k,l,m=1}^{3} \frac{\partial}{\partial x_i}\left(c_{iklm}\varepsilon_{lm}(\boldsymbol{u})\right)\boldsymbol{x}_k^{(0)} = \boldsymbol{f}(\boldsymbol{x}), & \Omega \text{ 内}, \\ \boldsymbol{B}_{\mathrm{e}}\boldsymbol{u} = \boldsymbol{0}, & \partial\Omega \text{上}. \end{cases} \tag{9.4.1}$$

其中 $\boldsymbol{u}$ 是三维位移矢量, ε_{lm} 为应变分量, $\boldsymbol{x}_k^{(0)}$ 为坐标轴 $x_k(k = 1,\ 2,\ 3)$ 的单位矢量; 弹性力学算子 $\boldsymbol{A}_{\mathrm{e}}$ 是二阶微分算子, $\boldsymbol{B}_{\mathrm{e}}$ 是边界微分算子.

各向异性和各向同性体的弹性系数 c_{iklm} 分别为 21 个和 2 个. 非均匀材料的弹性系数为空间坐标 $\boldsymbol{x}$ 的函数, 均匀材料的弹性系数为常数. 设弹性体的有界区域 Ω 的边界为 $\partial\Omega$. 通常有下述 6 种边条件:

(1) 固定边界: $\boldsymbol{u}|_{\partial\Omega} = \boldsymbol{0}$;

(2) 自由边界: $\boldsymbol{t}(\boldsymbol{u})|_{\partial\Omega} = \boldsymbol{0}$;

(3) 刚性接触边界: $\boldsymbol{u}_{(\nu)}|_{\partial\Omega}=\boldsymbol{0},\boldsymbol{t}\left(\boldsymbol{u}\right)_{(s)}|_{\partial\Omega}=\boldsymbol{0}$, 其中 ν 表示边界法向, s 表示边界切向;

(4) 法向位移自由, 切向固定边界: $\boldsymbol{u}_s|_{\partial\Omega}=\boldsymbol{0},\boldsymbol{t}\left(\boldsymbol{u}\right)_{(\nu)}|_{\partial\Omega}=\boldsymbol{0}$;

(5) 以上 4 种边界的混合边界;

(6) 弹性边界: $\boldsymbol{t}\left(\boldsymbol{u}\right)|_{\partial\Omega}+\boldsymbol{K}\boldsymbol{u}|_{\partial\Omega}=\boldsymbol{0}$, 式中 $\boldsymbol{K}$ 是三阶对角矩阵, 其对角元为弹性支承在 x_1, x_2, x_3 方向的弹簧常数, 都为正函数.

由弹性力学理论知, $(\boldsymbol{A}_{\rm e}\boldsymbol{u},\boldsymbol{u})$ 为位移 $\boldsymbol{u}$ 对应的应变能幅值的两倍, $(\rho\boldsymbol{u},\boldsymbol{u})$ 为动能幅值系数的两倍. 将具有内积 $(\boldsymbol{A}_{\rm e}\boldsymbol{u},\boldsymbol{u})$ 的 Hilbert 空间称为应变能模空间 $H_{\boldsymbol{A}_{\rm e}}$, 将具有内积 $(\rho\boldsymbol{u},\boldsymbol{u})$ 的 Hilbert 空间称为动能模空间 H_ρ, 将从应变能模空间至动能模空间的映射称为能量嵌入算子.

9.4.2 弹性力学静力平衡解和模态解的存在性

研究弹性力学静力平衡解和模态解的存在性, 只需考查弹性力学算子 $\boldsymbol{A}_{\rm e}$ 的正定性和能量嵌入算子的紧性. 这需要对不同的边条件的问题分别进行, 关键是证明 Korn 不等式这一比较繁重的工作, 本书略去这些推演, 只给出结果. 读者如有需要, 请参阅参考文献 [44] 的第四章.

定理 9.10 (弹性力学算子正定性定理) 设弹性系数 c_{iklm} 在有界区域 Ω 上具有连续一阶微商, 区域 Ω 的边界分片光滑. 则满足上述边条件 (1) 至 (5) 的弹性力学算子 $\boldsymbol{A}_{\rm e}$ 是正定的算子.

所谓算子正定, 系指

$$(\boldsymbol{A}_{\rm e}\boldsymbol{u},\boldsymbol{u})\geqslant\gamma^2||\boldsymbol{u}||^2,\tag{9.4.2}$$

其中 γ 为正数. 算子 $\boldsymbol{A}_{\rm e}$ 正定性的力学含义是应变能模与动能模之比为正数, 数学含义是应变能模空间到动能模空间的嵌入算子是有界算子.

定理 9.11 (弹性力学能量嵌入算子的紧性定理) 设弹性系数 c_{iklm} 在有界区域 Ω 上具有连续一阶微商, 区域 Ω 的边界分片光滑. 则满足上述边条件 (1) 至 (5) 的弹性力学的能量嵌入算子是紧算子.

所谓能量嵌入算子是紧算子, 系指该算子将应变能模空间中的有界集映射到动能模空间的紧集.

对定理 9.10 和 9.11 有一重要说明. 当弹性体具有上述边条件中的 (2), (3), (4), (5) 之一, 使弹性体存在刚体运动时, 需要限制其外力的合力和合力矩为零. 而位移解是在相差一个刚体平动和一个刚体转动的意义下是唯一的.

由以上两定理及定理 9.6 和 9.8, 可得如下弹性力学问题解的存在性定理.

定理 9.12(弹性力学静力平衡解的存在性定理) 设弹性系数 c_{iklm} 在有界区域 Ω 上具有连续一阶微商, 区域 Ω 的边界分片光滑, 外力属于 $L_2(\Omega)$, 则满足上述边条件 (1) 至 (5) 的弹性力学静力平衡问题存在唯一的广义解.

定理 9.13 (弹性力学模态解的存在性定理) 设弹性系数 c_{iklm} 在有界区域 Ω 上具有连续一阶微商, 区域 Ω 的边界分片光滑. 则满足上述边条件 (1) 至 (5) 的弹性力学模态解存在广义解, 有可数无穷多个固有频率, 仅以无穷远点为聚点, 振型在动能模空间和应变能模空间都是完全正交系.

定理 9.10 和 9.11 的证明对不同的边条件要分别处理, 比较繁难, 尤其是对具有刚体运动的情形.

证明定理 9.10, 即弹性力学算子正定性的主要线索分下述两步:

第一步, 根据应力–应变关系和边条件证明 Korn 不等式

$$\Pi_{\mathrm{e}} \geqslant C\int_{\Omega}\sum_{i,k=1}^{3}\left(\frac{\partial u_i}{\partial x_k}\right)^2 \mathrm{d}\Omega,$$

式中 Π_{e} 为弹性体的应变能. Korn 不等式是 Korn 于 1908 年证明的[110].

第二步, 利用 Schwarz 不等式经一系列演算得

$$C\int_{\Omega}\sum_{i,k=1}^{3}\left(\frac{\partial u_i}{\partial x_k}\right)^2 \mathrm{d}\Omega \geqslant C_1\left\|u\right\|^2.$$

而 $(\boldsymbol{A}_{\mathrm{e}}\boldsymbol{u},\boldsymbol{u}) = 2\Pi_{\mathrm{e}}$, 从而得到弹性力学算子的正定性

$$(\boldsymbol{A}_{\mathrm{e}}\boldsymbol{u},\boldsymbol{u}) \geqslant \gamma^2\left\|u\right\|^2.$$

9.4.3 弹性力学中广义解的例子

下面给出两例, 它们的广义解具有更高阶的可微性, 甚至可以成为古典解.

例 1 设弹性体均匀各向同性, 边界分片光滑, 边条件分别是: (1) 位移为零; (2) 边界力为零; (3) 法向位移和切向力为零; (4) 以上 3 种边条件的混合. 对以上 4 种情形, 在平方可积的体积力作用下, 存在唯一的使势能取极小值的位移, 有平方可积的广义二阶微商, 且几乎处处满足弹性力学方程[44].

例 2 设非均匀各向异性弹性体的弹性系数 $c_{iklm} \in C^{\infty}$(具有无穷阶连续微商), 其二维或三维有界区域 Ω 是 C^{∞} 光滑的, 外力 $\boldsymbol{f} \in C^{\infty}(\overline{\Omega})$, 则对于固定边条件、自由边条件或固定、自由混合边条件的弹性力学平衡方程, 分别存在唯

一的、属于 $C^\infty(\overline{\Omega})$ 的解, 因此是古典解 (对自由边条件平衡问题, 要求外力的合力、合力矩为零, 解在除去刚体运动的意义下唯一)[92].

例 3 对于具有例 2 中三种边条件的弹性体, 存在模态问题的广义解, 而且振型 $u_i \in C^\infty (i=1,2,\cdots)$(略去精细的讨论)[92].

9.5 结构理论中静力平衡解和模态解的存在性

各种结构的算子形式差别很大. 在以前的文献中, 一种研究方法是从各自的方程和各种不同的边条件出发证明算子的性质. 但是这种证明方法对有些问题在数学上相当繁难. 例如, 复杂形状的薄壳、组合结构, 虽然长期被研究者关心, 但未能得到全面的结果.

这里采用王大钧和胡海昌的方法[47~50], 以结构理论与三维弹性力学理论模型的联系为背景, 依据结构理论和三维弹性力学之间位移的联系, 应变能的联系和动能的联系, 利用算子的有界性和紧性的性质, 将弹性力学算子的正定性和能量嵌入算子的紧性传承到结构理论算子的相应性质, 从而对结构理论算子的正定性和能量嵌入算子的紧性作了统一证明. 对具有相当广泛的边条件的壳体、复合材料结构和组合结构, 以及其他可能提出的结构理论都能统一地得出结论.

各种结构理论的广义位移矢量记为 $\boldsymbol{w}(\boldsymbol{x})$. 这里 $\boldsymbol{x}$ 为描述结构的中心线或中性面的自变量, 所占的一维或二维自变量区域为 Ω. 例如薄板的 $\boldsymbol{w}(\boldsymbol{x})$ 是中面挠度 $w(x_1,x_2)$. 计入剪切变形的板的 $\boldsymbol{w}(\boldsymbol{x})$ 是 $(\psi_{x_1}(x_1,x_2),\psi_{x_2}(x_1,x_2),w(x_1,x_2))^{\mathrm{T}}$, 其中 ψ_{x_1} 和 ψ_{x_2} 分别是中面绕 x_1 和 x_2 轴的转角. 薄壳中 $\boldsymbol{w}(\boldsymbol{x})$ 是 $(u(x_1,x_2), v(x_1,x_2),w(x_1,x_2))^{\mathrm{T}}$, u,v,w 分别是壳体中面在曲面坐标 x_1, x_2 方向和中面法向方向的位移.

结构理论静力平衡的方程和边条件为

$$\begin{cases} \boldsymbol{A}_{\mathrm{s}}\boldsymbol{w}(\boldsymbol{x}) = \boldsymbol{f}(\boldsymbol{x}), & \Omega\text{内}, \\ \boldsymbol{B}_{\mathrm{s}}\boldsymbol{w}(\boldsymbol{x}) = \boldsymbol{0}, & \partial\Omega\text{上}. \end{cases}$$

结构理论的频率和模态满足的方程和边条件为

$$\begin{cases} \boldsymbol{A}_{\mathrm{s}}\boldsymbol{w}(\boldsymbol{x}) - \omega^2\rho_{\mathrm{s}}\boldsymbol{w}(\boldsymbol{x}) = \boldsymbol{0}, & \Omega\ \text{内}, \\ \boldsymbol{B}_{\mathrm{s}}\boldsymbol{w}(\boldsymbol{x}) = \boldsymbol{0}, & \partial\Omega\ \text{上}, \end{cases}$$

式中 $\boldsymbol{A}_{\mathrm{s}}$ 为结构理论算子, $\boldsymbol{B}_{\mathrm{s}}$ 为边界微分算子. $L_2(\Omega)$ 空间的内积记为

$$(\boldsymbol{w}_1,\ \boldsymbol{w}_2) = \int_{\Omega} \boldsymbol{w}_1 \cdot \boldsymbol{w}_2 \mathrm{d}\boldsymbol{x},$$

式中 $\boldsymbol{w}_1 \cdot \boldsymbol{w}_2$ 表示矢量的点积, 空间的模的平方为

$$\|\boldsymbol{w}\|_{\mathrm{s}}^2 = \int_{\Omega} \boldsymbol{w} \cdot \boldsymbol{w} \mathrm{d}\boldsymbol{x}.$$

积分

$$\int_{\Omega} \rho_{\mathrm{s}} \boldsymbol{w} \cdot \boldsymbol{w} \mathrm{d}\boldsymbol{x} = 2K_{\mathrm{s}}$$

正比于固有振动时结构的动能 K_{s} 幅值的两倍, ρ_{s} 是结构的质量密度. 对某些结构, K_{s} 含更多的项, 例如计入截面转动惯量的梁, 动能密度的两倍为

$$\rho_{\mathrm{s}} w^2 + I_{\mathrm{s}} \left(\frac{\partial w}{\partial x}\right)^2,$$

其中 I_{s} 为梁的截面惯性矩. 积分

$$\int_{\Omega} \boldsymbol{w} \boldsymbol{A}_{\mathrm{s}} \boldsymbol{w} \mathrm{d}\boldsymbol{x} = 2\Pi_{\mathrm{s}}$$

是结构的应变能幅值的两倍.

9.5.1 两个辅助定理

本节涉及的空间皆是 Hilbert 空间, 算子是线性的. 空间 X_i 的内积记为 $(\cdot,\cdot)_i$, 模记为 $\|\cdot\|_i$. 下面给出三个引理.

引理 1 考虑 Hilbert 空间 X_1, X_2. 若算子 $T: X_1 \to X_2$ 有界, 则把 T 局限于线性子空间 $X_1^{\mathrm{r}} \subset X_1$ 上得到的算子 $T^{\mathrm{r}} = T|_{x_1^{\mathrm{r}}}: X_1^{\mathrm{r}} \to X_2$ 也有界, 且算子 T^{r} 的模小于等于算子 T 的模:

$$\|T^{\mathrm{r}}\| \leqslant \|T\|.$$

引理 2 考虑 Hilbert 空间 X_1, X_2. 若算子 $T: X_1 \to X_2$ 是紧算子, 则把 T 局限于完备子空间 $X_1^{\mathrm{r}} \subset X_1$ 上得到的算子

$$T^{\mathrm{r}} = T|_{x_1^{\mathrm{r}}}: X_1^{\mathrm{r}} \to X_2$$

也是紧算子.

引理 3 若有限个算子 T_i 皆为有界算子, 则乘积

$$T = T_n \cdot T_{n-1} \cdot \cdots \cdot T_1$$

仍是有界算子, 若 T_i 中有紧算子, 则 T 也是紧算子.

考虑三个 Hilbert 空间 X_1, X_2 和 X_3, 以及后两者的子空间 X_2^{r} 和 X_3^{r}. X_1 上有一个线性、对称的正算子 $\boldsymbol{A}$. 构造一个新的 Hilbert 空间 X_4, 其中任意两个属于 $\boldsymbol{A}$ 的定义域的元素 $\boldsymbol{x}, \boldsymbol{y}$ 的内积定义为

$$(\boldsymbol{x},\boldsymbol{y})_4=(\boldsymbol{A}\boldsymbol{x},\boldsymbol{y})_1.$$

定义算子

$$T_{41}:X_4\to X_1\quad 和\quad T_{32}:X_3\to X_2,$$

为相同元素的映射. 如已有一个一一对应的算子:

$$T_{21}:X_2^{\mathrm{r}}\to X_1$$

并且定义算子 T_{32} 的限制

$$T_{32}^{\mathrm{r}}=T_{32}|_{X_3^{\mathrm{r}}}:X_3^{\mathrm{r}}\to X_2^{\mathrm{r}},$$

于是存在一个一一对应映射

$$T_{43}=(T_{32}^{\mathrm{r}})^{-1}T_{21}^{-1}T_{41}:X_4\to X_3^{\mathrm{r}}.$$

辅助定理 1　若算子 T_{21}, T_{32} 和 T_{43} 都是有界算子, 则算子

$$T_{41}=T_{21}T_{32}^{\mathrm{r}}T_{43}$$

也是有界算子.

证明　由引理 1 知, 算子 T_{32}^{r} 是有界的; 又由引理 3 知, 算子 T_{41} 也是有界的. ▌

此定理示意图见图 9.1.

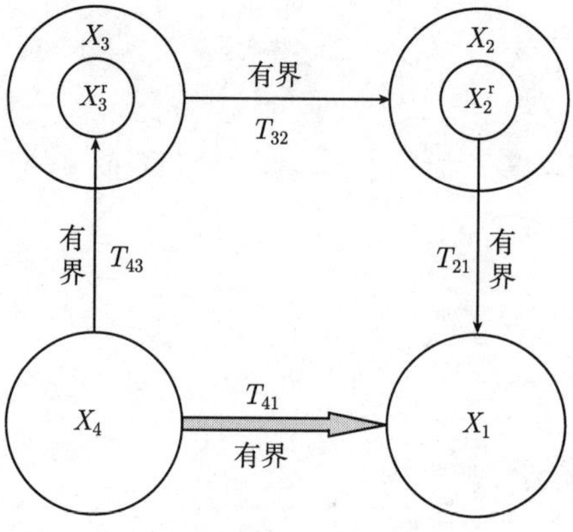

图 9.1　辅助定理 1 的示意图

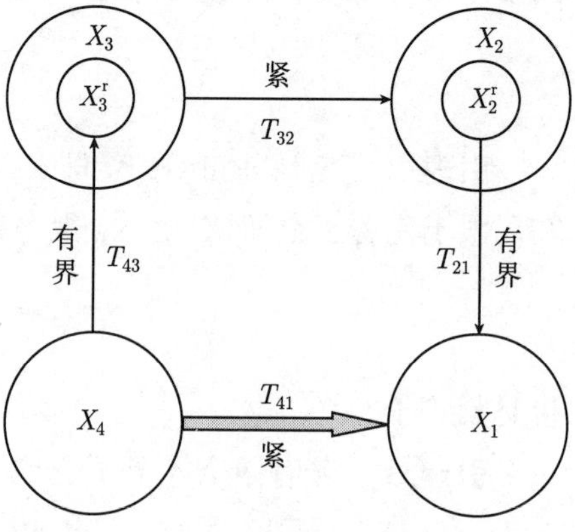

图 9.2　辅助定理 2 的示意图

辅助定理 2 若算子 T_{21} 和 T_{43} 是有界算子, 算子 T_{32} 是紧算子, 则算子

$$T_{41}=T_{21}T_{32}^{\mathrm{r}}T_{43}$$

也是紧算子.

证明 由引理 2 知, 算子 T_{32}^{r} 是紧算子; 又由引理 3 知, 算子 T_{41} 也是紧算子. ▎

此定理示意图见图 9.2.

9.5.2 静力平衡解和模态解的存在性

各种结构理论, 源于不同的结构理论模型. 从杆和各种梁、板、壳的理论模型, 到复杂形状、复杂材料组合结构的理论模型, 它们的物理特性和数学描述各异. 但可以统一视为都是将三维弹性体的弹性力学模型经以下三种简化得到: (1) 变形简化 (一般为施加位移约束); (2) 应力状态简化 (一般为放松部分应力); (3) 质量分布简化 (一般为作某些质量集中).

将一个结构体及其边条件视作一个弹性体及其边条件, 称它为结构对应的弹性体. 将它实行变形简化后, 称为结构对应的约束弹性体.

对于遵从某一特定结构理论的结构, 所有的比较位移 $\boldsymbol{w}$ 组成一函数集 U_{s}, 它是该结构理论算子 $\boldsymbol{A}_{\mathrm{s}}$ 的定义域, 按下述方法可以在 U_{s} 上定义三个内积空间并完备化为 Hilbert 空间.

第一个 Hilbert 空间表示为 U_{ss}, 相应的模是

$$\|\boldsymbol{w}\|_{\mathrm{s}}^2=(\boldsymbol{w},\,\boldsymbol{w})_{\mathrm{s}}=\int_F\boldsymbol{w}\cdot\boldsymbol{w}\mathrm{d}\boldsymbol{F}, \tag{9.5.1}$$

它与平方可积空间 $L_2(\varOmega)$ 的模一致. U_{ss} 称为该结构理论的位移空间.

第二个 Hilbert 空间表示为 U_{ps}, 相应的模定义为该结构的两倍应变能的平方根, 即

$$\|\boldsymbol{w}\|_{\mathrm{ps}}^2=2\varPi_{\mathrm{s}}(\boldsymbol{w})=(\boldsymbol{A}_{\mathrm{s}}\boldsymbol{w},\boldsymbol{w})_{\mathrm{s}}, \tag{9.5.2}$$

其中二次型 $\varPi_{\mathrm{s}}$ 是结构的应变能. 对于所有行之有效的合理的结构理论, 算子 $\boldsymbol{A}_{\mathrm{s}}$ 是线性、对称和正的. U_{ps} 称为该结构理论的应变能模空间.

第三个 Hilbert 空间表示为 U_{ks}, 相应的模定义为该结构的两倍动能系数的平方根, 即

$$\|\boldsymbol{w}\|_{\mathrm{ks}}^2=2K_{\mathrm{s}}(\boldsymbol{w})=(m\boldsymbol{w},\boldsymbol{w})_{\mathrm{s}}, \tag{9.5.3}$$

其中 K_{s} 和 m 分别为结构的动能系数和广义质量密度. U_{ks} 称为该结构的动能模空间.

由相同元素建立的从 U_{ps} 到 U_{ss} 和从 U_{ps} 到 U_{ks} 的映射分别记为

$$T_{\mathrm{ps,ss}}: U_{\mathrm{ps}} \to U_{\mathrm{ss}}; \tag{9.5.4a}$$

$$T_{\mathrm{ps,ks}}: U_{\mathrm{ps}} \to U_{\mathrm{ks}}, \tag{9.5.4b}$$

$T_{\mathrm{ps,ks}}$ 称为该结构理论的能量嵌入算子.

上述各空间和各算子间的关系显示在 353 页的图 9.3 和 9.4 中.

注意一个重要的事实. 由式 (9.5.1), (9.5.2) 和式 (9.5.4a), 所谓“算子 $T_{\mathrm{ps,ss}}$ 有界”可表示为

$$(\boldsymbol{w}, \boldsymbol{w})_{\mathrm{s}} \leqslant \alpha^2 (\boldsymbol{A}_{\mathrm{s}}\boldsymbol{w}, \boldsymbol{w})_{\mathrm{s}},$$

α 为一常数, 而此式正是算子 $\boldsymbol{A}_{\mathrm{s}}$ 是正定的定义. 所以为了证明算子 $\boldsymbol{A}_{\mathrm{s}}$ 是正定的, 只要证明算子 $T_{\mathrm{ps,ss}}$ 是有界的.

在结构理论中有这样两个重要的数学问题: 算子 $T_{\mathrm{ps,ss}}$ 是否有界 (等价于结构理论算子 $\boldsymbol{A}_{\mathrm{s}}$ 是否正定)? 进而, 结构理论的能量嵌入算子 $T_{\mathrm{ps,ks}}$ 是否为紧算子? 下面将利用结构理论和弹性力学间的关系来解决这些问题.

事实上, 一个同样的结构可用弹性力学作更精细的分析. 这样, 弹性体的位移可用三维矢量场 $\boldsymbol{u}(\Omega)$ 描述, Ω 是弹性体所占区域. 所有比较位移 $\boldsymbol{u}$ 组成一函数集 U_{e}, 它是弹性力学算子 $\boldsymbol{A}_{\mathrm{e}}$ 对应的应变能的定义域. 同前面在结构理论中的讨论一样, 可在 U_{e} 上形成三个内积空间并完备化为如下的 Hilbert 空间.

第一个是弹性力学的位移空间 U_{se}. 这个空间的模定义为

$$\|\boldsymbol{u}\|_{\mathrm{se}}^2 = (\boldsymbol{u},\ \boldsymbol{u})_{\mathrm{e}} = \int_{\Omega} \boldsymbol{u}\cdot\boldsymbol{u}\mathrm{d}\Omega. \tag{9.5.5}$$

第二个是空间 U_{pe}. 其模定义为

$$\|\boldsymbol{u}\|_{\mathrm{pe}}^2 = 2\Pi_{\mathrm{e}}(\boldsymbol{u}) = (\boldsymbol{A}_{\mathrm{e}}\boldsymbol{u}, \boldsymbol{u})_{\mathrm{e}}. \tag{9.5.6}$$

二次型 Π_{e} 是弹性体的应变能. Hilbert 空间 U_{pe} 称为弹性力学应变能模空间.

第三个是空间 U_{ke}. 其模定义为

$$\|\boldsymbol{u}\|_{\mathrm{ke}}^2 = 2K_{\mathrm{e}}(\boldsymbol{u}) = (\rho\boldsymbol{u}, \boldsymbol{u})_{\mathrm{e}}, \tag{9.5.7}$$

其中 K_{e} 和 ρ 分别为弹性体的动能系数和质量密度. Hilbert 空间 U_{ke} 称为弹性力学的动能模空间.

对于实际的弹性体, 常有 $\min\rho \geqslant C > 0$, $\max\rho$ 有限. 于是

$$(\min\rho)(\boldsymbol{u},\ \boldsymbol{u})_{\mathrm{e}} \leqslant (\rho\boldsymbol{u},\ \boldsymbol{u})_{\mathrm{e}} \leqslant (\max\rho)(\boldsymbol{u},\ \boldsymbol{u})_{\mathrm{e}}.$$

所以 U_{se} 和 U_{ke} 是等价模空间, 在许多情况下不需加以区别.

相同元素建立的从 U_{pe} 到 U_{se} 和从 U_{pe} 到 U_{ke} 的映射分别表示为

$$T_{\mathrm{pe,se}} : U_{\mathrm{pe}} \to U_{\mathrm{se}}, \tag{9.5.8a}$$

$$T_{\mathrm{pe,ke}} : U_{\mathrm{pe}} \to U_{\mathrm{ke}}. \tag{9.5.8b}$$

$T_{\mathrm{pe,ke}}$ 称为弹性力学的能量嵌入算子.

现在, 让我们指出结构理论和弹性力学间的基本关系. 行之有效的合理的结构理论是弹性力学在某种情况下的近似. 一般地说, 它可由弹性力学引进适当的假设而导出. 实际上, 结构理论中的可能位移集和能量模可以按下面的途径有规则的导出.

(1) 在 U_{se} 中引入某些约束, 使 $\boldsymbol{u}$ 依赖于 $\boldsymbol{w}$:

$$\boldsymbol{u} = T_{\mathrm{se,ss}}\boldsymbol{w}, \quad \forall \boldsymbol{w} \in U_{\mathrm{ss}}. \tag{9.5.9}$$

当 $\boldsymbol{w}$ 遍及结构理论的位移集 U_{ss} 时, $\boldsymbol{u}$ 遍及 U_{se} 的子集 $U_{\mathrm{se}}^{\mathrm{r}}$, U_{ss} 和 $U_{\mathrm{se}}^{\mathrm{r}}$ 分别是算子 $T_{\mathrm{ss,se}}$ 的定义域和值域.

对于结构理论中给定的边条件

$$\varGamma_{\mathrm{s}}^{j}\boldsymbol{w}|_{\partial_j F} = \boldsymbol{0}, \tag{9.5.10}$$

经映射 (9.5.9), 得弹性力学中对应的边条件

$$\varGamma_{\mathrm{e}}^{j}\boldsymbol{u}|_{\partial_j \varOmega} = \boldsymbol{0}. \tag{9.5.11}$$

(2) 结构理论中的应变能可从弹性力学经两步而得到. 首先, 将位移约束在子集 $U_{\mathrm{se}}^{\mathrm{r}}$ 上, 得到

$$\varPi_{\mathrm{e}}^{\mathrm{r}} = \varPi_{\mathrm{e}}^{\mathrm{r}}(\boldsymbol{w}), \quad \forall \boldsymbol{w} \in U_{\mathrm{ss}}.$$

一般说来, 用于实际问题, $\varPi_{\mathrm{e}}^{\mathrm{r}}$ 是过大的. 所以一些补充的应力分布的假设被引进, 从而得到用于结构理论中的应变能 $\varPi_{\mathrm{s}}(\boldsymbol{w})$. 而

$$\varPi_{\mathrm{s}}(\boldsymbol{w}) \leqslant \varPi_{\mathrm{e}}^{\mathrm{r}}(\boldsymbol{w}), \quad \forall \boldsymbol{w} \in U_{\mathrm{ss}}.$$

认识到下面的性质是重要的. $\varPi_{\mathrm{s}}(\boldsymbol{w})$ 和 $\varPi_{\mathrm{e}}^{\mathrm{r}}(\boldsymbol{w})$ 都可看作源于弹性力学的三类变量的广义应变能 $\varPi_3(\boldsymbol{\varepsilon}, \boldsymbol{\sigma}, \boldsymbol{u})$. 一方面, 对应变 $\boldsymbol{\varepsilon}$ 求 $\varPi_3$ 的极小, 得弹性力学两类变量的广义应变能 $\varPi_2(\boldsymbol{\sigma}, \boldsymbol{u})$; 再对应力 $\boldsymbol{\sigma}$ 求 $\varPi_2$ 的极大, 得通常的弹性力

学的应变能 $\Pi_{\rm e}(\boldsymbol{u})$; 然后, 经式 (9.5.9) 的位移约束到 $\Pi_{\rm e}^{\rm r}(\boldsymbol{w})$. 另一方面, 在结构理论中按结构理论对应变 $\boldsymbol{\varepsilon}$ 作近似后对 $\boldsymbol{\varepsilon}$ 求 Π_3 的极小, 得 $\Pi_{2{\rm s}}(\boldsymbol{\sigma},\boldsymbol{u})$; 再对应力 $\boldsymbol{\sigma}$ 作近似后对 $\boldsymbol{\sigma}$ 求 $\Pi_{2{\rm s}}$ 的极大, 得 $\Pi_{\rm s}(\boldsymbol{u})$; 最后, 对位移作近似即式 (9.5.9), 得结构理论的应变能 $\Pi_{\rm s}(\boldsymbol{w})$. 因而, 对应于 $\Pi_{\rm e}^{\rm r}(\boldsymbol{w})$ 和 $\Pi_{\rm s}(\boldsymbol{w})$ 的密度都可表为结构的广义应变 (结构位移 $\boldsymbol{w}$ 和它的微商的线性组合) 的代数正定二次型, 它们的区别只是系数不同. 由于独立的广义应变的个数又是有限的, 因此, $\Pi_{\rm s}(\boldsymbol{w})$ 和 $\Pi_{\rm e}^{\rm r}(\boldsymbol{w})$ 被用于定义模时它们是等价的. 这样, 我们得到下列重要的不等式:

$$\Pi_{\rm e}^{\rm r} \geqslant \Pi_{\rm s} \geqslant a^2 \Pi_{\rm e}^{\rm r}, \tag{9.5.12}$$

其中 a 是非零常数.

(3) 结构理论中的动能可以通过将 $\boldsymbol{u}$ 约束到子集 $U_{\rm se}^{\rm r}$ 上, 从弹性力学中的动能直接得到, 或者再略去表达式的某些正项. 一般情况下, 两者的动能系数有关系

$$K_{\rm e}^{\rm r} \geqslant K_{\rm s}, \tag{9.5.13a}$$

即

$$(\rho\boldsymbol{u},\boldsymbol{u})_{\rm e} \geqslant (m\boldsymbol{w},\boldsymbol{w})_{\rm s}, \quad \forall \boldsymbol{w} \in U_{\rm ss}. \tag{9.5.13b}$$

考虑到结构理论模型将质量进行重分布的多样性, 不妨将 $K_{\rm e}^{\rm r}$ 和 $K_{\rm s}$ 的关系表示为更一般的形式:

$$K_{\rm e}^{\rm r} \geqslant K_{\rm s} \geqslant b^2 K_e^{\rm r}, \tag{9.5.13c}$$

其中 b 是非零常数.

现在我们利用 9.5.1 分节中的两个辅助定理. 取

$$X_1 = U_{\rm ss}, \quad X_2 = U_{\rm se}, \quad X_3 = U_{\rm pe}, \quad X_4 = U_{\rm ps},$$

$$\boldsymbol{A} = \boldsymbol{A}_{\rm s}$$

$$T_{21} = T_{\rm se,ss} = (T_{\rm ss,se})^{-1}, \quad T_{41} = T_{\rm ps,ss},$$

$$T_{43} = T_{\rm ps,pe} : U_{\rm ps} \to U_{\rm pe}^{\rm r}, \quad T_{32} = T_{\rm pe,se},$$

注意到式 (9.5.13b) 有不等式

$$\begin{aligned}(\boldsymbol{u},\boldsymbol{u})_{\rm e} &\geqslant \frac{1}{\max\rho}(\rho\boldsymbol{u},\boldsymbol{u})_{\rm e} \geqslant \frac{1}{\max\rho}(m\boldsymbol{w},\boldsymbol{w})_{\rm s} \\ &\geqslant \frac{\min m}{\max\rho}(\boldsymbol{w},\boldsymbol{w})_{\rm s}, \qquad \forall \boldsymbol{w} \in U_{\rm ss},\end{aligned}$$

表明算子 $T_{\rm se,ss}$ 是有界的.

类似地, 由式 (9.5.12) 可知, 算子 $T_{\rm ps,pe}$ 是有界的.

上述各空间和各算子间的关系也显示在图 9.3 和图 9.4 中.

应该指出, 对于合理的结构理论, 存在式 (9.5.12) 和 (9.5.13) 的关系. 但也可能有些结构理论, 不满足这两个关系.

在上述论述的基础上, 由辅助定理 1 和 2, 便可得到以下重要定理.

定理 9.14 (结构理论算子正定性定理) 对于给定弹性和惯性常数、形状和边条件的弹性结构, 如果:

(1) 对应的弹性体及其边条件保证弹性力学算子 $\boldsymbol{A}_{\mathrm{e}}$ 正定;

(2) 结构的应变能模空间和对应的约束弹性体的应变能模空间的模等价.

则此结构的结构理论算子 $\boldsymbol{A}_{\mathrm{s}}$ 是正定的.

定理 9.15 (结构理论能量嵌入算子紧性定理) 对于给定弹性和惯性常数、形状和边条件的弹性结构, 如果

(1) 对应的弹性体及其边条件保证弹性力学的能量嵌入算子是紧算子;

(2) 结构的应变能模空间和对应的约束弹性体的应变能模空间的模等价;

(3) 结构的动能模空间和对应的约束弹性体的动能模空间的模等价.

则此结构的结构理论的能量嵌入算子是紧算子.

图 9.3 和 9.4 分别为定理 9.14 和 9.15 的示意图.

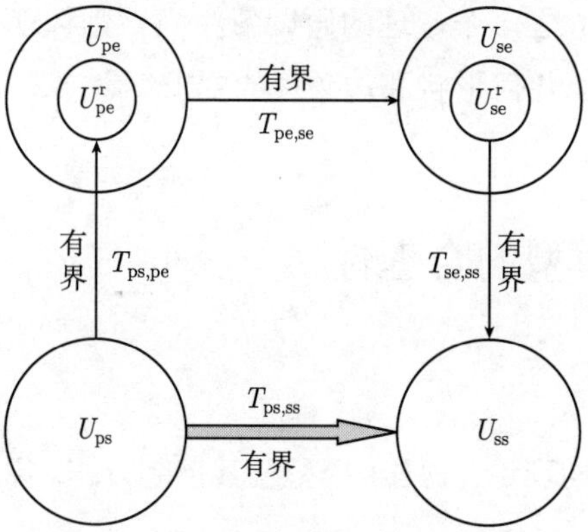

图 9.3 结构理论算子正定性定理的示意图

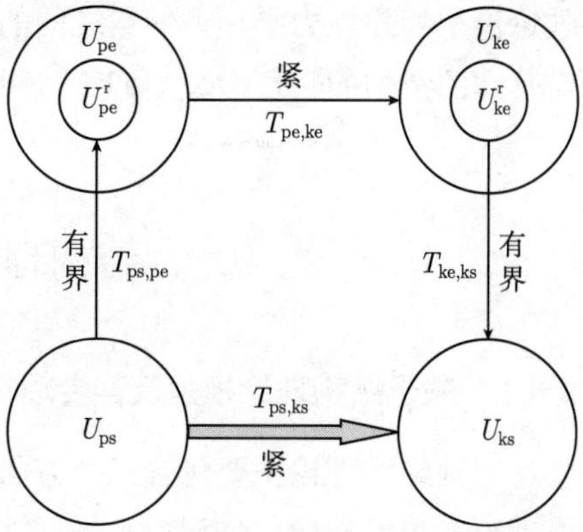

图 9.4 结构理论能量嵌入算子紧性定理的示意图

由以上两个定理及定理 9.6 和 9.8, 即得如下结构理论静力平衡解和模态解的存在性定理.

定理 9.16(结构理论静力平衡解的存在性定理) 对于给定弹性和惯性常数、形状和边条件的弹性结构, 如果:

(1) 对应的弹性体及其边条件保证弹性力学算子 $\boldsymbol{A}_{\mathrm{e}}$ 正定;

(2) 结构的应变能模空间和与其对应的约束弹性体的应变能模空间的模等价;

(3) 结构所受外力属于 L_2 空间.

则此结构的静力平衡问题存在唯一的广义解.

定理 9.17(结构理论模态解的存在性定理) 对于给定弹性和惯性常数、形状和边条件的弹性结构, 如果:

(1) 对应的弹性体及其边条件保证弹性力学算子 $\boldsymbol{A}_{\mathrm{e}}$ 正定和弹性力学的能量嵌入算子是紧算子;

(2) 结构的应变能模空间和与其对应的约束弹性体的应变能模空间的模等价;

(3) 结构的动能模空间和与其对应的约束弹性体的动能模空间的模等价.

则此结构的模态解存在广义解, 有仅以无穷远点为聚点的可数无穷多个固有频率, 振型序列在动能模空间和应变能模空间都是完全正交系.

上述 4 个定理中, 假设条件 (2) 表达结构理论的应变能和约束弹性体的应变能之间的关系; 假设条件 (3) 表达两者的动能之间能量的关系; 都是体现结构理论模型和弹性力学模型能量之间的关系. 这 4 个定理的假设条件 (1), 则体现对具体的结构的物理参数 (刚度、质量等)、几何形状和边条件的要求.

9.6 结构理论模型的合理性

9.6.1 关于结构理论模型及其合理性

一种结构理论主要包含三个方面: 结构理论 (物理) 模型及其控制方程; 各类理论及应用问题; 各类解法.

上节中论证的结构理论的静力平衡解和模态解的存在性定理, 不涉及具体结构的方程和边条件, 而是对各类结构理论作了统一论证. 其结论及论证过程, 自然地导致, 对什么是结构理论模型和什么是合理的结构理论模型可以作一些深入的论证.

(1) 何谓 “结构理论模型”?

可认定为: 由弹性力学模型经: (a) 变形简化 (一般为施加变形约束); (b) 应

力状态简化 (一般为放松部分应力); (c) 质量分布简化 (一般为质量集中), 而导出的简化理论模型. 在力学理论的泛函框架中, 体现为从弹性力学算子转换为结构理论算子.

(2) 何谓 “合理的结构理论模型” ?

定理 9.16 和 9.17 表明, 如果结构理论模型保持了弹性力学模型的能量性质, 则弹性力学的解的存在性可传承到结构理论模型的解的存在性. 这样的结构理论模型应该认为是合理的结构理论模型.

但是, 如果一个结构理论模型不满足定理 9.16 中的条件 (2) 和定理 9.17 中的条件 (2) 和 (3), 也不一定不存在解. 因为定理中的条件是充分条件而非充分必要条件. 从数学上看, 不宜认定这种结构理论模型是不合理的. 但从力学上看, 至少可以认为它不是合理的, 因为它没有保持弹性力学模型的能量性质. 例如, 一般不会被采用的两种极端情况: 将弹性体简化为刚体, 则应变能为零; 简化为无质量结构, 则动能为零.

现行的结构理论模型, 大致可分为以下三类:

(a) 许多常见的结构理论模型的应变能模和动能模与对应的约束弹性体的应变能模和动能模分别是等价模. 也就是说, 这些结构理论模型是合理的. 在 9.6.2 分节中将给出梁、板、壳等例子.

(b) 存在一些结构理论模型, 它们的静力平衡解和模态解显见是不存在的. 这样的结构理论模型应该认为是不合理的. 对 Green 函数有奇性的结构, 若设置孤立点的刚性约束或弹性约束, 都会引起应变能无界; 若设置集中质量, 则动能无界. 从而不能确定此结构的算子正定和能量嵌入算子是紧算子, 不能保证静力平衡解和模态解存在. 在 9.6.3 分节中将论及这些问题.

(c) 组合结构是值得关注的, 理论上和工程使用上都会引起人们很大的兴趣. 它可以分为合理的与不合理的两类, 在 9.6.4 分节中将讨论这一问题.

9.6.2 合理的结构理论模型诸例

诸如许多常见的结构理论模型, 其应变能模和动能模与对应的约束弹性体的应变能模和动能模分别是等价模, 这些结构理论模型是合理的. 举例如下.

例 1 薄板理论. 在经典薄板理论中采用了 Kirchhoff 假设: 垂直于变形前的中面的直线段仍然是垂直于变形后的中面的直线段. 另外, 垂直中面的法应力为零.

在运用三类变量广义变分原理从弹性力学推导板理论的过程中, 需要采用下列三类假设.

关于位移的假设:

$$\boldsymbol{u}=\begin{bmatrix} u \\ v \\ w \end{bmatrix}=\begin{bmatrix} -z\partial/\partial x \\ -z\partial/\partial y \\ 1 \end{bmatrix} w(x,y)=T_{\rm ss,se}w. \tag{9.6.1}$$

关于应力的假设:

$$\sigma_z=0,\quad \begin{bmatrix} \sigma_x \\ \sigma_y \\ \tau_{xy} \end{bmatrix}=\frac{12z}{h^3}\begin{bmatrix} M_x \\ M_y \\ M_{xy} \end{bmatrix}=\frac{12z}{h^3}\boldsymbol{M},\quad \begin{bmatrix} \tau_{yz} \\ \tau_{xz} \end{bmatrix}=\frac{3}{2h}\left(1-\frac{4z^2}{h^2}\right)\begin{bmatrix} Q_y \\ Q_x \end{bmatrix}, \tag{9.6.2}$$

其中 h 为板的厚度.

关于应变的假设:

$$\boldsymbol{\varepsilon}=\begin{bmatrix} e_x \\ e_y \\ e_z \\ \gamma_{yz} \\ \gamma_{xz} \\ \gamma_{yx} \end{bmatrix}=\begin{bmatrix} z & 0 & 0 \\ 0 & z & 0 \\ (-\nu/(1-\nu))z & (-\nu/(1-\nu))z & 0 \\ 0 & 0 & 0 \\ 0 & 0 & 0 \\ 0 & 0 & 2z \end{bmatrix}\begin{bmatrix} \kappa_x \\ \kappa_y \\ \kappa_{xy} \end{bmatrix}=\boldsymbol{B\kappa}. \tag{9.6.3}$$

首先, 考虑 $\varPi_{\rm e}^{\rm r}$ 和 $\varPi_{\rm s}$ 的关系. 弹性力学的三类变量的广义应变能

$$\varPi_3(\boldsymbol{\varepsilon},\boldsymbol{\sigma},\boldsymbol{u})=\int_\varOmega\left\{\frac{1}{2}\boldsymbol{\varepsilon}^{\rm T}\boldsymbol{A}\boldsymbol{\varepsilon}-\boldsymbol{\sigma}^{\rm T}[\boldsymbol{\varepsilon}-\boldsymbol{E}^{\rm T}(\boldsymbol{\nabla})\boldsymbol{u}]\right\}{\rm d}\varOmega, \tag{9.6.4}$$

其中 $\boldsymbol{A}$ 为弹性模量矩阵, $\boldsymbol{\alpha}=\boldsymbol{A}^{-1}$, 而

$$\boldsymbol{E}(\boldsymbol{\nabla})=\begin{bmatrix} \partial/\partial x & 0 & 0 & 0 & \partial/\partial z & \partial/\partial y \\ 0 & \partial/\partial y & 0 & \partial/\partial z & 0 & \partial/\partial x \\ 0 & 0 & \partial/\partial z & \partial/\partial y & \partial/\partial x & 0 \end{bmatrix}.$$

对 $\boldsymbol{\varepsilon}$ 求 $\varPi_3$ 的极小值, 当 $\boldsymbol{\varepsilon}=\boldsymbol{\alpha\sigma}$ 时得到二类变量的广义应变能

$$\varPi_2(\boldsymbol{\sigma},\boldsymbol{u})=\int_\varOmega\left\{\boldsymbol{\sigma}^{\rm T}\boldsymbol{E}^{\rm T}(\boldsymbol{\nabla})\boldsymbol{u}-\frac{1}{2}\boldsymbol{\sigma}^{\rm T}\boldsymbol{\alpha\sigma}\right\}{\rm d}\varOmega.$$

再对 $\boldsymbol{\sigma}$ 求 $\varPi_2$ 的极大值, 当 $\boldsymbol{\sigma}=\boldsymbol{AE}^{\rm T}(\boldsymbol{\nabla})\boldsymbol{u}$ 时得到通常意义下弹性力学的应变能

$$\Pi_{\mathrm{e}}(\boldsymbol{u})=\frac{1}{2}\int_{\Omega}(\boldsymbol{E}^{\mathrm{T}}(\boldsymbol{\nabla})\boldsymbol{u})^{\mathrm{T}}\boldsymbol{A}(\boldsymbol{E}^{\mathrm{T}}(\boldsymbol{\nabla})\boldsymbol{u})\mathrm{d}\Omega.$$

然后, 采用位移假设 (9.6.1), 就得到弹性力学中对应板的变形的变形能

$$\Pi_{\mathrm{e}}^{\mathrm{r}}(w)=\frac{1}{2}\int_{F}\frac{D(1-\nu)}{2(1-2\nu)}\{(\kappa_x+\kappa_y)^2+(1-2\nu)[(\kappa_x-\kappa_y)^2+4\kappa_{xy}^2]\}\mathrm{d}F,\quad(9.6.5)$$

其中 D 为板的抗弯刚度, 而

$$\kappa_x=-\frac{\partial^2 w}{\partial x^2},\quad \kappa_y=-\frac{\partial^2 w}{\partial y^2},\quad \kappa_{xy}=-\frac{\partial^2 w}{\partial x\partial y}$$

是板的变形曲率.

另一方面, 在板理论中, 先对 ε 作近似式 (9.6.3), 代入式 (9.6.4), 对 $\boldsymbol{\kappa}$ 求其极小, 当

$$\boldsymbol{\kappa}=\boldsymbol{D}^{-1}\int\boldsymbol{B}^{\mathrm{T}}\boldsymbol{\sigma}\mathrm{d}z$$

时得到

$$\Pi_{2\mathrm{s}}(\boldsymbol{\sigma},\boldsymbol{u})=-\int_{F}\left\{\frac{1}{2}\int\boldsymbol{\sigma}^{\mathrm{T}}\boldsymbol{B}\mathrm{d}z\cdot\boldsymbol{D}^{-1}\int\boldsymbol{B}^{\mathrm{T}}\boldsymbol{\sigma}\mathrm{d}z\right\}\mathrm{d}F+\int_{\Omega}\boldsymbol{\sigma}^{\mathrm{T}}\boldsymbol{E}^{\mathrm{T}}(\boldsymbol{\nabla})\mathrm{d}\Omega,\quad(9.6.6)$$

其中 $\boldsymbol{D}$ 是板的刚度矩阵. 再采用应力的假设式 (9.6.2), 将其代入式 (9.6.6), 对 $\boldsymbol{M}$ 求其极大值, 当

$$\boldsymbol{M}=\boldsymbol{D}\int\frac{12z}{h^3}\begin{bmatrix}\partial u/\partial x\\ \partial v/\partial y\\ \frac{1}{2}\left((\partial v/\partial x)+(\partial u/\partial y)\right)\end{bmatrix}\mathrm{d}z=\boldsymbol{D}\boldsymbol{\varphi}$$

时得到

$$\begin{aligned}\Pi_{\mathrm{s}}(u)=&\frac{1}{2}\int_{F}\boldsymbol{\varphi}^{\mathrm{T}}\boldsymbol{D}\boldsymbol{\varphi}\mathrm{d}F+\int_{\Omega}\frac{12z}{h^3}\left\{\boldsymbol{\varphi}^{\mathrm{T}}\boldsymbol{D}\left[\frac{\partial u}{\partial x},\frac{\partial v}{\partial y},\frac{\partial u}{\partial y}+\frac{\partial v}{\partial x}\right]^{\mathrm{T}}\right.\\ &\left.+\frac{h^2}{8}\left(1-\frac{4z^2}{h^2}\right)(Q_y,Q_x)\left[\frac{\partial w}{\partial y}+\frac{\partial v}{\partial x},\frac{\partial w}{\partial x}+\frac{\partial u}{\partial z}\right]^{\mathrm{T}}\right\}\mathrm{d}\Omega.\end{aligned}$$

最后作位移假设 (9.6.1), 得板理论中的应变能

$$\begin{aligned}\Pi_{\mathrm{s}}(w)&=\frac{1}{2}\int_{F}\boldsymbol{\kappa}^{\mathrm{T}}\boldsymbol{D}\boldsymbol{\kappa}\mathrm{d}F\\ &=\frac{1}{2}\int_{F}\frac{D}{2(1+\nu)}\left\{(\kappa_x+\kappa_y)^2+\frac{1-\nu}{1+\nu}[(\kappa_x-\kappa_y)^2+4\kappa_{xy}^2]\right\}\mathrm{d}F.\end{aligned}\quad(9.6.7)$$

式 (9.6.5) 和 (9.6.7) 的被积函数都是板的三个广义应变分量 κ_x, κ_y, κ_{xy} 的正定二次型, 比较两式, 得

$$\varPi_{\mathrm{e}}^{\mathrm{r}} \geqslant \varPi_{\mathrm{s}} \geqslant \frac{(1+\nu)(1-2\nu)}{1-\nu}\varPi_{\mathrm{e}}^{\mathrm{r}}. \tag{9.6.8}$$

至于板的动能系数, 通常为

$$K_{\mathrm{s}} = \frac{1}{2}\int_F m w^2 \mathrm{d}F.$$

而

$$K_{\mathrm{e}}^{\mathrm{r}} = \frac{1}{2}\int_F \left\{ m w^2 + I\left[\left(\frac{\partial w}{\partial x}\right)^2 + \left(\frac{\partial w}{\partial y}\right)^2 \right] \right\} \mathrm{d}F,$$

故有

$$K_{\mathrm{e}}^{\mathrm{r}} \geqslant K_{\mathrm{s}}. \tag{9.6.9}$$

表示式 (9.6.8), (9.6.9) 分别是式 (9.5.12), (9.5.13c) 在板理论中的特殊形式.

在弹性力学中有广泛的边条件都可保证弹性力学算子 $\boldsymbol{A}_{\mathrm{e}}$ 是正定的, 以及能量嵌入算子 $T_{\mathrm{pe,ke}}$ 是紧的 (详见下面关于壳的例子). 因此, 在对应的板的条件下板理论算子 $\boldsymbol{A}_{\mathrm{s}}$ 的正定性和能量嵌入算子 $T_{\mathrm{ps,ks}}$ 的紧性是有保证的.

例 2 薄壳理论. 在薄壳理论中也采用了 Kirchhoff 假设和垂直中面的法应力为零的假设. 于是有位移假设

$$\boldsymbol{u} = \begin{bmatrix} 1+\dfrac{z}{R_1} & 0 & -\dfrac{z}{A_1}\dfrac{\partial}{\partial x_1} \\ 0 & 1+\dfrac{z}{R_2} & -\dfrac{z}{A_2}\dfrac{\partial}{\partial x_2} \\ 0 & 0 & 1 \end{bmatrix} \begin{bmatrix} u_0 \\ v_0 \\ w_0 \end{bmatrix} = T_{\mathrm{ss,se}}\boldsymbol{u}_0.$$

式中 u_0, v_0 和 w_0 分别为壳体中面的切向 x_1、x_2, 及法向 z 的位移 (见图 9.5). 在应力假设中,

$$\begin{bmatrix} \sigma_1 \\ \sigma_2 \\ \sigma_{12} \end{bmatrix} = \frac{1}{h}\begin{bmatrix} N_1 \\ N_2 \\ N_{12} \end{bmatrix} + \frac{12z}{h^3}\begin{bmatrix} M_1 \\ M_2 \\ M_{12} \end{bmatrix} = \frac{1}{h}\boldsymbol{N} + \frac{12z}{h^3}\boldsymbol{M}.$$

其余分量同式 (9.6.2). 应变假设为

$$\boldsymbol{\varepsilon} = \begin{bmatrix} e_{11} \\ e_{22} \\ e_{33} \\ \gamma_{23} \\ \gamma_{31} \\ \gamma_{12} \end{bmatrix} = \boldsymbol{B}\left(\frac{1}{2}\begin{bmatrix} e_1 \\ e_2 \\ 2\omega \end{bmatrix} + z\boldsymbol{\kappa} \right) = \boldsymbol{B}\left(\frac{1}{2}\boldsymbol{e} + z\boldsymbol{\kappa} \right).$$

仿照板理论中的做法, 导出壳体的应变能和动能系数, 将其表为更简单的形式:

$$\Pi_{\mathrm{s}}=\frac{1}{2}\int_{\Omega}\frac{E}{2(1-\nu)}\left\{(e_{11}+e_{22})^2+\frac{1-\nu}{1+\nu}[(e_{11}-e_{22})^2+\gamma_{12}^2]\right\}\mathrm{d}\Omega,$$

$$\Pi_{\mathrm{e}}^{\mathrm{r}}=\frac{1}{2}\int_{\Omega}\frac{E}{2(1+\nu)(1-2\nu)}\{(e_{11}+e_{22})^2+(1-2\nu)[(e_{11}-e_{22})^2+\gamma_{12}^2]\}\mathrm{d}\Omega,$$

$$K_{\mathrm{s}}=\frac{1}{2}\int_{F}mu_0^2\mathrm{d}F,$$

$$K_{\mathrm{e}}^{\mathrm{r}}=\frac{1}{2}\int_{F}\left\{mu_0^2+I\left[\theta^2+\psi^2\right]\right\}\mathrm{d}F$$

易见, 仍有式 (9.5.12) 与 (9.5.13c) 的关系.

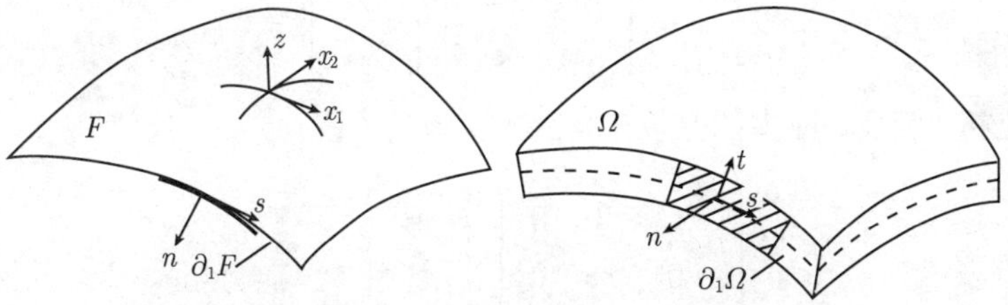

图 9.5 壳体的中面及其法线

现将壳体的 6 种典型的边条件列于表 9.1.

表 9.1 壳体的 6 种典型的边条件及其对应的弹性力学边条件

	壳体位移边条件	对应的弹性力学边条件
1	固定: $\boldsymbol{u}_0=\boldsymbol{0},\theta_n=0$	固定: $\boldsymbol{u}=\boldsymbol{0}$
2	自由	自由
3	$(\boldsymbol{u}_0)_n=\theta_n=0$	$\boldsymbol{u}_n=0$
4	$w_0=(\boldsymbol{u}_0)_s=0$	$\boldsymbol{u}_t=\boldsymbol{u}_s=0$
5	铰支: $w_0=(\boldsymbol{u}_0)_s=(\boldsymbol{u}_0)_n=0$	强于 $\boldsymbol{u}_t=\boldsymbol{u}_s=0$
6	$(\boldsymbol{u}_0)_n=(\boldsymbol{u}_0)_s=\theta_n=0$	强于 $\boldsymbol{u}_n=0$

已经证明, 在表 9.1 中右边的那些边条件下, 弹性力学算子 $\boldsymbol{A}_{\mathrm{e}}$ 是正定的, 能量嵌入算子是紧算子. 因此具有表中左边那些边条件的壳体理论的算子 $\boldsymbol{A}_{\mathrm{s}}$ 的正定性, 以及能量嵌入算子 $T_{\mathrm{ps,ks}}$ 的紧性都能得到保证.

例 3 梁. 梁的经典理论中

$$\boldsymbol{u}=\begin{bmatrix}1 & 0\\ 0 & 1\\ -x\partial/\partial z & -y\partial/\partial z\end{bmatrix}\begin{bmatrix}u\\ v\end{bmatrix}=T_{\mathrm{se,ss}}\boldsymbol{w}.$$

不等式 (9.5.12) 取如下特殊形式：

$$\Pi_{\mathrm{e}}^{\mathrm{r}} \geqslant \Pi_{\mathrm{b}} \geqslant \frac{(1+\nu)(1-2\nu)}{1-\nu}\Pi_{\mathrm{e}}^{\mathrm{r}}.$$

例 4　具有剪切变形的各向异性板. 复合材料板归于这类模型. 各向异性板可看作具有平行于中面的对称面的各向异性弹性体, 其应力–应变关系是

$$\begin{bmatrix} \sigma_x \\ \sigma_y \\ \tau_{xy} \end{bmatrix} = \begin{bmatrix} d_{11} & d_{12} & d_{16} \\ d_{12} & d_{22} & d_{26} \\ d_{16} & d_{26} & d_{66} \end{bmatrix} \begin{bmatrix} e_x \\ e_y \\ \gamma_{xy} \end{bmatrix} = \boldsymbol{d\varepsilon},$$

$$\begin{bmatrix} \tau_{yz} \\ \tau_{zx} \end{bmatrix} = \begin{bmatrix} c_{44} & c_{45} \\ c_{45} & c_{55} \end{bmatrix} \begin{bmatrix} \gamma_{yz} \\ \gamma_{zx} \end{bmatrix} = \boldsymbol{c\gamma}.$$

在位移、应变、应力的假设中,

$$\boldsymbol{u} = \begin{bmatrix} -z & 0 & 0 \\ 0 & -z & 0 \\ 0 & 0 & 1 \end{bmatrix} \begin{bmatrix} \psi_x \\ \psi_y \\ w \end{bmatrix} = T_{\mathrm{ss,se}}\boldsymbol{w},$$

$$\begin{bmatrix} \gamma_{yz} \\ \gamma_{zx} \end{bmatrix} = \begin{bmatrix} \gamma_y \\ \gamma_z \end{bmatrix} = \boldsymbol{\gamma}.$$

其余各式与式 (9.6.2) 和 (9.6.3) 中的相同.

应变能的结果是

$$\Pi_{\mathrm{e}}^{\mathrm{r}} = \frac{1}{2}\int_F \left(\frac{h^3}{12}\boldsymbol{\kappa}^{\mathrm{T}}\boldsymbol{d\kappa} + h\boldsymbol{\gamma}^{\mathrm{T}}\boldsymbol{C\gamma}\right)\mathrm{d}F,$$

$$\Pi_{\mathrm{s}} = \frac{1}{2}\int_F \left(\boldsymbol{\kappa}^{\mathrm{T}}\boldsymbol{D\kappa} + \boldsymbol{\gamma}^{\mathrm{T}}\boldsymbol{C\gamma}\right)\mathrm{d}F.$$

其中 $\boldsymbol{D}, \boldsymbol{C}$ 为各向异性板的弯曲刚度矩阵和剪切刚度矩阵.

类似例 1, 可以证明不等式 (9.5.12) 成立.

9.6.3　具有集中质量和支承的结构理论模型的合理性问题

由于实际需要和理论兴趣, 带有集中参数, 例如集中质量、弹簧、阻尼器, 以及刚性支承的结构的振动系统已被广泛研究. 一个有理论意义的问题是, 有一些结构理论是不允许具有集中参数的. 例如, 膜的理论和中厚板即 Mindlin 板理论, 以及壳体理论等. 下面来论述这类问题[13,51,101].

1. 控制方程和解

具有集中质量、弹簧和支承的振动系统的控制方程和边条件分别为

$$\boldsymbol{A}\boldsymbol{w}(\boldsymbol{x},t)+\boldsymbol{\rho}\ddot{\boldsymbol{w}}(\boldsymbol{x},t)+\sum_{i=1}^{i_0}\delta(\boldsymbol{x}-\overline{\boldsymbol{x}}_i)\boldsymbol{M}_i\ddot{\boldsymbol{w}}(\overline{\boldsymbol{x}}_i,t)+\sum_{j=i_0+1}^{j_0}\delta(\boldsymbol{x}-\overline{\boldsymbol{x}}_j)\boldsymbol{K}_j\boldsymbol{w}(\overline{\boldsymbol{x}}_j,t)$$

$$-\sum_{k=j_0+1}^{k_0}\delta(\boldsymbol{x}-\overline{\boldsymbol{x}}_k)\boldsymbol{R}_k=\boldsymbol{p}(\boldsymbol{x},t),\quad \Omega\text{内}, \tag{9.6.10}$$

$$\boldsymbol{B}\boldsymbol{w}(\boldsymbol{x},t)=\boldsymbol{0},\quad \partial\Omega\text{上}. \tag{9.6.11}$$

其中 Ω 是系统占据的区域, $\boldsymbol{w}$ 是 h 维位移矢量函数, $\overline{\boldsymbol{x}}_l(l=i,j,k)$ 表示集中参数所在位置的坐标矢量, $\boldsymbol{R}_k$ 表示支承的 h 维反力矢量, 其分量为 $\boldsymbol{p}_{kr}=\boldsymbol{0}$ 时, 表示 r 方向未设支座. $\boldsymbol{A}$ 和 $\boldsymbol{B}$ 分别是结构和边条件矩阵微分算子, $\boldsymbol{\rho}$, $\boldsymbol{M}_i$, $\boldsymbol{K}_j$ 分别表示广义质量密度、集中广义质量、集中弹簧刚度的对角矩阵, $\boldsymbol{K}_j$ 的对角元记为 $\boldsymbol{K}_{jr}$, 此元为零时, 表示 r 方向无集中参数. $\boldsymbol{M}_i$ 与 $\boldsymbol{K}_i$ 类同. $\delta(\cdot)$ 是 δ 函数.

考虑固有振动问题. 记 $\boldsymbol{w}(\boldsymbol{x},t)=\boldsymbol{\phi}(\boldsymbol{x})\sin\omega t, \boldsymbol{R}_k=\boldsymbol{p}_k\sin\omega t$. 固有角频率 ω 和模态 $\boldsymbol{\phi}(\boldsymbol{x})$ 满足模态方程

$$\boldsymbol{A}\boldsymbol{\phi}(\boldsymbol{x})-\omega^2\boldsymbol{\rho}\boldsymbol{\phi}(x)-\omega^2\sum_{i=1}^{i_0}\delta(\boldsymbol{x}-\overline{\boldsymbol{x}}_i)\boldsymbol{M}_i\boldsymbol{\phi}(\overline{\boldsymbol{x}}_i)$$

$$+\sum_{j=i_0+1}^{j_0}\delta(\boldsymbol{x}-\overline{\boldsymbol{x}}_j)\boldsymbol{K}_j\boldsymbol{\phi}(\overline{\boldsymbol{x}}_j)-\sum_{k=j_0+1}^{k_0}\delta(\boldsymbol{x}-\overline{\boldsymbol{x}}_k)\boldsymbol{p}_k=\boldsymbol{0},\quad \Omega\text{内}, \tag{9.6.12}$$

$$\boldsymbol{B}\boldsymbol{\phi}(\boldsymbol{x})=\boldsymbol{0},\quad \partial\Omega\text{上}. \tag{9.6.13}$$

上述方程可以借助于谐动力 Green 函数求解. 在不具有集中参数结构 $\overline{\boldsymbol{x}}$ 所在位置的 r 方向 (位移矢量 $\boldsymbol{w}$ 的第 r 分量的方向) 作用一角频率为 ϖ 的单位简谐集中力

$$\boldsymbol{p}(\overline{\boldsymbol{x}},t)=\boldsymbol{I}_r\delta(\boldsymbol{x}-\overline{\boldsymbol{x}})\sin\varpi t,$$

$\boldsymbol{I}_r$ 为 h 维列矢量, 其第 r 分量为 1, 其余分量为 0. 在此集中力作用下, 不具有集中参数结构的定常响应即为的结构的谐动力 Green 函数 $\boldsymbol{G}_r(\boldsymbol{x},\overline{\boldsymbol{x}},\varpi)$, 它满足方程

$$\boldsymbol{A}\boldsymbol{G}_r(\boldsymbol{x},\overline{\boldsymbol{x}},\varpi)-\omega^2\boldsymbol{\rho}G_r(\boldsymbol{x},\overline{\boldsymbol{x}},\varpi)=\boldsymbol{I}_r\delta(\boldsymbol{x}-\overline{\boldsymbol{x}}),\quad \Omega\text{内}, \tag{9.6.14}$$

$$\boldsymbol{B}\boldsymbol{G}_r(\boldsymbol{x},\overline{\boldsymbol{x}},\varpi)=0,\quad \partial\Omega\text{上}. \tag{9.6.15}$$

集中单位力的角频率 ϖ 在方程中是一个参数, $\boldsymbol{G}_r(x,\overline{x},\varpi)$ 是 h 维矢量.

由于算子 $\boldsymbol{A}$ 和 $\boldsymbol{\rho}$ 是线性算子, 比较方程 (9.6.12), (9.6.13) 和方程 (9.6.14), (9.6.15), 得到具有集中参数的结构的模态

$$\phi(\boldsymbol{x}) = \omega^2 \sum_{i=1}^{i_0}\sum_{r=1}^{h} \boldsymbol{M}_{ir}\phi_r(\overline{\boldsymbol{x}}_i)\boldsymbol{G}_r(\boldsymbol{x},\overline{\boldsymbol{x}}_i,\overline{\omega}) - \sum_{j=i_0+1}^{j_0}\sum_{r=1}^{h} \boldsymbol{K}_{jr}\phi_r(\overline{\boldsymbol{x}}_j)\boldsymbol{G}_r(\boldsymbol{x},\overline{\boldsymbol{x}}_j,\overline{\omega}) + \sum_{k=j_0+1}^{k_0}\sum_{r=1}^{h} p_{kr}\boldsymbol{G}_r(\boldsymbol{x},\overline{\boldsymbol{x}}_k,\overline{\omega}). \tag{9.6.16}$$

由上式可见, 当谐动力 Green 函数

$$\boldsymbol{G}_r(\boldsymbol{x},\overline{\boldsymbol{x}}_l,\overline{\omega}),\quad r=1,2,\cdots,h; l=1,2,\cdots,i_0,i_0+1,\cdots,j_0,j_0+1,\cdots,k_0 \tag{9.6.17}$$

全部量都是有界时, 可以确定 $\phi(\boldsymbol{x})$. 但只要有一个量为奇性, 则 $\phi(\boldsymbol{x})$ 无法确定. 这意味着, 在 $\boldsymbol{G}_r(\boldsymbol{x},\overline{\boldsymbol{x}}_l,\overline{\omega})$ 有奇性之处, 不能设置集中参数. 如果设置集中参数, 则是不合理的结构.

2. 静力 Green 函数和谐动力 Green 函数的奇性的关系[13,51,101]

下面证明一个重要的性质, 即谐动力 Green 函数的源点值 $\boldsymbol{G}_r(\overline{\boldsymbol{x}},\overline{\boldsymbol{x}},\overline{\omega})$ 和静力 Green 函数的源点值 $\boldsymbol{G}_r(\overline{\boldsymbol{x}},\overline{\boldsymbol{x}})$, 要么两者都有界, 要么两者都有同阶的奇性. 按惯例, 静力 Green 函数被称为 Green 函数.

方程 (9.6.14) 和 (9.6.15) 可以写成

$$\begin{cases} \boldsymbol{A}\boldsymbol{G}_r(\boldsymbol{x},\overline{\boldsymbol{x}},\overline{\omega}) = \boldsymbol{I}_r\delta(\boldsymbol{x}-\overline{\boldsymbol{x}}) + \omega^2\rho\boldsymbol{G}_r(\boldsymbol{x},\overline{\boldsymbol{x}},\overline{\omega}), & \Omega\text{内}, \\ \boldsymbol{B}\boldsymbol{G}_r(\boldsymbol{x},\overline{\boldsymbol{x}},\overline{\omega}) = \boldsymbol{0}, & \partial\Omega\text{上}. \end{cases} \tag{9.6.18}$$

谐动力 Green 函数可分为两部分

$$\boldsymbol{G}_r(\boldsymbol{x},\overline{\boldsymbol{x}},\overline{\omega}) = \boldsymbol{G}_{r1}(\boldsymbol{x},\overline{\boldsymbol{x}}) + \boldsymbol{G}_{r2}(\boldsymbol{x},\overline{\boldsymbol{x}},\overline{\omega}), \tag{9.6.19}$$

其中 $\boldsymbol{G}_{r1}$ 和 $\boldsymbol{G}_{r2}$ 分别满足方程

$$\begin{cases} \boldsymbol{A}\boldsymbol{G}_{r1}(\boldsymbol{x},\overline{\boldsymbol{x}}) = \boldsymbol{I}_r\delta(\boldsymbol{x}-\overline{\boldsymbol{x}}), & \Omega\text{内}, \\ \boldsymbol{B}\boldsymbol{G}_{r1}(\boldsymbol{x},\overline{\boldsymbol{x}}) = \boldsymbol{0}, & \partial\Omega\text{上} \end{cases} \tag{9.6.20}$$

和

$$\begin{cases} \boldsymbol{A}\boldsymbol{G}_{r2}(\boldsymbol{x},\overline{\boldsymbol{x}},\overline{\omega}) - \overline{\omega}^2\rho\boldsymbol{G}_{r2}(\boldsymbol{x},\overline{\boldsymbol{x}},\overline{\omega}) = \overline{\omega}^2\rho\boldsymbol{G}_{r1}(\boldsymbol{x},\overline{\boldsymbol{x}}), & \Omega\text{内}, \\ \boldsymbol{B}\boldsymbol{G}_{r2}(\boldsymbol{x},\overline{\boldsymbol{x}},\overline{\omega}) = \boldsymbol{0}, & \partial\Omega\text{上}. \end{cases} \tag{9.6.21}$$

满足方程 (9.6.20) 的 $\boldsymbol{G}_{r1}$ 是 Green 函数. 容易发现

$$\boldsymbol{G}_{r2}(\boldsymbol{x},\overline{\boldsymbol{x}},0) = \boldsymbol{0},\quad \boldsymbol{G}_{r1}(\boldsymbol{x},\overline{\boldsymbol{x}}) = \boldsymbol{G}_r(\boldsymbol{x},\overline{\boldsymbol{x}},0).$$

如果 $\boldsymbol{G}_{r1}(\boldsymbol{x},\overline{\boldsymbol{x}})$ 有界, 把方程 (9.6.21) 的第一式积分, 得到 $\boldsymbol{G}_{r2}(\boldsymbol{x},\overline{\boldsymbol{x}},\overline{\omega})$ 也是有界的, 从而 $\boldsymbol{G}(\boldsymbol{x},\overline{\boldsymbol{x}},\overline{\omega})$ 也是有界的.

如果 $\boldsymbol{G}_{r1}(\boldsymbol{x},\overline{\boldsymbol{x}})$ 的某些分量具有奇性, 则 $G_{r2}(\boldsymbol{x},\overline{\boldsymbol{x}},\overline{\omega})$ 或者有界, 或者它的某些分量具有比 $\boldsymbol{G}_{r1}(\boldsymbol{x},\overline{\boldsymbol{x}})$ 低阶的奇性. 所以谐动力 Green 函数 $\boldsymbol{G}_{r}(\boldsymbol{x},\overline{\boldsymbol{x}},\overline{\omega})$ 和 Green 函数有同阶的奇异性.

因此, 结论是, 对于具有有界 Green 函数的结构, 设置集中参数是合理的, 而对于 Green 函数的某些分量具有奇性的结构, 在孤立点的该方向设置集中参数是不合理的. 对于后一种情形, 其物理意义是清楚的. 如果具有集中的质量、弹簧和支承的结构产生运动, 它将在这些具有集中参数的孤立点受到集中的惯性力、弹性力和支座反力, 这些孤立点的位移将是无界的. 这当然是不相容的. 在孤立点设置阻尼器也是同样的情形.

3. 各种结构的 Green 函数的奇性

如果 Green 函数的某方向具有奇性, 则它具有和基本解同阶的奇性. 当集中力作用于源点时, 方程 (9.6.20) 中的第一式变为

$$\boldsymbol{A}\boldsymbol{G}_r(\boldsymbol{x},0)=\boldsymbol{I}_r\delta(\boldsymbol{x}).$$

假设结构所占区域的维数是 $m(=1,2,3)$, 式

$$\int_C\cdots\int \boldsymbol{A}\boldsymbol{G}_r(x,0)\mathrm{d}x_1\mathrm{d}x_2\cdots\mathrm{d}x_m=\boldsymbol{I}_r \tag{9.6.22}$$

表示内部弹性力和集中外力的平衡. 积分区域 C 是一条线 (对 $m=1$), 或者是一曲面 (对 $m=2$), 或者是一个三维体 (对 $m=3$), 它们都包含源点. 由于方程 (9.6.22) 中含 δ 函数, 区域 C 是无限小尺度.

假设算子 $\boldsymbol{A}$ 中的某变量, 例如 $\boldsymbol{w}=(u,v,w)^{\mathrm{T}}$ 的 u 的微商的最高阶是 n. 在 $m=1$ 的情形, 积分得到

$$\left.\frac{\partial^{n-1}u}{\partial x^{n-1}}\right|_{-\varepsilon}^{\varepsilon}=c_1,\quad c_1\text{为常数}.$$

这表明源点两端的内力与集中力平衡. 对 $m=2$ 的情形, 用曲线积分和曲面积分间的转换公式; 对 $m=3$ 的情形, 用曲面积分和体积分间的转换公式. 由式 (9.6.22) 得到

$$\int_{\partial C}\cdots\int \boldsymbol{R}\boldsymbol{G}_r(x,0)\mathrm{d}x_1\mathrm{d}x_2\cdots\mathrm{d}x_m=\boldsymbol{I}_r, \tag{9.6.23}$$

其中积分区域 ∂C 是 C 的边界. 式 (9.6.23) 表示在 ∂C 上的内力与集中力平衡, 并且得出

$$\frac{\partial^{n-1} u}{\partial r^{n-1}} \varepsilon^{m-1} = c_1,$$

式中

$$r = \left(\sum_i x_i^2 \right)^{1/2},$$

进而得到

$$\frac{\partial^{n-1} u}{\partial r^{n-1}} = o(r^{1-m}).$$

如 $n \neq m$, 则 $u = o(r^{n-m})$.

最后, 得到结论: 对于静力 Green 函数,

(1) 当 $n > m$ 时, 它是有界的;

(2) 当 $n = m$ 时, 它具有与 $\ln r$ 同阶的奇性;

(3) 当 $n < m$ 时, 它具有 $1/r^{m-n}$ 阶的奇性.

常用的结构理论和弹性力学的 Green 函数的奇异性列在表 9.2 中. 从表

表 9.2 结构理论的 Green 函数的奇性

结构理论	结构维度 m	方程最高阶 n	Green 函数的奇性
弦	1	2	有界
杆、轴	1	2	有界
Euler 梁	1	4	有界
Rayleigh 梁	1	4	有界
Timoshenko 梁	1	2	有界
曲梁, 法向运动	1	4	有界
曲梁, 切向运动	1	2	有界
薄板理论	2	4	有界
膜的横向运动	2	2	$\ln r$
平面弹性力学问题	2	2	$\ln r$
壳的膜理论	2	2	$\ln r$
Midlin 板	2	2	$\ln r$
三维弹性力学问题	3	2	$1/r$
壳体有矩理论, 法向	2	4	有界
壳体有矩理论, 切向	2	2	$\ln r$
计入横向剪切变形的壳体	2	2	$\ln r$

9.2 可以看出, 一维结构的所有结构理论的 Green 函数是有界的. 薄板理论的 Green 函数有界, 但计入横向剪切变形的板, 如 Midlin 板, 各种层合板理论的 Green 函数是奇性的. 薄壳理论具有很有趣的性质: 法向分量是有界的, 而切向分量是无界的.

值得注意的是, 具有与 $\ln r$ 同阶的奇性的 Green 函数的所有结构理论允许沿一条线有集中参数. 三维弹性力学的 Green 函数具有 $1/r$ 阶的奇性, 所以是一个例外, 不允许在线上设置集中参数.

9.6.4 组合结构

各种不同类型的结构原件, 例如, 各种类型的梁、板、壳, 以及二维、三维弹性体等互相组合而成的组合结构, 包括复杂材料、复杂形状的组合结构, 都是工程上常见的结构. 对这类结构, 如果从它的方程出发证明解的存在性, 自然是很复杂而难于进行. 但本章所阐明的结构理论的解的存在性理论, 却对组合结构行之有效.

但是, 需要特别指出, 组合结构本身有一个组合准则, 不是任意的结构组合都可以形成组合结构. 冯康的专著[111] 和孙博华, 叶志明的研究工作[112] 都指出, 三维弹性体不能和结构元件在一点或一线连接, 例如梁的端点、整条梁或板的边不能和三维弹性体连接, 等等.

我们提出一个准则, 就是组合结构的元件在连接处必须相容, 即可以产生有限的相同的位移. 然而, 从 9.6.3 分节的分析可以看到, 如果在连接处只要有一个元件的 Green 函数是奇性的, 则这一点的位移是无穷的. 如有这种情况, 就不能组成组合结构, 即它是不合理的结构模型.

例如:

(1) 三维弹性体在点和线处与其他结构相连. 如: (a) 梁的一个端点连接在三维弹性体上; (b) 板的一条边连接在三维弹性体上; (c) 圆形曲梁环抱在同半径的三维圆柱体上.

(2) 壳在点处和其他结构相连, 如梁端连接在壳上.

(3) Mindlin 板在点处和其他结构相连, 如杆端连接在 Mindlin 板上.

表 9.2 提供了判断连接是否相容的依据.

按上述分析, 可作如下认定: 每一结构元件属合理的结构模型, 结构元件之间连接是相容的, 则此结构的组合属合理的结构模型, 可称为“组合结构”. 有违这些条件的结构元件组合, 不能称为组合结构. 有了这样的认定后, 便得到如下重要结论.

组合结构的应变能和动能是它的元件的相应量的总和, 如果不等式 (9.5.12) 和 (9.5.13c) 对每个元件都成立, 则对组合结构也成立. 所以, 定理 9.16 和 9.17 也适用于组合结构.

而且, 应该注意一个有实用意义的情形, 组合结构元件交接处的中面形状不必要求是光滑的, 包括壳体的中面形状也可以不光滑, 因为三维弹性体的边界表面允许分片光滑.

9.6.5 具体结构的静力平衡解和模态解存在的判断

基于 9.4 至 9.5 节的理论, 判断一个具体结构的静力平衡和模态的广义解是否存在, 应分两步: 第一步, 按 9.6.1 分节的原则判断此具体结构是否属于合理的结构模型. 如果结构具有集中质量、集中支座, 则需考查此结构的 Green 函数是否有奇性. 如果是结构的组合, 则需考查是否为合理的组合, 即是否为组合结构. 如果不属于合理的结构模型, 则一般情况这个具体结构的静力平衡解和模态解是不存在的. 如果这个结构属于合理的结构模型, 则第二步是考查这个具体结构对应的弹性体的弹性力学算子是否正定, 能量嵌入算子是否为紧算子. 如果是肯定的, 则此具体结构的静力平衡解和模态解存在广义解.

举一个例子. 考虑一根一端固定一端自由的矩形截面直梁的静力平衡广义解的存在性. 梁的静力平衡方程为

$$\begin{cases} (EJ(x)w'')'' = f(x), & 0 < x < l, \\ w(0) = w'(0) = 0, \quad w''(l) = (EJw''(x))'|_{x=l} = 0. \end{cases}$$

假设 E 为常数, $J = b(x)h^3(x)/12$ 不具有二阶微商, 则此方程无古典解.

首先, 此梁的理论模型属于合理的结构模型; 其次, 考查此梁对应的弹性体的弹性力学算子是否正定. 因为此弹性体属于各向同性、均匀弹性体, 如果边界分片光滑, 边条件为部分固定、部分自由, 因而按定理 9.10(弹性力学算子正定性定理), 此弹性体的弹性力学算子是正定的. 因此, 此梁的静力平衡解的广义解存在.

有一点要特别指出, 梁的一个截面参数 $b(x)h^3(x) = J_0(x)$, 可以对应无限个沿梁的轴向分布的截面形状. 相应的弹性体的形状也有无限可能的形状. 只要有一个形状的边界是分片光滑的, 则其弹性力学算子是正定的, 从而梁的算子是正定的.

这意味着, 如果一个弹性体按照弹性力学理论, 其弹性力学算子不具正定性, 如将它简化为结构, 则结构的算子很可能具有正定性.

上述事实反映了这样一个性质: 对由弹性力学理论降维简化而得到的结构理论的广义解存在的要求, 要低于对弹性力学理论的广义解存在的要求.

再举一例, 考虑一个复杂形状、变厚度、均匀材料、具有固定和自由混合边条件的薄板的模态解问题. 首先, 由 9.6.2 分节可知, 此板属于合理的结构理论模型. 其次, 将此板看作弹性体, 如果整体形状是分片光滑的, 则由定理 9.10 和 9.11 知, 此弹性体的弹性力学算子是正定的, 能量嵌入算子是紧算子; 再由定理 9.17 知, 此板的模态解的广义解存在.

9.6.6 结构理论中广义解诸例

下面给出一些结构理论的静力平衡解和模态解的广义解及其可微性的例子. 由于证明涉及较深的微分方程和泛函分析理论, 这里只给出结果. 读者如果有兴趣, 可阅读有关参考文献.

考虑二阶椭圆型方程[44]

$$Au = -\sum_{i,k=1}^{m} \frac{\partial}{\partial x_i}\left(A_{ik}(x)\frac{\partial u}{\partial x_k}\right) = f(x), \quad \Omega \text{ 内}, \tag{9.6.24}$$

$$B_{\mathrm{s}}u = 0, \quad \partial\Omega \text{ 上}. \tag{9.6.25}$$

方程系数满足

$$A_{ik}(x) = \overline{A}_{ki}(x) \tag{9.6.26}$$

在 Ω 内一致连续可微且对任何值 $t_1, t_2, \cdots, t_m$, 遵从

$$\sum_{i,k=1}^{m} A_{ik}(x)\bar{t}_i t_k \geqslant \mu_0 \sum_{i=1}^{m} |t_i|^2. \tag{9.6.27}$$

将 Au 作为 Hilbert 空间 $L_2(\Omega)$ 中的算子, 其定义域 M 在 $L_2(\Omega)$ 中是稠密的. 如果由式 (9.6.26) 和边条件 (9.6.25) 得到

$$(Au, u) = (u, Au),$$

则称算子 A 为 Lagrange 意义下的自共轭算子. 进一步, 如果算子 A 的系数 A_{ik} 还满足式 (9.6.27), 式中 t_i 为任意参数, 则称此类算子为椭圆型算子. 由式 (9.6.27), 可证明算子 A 是正定的. 下面诸例中二阶方程皆属此一情形.

例 1 考虑二阶椭圆型方程及边条件

$$Au = -\sum_{i,k=1}^{m} \frac{\partial}{\partial x_i}\left(A_{ik}(x)\frac{\partial u}{\partial x_k}\right) = f(x), \quad \Omega \text{ 内}, \tag{9.6.28}$$

$$\sigma_1(x) \cdot \sum_{i,k=1}^{m} A_{ik}(x)\frac{\partial u}{\partial x_k}\cos(\nu, x_i) + \sigma_2(x)u = 0, \quad \partial\Omega \text{ 上}. \tag{9.6.29}$$

具有弹性支座边界的变截面杆和膜的静力平衡问题属于此类方程. $\sigma_1(x)$ 和 $\sigma_2(x)$ 为 $\partial\Omega$ 上的非负函数, 且 $\sigma_1(x)+\sigma_2(x)>c$($c$ 为正常数). 如 $\sigma_1(x)\equiv 0$, 则 $u|_{\partial\Omega}=0$ 为位移边条件; 如 $\sigma_2(x)\equiv 0$, 则为力边条件.

将 Au 作为 $L_2(\Omega)$ 中的算子, 取 $\overline{\Omega}$ 上满足边条件 (9.6.29) 且二次连续可微的函数集为 A 的定义域, 记为 M_σ. 它在 $L_2(\Omega)$ 中是稠密的.

可以证明, A 在 M_σ 中是正定的, 而 H_A 中的有界集是 $L_2(\Omega)$ 中的紧集. 如果 $f(x)\in L_2(\Omega)$, 则方程 (9.6.28) 和 (9.6.29) 存在唯一的广义解. 方程相应的特征值问题存在广义解, 有仅以无穷远点为聚点的无穷多个特征值; 对应的特征函数序列是 H_A 和 L_2 中的完全正交组. 此结果可推广到结构有弹性地基、即 Au 中含 $B(x)u$ 的情形.

例 2 二阶椭圆型方程, Neumann 边条件

$$Au = -\sum_{i,k=1}^{m} \frac{\partial}{\partial x_i}\left(A_{ik}(x)\frac{\partial u}{\partial x_k}\right) = f(x), \quad \Omega \text{ 内}, \tag{9.6.30}$$

$$\sum_{i,k=1}^{m} A_{ik}(x)\frac{\partial u}{\partial x_k}\cos(\nu, x_i) = 0, \quad \partial\Omega \text{ 上}. \tag{9.6.31}$$

具有自由边界的变截面杆和膜的静力平衡问题属于此类方程. 外力必须遵从

$$\int_\Omega f(x)\mathrm{d}\Omega = 0. \tag{9.6.32}$$

上式的力学意义为, 对于完全自由的物体的静力平衡问题, 外力的合力应为零. 相应地, 对求解给一附加项

$$\int_\Omega u(x)\mathrm{d}\Omega = 0, \tag{9.6.33}$$

这相当于在解中略去刚体移动.

对于具有 Neumann 边条件的算子 Au, 不应定义在空间 $L_2(\Omega)$ 中, 而应定义在空间 $L_2(\Omega)$ 满足条件 (9.6.33) 的子空间 $\widetilde{L}_2(\Omega)$ 中. Au 的定义域 M 为满足式 (9.6.32) 和 (9.6.33) 的 $\overline{\Omega}$ 上二次连续可微函数集. M 在 $\widetilde{L}_2(\Omega)$ 中是稠密的.

可以证明, A 在 M 集上是正定的, H_A 中的有界集在 $\widetilde{L}_2(\Omega)$ 中是紧集. 因此, 方程 (9.6.30) 和 (9.6.31) 的广义解存在唯一; 方程相应的特征值问题的广义解存在.

例 3 二阶椭圆型方程

$$Au = -\sum_{i,k=1}^{m} \frac{\partial}{\partial x_i}\left(A_{ik}(x)\frac{\partial u}{\partial x_k}\right) + B(x)u = f(x), \quad \Omega \text{ 内}, \tag{9.6.34}$$

$$B_{\mathrm{s}}u = 0, \quad \partial\Omega \text{ 上}. \tag{9.6.35}$$

设系数 $A_{ik}(x)$ 和 $B(x)$ 为常系数. 具有弹性基础的等截面杆和膜的静力平衡问题属于此类方程. 又设 $f(x)=0$, 边界 $\partial\Omega$ 要求足够光滑①. 边条件 $B_{\mathrm{s}}u=0$ 可以是非齐次的位移、力或混合边条件.

在上述条件下, 方程 (9.6.34) 和 (9.6.35) 存在广义解. 这个广义解有一切阶的微商并且满足微分方程 (9.6.34) 和 (9.6.35), 即为古典解.

例 4 在常系数方程 (9.6.34) 和 (9.6.35) 中, 设

$$f(x) \neq 0, \quad f(x) \in L_2,$$

边界 $\partial\Omega$ 足够光滑, 而边条件 $B_{\mathrm{s}}u=0$ 为齐次边条件. 在这种情形下, 方程 (9.6.34) 和 (9.6.35) 存在广义解. 此广义解在 Ω 的内子区域上有平方可积的二阶广义微商, 且在 Ω 内几乎处处满足微分方程 (9.6.34) 和 (9.6.35).

例 5 膜在位移边条件下的平衡问题[103]. 设方程

$$\begin{cases} -\Delta u = f(x,y), & \Omega \text{ 内}, \\ u = 0, & \partial\Omega \text{ 上}, \end{cases}$$

方程中 Δ 表示二维 Laplace 算子, 方程的广义解有如下性质:

(1) 设 $\Omega \in C^{2+k}$, $f \in H_k(\Omega)$, k 为正整数或零, 则

$$u \in \overset{\circ}{H}_1(\Omega) \cap H_{2+k}(\Omega),$$

且有估计

$$\|u\|_{2+k} \leqslant M_k \|f\|_k .$$

① 边界曲面 $\partial\Omega$ 上任取一点作为局部笛卡尔坐标 $z_1, z_2, \cdots, z_m$ 的原点, z_m 轴向与边界 $\partial\Omega$ 的法向一致. 在此点的邻域内, 曲面 $\partial\Omega$ 的方程为 $z_m = \phi(z_1, z_2, \cdots, z_{m-1})$, ϕ 为 n 次连续可微函数, 则称边界为 n 次光滑, 记为 $\partial\Omega \in C^n$. 如 $n=3$, 则称边界足够光滑.

这表明 u 连续依赖于定解条件. 因此上述定解问题在广义解的意义下是适定的.

(2) 设 Ω 是平面上的凸多边形, $f \in L_2(\Omega)$, 则 $u \in H_2(\Omega)$.

(3) 设 Ω 是平面上的多角形, 至少有一个内角大于 180°, 则即使 $f \in L_2(\Omega)$, 广义解 u 一般也不属于 $H_2(\Omega)$.

例 6　膜在弹性支承边条件下的平衡问题[103]:

$$\begin{cases} -\Delta u = f(x,y), & \Omega \text{ 内}, \\ \dfrac{\partial u}{\partial n} + \alpha u = \varphi, & \alpha(x,y) \geqslant 0 \text{ 且不恒为零}; \ \partial\Omega \text{ 上}. \end{cases}$$

其广义解 $u(x,y)$ 有如下性质:

(1) 设 $\varphi \equiv 0$, $\alpha(x,y)$ 充分光滑, $\Omega \in C^{(2+k)}$, $f \in H_k(\Omega)$, 则 $u \in H_{2+k}(\Omega)$.

(2) 设 φ 不恒等于零, $\alpha(x,y)$ 充分光滑, $\Omega \in C^{(2+k)}$, $f \in H_k(\Omega)$. 对 φ 作一些光滑性的要求, 则 $u \in H_{2+k}(\Omega)$.

例 7　膜的模态解[104]. 它是比膜更广泛的一类问题. 设 $\Omega \subset \mathbb{R}^n$ 是有界区域. 此特征值问题

$$\begin{cases} -\Delta u = \lambda u, & \Omega \text{ 内}, \\ u = 0, & \partial\Omega \text{ 上} \end{cases}$$

存在广义解: 它有无穷多个特征值 $\lambda_1, \lambda_2, \cdots \to \infty$, 振型 $\{\varphi_1, \varphi_2, \cdots\} \subset H_0^1(\Omega)$, 在 $H_0^1(\Omega)$ 和 $L_2(\Omega)$ 内是完全的. 根据正则性理论, 这些振型在 Ω 内无穷次连续可微, $\varphi_i \in C^\infty(\Omega)$. 如果 $\partial\Omega$ 是光滑的, 则它们在 $\overline{\Omega}$ 上也无穷次连续可微, $\varphi_i \in C^\infty(\overline{\Omega})$.

这个结论也适用于系数属于 C^∞ 的二阶椭圆型方程的特征值问题[114].

例 8　等厚板在固定边条件下的平衡[103]. 设方程

$$\begin{cases} \Delta^2 u = f, & \Omega \text{ 内}, \\ u = \dfrac{\partial u}{\partial n} = 0, & \partial\Omega \text{ 上}, \end{cases}$$

式中 Δ^2 为二维双 Laplace 算子. 此方程的广义解有如下性质:

(1) 如 $\Omega \in C^{(4+k)}$, $f \in H_k(\Omega)$, 则广义解

$$u \in H_{4+k}(\Omega) \cap \overset{\circ}{H}_2(\Omega).$$

(2) 如 Ω 是平面上的凸多角形区域, $f \in L_2(\Omega)$, 则广义解为

$$u \in H_2(\Omega) \cap \overset{\circ}{H}_2(\Omega).$$

与例 5 中的情形 (3) 相比较, 可以看到, 对于同样是在凸多角形区域和 $f \in L_2(\Omega)$ 的情形, 膜和板的平衡问题的广义解的可微性有所不同. 膜的广义解具有与方程阶数同阶的广义微商, 即 $u \in H_2(\Omega)$. 但板的广义解却不具有与方程阶数相同的四阶广义微商, $u \notin H_4(\Omega)$, 而仍然只具有二阶广义微商, $u \in H_2(\Omega)$.

(3) 如 $\Omega \in C^\infty, f \in C^\infty(\Omega)$, 则在固定、自由和混合边条件下, 板的平衡问题存在唯一解 $u \in C^\infty(\overline{\Omega})$[92].

9.7 Ritz 法在结构理论求解中的收敛性

在本章 9.2 节中论述了将微分方程边值问题的求解转变为泛函极值的求解问题. 其优点在于, 第一, 正如本章 9.3 节所论述, 在泛函极值求解问题中才能澄清存在性问题. 第二, 对泛函极值求解问题, 科学家创建了一些有效的近似计算方法, 其中以 Ritz 法和由它发展起来的有限单元法尤为有效. 本节将给出求静力平衡解和模态解的 Ritz 法的程式, 主要目的在于证明 Ritz 法近似解的收敛性.

9.7.1 求静力平衡解的 Ritz 法

在 9.2.2 分节中, 论述了结构的静力平衡问题转变为求泛函表示式 (9.2.12)

$$F(u) = (Au,\ u) - (u,\ f) - (f,\ u)$$

的最小值问题. 算子 A 定义在 Hilbert 空间 H 的稠密集上. 在 9.3.1 分节, 已证明了对于正定算子 A, 此最小值问题在空间 H_A 存在唯一解.

我们考虑的空间 H 是 L_2 空间, 算子 A 是正定的, 空间 L_2 是可分空间, 从而 H_A 也是可分空间. 在 H_A 中取一完全序列 $\{\psi_n\}$, 以它张成一个 n 维子空间, Ritz 法是在这个子空间中求 $F(u)$ 的最小值. 设

$$u_n = \sum_{k=1}^{n} a_k \psi_k, \tag{9.7.1}$$

其中 a_k 为待定常数. 把式 (9.7.1) 代入泛函表示式 (9.2.12) 中, 得

$$F(u_n) = \sum_{k,j=1}^{n} a_k \overline{a}_j (A\psi_i, \psi_j) - \sum_{k=1}^{n} a_k (\psi_k, f) - \sum_{i=1}^{n} \overline{a}_k (f, \psi_k). \tag{9.7.2}$$

置 $a_k=\alpha_k+\mathrm{i}\beta_k$, 令

$$\frac{\partial F(u_n)}{\partial \alpha_k}=0,\quad \frac{\partial F(u_n)}{\partial \beta_k}=0,\qquad k=1,2,\cdots,n.$$

于是求 $F(u_n)$ 的极小值归结为解线性代数方程组

$$\sum_{k=1}^{n}(A\psi_k,\psi_j)\,a_k=(f,\psi_j),\qquad j=1,2,\cdots,n \tag{9.7.3}$$

或者

$$\sum_{k=1}^{n}[\psi_k,\psi_j]\,a_k=(f,\psi_j),\qquad j=1,2,\cdots,n. \tag{9.7.4}$$

其实, 运用 Ritz 法时, 主要采用式 (9.7.4).

当方程 $Au=f$ 是 $2k$ 阶微分方程时, 选取的坐标函数 ψ_i 只要求 k 次可微, 且只要求满足位移边条件而不必顾及力边条件, 即在可能位移函数集内选取坐标函数. 这正是 Ritz 法的优点. 当然, 如果采用式 (9.7.3), 在 A 的定义域, 即在比较函数集内选取坐标函数, 可以取得更快的收敛.

代数方程组 (9.7.4) 的矩阵形式为

$$Ka=p, \tag{9.7.5}$$

其中矩阵 $K=(k_{ij})_{n\times n}$ 的元 $k_{ij}=[\psi_i,\psi_j]$. 由于选取的坐标函数序列 $\{\psi_i\}$ 是线性无关的, 所以矩阵 K 的 Gram 行列式非零. 因而方程 (9.7.5) 有解:

$$a_n=(a_1,a_2,\cdots,a_n)^{\mathrm{T}}, \tag{9.7.6}$$

从而由式 (9.7.1) 得 $F(u)$ 达到最小值的 Ritz 近似解:

$$u_n=\sum_{k=1}^{n}a_k\psi_k. \tag{9.7.7}$$

下面证明 Ritz 法的收敛性. 即在什么条件下, 上述 Ritz 近似解 u_n 收敛到使泛函 $F(u)$ 达到最小值的准确解.

定理 9.18 如果空间 H_A 是可分的, $\psi_i(i=1,2,\cdots,n)$ 是 H_A 中完全正交序列, 则将使泛函

$$F(u)=(Au,u)-(u,f)-(f,u)$$

取极小值的函数 u_0 展开为级数

$$u_0=\sum_{i=1}^{\infty}(f,\psi_i)\,\psi_i, \tag{9.7.8}$$

此级数在 H_A 和 H 的度量下收敛.

证明 使泛函 $F(u)$ 取极小值的函数 u_0 可展开成在 H_A 度量下收敛的正交级数

$$u_0=\sum_{i=1}^{\infty}\left[u_0,\psi_i\right]\psi_i, \tag{9.7.9}$$

在本章 9.3.1 分节曾经给出重要关系式 (9.3.6), 即

$$(u,f)=[u,u_0],\qquad u\in H_A.$$

令 $u=\psi_i$, 得

$$[u_0,\psi_i]=(f,\psi_i), \tag{9.7.10}$$

将其代入式 (9.7.9), 得

$$u_0=\sum_{i=1}^{\infty}(f,\psi_i)\,\psi_i.$$

此级数在 H_A 和 H 的度量下收敛. ▌

定理 9.19 如果算子 A 正定, 则按 Ritz 法求使泛函

$$F(u)=(Au,u)-(u,f)-(f,u)$$

取极小值的近似解序列在 H_A 和 H 的度量下收敛于准确解.

证明 坐标函数 $\psi_i(i=1,2,\cdots,n)$ 经过具有三角形矩阵的非退化线性变换, 即将式 (9.7.5) 中的矩阵 K 化为三对角矩阵, 其解不会改变, 从而式 (9.7.7) 的 Ritz 近似解 u_n 不会改变. 这样, 可以认为 $\{\psi_i\}$ 已被正交化, 满足关系

$$(A\psi_i,\psi_j)=[\psi_i,\psi_j]=\begin{cases}0, & i\neq j,\\ 1, & i=j.\end{cases} \tag{9.7.11}$$

于是方程组 (9.7.3), (9.7.4) 成为

$$a_j=(f,\psi_j),\qquad j=1,2,\cdots,n.$$

由式 (9.7.1), 有

$$u_n=\sum_{i=1}^{n}(f,\psi_i)\,\psi_i.$$

这是使泛函 $F(u)$ 在 H_A 中达到极小值的准确解

$$u_0=\sum_{i=1}^{\infty}(f,\psi_i)\,\psi_i$$

的前 n 项, 即

$$\lim_{n\to\infty} [\![u_n - u_0]\!] = 0.$$

因 A 是正定算子, 有

$$[\![u_n - u_0]\!] \geqslant \gamma^2 \|u_n - u_0\|,$$

所以

$$\lim_{n\to\infty} \|u_n - u_0\| = 0. \quad \blacksquare$$

9.7.2　求模态解的 Ritz 法

在 9.2.3 分节中, 论述了求结构的模态解问题转变为求泛函 Rayleigh 商 (9.2.19) 的极小值问题.

Ritz 法是用来求上述问题近似解的有效方法. 为演算简单, 考虑求

$$R(u) = \frac{(Au, u)}{(u, u)} = \frac{[u, u]}{(u, u)}$$

的极小值问题.

在 9.3.2 分节已证明, 如果算子 A 为自共轭正定算子, 从空间 H_A 至空间 H_B 的嵌入算子是紧算子, 则 Rayleigh 商 $R(u)$ 的极小值问题的解存在: 当 $u = \varphi_1$ 时,

$$\lambda_1 = \inf \frac{[u, u]}{(u, u)}, \tag{9.7.12}$$

$R(u)$ 达到极小值; 当 $u = \varphi_{m+1}$ 时,

$$\lambda_{m+1} = \inf \frac{[u, u]}{(u, u)}, \qquad (u, \varphi_i) = 0;\ i = 1, 2, \cdots, m, \tag{9.7.13}$$

$R(u)$ 达到极小值.

在空间 H_A 中取一完全序列 $\psi_i (i = 1, 2, \cdots, n)$, 作

$$u_n = \sum_{i=1}^{n} a_i \psi_i, \tag{9.7.14}$$

其中 a_i 为待定常数. 选择 a_i, 使

$$(u_n, u_n) = \sum_{i,j=1}^{n} (\psi_i, \psi_j) a_i \overline{a}_j = 1, \tag{9.7.15}$$

且

$$[u_n, u_n] = \sum_{i,j=1}^{n} [\psi_i, \psi_j] a_i \overline{a}_j \tag{9.7.16}$$

最小. 利用 Lagrange 乘子法处理此问题. 作函数

$$\varPhi = [u_n, u_n] - \lambda(u_n, u_n), \tag{9.7.17}$$

式中 λ 为待定常数. a_i 可能为复数, 将式 (9.7.17) 对 a_i 的实部和虚部分别求微商后取零, 得

$$\frac{\partial \varPhi}{\partial \overline{a}_i} = 0, \qquad i = 1, 2, \cdots, n.$$

将其展开得

$$\sum_{i=1}^{n} a_i \{[\psi_i, \psi_j] - \lambda(\psi_i, \psi_j)\} = 0, \qquad j = 1, 2, \cdots, n. \tag{9.7.18}$$

式 (9.7.18) 的矩阵形式为

$$Ka = \lambda M a, \tag{9.7.19}$$

其中矩阵 K 和 M 的元分别为

$$k_{ij} = [\psi_i, \psi_j], \quad m_{ij} = (\psi_i, \psi_j), \qquad i,\ j = 1, 2, \cdots, n. \tag{9.7.20}$$

因 $\{\psi_i\}$ 是空间 H_A 中的完全序列, $\psi_i (i = 1, 2, \cdots, n)$ 是线性无关的, 所以矩阵 K 的 Gram 行列式不为零, 且 K 和 M 是实对称矩阵, 所以解 a 是实矢量. 从而矩阵特征值问题 (9.7.18) 是可解的, 其特征对的解为

$$\lambda_{ni}, \quad a_{ni} = (a_{i1}, a_{i2}, \cdots, a_{in})^{\mathrm{T}}, \qquad i = 1, 2, \cdots, n.$$

以此代入式 (9.7.14), 有

$$\lambda_{ni}, \quad u_{ni} = \sum_{j=1}^{n} a_{ij} \psi_j, \qquad i = 1, 2, \cdots, n. \tag{9.7.21}$$

由 Ritz 法得到的 λ_{n1} 和 u_{n1} 是 Rayleigh 商 $R(u)$ 的极小值问题 (9.7.12) 的准确解的近似解; 而 λ_{ni} 和 $u_{ni} (i = 2, 3, \cdots, n)$ 是极小值问题 (9.7.13) 的第 2 至第 n 特征对的近似解.

如果在算子 A 的定义域 D_A 中, 即在比较函数集中选择 Ritz 坐标函数 ψ_i, 则可得到更快的收敛.

下面证明上述用 Ritz 法求得的模态解的收敛性.

定理 9.20 若算子 A 是正定的, 从空间 H_A 至空间 H 的嵌入算子是紧算子, 则用 Ritz 法求 Rayleigh 商 $R(u)=(Au,u)/(u,u)$ 的极值所得到的特征值和特征函数, 分别收敛于特征值问题 $Au=\lambda u$ 的特征值和特征函数 (在 H_A 和 H 的度量下).

证明 (1) 在 9.2.3 和 9.3.2 分节中已证明, 若算子 A 正定, 从空间 H_A 至空间 H 的嵌入算子是紧算子, 则 Rayleigh 商极值存在解:

$$\lambda_1=\inf\frac{|\!|\!|u|\!|\!|^2}{\|u\|^2}=\frac{|\!|\!|\varphi_1|\!|\!|^2}{\|\varphi_1\|^2}=d,$$

$$\lambda_i=\inf\frac{|\!|\!|u|\!|\!|^2}{\|u\|^2}=\frac{|\!|\!|\varphi_i|\!|\!|^2}{\|\varphi_i\|^2},\quad (u,\varphi_j)=0;\ j=1,2,\cdots,i-1.$$

λ_i 和 $\varphi_i(i=1,2,\cdots)$ 分别为方程

$$Au=\lambda u \tag{9.7.22}$$

的第 i 阶特征值和特征函数 (在 H_A 空间的广义解).

(2) 因 $R(u)$ 有下确界, 对任意实数 $\varepsilon>0$, 存在函数 u', 使得在 $\|u'\|^2=1$ 的条件下,

$$d<|\!|\!|u'|\!|\!|^2\leqslant d+\varepsilon,$$

即

$$\sqrt{d}<|\!|\!|u'|\!|\!|\leqslant\sqrt{d+\varepsilon}.$$

在空间 H_A 中取完全函数序列 $\{\psi_i\}$, 可以形成函数

$$u'_N=\sum_{k=1}^{N}b_k\psi_k,\qquad b_k\text{为常数},$$

使得 $|\!|\!|u'-u'_N|\!|\!|<\sqrt{\varepsilon}$. 于是

$$|\!|\!|u'_N|\!|\!|\leqslant|\!|\!|u'|\!|\!|+\sqrt{\varepsilon}<\sqrt{d+\varepsilon}+\sqrt{\varepsilon},$$

或

$$|\!|\!|u'_N|\!|\!|^2<(\sqrt{d+\varepsilon}+\sqrt{\varepsilon})^2.$$

从 $d=\inf\dfrac{|\!|\!|u|\!|\!|^2}{\|u\|^2}$ 推知,

$$\|u'_N-u'\|\leqslant\frac{1}{\sqrt{d}}|\!|\!|u'_N-u'|\!|\!|<\sqrt{\frac{\varepsilon}{d}},$$

进而

$$\|u'_N\| \geqslant \|u'\| - \sqrt{\frac{\varepsilon}{d}} = 1 - \sqrt{\frac{\varepsilon}{d}},$$

于是得到

$$d \leqslant \frac{|\!|\!| u'_N |\!|\!|^2}{\|u'_N\|^2} < d + \eta,$$

其中 η 随 ε 趋于零.

(3) 根据 Ritz 法, 取完全函数序列 $\{\psi_i\}$ 的前 N 项得出的第一阶特征值 $\lambda_1^{(N)}$ 和特征函数 $u_1^{(N)}$, 满足关系

$$\frac{|\!|\!| u_1^{(N)} |\!|\!|^2}{\|u_1^{(N)}\|^2} = \lambda_1^{(N)},$$

它应是 $\{\psi_i\}$ 的前 N 项的组合函数

$$\sum_{k=1}^{N} a_k \psi_k = u_N$$

中使 $\dfrac{|\!|\!| u_N |\!|\!|^2}{\|u_N\|^2}$ 达到最小值的情形, 所以

$$d \leqslant \lambda_1^{(N)} \leqslant \frac{|\!|\!| u'_N |\!|\!|^2}{\|u'_N\|^2} < d + \eta.$$

如果在运用 Ritz 法的过程中取更多的项 $n > N$, 则 $\lambda_1^{(n)} < \lambda_1^{(N)}$. 于是

$$d \leqslant \lambda_1^{(n)} < d + \eta,$$

即

$$\lim_{n \to \infty} \lambda_1^{(n)} = d.$$

同时, 由 Ritz 法求得的第一阶特征函数 $u_1^{(n)}$ 随 $n \to \infty$ 而趋于 $Au = \lambda u$ 的第一阶特征函数 (在 H_A 和 H 的度量下).

(4) 可以证明, 按 Ritz 法求得的第 $i(i = 2, 3, \cdots, n)$ 阶特征值, 当 $n \to \infty$ 时收敛到方程 (9.7.22) 的第 i 阶特征值. 特征函数也有相应结果. $\blacksquare$

对于广义特征值问题

$$Au = \lambda Bu$$

有完全类似的结论. 其详细证明, 读者可以参见参考文献 [44].

综合以上两分节的讨论, 得到关于 Ritz 法可适用性的如下结论:

如果: (1) 势能泛函 (9.2.12) 取最小值问题存在解; (2) Rayleigh 商极值问题存在解; (3) Ritz 法所用坐标函数是应变能空间 H_A 中的完全序列. 则运用 Ritz 法求得的静力平衡解和模态解的近似解收敛到这两个问题的广义解.

总结起来, 用 Ritz 法对下列 4 类问题求解, 所求的近似解在 L_2 空间和 H_A 空间 (应变能模空间) 都收敛到广义解. 这 4 类问题是:

(1) 对于弹性系数、边界形状与边条件保证弹性力学算子正定情形的弹性力学静力平衡解的广义解.

(2) 弹性力学算子正定、能量嵌入算子是紧算子情形的弹性力学模态解的广义解.

(3) 结构理论算子正定情形的结构理论静力平衡解的广义解.

(4) 结构理论算子正定、能量嵌入算子是紧算子情形的模态解的广义解.

附录　振荡矩阵和振荡核及其特征对的性质

振荡矩阵和振荡核的理论是本书中研究杆、梁、膜振动的定性性质的数学基础, 特以此附录讲述这一理论. 主要内容取材于此理论的创立者 Гантмахер 和 Крейн 的专著《振荡矩阵、振荡核和力学系统的微振动》[3].

A.1　若干符号和定义

由 $m\times n$ 个数 a_{ij} $(i=1,2,\cdots,m;j=1,2,\cdots,n)$ 组成的 m 行 n 列矩形阵列

$$\boldsymbol{A}=\begin{bmatrix} a_{11} & a_{12} & \cdots & a_{1n} \\ a_{21} & a_{22} & \cdots & a_{2n} \\ \vdots & \vdots & & \vdots \\ a_{m1} & a_{m2} & \cdots & a_{mn} \end{bmatrix}$$

称为 $m\times n$ 矩阵, 简记为 $(a_{ij})_{m\times n}$. 数 a_{ij} 称为矩阵的第 i 行第 j 列的元. $n\times n$ 矩阵称为 n 阶方阵, 简记为 (a_{ij}).

列矢量记作 $\boldsymbol{a}=(a_1,a_2,\cdots,a_n)^{\mathrm{T}}$.

矩阵 $\boldsymbol{A}$ 的行列式记为 $|\boldsymbol{A}|$ 或 $\det\boldsymbol{A}$. 由任取矩阵 $\boldsymbol{A}$ 的 p 行和 p 列交点处的元组成的 p 阶行列式, 称为矩阵 $\boldsymbol{A}$ 的 p 阶子式, 记作

$$A\begin{pmatrix} i_1 & i_2 & \cdots & i_p \\ j_1 & j_2 & \cdots & j_p \end{pmatrix}=\begin{vmatrix} a_{i_1j_1} & a_{i_1j_2} & \cdots & a_{i_1j_p} \\ a_{i_2j_1} & a_{i_2j_2} & \cdots & a_{i_2j_p} \\ \vdots & \vdots & & \vdots \\ a_{i_pj_1} & a_{i_pj_2} & \cdots & a_{i_pj_p} \end{vmatrix},\quad 1\leqslant \begin{matrix} i_1<i_2<\cdots<i_p \\ j_1<j_2<\cdots<j_p \end{matrix}\leqslant n. \tag{A.1.1}$$

当 $i_r=j_r$ $(r=1,2,\cdots,p)$ 时, 称上述 p 阶子式为主子式; 如果 $i_r=j_r=r$ $(r=1,2,\cdots,p)$, 则称该主子式为 $\boldsymbol{A}$ 的 p 阶顺序主子式, 记作 D_p; 又当 $|i_r-j_r|\leqslant 1$, 且 $j_r\leqslant i_{r+1}$ $(r=1,2,\cdots,p-1)$ 时, 则相应子式称为 $\boldsymbol{A}$ 的准主子式.

矩阵 $\boldsymbol{A}$ 的元 a_{ij} 的余子式是指从 $|\boldsymbol{A}|$ 中划去第 i 行和第 j 列所得的子式, 记作 M_{ij}. 而称 $A_{ij}=(-1)^{i+j}M_{ij}$ 为 a_{ij} 的代数余子式.

本书中将会遇到下面一些常用的矩阵.

矩阵 $(a_{ij})_{n\times n}$ 的截短子矩阵记为

$$(a_{ij})_q^p=\begin{bmatrix} a_{qq} & a_{q,q+1} & \cdots & a_{qp} \\ a_{q+1,q} & a_{q+1,q+1} & \cdots & a_{q+1,p} \\ \vdots & \vdots & & \vdots \\ a_{pq} & a_{p,q+1} & \cdots & a_{pp} \end{bmatrix},\quad 1\leqslant q\leqslant p\leqslant n.$$

凡 $a_{ij}=a_{ji}\ (i,j=1,2,\cdots,n)$ 的矩阵 $\boldsymbol{A}=(a_{ij})$ 称为对称矩阵. 工程问题中遇到的矩阵多数都是对称矩阵. 对称矩阵必为方阵.

将 $m\times n$ 矩阵 $\boldsymbol{A}$ 的行列互换所得 $n\times m$ 矩阵称为 $\boldsymbol{A}$ 的转置矩阵, 记作 $\boldsymbol{A}^{\mathrm{T}}$.

凡 $i\neq j$ 时矩阵的元 a_{ij} 全为零的方阵称为对角矩阵, 记作 $\mathrm{diag}(a_{11},a_{22},\cdots,a_{nn})$. $\mathrm{diag}(1,1,\cdots,1)$ 称为单位矩阵, 记作 $\boldsymbol{I}$.

若矩阵 $\boldsymbol{AB}=\boldsymbol{I}$, 则称 $\boldsymbol{B}$ 为 $\boldsymbol{A}$ 的右逆矩阵. 若 $\boldsymbol{BA}=\boldsymbol{I}$, 则称 $\boldsymbol{B}$ 为 $\boldsymbol{A}$ 的左逆矩阵. 当 $\boldsymbol{A}$ 为对称矩阵时, 显然其左、右逆矩阵相等, 记作 $\boldsymbol{A}^{-1}$. 容易证明: 若矩阵 $\boldsymbol{A}$ 的行列式 $|\boldsymbol{A}|\neq 0$, 即 $\boldsymbol{A}$ 为非奇异矩阵, 则其逆矩阵 $\boldsymbol{A}^{-1}$ 表示为

$$\boldsymbol{A}^{-1}=(A_{ji})/|\boldsymbol{A}|.$$

凡矩阵的元全不小于零的方阵称为非负矩阵; 所有元皆大于零的方阵称为正矩阵. 更进一步, 称所有子式全不小于零的方阵为完全非负矩阵; 所有子式全大于零的方阵为完全正矩阵. 显然, 完全正矩阵必为非奇异矩阵, 即其行列式必不为零. 同时请注意, 完全正矩阵不同于正定矩阵, 后者的充分必要条件是, 其顺序主子式全大于零且为对称矩阵.

A.2 有关子式的一些关系式

为了后文的需要, 本节给出有关子式的一些重要关系式. 限于篇幅, 对有关定理只叙不证.

如果 $\boldsymbol{A}$ 是 $n\times m$ 矩阵, $\boldsymbol{B}$ 是 $m\times n$ 矩阵, 则 $\boldsymbol{C}=\boldsymbol{AB}$ 是 n 阶方阵, 该矩阵的元 c_{ij} 由下式给出:

$$c_{ij}=\sum_{k=1}^{n}a_{ik}b_{kj},\quad i,j=1,2,\cdots,n.$$

由此推广, 当 $n < m$ 时, 矩阵 $\boldsymbol{C}$ 的行列式为

$$C\begin{pmatrix}1 & 2 & \cdots & n\\ 1 & 2 & \cdots & n\end{pmatrix} = \sum A\begin{pmatrix}1 & 2 & \cdots & n\\ j_1 & j_2 & \cdots & j_n\end{pmatrix}\cdot B\begin{pmatrix}j_1 & j_2 & \cdots & j_n\\ 1 & 2 & \cdots & n\end{pmatrix}, \tag{A.2.1}$$

式中和号为遍及满足 $1 \leqslant j_1 < j_2 < \cdots < j_n \leqslant m$ 的一切可能项的总和. 更进一步, 当 $\boldsymbol{A}$ 和 $\boldsymbol{B}$ 都是 n 阶方阵时, 对于任意的 $1 \leqslant p \leqslant n$, 矩阵 $\boldsymbol{C}$ 的 p 阶子式为

$$C\begin{pmatrix}i_1 & i_2 & \cdots & i_p\\ k_1 & k_2 & \cdots & k_p\end{pmatrix} = \sum A\begin{pmatrix}i_1 & i_2 & \cdots & i_p\\ j_1 & j_2 & \cdots & j_p\end{pmatrix}\cdot B\begin{pmatrix}j_1 & j_2 & \cdots & j_p\\ k_1 & k_2 & \cdots & k_p\end{pmatrix}, \tag{A.2.2}$$

其中, $1 \leqslant i_1 < i_2 < \cdots < i_p \leqslant n$, $1 \leqslant k_1 < k_1 < \cdots < k_p \leqslant n$, 式中和号同样为遍及满足 $1 \leqslant j_1 < j_2 < \cdots < j_p \leqslant n$ 的一切可能项的总和. 这就是著名的 Binet-Cauchy 恒等式. 从此式出发可以得出下面的定理 1.

定理 1 完全非负矩阵的乘积仍为完全非负矩阵. 完全正矩阵乘以非奇异的完全非负矩阵仍为完全正矩阵.

定理 2 设方阵 $\boldsymbol{A} = (a_{ij})_{n\times n}$, 记 $\widetilde{\boldsymbol{A}} = (M_{ij})$, 则

$$\widetilde{A}\begin{pmatrix}i_1 & i_2 & \cdots & i_p\\ j_1 & j_2 & \cdots & j_p\end{pmatrix} = |\boldsymbol{A}|^{p-1}\cdot A\begin{pmatrix}k_1 & k_2 & \cdots & k_{n-p}\\ s_1 & s_2 & \cdots & s_{n-p}\end{pmatrix}, \tag{A.2.3}$$

式中以 $1, 2, \cdots, n$ 为全集, $k_1 < k_2 \cdots < k_{n-p}$ 是 $i_1 < i_2 < \cdots < i_p$ $(1 \leqslant i_1;\ i_p \leqslant n)$ 的补集, $s_1 < s_2 < \cdots < s_{n-p}$ 是 $j_1 < j_2 < \cdots < j_p$ $(1 \leqslant j_1;\ j_p \leqslant n)$ 的补集.

推论 1 当 $p = n$ 时,

$$\widetilde{A}\begin{pmatrix}1 & 2 & \cdots & n\\ 1 & 2 & \cdots & n\end{pmatrix} = |\boldsymbol{A}|^{n-1}.$$

推论 2 设方阵 $\boldsymbol{A} = (a_{ij})$ 是完全非负 (正) 矩阵, 则 $\widetilde{\boldsymbol{A}} = (M_{ij})$ 也是完全非负 (正) 矩阵.

推论 3 设有非奇异的完全非负 (正) 矩阵 $\boldsymbol{A} = (a_{ij})$, 则 $(\boldsymbol{A}^*)^{-1}$ 也是完全非负 (正) 矩阵. 这里 $\boldsymbol{A}^* = \left((-1)^{i+j}a_{ij}\right)_{n\times n}$, 称为 $\boldsymbol{A}$ 的符号倒换矩阵.

定理 3 (Sylvester) 设 $\boldsymbol{A} = (a_{ij})_{n\times n}$ 是任意方阵, 对任意的 $1 \leqslant p < n$, 取

$$b_{rs} = A\begin{pmatrix}1 & 2 & \cdots & p & r\\ 1 & 2 & \cdots & p & s\end{pmatrix}, \quad \boldsymbol{B} = (b_{rs})_{p+1}^{n},$$

则

$$|\boldsymbol{B}| = |\boldsymbol{A}| \left\{ A\begin{pmatrix} 1 & 2 & \cdots & p \\ 1 & 2 & \cdots & p \end{pmatrix} \right\}^{n-p-1}. \tag{A.2.4}$$

上面讨论的是一般的矩阵, 下面两个定理是关于完全非负矩阵的.

定理 4　如果 n 阶完全非负矩阵 $\boldsymbol{A}$ 的某一顺序主子式 $D_q = 0\ (1 \leqslant q < n)$, 则所有包含 D_q 的其余顺序主子式 $D_r\ (q < r \leqslant n)$ 全为零.

定理 5　设方阵 $\boldsymbol{A} = (a_{ij})_{n\times n}$ 是非奇异的完全非负矩阵, 则对任意的正整数 $p\ (1 \leqslant p < n)$, 有

$$A\begin{pmatrix} 1 & 2 & \cdots & n \\ 1 & 2 & \cdots & n \end{pmatrix} \leqslant A\begin{pmatrix} 1 & 2 & \cdots & p \\ 1 & 2 & \cdots & p \end{pmatrix} \cdot A\begin{pmatrix} p+1 & p+2 & \cdots & n \\ p+1 & p+2 & \cdots & n \end{pmatrix}.$$

需要说明的是, 这一定理中的 "矩阵非奇异" 这一条件不是必要的. 这个定理可以推广到更为一般的情况. 不过, 现在的定理已能满足下文的需要.

定理 6　设矩阵 $\boldsymbol{A} = (a_{ij})_{m\times n}$ 是完全非负矩阵①, 它的第 $i_1, i_2, \cdots, i_p\ (1 \leqslant i_1 < i_2 < \cdots < i_p \leqslant m)$ 行线性相关, 而这些行中的前 $p-1$ 行和后 $p-1$ 行线性无关, 则 $\boldsymbol{A}$ 的秩为 $p-1$.

推论　若完全非负矩阵 $\boldsymbol{A} = (a_{ij})_{m\times n}$ 的某一子式

$$A\begin{pmatrix} i_1 & i_2 & \cdots & i_{p-1} & i_p \\ k_1 & k_2 & \cdots & k_{p-1} & k_p \end{pmatrix} = 0,$$

而

$$A\begin{pmatrix} i_1 & i_2 & \cdots & i_{p-1} \\ k_1 & k_2 & \cdots & k_{p-1} \end{pmatrix} \cdot A\begin{pmatrix} i_2 & \cdots & i_{p-1} & i_p \\ k_2 & \cdots & k_{p-1} & k_p \end{pmatrix} \neq 0,$$

则 $\boldsymbol{A}$ 的秩为 $p-1$.

A.3　Jacobi 矩阵

当 $|i-j| > 1$ 时, $a_{ij} = 0\ (i, j = 1, 2, \cdots, n)$ 的方阵 (a_{ij}) 即为三对角矩阵, 称它为 Jacobi 矩阵, 常用 $\boldsymbol{J}$ 表示. 若记 $a_i = a_{ii}\ (i = 1, 2, \cdots, n)$; $b_i = -a_{i,i+1}$, $c_i = -a_{i+1,i}\ (i = 1, 2, \cdots, n-1)$, 则 $\boldsymbol{J}$ 可以表示为如下三对角形式:

---

① 非方阵的矩阵 $(a_{ij})_{m\times n}$ 称为完全非负的, 是指它的所有 $p \leqslant \min(m, n)$ 阶子式非负.

$$
\boldsymbol{J}=\begin{bmatrix}
a_1 & -b_1 & 0 & \cdots & 0 & 0 & 0\\
-c_1 & a_2 & -b_2 & \cdots & 0 & 0 & 0\\
0 & -c_2 & a_3 & \cdots & 0 & 0 & 0\\
\vdots & \vdots & \vdots & & \vdots & \vdots & \vdots\\
0 & 0 & 0 & \cdots & -c_{n-2} & a_{n-1} & -b_{n-1}\\
0 & 0 & 0 & \cdots & 0 & -c_{n-1} & a_n
\end{bmatrix}. \tag{A.3.1}
$$

对于任意实数 λ, 引入多项式序列:

$$
D_0(\lambda)\equiv 1,\quad D_k(\lambda)=\det(a_{ij}-\lambda\delta_{ij})_{k\times k},\quad k=1,2,\cdots,n,
$$

不难验证, 这样定义的多项式 $D_k(\lambda)$ 存在如下三项递推关系:

$$
D_k(\lambda)=(a_k-\lambda)D_{k-1}(\lambda)-b_{k-1}c_{k-1}D_{k-2}(\lambda),\quad k=2,3,\cdots,n. \tag{A.3.2}
$$

上式表明, 在 $D_k(\lambda)$ 的展开式中, b_k 和 c_k 必以乘积 b_kc_k 的形式出现. 今后将只考虑 $b_kc_k>0\ (k=1,2,\cdots,n-1)$ 的情况.

定义 1 b_k 与 $c_k\ (k=1,2,\cdots,n-1)$ 均大于零的 Jacobi 矩阵称为标准 Jacobi 矩阵.

A.3.1 Jacobi 矩阵和 Sturm 序列

由递推关系式 (A.3.2) 可以导出**序列 A**:

$$
D_m(\lambda),\ D_{m-1}(\lambda),\ \ldots,\ D_1(\lambda),\ D_0(\lambda),\quad m\leqslant n
$$

满足所谓 Sturm 序列的前两条性质, 即:

性质 1 $D_0(\lambda)$ 始终不改变符号 $(D_0(\lambda)\equiv 1)$;

性质 2 在 $D_k(\lambda)\ (1<k<m)$ 的零点处, $D_{k+1}(\lambda)$ 与 $D_{k-1}(\lambda)$ 必异于零并反号.

在叙述序列 A 的进一步性质以前, 首先介绍实数序列符号改变数即变号数的概念. 设有实数序列 $a_1,a_2,\cdots,a_n$. 若 $a_k\cdot a_{k+1}<0$, 则称序列在其相邻两项 a_k, a_{k+1} 间存在一次符号改变. 若某个 $a_k=0$, 则约定 a_k 的符号可视为正, 也可视为负. 这时, 序列在 a_{k-1}, a_k, a_{k+1} 间可能存在一次符号改变 $(a_{k-1}\cdot a_{k+1}<0)$, 也可能不存在符号改变或存在两次符号改变 $(a_{k-1}\cdot a_{k+1}>0)$. 序列所有各项之间存在的符号改变次数之和称为此序列的变号数. 当序列含有值为零的项时, 按以上规则, 序列有一个最小的变号数和一个最大的变号数, 分别记作 S^- 和 S^+. 只当 $S^-=S^+$ 时, 序列才有确定的变号数, 记作 S. 序列有确定的变号数必定意味着其首尾项非零, 以及不能有两个或两个以上的相邻项为零. 例如:

$$S(1,-1,1,-1)=3, \qquad S(1,-1,0,1)=2;$$
$$S^-(1,-1,0,-1)=1, \quad S^+(1,-1,0,-1)=3;$$
$$S^-(0,1,-1,-1)=1, \quad S^+(0,1,-1,-1)=2;$$
$$S^-(1,0,0,-1)=1, \qquad S^+(1,0,0,-1)=3.$$

上述后面 3 个序列没有确定的变号数. 还要指出的是, 下面还将谈到矢量的变号数. 所谓矢量的变号数, 指的就是这个矢量的分量所组成的序列的变号数.

现在考查参数 λ 连续增大时序列 A 的变号数的变化情况. 首先由连续性可以看出, 当 λ 在区间 $[\alpha,\beta]$ 上连续增大时, 序列 A 的变号数只在 λ 经过某一 $D_k(\lambda)$ 的零点时才可能发生变化. 进一步, 由连续性和性质 2 可以断定: 当 λ 经过中间的某个 $D_k(\lambda)$ 的零点时, 也不影响序列 A 的变号数. 这是因为按性质 2, 当 λ 经过 $D_k(\lambda)$ 的某个零点 λ_0 时, 无论 $D_k(\lambda)$ 是从正到负还是从负到正, D_{k+1}, D_k, D_{k-1} 总存在一次符号改变. 所以可以断定: 当 λ 从 α 连续增大到 β 时, 只在 λ 经过 $D_m(\lambda)$ 的零点时才可能改变序列 A 的变号数. 由此得出:

定理 7 当 λ 在区间 $[\alpha,\beta]$ 上连续增大时, 若 $D_m(\alpha)\neq 0$, $D_m(\beta)\neq 0$, 则序列 A 的变号数的增量等于在此区间上, $D_m(\lambda)$ 使乘积 D_mD_{m-1} 从正到负的根的个数减去使乘积 D_mD_{m-1} 从负到正的根的个数.

注意到 $D_k(-\infty)>0$, $(-1)^kD_k(\infty)>0$ $(k=0,1,\cdots,n)$. 因此定理 7 表明, 序列 A 在 $\lambda\to-\infty$ 时变号数为零, 而在 $\lambda\to+\infty$ 时有变号数为 m. 这样, 在区间 $(-\infty,+\infty)$ 内应用定理 7, 便推出序列 A 满足 Sturm 序列的其余性质:

性质 3 多项式 $D_m(\lambda)$ $(m=1,2,\cdots,n)$ 有不重的 m 个实根;

性质 4 当 λ 逐渐增大地经过 $D_m(\lambda)$ 的零点时, D_mD_{m-1} 的符号从正号变为负号.

作为定理 7 和性质 4 的直接推论, 又有:

性质 5 $D_m(\lambda)$ $(m=1,2,\cdots,n)$ 在区间 (α,β) 内根的个数等于序列 A 在 $\lambda=\beta$ 与 $\lambda=\alpha$ 时的变号数之差.

由性质 3 和性质 4, 以及函数 $D_m(\lambda)$ 的连续性可以推出:

性质 6 在 $D_m(\lambda)$ 的每两个相邻实根之间, $D_{m-1}(\lambda)$ 恰有一个实根 $(m=2,3,\cdots,n)$.

性质 7 记 Jacobi 矩阵 $\boldsymbol{J}$ 的特征值为 $\lambda_1 < \lambda_2 < \cdots < \lambda_n$, 则序列 B:

$$D_{n-1}(\lambda),\ D_{n-2}(\lambda),\ \ldots,\ D_0(\lambda)$$

在 $\lambda = \lambda_i$ 时的变号数恰为 $i-1$.

事实上, 由于 $D_m(\lambda)$ 与 $D_{m-1}(\lambda)$ 的根彼此相间, 所以在区间 $(-\infty, \lambda_i]$ 内 $D_{n-1}(\lambda)$ 有 $i-1$ 个根, 分别位于 $(\lambda_1, \lambda_2), (\lambda_2, \lambda_3), \cdots, (\lambda_{i-1}, \lambda_i)$ 内. 于是当 λ 从 $-\infty$ 增大到 λ_i 时, 序列 B 的变号数的增量应等于 $i-1$, 但在 $\lambda \to -\infty$ 时序列 B 变号数为零, 这就是所要证明的.

A.3.2 标准 Jacobi 矩阵的特征值和特征矢量

设与 Jacobi 矩阵 $\boldsymbol{J}$ 的特征值 λ 相应的特征矢量是

$$\boldsymbol{u} = (u_1, u_2, \cdots, u_n)^{\mathrm{T}}.$$

将矢量形式的特征方程

$$\boldsymbol{J}\boldsymbol{u} - \lambda\boldsymbol{u} = \boldsymbol{0}$$

改写为分量形式

$$-c_{k-1}u_{k-1} + (a_k - \lambda)u_k - b_k u_{k+1} = 0, \quad k = 1, 2, \cdots, n-1;\ c_0 = 0, \tag{A.3.3}$$

$$-c_{n-1}u_{n-1} + (a_n - \lambda)u_n = 0. \tag{A.3.4}$$

因为对矩阵 $\boldsymbol{J}$ 的特征值 λ, $D_{n-1}(\lambda) \neq 0$, 方程组 (A.3.3) 的 $n-1$ 个方程线性无关, 而方程 (A.3.4) 是它们的线性组合. 引入

$$v_1 = u_1, \quad v_k = b_1 b_2 \cdots b_{k-1} u_k, \quad k = 2, 3, \cdots, n,$$

则方程组 (A.3.3) 的 $n-1$ 个方程成为

$$v_{k+1} = (a_k - \lambda)v_k - b_{k-1}c_{k-1}v_{k-1}, \quad k = 1, 2, \cdots, n-1.$$

注意到, 为使上述关于 v_{k+1} 的递推关系式与递推关系式 (A.3.2) 完全一致, 则应有

$$v_k = CD_{k-1}(\lambda), \quad k = 1, 2, \cdots, n,$$

式中 C 是任意非零常数. 由此得出

$$u_k = CD_{k-1}(\lambda)/(b_1 b_2 \cdots b_{k-1}), \quad k = 1, 2, \cdots, n. \tag{A.3.5}$$

特别地, 与 λ_i 相应的特征矢量 $\boldsymbol{u}^{(i)}$, 其分量表达式是

$$u_{ki} = CD_{k-1}(\lambda_i)/(b_1 b_2 \cdots b_{k-1}), \quad k, i = 1, 2, \cdots, n. \tag{A.3.6}$$

根据上面的讨论不难得出:

定理 8 标准 Jacobi 矩阵的特征对具有如下性质:

(1) 所有特征值都是实的和单的, 即 $\lambda_1 < \lambda_2 < \cdots < \lambda_n$;

(2) 相邻的顺序主子矩阵的特征值彼此相间;

(3) 相应于 λ_i 的特征矢量 $\boldsymbol{u}^{(i)}$ 的分量序列的变号数恰为 $i-1$, 记作 $S_{\boldsymbol{u}^{(i)}} = i-1$.

推论 正定的标准 Jacobi 矩阵具有定理 8 中的性质 (1)~(3), 而且特征值是正的, 即

$$0 < \lambda_1 < \lambda_2 < \cdots < \lambda_n.$$

A.3.3 u 线的概念及其节点

为了后文应用的需要, 引入所谓 u 线的概念.

设有矢量 $\boldsymbol{u} = (u_1, u_2, \cdots, u_n)^{\mathrm{T}}$, 在平面直角坐标系 Oxy 中, 以 $P_k = (k, u_k)$ $(k = 1, 2, \cdots, n)$ 为顶点的折线 $P_1P_2, \cdots P_n$ 称之为 u 线. 当 u 线与 x 轴交叉相交时, 这样的交点称为 u 线的节点. 显然, 为使 u 线与 x 轴的公共点都是节点, 其充分必要条件是: 如果某个 $u_k = 0$, 必有 $u_{k-1}u_{k+1} < 0$ $(1 < k < n)$; 如果 u 线与 x 轴的公共点位于从 u_{k-1} 到 u_k 的一段中, 则必有

$$u_{k-1}u_k < 0, \quad 1 < k < n.$$

现在, 给式 (A.3.5) 中 C 以确定值, 例如取 $C = 1$, 则得矢量

$$\boldsymbol{u}(\lambda) = (u_1(\lambda), u_2(\lambda), \cdots, u_n(\lambda))^{\mathrm{T}},$$

其分量作为 λ 的函数是:

$$u_1(\lambda) \equiv 1, \quad u_k(\lambda) = D_{k-1}(\lambda)/(b_1 b_2 \cdots b_{k-1}), \quad k = 2, 3, \cdots, n.$$

与这个矢量相应的 u 线在 $k-1 < x < k$ 时满足下述方程:

$$y(x, \lambda) = (k-x)u_{k-1}(\lambda) + (x-k+1)u_k(\lambda), \quad k = 2, 3, \cdots, n. \tag{A.3.7}$$

下面, 研究这样的 $u(\lambda)$ 线的形状以及随 λ 变化时其节点的变动情况.

首先, 由 Sturm 序列的性质 2, $u(\lambda)$ 线和 x 轴的每一属于区间 $(1, n)$ 内的交点都是节点. 其次, 由定理 7, $u(\lambda)$ 线在 $\lambda = \lambda_i$ 时恰有 $i-1$ 个节点. 在 λ 取任意值的一般情况下, 由 Sturm 序列的性质 5 , $u(\lambda)$ 线的节点个数等于 $D_{n-1}(\lambda)$ 在 $(-\infty, \lambda)$ 内的根的个数.

进一步考查以 $\sqrt{b_k c_k}$ 来代替 b_k 和 c_k 而将 Jacobi 矩阵 $\boldsymbol{J}$ 对称化的情况. 这时 $u_k(\lambda)$ 将被

$$\begin{aligned}\widetilde{u}_k(\lambda) &= D_{k-1}(\lambda)/\sqrt{b_1 b_2 \cdots b_{k-1} c_1 c_2 \cdots c_{k-1}} \\ &= \sqrt{b_1 b_2 \cdots b_{k-1} c_1^{-1} c_2^{-1} \cdots c_{k-1}^{-1}}\, u_k(\lambda), \quad k = 1, 2, \cdots, n\end{aligned}$$

所代替. 从这里不难看到, 与对称化后的 $\boldsymbol{J}$ 相应的 $\widetilde{u}(\lambda)$ 线的形状不同于原来的 $u(\lambda)$ 线, 但是它们之间有着重要的共同点:

(1) 它们的节点个数始终相同;

(2) 如果它们之一在区间 $(k-1, k)$ 内有一个节点, 另一个同样如此;

(3) 它们对应的节点将随 λ 的变化同时向左或向右移动.

正因为如此, 在下面的定理中, 不失一般性, 可以只考虑对称的 $\boldsymbol{J}$ 矩阵, 即 $b_k = c_k$ $(k = 1, 2, \cdots, n-1)$ 的情况. 这时 $u_k(\lambda)$ 满足:

$$-b_{k-1} u_{k-1}(\lambda) + a_k u_k(\lambda) - b_k u_{k+1}(\lambda) = \lambda u_k(\lambda).$$

由上式将要导出下面所需的基本恒等式 (A.3.6)~(A.3.10). 为此在上式中以 μ 代替 λ 所得式再连同上式消去 a_k, 即得

$$\begin{aligned}&b_{k-1}[u_{k-1}(\lambda) u_k(\mu) - u_{k-1}(\mu) u_k(\lambda)] - b_k[u_k(\lambda) u_{k+1}(\mu) - u_{k+1}(\lambda) u_k(\mu)] \\ &\quad = (\mu - \lambda) u_k(\lambda) u_k(\mu), \quad k = 1, 2, \cdots, n;\ b_0 = b_n = 0.\end{aligned}$$

将上式对 $k = p, p+1, \cdots, q-1, q$ $(1 \leqslant p \leqslant q \leqslant n-1)$ 求和, 得

$$\begin{aligned}&b_{p-1}[u_{p-1}(\lambda) u_p(\mu) - u_{p-1}(\mu) u_p(\lambda)] - b_q[u_q(\lambda) u_{q+1}(\mu) - u_{q+1}(\lambda) u_q(\mu)] \\ &\quad = (\mu - \lambda) \sum_{k=p}^{q} u_k(\lambda) u_k(\mu).\end{aligned} \tag{A.3.8}$$

特别地, 令 $p = 1$, 上式成为

$$b_q[u_q(\lambda) u_{q+1}(\mu) - u_{q+1}(\lambda) u_q(\mu)] = (\lambda - \mu) \sum_{k=1}^{q} u_k(\lambda) u_k(\mu), \quad 1 \leqslant q \leqslant n-1. \tag{A.3.9}$$

注意到式 (A.3.8) 对 $p > 1$, $q = n$ 也成立, 又有

$$b_{p-1}[u_{p-1}(\lambda) u_p(\mu) - u_{p-1}(\mu) u_p(\lambda)] = (\mu - \lambda) \sum_{k=p}^{n} u_k(\lambda) u_k(\mu), \quad 1 < p \leqslant n. \tag{A.3.10}$$

借助上述各恒等式不难证明下列引理:

引理 1 如果 $\lambda < \mu$, 那么在 $u(\lambda)$ 线的每两个相邻节点之间至少有 $u(\mu)$ 线的一个节点.

证明 设 α 和 β 是 $u(\lambda)$ 线的两个相邻的节点, $p-1 \leqslant \alpha < p \leqslant q < \beta \leqslant q+1$, 于是

$$\begin{aligned}&(p-\alpha)u_{p-1}(\lambda)+(\alpha-p+1)u_p(\lambda)=0,\\&(q+1-\beta)u_q(\lambda)+(\beta-q)u_{q+1}(\lambda)=0,\end{aligned} \tag{A.3.11}$$

以及 $y(x,\lambda) \neq 0$ $(\alpha < x < \beta)$. 为了确定起见, 设 $y(x,\lambda) > 0$ $(\alpha < x < \beta)$. 这样

$$u_k(\lambda) > 0, \quad k = p, p+1, \cdots, q-1, q.$$

现用反证法, 假设 $y(x,\mu) \neq 0$ $(\alpha < x < \beta)$. 如果 $y(x,\mu) > 0$ $(\alpha < x < \beta)$, 这时应有

$$\begin{aligned}&(p-\alpha)u_{p-1}(\mu)+(\alpha-p+1)u_p(\mu)\geqslant 0,\\&(q+1-\beta)u_q(\mu)+(\beta-q)u_{q+1}(\mu)\geqslant 0,\end{aligned} \tag{A.3.12}$$

以及 $u_k(\mu) > 0$ $(k = p, p+1, \cdots, q-1, q)$. 从式 (A.3.11) 和 (A.3.12) 中消去 α 和 β, 得:

$$u_{p-1}(\lambda)u_p(\mu)-u_{p-1}(\mu)u_p(\lambda)\leqslant 0, \quad u_q(\lambda)u_{q+1}(\mu)-u_q(\mu)u_{q+1}(\lambda)\geqslant 0.$$

于是, 式 (A.3.8) 等号左边非正而右边为正, 这一矛盾表明引理成立. 而如果 $y(x,\mu) < 0$ $(\alpha < x < \beta)$, 完全类似的推理可以导出式 (A.3.8) 等号左边非负而右边为负的矛盾. ▌

利用引理 1 和式 (A.3.9) 及 (A.3.10), 不难证明:

定理 9 标准 Jacobi 矩阵的特征矢量 $\boldsymbol{u}^{(i)}$ 和 $\boldsymbol{u}^{(i+1)}$ (即 $u(\lambda_i)$ 线和 $u(\lambda_{i+1})$ 线) 的节点交错.

证明 由定理 8 知, $u(\lambda_i)$ 线和 $u(\lambda_{i+1})$ 线分别恰有 $i-1$ 个和 i 个节点. 将这些节点分别记为 α_k $(k=1,2,\cdots,i-1)$ 和 β_k $(k=1,2,\cdots,i)$, 即需证

$$\beta_1 < \alpha_1 < \beta_2 < \alpha_2 < \cdots \beta_{i-1} < \alpha_{i-1} < \beta_i, \quad i = 2, 3, \cdots, n.$$

由引理 1, 显然只需证明第一和最后一个不等式就够了, 为此采用反证法. 如果 $\beta_1 \geqslant \alpha_1$, $q < \alpha_1 \leqslant q+1$ $(1 < q \leqslant n-1)$. 注意到 $u_1(\lambda_s) \equiv 1$ $(s = i, i+1)$, 则有

$$\begin{gathered}u_k(\lambda_i) > 0, \quad u_k(\lambda_{i+1}) > 0, \quad k = 1, 2, \cdots, q,\\(q+1-\alpha_1)u_q(\lambda_i)+(\alpha_1-q)u_{q+1}(\lambda_i)=0,\end{gathered}$$

$$(q+1-\alpha_1)u_q(\lambda_{i+1})+(\alpha_1-q)u_{q+1}(\lambda_{i+1})\geqslant 0.$$

从上述最后两个式子中消去 α_1, 得

$$u_q(\lambda_{i+1})u_{q+1}(\lambda_i)-u_q(\lambda_i)u_{q+1}(\lambda_{i+1})\leqslant 0.$$

我们再在式 (A.3.9) 中令 $\lambda=\lambda_i$, $\mu=\lambda_{i+1}$, 并利用上式, 则式 (A.3.9) 等号左边大于等于零, 而其右边小于零, 该式不成立. 从而证明必有 $\beta_1<\alpha_1$.

为了证明 $\alpha_{i-1}<\beta_i$, 选取任意正数 b_n, 并令

$$u_{n+1}(\lambda)=D_n(\lambda)/(b_1b_2\cdots b_{n-1}b_n). \tag{A.3.13}$$

把 $u(\lambda)$ 线延长一段 P_nP_{n+1}, 这里 $P_{n+1}=(n+1,\ u_{n+1}(\lambda))$. 因为由式 (A.3.13), 等式

$$-b_{k-1}u_{k-1}(\lambda)+a_ku_k(\lambda)-b_ku_{k+1}(\lambda)=\lambda u_k(\lambda)$$

对 $k=n$ 成立, 因而引理 1 适用于延长的 $u(\lambda)$ 线 $P_1P_2\cdots P_nP_{n+1}$. 注意到, 在引理 1 的证明过程中仅用到了 α 和 β 是 $u(\lambda)$ 线的两个相邻的零点, 因此, 当令 $\alpha=\alpha_{i-1}$ 而令 $\beta=n+1$ 且 $u_{n+1}(\lambda_i)=0$ 时, 引理 1 表明, 在 α_{i-1} 和 $n+1$ 之间必有延长的 $u(\lambda_{i+1})$ 线的一个节点. 但是因为 $u_{n+1}(\lambda_{i+1})=0$, 所以延长的 $u(\lambda_{i+1})$ 线和原先的 $u(\lambda_{i+1})$ 线有同样的节点. 由此得 $\alpha_{i-1}<\beta_i<n+1$. 至于其余的 β_k, 按引理 1, 它们必将分别位于 (α_{k-1},α_k) $(k=2,3,\cdots,i-1)$ 内, 故定理成立. ▌

下面 A.4 节将证明正定的标准 Jacobi 矩阵是符号振荡矩阵; A.6 节将证明此类矩阵具有定理 8 中性质 (1) 和 (3), 以及定理 9 和下面将给出的定理 16 的性质. 这 4 条性质可以概括为: (1) 特征值是正的和单的: $0<\lambda_1<\lambda_2<\cdots<\lambda_n$; (2) 第 i 阶特征矢量 $\boldsymbol{u}^{(i)}$ 有 $i-1$ 次变号; (3) 相邻阶的特征矢量的节点交错; (4) 对任意一组不全为零的实数 c_i $(i=p,p+1,\cdots,q;\ 1\leqslant p\leqslant q\leqslant n)$, 矢量

$$\boldsymbol{u}=c_p\boldsymbol{u}^{(p)}+c_{p+1}\boldsymbol{u}^{(p+1)}+\cdots+c_q\boldsymbol{u}^{(q)}$$

的变号数遵循 $p-1\leqslant S_{\boldsymbol{u}}^-\leqslant S_{\boldsymbol{u}}^+\leqslant q-1$. 这 4 条性质统称为符号振荡矩阵的振荡性质.

A.4 振荡矩阵

A.4.1 振荡矩阵的定义及其判定准则

首先给出振荡矩阵的定义.

定义 2　如果方阵 $\boldsymbol{A}=(a_{ij})(i,j=1,2,\cdots,n)$ 是完全非负矩阵, 并存在正整数 s, 使得 $\boldsymbol{A}^s$ 是完全正矩阵, 则称 $\boldsymbol{A}$ 为振荡矩阵, 而称满足上述条件的最小正整数 s 为振荡矩阵的振荡指数.

设 $\boldsymbol{A}=(a_{ij})$ 是具有振荡指数 s 的振荡矩阵, 则它具有如下性质:

性质 1　因为 $|\boldsymbol{A}^s|=|\boldsymbol{A}|^s>0$, 所以振荡矩阵必为非奇异矩阵, 且 $|\boldsymbol{A}|>0$.

性质 2　因为 $(\boldsymbol{A}^p)^s=(\boldsymbol{A}^s)^p$, 所以振荡矩阵的任何次幂仍为振荡矩阵.

性质 3　振荡矩阵 $\boldsymbol{A}$ 的任意阶截短子矩阵 $\boldsymbol{B}=(a_{ij})_q^r\ (1\leqslant q\leqslant r\leqslant n)$ 仍是振荡矩阵.

性质 3 的证明可以见参考文献 [3].

作为性质 3 的直接推论, 有:

性质 4　振荡矩阵的主对角元和次主对角元均大于零.

事实上, 由振荡矩阵的一阶截短子矩阵仍为振荡矩阵, 即得其主对角元 $a_{ii}>0\ (i=1,2,\cdots,n)$; 至于次主对角元 $a_{i,i+1}$ 与 $a_{i+1,i}$, 如果某个 $a_{i+1,i}=0$, 则相应的二阶截短子矩阵

$$\begin{bmatrix} a_{ii} & a_{i,i+1} \\ 0 & a_{i+1,i+1} \end{bmatrix},$$

无论将其自乘多少次, 其左下角元始终为零, 这与它也是振荡矩阵相矛盾, 所以 $a_{i+1,i}>0$. 同理 $a_{i,i+1}>0\ (i=1,2,\cdots,n-1)$.

鉴于振荡矩阵在本书中占有的特殊地位, 在深入讨论其特征值和特征矢量的性质以前, 有必要研究一下振荡矩阵的判定问题. 即:

定理 10 (判定准则)　方阵 $\boldsymbol{A}=(a_{ij})(i,j=1,2,\cdots,n)$ 是振荡矩阵的充分必要条件是: $\boldsymbol{A}$ 是非奇异的, 完全非负的, 且其次主对角元 $a_{i+1,i}>0$, $a_{i,i+1}>0\ (i=1,2,\cdots,n-1)$.

证明　这一定理中条件的必要性已由上述性质 1 和性质 4 给出. 下面证明条件的充分性. 分两步进行证明.

(1) 首先证明在定理的条件下 $\boldsymbol{A}$ 的所有准主子式大于零.

按定理的条件 $a_{i+1,i}>0$, $a_{i,i+1}>0$; 而由 A.2 节中的定理 5, 有

$$0<\det\boldsymbol{A}\leqslant A\begin{pmatrix}1 & 2 & \cdots & n-1\\ 1 & 2 & \cdots & n-1\end{pmatrix}\cdot a_{nn}.$$

又矩阵 $\boldsymbol{A}$ 的子式

$$A\begin{pmatrix}1 & 2 & \cdots & n-1\\ 1 & 2 & \cdots & n-1\end{pmatrix}$$

仍为完全非负, 从而 $a_{nn} > 0$. 由归纳法即知, 所有的 $a_{ii} > 0$, 因而一阶准主子式全大于零. 现在假设低于 p 阶的准主子式全大于零, 我们来证明所有 p 阶准主子式也大于零.

用反证法. 假设某一 p 阶准主子式 $A\begin{pmatrix} i_1 & i_2 & \cdots & i_p \\ k_1 & k_2 & \cdots & k_p \end{pmatrix} = 0$, 由归纳法假设,

$$A\begin{pmatrix} i_1 & i_2 & \cdots & i_{p-1} \\ k_1 & k_2 & \cdots & k_{p-1} \end{pmatrix} \cdot A\begin{pmatrix} i_2 & i_3 & \cdots & i_p \\ k_2 & k_3 & \cdots & k_p \end{pmatrix} > 0,$$

这样由定理 6 的推论, 矩阵 $\boldsymbol{A}$ 的秩为 $p-1$ 而与定理的条件矛盾.

(2) 现在证明 $\boldsymbol{A}^{n-1}$ 是完全正矩阵. 由 Binet-Cauchy 恒等式, 有

$$A^{n-1}\begin{pmatrix} i_1 & i_2 & \cdots & i_p \\ k_1 & k_2 & \cdots & k_p \end{pmatrix} = \sum A\begin{pmatrix} i_1 & i_2 & \cdots & i_p \\ \alpha_1' & \alpha_2' & \cdots & \alpha_p' \end{pmatrix} \cdot A\begin{pmatrix} \alpha_1' & \alpha_2' & \cdots & \alpha_p' \\ \alpha_1'' & \alpha_2'' & \cdots & \alpha_p'' \end{pmatrix}$$
$$\cdots\cdots A\begin{pmatrix} \alpha_1^{(n-2)} & \alpha_2^{(n-2)} & \cdots & \alpha_p^{(n-2)} \\ k_1 & k_2 & \cdots & k_p \end{pmatrix}. \tag{A.4.1}$$

由于上式等号右边和号内的各项非负, 所以要证此式等号左边大于零, 只要证明其右边和号内各项中有一项大于零就足够了. 为此我们指出, 总存在一组这样的过渡指标族:

$$\alpha_1', \alpha_2', \cdots, \alpha_p'; \quad \alpha_1'', \alpha_2'', \cdots, \alpha_p''; \quad \cdots; \quad \alpha_1^{(n-2)}, \alpha_2^{(n-2)}, \cdots, \alpha_p^{(n-2)},$$

使得式 (A.4.1) 等号右边和号内与之相应的被加项的所有因子均为准主子式, 从而该项大于零. 现按以下步骤以获得所需的过渡指标族.

首先, 根据 i_r 小于、大于或等于 k_r $(r = 1, 2, \cdots, p)$ 将 $i_1, i_2, \cdots, i_p$ 分为三组, 称为正组、负组和零组. 将每个正组中的最后一个指标增加 1, 每个负组中的第一个指标减少 1, 保持其余指标不变, 这就得到指标族 $\alpha_1', \alpha_2', \cdots, \alpha_p'$. 接着, 根据 α_r' 小于、大于或等于 k_r 也将 $\alpha_1', \alpha_2', \cdots, \alpha_p'$ 分为正组、负组和零组, 再将每个正组中的后两个指标各增加 1, 每个负组中的前两个指标各减少 1, 并保持其余指标不变, 即得指标族 $\alpha_1'', \alpha_2'', \cdots, \alpha_p''$. 依此类推. 一般地, 要从指标族 $\alpha_1^{(t)}, \alpha_2^{(t)}, \cdots, \alpha_p^{(t)}$ 得到指标族 $\alpha_1^{(t+1)}, \alpha_2^{(t+1)}, \cdots, \alpha_p^{(t+1)}$, 总是先将 $\alpha_1^{(t)}, \alpha_2^{(t)}, \cdots, \alpha_p^{(t)}$ 根据 $\alpha_r^{(t)}$ 小于、大于或等于 k_r 分为正组、负组和零组, 然后将每个正组中的最后 t 个指标 (当 t 小于等于该组所含指标的个数时) 或该组全部指标增加 1, 每个负组中的前 t 个或该组全部指标减少 1, 并保持其余指标不变, 即得所需指标族. 显然, 这样组成的过渡指标族已经保证了式 (A.4.1) 等号

右边和号内相应被加项, 除最后一个因子外其余因子均为准主子式. 至于最后一个因子, 注意到在式 (A.4.1) 等号左边的表达式中, $r \leqslant i_r, k_r \leqslant n-p+r$ $(r=1,2,\cdots,p)$, 这样 $|i_r-k_r| \leqslant n-p$ $(r=1,2,\cdots,p)$. 另一方面, 如果某个 $i_r \neq k_r$, 则按上述步骤, i_r 最多保持 $p-1$ 次原值后即要向 k_r 靠近, 而且每次靠近 1, 这样经过 $n-2$ 次转换, 必有 $|\alpha_r^{(n-2)}-k_r| \leqslant 1$, 所以最后一个因子也是准主子式. ▎

以上证明过程还表明, n 阶振荡矩阵的振荡指数不超过 $n-1$.

由定理 10, 也可将振荡矩阵定义为: 振荡矩阵是非奇异的完全非负矩阵, 且其次主对角元大于零.

利用上述判定准则可以证明:

性质 5 非奇异的完全非负矩阵与振荡矩阵的乘积是振荡矩阵.

事实上, 非奇异的完全非负矩阵与振荡矩阵的乘积, 显然仍为非奇异的完全非负矩阵. 又当 $\boldsymbol{A}$ 是非奇异的完全非负矩阵时, 必有 $a_{ii}>0$ $(i=1,2,\cdots,n)$, 而当 $\boldsymbol{B}$ 是振荡矩阵时, 必有 $b_{i,i+1}>0$ 和 $b_{i+1,i}>0$ $(i=1,2,\cdots,n-1)$, 这样如果 $\boldsymbol{C}=\boldsymbol{AB}$, 那么

$$c_{i,i+1}=\sum_{k=1}^{n} a_{ik}b_{k,i+1} \geqslant a_{ii}b_{i,i+1}>0, \quad c_{i+1,i}=\sum_{k=1}^{n} a_{i+1,k}b_{ki} \geqslant a_{i+1,i+1}b_{i+1,i}>0,$$

即 $\boldsymbol{C}$ 是振荡矩阵. 当 $\boldsymbol{A}$ 是振荡矩阵、$\boldsymbol{B}$ 是非奇异的完全非负矩阵时其结论也成立.

A.4.2 符号振荡矩阵

与振荡矩阵密切相关的是符号振荡矩阵. 它的定义是:

定义 3 如果矩阵 $\boldsymbol{A}=(a_{ij})_{n\times n}$ 的符号倒换矩阵 $\boldsymbol{A}^*=((-1)^{i+j}a_{ij})_{n\times n}$ 是振荡矩阵, 则称 $\boldsymbol{A}$ 为符号振荡矩阵.

根据这个定义和振荡矩阵的判定准则可知, $\boldsymbol{A}$ 为符号振荡矩阵的充分必要条件是: $\boldsymbol{A}$ 是非奇异的, 它的次主对角元 $a_{i+1,i}<0$, $a_{i,i+1}<0$ $(i=1,2,\cdots,n-1)$, 而 $\boldsymbol{A}^*$ 是完全非负矩阵.

根据上述充分必要条件和振荡矩阵的性质 3 及性质 5, 可得:

推论 符号振荡矩阵的截短子矩阵也是符号振荡矩阵; 正定对角矩阵 (例如对角质量矩阵的逆矩阵) 与符号振荡矩阵的乘积仍是符号振荡矩阵.

此外, 还可以证明:

定理 11 振荡矩阵的逆是符号振荡矩阵, 而符号振荡矩阵的逆则是振荡矩阵.

证明 设方阵 $\boldsymbol{A}=(a_{ij})_{n\times n}$ 是振荡矩阵. 则由定理 10 知, 必有

$$\det \boldsymbol{A}>0,$$

因而 $\boldsymbol{A}^{-1}=(A_{ji})_{n\times n}/|\boldsymbol{A}|$ 存在且也有 $\det \boldsymbol{A}^{-1}>0$. 又由定理 2 的推论 3 可知, $(\boldsymbol{A}^{*})^{-1}$ 是完全非负矩阵. 注意到 $(\boldsymbol{A}^{-1})^{*}=(\boldsymbol{A}^{*})^{-1}$ 的主对角元和次主对角元正好是 $\boldsymbol{A}$ 的准主子式, 因而全大于零, 即 $\boldsymbol{A}^{-1}$ 是符号振荡矩阵.

同理可证, 当 $\boldsymbol{A}$ 为符号振荡矩阵时, $\boldsymbol{A}^{-1}$ 是振荡矩阵. ▌

A.4.3 振荡矩阵和符号振荡矩阵的例子

例 1 考查具有下述元的矩阵 $\boldsymbol{L}=(l_{ij})_{n\times n}$:

$$l_{ij}=\begin{cases}\varphi_i\psi_j, & i\leqslant j,\\ \varphi_j\psi_i, & i\geqslant j,\end{cases}\quad 1\leqslant i,j\leqslant n,$$

式中 $\varphi_1,\varphi_2,\cdots,\varphi_n;\psi_1,\psi_2,\cdots,\psi_n$ 都是实常数. 矩阵 $\boldsymbol{L}$ 称之为双元矩阵, 它具有下列性质:

(1) 它的任意阶子式当

$$1\leqslant i_1,j_1<i_2,j_2<\cdots<i_p,j_p\leqslant n \tag{A.4.2}$$

时, 有

$$L\begin{pmatrix} i_1 & i_2 & \cdots & i_p\\ j_1 & j_2 & \cdots & j_p\end{pmatrix}=\varphi_{\alpha_1}\begin{vmatrix}\psi_{\beta_1} & \varphi_{\beta_1}\\ \psi_{\alpha_2} & \varphi_{\alpha_2}\end{vmatrix}\begin{vmatrix}\psi_{\beta_2} & \varphi_{\beta_2}\\ \psi_{\alpha_3} & \varphi_{\alpha_3}\end{vmatrix}\cdots\begin{vmatrix}\psi_{\beta_{p-1}} & \varphi_{\beta_{p-1}}\\ \psi_{\alpha_p} & \varphi_{\alpha_p}\end{vmatrix}\psi_{\beta_p}, \tag{A.4.3}$$

其中

$$\alpha_r=\min(i_r,j_r),\quad \beta_r=\max(i_r,j_r).$$

(2) 凡不满足不等式 (A.4.2) 的任意 $p\ (p\geqslant 2)$ 阶子式均等于零.

事实上, 矩阵 $\boldsymbol{L}$ 是对称的. 因此可以认为 $i_r\leqslant j_r(r=1,2,\cdots,p)$, 这样

$$L\begin{pmatrix} i_1 & i_2 & \cdots & i_p\\ j_1 & j_2 & \cdots & j_p\end{pmatrix}=\begin{vmatrix}\varphi_{\alpha_1}\psi_{\beta_1} & \varphi_{i_1}\psi_{j_2} & \varphi_{i_1}\psi_{j_3} & \cdots & \varphi_{i_1}\psi_{j_p}\\ \varphi_{j_1}\psi_{i_2} & \varphi_{i_2}\psi_{j_2} & \varphi_{i_2}\psi_{j_3} & \cdots & \varphi_{i_2}\psi_{j_p}\\ \vdots & \vdots & \vdots & & \vdots\end{vmatrix}.$$

将上式中行列式的第一行减去第二行的 $\varphi_{i_1}/\varphi_{i_2}$ 倍, 即有

$$L\begin{pmatrix} i_1 & i_2 & \cdots & i_p \\ j_1 & j_2 & \cdots & j_p \end{pmatrix} = (\varphi_{\alpha_1}\psi_{\beta_1} - \varphi_{j_1}\psi_{i_2}(\varphi_{i_1}/\varphi_{i_2})) \cdot L\begin{pmatrix} i_2 & i_3 & \cdots & i_p \\ j_2 & j_3 & \cdots & j_p \end{pmatrix}$$
$$= \frac{\varphi_{\alpha_1}}{\varphi_{\alpha_2}}\begin{vmatrix} \psi_{\beta_1} & \varphi_{\beta_1} \\ \psi_{\alpha_2} & \varphi_{\alpha_2} \end{vmatrix} \cdot L\begin{pmatrix} i_2 & i_3 & \cdots & i_p \\ j_2 & j_3 & \cdots & j_p \end{pmatrix}.$$

这里用到了明显的等式 $\varphi_{i_1}\varphi_{j_1} = \varphi_{\alpha_1}\varphi_{\beta_1}$. 依此类推并注意到 $L\begin{pmatrix} i_p \\ j_p \end{pmatrix} = \varphi_{\alpha_p}\psi_{\beta_p}$, 即得性质 (1).

至于性质 (2), 例如设 $i_{r+1} \leqslant j_r$, 那么 $L\begin{pmatrix} i_r & i_{r+1} & \cdots & i_p \\ j_r & j_{r+1} & \cdots & j_p \end{pmatrix}$ 的前两行成比例, 从而包含它的所有子式为零.

从以上性质出发, 可以得出:

(3) 矩阵 $\boldsymbol{L}$ 为完全非负矩阵的充分必要条件是: $\varphi_1, \varphi_2, \cdots, \varphi_n; \psi_1, \psi_2, \cdots, \psi_n$ 都不为零且有相同的正负号, 并满足:

$$\frac{\varphi_1}{\psi_1} \leqslant \frac{\varphi_2}{\psi_2} \leqslant \cdots \leqslant \frac{\varphi_n}{\psi_n}. \tag{A.4.4}$$

同时, 矩阵 $\boldsymbol{L}$ 的秩等于不等式 (A.4.4) 中等号不成立的个数加 1. 当不等式 (A.4.4) 中所有等号都不成立时, 矩阵 $\boldsymbol{L}$ 是完全正矩阵, 或者说, 是指数为 1 的振荡矩阵.

例 2　正定的标准 Jacobi 矩阵是符号振荡矩阵.

事实上, 正定的标准 Jacobi 矩阵一定是非奇异的, 具有负的次主对角元, 因此只需证明, $\boldsymbol{J}^*$ 是完全非负矩阵. 考查子式:

$$J^*\begin{pmatrix} i_1 & i_2 & \cdots & i_p \\ j_1 & j_2 & \cdots & j_p \end{pmatrix}, \quad 1 \leqslant p < n. \tag{A.4.5}$$

此式存在三种情况:

(1) 当所有的 $i_r = j_r\ (r = 1, 2, \cdots, p)$ 时, 它是主子式, 必大于零.

当某个 $i_r \neq j_r$ 时, 注意到如果 $i_r < j_r$, 则

$$a_{i_\alpha j_\beta} = 0, \quad \alpha = 1, 2, \cdots, r;\ \beta = r+1, r+2, \cdots, p.$$

如果 $i_r > j_r$, 则

$$a_{i_\alpha j_\beta} = 0, \quad \alpha = r+1, r+2, \cdots, p;\ \beta = 1, 2, \cdots, r.$$

这样得到子式分解式

$$J\begin{pmatrix} i_1 & i_2 & \cdots & i_p \\ j_1 & j_2 & \cdots & j_p \end{pmatrix} = J\begin{pmatrix} i_1 & i_2 & \cdots & i_r \\ j_1 & j_2 & \cdots & j_r \end{pmatrix} \cdot J\begin{pmatrix} i_{r+1} & i_{r+2} & \cdots & i_p \\ j_{r+1} & j_{r+2} & \cdots & j_p \end{pmatrix}. \tag{A.4.6}$$

由式 (A.4.6), 就有:

(2) 当至少有一个行指标和相应列指标不相等, 但对所有的不相等的行指标和相应列指标均有 $|i_r - j_r| = 1$ 时, 子式 (A.4.5) 等于主子式与 b_i 的乘积, 从而大于零.

(3) 当存在 $i_r \neq j_r$ 而其中至少有一个 $|i_r - j_r| > 1$ 时, 因有 $a_{i_\alpha j_\beta} = 0$ ($\alpha = 1, 2, \cdots, r$) 或 $a_{i_\alpha j_\beta} = 0$ ($\beta = 1, 2, \cdots, r$), 从而子式 (A.4.5) 为零.

A.5 Perron 定理和复合矩阵

A.5.1 Perron 定理

为了获得振荡矩阵的振荡性质, 本节将给出一般正矩阵 (注意, 不一定对称) 的特征值和特征矢量的一个定理 ——Perron 定理, 它在下文的讨论中将起关键的作用.

定义 4 如果矢量 $\boldsymbol{x} = (x_1, x_2, \cdots, x_n)^{\mathrm{T}}$ 的所有分量 $x_i \geqslant 0$ (> 0), 则称矢量 $\boldsymbol{x}$ 是非负 (正) 矢量, 记作 $\boldsymbol{x} \geqslant 0$ (> 0). 如果矢量 $\boldsymbol{y} - \boldsymbol{x} \geqslant 0$, 则记 $\boldsymbol{y} \geqslant \boldsymbol{x}$.

定理 12 (Perron 定理) 正矩阵必有唯一的一个绝对值最大的正特征值, 且是单的, 相应的特征矢量可以取为分量全大于零的正矢量.

有关这一定理的证明参见参考文献 [3] 或 [4]. 这个定理对于对称和非对称的正矩阵都成立.

A.5.2 复合矩阵

为了应用 Perron 定理于振荡矩阵, 还需引进一个新的概念——复合矩阵. 其定义为: 矩阵 $\boldsymbol{A} = (a_{ij})_{n\times n}$ 的 p 阶复合矩阵指的是, 由 $\boldsymbol{A}$ 的全体 p 阶子式

$$a_{rt}^{(p)} = A\begin{pmatrix} i_1 & i_2 & \cdots & i_p \\ j_1 & j_2 & \cdots & j_p \end{pmatrix}$$

所构成的 $N = C_n^p$ 阶矩阵: $\underline{\boldsymbol{A}}_p = (a_{rt}^{(p)})_{N\times N}$. 这里 $r = s(i_1, i_2, \cdots, i_p)$, $t = s(j_1, j_2, \cdots, j_p)$ 是这样确定的: 从指标族 $1, 2, \cdots, n$ 中任取 p 个不同的指标 $i_1, i_2, \cdots, i_p$ 并满足 $i_1 < i_2 < \cdots < i_p$, 它们共有 C_n^p 个不同的组合. 对于其中两个不同的组合 $i_1', i_2', \cdots, i_p'$ 与 $i_1'', i_2'', \cdots, i_p''$, 当其顺序差数

$$i_1' - i_1'', \quad i_2' - i_2'', \quad \cdots, \quad i_p' - i_p''$$

中的前几个均为零, 其后是一个负差数时, 则 $i_1', i_2', \cdots, i_p'$ 将排列在 $i_1'', i_2'', \cdots, i_p''$ 的前面. 这样每个组合 $i_1, i_2, \cdots, i_p$ 都将占有确定的位置. $s(i_1, i_2, \cdots, i_p)$ 就是在这个大的排列中, 该组合 $i_1, i_2, \cdots, i_p$ 所占位置的序号数. 例如, 当 $n = 5$, $p = 3$ 时, C_5^3 个指标组合是:

$$123 \ \ 124 \ \ 125 \ \ 134 \ \ 135 \ \ 145 \ \ 234 \ \ 235 \ \ 245 \ \ 345,$$

于是, $s(1,2,4) = 2$, $s(2,3,4) = 7$, 等等.

从复合矩阵的定义和 Binet-Cauchy 恒等式不难得出:

定理 13 如果 $\boldsymbol{C} = \boldsymbol{AB}$, 那么相应的复合矩阵亦有 $\underline{\boldsymbol{C}}_p = \underline{\boldsymbol{A}}_p \, \underline{\boldsymbol{B}}_p$.

证明 事实上, 因为

$$C\begin{pmatrix} i_1 & i_2 & \cdots & i_p \\ j_1 & j_2 & \cdots & j_p \end{pmatrix} = \sum A\begin{pmatrix} i_1 & i_2 & \cdots & i_p \\ k_1 & k_2 & \cdots & k_p \end{pmatrix} \cdot B\begin{pmatrix} k_1 & k_2 & \cdots & k_p \\ j_1 & j_2 & \cdots & j_p \end{pmatrix}.$$

因而, $c_{st}^{(p)} = \sum\limits_{k=1}^{N} a_{sk}^{(p)} b_{kt}^{(p)}$, 命题成立. ▌

从这一定理出发, 可以得出如下的推论.

推论 1 非奇异矩阵 $\boldsymbol{A}$ 的逆矩阵的 p 阶复合矩阵等于 $\boldsymbol{A}$ 的 p 阶复合矩阵的逆.

证明 设 $\boldsymbol{B} = \boldsymbol{A}^{-1}$, 则 $\boldsymbol{AB} = \boldsymbol{I}$, 于是 $\underline{\boldsymbol{A}}_p \, \underline{\boldsymbol{B}}_p = \underline{\boldsymbol{I}}_p$. 显然 $\underline{\boldsymbol{I}}_p$ 仍为单位矩阵. 证毕. ▌

推论 2 设 n 阶方阵 $\boldsymbol{A}$ 的特征值是 $\lambda_1, \lambda_2, \cdots, \lambda_n$, 那么 $\boldsymbol{A}$ 的 p 阶复合矩阵的特征值是它们的乘积: $\lambda_{i_1}\lambda_{i_2}\cdots\lambda_{i_p}$, 这里 $i_1, i_2, \cdots, i_p$ 是取自 $1, 2, \cdots, n$, 并满足 $1 \leqslant i_1 < i_2 < \cdots < i_p \leqslant n$ 的 p 个不同指标的一切可能的组合.

证明 由本推论的条件可知, 存在可逆矩阵 $\boldsymbol{T}$, 使

$$\boldsymbol{A} = \boldsymbol{T\Lambda T}^{\mathrm{T}}, \quad \boldsymbol{TT}^{\mathrm{T}} = \boldsymbol{I},$$

式中, $\boldsymbol{\Lambda}$ 是上三角形矩阵且其主对角元正好是 $\lambda_1, \lambda_2, \cdots, \lambda_n$. 于是即有

$$\underline{\boldsymbol{A}}_p = \underline{\boldsymbol{T}}_p \, \underline{\boldsymbol{\Lambda}}_p \, \underline{\boldsymbol{T}}_p^{\mathrm{T}}.$$

不难验证, $\underline{\boldsymbol{\Lambda}}_p = (b_{st})_{N\times N}$ 仍为上三角形矩阵. 事实上, 当 $s > t$ 时, 必有某个 q, 使得 $i_r = k_r \ (r = 1, 2, \cdots, q-1)$, 而 $i_q > k_q$, 这样

$$b_{st} = \mathit{\Lambda}\begin{pmatrix} i_1 & i_2 & \cdots & i_p \\ k_1 & k_p & \cdots & k_p \end{pmatrix} = \begin{vmatrix} \lambda_1 & * & \cdots & * & * & \cdots & * \\ 0 & \lambda_2 & \cdots & * & * & \cdots & * \\ \vdots & \vdots & & \vdots & \vdots & & \vdots \\ 0 & 0 & \cdots & \lambda_{q-1} & * & \cdots & * \\ 0 & 0 & \cdots & 0 & 0 & \cdots & * \\ \vdots & \vdots & & \vdots & \vdots & & \vdots \\ 0 & 0 & \cdots & 0 & 0 & \cdots & 0 \end{vmatrix} = 0,$$

$$b_{ss} = \mathit{\Lambda}\begin{pmatrix} i_1 & i_2 & \cdots & i_p \\ i_1 & i_2 & \cdots & i_p \end{pmatrix} = \lambda_{i_1}\lambda_{i_2}\cdots\lambda_{i_p},$$

式中“$*$”表示不影响行列式值的其他元素, $i_1, i_2, \cdots, i_p$ 是取自 $1, 2, \cdots, n$, 并满足 $1 \leqslant i_1 < i_2 < \cdots < i_p \leqslant n$ 的 p 个不同指标的一切可能的组合. 显然 b_{ss} 是 $\underline{\boldsymbol{\Lambda}}_p$ 的特征值. ▍

对于具有 n 个不同特征值的矩阵 $\boldsymbol{A}$ 而言, 推论 2 还可以进一步拓广. 事实上, 若记 $\boldsymbol{U}$ 为 $\boldsymbol{A}$ 的特征矢量矩阵, $\boldsymbol{\Lambda} = \mathrm{diag}(\lambda_1, \lambda_2, \cdots, \lambda_n)$, 这时必有

$$\boldsymbol{A} = \boldsymbol{U}\boldsymbol{\Lambda}\boldsymbol{U}^{\mathrm{T}}.$$

相应的复合矩阵则满足

$$\underline{\boldsymbol{A}}_p = \underline{\boldsymbol{U}}_p\underline{\boldsymbol{\Lambda}}_p\underline{\boldsymbol{U}}_p^{\mathrm{T}}.$$

容易看出, $\underline{\boldsymbol{\Lambda}}_p$ 仍为对角矩阵且以 $\lambda_{i_1}\lambda_{i_2}\cdots\lambda_{i_p}$ 为主对角元. 这表明下述推论成立.

推论 3 对于固定的 $k_1, k_2, \cdots, k_p$, 以及可以变更的 $i_1, i_2, \cdots, i_p$, 子式

$$U\begin{pmatrix} i_1 & i_2 & \cdots & i_p \\ k_1 & k_2 & \cdots & k_p \end{pmatrix}, \quad 1 \leqslant p \leqslant n$$

是 $\underline{\boldsymbol{A}}_p$ 的相应于 $\lambda_{i_1}\lambda_{i_2}\cdots\lambda_{i_p}$ 的特征矢量的 s 分量. 特别地, $U\begin{pmatrix} i_1 & i_2 & \cdots & i_p \\ 1 & 2 & \cdots & p \end{pmatrix}$ 是 $\underline{\boldsymbol{A}}_p$ 的相应于最大特征值的特征矢量的 s 分量, 这里 $s = s(i_1, i_2, \cdots, i_p)$.

A.6 振荡矩阵的特征值和特征矢量

应用 Perron 定理和有关复合矩阵特征值的结论, 本节将导出关于振荡矩阵的特征值和特征矢量的一系列定理.

定理 14　振荡矩阵的特征值全是正的和单的. 将其按从大到小的次序排列, 即:

$$\lambda_1 > \lambda_2 > \cdots > \lambda_n > 0.$$

证明　设方阵 $\boldsymbol{A} = (a_{ij})_{n\times n}$ 是振荡矩阵, 它的特征值是 $\lambda_1, \lambda_2, \cdots, \lambda_n$. 由振荡矩阵的定义, 存在这样的正整数 s, 使当 $m \geqslant s$ 时, $\boldsymbol{B} \equiv \boldsymbol{A}^m$ 是完全正矩阵, 这里 s 是矩阵 $\boldsymbol{A}$ 的振荡指数. 显然 $\boldsymbol{B}$ 的特征值 $\mu_i = \lambda_i^m$. 考虑 $\boldsymbol{B}$ 的 q $(1 \leqslant q \leqslant n)$ 阶复合矩阵 $\underline{\boldsymbol{B}}_q$, 它是正矩阵, 从而可以应用 Perron 定理于 $\underline{\boldsymbol{B}}_q$. 若把 $\boldsymbol{B}$ 的特征值按模不增的次序排列为 $|\mu_1| \geqslant |\mu_2| \geqslant \cdots \geqslant |\mu_n|$, 那么 $\underline{\boldsymbol{B}}_q$ 的绝对值最大的特征值是 $\mu_1\mu_2\cdots\mu_q$. 按 Perron 定理, 即有:

$$\mu_1\mu_2\cdots\mu_q > 0, \quad \mu_1\mu_2\cdots\mu_q > |\mu_1\mu_2\cdots\mu_{q-1}\mu_{q+1}|.$$

由上述第一个不等式得 $\mu_q > 0$, 即 $\lambda_q^m > 0$ 或 $\lambda_q > 0$ $(q = 1, 2, \cdots, n)$; 由第二个不等式得 $\mu_q > \mu_{q+1}$, 即 $\lambda_q^m > \lambda_{q+1}^m$ 或 $\lambda_q > \lambda_{q+1}$ $(q = 1, 2, \cdots, n-1)$. ▌

定理 15　设振荡矩阵 $\boldsymbol{A}$ 的特征值按从大到小的次序排列为 $\lambda_1 > \lambda_2 > \cdots > \lambda_n$, $\boldsymbol{A}$ 的与 λ_i 相应的特征矢量记为 $\boldsymbol{u}^{(i)} = (u_{1i}, u_{2i}, \cdots, u_{ni})^{\mathrm{T}}$. 则对任意一组不全为零的实数 c_i $(i = p, p+1, \cdots, q)$, 矢量

$$\boldsymbol{u} = \sum_{i=p}^{q} c_i \boldsymbol{u}^{(i)}, \quad 1 \leqslant p \leqslant q \leqslant n$$

的变号数介于 $p-1$ 和 $q-1$ 之间, 即

$$p - 1 \leqslant S_{\boldsymbol{u}}^- \leqslant S_{\boldsymbol{u}}^+ \leqslant q - 1. \tag{A.6.1}$$

特别地, $\boldsymbol{u}^{(i)}$ 的变号数恰好为 $i-1$, 亦即

$$S_{\boldsymbol{u}^{(i)}}^- = S_{\boldsymbol{u}^{(i)}}^+ = S_{\boldsymbol{u}^{(i)}} = i - 1.$$

证明　由于 $\boldsymbol{u}^{(i)}$ 是 $\boldsymbol{A}$ 与 $\boldsymbol{A}^m$ 的相应于同一序号的特征值 λ_i 与 λ_i^m 的特征矢量, 而当 $m \geqslant s_0$ (s_0 是矩阵 $\boldsymbol{A}$ 的振荡指数) 时, $\boldsymbol{A}^m$ 是完全正矩阵. 因此, 不失一般性, 可设 $\boldsymbol{A}$ 为完全正矩阵. 又因为 $\boldsymbol{A}$ 的特征值是单的, 所以 $\boldsymbol{A}$ 的特征矢量 $\boldsymbol{u}^{(i)}$ 在相差一个常数因子的意义上是唯一确定的.

首先, 证不等式 (A.6.1) 的后半部分, 这时不妨令 $p = 1$. 由 A.5.2 分节中定理 13 的推论 3, 子式 $U\begin{pmatrix} i_1 & i_2 & \cdots & i_q \\ 1 & 2 & \cdots & q \end{pmatrix}$ 是相应于 $\underline{\boldsymbol{A}}_q$ 的最大特征值的特征矢量的分量, 从而对任意选取的不同组合 $i_1, i_2, \cdots, i_q$, 该子式都具有相同

的正负号, 记此正负号为 ε_q. 则将 $\boldsymbol{A}$ 的特征矢量 $\boldsymbol{u}^{(1)},\boldsymbol{u}^{(2)},\cdots,\boldsymbol{u}^{(n)}$ 分别乘以 $\varepsilon_1,\varepsilon_2/\varepsilon_1,\cdots,\varepsilon_n/\varepsilon_{n-1}$, 即可保证

$$U\begin{pmatrix} i_1 & i_2 & \cdots & i_q \\ 1 & 2 & \cdots & q \end{pmatrix} > 0, \quad q=1,2,\cdots,n.$$

现用反证法证明式 (A.6.1) 中最后一个不等式成立. 即设 $S_{\boldsymbol{u}}^{+} > q-1$, 那么存在这样的分量, 使

$$u_{i_r}u_{i_r+1} \leqslant 0, \quad r=1,2,\cdots,q.$$

因 $u_{i_1},u_{i_2},\cdots,u_{i_q}$ 不能同时为零, 否则, 具有非零系数行列式 $U\begin{pmatrix} i_1 & i_2 & \cdots & i_q \\ 1 & 2 & \cdots & q \end{pmatrix}$ 的齐次方程组

$$\sum_{k=1}^{q} c_k u_{i_r k} = u_{i_r} = 0, \quad r=1,2,\cdots,q$$

只有零解, 这与 $c_i\ (i=1,2,\cdots,q)$ 不全为零矛盾. 将确定为零的行列式

$$\begin{vmatrix} u_{i_1 1} & u_{i_1 2} & \cdots & u_{i_1 q} & u_{i_1} \\ u_{i_2 1} & u_{i_2 2} & \cdots & u_{i_2 q} & u_{i_2} \\ \vdots & \vdots & & \vdots & \vdots \\ u_{i_{q+1},1} & u_{i_{q+1},2} & \cdots & u_{i_{q+1},q} & u_{i_{q+1}} \end{vmatrix}$$

按最后一列展开, 即有

$$\sum_{s=1}^{q+1}(-1)^{s+q+1}u_{i_s}U\begin{pmatrix} i_1 & i_2 & \cdots & i_{s-1} & i_{s+1} & i_{s+2} & \cdots & i_{q+1} \\ 1 & 2 & \cdots & s-1 & s & s+1 & \cdots & q \end{pmatrix} = 0.$$

而上式不可能为零, 因其等号左边和号中被加项至少有一项不为零, 而其余各项或与它同号或为零, 故上式不成立. 由此可见, 不等式 (A.6.1) 的后半部分成立.

其次, 证明 $S_{\boldsymbol{u}}^{-} \geqslant p-1$. 为此记 $\boldsymbol{B}=(\boldsymbol{A}^*)^{-1}$, 这里 $\boldsymbol{A}^*$ 是 $\boldsymbol{A}$ 的符号倒换矩阵. 而 $\boldsymbol{\Lambda}=\mathrm{diag}(\lambda_1,\lambda_2,\cdots,\lambda_n)$, $\boldsymbol{U}$ 是 $\boldsymbol{A}$ 的特征矢量矩阵, 那么, $\boldsymbol{AU}=\boldsymbol{U\Lambda}$. 相应的即有

$$\boldsymbol{BU}^* = \boldsymbol{U}^*\boldsymbol{\Lambda}^{-1}. \tag{A.6.2}$$

因而, $\left(\boldsymbol{u}^{(k)}\right)^* = \left(u_{1k},-u_{2k},\cdots,(-1)^{n-1}u_{nk}\right)^{\mathrm{T}}$ 是 $\boldsymbol{B}$ 的相应于 λ_k^{-1} 的特征矢量. 应用前半段的证明于矢量

$$\boldsymbol{u}^* = c_p(\boldsymbol{u}^{(p)})^* + c_{p+1}(\boldsymbol{u}^{(p+1)})^* + \cdots + c_q(\boldsymbol{u}^{(q)})^*,$$

由于 $\boldsymbol{B}$ 也是完全正矩阵 (见 A.2 节定理 2 的推论 3), 所以 $S_{\boldsymbol{u}^*}^{+} \leqslant n-p$. 但是

$$S_{\boldsymbol{u}^*}^{+} + S_{\boldsymbol{u}}^{-} = n-1,$$

从而推出:

$$S_{\boldsymbol{u}}^- \geqslant p-1.$$

最后, 关于矢量 $\boldsymbol{u}^{(i)}$ 的变号数为 $i-1$, 这是显然的. ▍

从这个定理出发, 可得以下定理.

定理 16 符号振荡矩阵 $\boldsymbol{A}$ 的特征值是正的和单的. 如果把它们按从小到大的次序排列: $0<\lambda_1<\lambda_2<\cdots<\lambda_n$, 并记相应于 λ_i 的特征矢量为 $\boldsymbol{u}^{(i)}$, 则对任意一组不全为零的实数 c_i $(i=p,p+1,\cdots,q;\ 1\leqslant p\leqslant q\leqslant n)$, 矢量

$$\boldsymbol{u}=c_p\boldsymbol{u}^{(p)}+c_{p+1}\boldsymbol{u}^{(p+1)}+\cdots+c_q\boldsymbol{u}^{(q)}$$

的变号数满足 $p-1\leqslant S_{\boldsymbol{u}}^-\leqslant S_{\boldsymbol{u}}^+\leqslant q-1$. 特别地, $\boldsymbol{u}^{(i)}$ $(i=1,2,\cdots,n)$ 的变号数恰为 $i-1$.

证明 首先考查矩阵 $\boldsymbol{A}$ 与它的符号倒换矩阵 $\boldsymbol{A}^*$ 的特征对之间的关系. 为此, 引入类似单位矩阵的矩阵 $\widetilde{\boldsymbol{I}}=\mathrm{diag}\left(1,-1,1,\cdots,(-1)^{n-1}\right)$, 显然有

$$\widetilde{\boldsymbol{I}}^{-1}=\widetilde{\boldsymbol{I}} \quad \text{和} \quad \boldsymbol{A}^*=\widetilde{\boldsymbol{I}}^{-1}\boldsymbol{A}\widetilde{\boldsymbol{I}},$$

即 $\boldsymbol{A}^*$ 与 $\boldsymbol{A}$ 是相似矩阵, 从而它们有完全相同的特征值. 注意到, 当 $\boldsymbol{A}$ 是符号振荡矩阵时 $\boldsymbol{A}^*$ 是振荡矩阵, 故符号振荡矩阵 $\boldsymbol{A}$ 的特征值是正的和单的. 进一步, 设 $\{\lambda,\boldsymbol{u}\}$ 与 $\{\lambda,\boldsymbol{u}^*\}$ 是矩阵 $\boldsymbol{A}$ 与 $\boldsymbol{A}^*$ 对应于同一特征值的特征对, 即

$$\boldsymbol{A}\boldsymbol{u}=\lambda\boldsymbol{u}, \quad \boldsymbol{A}^*\boldsymbol{u}^*=\lambda\boldsymbol{u}^*.$$

以 $\widetilde{\boldsymbol{I}}$ 左乘上式中的第一式, 有

$$\widetilde{\boldsymbol{I}}\boldsymbol{A}\boldsymbol{u}=(\widetilde{\boldsymbol{I}}\boldsymbol{A}\widetilde{\boldsymbol{I}}^{-1})(\widetilde{\boldsymbol{I}}\boldsymbol{u})=\lambda(\widetilde{\boldsymbol{I}}\boldsymbol{u}) \quad \text{或} \quad \boldsymbol{A}^*(\widetilde{\boldsymbol{I}}\boldsymbol{u})=\lambda(\widetilde{\boldsymbol{I}}\boldsymbol{u}).$$

将上述两式相比较, 即得

$$\boldsymbol{u}^*=\widetilde{\boldsymbol{I}}\boldsymbol{u}=\left(u_1,-u_2,u_3,\cdots,(-1)^{n-1}u_n\right) \quad \text{或} \quad u_k^*=(-1)^{k-1}u_k.$$

因而 $S_{\boldsymbol{u}^*}+S_{\boldsymbol{u}}=n-1$. 另一方面, 当把 $\boldsymbol{A}$ 的特征值按从小到大的次序排列时, $\boldsymbol{A}^*$ 的特征值应按从大到小的次序排列. 由于排列顺序的颠倒, 相应于同一 λ_i 的 $\boldsymbol{A}$ 的特征矢量 $\boldsymbol{u}^{(i)}$ 与 $\boldsymbol{A}^*$ 的特征矢量 $\boldsymbol{u}^{*(n-i+1)}$ 对应. 于是

$$S_{\boldsymbol{u}^{(i)}}=n-1-S_{\boldsymbol{u}^{*(n-i+1)}}=n-1-(n-i)=i-1.$$

由此可以推出定理的其余部分亦成立. ▍

定理 17 当振荡矩阵的特征值按递减 (符号振荡矩阵的特征值按递增) 次序排列时, 其相应于 λ_i 与 λ_{i+1} $(i=1,2,\cdots,n-1)$ 的特征矢量 $\boldsymbol{u}^{(i)}$ 与 $\boldsymbol{u}^{(i+1)}$ 的节点彼此交错.

证明 首先, 回忆一下 A.3 节中关于 u 线和节点的定义, 根据本节中定理 15 的最后一结论, 即可断定, 相应于振荡矩阵的第 i 个特征值的特征矢量 $\boldsymbol{u}^{(i)}$ 的 $u^{(i)}$ 线, 它恰有 $i-1$ 个节点而无其余的零点.

为了证明定理, 考查矢量

$$\boldsymbol{u}=c\,\boldsymbol{u}^{(i)}+d\,\boldsymbol{u}^{(i+1)}. \tag{A.6.3}$$

对于不同时为零的任意实数 c 和 d, 应用本节中定理 15 于 $\boldsymbol{u}$ 可知:

$$i-1\leqslant S_{\boldsymbol{u}}^{-}\leqslant S_{\boldsymbol{u}}^{+}\leqslant i. \tag{A.6.4}$$

取 $d=-1$ 并设 α 和 β 是 $\boldsymbol{u}^{(i)}$ 的两个顺次相邻的节点, 即

$$\boldsymbol{u}=c\boldsymbol{u}^{(i)}-\boldsymbol{u}^{(i+1)},\quad u^{(i)}(\alpha)=0,\quad u^{(i)}(\beta)=0.$$

首先, 采用反证法来证明 $u^{(i+1)}(\alpha)\neq 0$. 因为如果相反的话, 必有 $u(\alpha)=0$. 选取这样的一点 γ, 满足 $\alpha<\gamma\leqslant[\alpha+1]$, 这里 $[t]$ 表示 t 的整数部分. 又取

$$c=u^{(i+1)}(\gamma)/u^{(i)}(\gamma),$$

则 $u(\gamma)=0$. 注意到 u 线在 $([\alpha],[\alpha+1])$ 一段上的线性性, 那么 u 线在这一段上与 x 轴重合, 或者说, 矢量 $\boldsymbol{u}$ 的两个相邻坐标为零, 于是应有

$$S_{\boldsymbol{u}}^{+}-S_{\boldsymbol{u}}^{-}\geqslant 2,$$

这与式 (A.6.4) 矛盾. 同理 $u^{(i+1)}(\beta)\neq 0$.

其次, 假设 $u^{(i+1)}$ 线在 (α,β) 内没有节点, 从而在这一段上正负号不变. 不失一般性, 可设

$$u^{(i)}(x)>0,\quad u^{(i+1)}(x)>0.$$

因而, 对于足够大的 c, 也有 $u(x)>0$ $(\alpha<x<\beta)$. 减小 c 到某一 c_0 时, u 线的这一段将至少有一点与 x 轴重合而其两侧仍在 x 轴的同侧, 而这意味着 u 线有一个零点, 而其两侧, 矢量 $\boldsymbol{u}$ 的相邻分量同号, 于是也有 $S_{\boldsymbol{u}}^{+}-S_{\boldsymbol{u}}^{-}\geqslant 2$, 从而与式 (A.6.4) 矛盾. 于是, 在 (α,β) 内至少应有 $u^{(i+1)}$ 线的一个节点. 另一方面, 如上所述, $u^{(i)}$ 线有且仅有 $i-1$ 个节点. 这样只能是在由 $u^{(i)}$ 线的节点所形成的每个小区间 (α_k,α_{k+1}) $(k=0,1,\cdots,i-1;\ \alpha_0=0=\alpha_i)$ 内有且仅有 $u^{(i+1)}$ 线的一个节点, 即 $u^{(i)}$ 线和 $u^{(i+1)}$ 线的节点彼此交错.

上述推理显然同样适用于符号振荡矩阵. ▌

以上讨论表明, 振荡矩阵和符号振荡矩阵都具有在 A.3.3 分节末所指出的振荡性质. 正是基于这一点, 才使有关振荡矩阵的理论成为本书所讨论的离散

系统振动的定性性质的数学基础. 为了便于应用, 还需要进一步拓展这一理论. 现给出如下三个定理.

定理 18 设 $\boldsymbol{A}$ 为符号振荡矩阵, 当其特征值按递增次序排列, 而 $\boldsymbol{u}^{(i)} = (u_{1i}, u_{2i}, \cdots, u_{ni})^{\mathrm{T}}$ 是与 λ_i $(i = 1, 2, \cdots, n)$ 相应的特征矢量时, 则

$$u_{ki}u_{k+1,i+1} - u_{k+1,i}u_{k,i+1}$$

异于零, 并对任意的 k $(k = 1, 2, \cdots, n-1)$ 和确定的 i $(i = 1, 2, \cdots, n-1)$ 具有相同的正负号.

证明 令

$$\boldsymbol{u} = u_{k+1,i+1}\boldsymbol{u}^{(i)} - u_{k+1,i}\boldsymbol{u}^{(i+1)}.$$

上述定理 17 表明 $u_{k+1,i}$ 和 $u_{k+1,i+1}$ 不能同时为零, 这样, 由定理 16 得

$$\left|S_{\boldsymbol{u}}^{+} - S_{\boldsymbol{u}}^{-}\right| \leqslant 1. \tag{A.6.5}$$

但是这时必有 $u_{k+1} = 0$. 这样, 如果

$$u_k = u_{ki}u_{k+1,i+1} - u_{k+1,i}u_{k,i+1} = 0,$$

或

$$u_{k+2} = u_{k+1,i+1}u_{k+2,i} - u_{k+1,i}u_{k+2,i+1} = 0,$$

或者 u_k 与 u_{k+2} 同号, 这都将导致与式 (A.6.5) 矛盾. 定理得证. ▎

附注 由于上述定理的证明实际上只用到了变号数的条件, 所以这一定理的结论显然也适用于正定和半正定的 Jacobi 矩阵的特征矢量.

为了证明, 在弹簧–质点系统和梁的离散系统振动的定性性质的讨论中起着重要作用的下述定理 19, 先引入引理.

引理 2 设方阵 $\boldsymbol{A} = (a_{ij})_{n\times n}$, 如果它的任意 p $(p \leqslant n-1)$ 阶子式

$$A\begin{pmatrix} i_1 & i_2 & \cdots & i_p \\ 1 & 2 & \cdots & p \end{pmatrix}$$

和具有连续行指标的所有 $p+1$ 阶子式

$$A\begin{pmatrix} i & i+1 & \cdots & i+p \\ 1 & 2 & \cdots & p+1 \end{pmatrix}$$

全大于零, 则其任意 $p+1$ 阶子式皆大于零. 即

$$A\begin{pmatrix} i_1 & i_2 & \cdots & i_{p+1} \\ 1 & 2 & \cdots & p+1 \end{pmatrix} > 0,$$

式中 $1 \leqslant i_1 < i_2 < \cdots < i_{p+1} \leqslant n$.

证明 当 $p = n-1$ 时定理无需证明, 以下假设 $p \leqslant n-2$. 首先考查只有一个不连续行指标的情况, 不妨设行指标为 $1, \cdots, k-1, k+1, \cdots, p+2$. 这时, 可将 $(2p+1) \times (2p+1)$ 阶值为零的行列式

$$\begin{vmatrix} a_{11} & \cdots & a_{1,p+1} & a_{11} & \cdots & a_{1p} \\ \vdots & & \vdots & \vdots & & \vdots \\ a_{p+1,1} & \cdots & a_{p+1,p+1} & a_{p+1,1} & \cdots & a_{p+1,p} \\ a_{21} & \cdots & a_{2,p+1} & a_{21} & \cdots & a_{2p} \\ \vdots & & \vdots & \vdots & & \vdots \\ a_{k-1,1} & \cdots & a_{k-1,p+1} & a_{k-1,1} & \cdots & a_{k-1,p} \\ a_{k+1,1} & \cdots & a_{k+1,p+1} & a_{k+1,1} & \cdots & a_{k+1,p} \\ \vdots & & \vdots & \vdots & & \vdots \\ a_{p+2,1} & \cdots & a_{p+2,p+1} & a_{p+2,1} & \cdots & a_{p+2,p} \end{vmatrix}$$

按前 $p+1$ 列展开, 结果只有三个非零项, 即

$$\begin{aligned} & A\begin{pmatrix} 2 & 3 & \cdots & p+1 \\ 1 & 2 & \cdots & p \end{pmatrix} \cdot A\begin{pmatrix} 1 & 2 & \cdots & k-1 & k+1 & \cdots & p+2 \\ 1 & 2 & \cdots & \cdots & \cdots & \cdots & p+1 \end{pmatrix} \\ & \quad = A\begin{pmatrix} 2 & 3 & \cdots & k-1 & k+1 & \cdots & p+2 \\ 1 & 2 & \cdots & \cdots & \cdots & \cdots & p \end{pmatrix} \cdot A\begin{pmatrix} 1 & 2 & \cdots & p+1 \\ 1 & 2 & \cdots & p+1 \end{pmatrix} \\ & \quad\quad + A\begin{pmatrix} 1 & 2 & \cdots & k-1 & k+1 & \cdots & p+1 \\ 1 & 2 & \cdots & \cdots & \cdots & \cdots & p \end{pmatrix} \cdot A\begin{pmatrix} 2 & 3 & \cdots & p+2 \\ 1 & 2 & \cdots & p+1 \end{pmatrix}. \end{aligned}$$

这表明, 一个具有不连续行指标的 $p+1$ 阶子式, 可以表示为具有连续行指标的 $p+1$ 阶子式的线性组合, 且其组合系数均为正. 完全类似地, 具有两个不连续行指标的 $p+1$ 阶子式, 则可表示为只有一个不连续行指标的 $p+1$ 阶子式和具有连续行指标的 $p+1$ 阶子式的线性组合, 进而可以表示为只有连续行指标的 $p+1$ 阶子式的线性组合, 其系数同样仍为正. 依此类推, 最终得到, 对于具有满足 $1 \leqslant i_1 < i_2 < \cdots < i_{p+1} \leqslant n$ 的任意行指标族的 $p+1$ 阶子式, 均可表示为具有正系数的、只有连续行指标的 $p+1$ 阶子式的线性组合. 由引理的条件, 引理得证. ▌

定理 19 设 $\boldsymbol{A}$ 为符号振荡矩阵, $\lambda_i\ (i = 1, 2, \cdots, n)$ 是其按照递增次序排列的特征值. 则对任意的 $1 \leqslant i_1 < i_2 < \cdots < i_p \leqslant n$, 可以通过适当选择 $\boldsymbol{A}$ 的特

征矢量矩阵 $\boldsymbol{U}=(u_{ij})_{n\times n}$ 的元, 使得

$$u_n^{(s)}=U\begin{pmatrix}n-p+1 & n-p+2 & \cdots & n\\ i_1 & i_2 & \cdots & i_p\end{pmatrix}>0,\quad p=1,2,\cdots,n.$$

式中 $s=s(i_1,i_2,\cdots,i_p)$ 是这样一个数, 即从指标族 $1,2,\cdots,n$ 中任取 p 个不同的指标 $i_1,i_2,\cdots,i_p$ 形成 C_n^p 个不同的组合, s 即为指标族 $i_1,i_2,\cdots,i_p$ 在这些组合中所占位置的序号数 (参见引入复合矩阵时的说明).

证明 注意到 A.5 节的分析表明, $u_n^{(s)}$ 是复合矩阵 $\underline{\boldsymbol{A}}_p$ 的对应于特征值

$$\Lambda_s=\lambda_{i_1}\lambda_{i_2}\cdots\lambda_{i_p}$$

的特征矢量的最后一个分量. 本定理的一般表述是: 所有的 $u_n^{(s)}$ 有相同的正负号, 且与 $p=1$ 即 u_{ni} 所取的正负号相同.

对 p 采用数学归纳法来证明. 当 $p=1$ 时, 定理 16 表明, $u_{ni}\neq 0$, 选取 $u_{ni}>0$, 定理显然成立. 注意到此时 $(-1)^{i-1}u_{1i}>0$. 设定理对某个 p $(p\geqslant 1)$ 成立. 选择 c_r $(r=i,i+1,\cdots,i+p)$, 使得

$$\boldsymbol{u}=c_i\boldsymbol{u}^{(i)}+c_{i+1}\boldsymbol{u}^{(i+1)}+\cdots+c_{i+p}\boldsymbol{u}^{(i+p)},\tag{A.6.6}$$

且 $u_{n-p+1}=0=u_{n-p+2}=\cdots=u_n$. 为此, 取

$$c_i=U\begin{pmatrix}n-p+1 & n-p+2 & \cdots & n\\ i+1 & i+2 & \cdots & i+p\end{pmatrix},$$

$$c_{i+1}=-U\begin{pmatrix}n-p+1 & n-p+2 & \cdots & n\\ i & i+2 & \cdots & i+p\end{pmatrix},$$

$$\cdots\cdots\cdots\cdots\cdots\cdots$$

$$c_{i+p}=(-1)^pU\begin{pmatrix}n-p+1 & n-p+2 & \cdots & n\\ i & i+1 & \cdots & i+p-1\end{pmatrix},$$

则矢量 $\boldsymbol{u}=(u_1,u_2,\cdots,u_{n-p},0,0,\cdots,0)^{\mathrm{T}}$ 的第一个分量是

$$u_1=c_iu_{1i}+c_{i+1}u_{1,i+1}+\cdots+c_{i+p}u_{1,i+p}.$$

注意到 $(-1)^kc_{i+k}>0$ 和 $(-1)^{i+k-1}u_{1,i+k}>0$ $(k=0,1,\cdots,p)$, 故有 $(-1)^{i-1}u_1>0$. 再注意到, $i-1\leqslant S_{\boldsymbol{u}}^-\leqslant S_{\boldsymbol{u}}^+\leqslant i+p-1$ 及 $\boldsymbol{u}$ 有 p 个零分量, 故知

$$S(u_1,u_2,\cdots,u_{n-p})=i-1.$$

因而 $u_{n-p}>0$, 亦即

$$U\begin{pmatrix}n-p & n-p+1 & \cdots & n\\ i & i+1 & \cdots & i+p\end{pmatrix}>0.$$

由归纳法假设和引理 2 即知, 对 $p+1$ 有 $u_n^{(s)} > 0$. ▎

附注 显然, 作为这个定理的特例, 令 $p=2$, $i_1=i$, $i_2=j$. 则对任意的 $1 \leqslant i < j \leqslant n$, 有

$$U\begin{pmatrix} n-1 & n \\ i & j \end{pmatrix} = u_{n-1,i} \cdot u_{nj} - u_{n-1,j} \cdot u_{ni} > 0.$$

最后来讨论振荡矩阵的特征值对其元的依赖关系.

定理 20 设 $\{\lambda_i\}_1^n$ 是振荡矩阵 $\boldsymbol{A} = (a_{ij})$ 的按递减次序排列的特征值, 则

$$\partial\lambda_1/\partial a_{ik} > 0, \quad (-1)^{i+k}\partial\lambda_n/\partial a_{ik} > 0. \tag{A.6.7}$$

证明 设与 λ_i 相应的特征矢量是 $\boldsymbol{u}^{(i)} = (u_{1i}, u_{2i}, \cdots, u_{ni})^{\mathrm{T}}$. 引入与 $\boldsymbol{A}$ 的特征矢量矩阵 $\boldsymbol{U} = (u_{ki})_{n\times n}$ 相关联的矩阵 $\boldsymbol{V} = (\boldsymbol{U}^{\mathrm{T}})^{-1}$. 显然, $\boldsymbol{V}$ 是 $\boldsymbol{A}^{\mathrm{T}}$ 的特征矢量矩阵, 而 $\boldsymbol{A}^{\mathrm{T}}$ 仍为振荡矩阵. 那么

$$\boldsymbol{V}^{\mathrm{T}}\boldsymbol{A}\boldsymbol{U} = (\lambda_i\delta_{ij})_{n\times n},$$

从而有

$$\lambda_j = \sum_{t=1}^n\sum_{s=1}^n a_{ts}u_{sj}v_{tj}.$$

将上式等号两边对 a_{ik} 求偏微商, 得

$$\frac{\partial\lambda_j}{\partial a_{ik}} = u_{kj}v_{ij} + \sum_{t=1}^n\sum_{s=1}^n a_{ts}\frac{\partial u_{sj}}{\partial a_{ik}}v_{tj} + \sum_{t=1}^n\sum_{s=1}^n a_{ts}u_{sj}\frac{\partial v_{tj}}{\partial a_{ik}}.$$

又因为

$$\sum_{s=1}^n a_{ts}u_{sj} = \lambda_j u_{tj}, \quad \sum_{t=1}^n a_{ts}v_{tj} = \lambda_j v_{sj}, \quad \sum_{s=1}^n u_{sj}v_{sj} = 1,$$

由此得

$$\frac{\partial\lambda_j}{\partial a_{ik}} = u_{kj}v_{ij}. \tag{A.6.8}$$

再由定理 15 知

$$u_{k1} > 0, \quad v_{i1} > 0, \quad (-1)^{k-1}u_{kn} > 0, \quad (-1)^{i-1}u_{in} > 0,$$

即得不等式 (A.6.7). ▎

A.4.3 节中已经指出, 正定的标准 Jacobi 矩阵是符号振荡矩阵. 因而有:

推论 设 $\boldsymbol{J}$ 是形如式 (A.3.1) 的正定标准 Jacobi 矩阵, 则其最小特征值 λ_1 是 $\boldsymbol{J}$ 的主对角元 a_r $(r=1,2,\cdots,n)$ 的增函数, 是 $\boldsymbol{J}$ 的次主对角元的绝对值 b_r $(r=1,2,\cdots,n-1)$ 的减函数; 而其最大特征值 λ_n 则同时是 a_r $(r=1,2,\cdots,n)$ 和 b_r $(r=1,2,\cdots,n-1)$ 的增函数.

A.7 具有对称核的积分方程, 振荡核

正如第一章 1.3 节中已经指出的, 借助结构的 Green 函数, 各种一维结构的固有振动可以表达为如下形式的积分方程特征值问题:

$$u(x)=\lambda\int_a^b G(x,s)u(s)\rho(s)\mathrm{d}s. \tag{A.7.1}$$

或者, 令

$$\varphi(x)=u(x)\sqrt{\rho(x)},\quad K(x,s)=G(x,s)\sqrt{\rho(x)\rho(s)}, \tag{A.7.2}$$

再将式 (A.7.1) 对称化为

$$\varphi(x)=\lambda\int_a^b K(x,s)\varphi(s)\mathrm{d}s. \tag{A.7.3}$$

在一些经典著作中, 例如参考文献 [2] 中, 已经证明实对称连续正定核的特征值和特征函数存在, 且具有性质:

(1) 特征值为正.

(2) 除蜕化核, 即

$$K(x,s)=\alpha_0(x)\beta_0(s)+\alpha_1(x)\beta_1(s)+\cdots+\alpha_p(x)\beta_p(s)$$

的特征值为有限个外, 非蜕化核的特征值有可数无穷多个, 以无穷大为聚点而没有有限值的聚点. 因此, 如有重特征值, 重数是有限的.

(3) 任意分段连续函数 $h(s)$ 的积分变换

$$g(x)=\int_a^b K(x,s)h(s)\mathrm{d}s$$

皆可按 $K(x,s)$ 的特征函数族展开为一致且绝对收敛的广义 Fourier 级数. 在此意义上, $K(x,s)$ 的特征函数族构成区间 $[a,b]$ 上的完全正交系.

正如大家熟悉的那样, 对于工程问题中常见的一维结构, 例如杆和梁, 它们的特征值不仅是实的和正的, 而且还是孤立的和单的. 这就表明, 它们的 Green 函数必定具有某种更特殊的性质. 正因为如此, 下面引进一类具有应用价值的积分方程特征值问题——具有对称振荡核的积分方程特征值问题. 如同振荡矩阵并不一定是对称矩阵一样, 振荡核也不必一定是对称核.

本节和后文都需要这样一个概念: 点集 I. 它包括: (1) 开区间 (a,b); (2) 端点 a, 如果 $K(a,a)\neq 0$; (3) 端点 b, 如果 $K(b,b)\neq 0$. 在结构动力学的问题中, 它的力学意义十分明显, 就是闭区间 $[a,b]$ 上的全体动点的集合.

现在, 给出振荡核的定义.

定义 5 满足以下三个条件的二元连续函数 $K(x,s)$ $(a\leqslant x,s\leqslant b)$ 称为振荡核:

$$(1)\ K(x,s)>0,\ x,s\in I;(x,s)\neq(a,b)^{①}; \tag{A.7.4}$$

$$(2)\ K\begin{pmatrix} x_1 & x_2 & \cdots & x_n \\ s_1 & s_2 & \cdots & s_n \end{pmatrix}\geqslant 0,\ a\leqslant \begin{matrix} x_1<x_2<\cdots<x_n \\ s_1<s_2<\cdots<s_n \end{matrix}\leqslant b;\ n=1,2,\cdots; \tag{A.7.5}$$

$$(3)\ K\begin{pmatrix} x_1 & x_2 & \cdots & x_n \\ x_1 & x_2 & \cdots & x_n \end{pmatrix}>0,\ x_1<x_2<\cdots<x_n\in I;\ n=1,2,\cdots, \tag{A.7.6}$$

其中

$$K\begin{pmatrix} x_1 & x_2 & \cdots & x_n \\ s_1 & s_2 & \cdots & s_n \end{pmatrix}=\begin{vmatrix} K(x_1,s_1) & K(x_1,s_2) & \cdots & K(x_1,s_n) \\ K(x_2,s_1) & K(x_2,s_2) & \cdots & K(x_2,s_n) \\ \vdots & \vdots & & \vdots \\ K(x_n,s_1) & K(x_n,s_2) & \cdots & K(x_n,s_n) \end{vmatrix}.$$

从上述定义 5 中不等式出发, 根据振荡矩阵的判定准则 (定理 10), 即可得下面的定理.

定理 21 在区域 $a\leqslant x,s\leqslant b$ 上连续的函数 $K(x,s)$ 是振荡核的充分必要条件是: 对于任意的 n 和 $x_1<x_2<\cdots<x_n$, 当 $x_i\in I$ $(i=1,2,\cdots,n)$ 并且其中至少有一个是内点时, 则矩阵 $(K(x_i,x_j))$ 是振荡矩阵.

证明 式 (A.7.4) 隐含着 $K(x_i,x_{i+1})$ 与 $K(x_{i+1},x_i)$ 大于零; 式 (A.7.6) 隐含着矩阵 $\boldsymbol{K}=(K(x_i,x_j))$ 是非奇异的; 而式 (A.7.5) 则表明 $\boldsymbol{K}$ 是完全非负矩阵, 所以 $\boldsymbol{K}$ 是振荡矩阵.

反之, 当 $\boldsymbol{K}=(K(x_i,x_j))$ 是振荡矩阵时, 根据振荡矩阵的判定准则, $(K(x_i,x_j))$ 是非奇异的完全非负矩阵, 这就给出不等式 (A.7.6); 由 $K(x_i,x_{i+1})>0$ 和 x_i,x_{i+1} 的任意性, 亦给出不等式 (A.7.4); 由 $x_1<x_2<\cdots<x_n$ 的任意性, 对任意的 $s_1<s_2<\cdots<s_n$, 可以将这两组数进行合并, 按递增的次序重新排列为

$$x_1'<x_2'<\cdots<x_m',\quad n\leqslant m\leqslant 2n,$$

① 这里 $(x,s)\neq(a,b)$ 是说 x 与 s 不能同时分别取 a 和 b. 例如, 当 $x=a$ 时, 应有 $s\neq b$.

则 $(K(x_i', x_j'))_{m\times m}$ 仍是振荡矩阵. 该矩阵任意子式为非负的, 这即给出不等式 (A.7.5). ∎

从这一定理出发, 可以得到一个在工程实际问题中十分有用的推论.

推论 设 $G(x,s)$ 是振荡核, $f(x)$ 是正函数, 则

$$K(x,s)=G(x,s)f(x)f(s)$$

也是振荡核.

事实上, 由定理 21, 当 $G(x,s)$ 是振荡核时, 对于任意的 n 和 $x_1<x_2<\cdots<x_n$, 当 $x_i\in I\ (i=1,2,\cdots,n)$ 并且其中至少有一个是内点时, 矩阵 $(G(x_i,x_j))$ 是振荡矩阵. 作为振荡矩阵性质 5 的特例, 相应的

$$\begin{aligned}(K(x_i,x_j))&=\begin{bmatrix}G(x_1,x_1)f(x_1)f(x_1) & G(x_1,x_2)f(x_1)f(x_2) & \cdots & G(x_1,x_n)f(x_1)f(x_n)\\ G(x_2,x_1)f(x_2)f(x_1) & G(x_2,x_2)f(x_2)f(x_2) & \cdots & G(x_2,x_n)f(x_2)f(x_n)\\ \vdots & \vdots & & \vdots\\ G(x_n,x_1)f(x_n)f(x_1) & G(x_n,x_2)f(x_n)f(x_2) & \cdots & G(x_n,x_n)f(x_n)f(x_n)\end{bmatrix}\\ &=\mathrm{diag}(f(x_1),f(x_2),\cdots,f(x_n))\cdot(G(x_i,x_j))\cdot\mathrm{diag}(f(x_1),f(x_2),\cdots,f(x_n))\end{aligned}$$

显然仍为振荡矩阵, 故 $K(x,s)=G(x,s)f(x)f(s)$ 也是振荡核.

A.8 积分方程的 Perron 定理和复合核

为了导出具有对称振荡核的积分方程特征值问题的振荡性质, 与 A.5 节完全类似, 本节首先给出具有对称正核的积分方程的 Perron 定理, 然后介绍复合核的概念及其简单性质.

定理 22 (Perron 定理) 如果区域 $a\leqslant x,s\leqslant b$ 上的连续对称核 $K(x,s)$ 满足

$$K(x,s)\geqslant 0,\quad K(x,x)>0,\quad x,s\in I,\tag{A.8.1}$$

则积分方程 (A.7.3) 存在唯一的一个绝对值最小的特征值 λ_1, 它是正的和单的, 而与它相应的特征函数在点集 I 上其正负号不变.

这个定理的证明参见参考文献 [3] 或 [4].

下面引入复合核的概念.

定义 6 核 $K(x,s)$ 的复合核 $\underline{K}_p(X,S)$ 由如下方程所定义:

$$\underline{K}_p(X,S)=K\begin{pmatrix}x_1 & x_2 & \cdots & x_p\\ s_1 & s_2 & \cdots & s_p\end{pmatrix}.\tag{A.8.2}$$

式中点 $X=(x_1,x_2,\cdots,x_p)$ 与 $S=(s_1,s_2,\cdots,s_p)$ 取遍由不等式

$$a\leqslant x_1\leqslant x_2\leqslant\cdots\leqslant x_p\leqslant b$$

所定义的 p 维单纯形 M^p. 当上述不等式中所有等号都不成立时, X 称为 M^p 的内点.

对于复合核, 这里指出它的如下两条重要性质:

性质 1 如果三个核 $K(x,s)$, $L(x,s)$, $M(x,s)$ 存在下述关系:

$$M(x,s)=\int_a^b K(x,t)L(t,s)\mathrm{d}t. \tag{A.8.3}$$

那么

$$\begin{aligned}&M\begin{pmatrix}x_1 & x_2 & \cdots & x_p\\ s_1 & s_2 & \cdots & s_p\end{pmatrix}\\&=\int_a^b\int_a^{t_p}\cdots\int_a^{t_2}K\begin{pmatrix}x_1 & x_2 & \cdots & x_p\\ t_1 & t_2 & \cdots & t_p\end{pmatrix}\cdot L\begin{pmatrix}t_1 & t_2 & \cdots & t_p\\ s_1 & s_2 & \cdots & s_p\end{pmatrix}\mathrm{d}t_1\cdots\mathrm{d}t_p,\end{aligned}$$

也就是

$$\underline{M}_p(X,S)=\int_{M^p}\underline{K}_p(X,T)\cdot\underline{L}_p(T,S)\mathrm{d}T. \tag{A.8.4}$$

事实上, 可由积分恒等式

$$\begin{aligned}&\int_{M^p}\Delta\begin{pmatrix}\psi_1 & \psi_2 & \cdots & \psi_p\\ t_1 & t_2 & \cdots & t_p\end{pmatrix}\cdot\Delta\begin{pmatrix}\chi_1 & \chi_2 & \cdots & \chi_p\\ t_1 & t_2 & \cdots & t_p\end{pmatrix}\mathrm{d}t_1\mathrm{d}t_2\cdots\mathrm{d}t_p\\&=\frac{1}{p!}\int_a^b\int_a^b\cdots\int_a^b\Delta\begin{pmatrix}\psi_1 & \psi_2 & \cdots & \psi_p\\ t_1 & t_2 & \cdots & t_p\end{pmatrix}\cdot\Delta\begin{pmatrix}\chi_1 & \chi_2 & \cdots & \chi_p\\ t_1 & t_2 & \cdots & t_p\end{pmatrix}\mathrm{d}t_1\mathrm{d}t_2\cdots\mathrm{d}t_p\\&=\left|\int_a^b\psi_i(t)\chi_j(t)\mathrm{d}t\right|_{p\times p},\end{aligned} \tag{A.8.5}$$

并令 $\psi_i=K(x_i,t)$, $\chi_i=L(t,s_i)$, 即可直接推出式 (A.8.4). 而式 (A.8.5) 中,

$$\Delta\begin{pmatrix}\psi_1 & \psi_2 & \cdots & \psi_p\\ t_1 & t_2 & \cdots & t_p\end{pmatrix}=\begin{vmatrix}\psi_1(t_1) & \psi_1(t_2) & \cdots & \psi_1(t_p)\\ \psi_2(t_1) & \psi_2(t_2) & \cdots & \psi_2(t_p)\\ \vdots & \vdots & & \vdots\\ \psi_p(t_1) & \psi_p(t_2) & \cdots & \psi_p(t_p)\end{vmatrix}. \tag{A.8.6}$$

性质 2 核 $K(x,s)$ 的 q 重叠核是指:

$$K^{(2)}(x,s)=\int_a^b K(x,t)K(t,s)\mathrm{d}t,\quad K^{(q)}(x,s)=\int_a^b K^{(q-1)}(x,t)K(t,s)\mathrm{d}t.$$

于是, 核 $K(x,s)$ 的 q 重叠核的 p 重复合核等于它的 p 重复合核的 q 重叠核, 即

$$[\underline{K}_p(X,S)]^{(q)}=\underline{K}_p^{(q)}(X,S). \tag{A.8.7}$$

关于性质 2 的证明, 可在式 (A.8.3) 中令 $L(x,s)=K(x,s)$, 式 (A.8.4) 就给出

$$[\underline{K}_p(X,S)]^{(2)}=\underline{K}_p^{(2)}(X,S).$$

由此应用数学归纳法即可得证.

从这两条性质出发, 不难确定, 连续对称核 $K(x,s)$ 和它的 p 重复合核所对应的特征值及特征函数之间的关系.

定理 23　设具有连续对称核的积分方程 (A.7.3) 的特征值和相应的特征函数序列是 $\{\lambda_i,\varphi_i(x)\}_1^\infty$, 则积分方程:

$$\varPhi(X)=\varLambda\int_{M^p}\underline{K}_p(X,S)\varPhi(S)\mathrm{d}S$$

的特征值是 $\lambda_{i_1}\lambda_{i_2}\cdots\lambda_{i_p}$, 与之相应的特征函数则是

$$\varDelta\begin{pmatrix}\varphi_{i_1} & \varphi_{i_2} & \cdots & \varphi_{i_p}\\ x_1 & x_2 & \cdots & x_p\end{pmatrix}.$$

式中 $i_1,i_2,\cdots,i_p$ 是取自 $1,2,\cdots,n,\cdots$ 的 p 个不同指标, 并满足 $i_1<i_2<\cdots<i_p$ 的任意组合.

证明　在式 (A.8.5) 中令 $\psi_k(t)=K(x_k,t)$, $\chi_k(t)=\varphi_{i_k}(t)$, 并注意到:

$$\varphi_{i_k}(x)=\lambda_i\int_a^b K(x,t)\varphi_{i_k}(t)\mathrm{d}t.$$

则有

$$\begin{aligned}
&\varDelta\begin{pmatrix}\varphi_{i_1} & \varphi_{i_2} & \cdots & \varphi_{i_p}\\ x_1 & x_2 & \cdots & x_p\end{pmatrix}\\
&=\lambda_{i_1}\lambda_{i_2}\cdots\lambda_{i_p}\left|\int_a^b K(x_j,t)\varphi_{i_j}(t)\mathrm{d}t\right|_{p\times p}\\
&=\lambda_{i_1}\lambda_{i_2}\cdots\lambda_{i_p}\int_{M^p}\left[K\begin{pmatrix}x_1 & x_2 & \cdots & x_p\\ t_1 & t_2 & \cdots & t_p\end{pmatrix}\right.\\
&\qquad\left.\cdot\varDelta\begin{pmatrix}\varphi_{i_1} & \varphi_{i_2} & \cdots & \varphi_{i_p}\\ t_1 & t_2 & \cdots & t_p\end{pmatrix}\right]\mathrm{d}t_1\mathrm{d}t_2\cdots\mathrm{d}t_p.
\end{aligned}$$

▌

A.9 具有对称振荡核的积分方程的特征值和特征函数

本节首先给出振荡函数族—— Марков 函数序列——的概念、判定法则及其主要性质, 然后讨论具有振荡核的积分方程的振荡性质.

A.9.1 振荡函数族

首先给出有关振荡函数族的几个定义.

定义 7 设函数 $f(x)$ 在区间 $[a,b]$ 上定义. 如果 $f(c)=0$ $(a\leqslant c\leqslant b)$, 则称 c 为 $f(x)$ 的一个零点; 如果存在子区间 $J\subset[a,b]$, 使对 J 内的任意一点 c, 都有 $f(c)=0$, 则称 J 为 $f(x)$ 的一个零位置; 进一步, 如果 c 是 $f(x)$ 的一个零点, 而对任意小的正数 ε, 都有

$$f(c+\varepsilon)f(c-\varepsilon)<0,$$

则称 c 为 $f(x)$ 的一个节点; 如果 c 是 $f(x)$ 的一个零点, 而对任意小的正数 ε, 都有

$$f(c+\varepsilon)f(c-\varepsilon)>0,$$

则称 c 为 $f(x)$ 的一个零腹点.

定义 8 函数 $u(x)$ 在区间 $[a,b]$ 上定义. 如果存在属于 $[a,b]$ 的点 $\{x_r\}_0^k$, 使得

$$u(x_r)u(x_{r+1})<0,\quad r=0,1,\cdots,k-1,$$

但是找不到 $k+2$ 个点满足这一性质, 则称函数 $u(x)$ 在区间 $[a,b]$ 上的变号数为 k, 记作 $S_{\boldsymbol{u}}=k$. 显然, 如果 $u(x)$ 在 $[a,b]$ 上连续, 则函数 $u(x)$ 在区间 $[a,b]$ 上有 k 次变号等价于它在此区间上有且仅有 k 个节点.

定义 9 设有定义在区间 $[a,b]$ 上的连续函数族 $\varphi_i(x)$ $(i=1,2,\cdots,n)$. 如果对于任意一组不全为零的实数 c_i $(i=1,2,\cdots,n)$, 函数

$$\varphi(x)=c_1\varphi_1(x)+c_2\varphi_2(x)+\cdots+c_n\varphi_n(x)$$

在点集 $I\subset[a,b]$ 内的零点不超过 $n-1$ 个, 则称这样的函数族构成点集 I 内的 Чебышев 函数族.

定义 10 设有定义在区间 $[a,b]$ 上的连续函数序列 $\varphi_i(x)$ $(i=1,2,\cdots,n,\cdots)$. 如果对于任意的 $n=1,2,\cdots$, 函数族 $\varphi_i(x)$ $(i=1,2,\cdots,n)$ 构成点集 $I\subset[a,b]$ 内的 Чебышев 函数族. 则称这样的函数序列为 Марков 函数序列.

对于 Марков 函数序列, 有下面的判定法则.

定理 24 定义在区间 $[a,b]$ 上的连续函数序列 $\varphi_i(x)$ $(i=1,2,\cdots,n,\cdots)$ 为 Марков 函数序列的充分必要条件是: 对于任意的 $n=1,2,\cdots$, 行列式

$$\Phi(X)\equiv\Delta\begin{pmatrix}\varphi_1 & \varphi_2 & \cdots & \varphi_n\\ x_1 & x_2 & \cdots & x_n\end{pmatrix} \tag{A.9.1}$$

对任意一组满足 $a\leqslant x_1<x_2<\cdots<x_n\leqslant b$ 的 $x_i\in I$ $(i=1,2,\cdots,n)$, 都有严格固定的正负号 ε_n.

证明 先用反证法证明条件的必要性. 设对任意的 n, 存在这样的一组数 $x_1<x_2<\cdots<x_n\in I$, 使得

$$\Delta\begin{pmatrix}\varphi_1 & \varphi_2 & \cdots & \varphi_n\\ x_1 & x_2 & \cdots & x_n\end{pmatrix}=0.$$

那么方程组

$$c_1\varphi_1(x_r)+c_2\varphi_2(x_r)+\cdots+c_n\varphi_n(x_r)=0,\quad r=1,2,\cdots,n \tag{A.9.2}$$

存在非零解, 从而 $\varphi(x)=c_1\varphi_1(x)+c_2\varphi_2(x)+\cdots+c_n\varphi_n(x)$ 有 n 个零点, 这与 Марков 函数序列的定义矛盾. 另一方面, 因为 Φ 是 n 维单纯形 M^n 的点 $X=(x_1,x_2,\cdots,x_n)$ 的连续函数, Φ 对任意这样的点 $X=(x_1,x_2,\cdots,x_n)$ 不为零, 隐含着 Φ 在 M^n 上有着严格固定的正负号, 这就证明了条件的必要性.

需要指出的是, 上面只是证明了对每一确定的 n, 行列式 (A.9.1) 对不同的点 $X=(x_1,x_2,\cdots,x_n)\in M^p$ 有着确定的正负号, 记为 ε_n. 但对不同的 n, 行列式 (A.9.1) 不一定有相同的正负号.

现证明充分性. 行列式 (A.9.1) 对任意的 n 和 $x_1<x_2<\cdots<x_n$ 有严格固定的正负号, 这意味着, 对任意的 n 和 $x_1<x_2<\cdots<x_n$ 都有 $\Phi(X)\neq 0$, 这即意味着, 方程组 (A.9.2) 仅在其所含方程个数超过 $n-1$ 时有全零解. 换句话说, 方程组 (A.9.2) 有非零解的条件是其所含方程个数不超过 $n-1$, 亦即 $\varphi(x)$ 的零点不超过 $n-1$ 个, 从而 $\varphi_i(x)$ $(i=1,2,\cdots)$ 构成 Марков 函数序列. ▎

在 Марков 函数序列的定义中, 涉及零点个数的计算问题. 为此有

推论 设 $\varphi_i(x)$ $(i=1,2,\cdots)$ 构成区间 $[a,b]$ 上的Марков函数序列. 函数

$$\varphi(x)=\sum_{i=1}^{n}c_i\varphi_i(x),\quad \sum_{i=1}^{n}c_i^2>0;\ n=1,2,\cdots$$

在 $[a,b]$ 上有 r 个不同的零点, 其中包含 p 个节点和 q 个零腹点, 则 $r+q\leqslant n-1$, 即在计算零点总数时, 一个零腹点应视为两个零点.

证明 作如下约定: 所谓 s 个点 $x_1 < x_2 < \cdots < x_s$ 满足**性质 Z**, 即指: 对于定义在区间 $[a,b]$ 上的某一函数 $\varphi(x)$, $x_k \in I$ 并存在整数 h, 使得

$$(-1)^{k+h}\varphi(x_k) \geqslant 0, \quad k = 1, 2, \cdots, s.$$

现在设 $\varphi(x)$ 的节点是 $\{\alpha_i\}_1^p$, 根据节点的定义不难看到, 存在这样一些点 $x_k \in (\alpha_k, \alpha_{k+1})$ $(k = 0, 1, \cdots, p;\ \alpha_0 = a, \alpha_{p+1} = b)$, 使得

$$(-1)^{k+h}\varphi(x_k) > 0,$$

即 $\{x_k\}_0^p$ 满足性质 Z. 进一步, 对于 $\varphi(x)$ 的每一个零腹点 β_m $(m = 1, 2, \cdots, q)$, 总可以在它的邻域内选取这样的两点加入上述点集 $\{x_k\}_0^p$, 使新的点集仍具有性质 Z. 事实上, 若 $x_k < \beta_m < \alpha_{k+1}$, 则令 $x_m^- = \beta_m$, $x_m^+ = \beta_m + \varepsilon$ (ε 是足够小的正数, 下同), 而当 $\alpha_k < \beta_m < x_k$ 时, 则令 $x_m^- = \beta_m - \varepsilon$, $x_m^+ = \beta_m$, 那么共有 $p + 2q + 1$ 个点的点集 $\{x_k\}_0^p \cup \{x_m^-, x_m^+\}_1^q$, 将其按递增次序重新排列后所得点集 $\{s_k\}_1^{r+q+1}$(注意 $p + q = r$) 必定具有性质 Z.

为了获得所需的结论, 假设 $r + q > n - 1$, 把恒为零的行列式

$$\varDelta\begin{pmatrix} \varphi_1 & \varphi_2 & \cdots & \varphi_n & \varphi \\ s_1 & s_2 & \cdots & s_n & s_{n+1} \end{pmatrix}$$

按最后一行展开, 有

$$\sum_{k=1}^{n} (-1)^{n+k+1}\varphi(s_k) \cdot \varDelta\begin{pmatrix} \varphi_1 & \varphi_2 & \cdots & \cdots & \cdots & \cdots & \varphi_n \\ s_1 & s_2 & \cdots & s_{k-1} & s_{k+1} & \cdots & s_{n+1} \end{pmatrix} = 0.$$

由于上式和号内各项均有相同的符号, 要使它们之和为零, 只有 $\varphi(s_k)$ $(k = 1, 2, \cdots, n)$ 全为零, 而这显然是不可能的. 推论成立. ▌

Марков 函数序列有着一系列重要的性质, 即下述定理.

定理 25 如果 $\varphi_i(x)(i = 1, 2, \cdots)$ 是 $[a,b]$ 上的带权 $\rho(x)$ 正交的 Марков 函数序列, 则

(1) $\varphi_1(x)$ 在点集 $I \subset [a,b]$ 内没有零点;

(2) $\varphi_i(x)$ 在点集 $I \subset [a,b]$ 内有 $i - 1$ 个节点而无其他的零点;

(3) 在点集 $I \subset [a,b]$ 内, 函数

$$\varphi(x) = \sum_{k=p}^{q} c_k\varphi_k(x), \quad 0 \leqslant p \leqslant q \leqslant n;\ \sum_{i=p}^{q} c_i^2 > 0$$

的节点不少于 $p - 1$ 个而零点不多于 $q - 1$ 个; 特别地, 如果 $\varphi(x)$ 有 $q - 1$ 个不同的零点, 那么这些零点都是节点;

(4) 相邻的 $\varphi_i(x)$ 和 $\varphi_{i+1}(x)$ 的节点彼此交错.

证明 注意, (1) 和 (2) 都是 (3) 的特殊情况. 而对于 (3), 由定理 24 的推论, 其第二个结论是显然的. 因此, 尚待证明的只是, $\varphi(x)$ 的节点不少于 $p-1$ 个. 为此, 设 $\xi_1 < \xi_2 < \cdots < \xi_{r-1}$ 是 $\varphi(x)$ 的节点, 定义函数

$$\psi(x) = \Delta\begin{pmatrix} \varphi_1 & \varphi_2 & \cdots & \varphi_{r-1} & \varphi_r \\ \xi_1 & \xi_2 & \cdots & \xi_{r-1} & x \end{pmatrix}.$$

则由 Марков 函数序列的定义及定理 24 知, 当 $x \neq \xi_i$ $(i = 1, 2, \cdots, r-1)$ 时, $\psi(x) \neq 0$, 又当 x 在 (ξ_i, ξ_{i+1}) $(i = 0, 1, \cdots, r-1;\ \xi_0 = a, \xi_r = b)$ 内变动时 $\psi(x)$ 的正负号不变, 而当 x 经过 ξ_i 时 $\psi(x)$ 的正负号才改变. 这就表明 ξ_i $(i = 1, 2, \cdots, r-1)$ 也是 $\psi(x)$ 的节点, 从而有 $(\rho\varphi, \psi) \neq 0$. 注意到 φ 是 $\varphi_i(x)$ $(i = p, p+1, \cdots, q)$ 的组合, ψ 是 $\varphi_i(x)$ $(i = 1, 2, \cdots, r)$ 的组合, 上述不等式意味着这两个函数族必须重叠, 亦即 $r \geqslant p$, 这就证明了性质 (3).

为了证明性质 (4), 定义函数

$$\psi(x) = \varphi_i(x)/\varphi_{i+1}(x),$$

并设 $\varphi_{i+1}(x)$ 的节点是 $\{\alpha_k\}_1^i$, 它们把区间 $[a, b]$ 分为 $i+1$ 个子区间, 即 (α_k, α_{k+1}) $(k = 0, 1, \cdots, i;\ \alpha_0 = a, \alpha_{i+1} = b)$. 分两步来证明.

首先, 证明 $\psi(x)$ 在上述每一个子区间内都是单调的. 如果不是, 例如在某一子区间 (α_k, α_{k+1}) 内它不单调, 则在此区间内必有三点 $x_1 < x_2 < x_3$, 使得

$$(\psi(x_2) - \psi(x_1))(\psi(x_2) - \psi(x_3)) > 0.$$

不失一般性, 可设 $\psi(x_2) > \psi(x_1)$, 那么 $\psi(x_2) > \psi(x_3)$. 于是在闭区间 $[x_1, x_3]$ 上 $\psi(x)$ 在其某一内点 x_0 处达到最大值 $\psi(x_0)$. 考查函数

$$\varphi(x) = \varphi_{i+1}(x)(\psi(x) - \psi(x_0)) = \varphi_i(x) - \psi(x_0)\varphi_{i+1}(x).$$

由性质 (3), $\varphi(x)$ 在点集 $I \subset [a, b]$ 内的节点不少于 $i-1$ 个而零点不多于 i 个, 故其只能有节点而无别的零点. 另一方面, 由于在 $[x_1, x_3]$ 上

$$\psi(x) - \psi(x_0) \leqslant 0,$$

从而 $\varphi(x)$ 以 x_0 为零腹点. 矛盾. 即证明了 $\psi(x)$ 的单调性.

其次, 证明 $\psi(x)$ 在上述每一子区间 (α_k, α_{k+1}) $(k = 1, 2, \cdots, i-1)$ 内必从 $-\infty$ 单调递增至 $+\infty$, 或从 $+\infty$ 单调递减至 $-\infty$. 为此只需排除极限

$$\lim_{x \to \alpha_k - 0} \psi(x) = c_k', \quad \lim_{x \to \alpha_k + 0} \psi(x) = c_k''$$

取有限值的可能性. 现在假设相反, 例如设 c_k' 是有限值, 这只有 α_k 同时也是 $\varphi_i(x)$ 的节点时才有可能. 这时, 存在两种可能性: 第一, $c_k' \neq c_k''$ 但两者同号. 在这种情况下 c_k'' 可以取有限值也可以为无穷; 第二, $c_k' = c_k''$. 附图 1 画出了 $\psi(x)$ 在 α_k 邻域内的 4 种可能的图形. 不失一般性, 已经假设 $\psi(x)$ 在区间 (α_{k-1}, α_k) 内是单调下降的. 在附图 1 中 (a), (b), (c) 的 3 种情况下, 都存在这样的数 h, 使得当 x 自左至右经过 α_k 时, $\psi(x) - h$ 的正负号改变, 从而函数

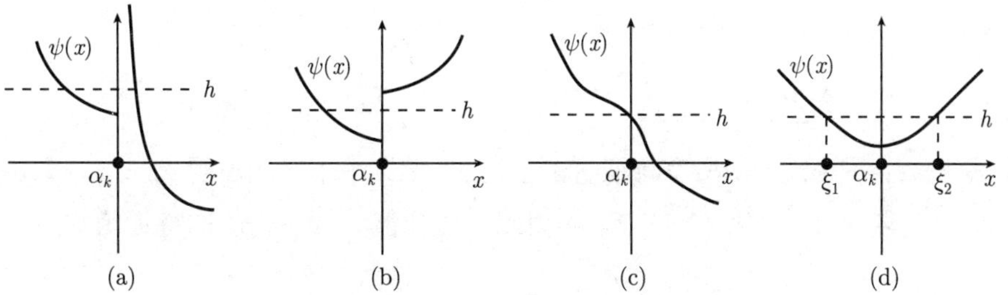

附图 1 $\psi(x)$ 在 α_k 邻域内的 4 种可能的图形

$$\varphi(x) = \varphi_{i+1}(x)(\psi(x) - h) = \varphi_i(x) - h\varphi_{i+1}(x) \tag{A.9.3}$$

以 α_k 为零腹点, 由性质 (3) 这是不可能的. 至于附图 1 中 (d) 的情况, 记 $\psi(x) = h > c_k'$ 的横坐标为 ξ_1 与 ξ_2, 那么由式 (A.9.3) 所确定的函数 $\varphi(x)$ 将以 ξ_1, ξ_2 为节点, 因而其节点个数比 $\varphi_{i+1}(x)$ 多两个, 这也是不可能的. 以上矛盾表明, c_k' 不可能取有限值. 同理 c_k'' 也不可能取有限值.

总结以上的讨论可以发现: $\psi(x)$ 在 (α_k, α_{k+1}) $(k = 1, 2, \cdots, i-1)$ 内从 $-\infty$ 单调递增至 $+\infty$ 或从 $+\infty$ 单调递减至 $-\infty$, 于是在此区间内 $\varphi_i(x)$ 有且仅有一个节点; 又因 $\varphi_i(x)$ 总共只有 $i-1$ 个节点, 所以在子区间 (a, α_1) 和 (α_i, b) 内没有 $\varphi_i(x)$ 的节点, 这就证明了交错性. ▌

A.9.2 具有对称振荡核的积分方程的特征对

通过以上准备, 现在可以证明有关对称振荡核性质的如下定理.

定理 26 具有连续对称振荡核的积分方程

$$\varphi(x) = \lambda \int_a^b K(x, s)\varphi(s)\mathrm{d}s \tag{A.9.4}$$

的特征值是正的和单的; 若将它们按递增次序排列: $0 < \lambda_1 < \lambda_2 < \cdots$, 则相应的特征函数族构成区间 $[a, b]$ 上的 Марков 函数序列.

证明　把方程 (A.9.4) 的特征值按绝对值递增的次序排列为

$$|\lambda_1| \leqslant |\lambda_2| \leqslant |\lambda_3| \leqslant \cdots.$$

记与 $K(x,s)$ 相应的 p 阶复合核为 $\underline{K}_p(X,S)$. 当 $K(x,s)$ 是连续对称振荡核时, $\underline{K}_p(X,S)$ 满足定理 22 的条件. 则积分方程

$$\varPhi(X) = \varLambda \int_{M^P} \underline{K}_p(X,S)\varPhi(S)\mathrm{d}S$$

存在一个绝对值最小的特征值 $\lambda_1\lambda_2\cdots\lambda_p$, 且有

$$\lambda_1\lambda_2\cdots\lambda_p > 0, \quad \lambda_1\lambda_2\cdots\lambda_p < |\lambda_1\lambda_2\cdots\lambda_{p-1}\lambda_{p+1}|.$$

上述第一个不等式表明所有特征值都是正的, 第二个不等式表明 $\lambda_p < \lambda_{p+1}$ $(p = 1,2,\cdots)$. 同时, 作为核 $\underline{K}_p(X,S)$ 的相应于特征值 $\lambda_1\lambda_2\cdots\lambda_p$ 的特征函数

$$\varDelta\begin{pmatrix} \varphi_1 & \varphi_2 & \cdots & \varphi_p \\ x_1 & x_2 & \cdots & x_p \end{pmatrix}$$

有严格固定的符号. 按定理 24, $\varphi_i(x)$ $(i = 1,2,\cdots)$ 构成区间 $[a,b]$ 上的 Марков 函数序列, 因而具有定理 25 所叙述的各种特性. ▌

需要说明一点: 注意到 Perron 定理 (定理 22) 的条件, 在定理 26 的证明中, 没有用到振荡核的定义式 (A.7.4). 将仅需满足式 (A.7.5) 和 (A.7.6) 的核称为 Kellogg 核[3]. Гантмахер 和 Крейн 指出, 到目前为止, 已知的 Kellogg 核都是振荡核.

A.9.3　振荡核 (振荡矩阵) 和系统的振荡性质的等价性

上文证明了: 一维连续系统正系统的 "Green 函数是振荡核" 是此系统具有振动的振荡性质的充分条件; 一维连续体正系统的离散系统的 "柔度矩阵是振荡矩阵" 是此系统具有振动的振荡性质的充分条件. 但都没有证明上述充分条件是否也是必要条件. 郑子君、陈璞、王大钧的论文[52] 引用矩阵摄动理论中的 Davis-Kahan sin-定理, 经过摄动的极限过程，得到下述结论:

定理 27　一维连续体的离散系统正系统对于任意的集中质量分布都具有振动的振荡性质的必要条件是, 该系统的柔度矩阵是振荡矩阵.

由这个定理可以比较容易导出关于连续系统的下述结果:

定理 28　一维连续系统正系统具有振动的振荡性质的必要条件是, 该系统的 Green 函数是振荡核.

于是得到结论: 一维连续系统正系统的 Green 函数是振荡核与该系统具有振动的振荡性质是等价的; 一维连续体正系统的离散系统的柔度矩阵是振荡矩阵与该系统具有振动的振荡性质是等价的.

第五章的 5.3 节已证明：连续系统正系统具有静变形振荡性质与系统的 Green 函数是振荡核是等价的. 而论文[52] 又证明了, 一维连续体正系统的离散系统具有静变形振荡性质与系统的柔度矩阵是振荡矩阵是等价的.

综合上述, 得到一个完善的结论: 无论是一维连续系统正系统, 还是一维连续体正系统的离散系统, "系统具有静变形振荡性质", "系统的 Green 函数是振荡核"(或 "柔度矩阵是振荡矩阵"), "系统具有振动的振荡性质", 这三者是等价的. 于是, 判别正系统是否具有振动的振荡性质, 只要检验系统是否具有静变形振荡性质, 或者柔度矩阵是否为振荡矩阵 (Green 函数是否为振荡核) 即可.

A.10 从振荡矩阵到振荡核

以上分别介绍了振荡矩阵和振荡核的定义、判别法则, 以及相关特征值问题的基本特性. 鉴于两者的完全相似性, 一个很自然的问题是: 振荡矩阵和振荡核之间有何联系？能否依据振荡矩阵的理论直接判定某个核的振荡性? 定理 21 给出了由核派生出一种矩阵, 若核是振荡核, 则派生出的矩阵是振荡矩阵; 反之亦然. 下面再给出一种情形, 即由矩阵的元取极限得到核, 例如将杆和梁的差分离散模型的柔度系数取极限得到相应连续系统的 Green 函数, 即可证明, 当差分离散模型的柔度矩阵是振荡矩阵时, 由极限所得到的核是 Kellogg 核.

定理 29[25] 设有代数特征值问题:

$$\boldsymbol{u} = \lambda \boldsymbol{R}\boldsymbol{M}\boldsymbol{u}, \tag{A.10.1}$$

上式中 $\boldsymbol{u}$ 是定义在 $[0,l]$ 上的, 其分点为 $0 = x_0 < x_1 < \cdots < x_N = l$, 并除去端点处可能为零分量的列矢量; $\boldsymbol{M} = \mathrm{diag}(m_0, m_1, \cdots, m_N)$. 如果当 $N \to \infty$ 且 $\max\limits_{1\leqslant r\leqslant N} \Delta x_r \to 0$ 时, 矩阵 $\boldsymbol{R}$ 的元 r_{ij} 以连续函数 $G(x,s)$ 为其极限, 则当 $\boldsymbol{R}$ 为振荡矩阵时 $G(x,s)$ 为 Kellogg 核.

证明 根据上节有关 Kellogg 核的定义, 我们只要证明, 对任意确定的点集 $\{\xi_r\}_1^n$, $\{s_r\}_1^n \in I$, 下列不等式:

$$G\begin{pmatrix}\xi_1 & \xi_2 & \cdots & \xi_n\\ s_1 & s_2 & \cdots & s_n\end{pmatrix}=\det(G(\xi_i,s_j))\geqslant 0,\quad 0\leqslant \begin{matrix}\xi_1<\xi_2<\cdots<\xi_n\\ s_1<s_2<\cdots<s_n\end{matrix}\leqslant l, \tag{A.10.2}$$

$$G\begin{pmatrix}\xi_1 & \xi_2 & \cdots & \xi_n\\ \xi_1 & \xi_2 & \cdots & \xi_n\end{pmatrix}>0,\quad 0\leqslant\xi_1<\xi_2<\cdots<\xi_n\leqslant l \tag{A.10.3}$$

成立. 为此, 把任意点集 $\{\xi_r\}_1^n\cup\{s_r\}_1^n$ 从小到大重新排列. 注意, 如果某个 $\xi_r=s_r$ 时二者合为一个分点, 这样得新点集 $\{\eta_r\}_1^m(m\leqslant 2n)$. 以新点集 $\{\eta_r\}_1^m$ 为基础插入新分点组成满足定理条件的点集 $\{x_r\}_0^N(N>m)$. 与此相对应, 方程 (A.10.1) 可以视为某个离散系统的运动方程组. 因为 $\boldsymbol{R}$ 是振荡矩阵, 故其子式

$$R\begin{pmatrix}i_1 & i_2 & \cdots & i_n\\ j_1 & j_2 & \cdots & j_n\end{pmatrix}\geqslant 0, \tag{A.10.4}$$

其中 i_r, j_r 分别是 ξ_r, s_r 在点集 $\{x_r\}_0^N$ 中的序号数. 当 $N\to\infty$ 且 $\max\limits_{1\leqslant r\leqslant N}\Delta x_r=\delta\to 0$ 时 $r_{ij}\to G(x,s)$, 对式 (A.10.4) 取极限即得

$$\lim_{N\to\infty,\delta\to 0}R\begin{pmatrix}i_1 & i_2 & \cdots & i_n\\ j_1 & j_2 & \cdots & j_n\end{pmatrix}=G\begin{pmatrix}\xi_1 & \xi_2 & \cdots & \xi_n\\ s_1 & s_2 & \cdots & s_n\end{pmatrix}\geqslant 0.$$

为了证明式 (A.10.3), 注意到, 式 (A.10.1) 可以视为某个一维离散系统的运动方程, 从而矩阵 $\boldsymbol{R}$ 可以视为该系统的柔度矩阵. 则由柔度系数的概念可知, 它的极限 $G(x,s)$ 的物理意义应是相应连续系统的 Green 函数.

现在考查该系统的应变能. 设想在系统内点 ξ_r 上各作用一个集中力 F_r $(r=1,2,\cdots,N)$, 则由 Green 函数的定义, 点 ξ_i 处的位移和系统的应变能分别是:

$$u_i=\sum_{j=1}^{N}G(\xi_i,\xi_j)F_j,\quad V=\frac{1}{2}\sum_{i,j=1}^{N}G(\xi_i,\xi_j)F_iF_j. \tag{A.10.5}$$

只要系统静定或超静定, 都有 $V>0$, 式 (A.10.5) 中第二式等号右边为正定二次型, 故式 (A.10.3) 成立. ▌

需要指出, 上述定理只能证明相应的核是 Kellogg 核, 不过, 从应用的角度看这已足够了. 因为, 正如 A.9.2 分节节末指出的, 在推导振荡核的特征值和特征函数的基本特性时只用到 (A.7.5) 和 (A.7.6) 式.

参 考 文 献

[1] Lord Rayleigh. The Theory of Sound (Vol. 1). 2nd ed. New York: Dover, 1945.

[2] Courant R, Hilbert D. Methods of Mathematical Physics. New York: Interscience, 1953 (Vol. Ⅰ), 1962(Vol. Ⅱ). (中译本：柯朗 R, 希尔伯特 D. 数学物理方法. 钱敏, 郭敦仁译. 北京：科学出版社, 1958(卷Ⅰ), 1981(卷Ⅱ).)

[3] Гантмахер Ф Р, Крейн М Г. Осцилляционные Матрицы и Ядра и Малые Колебания Механических Систем. Москва: Государственное Издательство Технико-Теоретической Литературы, 1950. (英译本：Gantmacher F P and Krein M G. Oscillation Matrices and Kernels and Small Vibrations of Mechanical Systems. Washington : U. S. Atomic Energy Commission, 1961. 中译本：甘特马赫, 克列因. 振荡矩阵、振荡核和力学系统的微振动. 王其申译. 合肥：中国科技大学出版社, 2008.)

[4] Gladwell G M L. Inverse Problems in Vibration. Dordrecht: Martinus Nijhoff, 1986(1st ed), 2004(2nd ed). (中译本：格拉德威尔 G M L. 振动中的反问题. 王大钧, 何北昌译. 北京：北京大学出版社, 1991.)

[5] Gladwell G M L. Qualitative Properties of Vibrating Systems. Proc. R. Soc. Lond., 1985, A(401): 299~315.

[6] Gladwell G M L. The Inverse Mode Problem for Lamped-Mass System. Q. J. Mech. Appl. Math., 1986, 39(2): 97~306.

[7] Gladwell G M L, England A H, Wang D J. Examples of Reconstruction of an Euler-Bernouli Beam from Spectral Data. J. of Sound Vib., 1987, 19(1): 81~94.

[8] Gladwell G M L. Qualitative Properties of Finite Element Models I: Sturm-Liouville Systems. Q. J. Mech. Appl. Math., 1991, 44(2): 249~265.

[9] Gladwell G M L. Qualitative Properties of Finite-element Models Ⅱ: The Euler-Bernoulli Beam. Q. J. Mech. Appl. Math., 1991, 44(2): 267~284.

[10] 王其申, 王大钧. 由部分模态及频率数据构造杆件离散系统. 振动工程学报, 1987(试刊号): 83~87.

[11] 王大钧. 结构动力学中的特征值逆问题. 振动与冲击, 1988, 7(2): 31~43.

[12] 何北昌, 王其申, 王大钧. 振动梁的有限差分模型的反问题. 振动工程学报, 1989, 2(2): 1~9.

[13a] 王大钧, 王文清. 振动问题中具有集中质量、弹簧和支承的结构理论的合理性问题. 固体力学学报, 1989, 2(2): 184~187.

[13b] Wang D J, Wang W Q. The Reasonableness Problem of Theories of Structures Carrying Concentrated Masses, Springs and Supports in Vibration Problems. Acta Mech. Solida Sin., 1989, 2(2): 247~251.

[14] He B C, Wang D J, Low K H. Inverse Problem for a Vibrating Beam Using a Finlte Defference Model. Proc. Inter. Conf. Noise Vib., 1989: B: 92~104.

[15] Wang D J, He B C, et al. Inverse Problems of the Finite Difference Model of a Vibrating Euler Beam. In: Proc. Inter. Conf. Vib. Prob. Eng., Vol.1, Singapore: International Academic, 1990: 21~26.

[16] 王大钧, 何北昌, 王其申. 由两组模态及相应频率构造 Euler 梁. 力学学报, 1990, 22(4): 479~483.

[17] 何北昌, 王大钧, 王其申. 用一个模态确定梁的截面物理参数. 固体力学学报, 1991, 12(1): 85~89.

[18] 王其申, 何北昌, 王大钧. Euler 梁的模态和频谱的一些定性性质. 振动工程学报, 1990, 3(4)：58~66.

[19] 王其申, 王大钧, 何北昌. 由频谱数据构造两端铰支梁的差分离散系统. 工程力学, 1991, 8(4)：10~19.

[20] 王其申, 王大钧, 何北昌. 二阶连续系统的离散模型频率和振型的定性性质. 振动与冲击, 1992, 11(3): 7~12.

[21] Wang Q S, Wang D J. An Inverse Mode Problem for Continuous Second-Order Systems. In: Proc. Inter. Conf. Vib. Eng., Singapore: International Academic, 1994: 167~170.

[22] 王其申, 王大钧. 两类 Jacobi 矩阵的特征反问题及其应用. 高等学校计算数学学报, 1995(4): 291~297.

[23] 王其申, 王大钧. 杆、梁差分离散系统的柔度矩阵及其极限. 力学与实践, 1996, 18(5): 43~47.

[24] 王其申, 王大钧. 梁的正系统的补充定义及其格林函数振荡性的证明. 安庆师范学院学报: 自然科学版, 1997, 3(1)：14~16.

[25] 王其申, 王大钧. 杆、梁离散和连续系统的振动定性性质的统一论证. 力学学报, 1997, 29(1)：99~102.

[26] 王其申, 王大钧. 弹性基础上的杆的离散系统频谱和模态的定性性质及其模态反问题. 安庆师范学院学报: 自然科学版, 1997, 3(2): 19~25.

[27] 王其申, 王大钧. 任意支承梁的固有振动频谱和模态的定性性质. 力学学报, 1997, 29(5)：540~547.

[28] 王其申, 王大钧, 静定、超静定梁的柔度系数和格林函数. 安庆师范学院学报: 自然科学版, 1998, 4(2): 25~32.

[29] 王大钧, 王其申. 关于梁的固有频率和模态的定性性质. 见: 王大钧, 曲广吉, 工程力学进展, 北京: 北京大学出版社, 1998: 136~143.

[30] Wang D J, Wang C C. Natural Vibrations of Repetitive Structures. Acta Mech. Sin., 2000, 16(2): 85~95.

[31] Wang D J, Zhou C S, Wang Q S. Qualitative Properties of Frequencies and Modes of Beam Moded by Discrete Systems. Chin. J. Mech. (Ser. A), 2003, 19(1): 169~176.

[32] 王其申. 由基模态构造任意支撑杆的多项式型轴向刚度. 力学学报, 2003, 35(3): 357~360

[33] Wang D J, Zhou C Y, Rong J. Free and Forced Vibration of Repetitive Structures. Inter. J. Solids Struc., 2003, 40: 5477~5494.

[34] 王其申, 王大钧. 任意支承梁的差分离散模型及其刚度矩阵的符号振荡性. 应用数学和力学, 2006, 27(3): 351~356.

[35] 王其申、黄鹏程, 附加中间支座对梁的横向振动频率的影响分析. 现代振动与噪声技术, 2008, 6: 104~107.

[36] 王其申, 吴磊, 王大钧. 多跨梁离散系统的频谱和模态的定性性质. 力学学报, 2009, 41(6): 61~68.

[37] 王其申, 王大钧, 吴磊, 刘全金, 章礼华. 外伸梁离散系统刚度矩阵的符号振荡性及其定性性质. 振动与冲击, 2009, 28(6): 113~117.

[38] Wang Q S, Wang D J, Wu L, Zhang L H, Jiang Y Y. Qualitative Properties of Frequencies and Modes of Vibrating Multi-Span Beam. Q. J. Mech. Appl. Math., 2011, 64(1): 75~86.

[39] 王其申, 汪杨, 何敏, 钱华峰, 刘全金. 非均匀圆膜轴对称振动的离散模型的振动反问题. 振动与冲击, 2011, 30(8): 258~263.

[40] Wang Q S, Wang D J, Zhang L H, Liu Q J. Some Qualitative Properties of Modes for Discrete Modes of Two-Spans Beam with Two Free-ends. Appl. Mech. Mater., 2012, 197: 190~197.

[41] Wang Q S, Wang D J, He M, Zhang L H, Qian H F. Some Qualitative Properties of the Vibration Modes of The Continuous System of A Beam with One or Two Overhangs. J. Eng. Mech., 2012, 138(8): 945~952.

[42] 王其申, 章礼华, 王大钧. 外伸梁离散系统模态的若干定性性质. 力学学报, 2012, 44(6): 1071~1074.

[43] Соболев С Л. Некоторые Применения Функциональього Анализа в Математической Физике. Москва: Государственное Издательство

Технико-Теоретической Литературы, 1950. (中译本：泛函分析在数学物理中的应用. 王柔怀、童勤谟译. 北京：科学出版社, 1959.)

[44] Михлин С Г. Проблема Минимума Квадратичного Функционала. Москва: Государственное Издательство Технико-Теоретической Литературы, 1952.

[45] Fichera G. Existence Theorems in Elasticity. In: Flugge S, ed. Encyclopedia of Physics. Berlin: Springer-Verlog, 1972, 6: 347~389.

[46] Kupradze V D, Three-Dimensional Problems of the Mathematical Theory of Elasticity and Thermoelasticity. Amsterdam: North-Holland, 1979.

[47] 王大钧, 胡海昌. 弹性结构理论中两类算子的正定性与紧致性的统一证明. 力学学报, 1982, 14(2): 111~121.

[48] 王大钧, 胡海昌. 弹性结构理论中线性振动普遍性质的统一论证. 振动与冲击, 1982, 1(1): 6~16.

[49] Wang D J, Hu H C. A Unified Proof for The Positive-Definiteness and Compactness of Two Kinds of Operators in The Theories of Elastic Structures. In: Proc. China-France Symp. Finite Element Methods. New York: Science Press China, Inc. New York, 1983: 6~16.

[50a] 王大钧, 胡海昌. 论弹性结构理论中两类算子的正定性和紧致性. 中国科学: A 辑, 1985(2): 146~155.

[50b] Wang D J, Hu H C. Positive Definiteness and Compactness of Two Kinds of Operators in Theory of Elastic Structures. Sci. Sin. (Ser. A), 1985, 28(7): 727~739.

[51] Leung A Y T, Wang D J, Wang Q. On Concentrated Mass and Stiffness in Structural Theories. Int. J. Structu. Stab. Dynamics, 2004 (4): 171~179.

[52] Zheng Z J, Chen P, Wang D J. Oscillation Property of the Vibrations for Finite Element Models of Euler Beam. Q. J. Mech. Appl. Math., 2013, 66(4): 587~ 608.

[53] Zheng Z J, Chen P, Wang D J. A Unified Proof to Oscillation Property of Discrete Beam Models. Appl. Math. Mech. (Engl. Ed.), accepted.

[54] Golub G H, Boley D. Inverse Eigenvalue Problems for Band Matrices. In: Watson G A, ed. Numerical Analysis Heidelberg. New York: Springer-Verlag, 1977: 23~31.

[55] 田霞, 戴华. 杆的离散系统的振动反问题. 山东轻工业学院学报, 2007, 21(1): 4~7.

[56] 郑子君, 陈璞, 王大钧. 杆、梁有限元模型的模态的振荡性质. 振动与冲击, 2012, 31(20): 79~83.

[57] Левин Б Я. О функциях, определяемых своими значениями на некотором интервале. ДАН. LXX, 1950(5): 757~760.

[58a] 姬建军, 胡奎, 王大钧. 不均匀杆、梁、膜的高频渐近性质. 应用数学和力学, 1989,

10(12): 1123~1129.

[58b] Ji J J, Hu K, Wang D J. The Asymptotic Properties of High Frequencies for Bars, Beams and Membranes. Appl. math. Mech., 1989, 10(12): 1187~1193.

[59] Hochstadt H. Asymptotic Estimate of the Sturm-Liouville Spectrum. Comm. Pure Appl. Math., 1961(14): 749~764.

[60] Wu L, Wang Q S, Wang D J. Vibration Qualitative Properties of Nonhomogeneous Membrane. Appl. Mech. Mater., 2010, 34~35: 1114~1118.

[61] Wu L, Wang Q S, Wang D J, Zhu Z S. Qualitative Properties of Vibration about Non-homogeneous Circular Membrane with Axisymmetrical Mass. J. Adv. Mater. Res., 2011(216): 158~162

[62] Faber G. Beweis, dass unter allen homogenen Membranen van gleicher Fläche und gleicher Spannung die kreisfömige den tiefsten Grundton gibt. S. B. Math.-Nat. KI. Bayer. Akad. Wiss., 1923: 169~172.

[63] Krahn E. Uber eine von Raylegh formulierte Minimaleigenschaft des Kreises. Math. Ann., 1924(94): 97~100.

[64] Pleijel A. Remarks on Courant's Nodel Line Theorem. Commun. Pure Appl. Math., 1956(4): 543~550.

[65] Polterovich I. Pleijel's Nodel Domain Theorem for free Membraes. Proc. Amer. Math. Soc., 2009, 137(3): 1021~1024.

[66] Evensen D A. Vibration Analysis of Multi-symmetric Structures. AIAA J., 1976, 14(4): 446~453.

[67] Thomas D L. Dynamics of Rotational Periodic Structure. Inter. J. Numer. Meth. Engi., 1979(14): 81~102.

[68] 包刚. 群论在空间旋转对称壳体振动分析中的应用. 山东工学院学报, 1982(1).

[69] Cai C, Wu F. On the Vibration of Rotational Periodic Structures. Acta Sci. Nat. Uni. Sunyatseni, 1983, 22(3): 1~9.

[70] Cai C, Chung Y, Chan H. Uncoupling of Dynamic Equations for Periodic Structures. J. Sound Vib., 1990, 139(2): 253~263.

[71] Chan H, Cai C, Chung Y. Exact Analysis of Structures with Periodicity Using U-Transformation. Singapore: World Scientific, 1998.

[72] 胡海岩, 程德林. 循环对称结构固有模态特征的探讨. 应用力学学报, 1988, 5(3): 1~8.

[73] Zhong W. The Eigen-Value Problem of the Chain of Identical Substructures and the Expansion Method Solution Lasted on the Eigen-Vectors. Acta Mech. Sin., 1991, 23(1): 72~81.

[74] 张锦, 王文亮, 陈向钧. 带有 N 条叶片的轮盘耦合系统的主模态分析 ——C_{NV} 群上对称结构的模态综合. 固体力学学报, 1984, 5(4): 469~481.

[75] 王文亮, 朱农时, 胥加华. C_N 群上对称结构的双协调模态综合. 航空动力学报, 1990, 5(4): 352~356.

[76] Cai C W, Liu J K, Chan H C. Exact Analysis of Bi-Periodic Structures. Singapore: World Scientific, 2002.

[77] 陈璞. 关于旋转周期结构计算的注记. 计算力学学报, 2002, 19(1): 112~113.

[78] Timoshenko S. Vibration Problem in Engineering. 3rd ed. Oxford: Wolfenden, 1955.

[79] 王大钧, 陈健, 王慧君. 中国乐钟的双音特性. 力学与实践, 2003, 25(4): 12~16.

[80] Chen W M, Wang D J, Zhou C Y, Wei J P. The Vibration Control of Repetitive Structures. In: Proc. Asia-Pacific Vibration Conf. 2001, Vol. III, Changchun: Jilin Science and Technology Press, 2001: 929~932.

[81a] 陈伟民, 孙东昌, 王大钧, 魏建萍, 仝力勇, 王泉. 重复结构振动控制的降维方法. 应用数学与力学, 2006, 27(5): 564~570.

[81b] Chen W M, Sun D C, Wang D J, Wei J P, Tong L Y, Wang Q. Reduction Approaches for Vibration Control of Repetitive Structures. Appl. Math. Mech., 2006, 27(5): 575~582.

[82] Liu Z S, Hu H C, Wang D J. Effect of small variation of support location on natural frequencies. In: Proc. Inter. Conf. Vib. Eng., Singapore: International Academic, 1994: 9~12.

[83] 胡海昌, 刘中生, 王大钧. 约束位置的修改对振动模态的影响. 力学学报, 1996, 28(1): 23~32.

[84] Liu Z S, Hu H C, Wang D J. New Method for Deriving Eigenvalue Rate with Respect to support Location. AIAA J., 1996, 34(4): 864~865.

[85] Wikinson J H. The Algebraic Eigenvalues Problem. Oxford: Clarendon Press, 1965.

[86] Stewart G W. Error and Perturbation Bounds for Subspaces Associated with Certin Eigenvalue Problem. SIAM Rev., 1973, 15: 727~764.

[87] Golub G N, Van lomn C F. Matrix Computation. 3rd ed. Baltimore: Johns Hopkins University Press, 1996

[88] Friedrichs K. On the boundary-value problems of the theory of elasticity and Korn's inequality. Ann. Math., 1947, 48(2): 441~471.

[89] Михлин С Г. Прямые Методы в Математической Физике. Москва: Государственное Издателъство Технико-Теоретической Литературы, 1950. (中译本: 米赫林 С Г. 数学物理中的直接方法. 周先意译. 北京: 高等教育出版社, 1957.)

[90] Эйдус Д М. О смещанной задаче теории упругости. ДАН СССР, 1951, 76(2).

[91] Payne L E, Weinberger H F. On Korn's Inequality. Arch. Rational Mech. Anal., 1961, 8(2): 89~98.

[92] Fichera G. Linear Elliptic Differential Systems and Eigenvalue Peoblems. Berlin, Heidelberg, New York: Springer-Verlag, 1965.

[93] Kupradze V D. Potential Methods in the Theory of Elasticity. Jerusalem: Israel Program Scientific Transi, 1965.

[94] Shoikhet B A. On Existence Theorems in Linear Shell Theory. PMM, 1974(38): 567~571.

[95] Gordegiani D G. On the Solveabillity of Some Boundary Value Problems for a Variant of the Theory of Thin Shells. Dokl. Akad. Nauk SSSR, 215

[96] Benadou M, Ciarlet P G. Sur L'Ellipticite du Models Linéaire de Cogues de W. T. Koiter. In: Glowinski R, Lions J L, ed. Computing Methods in Applied Science and Engineering: Second International Symposium December 15~19, 1975. New York: Springer-Verlog, 1976, 89~136.

[97] 武际可. 薄壳方程组椭圆形条件的证明. 固体力学学报, 1981, 2(4): 435~444.

[98] Benadou M, Lalanne B. Sur l'approximation des coques minces, par des méthods B-splines et éléments finis. In: Grellier J P, Campel G M, ed. Tendances Actuelles en Calcul des Structures. Paris: Editions Pluralis, 1985: 939~958.

[99] Ciarlet P G, Miara B. Justification of the Two-Dimensional Equations of a Linearly Elastic Shallow Shell. Comm. Pure Appl. Math., 1992(45): 327~360.

[100] Benadou M, Ciarlet P G, Miara B. Existence Theorems for two-Dimensional Linear Shell Theories. J. Elasticity, 1994(34): 111~138.

[101a] 王泉, 王大钧. 弹性力学中集中力下的奇异性问题. 应用数学与力学, 1993, 14(8): 677~683.

[101b] Wang Q, Wang D J. Singularity under a Concentrated Force in Elasticity. Appl. math. Mech., 1993, 14(8): 707~711.

[102] Valid R. The Nonlinear theory of Shells through Variational Principles: From Algebra to Differential Geometry. New Jersey: John Wiley & Sons, 1995.

[103] 姜礼尚, 庞之垣. 有限元方法及其理论基础. 北京：人民教育出版社, 1979.

[104] 张恭庆. 变分学讲义. 北京：高等教育出版社, 2011.

[105] 胡海昌. 弹性力学的变分原理及其应用. 北京：科学出版社, 1982.

[106] 张恭庆, 林源渠. 泛函分析讲义 (上). 北京：北京大学出版社, 1987; 张恭庆, 郭懋正. 泛函分析讲义 (下). 北京：北京大学出版社, 1990.

[107] 郭懋正, 实变函数与泛函分析. 北京: 北京大学出版社, 2005.

[108] 孙博华. 结构理论中解的存在性问题述评. 力学进展, 2012, 42(5): 538~546.

[109] Gurtin M E. Variational Principles for Linear Elastodynamics. Arch. Rational Mech. Anal., 1964, 16(1): 34.

[110] Korn A. Solution générale du problémé déguilibre dans la théorie de lélasticité dans le cas oń les efforts sont donnés á la surface. Ann. Université Toudouse, 1908.

[111] 冯康, 石钟慈. 弹性结构的数学理论. 北京：科学出版社, 1984.

[112] 孙博华, 叶志明. 组合弹性结构的力学分析. 中国科学: G 辑, 2009, 39(3): 394~413.

[113] Agmon S. Lectures on Elliptic Poundary Value Problems. New York: Van Nostrand, 1965

[114] Gilbarg D, Trudinger Neil S. Elliptic Partial Differential Equations of Second Order. 2nd ed. Berlin, Heidelberg: Springer-Verlag, 1983.

[115] 郑子君. 杆、欧拉梁的振动的定性性质及其模态反问题 (博士学位论文). 北京：北京大学工学院力学与工程科学系, 2014.

[116] 王其申, 王大钧. 存在刚体模态的杆、梁连续系统某些振荡性质的补充证明. 安庆师范学院学报: 自然科学版, 2014, 20(1): 1~5.

[117] 王其申, 王大钧. 存在刚体模态的杆、梁离散系统某些振荡性质的补充证明. 力学季刊, 2014, 35(2): 262~269.

[118] Jin D K, Sun D C, Chen W M, Wang D J, Tong L Y. Static Shape Control of Repetitive Structures Integrated with Piezoelectric Actuators. Smart Mater. Struct., 2005, 14(6): 1410~1420.

索　　引